工业视觉系统编程与应用

主　编　李万军　葛大伟　田小静

副主编　高德龙　刘　晨　李佳园

车明浪　顾三鸿　任鸿其

陈嘉鑫　袁铭浩

北京理工大学出版社

BEIJING INSTITUTE OF TECHNOLOGY PRESS

内 容 简 介

本书以典型的PCB板工程项目为主线，基于DCCKVisionPlus平台软件，贯穿介绍了工业视觉认知、视觉系统硬件选型、PCB板图像采集、PCB板有无检测、图像结果显示与保存、PCB板尺寸测量、PCB板型号识别、PCB板跳线帽位置检测和PCB板引导抓取等9个项目。

每个项目按照学习难度逐级递增、“教、学、做”一体化理念进行教学任务及内容设计，配有“项目概述—学习导航—任务描述—任务目标—相关知识—任务实施—任务评价—任务总结—任务拓展—任务检测—开阔视野”相关资源。本书贯彻“科技服务社会”的理念，融入思政元素，以就业优先为导向，以职业技能和产业岗位需要为出发点，引入工程案例、先进技术，配套丰富的数字化教学资源，助力提升教学质量和教学效率。

本书适合高等职业院校、高职本科院校和应用型本科院校相关专业的学生使用，也可供从事工业视觉系统编程的人员参考和培训用书。

图书在版编目（CIP）数据

工业视觉系统编程与应用 / 李万军，葛大伟，田小静主编. -- 北京 ：北京理工大学出版社，2024.4
ISBN 978-7-5763-3908-6

Ⅰ. ①工…　Ⅱ. ①李…　②葛…　③田…　Ⅲ. ①计算机视觉–程序设计　Ⅳ. ①TP302.7

中国国家版本馆CIP数据核字（2024）第089495号

责任编辑：陈莉华　　**文案编辑**：李海燕
责任校对：周瑞红　　**责任印制**：施胜娟

出版发行 / 北京理工大学出版社有限责任公司
社　　址 / 北京市丰台区四合庄路6号
邮　　编 / 100070
电　　话 / （010）68914026（教材售后服务热线）
（010）68944437（课件资源服务热线）
网　　址 / http://www.bitpress.com.cn

版 印 次 / 2024年4月第1版第1次印刷
印　　刷 / 唐山富达印务有限公司
开　　本 / 787 mm × 1092 mm　1/16
印　　张 / 23.25
字　　数 / 530千字
定　　价 / 89.00元

序1

我国《智能检测装备产业发展行动计划（2023—2025 年）》《“十四五”智能制造发展规划》《制造业质量管理数字化实施指南（试行）》等政策文件中指出，智能制造装备、智能检测装备及其核心部件机器视觉产品被明确列为重点发展领域之一。作为全球第一制造业大国，我国正处于制造业转型升级的关键期间，对于提高生产效率、降低成本、提升产品质量的需求日益提高。

作为 5G 工业的“眼睛”，机器视觉技术已经成为工业自动化的关键技术。机器视觉系统近年发展极为迅猛，被广泛应用于智能制造、智慧农业、智慧城市、智慧交通、智慧安防等诸多领域。机器视觉系统与其他自动化设备结合越来越紧密，在更大规模的工业自动化应用越来越广，如工业机器人、数控机床、自动化集成设备等。智能制造越来越离不开机器视觉的大数据支撑，机器视觉收集的各种生产数据奠定了智能化生产的坚实基础，借力制造业向自动化、智能化和数字化转型升级战略，使机器视觉在制造业中的地位从“可选”逐步向“必选”迈进，机器视觉技术已经成为新质生产力背景下的制造业智能变革与未来发展的驱动力，时代浪潮下，机器视觉技术正引领着一场革命性的变革，为制造业的未来之路指明方向。

为贯彻落实党的二十大精神，本书以习近平新时代中国特色社会主义思想为指导，认真落实习近平对职业教育工作作出的重要指示，不忘“为党育人、为国育才”初心，牢记立德树人根本任务，对接职业技能等级标准、专业教学标准，定位现代化生产制造领域工业视觉系统运维员，聚焦机器视觉系统的编程应用、现场调试、维护保养等，通过项目导向、任务驱动等“情境化”的表现形式，突出实践应用，突出过程性指示，引导学生学习相关知识，获得经验、诀窍、实用技术、操作规范等，提升岗位能力，使其知道在实际岗位工作中“如何做”以及“如何做会、做得更好”，从而助力我国科教兴国战略、人才强国战略和创新驱动发展战略的深入实施。

本书坚持校企合作，由西安航空职业技术学院与苏州德创测控科技有限公司联合编写，依托德创十三年的机器视觉工程项目经验和应用技术积累，项目任务来源于工程项目实际，具有一定的借鉴意义。

本书适合初学机器视觉的应用型本科院校、本科层次职业大学、职业院校和技工院校相关专业的学生学习，也适合从事机器视觉相关领域的工程技术人员参考。

西安航空职业技术学院　侯晓方

序2

机器视觉作为实现工业自动化和智能化的关键技术，是人工智能发展最快、前景广阔的一个分支，其重要性就如眼睛对于人的价值，广泛应用于工业、民用、军事和科学研究等领域。而工业视觉是机器视觉在工业领域内的应用，是机器视觉的一个重要的应用领域，在工业生产过程中的信息识别、表面质量检测、目标定位引导、尺寸测量等方面发挥着越来越重要的作用，其应用范围包括汽车、电子、光伏、新能源、半导体、医疗、物流、印刷包装、食品等行业。

当前，全球机器视觉呈爆发式增长，对机器视觉人才数量、质量的需求不断增大。然而，我国机器视觉技术技能人才匮乏，与巨大的市场需求严重不协调。目前本科院校的教学内容偏向机器视觉理论、算法和图像处理等方面，而本科层次职业大学、高等职业院校和技工院校只有少部分开设了相关课程，普遍存在师资力量缺乏、配套课程资源不完善、机器视觉实训环境不系统、技能考核体系不完善等问题，导致无法培养出企业需要的机器视觉专业人才，严重制约了我国机器视觉技术的推广和新兴产业的发展。

针对企业迫切需要掌握机器视觉系统编程、应用和维护的高素质技术技能人才，德创依托十余年的机器视觉工程项目应用技术和经验，以就业优先为导向，以“工业视觉系统运维员”数字新职业的职业技能要求和产业岗位需要为出发点，立足大国工匠和高技能人才培养要求，将“产、学、研、用”相结合，组织企业专家、工程技术人员和高校教师共同开发了机器视觉系列丛书。

该系列丛书深入贯彻了产业技术技能型人才培养“以能力培养为核心，以技能训练为主线，以理论知识为支撑”的指导思想，通过详细的工程项目案例，使读者认识机器视觉，全面掌握机器视觉的“检测”“测量”“识别”“引导”四大类应用知识和技能，同时引入3D视觉、深度学习等前沿技术，为职业未来发展指明方向。该系列丛书既可作为本科层次职业大学、职业院校和技工院校相关专业的教材，也可供从事机器视觉编程与应用的技术人员参考。

希望机器视觉系列丛书能够成为我国机器视觉行业的发展和人才的培养的有效力量，推动制造业高端化、智能化发展，推进新型工业化，加快制造强国、质量强国和数字中国的建设。

机器视觉产业联盟（CMVU）理事长　潘津

前言

机器视觉（Machine Vision，MV）是作为人工智能的一个重要的研究分支，工业是其一个重要的应用方向。工业视觉系统通过光学装置和非接触式传感器代替人眼来做测量和判断，将图像处理应用于工业自动化领域，提高产品加工精度、发现产品缺陷并进行自动分析决策，广泛应用于识别、测量、检测和引导等场景，是先进制造业的重要组成部分。

随着中国制造业产业升级进程的推进与人工智能技术水平的提升，国内的工业视觉行业获得了空前的发展机遇。目前，我国已经成为全球制造业的加工中心，也是世界工业视觉发展最活跃的地区之一，应用范围几乎涵盖了包括 3C 电子、新能源、半导体、汽车等国民经济的各个领域。2021 年 12 月，工信部、国家发改委、教育部等八部门联合发布的《“十四五”智能制造发展规划》指出：到 2025 年，规模以上制造业企业大部分实现数字化网络化，重点行业骨干企业初步应用智能化；智能制造装备和工业软件技术水平和市场竞争力显著提升，市场满足率分别超过 70%和 50%；到 2035 年，规模以上制造业企业全面普及数字化网络化，重点行业骨干企业基本实现智能化。这意味着随着我国工业制造领域的自动化和智能化程度的深入，工业视觉将得到更广泛的发展空间。2023 年 2 月，工信部、教育部、财政部等七部门联合印发《智能检测装备产业发展行动计划（2023—2025 年）》的通知，提出智能检测装备是智能制造的核心装备，明确机器视觉算法、图像处理软件等专用检测分析软件的开发作为基础创新重点方向。

在全球范围内的制造产业战略转型期，我国工业视觉产业迎来爆发性的发展机遇，然而，现阶段我国工业视觉领域人才供需失衡，缺乏经系统培养、具备工程实践能力，且能熟练使用和维护工业视觉系统的专业人才。2022 年 9 月，《中华人民共和国职业分类大典（2022 年版）》审定颁布会召开并审议通过，首次将“工业视觉系统运维员”标识为数字职业。2022 年 10 月，教育部办公厅等五部门印发《关于职业教育现场工程师专项培养计划的通知》，加快培养更多适应新技术、新业态、新模式的高素质技术技能人才、能工巧匠、大国工匠。面向重点领域数字化、智能化职业场景下人才紧缺技术岗位，以中国特色学徒制为主要培养形式，培养一大批具备工匠精神，精操作、懂工艺、会管理、善协作、能创新的现场工程师。针对这一现状，为了更好地推广工业视觉系统编程技术和满足工业视觉新职业技能要求，亟需编写一本系统全面且符合产业需求的工业视觉系统编程教材。

本书以典型的PCB板工程项目为主线，基于DCCKVisionPlus平台软件，贯穿介绍了工业视觉认知、视觉系统硬件选型、图像采集、有无检测、图像结果显示与保存，以及“检测”“测量”“识别”“引导”四大类应用等项目。每个项目融合了工业视觉系统编程工程师对知识点、技能点的要求，内容相对独立，立足大国工匠和高技能人才培养要求。为了让学习者获得更好的学习体验，本课程的每个项目都提供了项目概述、学习导航、任务描述、任务目标、相关知识（跟我学）、任务实施（跟我做）、任务评价、任务总结、任务拓展等丰富的学习资源。任务描述和目标说明了任务功能实现的具体要求，相关知识是完成任务所用相关知识点的详细讲解，任务实施是手把手带学习者动手实践，这样既能学又能做。在学和做的过程中提升学习者严谨认真、遵章守则、精益求精的职业素养和创新精神。

本书贯彻“科技服务社会”的理念，融入最新思政元素，以就业优先为导向，以职业技能和产业岗位需要为出发点，引入工程案例、先进技术，体现了“教、学、做”一体化。本书属于新形态教材，配套丰富的数字化教学资源，可采用线上线下混合式教学方法，以及“软件模拟＋真机实操”的教学手段，助力提升教学质量和教学效率。

本书是深化产教融合、协同育人的成果，所有项目的设计源自苏州德创测控科技有限公司（以下简称“德创”）大量真实的工业视觉工程项目应用案例，配套的数字化教学资源可在德创官网（http://www.dcck.com.cn/）或“视觉之家”微信小程序等平台下载。

本书由西安航空职业技术学院与德创校企联合编写，西安航空职业技术学院李万军、田小静和德创葛大伟任主编，西安电力机械制造公司机电学院高德龙、兰州资源环境职业技术大学车明浪、西安航空职业技术学院刘晨、李佳园、陈嘉鑫、德创顾三鸿和任鸿其参与编写，沈栋慧主审。全书由李万军和葛大伟统稿，具体编写分工：葛大伟编写项目1；顾三鸿编写项目2；高德龙编写项目3；任鸿其编写项目4；刘晨编写项目5；车明浪和李佳园编写项目6；陈嘉鑫编写项目7；田小静编写项目8；李万军编写项目9。本书编写过程中，得到了中国机器视觉产业联盟、康耐视、德创等单位的有关领导、工程技术人员的鼎力支持与帮助，在此表示衷心的感谢！

因作者水平及时间有限，书中难免有疏漏之处，恳请读者批评指正。任何意见和建议可反馈至E-mail：895367064@qq.com。

编　者
2024年4月

目录

项目 1

工业视觉认知

项目概述

1. 项目信息

手机中框是指手机后盖与前盖之间的金属或塑料框架，用于支撑手机内部的主要部件，如电池、主板等，起到了增加机身强度、防护内部元件以及承载压力的作用。手机中框由金属制成，如铝合金、钛合金等，也有部分手机采用塑料制作。

某手机中框采用的是注塑部件，通过 4 个小的塑件注塑成型，塑件上有区分材质码的字符，如图 1.1 所示，在生产时会根据中框材质码、特征件有无、颜色 3 个内容来生成要镭雕的二维码。制造企业如何快速高效地判断手机中框相应的特征与二维码信息是否一致，从而提升企业的生产效率和产品质量，是企业亟待解决的问题。

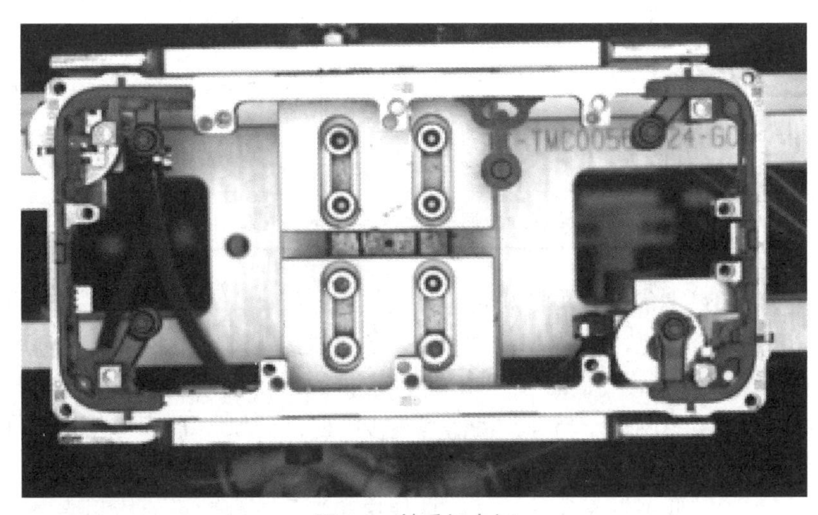

图 1.1　某手机中框

2. 本项目引入

相较于人眼的无法长时间观察对象、视野范围和分辨率是固定的、对光线的感知范围和敏感度有限等不足之处，机器视觉显示出了无可比拟的优越性。机器视觉与人类视觉性能的对比如表 1.1 所示。

表 1.1 机器视觉与人类视觉性能的对比

性能	人类视觉	机器视觉
适应性	适应性强，可在复杂及变化的环境中识别目标	适应性差，容易受复杂背景及环境变化的影响
智能	具有高级智能，可运用逻辑分析及推理能力识别变化的目标，并能总结规律	虽然可利用人工智能及神经网络技术，但智能很差，不能很好地识别变化目标
彩色识别能力	对色彩的分辨能力强，但容易受人的心理影响，不能强化	受硬件条件的约束，目前，一般的图像采集系统对色彩的分辨能力较差，但具有可量化的优点
灰度识别能力	差，一般分辨 64 个灰度级	强，目前一般使用 256 个灰度级，采集系统可具有 10 bit，12 bit，16 bit 等灰度级
空间识别能力	分辨率较差，不能观看细小的目标	目前有 4K×4K 的面阵相机和 8K 的线阵摄像机，通过各种光学镜头，可以观测小到微米大到天体的目标
速度	0.1s 的视觉暂留使人眼无法看清较快速运动的目标	快门时间可达到 10 ms 左右，高速摄像机帧率可达到 1 000 以上，处理器的速度越来越快
感光范围	400～750 nm 范围内的可见光	从紫外到红外的较宽光谱范围，而且还有 X 光等特殊摄像
环境要求	对环境温度、湿度的适应性差，另外有许多场合对人有损害	对环境适应性强，还可加装防护罩
观测精度	精度低，无法量化	精度高，可到微米级，易量化
其他	主观性，受心理影响，易疲劳	客观性，可连续工作

机器视觉技术的最大优点是与被观测对象无接触，因此，对观测者与被观测者都不会产生任何损伤，十分安全可靠，是其他感觉方式无法比拟的。理论上，机器视觉可以观察到人眼观察不到的范围，如红外线、微波、超声波等，并且，机器视觉可以利用传感器件形成红外线、微波、超声波等图像。另外，机器视觉没有时间限制，而且具有很高的分辨精度和速度。

综上所述，使用工业视觉系统能够很好地解决和满足工程项目的检测要求。为此，需要先认识工业视觉，选择并下载安装对应的视觉软件。

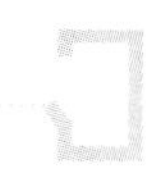

3. 本项目目标

学习机器视觉技术相关基础知识，熟悉工业视觉系统硬件组成，着重了解机器视觉在工业领域的典型应用。掌握 DCCKVisionPlus 平台软件以及 VisionPro 软件的下载、安装和授权方法，学会利用 DCCKVisionPlus 平台软件查看工业视觉解决方案，对机器视觉技术及应用形成初步认知。

学习导航

学习导航如表 1.2 所示。

表 1.2　学习导航

<table>
<tr><td>项目构成</td><td colspan="2">初识工业视觉（4学时）
├ 机器视觉技术认知（2学时）
└ 工业视觉应用认知（2学时）</td></tr>
<tr><td rowspan="3">学习目标</td><td>知识目标</td><td>1）了解机器视觉概念。
2）了解机器视觉系统的构成及其工作原理。
3）了解常用机器视觉开发软件。
4）了解机器视觉的应用领域。
5）熟悉工业视觉典型应用</td></tr>
<tr><td>技能目标</td><td>1）能下载工业视觉软件。
2）能按照软件使用手册安装工业视觉软件。
3）能获取工业视觉软件的授权。
4）学会查看机器视觉解决方案</td></tr>
<tr><td>素养目标</td><td>1）培养学生具有安全生产意识，养成安全规范操作的行为习惯。
2）培养尊重他人劳动成果意识（软件授权）。
3）培养学生团队合作意识，学会合理表达自己的观点。
4）培养学生具有纪律意识，遵守课堂纪律。
5）培养学生爱护设备，保护环境。
6）培养学生热爱工业视觉系统运维员岗位，增强专业自信</td></tr>
<tr><td>学习重点</td><td colspan="2">1）工业视觉典型应用。
2）工业视觉软件的下载和安装方法。
3）工业视觉软件的授权方式。
4）查看工业视觉解决方案</td></tr>
<tr><td>学习难点</td><td colspan="2">1）安装工业视觉软件。
2）获取工业视觉软件的软授权。
3）工业视觉解决方案运行效果</td></tr>
</table>

任务 1.1　机器视觉技术认知

任务描述

据数据统计，人类从外界获取的信息有 83%来自眼睛。视觉是人类观察世界和认识世界的重要途径，工业自动化同样需要一双“慧眼”，帮助机器“看懂世界”。机器视觉作为实现工业自动化和智能化的关键技术，是人工智能发展最快、前景广阔的一个分支，其重要性就如眼睛对于人的价值，可广泛应用于工业、民用、军事和科学研究等领域。

因此，了解机器视觉技术具有重要意义，有利于知悉新一轮科技革命和产业变革的大趋势。

本任务要求了解机器视觉技术基础知识，学会分析和比较各机器视觉软件，能够下载并安装 DCCKVisionPlus 平台软件和 VisionPro 软件。如图 1.2 所示为 DCCKVisionPlus 平台软件桌面图标及其默认界面。

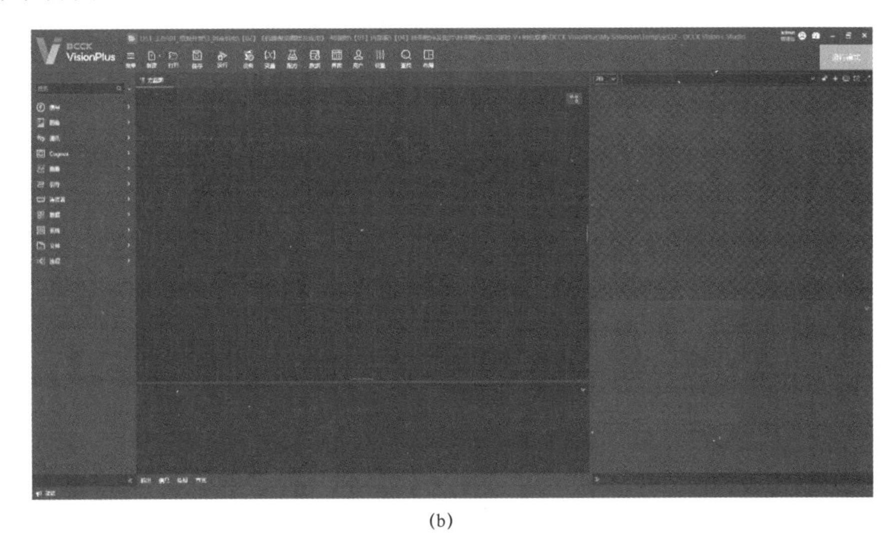

(a)　　(b)

图 1.2　DCCKVisionPlus 平台软件桌面图标及其默认界面

（a）桌面图标；（b）默认界面

任务目标

1）了解机器视觉技术基础知识。

2）了解各种机器视觉软件。

3）能下载 DCCKVisionPlus 平台软件和 VisionPro 软件。

4）能安装 DCCKVisionPlus 平台软件和 VisionPro 软件。

相关知识

1. 机器视觉的概念

机器视觉是指用计算机来实现人的视觉功能，也就是用计算机来实现对客观世界的识别。机器视觉系统是指通过机器视觉产品（即图像摄取装置，分 CMOS 和 CCD 两种）将被摄取目标转换成图像信号传输给专用的图像处理系统，根据像素分布和亮度、颜色等信息，转变成数字化信号；图像系统对这些信号进行各种运算来抽取目标的特征，进而根据判别的结果来控制现场的设备动作。机器视觉是一门学科技术，广泛应用于生产、制造、检测等工业领域，用来保证产品质量、控制生产流程、感知环境等。在工业生产过程中，相对于传统测量检验方法，机器视觉技术的优点是测量快速、准确、可靠，产品生产的安全性高，工人劳动强度低，可实现高效、安全生产和自动化管理，对提高产品检验的一致性具有不可替代的作用。

2. 机器视觉系统的构成

机器视觉技术涉及目标对象的图像获取技术，对图像信息的处理技术以及对目标对象的测量、检测与识别技术。机器视觉系统主要由图像采集单元、图像信息处理与识别单元、结果显示单元和视觉系统控制单元组成。图像采集单元获取被测目标对象的图像信息，并传送给图像信息处理与识别单元。由于机器视觉系统强调精度和速度，因此需要图像采集部分及时、准确地提供清晰的图像，只有这样，图像信息处理与识别单元才能在比较短的时间内得出正确的结果。图像采集单元一般由光源、镜头、数字摄像机和图像采集卡等构成。采集过程可简单描述为在光源提供照明的条件下，数字摄像机拍摄目标物体并将其转化为图像信号，最后通过图像采集卡传输给图像信息处理与识别单元。图像信息处理与识别单元经过对图像的灰度分布、亮度以及颜色等信息进行各种运算处理，从中提取出目标对象的相关特征，完成对目标对象的测量、识别和 NG 判定，并将其判定结论提供给视觉系统控制单元。视觉系统控制单元根据判定结论控制现场设备，实现对目标对象的相应控制操作。机器视觉工作流程如图 1.3 所示。

3. 机器视觉的应用领域

机器视觉应用领域十分广泛，可分为工业、民用、军事和科学研究等领域，本任务重点介绍工业领域和民用领域。

（1）工业领域

工业领域是机器视觉应用中比重最大的领域，按照功能又可以分成产品质量检测、产品分类、产品包装、机器人定位引导等，其应用行业包括印刷包装、汽车工业、半导体材料/元器件/连接器生产、药品/食品生产、烟草行业、纺织行业等。在工业领域内应用的机器视觉技术，通常被称为工业视觉。

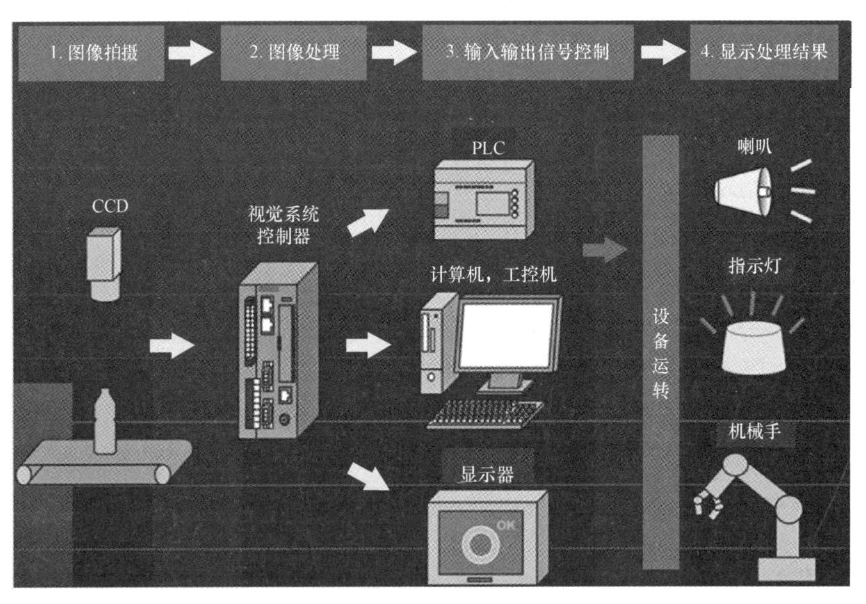

图 1.3　机器视觉工作流程

以纺织行业为例具体阐述机器视觉在工业领域的应用，如图 1.4 所示。在纺织企业中，视觉检测是工业应用中质量控制的主要组成部分，用机器视觉代替人的视觉可以克服人工检测所造成的各种误差，大大提高检测精度和效率。正是由于视觉系统的高效率和非接触性，机器视觉在纺织检测中的应用越来越广泛，在许多方面已取得了成效。目前，主要的研究内容可分为 3 大类：纤维、纱线和织物。由于织物疵点检测（在线检测）需要很高的计算速度，因此，设备费用比较昂贵。目前国内在线检测的应用比较少，主要应用是离线检测，主要的检测有纺织布料识别与质量评定、织物表面绒毛鉴定、织物的反射特性、合成纱线横截面分析、纱线结构分析等。此外还可用于织物组织设计、棉粒检测、纱线表面摩擦分析等。

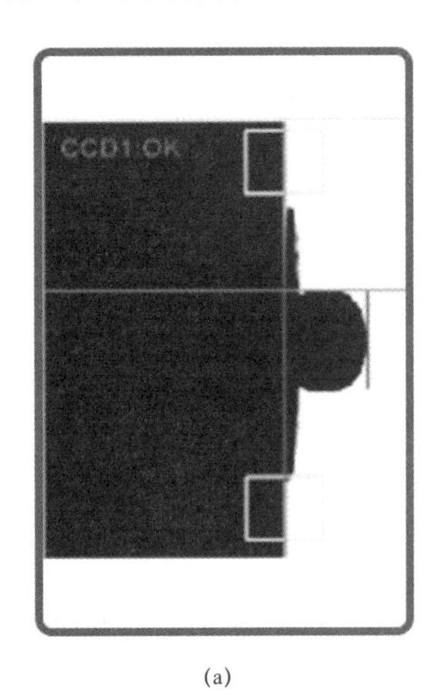

(a)

(b)

(c)

图 1.4　机器视觉在纺织行业的应用

（a）组扣检测；（b）拉链检测；（c）印刷检测

（2）民用领域

机器视觉技术可用在智能交通、安全防范、文字识别、身份验证、医疗成像等方面。在医学领域，机器视觉可辅助医生进行医学影像的分析，主要利用数字图像处理技术、信息融合技术对 X 射线透视图、核磁共振图像、CT 图像进行适当叠加，然后进行综合分析，以及对其他医学影像数据进行统计和分析。B 型超声（简称 B 超）、X-CT、放射性同位素扫描、核磁共振成像，是现代医学的 4 大成像技术。B 超检测系统通过有规律地发射超声波，接收从人体反射回来的声音信号，形成灰度图像线密度值。X-CT 根据 X 射线对人体组织各部分具有不同的穿透和吸收作用的性质，利用 CT 图像重建技术对穿过人体截面的 X 扫描线进行测量和运算，重建人体内部的立体图像。X 光机的图像处理系统可进行导管定标、血管造影及血管动态分析。通过对 X 光图像的处理，可以分辨关节等部分的细节，甚至人体内的胆结石。利用计算机视觉的方法，对心血管医学图像进行建模和分析，结合心脏动态特征和临床知识对医学动态图像进行定量的运动分析，为医生的诊断和分析心血管疾病提供了一个有效的工具和途径。

我国已将机器视觉技术应用于农作物种子质量检验评价，至今已经取得了较大发展。例如，通过机器视觉技术来评价蚕豆品质的方法，用两种不同的离散方法来区分合格、破损、过小、异类蚕豆和石头。利用彩色图像中提取的 35 个特征参数进行分类，分类结果与判别分析统计分类结果相比有较好的一致度。另外，在农业机械自动化方面，机器视觉系统为蘑菇采摘机器提供分类所需的尺寸、面积信息，并引导机器手准确抵达待采摘蘑菇的中心位置，实现抓取。

机器视觉在智能交通中可以完成自动导航和交通状况监测等任务。一方面，在自动导航中，机器视觉可以通过双目立体视觉等检测方法获得场景中的路况信息，然后利用这些信息进行自主交互，这种技术已用于无人汽车、无人飞机和无人战车等；另一方面，机器视觉技术可以用于交通状况监测，如交通事故现场勘察、车场监视、车牌识别、车辆识别与可疑目标跟踪等。在许多大中城市的交通管理系统中，机器视觉系统担任了“电子警察”的角色，其“电子眼”功能在识别车辆违章、监测车流量、检测车速等方面都发挥着越来越重要的作用。

在科学研究领域，可以利用机器视觉进行材料分析、生物分析、化学分析和生命科学，如血液细胞自动分类计数、染色体分析、癌症细胞识别等。同样，机器视觉技术可用于航天、航空、兵器（敌我目标识别、跟踪）及测绘。在卫星遥感系统中，机器视觉技术被用于分析各种遥感图像，进行环境监测，根据地形、地貌的图像和图形特征，对地面目标进行自动识别、理解和分类等。

4. 常用机器视觉开发软件介绍

随着机器视觉技术的不断发展，与之相关的软件种类也在不断增多，可根据项目需要和开发者偏好进行选择，常见的软件主要有以下几种：

（1）OpenCV

OpenCV 是一个开源计算机视觉库，可用于图像处理、视频处理、目标检测、人脸识别等多种计算机视觉相关任务，OpenCV 标志如图 1.5 所示。其底层采用 C++编写，同时也提供了 Python，Java，Matlab，.NET 等多种语言的接口，方便开发者进行快速开发和原型搭建，成为计算机视觉研究和应用开发的必备工具之一。基于 OpenCV 开发算法的运行结果如图 1.6 所示。

图 1.5　OpenCV 标志

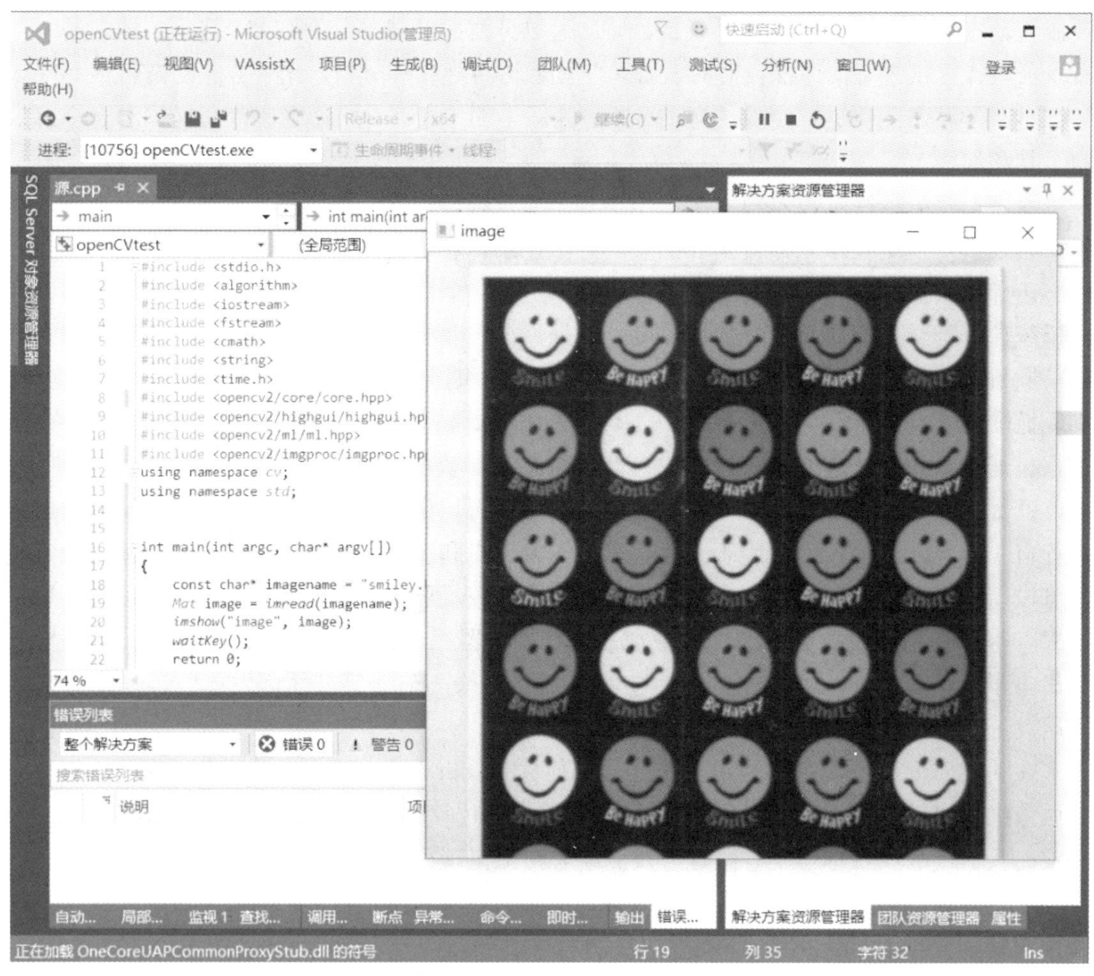

图 1.6　基于 OpenCV 开发算法的运行结果

（2）HALCON

HALCON 是德国 MVTec 公司开发的一套完善标准的机器视觉算法包，其具有卓越的图像处理和分析功能，是应用广泛的机器视觉集成开发环境。HALCON 支持 Windows，Linux 和 Mac OSX 操作环境，扩大了软件的应用范围。HALCON 界面如图 1.7 所示。

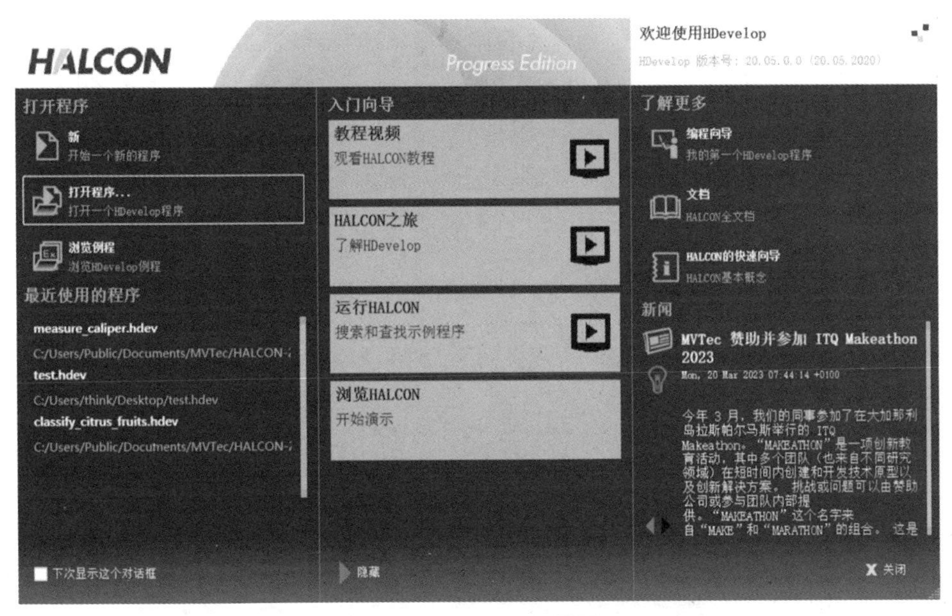

图 1.7　HALCON 界面

（3）VisionPro

VisionPro 是美国康耐视公司的一款视觉处理软件，它主要用于设置和部署视觉应用。借助 VisionPro，用户可执行各种功能，包括几何对象定位和检测、识别、测量和对准，以及针对半导体和电子产品应用的专用功能。VisionPro 软件可与广泛的.NET 类库和用户控件完全集成。VisionPro 程序设计界面如图 1.8 所示。

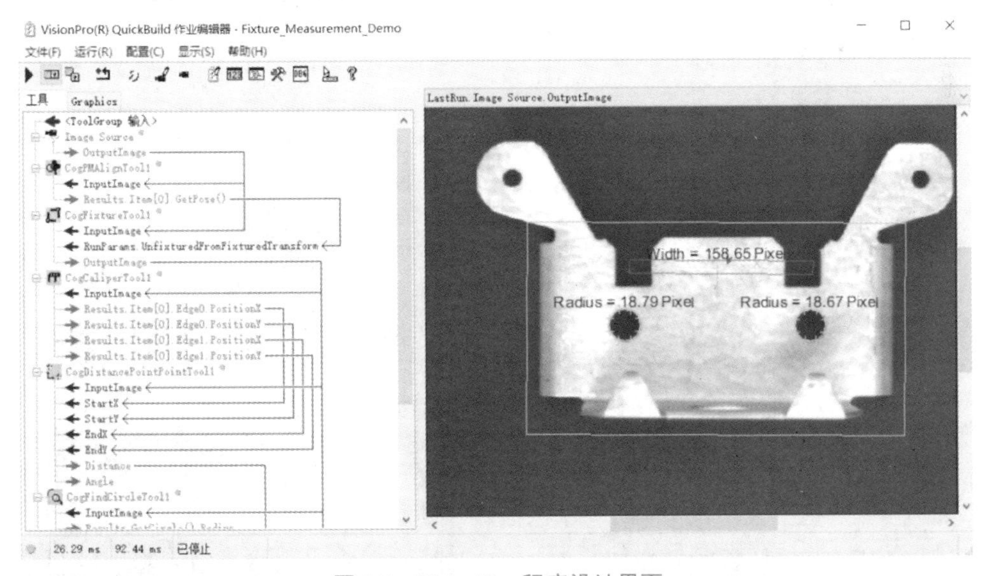

图 1.8　VisionPro 程序设计界面

（4）DCCKVisionPlus 平台软件

DCCKVisionPlus 平台软件（简称 V+平台软件）如图 1.9 所示，它是苏州德创测控科技有限公司（简称 DCCK 德创）的一款集开发、调试和运行于一体的可视化的机器视觉解决方案集成开发环境，采用无代码编程。V+平台软件专注于机器视觉的应用，集成了采集通信、视觉算法、数据分析、行业模块、人机交互以及二次开发等视觉项目常用功能和模块，通过4个步骤即可快速实现项目开发，如图1.10所示。

图 1.9 DCCKVisionPlus 平台软件

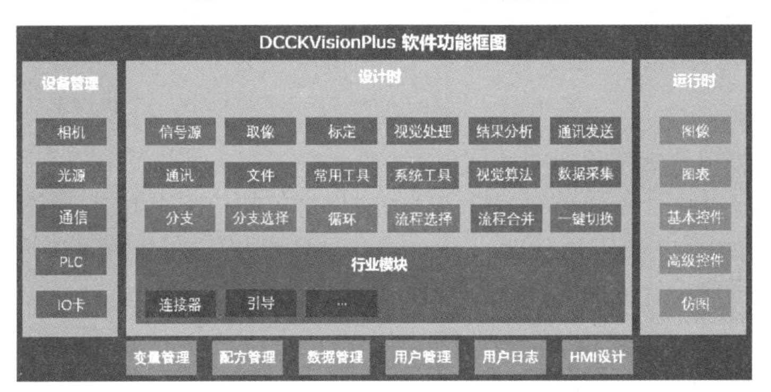

(a)

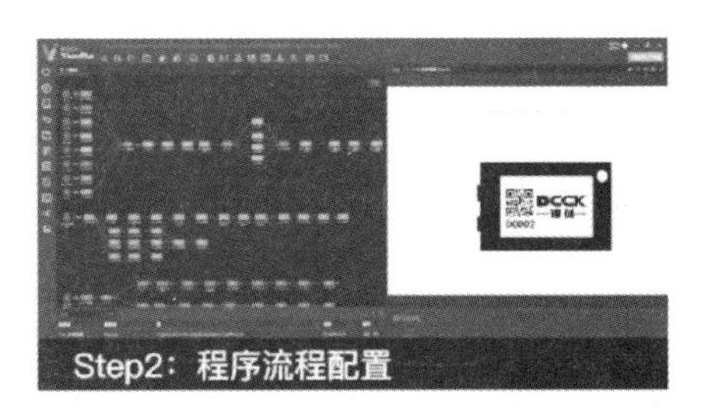

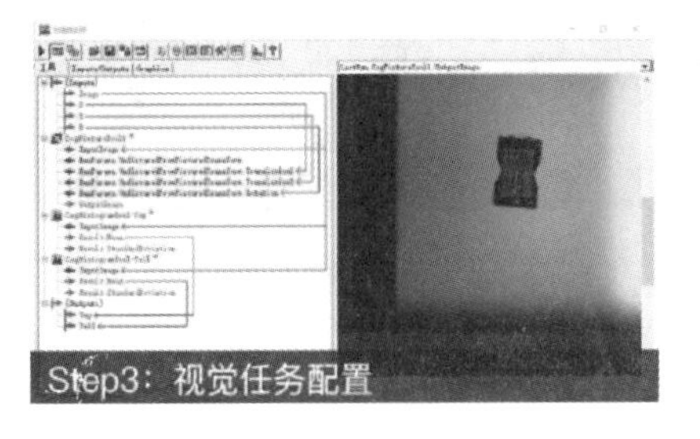

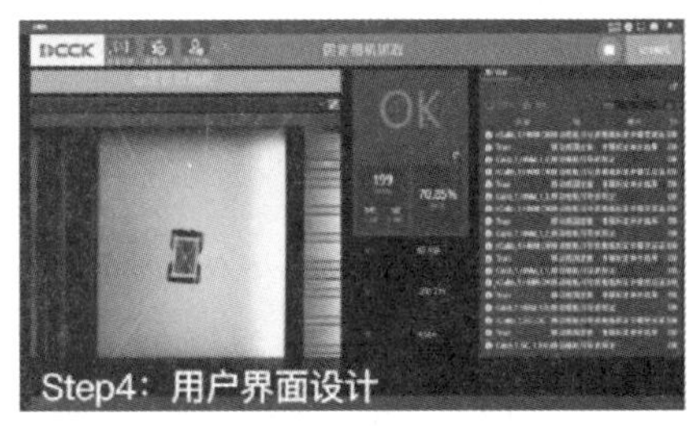

(b)

图 1.10 V+平台软件功能模块框图及其项目开发流程

（a）功能模块框图；（b）项目开发流程

V+平台软件在程序设计层面全方位的提供拖拽、连接、界面参数设置等可视化手段，无须编程即可构建一个完整的视觉应用程序，具有简单、快速、灵活、所见即所得的特点，在工业领域的 4 大类应用（即引导、检测、测量和识别）中使用较为广泛，如图 1.11 所示。

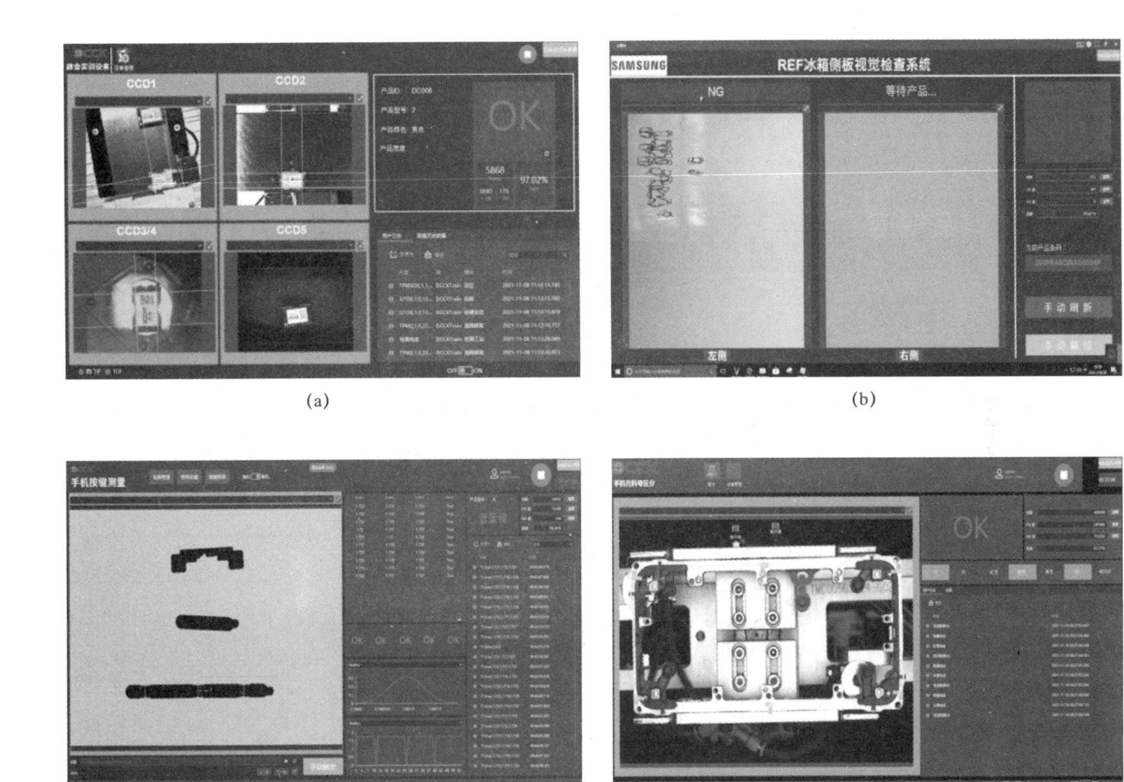

(a)　(b)　(c)　(d)

图 1.11　V+平台软件在工业领域的应用案例

（a）引导；（b）检测；（c）测量；（d）识别

任务实施

1. 下载机器视觉软件

（1）V+平台软件下载

本课程内容基于 V+平台软件 V3.1.0E RC5 教育版，该版本为学生和教师量身定做，包含 V+平台软件所有的功能与模块，可为师生提供方便、安全、高效的使用体验。软件下载地址为 http://www.dcck.com.cn/azb.php?id=523，具体下载操作如表 1.3 所示。

表 1.3　V+平台软件下载步骤

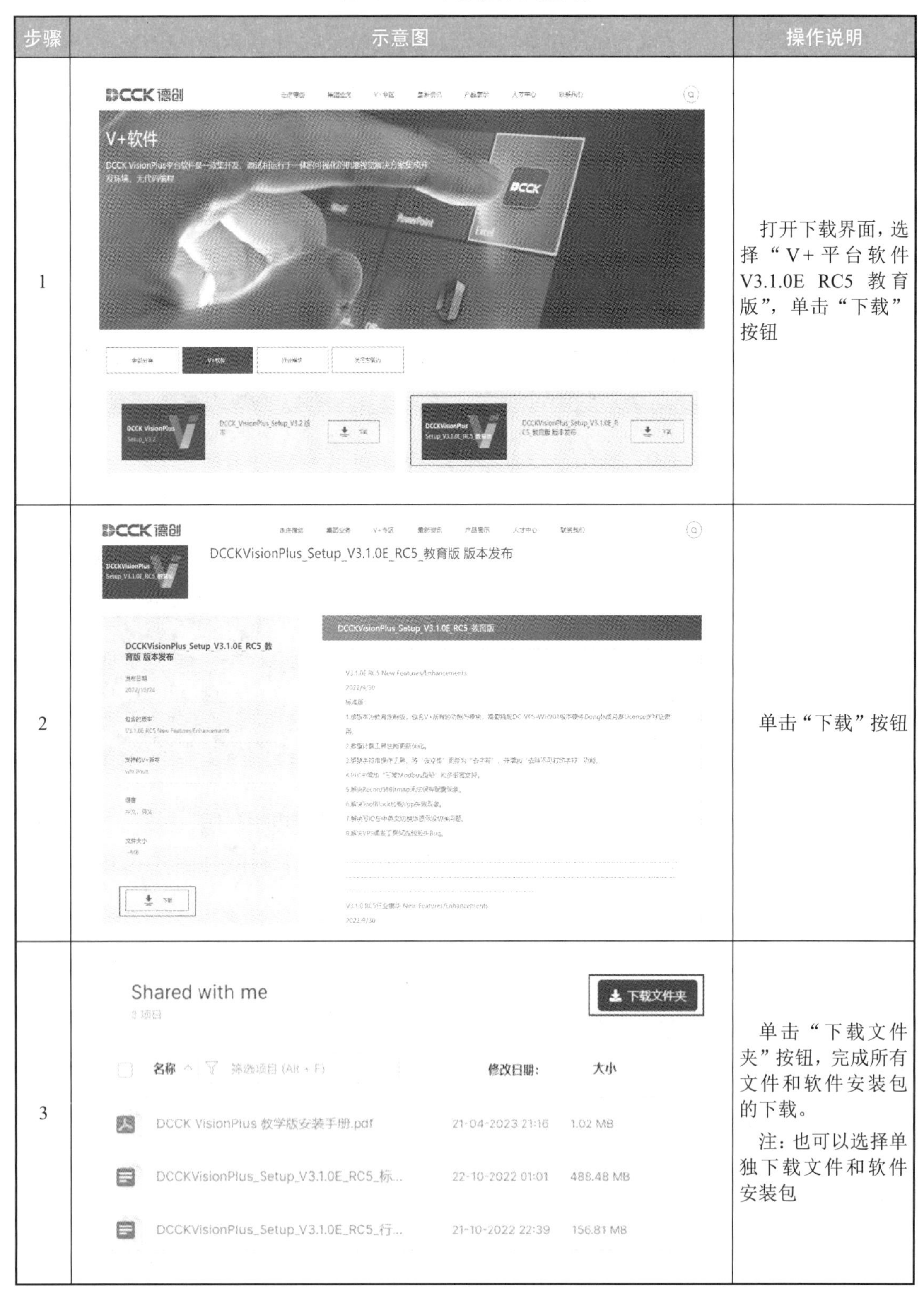

步骤	示意图	操作说明
1		打开下载界面，选择“V+平台软件V3.1.0E RC5 教育版”，单击“下载”按钮
2		单击“下载”按钮
3		单击“下载文件夹”按钮，完成所有文件和软件安装包的下载。 注：也可以选择单独下载文件和软件安装包

（2）VisionPro 软件下载

VisionPro 软件建议安装 VisionPro 8.2 SR1 或 VisionPro8.2 SR1 以上版本。VisionPro 8.2 SR1 的下载地址为 http://www.dcck.com.cn/azb.php?id＝525&k＝&page＝2，进入下载界面直接下载即可。

2. 安装机器视觉软件

（1）软件安装环境

安装 V＋平台软件和 VisionPro 软件需要的计算机配置建议如表 1.4 所示。

表 1.4　计算机配置建议

软硬件	要求
CPU 和内存	为确保软件运行顺畅，建议工控机使用 Intel Core 6 代 I5 以上处理器＋8G 内存或同等配置
操作系统	建议使用 Win7（X64）或者 Win10（X64）版本的系统
注：安装软件时建议关闭计算机中的防火墙，确认关闭杀毒软件，以防止安装过程中误删除插件，导致安装不完整。	

（2）V＋平台软件安装

V＋平台软件安装操作步骤如表 1.5 所示。

表 1.5　V＋平台软件安装操作步骤

步骤	示意图	操作说明
1	DCCKVisionPlus Setup V3.1.0E RC5 20221021.rar DCCKVisionPlus Setup V3.1.0E RC5 20221021 DCCKVisionPlus_Setup_V3.1.0E_RC5_标准版.exe	1）解压 V＋平台软件安装压缩包。 2）找到“DCCKVisionPlus_Setup_V3.1.0E_RC5_标准版.exe”。 3）双击开始安装
2	选择安装语言 选择安装时要使用的语言： 简体中文 确定　取消	1）语言选择“简体中文”。 2）单击“确定”按钮

续表

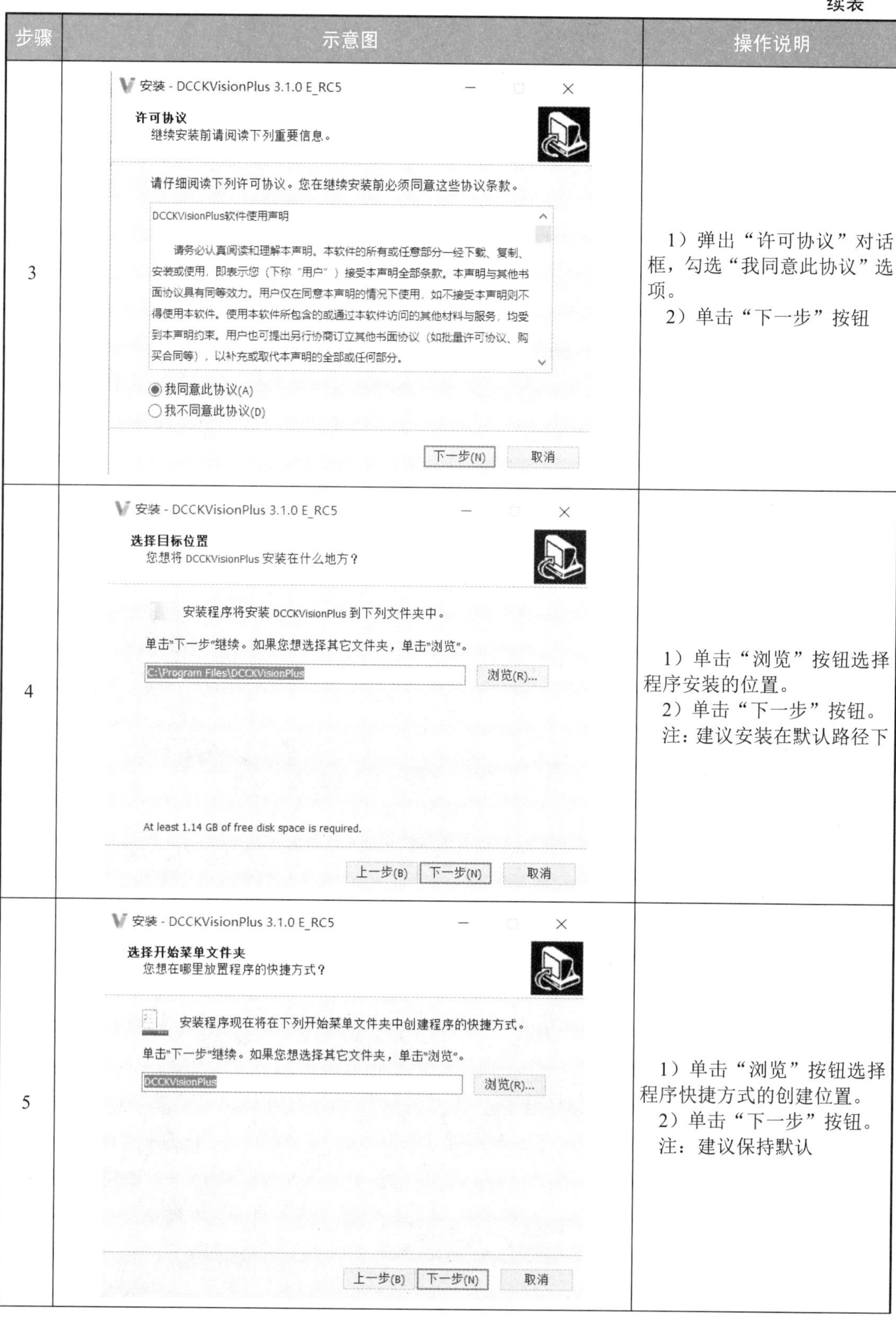

步骤	示意图	操作说明
3	（许可协议对话框）	1）弹出“许可协议”对话框，勾选“我同意此协议”选项。 2）单击“下一步”按钮
4	（选择目标位置对话框）	1）单击“浏览”按钮选择程序安装的位置。 2）单击“下一步”按钮。 注：建议安装在默认路径下
5	（选择开始菜单文件夹对话框）	1）单击“浏览”按钮选择程序快捷方式的创建位置。 2）单击“下一步”按钮。 注：建议保持默认

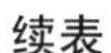

续表

步骤	示意图	操作说明
6	安装 - DCCKVisionPlus 3.1.0 E_RC5 选择附加任务 您想要安装程序执行哪些附加任务？ 选择您想要安装程序在安装 DCCKVisionPlus 时执行的附加任务，然后单击"下一步"。 附加快捷方式： ☑ 创建桌面快捷方式(D) 上一步(B)　下一步(N)　取消	1）勾选“创建桌面快捷方式”选项。 2）单击“下一步”按钮
7	准备安装 安装程序现在准备开始安装 DCCKVisionPlus 到您的电脑中。 单击"安装"继续此安装程序。如果您想要回顾或改变设置，请单击"上一步"。 目标位置： C:\Program Files\DCCKVisionPlus 开始菜单文件夹： DCCKVisionPlus 附加任务： 附加快捷方式： 创建桌面快捷方式(D) 上一步(B)　安装(I)　取消	1）再次确认软件安装的位置和附加任务，如果没有问题，单击“安装”按钮。 2）如果需要修改安装路径或者不需要附加任务，可以单击“上一步”按钮修改
8	安装 - DCCKVisionPlus 3.1.0 E_RC5 DCCKVisionPlus 安装完成 安装程序已在您的电脑中安装了 DCCKVisionPlus。此应用程序可以通过选择安装的快捷方式运行。 单击"完成"退出安装程序。 ☑ 安装 .NET Framework ☑ 安装授权环境 完成(F)	1）勾选“安装.NET Framework”和“安装授权环境”选项。 2）单击“完成”按钮

续表

步骤	示意图	操作说明
9	 Microsoft .NET Framework Microsoft .NET Framework 4.7.2 Developer Pack 修改安装程序 修复(R) 卸载(U) 关闭(C)	在弹出的“Microsoft.NET Framework”窗口中，单击“修复”按钮
10	 Microsoft .NET Framework Microsoft .NET Framework 4.7.2 Developer Pack 安装成功 关闭(C)	安装成功后单击“关闭”按钮
11	 CodeMeter Runtime Kit v7.40 安装程序 欢迎使用 CodeMeter Runtime Kit v7.40 安装向导 通过安装向导可以更改在您的计算机上安装 CodeMeter Runtime Kit v7.40 功能的方式，或将其从您的计算机中删除。单击"下一步"继续，或单击"取消"退出安装向导。 Build 4990 上一步(B) 下一步(N) 取消	在“欢迎使用 CodeMeter Runtime Kit v7.40 安装向导”窗口中，单击“下一步”按钮

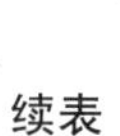

续表

步骤	示意图	操作说明
12	CodeMeter Runtime Kit v7.40 安装程序 最终用户许可协议 请认真阅读以下许可协议 德国WIBU-SYSTEMS AG与美国Wibu-Systems USA Inc.共同发布 CodeMeter和WibuKey软件授权使用协议 在使用本软件之前，请阅读本软件许可协议（"许可"）。使用本软件即表示您同意接受本协议条款的约束。如果您以电子方式访问本软件，请点击"同意/接受"按钮，表示您同意接受本 我接受许可协议中的条款(A) 打印(P)　上一步(B)　下一步(N)　取消	1）勾选“我接受许可协议中的条款”选项。 2）单击“下一步”按钮
13	CodeMeter Runtime Kit v7.40 安装程序 安装范围 选择安装范围和文件夹 用户名: think 组织: 只为您(think)安装(J) CodeMeter Runtime Kit v7.40 将安装在每用户文件夹中并且仅供您的用户帐户使用。 为此计算机的所有用户安装(M) CodeMeter Runtime Kit v7.40 默认情况下安装在每计算机文件夹中并且可供所有用户使用。您必须具有本地管理员权限。 上一步(B)　下一步(N)　取消	1）勾选“为此计算机的所有用户安装”选项。 2）单击“下一步”按钮
14	CodeMeter Runtime Kit v7.40 安装程序 自定义安装 选择所需的功能安装方式。 单击下面树中的图标可更改功能的安装方式。 CodeMeter Runtime Kit 网络服务器 Wibu Shell扩展 用户帮助文件 自动服务器搜索 远程 WebAdmin访问 该功能会将CodeMeter Runtime Kit安装到您的计算机。 此功能要求硬盘上有 75MB 磁盘空间。已选择了它的 5 项子功能中的 3 项。这些子功能要求硬盘上有 26MB 磁盘空间。 浏览(R)... 重置(S)　磁盘使用情况(U)　上一步(B)　下一步(N)　取消	在“自定义安装”窗口，单击“下一步”按钮

续表

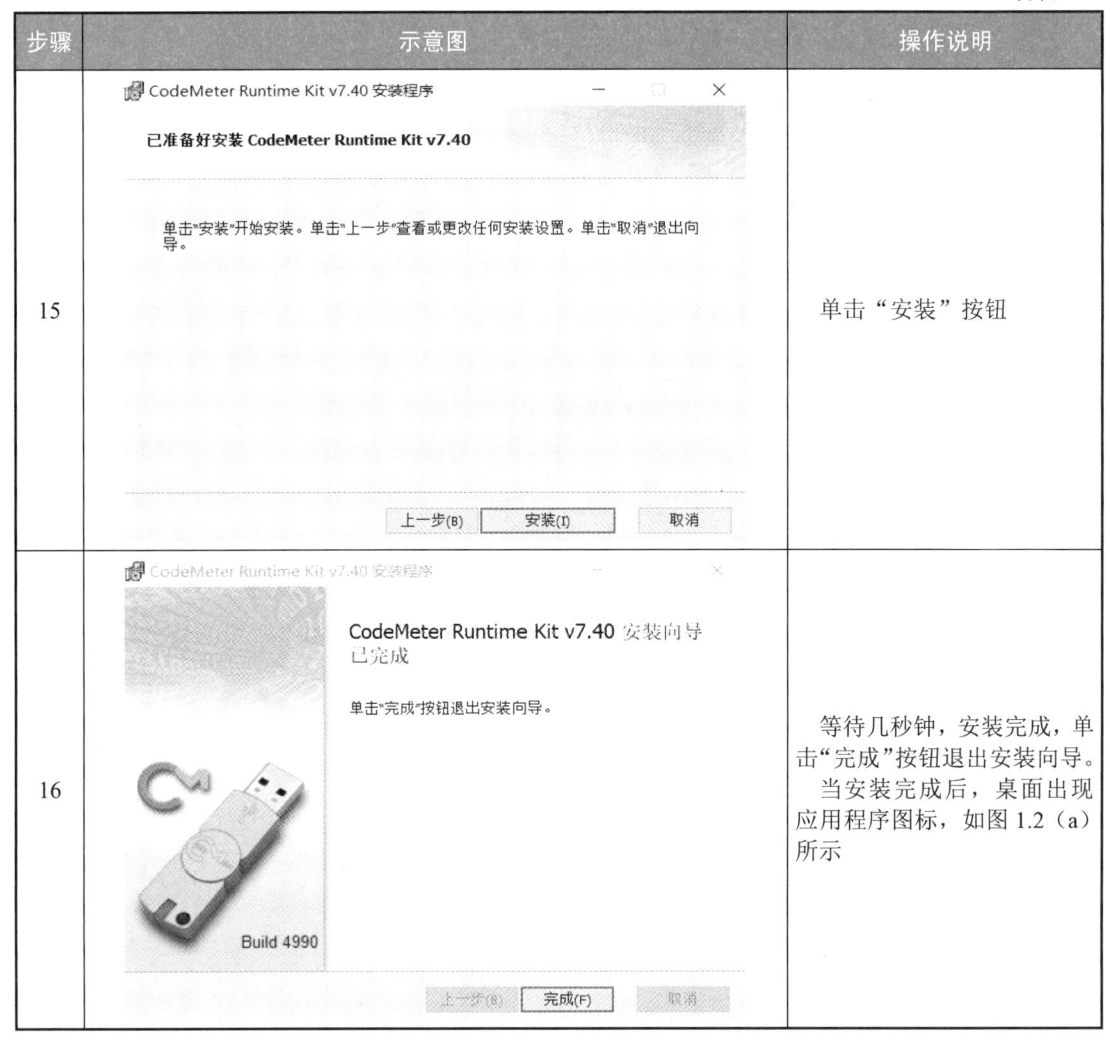

步骤	示意图	操作说明
15	CodeMeter Runtime Kit v7.40 安装程序 已准备好安装 CodeMeter Runtime Kit v7.40 单击"安装"开始安装。单击"上一步"查看或更改任何安装设置。单击"取消"退出向导。 上一步(B) 安装(I) 取消	单击“安装”按钮
16	CodeMeter Runtime Kit v7.40 安装程序 CodeMeter Runtime Kit v7.40 安装向导已完成 单击"完成"按钮退出安装向导。 Build 4990 上一步(B) 完成(F) 取消	等待几秒钟，安装完成，单击“完成”按钮退出安装向导。 当安装完成后，桌面出现应用程序图标，如图 1.2（a）所示

（3）VisionPro 软件安装

VisionPro 软件安装操作步骤如表 1.6 所示。

表 1.6　VisionPro 软件安装操作步骤

步骤	示意图	操作说明
1	Autorun.inf　2011/4/14 15:21　安装信息　1 KB build.txt　2013/11/20 19:40　文本文档　1 KB Cognex VisionPro x64 (R) 8.2 SR1.msi　2013/11/20 19:39　Windows Install...　9,115 KB doc.cab　2013/11/20 19:39　WinRAR 压缩文件　170,190 KB mcdriver.cab　2013/11/20 19:39　WinRAR 压缩文件　8,391 KB readme.txt　2013/11/20 10:22　文本文档　1 KB sample3d.cab　2013/11/20 19:39　WinRAR 压缩文件　90,632 KB samples.cab　2013/11/20 19:39　WinRAR 压缩文件　181,645 KB setup.exe　2013/11/20 19:39　应用程序　1,433 KB Setup.ini　2013/11/20 19:39　配置设置　7 KB vpro.cab　2013/11/20 19:39　WinRAR 压缩文件　214,896 KB vpro32.cab　2013/11/20 19:39　WinRAR 压缩文件　129,810 KB	1）将下载的 VisionPro 安装包解压。 2）找到安装启动程序“setup.exe”。 3）双击开始安装

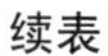

续表

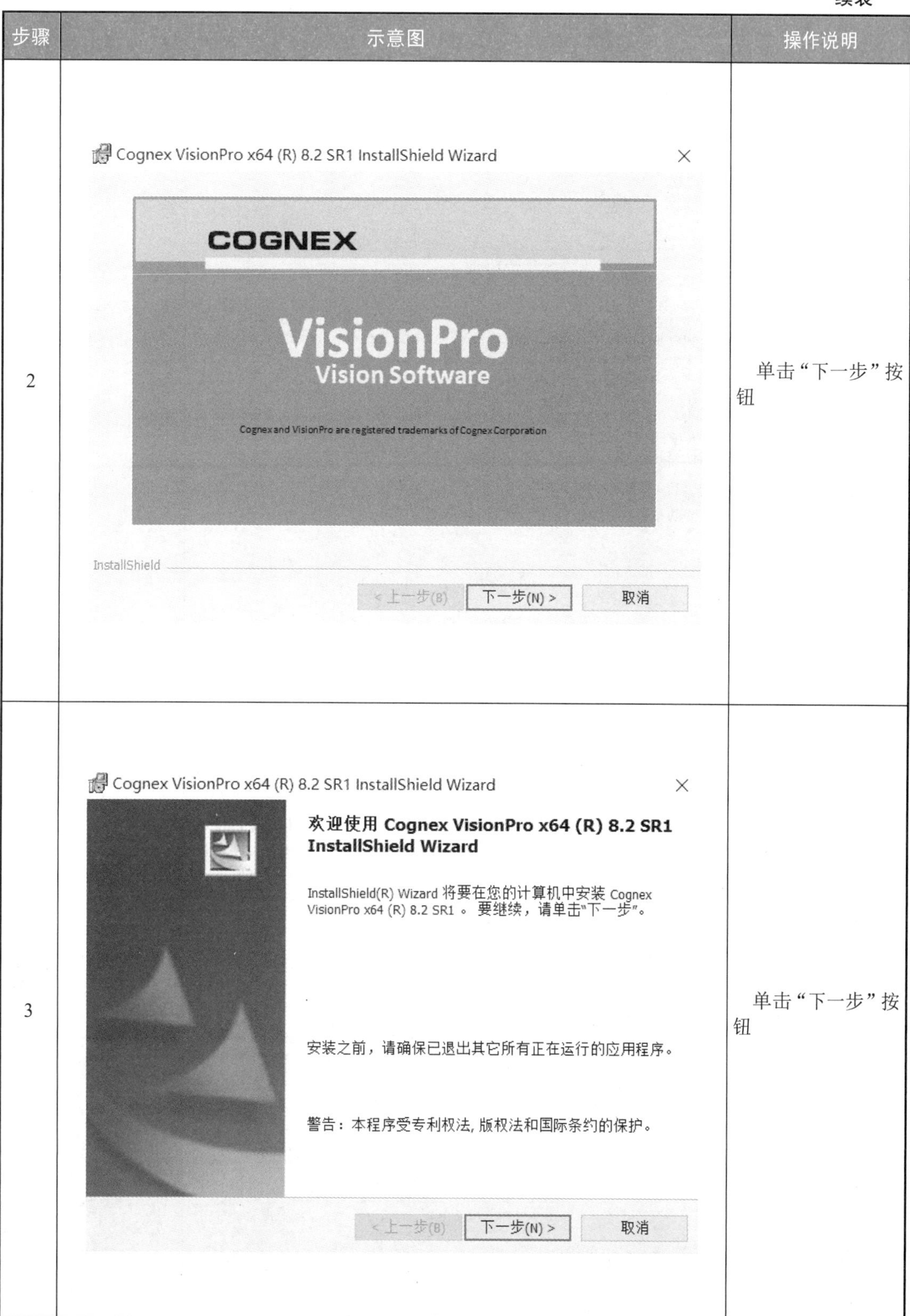

步骤	示意图	操作说明
2		单击“下一步”按钮
3		单击“下一步”按钮

续表

步骤	示意图	操作说明
4	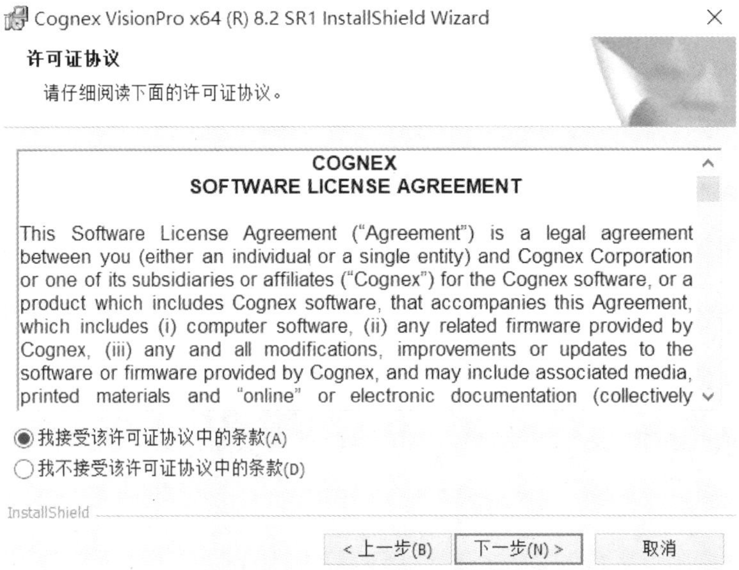 Cognex VisionPro x64 (R) 8.2 SR1 InstallShield Wizard **许可证协议** 请仔细阅读下面的许可证协议。 COGNEX SOFTWARE LICENSE AGREEMENT This Software License Agreement ("Agreement") is a legal agreement between you (either an individual or a single entity) and Cognex Corporation or one of its subsidiaries or affiliates ("Cognex") for the Cognex software, or a product which includes Cognex software, that accompanies this Agreement, which includes (i) computer software, (ii) any related firmware provided by Cognex, (iii) any and all modifications, improvements or updates to the software or firmware provided by Cognex, and may include associated media, printed materials and "online" or electronic documentation (collectively ◉我接受该许可证协议中的条款(A) ○我不接受该许可证协议中的条款(D) InstallShield < 上一步(B) 下一步(N) > 取消	1）勾选“我接受该许可证协议中的条款”选项。 2）单击“下一步”按钮
5	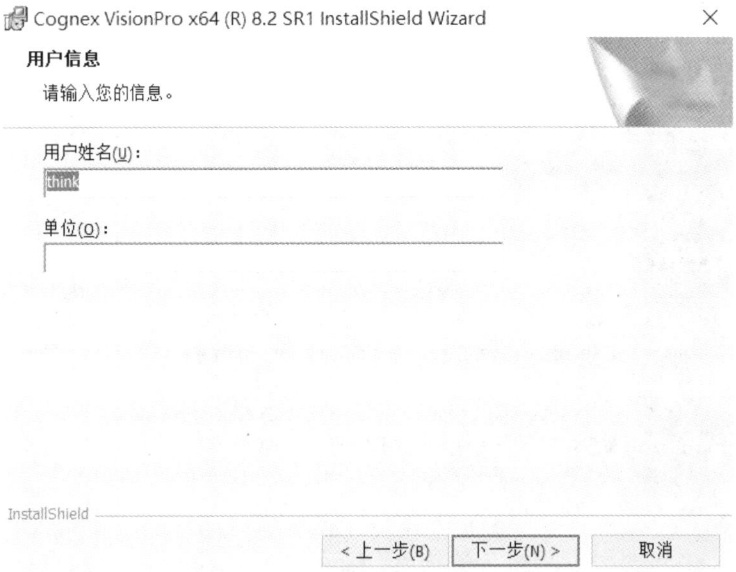 Cognex VisionPro x64 (R) 8.2 SR1 InstallShield Wizard **用户信息** 请输入您的信息。 用户姓名(U)： think 单位(O)： InstallShield < 上一步(B) 下一步(N) > 取消	单击“下一步”按钮

续表

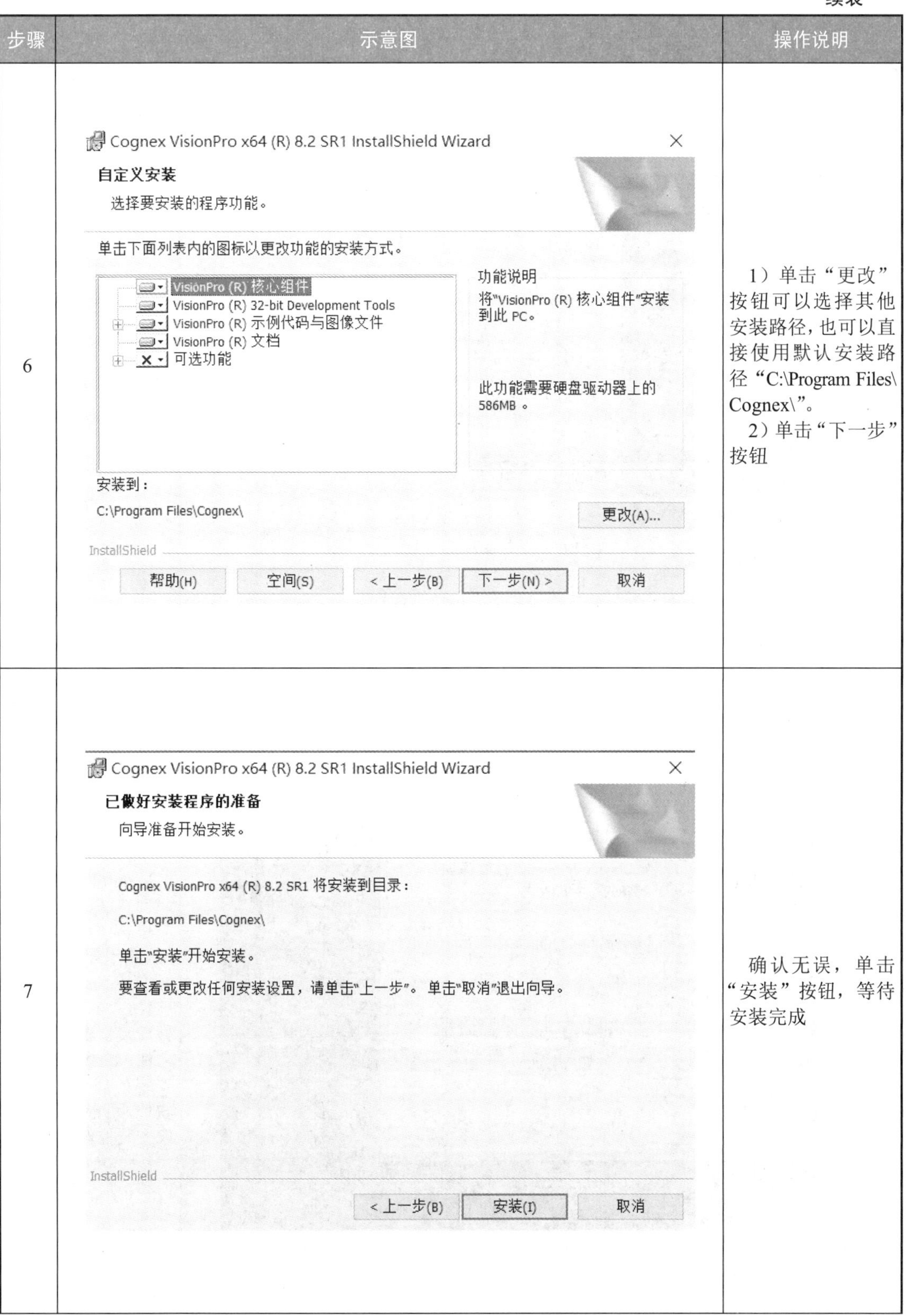

步骤	示意图	操作说明
6	Cognex VisionPro x64 (R) 8.2 SR1 InstallShield Wizard 自定义安装 选择要安装的程序功能。 单击下面列表内的图标以更改功能的安装方式。 VisionPro (R) 核心组件 VisionPro (R) 32-bit Development Tools VisionPro (R) 示例代码与图像文件 VisionPro (R) 文档 可选功能 功能说明 将"VisionPro (R) 核心组件"安装到此 PC。 此功能需要硬盘驱动器上的 586MB 。 安装到： C:\Program Files\Cognex\ 更改(A)... InstallShield 帮助(H)　空间(S)　< 上一步(B)　下一步(N) >　取消	1）单击“更改”按钮可以选择其他安装路径，也可以直接使用默认安装路径“C:\Program Files\Cognex\”。 2）单击“下一步”按钮
7	Cognex VisionPro x64 (R) 8.2 SR1 InstallShield Wizard 已做好安装程序的准备 向导准备开始安装。 Cognex VisionPro x64 (R) 8.2 SR1 将安装到目录： C:\Program Files\Cognex\ 单击"安装"开始安装。 要查看或更改任何安装设置，请单击"上一步"。单击"取消"退出向导。 InstallShield < 上一步(B)　安装(I)　取消	确认无误，单击“安装”按钮，等待安装完成

续表

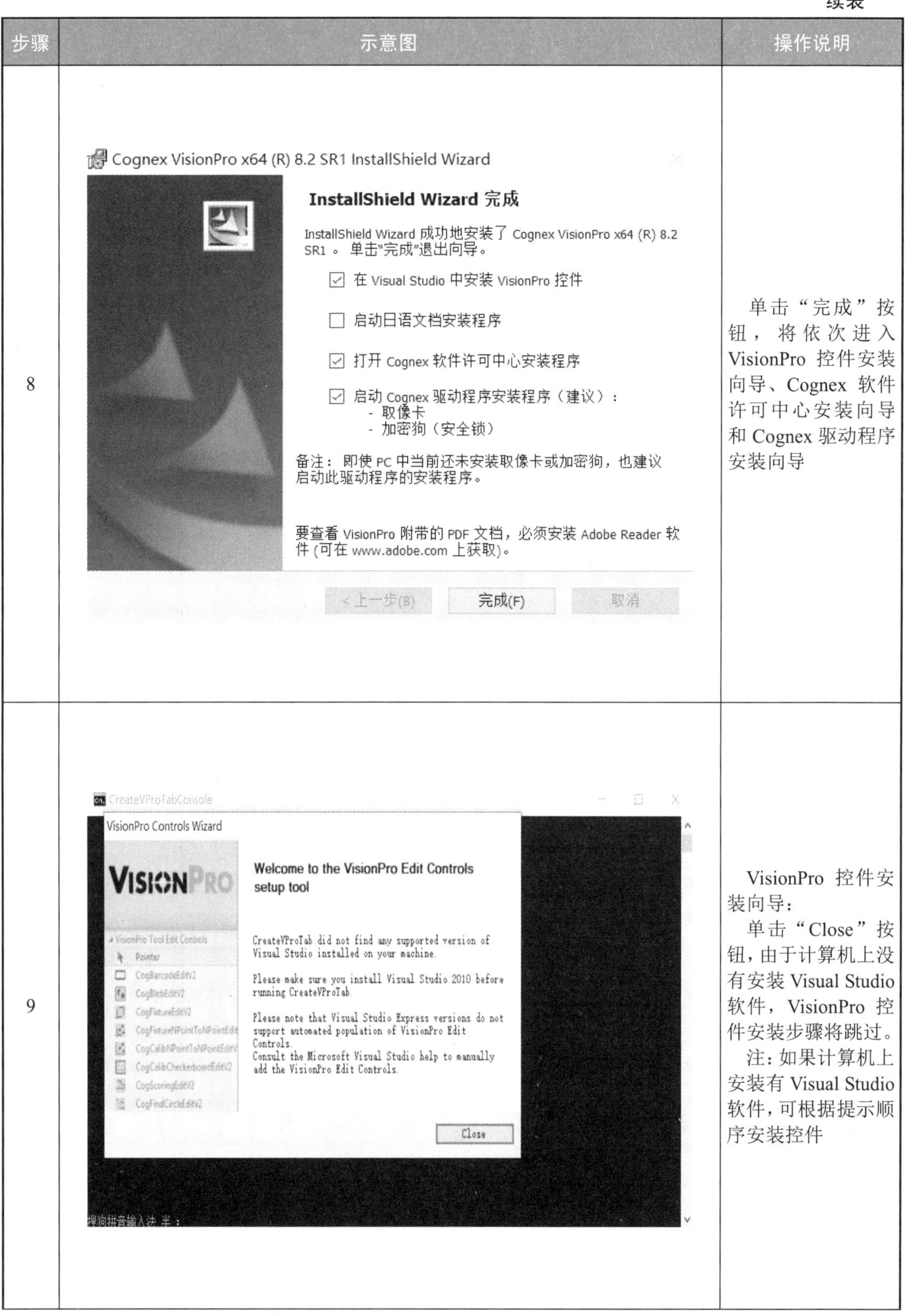

步骤	示意图	操作说明
8		单击“完成”按钮，将依次进入VisionPro控件安装向导、Cognex软件许可中心安装向导和Cognex驱动程序安装向导
9		VisionPro控件安装向导： 单击“Close”按钮，由于计算机上没有安装Visual Studio软件，VisionPro控件安装步骤将跳过。 注：如果计算机上安装有Visual Studio软件，可根据提示顺序安装控件

续表

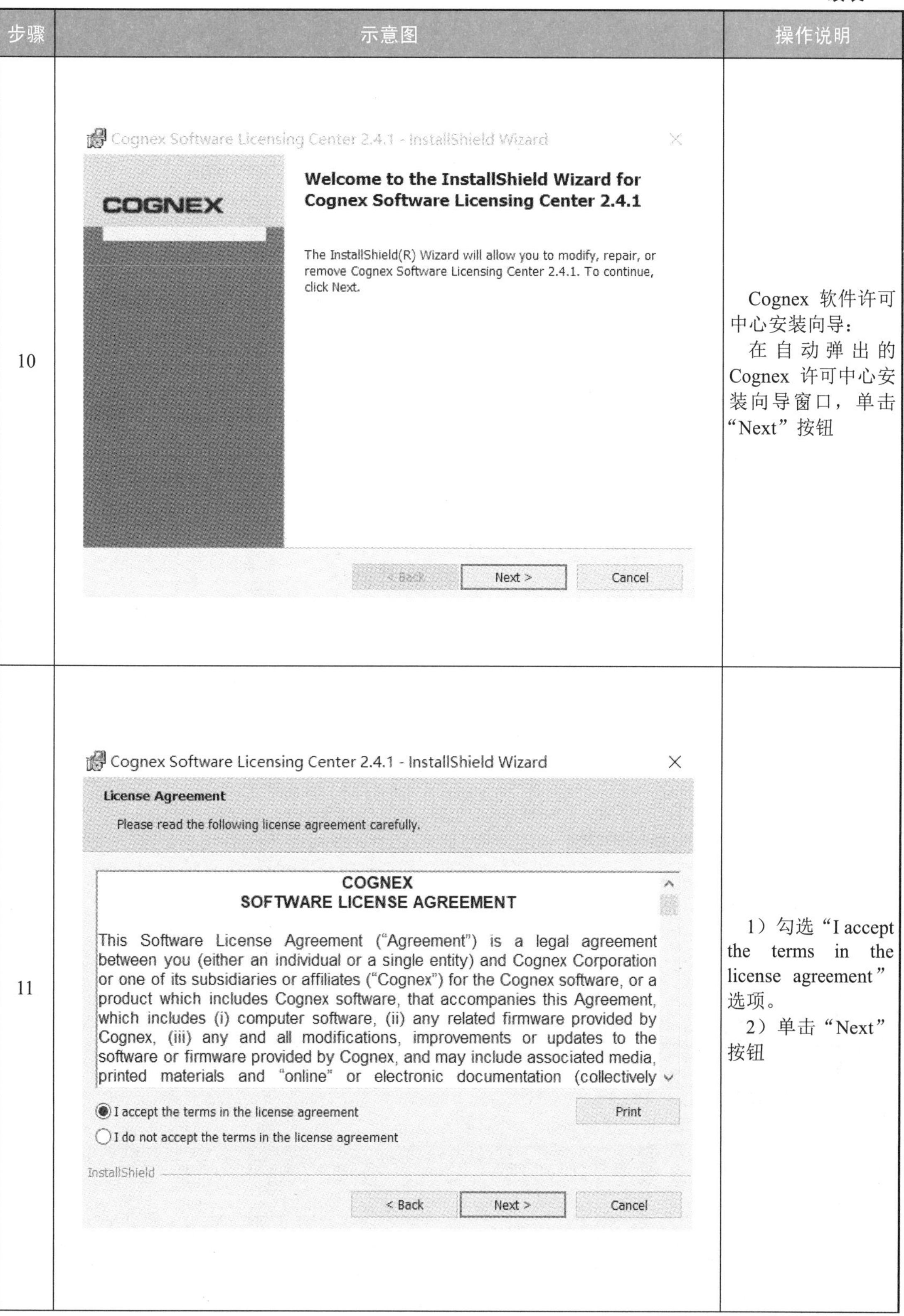

步骤	示意图	操作说明
10		Cognex 软件许可中心安装向导： 在自动弹出的 Cognex 许可中心安装向导窗口，单击“Next”按钮
11		1）勾选“I accept the terms in the license agreement”选项。 2）单击“Next”按钮

续表

步骤	示意图	操作说明
12	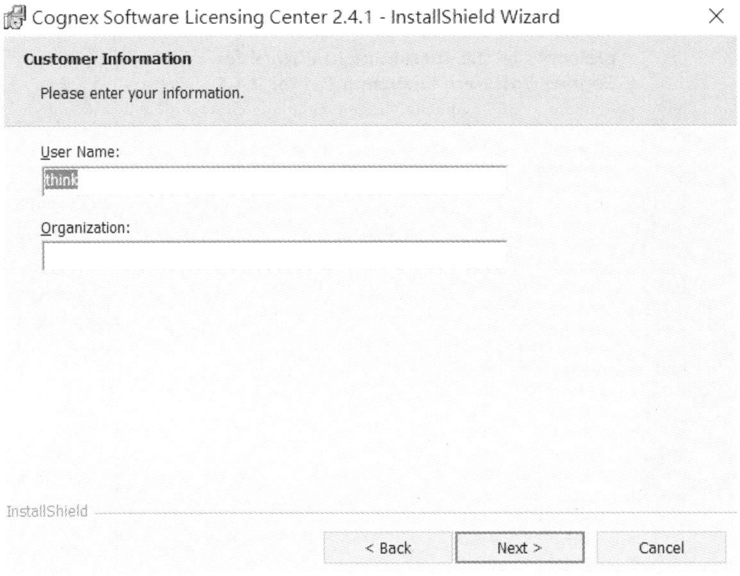 Cognex Software Licensing Center 2.4.1 - InstallShield Wizard Customer Information Please enter your information. User Name: think Organization: InstallShield < Back Next > Cancel	单击“Next”按钮
13	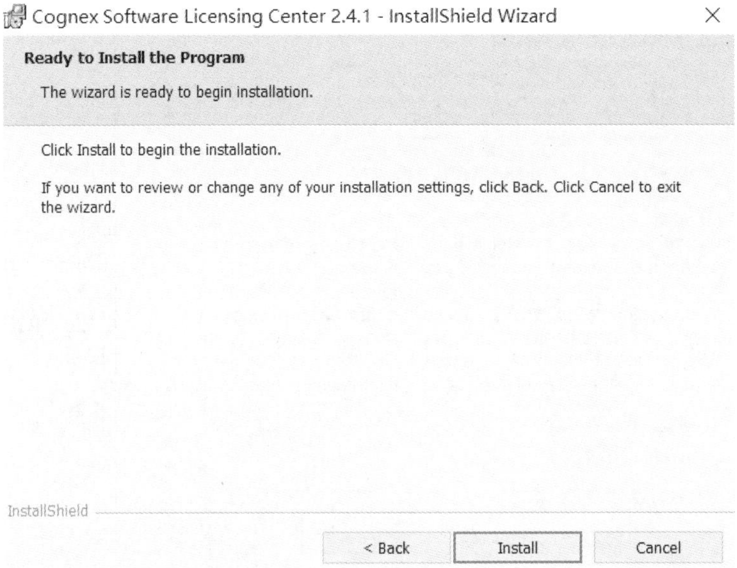 Cognex Software Licensing Center 2.4.1 - InstallShield Wizard Ready to Install the Program The wizard is ready to begin installation. Click Install to begin the installation. If you want to review or change any of your installation settings, click Back. Click Cancel to exit the wizard. InstallShield < Back Install Cancel	单击“Install”按钮

续表

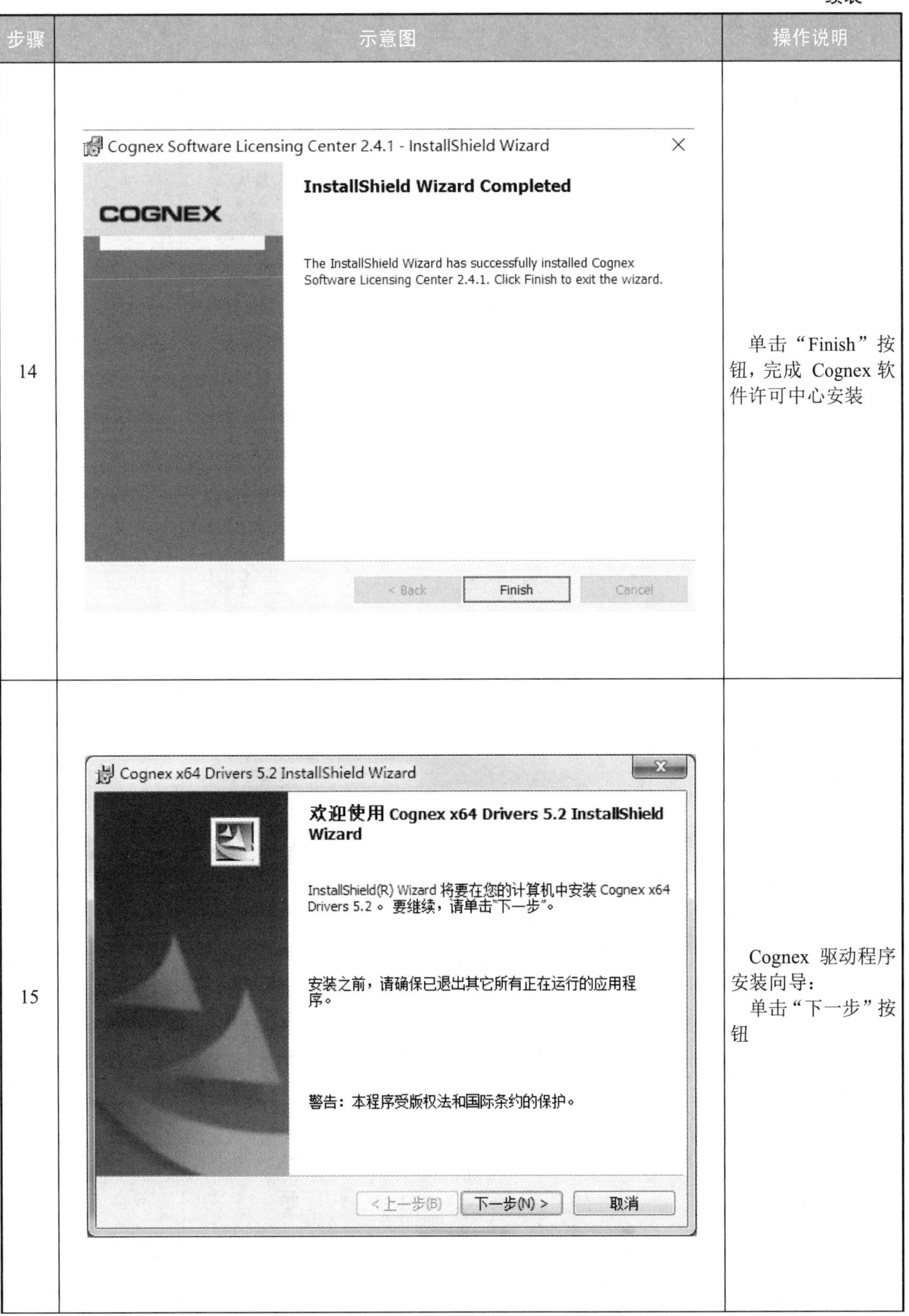

步骤	示意图	操作说明
14		单击“Finish”按钮，完成 Cognex 软件许可中心安装
15		Cognex 驱动程序安装向导： 单击“下一步”按钮

续表

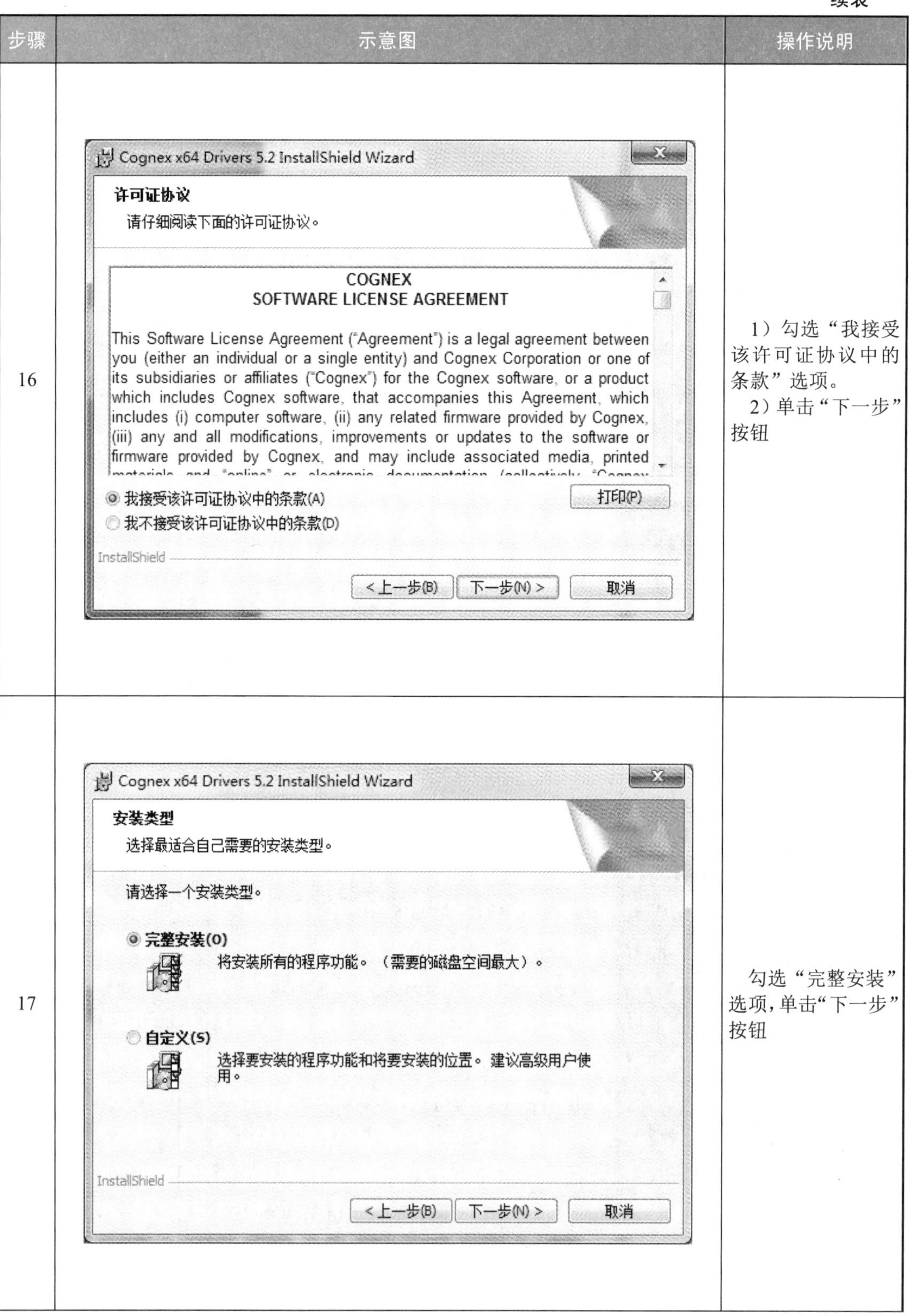

步骤	示意图	操作说明
16		1）勾选“我接受该许可证协议中的条款”选项。 2）单击“下一步”按钮
17		勾选“完整安装”选项，单击“下一步”按钮

续表

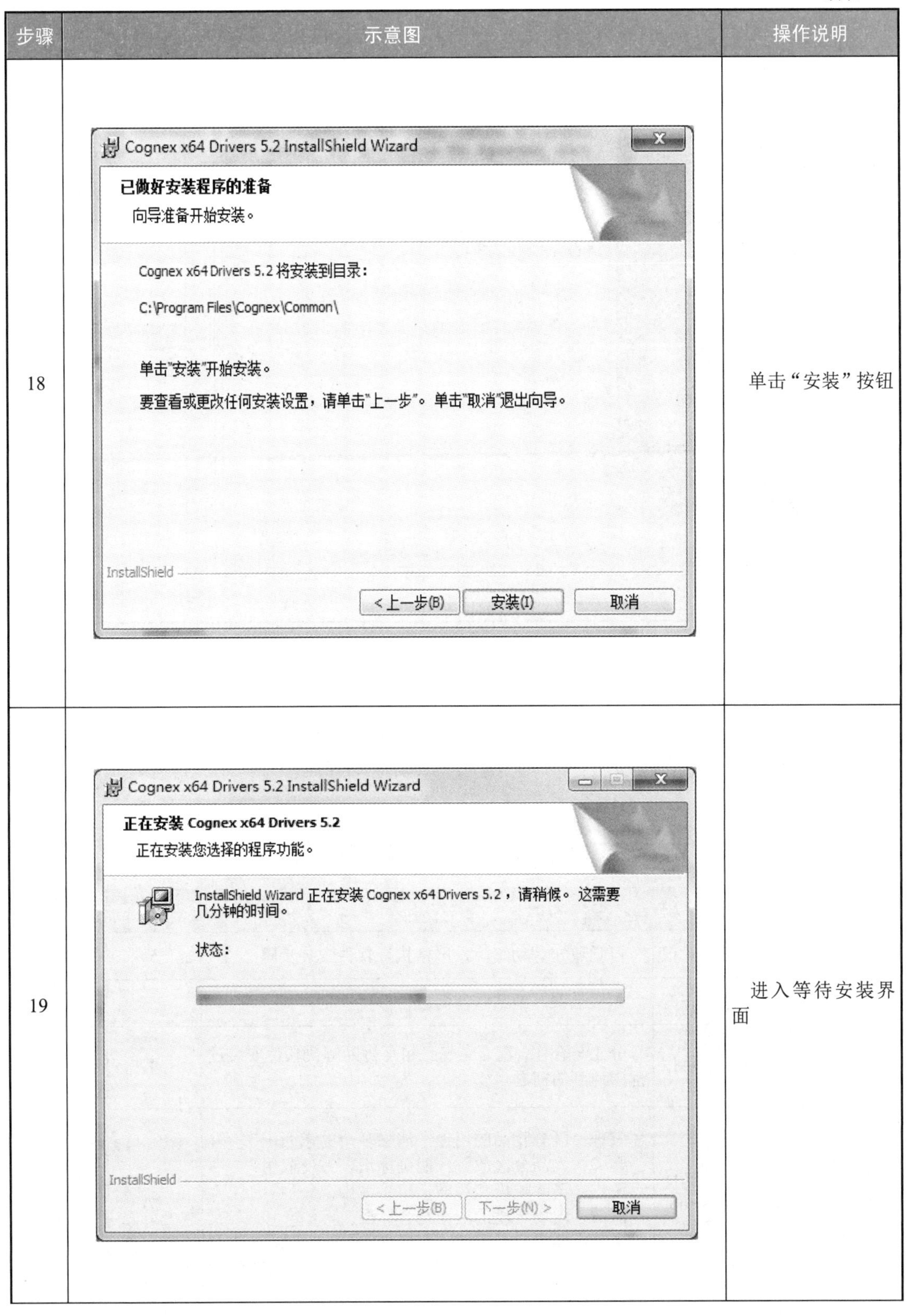

步骤	示意图	操作说明
18		单击“安装”按钮
19		进入等待安装界面

续表

步骤	示意图	操作说明
20	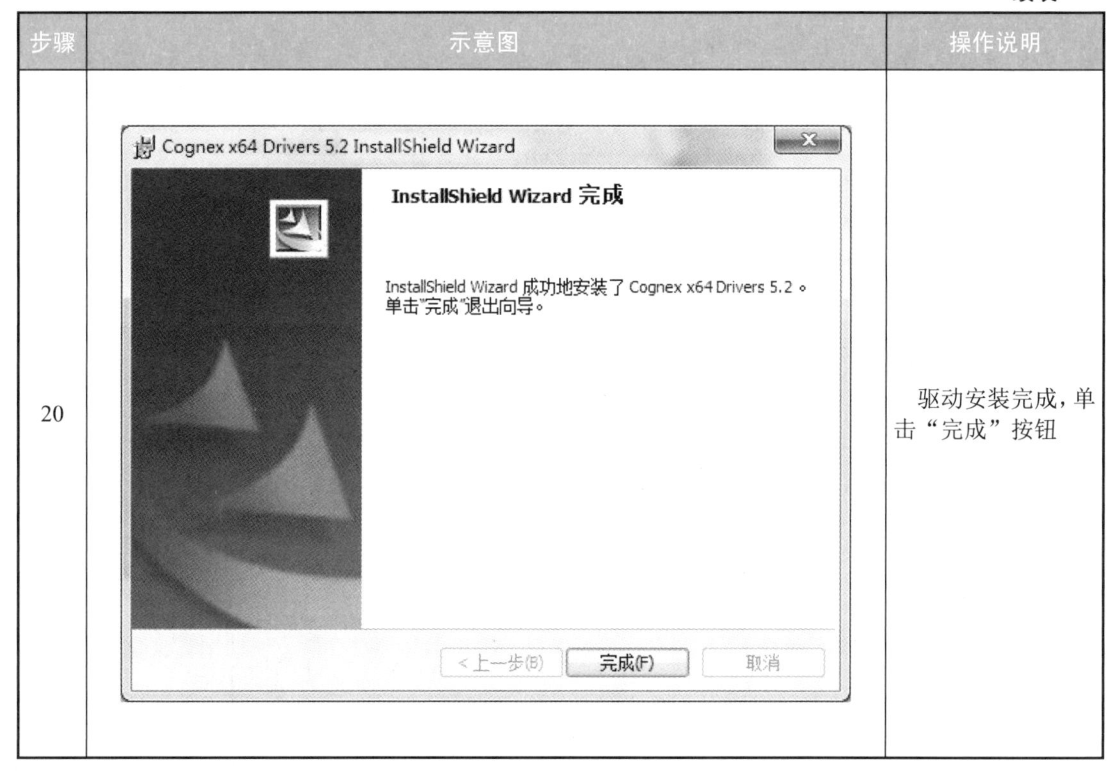	驱动安装完成，单击“完成”按钮

任务评价

任务评价如表 1.7 所示。

表 1.7　任务评价

任务名称		机器视觉软件下载与安装		实施日期	
序号	评价目标	任务实施评价标准		配分	得分
1	职业素养	纪律意识	自觉遵守劳动纪律，严格执行软件安装步骤	5	
2		学习态度	积极上课，踊跃回答问题，保持全勤	5	
3		团队协作	分工与合作，配合紧密，相互协助解决软件安装过程中遇到的问题	5	
4		严格执行现场 6S 管理	整理：区分物品的用途，清除多余的东西； 整顿：物品分区放置，明确标识，方便取用； 清扫：清除垃圾和污秽，防止污染； 清洁：现场环境的洁净符合标准； 素养：养成良好习惯，积极主动； 安全：遵守安全操作规程，人走机关	5	

续表

序号	评价目标	任务实施评价标准	配分	得分
5	职业技能	能判断计算机系统安装 V+平台软件所需配置是否满足要求	5	
6		能判断计算机系统安装 VisionPro 软件所需配置是否满足要求	5	
7		能下载 V+平台软件的 V3.1.0E RC5 教育版	10	
8		能下载 VisionPro 软件的 VisionPro 8.2 SR1 或以上版本	10	
9		能按照软件使用手册安装 V+平台软件的 V3.1.0E RC5 教育版	25	
10		能按照软件使用手册安装 VisionPro 软件的 VisionPro 8.2 SR1 或以上版本	25	
合计			100	
小组成员签名				
指导教师签名				
任务评价记录	1. 存在问题 ______ ______ ______ 2. 优化建议 ______ ______ ______			
备注：在使用真实实训设备或工件编程调试过程中，如发生设备碰撞、零部件损坏等每处扣 10 分。				

任务总结

本任务介绍了机器视觉技术基础知识，学习了常见的机器视觉软件，通过演示 V+平台软件和 VisionPro 软件的下载和安装，进一步了解机器视觉软件，尤其是安装过程中的一些注意事项。机器视觉软件的成功安装，是迈入该行业的关键一步。

任务拓展

考虑到每个行业的专业性有差异，V+平台针对不同行业的细分领域，定制开发了专业的应用模块——行业模块，如引导模块、连接器模块等。行业模块的设计是通过将大量的行业实践经验进行总结和提取，形成的一套完善的应用机制。其对相关算法进行了深度封装和定制化对应，从而实现大幅简化软件操作、提升工作效率、缩短项目开发周期和节约人力

成本。

拓展任务要求：

1）安装 V+平台软件行业模块，具体安装操作如表 1.8 所示。

2）学习和掌握引导模块和连接器模块的功能及应用。

表 1.8 V+平台软件行业模块的安装

步骤	示意图	操作说明
1	DCCKVisionPlus_Setup_V3.1.0E_RC5_20221021.rar DCCKVisionPlus_Setup_V3.1.0E_RC5_20221021 DCCKVisionPlus_Setup_V3.1.0E_RC5_行业模块.exe	1）解压 V+平台软件安装包。 2）找到“DCCKVisionPlus_Setup_V3.1.0E_RC5_行业模块.exe”。 3）双击开始安装。 注：安装过程中请勿运行 V+平台软件
2	安装 - 行业模块 3.1.0 E_RC5 许可协议 继续安装前请阅读下列重要信息。 请仔细阅读下列许可协议。您在继续安装前必须同意这些协议条款。 DCCKVisionPlus软件使用声明 请务必认真阅读和理解本声明。本软件的所有或任意部分一经下载、复制、安装或使用，即表示您（下称“用户”）接受本声明全部条款。本声明与其他书面协议具有同等效力。用户仅在同意本声明的情况下使用，如不接受本声明则不得使用本软件。使用本软件所包含的或通过本软件访问的其他材料与服务，均受到本声明约束。用户也可提出另行协商订立其他书面协议（如批量许可协议、购买合同等），以补充或取代本声明的全部或任何部分。 我同意此协议(A) 我不同意此协议(D) 下一步(N) 取消	1）勾选“我同意此协议”选项。 2）单击“下一步”按钮。
3	安装 - 行业模块 3.1.0 E_RC5 准备安装 安装程序现在准备开始安装 行业模块 到您的电脑中。 单击"安装"继续此安装程序？ 上一步(B) 安装(I) 取消	单击“安装”按钮

续表

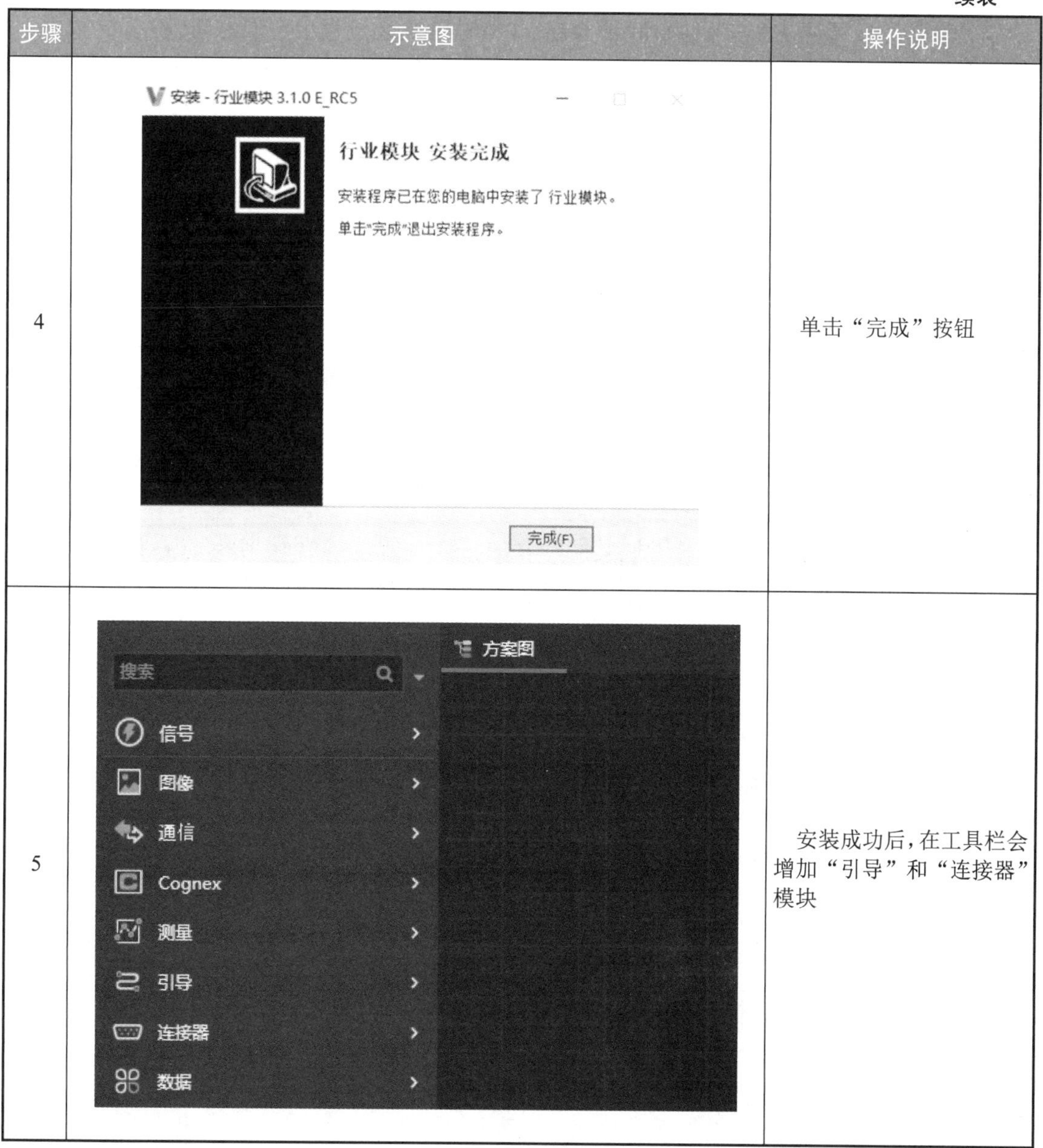

步骤	示意图	操作说明
4	安装 - 行业模块 3.1.0 E_RC5 行业模块 安装完成 安装程序已在您的电脑中安装了 行业模块。 单击"完成"退出安装程序。 完成(F)	单击“完成”按钮
5	搜索 方案图 信号 图像 通信 Cognex 测量 引导 连接器 数据	安装成功后，在工具栏会增加“引导”和“连接器”模块

任务检测

1）【第十八届“振兴杯”】机器视觉系统是实现仪器设备精密控制、智能化、自动化的有效途径，堪称现代工业生产的“机器眼睛”，其不具有的优点是（　　）。

A. 具有较宽的光谱响应范围　　B. 价格便宜

C. 长时间工作　　D. 实现非接触测量

2）机器视觉系统的构成包括哪些部分？

3）写出你知道的国内外机器视觉开发软件。

4）总结并尝试解决 V+平台软件或 VisionPro 软件安装过程中出现的问题。

任务 1.2　工业视觉应用认知

任务描述

工业是目前中国机器视觉行业最大的下游应用领域，其销售额占比为 81.2%。在工业生产过程中的信息识别、表面质量检测、目标定位引导、尺寸测量等方面发挥着越来越重要的作用，其应用行业包括汽车、电子、光伏、新能源、半导体、医疗、物流、印刷包装、食品等行业。工业视觉应用场景的不断丰富，能够有效地解决成本难题，帮助企业提高生产效率、降低成本、提高产品质量以及实现自动化和智能化生产。

本任务要求了解工业相机、工业镜头和光源等硬件，熟悉工业视觉典型的应用案例，对工业视觉系统的“引导”“检测”“测量”“识别”4 大类应用有初步的认识，并尝试利用 V+平台软件查看对应的解决方案。

任务目标

1）了解工业相机、工业镜头和光源等硬件。

2）了解工业视觉典型的应用案例。

3）获取 V+平台软件和 VisionPro 软件的授权。

4）尝试利用 V+平台软件查看工业视觉解决方案。

相关知识

1. 工业视觉系统硬件

工业视觉系统 3 大硬件通常是指工业相机、工业镜头和光源，如图 1.12 所示。

（1）工业相机

工业相机是一种专门用于工业自动化领域的高性能相机，是工业视觉系统的最核心的组件，其功能是将光信号转变成有序的电信号，再将该信号模数转换并送到处理器，以完成图像的处理、分析和识别。

（2）工业镜头

工业镜头相当于人眼的晶状体，是工业视觉采集和传递被摄物体信息过程的起点。它的作用等同于小孔成像中小孔的作用，所不同的是：一方面，工业镜头的透光孔径比小孔大很多倍，能在同等时间内接纳更多的光线，使工业相机能在很短时间内（毫秒到秒级）获得适当的曝光；另一方面，工业镜头能够聚集光束，可以在工业相机图像传感器上产生比小孔成像效果更为清晰的影像。

图 1.12　工业视觉系统 3 大硬件

（a）工业相机；（b）工业镜头；（c）光源

（3）光源

工业视觉系统常用的光源是 LED 光源，其具有显色性好、光谱范围宽（可覆盖整个可见光范围）、发光强度高、稳定时间长等优点，而且随着制造技术的成熟，其价格越来越低，在现代工业视觉领域应用也越来越广泛。

2. 工业视觉应用典型案例

近年来，机器视觉在工业领域内的应用越来越广泛，其中工业视觉检测和工业机器人视觉成为目前主要的两大技术。工业视觉检测又可分为高精度定量检测（如显微照片的细胞分类、机械零部件的尺寸和位置测量）和不用量器的定性或半定量检测（如产品的外观检查、装配线上的零部件识别定位、缺陷性检测与装配完全性检测）。如图 1.13 所示为基于工业视觉系统的汽车面板按钮检测。

工业机器人视觉用于指引工业机器人在大范围内的操作和行动，如从料斗送出的杂乱工件堆中拣取工件，并按一定的方位放在传输带或其他设备上（即料斗拣取问题），至于小范围内的操作和行动，还需要借助触觉传感技术。如图 1.14 所示为基于工业视觉系统的工业机器人定位。

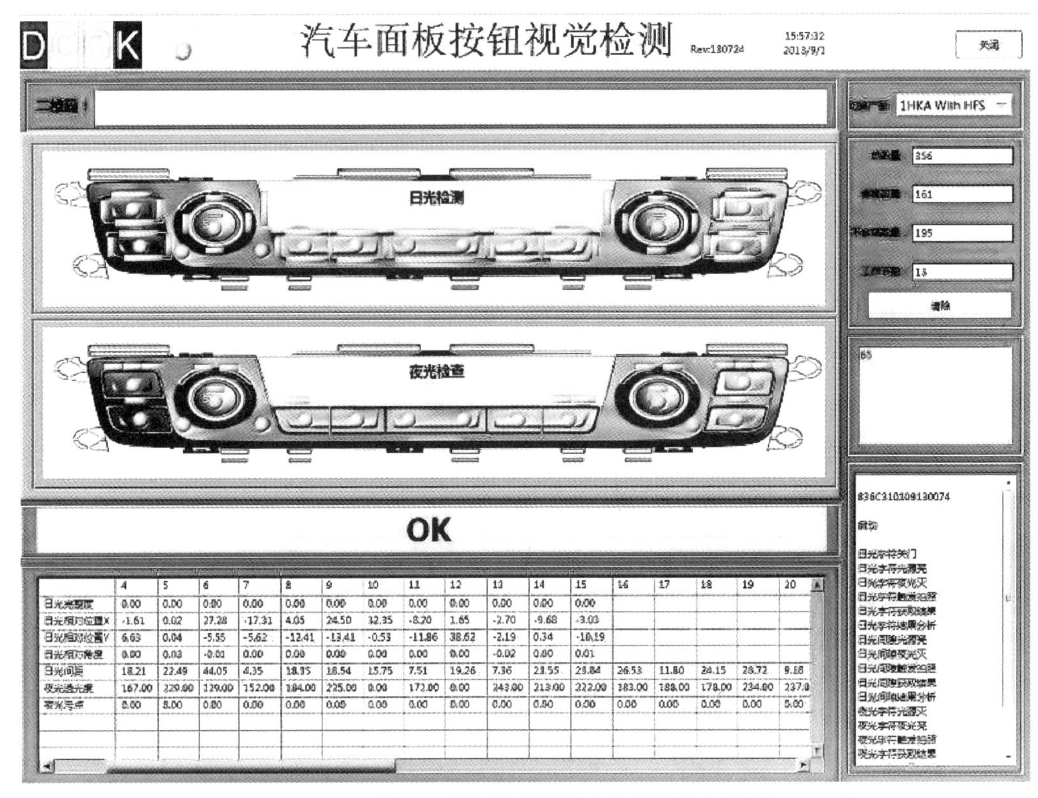

图 1.13　基于工业视觉系统的汽车面板按钮检测

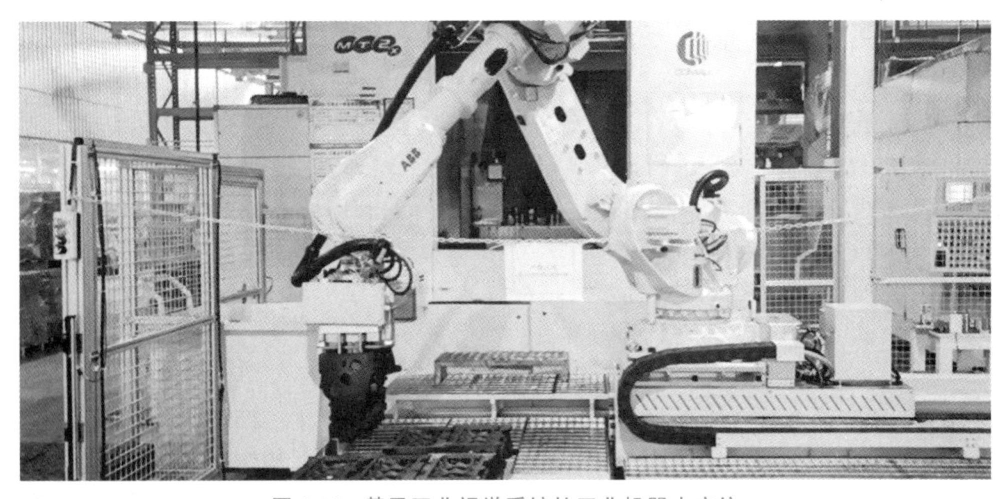

图 1.14　基于工业视觉系统的工业机器人定位

安全气囊传感器中即使只有一条线接错，也可能造成人员伤亡。确定连接器安装正确的一项重要工作就是检查各种颜色的线是否正确地接到了各连接器上。有了简单而有效的色彩工业视觉工具，连接器制造人员便能以色彩视觉检查的方式进行这种关键检查，保证准确率为 100%。如图 1.15 所示为汽车安全气囊线序检测，从一开始就利用这种工业视觉工具进行关键的安全检查，可降低出错的风险。

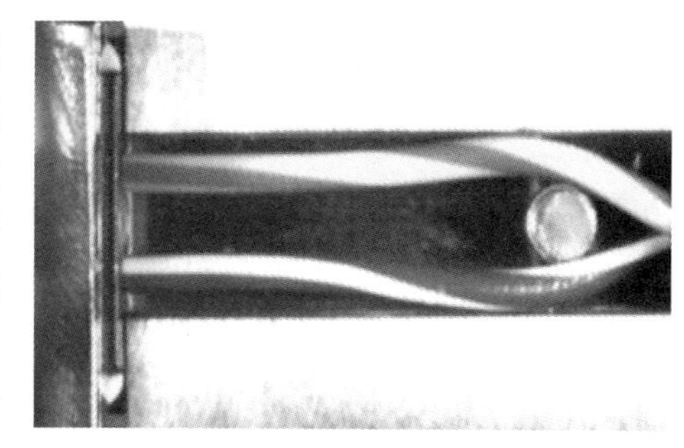

图 1.15　汽车安全气囊线序检测

汽车盘式制动器的制造是一个需要先进追踪要求的，具有体力强度大和挑战性的过程。汽车盘式制动器重 12～20 kg，采用工业视觉技术之前，制造人员必须重复地从不锈钢盒中提出沉重的盘，并将其放在各种不同的检测台上。执行如此繁重的工作会给生产线上的员工带来健康风险。

借助工业视觉系统中的智能相机实现自动化对焦、快速图像采集以及内置照明，可识别传送带上传送的盘式制动器的位置，然后在几分之一秒内将图像数据传送给机器人进行控制，从而让高性能磁铁迅速夹住盘式制动器，将盘式制动器放在旋转盘上。另一个智能相机系统借助其集成式红色 LED 灯将字符放在焦点处，读取字母、数字字符后，进行表面平整检验、平衡和声音测试等，并将检测结果上传到数据库。最后根据检测结果，将制动器分别放置到指定位置。如图 1.16 所示为汽车盘式制动器的检测与追溯。

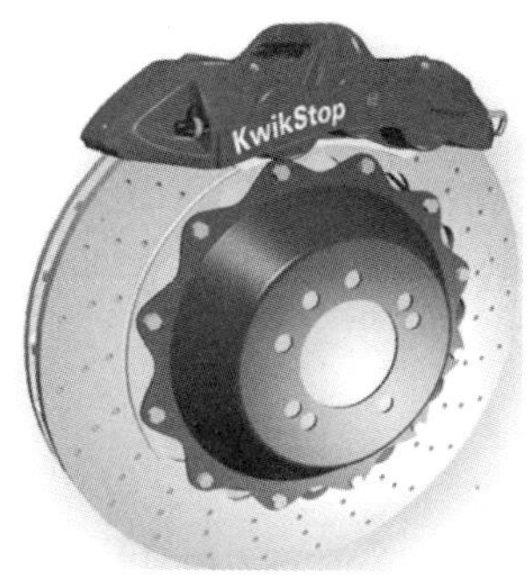

图 1.16　汽车盘式制动器的检测与追溯

现在，许多液晶面板和液晶显示器生产商利用工业视觉技术升级产线，提高产线生产的自动化程度以改善产品质量。近期，国内某液晶板制造厂利用康耐视 CIC-10MR 相机和 VisionPro 软件打造了一条液晶屏打包生产线，如图 1.17 所示。该产线完美实现了液晶屏的

图 1.17　液晶屏打包生产线

尺寸测量、对正、抓取和打包等整个工作过程，而且一次拍照即可实现准确抓取，大大提高了生产效率。

任务实施

1. 获取工业视觉软件授权

工业视觉软件在安装完成之后，通常需要进行授权才可以正常使用。

（1）V+平台软件的授权

V+平台软件的授权方式有两种：软授权和硬授权。

1）软授权。

V+平台软件可以通过试用版授权文件进行激活。V+平台软件软授权操作步骤如表 1.9 所示。

表 1.9　V+平台软件软授权操作步骤

步骤	示意图	操作说明
1	VisionFamily 获取V+授权 无代码机器视觉开发平台 德创视觉之家小程序	扫描左侧德创视觉之家小程序码，在小程序首页上单击“获取 V+授权”页面。 注：在首次进入德创视觉之家小程序，需要进行身份认证，一定要填写常用邮箱，以便获取 V+授权
2	V+月度授权 已兑 【4月】DCCKVisionPlus激活文件（有效期至：5月10日） 兑换：0积分 发送邮箱	进入“V+月度授权”界面，单击“发送邮箱”按钮。 注：每次获取的授权文件只有 30 天的期限，到期需要重新获取

续表

步骤	示意图	操作说明
3	CodeMeter控制中心 文件(F) 进程(P) 视图(V) 帮助(H) 许可 事件 DCCK Trial License 130-980752524 DCCK Trial License 130-1055885251 DCCK Trial License 130-1923699800 DCCK Trial License 130-1939513466 DCCK Trial License 130-1997094238 DCCK Trial License 130-2000504574 DCCK Trial License 名称：DCCK Trial License 序列号：130-980752524 版本：CmActLicense 3.00 ② 状态：许可已激活 许可更新 移除许可 CodeMeter服务正在运行. Web管理界面 1f20c2d8-ba60-4137-b863-80c71cd01dbb.WibuCmRaU ①	1）单击①处的授权文件，会弹出②所示“CodeMeter 控制中心”界面。 2）单击“许可更新”按钮。 注：在此界面有授权文件的名称、序列号、版本等信息
4	CmFAS助手 欢迎使用CmFAS助手！ CodeMeter 激活服务（CmFAS）助手能帮助你增加、改变和删除在CodeMeter许可管理系统中的许可。 CmFAS助手能创建许可请求文件，你能通过email把它发送给软件开发商。你也可以通过CmFAS助手把收到的许可更新文件导入到许可管理系统并且能发送回执给开发商。 下一步(N) 帮助(H)	进入 CmFAS 助手界面，单击“下一步”按钮
5	CmFAS助手 请选择你希望的操作 ◉ 创建许可请求 当你想要创建一个许可请求文件并把它发送给软件开发商时选择这个选项。 ○ 导入许可更新 如果你收到一个从软件开发商发来的许可更新文件并且想要导入该文件，请选择这个选项。 ○ 创建回执 当你想要确认是否成功导入从软件开发商那里获得的许可更新文件时选择这个选项。 下一步(N) 帮助(H)	1）勾选“创建许可请求”选项。 2）单击“下一步”按钮

续表

步骤	示意图	操作说明
6	? × ← CmFAS助手 请选择文件名 C:\Users\think\130-980752524.WibuCmRaC ... 选择文件名保存许可请求文件。然后点击“提交”创建文件。你可以通过Email发送此文件给开发商。 提交 帮助(H)	在“请选择文件名”的路径处默认为已定位到的授权文件，单击“提交”按钮，等待几秒钟
7	? × ← CmFAS助手 许可请求文件已经被成功创建。 许可请求文件已经被成功创建。 你能通过email把它发送到软件开发商。 完成(F) 帮助(H)	提示“许可请求文件已被成功创建”，单击“完成”按钮。 至此 V+平台软件已成功激活

2）硬授权。

V+平台软件不同版本的永久运行版采用硬件加密狗的方式。V+硬件加密狗实物图如图 1.18 所示。具体的加密狗型号根据所选择的软件版本模块会有不同。

图 1.18　V+硬件加密狗实物图

（2）VisionPro 软件的授权

VisionPro 8.2 SR1 软件授权操作步骤如表 1.10 所示。

表 1.10　VisionPro 8.2 SR1 软件授权操作步骤

步骤	示意图	操作说明
1	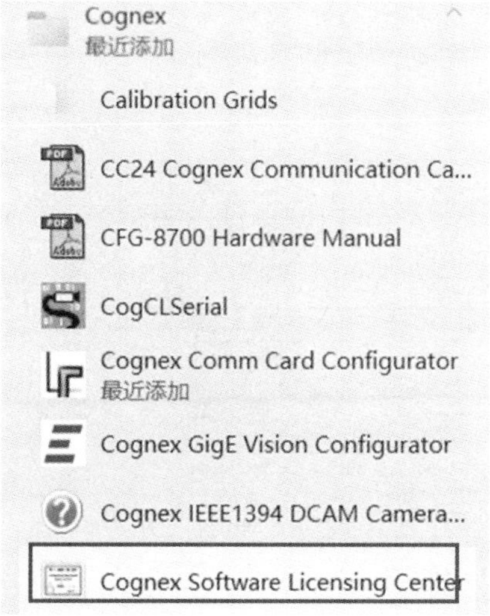	单击 Windows 系统的“开始”→“Cognex”→“Cognex Software Licensing Center”，打开软件许可中心。 注：Windows 系统的“开始”图标为 ■
2	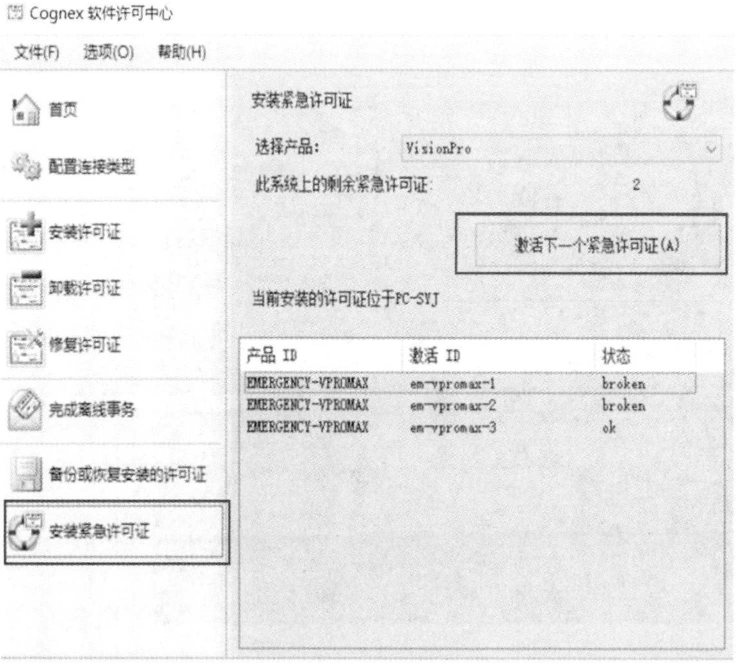	单击“安装紧急许可证”按钮。 单击“激活下一个紧急许可证”按钮

续表

步骤	示意图	操作说明
3	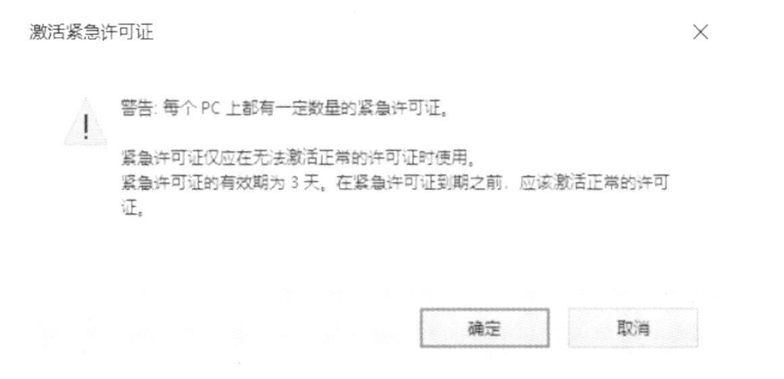	单击“确定”按钮完成激活。至此，VisionPro 软件激活完成。 注：首次安装该软件，系统上紧急许可证个数为 5 个，每激活一次，软件使用 3 天，3 天后再次激活下一个许可证

2. 查看工业视觉解决方案

V+平台软件授权成功后，即可打开软件查看工业视觉解决方案，具体操作步骤如表 1.11 所示。

表 1.11　V+平台软件查看工业视觉解决方案操作步骤

步骤	示意图	操作说明
1	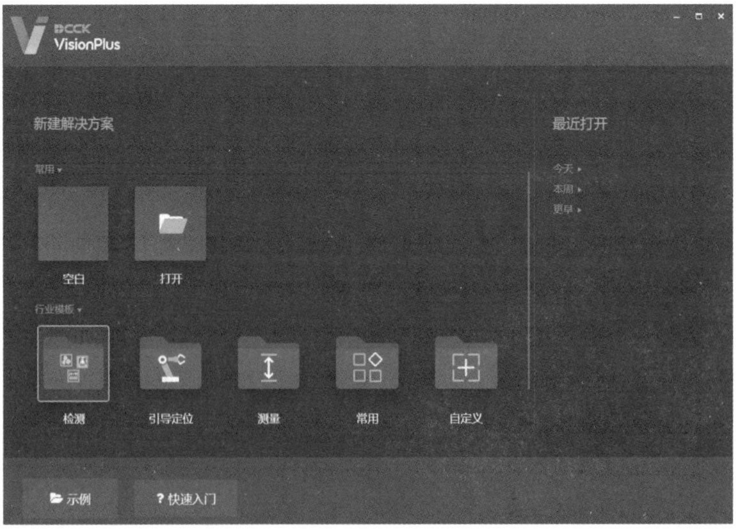	双击桌面 DCCK VisionPlus 图标打开软件，选择“行业模板”，双击“检测”按钮

续表

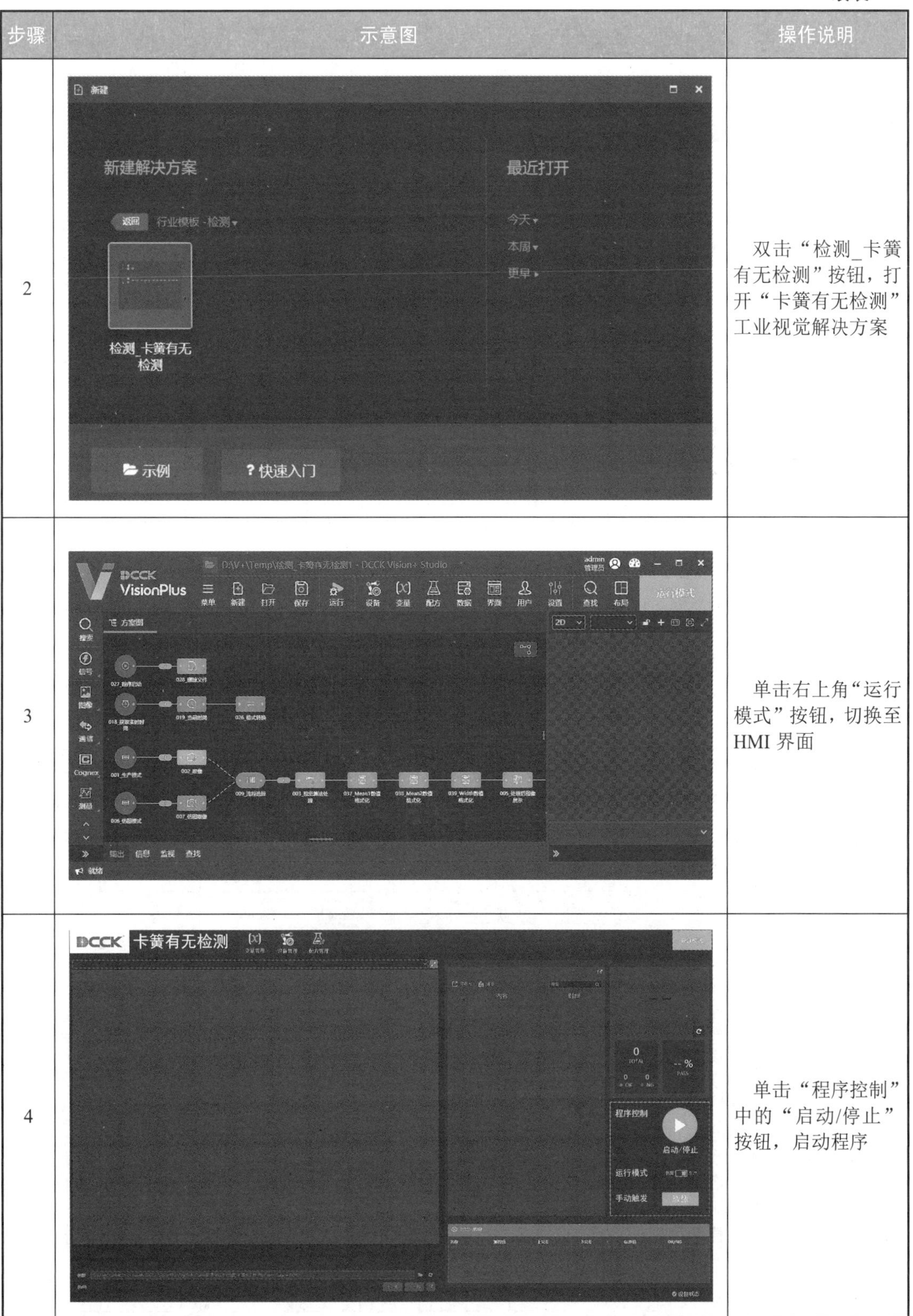

步骤	示意图	操作说明
2		双击“检测_卡簧有无检测”按钮，打开“卡簧有无检测”工业视觉解决方案
3		单击右上角“运行模式”按钮，切换至 HMI 界面
4		单击“程序控制”中的“启动/停止”按钮，启动程序

续表

步骤	示意图	操作说明
5	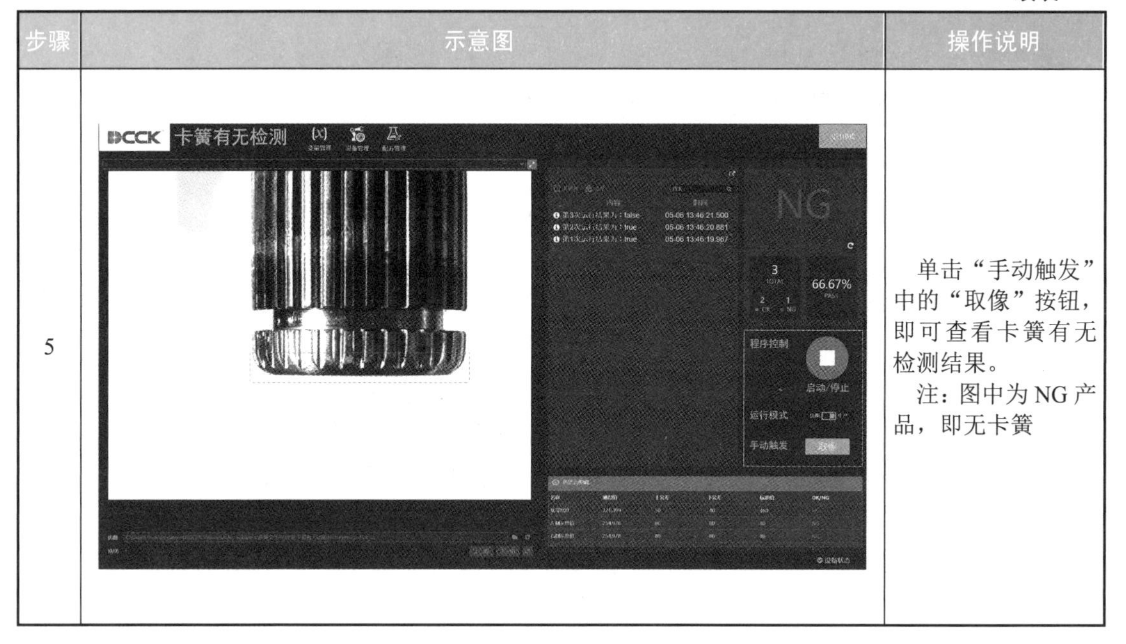	单击“手动触发”中的“取像”按钮，即可查看卡簧有无检测结果。 注：图中为NG产品，即无卡簧

任务评价

任务评价如表1.12所示。

表 1.12　任务评价

任务名称		查看工业视觉解决方案		实施日期	
序号	评价目标	任务实施评价标准		配分	得分
1	职业素养	纪律意识	自觉遵守劳动纪律，服从老师管理	5	
2		学习态度	积极上课，踊跃回答问题，保持全勤	5	
3		团队协作	分工与合作，配合紧密，相互协助解决软件授权过程中遇到的问题	5	
4		尊重他人劳动成果	正确履行软件授权	5	
5		严格执行现场6S管理	整理：区分物品的用途，清除多余的东西； 整顿：物品分区放置，明确标识，方便取用； 清扫：清除垃圾和污秽，防止污染； 清洁：现场环境的洁净符合标准； 素养：养成良好习惯，积极主动； 安全：遵守安全操作规程，人走机关	5	

续表

<table>
<tr><th>序号</th><th>评价目标</th><th>任务实施评价标准</th><th>配分</th><th>得分</th></tr>
<tr><td>6</td><td rowspan="7">职业
技能</td><td>能获取 V+平台软件的软授权</td><td>10</td><td></td></tr>
<tr><td>7</td><td>能激活 V+平台软件的软授权</td><td>5</td><td></td></tr>
<tr><td>8</td><td>能获取 VisionPro 软件的软授权</td><td>15</td><td></td></tr>
<tr><td>9</td><td>能激活 VisionPro 软件的软授权</td><td>5</td><td></td></tr>
<tr><td>10</td><td>能正常启动 V+平台软件</td><td>10</td><td></td></tr>
<tr><td>11</td><td>能利用 V+平台软件打开现有工业视觉解决方案</td><td>15</td><td></td></tr>
<tr><td>12</td><td>能利用 V+平台软件查看现有工业视觉解决方案的运行结果</td><td>15</td><td></td></tr>
<tr><td colspan="3">合计</td><td>100</td><td></td></tr>
<tr><td colspan="2">小组成员签名</td><td colspan="3"></td></tr>
<tr><td colspan="2">指导教师签名</td><td colspan="3"></td></tr>
<tr><td colspan="2">任务评价记录</td><td colspan="3">1. 存在问题
____
2. 优化建议
______________________</td></tr>
<tr><td colspan="5">注：在使用真实实训设备或工件编程调试过程中，如发生设备碰撞、零部件损坏等每处扣 10 分。</td></tr>
</table>

任务总结

本任务简述了机器视觉技术应用领域，着重介绍了机器视觉在工业领域典型应用案例。并利用 V+平台软件查看了“卡簧有无检测”解决方案，初步了解工业视觉解决方案的运行结果和展示形式，直观感受 HMI 界面的魅力。

任务拓展

现如今，信息技术发展迅速，工业软件广泛应用于企业研发、生产、运输等链条，贯穿于研发、生产、销售和维护的各个环节，是支持企业运行的基础，也是提高生产效率、创造利润的利器，被认为是智能制造等现代工业的核心和灵魂。但很多企业或者技术人员辛辛苦苦开发出来的工业软件，一不小心就会被恶意盗用，因而保护工业软件信息安全成为企业发展的重要环节。

工业软件加密保护的核心理念是防止软件盗版，在当前所处的软件发展环境中，盗版依旧会给软件开发商的生存与发展造成威胁。大部分软件开发商选择基于硬件锁的形式保护软件，防止盗版，如硬件加密狗。与此同时，国内也有越来越多的软件开发商意识到基于许可证（软锁）的授权，可以灵活销售软件产品，增加销售机会和提升用户体验。软件授权的目标是让软件用户按照购买许可使用软件，涉及软件的安装份数、使用时间、应用范围以及功能模块等内容。

无论是基于硬锁的高强度保护，还是基于软锁（许可证）的灵活授权，用户都可以找到合适的 V+平台软件授权选择。V+平台软件不同类型的硬件加密狗如表 1.13 所示。

表 1.13　V+平台软件不同类型的硬件加密狗

序号	类型	型号	功能权限				
			平台标准功能（含 2D 算法）	3D 算法	深度学习	行业模块	
						引导模块	连接器模块
1	标准型	VPS-2D-STD	√	×	×	×	×
2	2D 行业型	VPS-2D-MDU	√	×	×	√	√
3	3D 算法型	VPS-3D-STD	√	√	×	×	×
4	3D 行业型	VPS-3D-MDU	√	√	×	√	√
5	深度学习型	VPS-AI-STD	√	×	√	×	×
6	深度学习行业型	VPS-AI-MDU	√	×	√	√	√
7	全功能型	VPS-ALL	√	√	√	√	√
8	教育定制型	VPS-EDU	√	√	√	√	√

拓展任务要求：

1）了解 V+平台软件硬件加密狗的作用、类型和功能。

2）能根据工业视觉项目的实际要求，正确选择 V+平台软件硬件加密狗的类型。

任务检测

1）【第十八届“振兴杯”】工业视觉检测的应用不包括（　　）。

A. 外观缺陷检测　　B. 物料材质分辨

C. 视觉定位　　D. 视觉尺寸测量

2）写 1～2 个机器视觉应用案例，并解释其工作原理。

3）V+平台软件的授权方法包括哪些？

空客发展基于机器视觉的自动起降系统创新

由于技术的进步和成本压力的与日俱增，航空公司非常希望减少驾驶舱的人员配置，把飞行员从起降和巡航等常规任务中解放出来，使其将更多精力放在决策和任务管理上，有利于飞行员在紧急情况下做出最优决策，从而提升飞行安全。空客的安全专家认为，更高水平自动化可以减少事故（尤其是人为因素导致的事故）的发生。长期以来，基于机器视觉的自动飞行不再依赖传统的仪表着陆系统（Instrument Landing System，ILS），而是通过装在飞机上的摄像机和激光雷达等传感器来采集视频图像，进而通过自动图像识别技术，为飞行控制系统提供输入。2020 年 4 月 5 日，A350－1000 飞机正运载着从中国进口的抗疫医疗物资自主降落法国机场，如图 1.19 所示。

图 1.19　A350－1000 飞机自主降落

项目 2

视觉系统硬件选型

项目概述

1. 项目总体信息

某印制电路板（Printed Circuit Board，PCB）生产企业进行自动化升级改造，在新的生产线中，每个待测 PCB 板沿输送带运动，依次经停三个不同检测工位，要求在静态情况下分别对其进行外形尺寸测量、识别型号和跳线帽位置检测。待测 PCB 板如图 2.1 所示。企业工程部赵经理接到任务后，根据任务要求安排 3 名工程师（李工、刘工和王工）分别负责 3 个检测工位检测要求的实现，包括视觉系统硬件选型、安装和调试系统，以及要求在 2 h 内完成对应的编程与调试，并进行合格验收。

图 2.1　待测 PCB 板

（a）外形尺寸；（b）型号字符所在区域和跳线帽所在位置

3 个检测工位的检测要求具体如下：

1）检测工位 1：测量出 PCB 板的外形尺寸，要求测量公差为±0.1 mm，其工作距离不超过 250 mm。

2）检测工位 2：识别出 PCB 板的型号，其工作距离不超过 250 mm。

3）检测工位 3：检测出 PCB 板跳线帽所在位置，其工作距离不超过 250 mm。

2. 本项目引入

随着全球新一轮科技革命浪潮的兴起，机器视觉行业迎来了快速增长期。我国机器视觉行业发展历程虽然短暂，但发展速度较快。工业视觉行业的未来发展是高分辨率、高速、高精度，同时，移动网络技术在工业视觉的应用也将越来越多。另外，未来工业视觉行业发展也将更加侧重环保和节能，将帮助企业降低成本，提高效率。

随着工业视觉在工业自动化领域的应用越来越广泛，对其需求也越来越大。而工业相机、工业镜头和光源系统的选择在工业视觉系统中就显得格外重要，视觉系统硬件适合与否直接决定了整个工业视觉系统的运行结果。但准确地描述工业视觉系统需要完成的功能和工作环境，对于整个工业视觉系统的成功集成也是至关重要的。对于需求的描述，实际定义了视觉系统工作的场景，而围绕这个场景设计一个系统来获取合适的图像，并提取有用的信息或控制生产过程则是技术人员工作的目标。

了解到李工是负责检测工位 1 实现 PCB 板的外形尺寸测量，因此，首先要根据检测工位 1 的要求选择出合适的工业相机、工业镜头和光源系统。为此，需要先认识工业相机、工业镜头和光源系统，进而确定 PCB 板外形尺寸测量中的视觉系统硬件型号。

3. 本项目目标

学习工业相机、工业镜头和光源系统相关基础知识，着重掌握工业相机的像素精度和工业镜头放大倍率的计算方法，以及熟悉光源的类型和照射方式。能够根据工业项目相关要求选择合适的工业相机、工业镜头和光源。

学习导航

学习导航如表 2.1 所示。

表 2.1　学习导航

项目构成	视觉系统硬件选型（9学时）：PCB板尺寸测量中相机的选择（3学时）；PCB板尺寸测量中镜头的选择（3学时）；PCB板尺寸测量中光源的选择（3学时）

续表

<table>
<tr><td rowspan="3">学习目标</td><td>知识目标</td><td>1）了解工业相机、工业镜头和光源系统的基础知识。
2）掌握工业相机、工业镜头和光源的基本参数含义。
3）掌握工业相机像素精度计算方法。
4）掌握工业镜头放大倍率计算方法。
5）熟悉光源的类型。
6）掌握光源的照射方式</td></tr>
<tr><td>技能目标</td><td>1）能根据项目要求进行工业相机选型。
2）能根据项目要求进行工业镜头选型。
3）能根据项目要求进行光源选型</td></tr>
<tr><td>素养目标</td><td>1）提高学生自主学习能力和实践能力。
2）培养学生科学思维意识。
3）培养学生查阅技术文献或资料的能力。
4）培养学生团队合作意识，学会合理表达自己的观点。
5）培养学生具有纪律意识，遵守课堂纪律。
6）培养学生爱护设备，保护环境</td></tr>
<tr><td>学习重点</td><td colspan="2">1）工业相机、工业镜头和光源的基本参数。
2）工业相机像素精度计算方法。
3）工业镜头放大倍率计算方法。
4）工业相机、工业镜头和光源的选型过程</td></tr>
<tr><td>学习难点</td><td colspan="2">1）工业相机的像素精度要求。
2）工业相机相关参数的计算。
3）焦距与放大倍率计算公式。
4）工业镜头相关参数的计算与选择。
5）光源不同照射方式产生的效果。
6）图像采集系统架设示意图</td></tr>
</table>

任务 2.1 PCB 板尺寸测量中相机的选择

任务描述

相比传统相机而言，工业相机具有高稳定性、高传输能力和高抗干扰能力等优势。随着设计技术和制造工艺的不断提升，成本更低、分辨率更高、集成度更高的互补金属氧化物半导体（Complementary Metal Oxide Semiconductor，CMOS）图像传感器逐渐替代早期的电荷耦合器件（Charge Coupled Device，CCD）传感器。

选择合适的工业相机是工业视觉系统设计中的重要环节之一，工业相机的选择不仅直接决定所采集到的图像分辨率、图像质量等，同时也与整个系统的运行模式直接相关。选型好的工业相机应具有高精度、高清晰度、色彩还原好、低噪声等特点，而且通过计算机软件编程可以控制曝光时间、亮度、增益等参数，以及带外触发输入、光源频闪控制等功能。因此，在进行工业相机选型时，需要熟悉传感器类型、分辨率、帧率、数据接口、光学接口、黑白/彩色等主要技术参数。

本任务具体要求：测量如图 2.1(a)所示的 PCB 板的外形尺寸，要求测量公差为±0.1 mm，尝试选择合适的工业相机。

任务目标

1）了解工业相机基础知识。
2）熟悉工业相机的基本参数及其含义。
3）学会工业相机像素精度计算方法。
4）掌握工业相机的参数计算和选型步骤。

相关知识

1. 工业相机成像原理

用一个带有小孔的板遮挡在屏幕与物之间，屏幕上就会形成物的倒像，这样的现象叫小孔成像，如图 2.2 所示。前后移动中间的板，像的大小也会随之发生变化。这种现象反映了光沿直线传播。

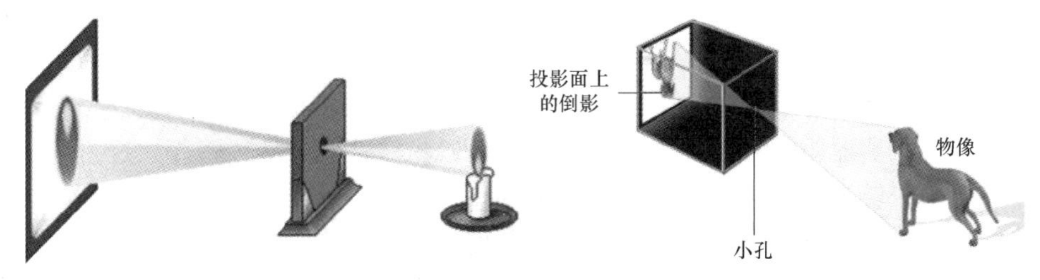

图 2.2　小孔成像

在发明相机之前，人们就已经开始利用小孔成像原理制造各类光学成像装置，这种装置被称为暗箱（Camera obscura）。19 世纪上半叶，人们终于找到了固定保存暗箱中投影面上光学图像的方法与介质，照相机工业由此发端，因此暗箱被认为是照相机的祖先，而“Camera”则成了照相机的英文名称。如图 2.3 所示为相机成像示意图，照相机的成像原理即来源于小孔成像，镜头是智能化的小孔，通过复杂的镜头组件实现成像距离（即俗称的各个焦段）。

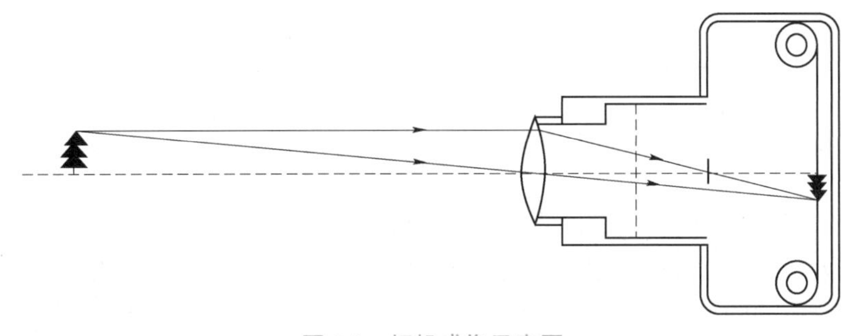

图 2.3　相机成像示意图

对于胶片相机而言，景物的反射光线经过镜头的会聚，在胶片上形成潜影，这个潜影是光和胶片上的乳剂产生化学反应的结果，再经过显影和定影处理形成了影像。数码相机是通过光学系统将影像聚焦在成像元件 CCD/CMOS 上，通过 A/D 转换器将每个像素上的光电信号转化成数码信号，再经过数字信号（Digital Signal Processing，DSP）处理器处理成数码图像，存储在存储介质中。下面以 CCD 为例简单描述相机的成像原理与过程。

1）当使用数码相机拍摄景物时，景物反射的光线通过数码相机的镜头透射到 CCD 上。

2）当 CCD 曝光后，光敏二极管受到光线的激发而释放出电荷，生成感光元件的电信号。

3）CCD 控制芯片利用感光元件中的控制信号线路对发光二极管产生的电流进行控制，由电流传输电路输出，CCD 会将一次成像产生的电信号收集起来，统一输出到放大器。

4）经过放大和滤波后的电信号被传送到模/数转换器（Analog to Digital Converter，ADC），由 ADC 将电信号（模拟信号）转换为数字信号，数值的大小和电信号的强度与电压的高低成正比，这些数值其实也就是图像的数据。

5）此时，这些图像数据还不能直接生成图像，还要输出到 DSP 中，DSP 对这些图像数据进行色彩校正、白平处理，并编码为数码相机所支持的图像格式、分辨率，然后才会被存储为图像文件。

2. CCD 与 COMS 成像过程

（1）CCD 传感器

1）线阵 CCD 传感器。

以如图 2.4 所示的线阵 CCD 传感器为例来描述 CCD 传感器的结构。CCD 传感器由一行光线敏感的光电探测器组成，光电探测器一般为光栅晶体管或光敏二极管。这里仅把光电探测器看作能将光子转为电子并将电子转为电流的设备，而不讨论其涉及的物理问题。每种光电探测器都有可以存储电子数量的上限，通常取决于光电探测器的大小。曝光时光电探测器累积电荷，通过转移门电路，电荷被移至串行读出寄存器从而读出。每个光电探测器对应一个读出寄存器。串行读出寄存器也是光敏的，必须由金属护罩遮挡，以避免读出期间接收到其他光子。读出的过程是将电荷转移到电荷转换单元，转换单元将电荷转换为电压，并将电压放大。每个 CCD 传感器最多由 4 个门组成，这些门在一定方向上传输电荷。电荷转换为电压并放大后，就可以转换为模拟或数字视频信号。对于数字视频信号，是由模拟电压通过模/数转换器（ADC）转换为数字电压的。

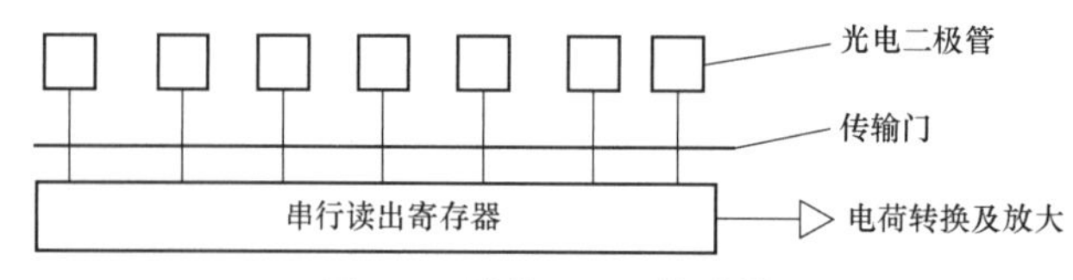

图 2.4　线阵 CCD 传感器

线阵 CCD 传感器只能生成高度为 1 行的图像，在实际中用途有限，因此常通过多行组成二维图像。为得到有效图像，线阵 CCD 传感器必须相对被测物做某种运动。一种方法是将传感器安置在运动的被测物（如传送带）上方；另一种方法是被测物不动而传感器相对被测物运动，如印制电路板成像和平板扫描仪的原理。

使用线阵 CCD 传感器采集图像时，传感器本身必须与被测物平面平行并与运动方向垂直以保障得到矩形像素。同时，根据线阵 CCD 传感器的分辨率，线采集频率必须与摄像机、被测物间相对运动速度匹配，以得到方形像素。如果运动速度是恒定的，则可以保证所有像素采集到的图像具有一致性。如果运动速度是变化的，就需要编码器来触发传感器采集每行图像。相对运动可以由步进电机驱动来产生。由于很难做到使传感器非常好地与运动方向匹配，在有些应用中，必须利用摄像机标定方法来确保测量精度达到要求。

线阵 CCD 传感器的线读出速度为 14～140 kHz，这显然会限制每行的曝光时间，因此线扫描应用要求有非常强的照明。同时，镜头的光圈通常要在较小的 F 值，从而严重地限制了景深。所以线扫描应用系统中参数的设定是很有挑战性的。

2）面阵 CCD 传感器。

如图 2.5 所示为线阵 CCD 传感器扩展为全帧转移型面阵 CCD 传感器的基本原理。光在光电探测器中转换为电荷，电荷按行的顺序转移到串行读出寄存器，然后按与线阵 CCD 传感器相同的方式一样转换为视频信号。

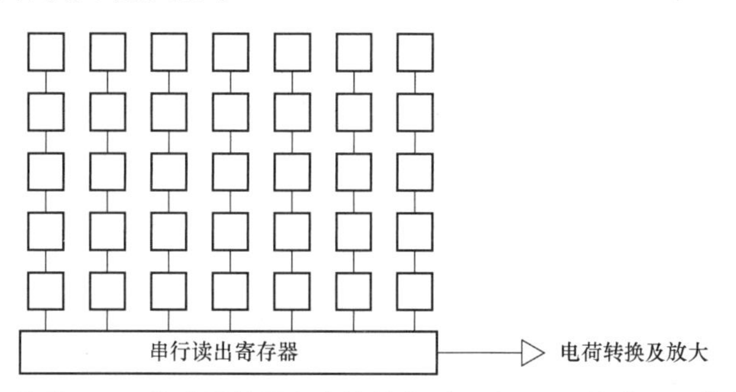

图 2.5　线阵 CCD 传感器扩展为全帧转移型面阵 CCD 传感器的基本原理

在读出过程中，光电传感器还在曝光，仍有电荷在积累。由于上面的像素要经过下面的像素移位移出，因此，像素积累的全部场景信息就会发生拖影现象。为了避免出现拖影，必须加上机械快门或利用闪光灯，这是全帧转移型面阵 CCD 传感器的最大缺点。其最大的优点是填充因子（像素光敏感区域与整个靶面之比）可达 100%，这可使像素的光敏度最大化以及图像失真最小化。

为了解决全帧转移型面阵 CCD 传感器的拖影问题，可在全帧转移型面阵 CCD 传感器的基础上加上用于存储的传感器，在这个传感器上覆盖有金属光屏蔽层，构成帧转移型面阵 CCD 传感器，如图 2.6 所示，对于这种类型的传感器，图像产生于光敏感传感器，然后转移至有光屏蔽的存储阵列，在空闲时从存储阵列中读出。

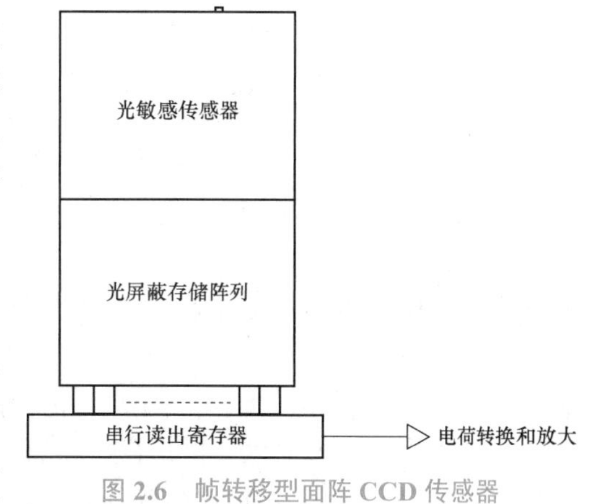

图 2.6　帧转移型面阵 CCD 传感器

由于两个传感器间转移速度很快，因此拖影现象可以大大减少。帧转移型面阵 CCD 传感器的最大优点是其填充因子可达 100%，而且不需要机械快门或闪光灯。但是，在两个传感器间传输数据的短暂时间内图像还是在曝光，因而还是有残留的拖影存在。帧转移型面阵 CCD 传感器的缺点是其通常由两个传感器组成，因此成本高。

由于高灵敏度和拖影等特征，全帧转移型面阵 CCD 传感器和帧转移型面阵 CCD 传感器通常用于曝光时间比读出时间长的科学研究等应用领域。

3）隔列转移型 CCD 传感器。

如图 2.7 所示为隔列转移型 CCD 传感器。除光电探测器外（通常情况下为光敏二极管），这种传感器还包含一个带有不透明的金属屏蔽层的屏蔽垂直转移寄存器。图像曝光后，积累到的电荷通过传输门电路（图 2.7 中未画出）转移到屏蔽垂直转移寄存器。这一过程通常在 1 μs 内完成。电荷通过屏蔽垂直转移寄存器移至串行读出寄存器，然后读出，形成视频信号。

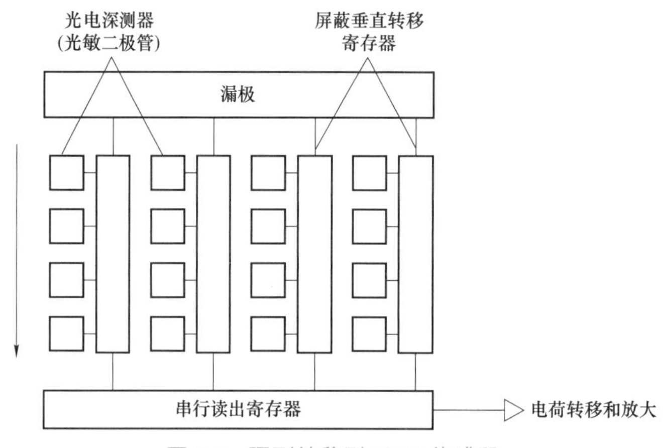

图 2.7　隔列转移型 CCD 传感器

由于电荷从光敏二极管传输至屏蔽垂直转移寄存器的速度很快，因此图像没有拖影，所以不需要机械快门和闪光灯。隔列转移型 CCD 传感器的最大缺点是由于其屏蔽垂直转移寄存器需要占用空间，因此其填充因子可能低至 20%，图像失真会严重。为了增大填充因子，通常在传感器上增加微镜头来使光聚焦至光敏二极管，但即使这样，也不可能使其填充因子达到 100%。增加微镜头后的隔列转移型 CCD 传感器如图 2.8 所示。

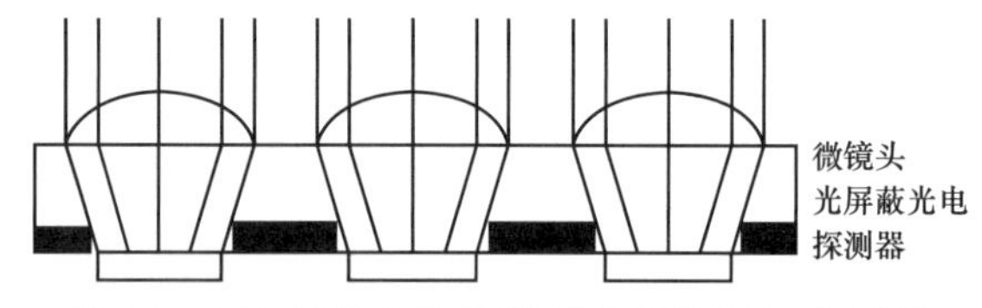

图 2.8　增加微镜头后的隔列转移型 CCD 传感器

CCD 传感器的一个问题是其高光溢出效应。也就是当积累的电荷超过光电探测器的容量时，电荷将会溢出到相邻的光电探测器中，因此图像中亮的区域会显著放大。为了解决这个问题，可在传感器上增加溢流沟道。加在沟道的电势差使光电探测器中多余的电荷通过沟道流向衬底。溢流沟道可位于传感器平面中每个像素的侧边（侧溢流沟道），也可埋于设备的底部（垂直溢流沟道）。侧溢流沟道常位于屏蔽垂直转移寄存器的相反一侧。如图 2.7 所示是垂直溢流沟道，该沟道在垂直转移寄存器下面。

在传感器上增加溢流沟道可以用来作为摄像机的电子快门。将沟道的电位置为 0，光电探测器不再充电，然后可以将沟道的电位在曝光时间内置为高，即可以积累电荷直至读出。溢流沟道还可使传感器在接收到外触发信号后立刻开始采集图像，也就是接收到外触发信号后整个传感器可以立刻复位，图像开始曝光然后正常读出。这种操作模式称作异步复位。

（2）CMOS 传感器

CMOS 传感器通常采用光敏二极管作为光电探测器。与 CCD 传感器不同，光敏二极管中的电荷不是顺序地转移到读出寄存器，CMOS 传感器的每一行都可以通过行和列选择电路直接选择并读出。这方面，CMOS 传感器可以当做随机存取存储器。CMOS 每个像素都有一个自己的独立放大器。这种类型传感器也称作主动像素传感器（Active Pixel Sensor，APS）。CMOS 传感器常用数字视频作输出。因此，图像每行中的像素通过模/数转换器阵列并行地转化为数字信号。

因为放大器及行列选择电路常会用到每个像素的大部分面积，因此与隔列转移型 CCD 传感器一样，CMOS 传感器的填充因子很低。所以通常使用微镜头来增加填充因子和减少图像失真。CMOS 传感器如图 2.9 所示。

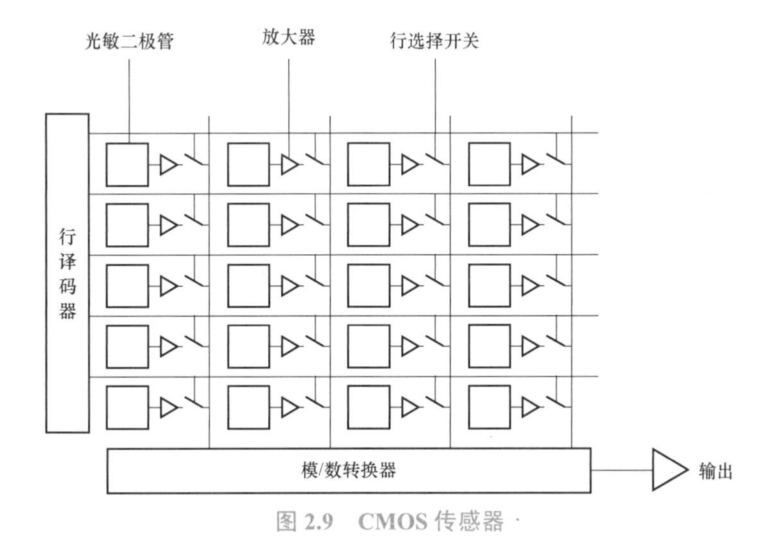

图 2.9　CMOS 传感器

CMOS 传感器的随机读取特性使其很容易实现图像的矩形兴趣面（Area of Interest，AOI）读出方式。与 CCD 传感器相比，对于有些应用这点有很大优势，在较小的 AOI 下可以得到更高的帧率。尽管 CCD 传感器也可以实现 AOI 读出方式，但其读出结构决定了 CCD 传感器必须将 AOI 上方和下方所有行的数据转移出再丢掉。由于丢掉行的速度比读出要快，所以这种方法也可以提高帧率。然而，通常减小水平方向尺寸而生成的兴趣面不能提高帧率，因为电荷必须经过电荷转换单元才能转移。

CMOS 传感器另外一个大的优点就是可以在传感器上实现并行模/数转换，因此即使不使用 AOI 读出方式，也能具有较高的帧率，而且还可以在每个像素上集成模/数转换电路以进一步提高读出速度，这种传感器又称为数字像素传感器（Digital Pixel Sensor，DPS）。

由于 CMOS 传感器每一行都可以独立读出，因此得到一幅图像的最简单方式就是一行一行曝光并读出。对于连续的行，曝光时间和读出时间可以重叠，这就称为行曝光。显然，这种读出方式使图像的第一行和最后一行有很大的采集时差，如图 2.10（a）所示，采集运动物体图像就会产生明显的变形。对于运动被测物，必须使用全局曝光的传感器。全局曝光传感器对应每个像素都需要一个存储区，从而降低了填充因子。如图 2.10（b）所示为对运动物体使用全局曝光得到正确的图像。

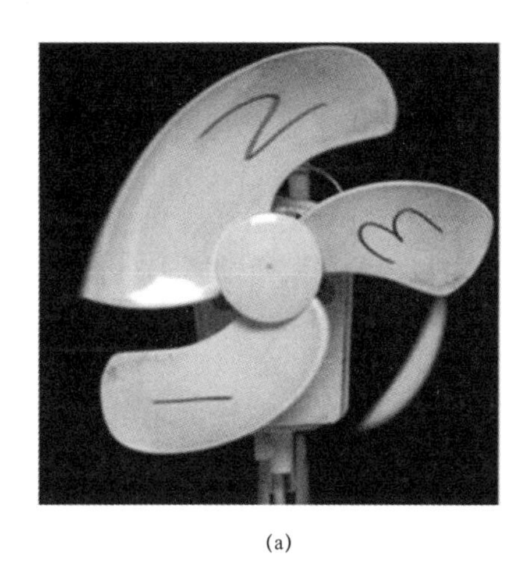

(a)

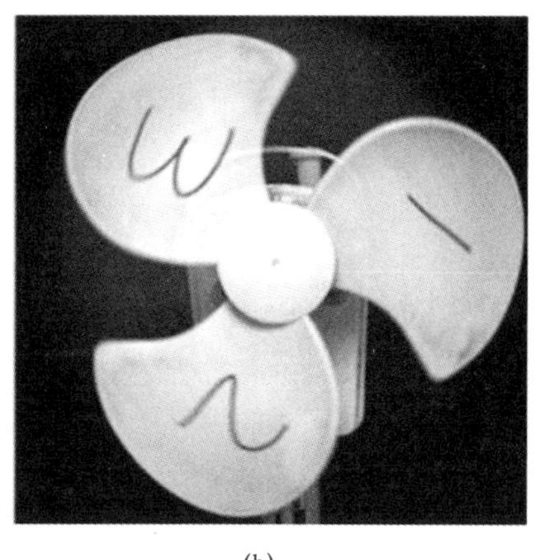

(b)

图 2.10　对于运动物体使用行曝光和全局曝光采集图像的比较

（a）行曝光；（b）全局曝光

CMOS 传感器的结构使其很容易支持异步复位外触发采集。与 CCD 传感器一样，这里讨论的 CMOS 传感器是线性响应，线性响应是精确边缘探测所必需的。然而，对于在线焊接检测这类应用，被测物亮度有 6 个数量级或更高的变化，为使这种巨大的亮度差能够共存于一幅灰度图像中，必须使用非线性灰度响应。为此，开发了对数响应 CMOS 传感器和线性 – 对数混合响应 CMOS 传感器。大多数情况下是将光电传感器产生的光电流反馈到具有对数电流 – 电压特性的电阻上，这种传感器一定是行曝光的。

3. 工业相机的基本参数

（1）传感器的尺寸

CCD 和 CMOS 传感器有多种生产尺寸，最常见的是传感器的长度、宽度及对角线长度，多以英寸（in）（1 in = 25.4 mm）为单位。在 CCD 出现之前，摄像机是利用一种称为光导摄像管的成像器件感光成像的，这是一种特殊设计的电子管，其直径的大小决定了成像面积的大小。因此，人们就用光导摄像管的直径尺寸来表示具有不同感光面积的产品型号。CCD 出现之后，最早被大量应用在摄像机上，也就自然而然地沿用了光导摄像管的尺寸表示方法，进而扩展到所有类型的图像传感器的尺寸表示方法上。例如，型号为 1/1.8 的 CCD 或 CMOS，就表示其成像面积与一根直径为 1.8 in 的光导摄像管的成像靶面面积近似。光导摄像管的直径与 CCD，CMOS 成像靶面面积之间没有固定的换算公式，从实际情况来说，CCD，CMOS 成像靶面的对角线长度大约相当于光导摄像管直径的 2/3。因此，传感器对角线长度大约是传感器标称尺寸的 2/3。典型传感器尺寸及分辨率为 640 px × 480 px 时对应的像素间距如表 2.2 所示。有种简单的方法可以记住这些数据，就是传感器的宽度大约是传感器标称尺寸的一半。

表 2.2　典型传感器尺寸及分辨率为 640 px × 480 px 时对应的像素间距

尺寸/in	宽度/mm	高度/mm	对角线长度/mm	像素间距/μm
1	12.8	9.6	16	20
2/3	8.8	6.6	11	13.8
1/2	6.4	4.8	8	10
1/3	4.8	3.6	6	7.5
1/4	3.2	2.4	4	5

为传感器选择镜头时，必须使镜头的尺寸大于或等于传感器实际大小。否则，传感器外将没有光线到达，例如，1/2 in 镜头不可以用于 2/3 in 的传感器。表 2.2 中还列出了对于分辨率为 640 px × 480 px 时的像素间距。当传感器的分辨率提高时，像素间距将相应减小。例如，当分辨率为 1 280 px × 960 px 时，像素间距减小一半。

CCD 和 CMOS 传感器可产生出不同的分辨率，从 640 px × 480 px 至 4 008 px × 2 672 px，甚至更高。分辨率通常符合模拟视频信号标准，如 RS-170（640 px × 480 px），CCIR（768 px × 576 px）；或者符合计算机显卡的分辨率，如 VGA（640 px × 480 px），XGA（1 024 px × 768 px），SXGA（1 280 px × 1 024 px），UXGA（1 600 px × 1 200 px），QXGA（2 048 px × 1 536 px）等。线阵摄像机的分辨率从 512 px 到 12 888 px，将来还有可能更高。在一般情况下，传感器分辨率越高，则帧率就会越低。

（2）帧速

帧速是指视频画面每秒传播的帧数，用于衡量视频信号的传输速度，单位为帧/s。动态画面实际上是由一帧帧静止画面连续播放而成的，机器视觉系统必须快速采集这些画面并将其显示在屏幕上才能获得连续运动的效果。采集处理时间越长，帧速就越低，如果帧速过低画面就会产生停顿、跳跃的现象。一般对于机器视觉系统而言，30 帧/s 是最低限值，60 帧/s 较为理想。但也不能一概而论，不同类型的应用所需的帧速各不相同，帧速的选择需要和实际的应用目标相匹配。

（3）分辨率

分辨率可以从显示分辨率与图像分辨率两个方向来分类。显示分辨率（屏幕分辨率）是屏幕图像的精密度，是指显示器所能显示的像素有多少。由于屏幕上的点、线和面都是由像素组成的，显示器可显示的像素越多，画面就越精细，同样的屏幕区域内能显示的信息也越多。可以把整个图像想象成是一个大型的棋盘，而分辨率的表示方式就是所有经线和纬线交叉点的数目。显示分辨率一定的情况下，显示屏越小，图像越清晰；当显示屏大小固定时，显示分辨率越高，图像越清晰。图像分辨率是指每英寸中所包含的像素点数，其定义更趋近于分辨率本身的定义。

相机分辨率是指每次采集图像的像素点数。对于工业数字相机，相机分辨率一般是直接对应光电传感器的像元数；对于工业模拟相机，则是取决于视频制式，PAL 制为 768 px × 576 px，NTSC 制为 640 px × 480 px。

（4）像素深度

像素深度是指存储每个像素所用的位数，它也是用来度量图像的分辨率。像素深度决定了彩色图像中每个像素可能有的颜色数，或者灰度图像中每个像素可能有的灰度级数。例如，一幅彩色图像的每个像素用 R，G，B 3 个分量表示，若每个分量用 8 位表示，那么 1 个像素共用 24 位表示，即像素深度为 24，每个像素可以是 16 777 216（2^{24}）种颜色中的一种。在这个意义上，往往把像素深度说成是图像深度，表示一个像素的位数越多，它能表达的颜色数目就越多，而它的深度就越深。一般情况下常用的像素深度是 8 bit，工业数字相机一般还会有 10 bit，12 bit 等。

（5）曝光方式和快门速度

工业线阵相机都采用逐行曝光的方式，可以选择固定行频和外触发同步的采集方式，曝光时间可以与行周期一致，也可以设定一个固定的时间；面阵相机有帧曝光、场曝光和滚动行曝光等方式，工业数字相机一般都提供外触发采图的功能。快门速度一般可到 10 μm，高速相机还可以更快。

（6）光谱响应特性

光谱响应特性是指像元传感器对不同光波的敏感性，一般响应范围是 350～1 000 nm，一些相机在靶面前加一个滤镜，用来滤除红外线，当系统需要对红外线感光时可去掉该滤镜。

4. 像素精度计算方法

产品尺寸为 50 mm × 30 mm，视场（Field Of View，FOV）或称取相视野，为 64 mm × 48 mm，CCD 传感器分辨率为 1 600 px × 1 200 px，如图 2.11 所示，计算其像素精度（即像素分辨率）。

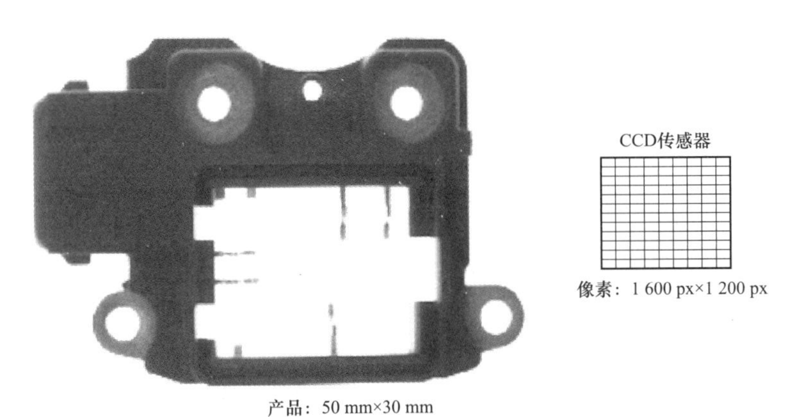

图 2.11　像素精度计算

解：视野水平方向尺寸为 64 mm，相机水平方向分辨率为 1 600 px，则

$$\text{水平方向像素分辨率} = \text{视野水平方向尺寸}/\text{相机水平方向分辨率} = 64\ \text{mm}/1\ 600\ \text{px} = 0.04\ \text{mm/px}$$

水平方向上每像素对应的实际尺寸为 0.04 mm，即最大像素精度为 0.04 mm。同理，可以计算垂直方向的像素分辨率，当水平方向和垂直方向的像素分辨率不同时，镜头可能会存在较大畸变，此时需要进行校正。

任务实施

PCB 板尺寸测量中相机的选择过程：

1）用直尺等测量 PCB 板的实际尺寸，约为 32 mm × 35 mm，相机芯片的尺寸比例通常为 4:3，所以估算视野为 52 mm × 39 mm。

2）通常情况下图像采集很难达到理想状态，存在过渡像素，考虑到稳定性，一般要求像素精度为公差带的 1/10。根据尺寸公差为±0.1 mm，尺寸公差带为 0.2 mm，可得出像素精度为 0.2/10 = 0.02 mm/px。

则相机水平分辨率为 52/0.02 = 2 600 px，垂直分辨率为 39/0.02 = 1 950 px，可选择 500 万 px 的工业相机。

3）考虑到项目后续的扩展性，如检测 PCB 板某组成部分的颜色，可以选择彩色相机。

4）如果存在检测速度的要求，则需要考虑相机的帧率。例如，PCB 板的检测速度要求为 10 件/s，则选择相机帧率大于 10 帧即可。

任务评价

任务评价如表 2.3 所示。

表 2.3　任务评价

任务名称		工业相机选型		实施日期	
序号	评价目标	任务实施评价标准		配分	得分
1	职业素养	纪律意识	自觉遵守劳动纪律，服从老师管理	5	
2		学习态度	积极上课，踊跃回答问题，保持全勤	5	
3		团队协作	分工与合作，配合紧密，相互协助解决选型过程中遇到的问题	5	
4		科学思维意识	独立思考、发现问题、提出解决方案，并能够创新改进其工作流程和方法	5	
5		严格执行现场 6S 管理	整理：区分物品的用途，清除多余的东西； 整顿：物品分区放置，明确标识，方便取用； 清扫：清除垃圾和污秽，防止污染； 清洁：现场环境的洁净符合标准； 素养：养成良好习惯，积极主动； 安全：遵守安全操作规程，人走机关	5	
6	职业技能	能估算待测 PCB 板的所需视野		10	
7		能计算出工业相机所需的像素精度		15	
8		能计算出工业相机所需水平分辨率		20	
9		能计算出工业相机所需垂直分辨率		20	
10		能选择所需工业相机		10	
合计				100	

续表

小组成员签名	
指导教师签名	
任务评价记录	1. 存在问题 ________________ ________________ ________________ ________________ 2. 优化建议 ________________ ________________ ________________
备注：在使用真实实训设备或工件编程调试过程中，如发生设备碰撞、零部件损坏等每处扣 10 分。	

任务总结

本任务详细介绍了工业相机的基础知识以及基本参数，并介绍了各参数的含义，讲解了工业相机像素精度计算方法，并详细介绍了工业相机选型所需参数计算方法和步骤。合适的工业相机是实现工业视觉项目的良好开端。

任务拓展

工业相机是工业视觉系统的关键组件之一，选择性能良好的工业相机，对于工业视觉系统的稳定性有着重要影响。在选择合适的工业相机时，首先应明确需求，根据待检测产品的精度要求及相机所要观察的视野大小，计算相机的分辨率；其次明确待检测物体的速度，从而确定是动态检测还是静态检测；最后根据相关参数来选择相机类型。

拓展任务要求：

检测汽车电容器方框内的零件字符是否有漏装、错装、装反，如图 2.12 所示为待测汽车电容器，检测区域为 110 mm × 27 mm，所需检测产品字符细节尺寸为 0.5 mm，尝试选择合适的工业相机。

任务检测

1）CCD 即感光元器件，它由一组矩阵式元素组成，它的功能是将光信号转化为__________。

2）光在感光元件上进行感光的过程称为__________。

3）感光芯片上有光照射的地方对应图像较________的地方，没有光照射的地方对应图像较______的地方。

图 2.12　待测汽车电容器

4）每个像素所代表的实际尺寸称为__________。

5）【第十八届“振兴杯”】CCD 相机的芯片工作时，第一步要做的工作是（　　）。

A. 光电转换　　B. 电荷存储　　C. 电荷转移　　D. 信号放大

6）【第十八届“振兴杯”】CMOS 集成逻辑门电路内部是以（　　）为基本元件构成的。

A. 三极管　　B. 二极管　　C. 晶闸管　　D. 场效应管

7）【第十八届“振兴杯”】CCD 芯片尺寸 1 in 相当于芯片的对角线尺寸（　　）。

A. 25.4 mm　　B. 16 mm　　C. 11 mm　　D. 8 mm

8）【第十八届“振兴杯”】已知待检测物体大小 30 mm × 20 mm，检测精度 0.01 m，则选择的相机分辨率最少应该为（　　）。

A. 100 万像素　　B. 200 万像素　　C. 300 万像素　　D. 600 万像素

9）质量监控中的不良检测是工业视觉的主要用途之一，因为对质量监控有较高的期望，所以了解工业视觉检测系统的性能至关重要。而可检测的最小瑕疵的大小是一个工业检测系统的重要参数。请根据如图 2.13 所示的待检测图像及下列条件选择该系统可检测的最小瑕疵大小为（　　）。

要求：检测范围为 50 mm × 50 mm；CCD 分辨率为 1 000 px × 1 000 px；CCD 可检测最小分辨率为 2 px。

A. 0.01 mm　　B. 0.1 mm　　C. 1 mm　　D. 10 mm

10）简述工业相机成像原理。

11）简述 CCD 传感器成像的过程，并比较 CCD 与 CMOS 传感器的优劣。

12）简述如何查看 V+平台软件所支持的工业相机品牌。

13）圆形轴承高度为 50 mm，外直径为 80 mm，如图 2.14 所示，测量其内径尺寸，精度要求达到 0.02 mm，机械手上料，相机架设空间大于 500 mm。请给出相机的选型方案。

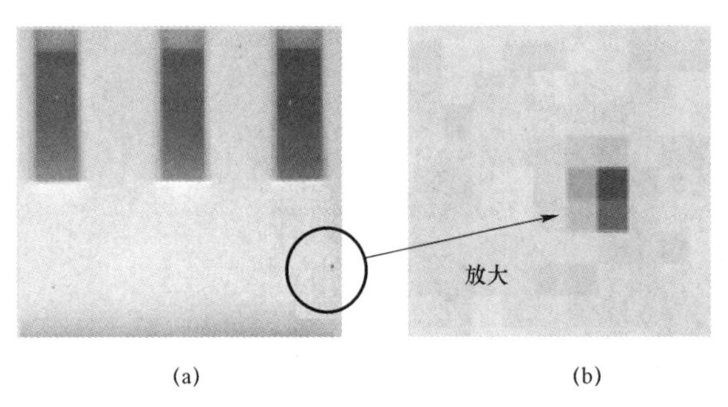

图 2.13　待检测图像

（a）塑料物体上的黑点；（b）瑕疵的放大图像放

图 2.14　圆形轴承图像

开拓视野

非接触式测温：精准快速识别发烧人员

战胜疫情离不开科技支撑，越到关键时刻，科技"硬核武器"的作用就越凸显。国务院国资委党委深入贯彻党中央、国务院决策部署，统一指导推动相关中央企业发挥特点、专长，把优势力量集中到解决最紧迫问题上来，全力以赴攻坚克难。中央企业不仅大力推动传统产业领域的科技创新，加强药品疫苗、检测试剂、医疗装备等的科研攻关助力疫情防控，还抢抓技术更新迭代的发展机遇，将对"新技术、新产业、新业态、新模式"的探索从实验室带到了抗疫一线，大力推动大数据、云计算、5G、人工智能技术更快更好投入使用，助力复工复产，着力促进数字经济和实体经济深度融合，加快改造提升传统产业、培育壮大新兴产业，努力实现高质量发展。

其中，寻找各类场景的发烧人员，成为预防疾病传染的有效方式。中国电科网络信息安全有限公司推出的公共场所应急医疗寻人系统，通过红外传感，在公共区域摄像机范围内，快速鉴别人群中的高温人员。航天科工航天云网推出 AI 人体测温解决方案——快速无接触热成像测温系统（黑体）+人脸识别测温终端。诺基亚贝尔基于成熟的 AI 技术，快速研制出高精度、远距离、大范围的红外体温监测方案，该方案采用红外热成像+黑体搭配，可实现实时测温，精度能够达到 0.3 ℃。

航天云网快速无接触热成像测温系统（黑体）如图 2.15 所示。

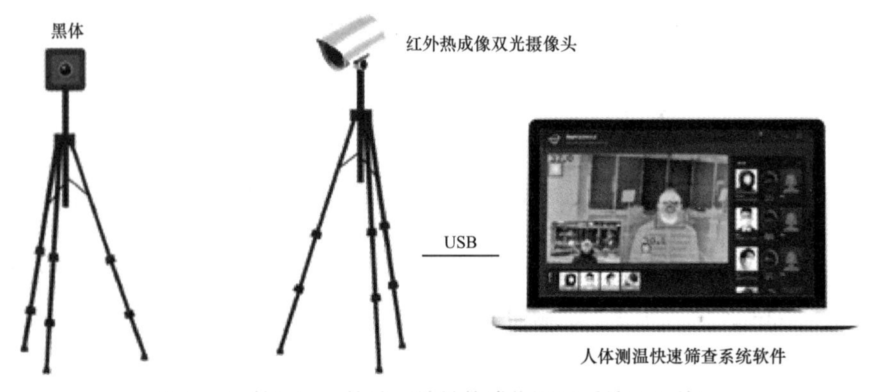

图 2.15　航天云网快速无接触热成像测温系统（黑体）

任务 2.2 PCB 板尺寸测量中镜头的选择

任务描述

镜头是机器视觉图像采集部分重要的成像部件。与普通镜头相比，工业镜头要求清晰度更高、透光能力更强、畸变程度更低等，需要考虑焦距、视场角、光圈以及景深等因素。工业镜头选型是一个非常重要和关键的环节，镜头是否合适直接影响工业视觉系统的成像质量。选取恰当的工业镜头，能将工业相机的性能发挥到极致，不仅有助于后续图像处理工作，还可以降低设备成本。因此，在选择工业镜头时，需要熟悉焦距、工作距离、分辨率、靶面尺寸、视场角、光圈值、景深、接口等主要技术参数。

本任务具体要求：测量如图 2.1(a)所示的 PCB 板的外形尺寸，要求测量公差为±0.1 mm。已知工作距离小于 250 mm，分别给出定焦镜头和定倍镜头的选择过程。

任务目标

1）了解工业镜头基础知识。

2）熟悉工业镜头的基本参数及含义。

3）熟悉工业镜头放大倍率计算公式。

4）掌握工业镜头的参数计算和选型步骤。

相关知识

1. 透镜成像原理

（1）透镜成像规律

透镜分为凸透镜和凹透镜。凸透镜成像规律：物体放在焦点之外，在凸透镜另一侧成倒立的实像，实像有缩小、等大、放大三种。物距越小，像距越大，实像越大。物体放在焦点之内，在凸透镜同一侧成正立放大的虚像。物距越大，像距越大，虚像越大。凹透镜对光线起发散作用，它的成像规律则要复杂得多。

在光学中，由实际光线会聚成的像，称为实像，能用光屏承接；反之，则称为虚像，只能由眼睛感觉。一般来说，实像都是倒立的，而虚像都是正立的。所谓正立和倒立，是相对于原物体而言的。

平面镜、凸面镜和凹透镜所成的三种虚像，都是正立的；而凹面镜和凸透镜所成的实像，以及小孔成像中所成的实像，则都是倒立的。当然，凹面镜和凸透镜也可以成虚像，而它们所成的两种虚像，同样是正立的状态。

那么，人眼所成的像是实像还是虚像呢？由于人眼的结构相当于一个凸透镜，因此，外界物体在视网膜上所成的像一定是实像。根据上面的经验规律，视网膜上的物像应该是倒立的，但人眼平常看见的物体却是正立的，这实际上涉及大脑皮层的调整作用以及生活经验的影响。

（2）凸透镜

凸透镜是根据光的折射原理制成的。凸透镜是中央较厚、边缘较薄的透镜，有双凸、平凸和凹凸（或正弯月形）等形式。较厚的凸透镜则有望远、会聚等作用，故又称其为会聚透镜。

凸透镜主要涉及主轴、光心、焦点、焦距、物距和像距等概念。通过凸透镜两个球面球心的直线称为主光轴，简称主轴。凸透镜的中心 O 称为光心，平行于主轴的光线经过凸透镜后会聚于主光轴上一点 F，该点称为凸透镜的焦点。焦点 F 到凸透镜光心 O 的距离称为焦距，用 f 表示，凸透镜的球面半径越小，焦距越短。物体到凸透镜光心的距离称为物距，用 u 表示。物体经凸透镜所成的像到凸透镜光心的距离称为像距，用 v 表示。

将平行光线（如阳光）平行于主光轴射入凸透镜，光在透镜的两面经过两次折射后，集中在焦点 F 上。凸透镜的两侧各有一个实焦点，如果是薄透镜，则两个焦点到凸透镜中心的距离大致相等。凸透镜成像示意图如图 2.16 所示。凸透镜可用于放大镜、老花镜、摄影机、电影放映机、幻灯机、显微镜、望远镜等的透镜。

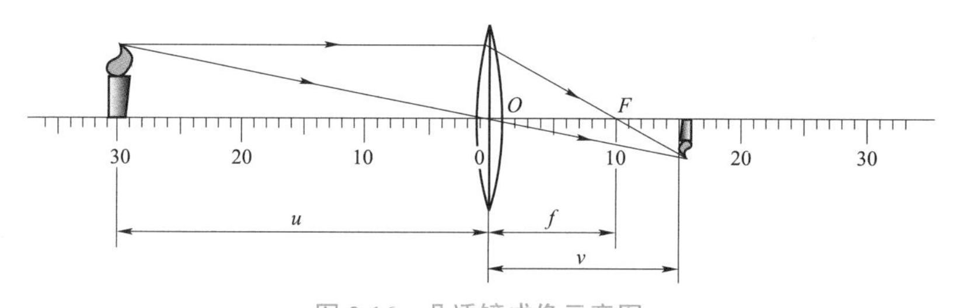

图 2.16　凸透镜成像示意图

注：图中数字代表单位距离

凸透镜成像规律可以描述为：2 倍焦距以外，成倒立缩小实像；1 倍焦距到 1 倍焦距之间，成倒立放大实像；1 倍焦距以内，成正立放大虚像。成实像时，物和像在凸透镜异侧；成虚像时，物和像在凸透镜同侧，并以 1 倍焦距分虚实（和正倒）、2 倍焦距分大小，物近像远像变大、物远像近像变小。凸透镜成像原理如图 2.17 所示。

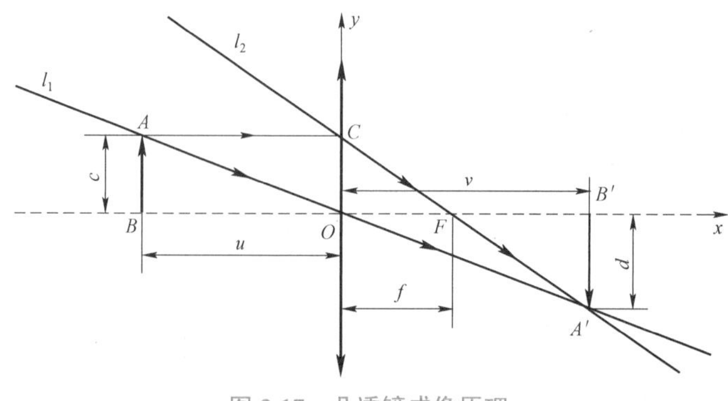

图 2.17　凸透镜成像原理

凸透镜成像满足 $1/v+1/u=1/f$。其中，物距 u 恒取正值；像距 v 的正负由像的实虚来确定，实像时为正，虚像时为负；凸透镜的 f 为正值，凹透镜的 f 为负值。

照相机运用的就是凸透镜的成像规律，镜头成像原理如图 2.18 所示。镜头就是一个凸透镜，要照的景物就是物体，胶片就是屏幕。照射在物体上的光经过漫反射通过凸透镜将物体的像成在最后的胶片上，胶片上涂有一层对光敏感的物质，它在曝光后将发生化学反应，物体的像就被记录在胶卷上。至于物距、像距的关系，与凸透镜成像规律完全一样。物体靠近时，像越来越远、越来越大，最后在同侧成虚像。

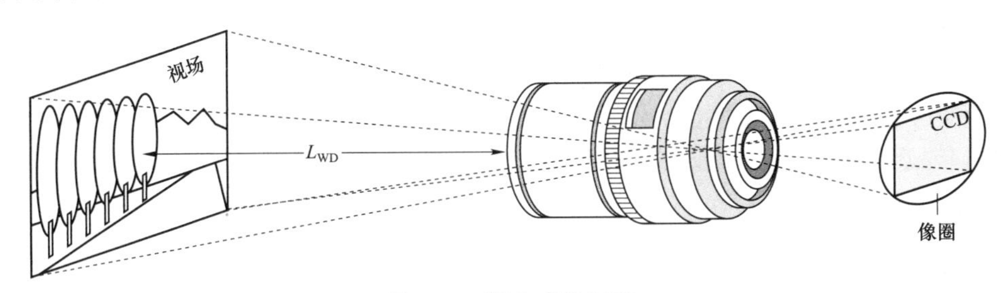

图 2.18 镜头成像原理

另外，当物体在无穷远处时，可以近似地认为像在焦点处。物体远离凸透镜时，像会靠近凸透镜。当物体从无穷远处移动至距离像 $2f$ 处时，物的移动速度比像要快。

2. 工业镜头分类

工业镜头作为工业视觉的“眼睛”，其重要作用已不用提及。工业镜头有着多种分类，各类镜头都具备自己独特的技术优势，因此也有着不同的行业应用。

（1）根据焦距分类

根据焦距能否调节，可分为定焦距镜头和变焦距镜头两大类。依据焦距的长短，定焦距镜头又可分为鱼眼镜头、短焦镜头、标准镜头、长焦镜头四大类。需要注意的是，焦距长短的划分并不是以焦距的绝对值为首要标准，而是以像角的大小为主要区分依据，所以当靶面的大小不等时，其标准镜头的焦距大小也不同。变焦镜头上都有变焦环，调节该环可以使镜头的焦距值在预定范围内灵活改变。变焦距镜头最长焦距值和最短焦距值的比值称为该镜头的变焦倍率。变焦镜头又可分为手动变焦和电动变焦两大类。

变焦镜头由于具有可连续改变焦距值的特点，在需要经常改变摄影视场的情况下使用非常方便，所以在摄影领域应用非常广泛。但由于变焦距镜头的透镜片数多、结构复杂，因此最大相对孔径不能做得太大，致使图像亮度较低、图像质量变差，同时在设计中也很难针对各种焦距、各种调焦距离做像差校正，所以其成像质量无法和同档次的定焦距镜头相比。

实际中常用的镜头焦距在 4～300 mm 的范围内有很多的等级，如何选择焦距合适的工业镜头是进行工业视觉系统设计时需要考虑的一个主要问题。光学镜头的成像规律可以根据两个基本成像公式——牛顿公式和高斯公式来推导，对于工业视觉系统的常见设计模型，一般是根据成像的放大率和物距这两个条件来选择焦距合适的镜头。

（2）根据镜头接口类型分类

镜头和摄像机之间的接口有许多不同的类型，工业摄像机常用的包括 C 接口、CS 接口、

F 接口、V 接口、T2 接口、徕卡接口、M42 接口、M50 接口等。接口类型与镜头性能及质量并无直接关系，只是接口方式不同而已，一般也可以找到各种常用接口之间的转换接口。

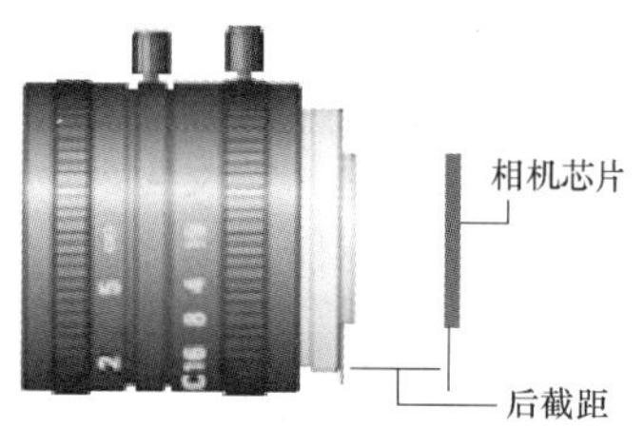

图 2.19 镜头后截距

C 接口和 CS 接口是工业摄像机最常见的国际标准接口，两者均为 1 in 32UN 寸制螺纹连接口，区别在于 C 接口的后截距为 17.5 mm，而 CS 接口的后截距为 12.5 mm。镜头后截距如图 2.19 所示。所以 CS 接口的摄像机可以和 C 接口及 CS 接口的镜头连接使用，只是使用 C 接口镜头时需要加一个 5 mm 的接圈；C 接口的摄像机不能用 CS 接口的镜头。

F 接口是尼康镜头的标准接口，所以又称尼康接口，也是工业摄像机中常用的接口类型，一般摄像机靶面大于 1 in 时需用 F 接口镜头。

V 接口是施耐德镜头主要使用的标准接口，一般也用于摄像机靶面较大或具有特殊用途的镜头。

（3）特殊用途的镜头

1）显微（Micro）镜头。

一般是成像比例大于 10:1 的拍摄系统所用，但由于现在摄像机的像元尺寸已经做到 3 μm 以内，所以一般成像比例大于 2:1 时也会选用显微镜头。

2）微距（Macro）镜头。

一般是指成像比例为 1:4～2:1 范围内的特殊设计的镜头。在对图像质量要求不是很高的情况下，一般可采用在镜头和摄像机之间加近摄接圈或在镜头前加近拍镜的方式达到放大成像的效果。

3）远心（Telecentric）镜头。

主要是为纠正传统镜头的视差而特殊设计的镜头，它可以在一定的物距范围内，使得到的图像放大倍率不会随物距的变化而变化，这对被测物不在同一物面上的情况是非常重要的应用。

4）紫外（Ultraviolet）镜头和红外（Infrared）镜头。

一般镜头是针对可见光范围内的使用设计的，由于同一光学系统对不同波长光线的折射率不同，导致同一点发出的不同波长的光成像时不能会聚成一点，从而产生了色差。常用镜头的消色差设计也是针对可见光范围的，紫外镜头和红外镜头即是专门针对紫外线和红外线进行设计的镜头。

3. 工业镜头的基本参数

工业镜头的成像原理和我们常用的单反相机、数码相机、手机摄像模组等光学成像装置一样，都是凸透镜小孔成像。其不同之处主要在于镜头接口和应用场合不同。本任务将分别针对镜头的物理接口、光学尺寸、视场角、焦距、自动调焦以及景深等概念进行详述。

（1）镜头的物理接口

镜头的物理接口是非常简单的概念，其实就是镜头和相机连接的物理接口方式。工业镜头常用接口形式有 C 接口、CS 接口、F 接口等，其中 C/CS 接口是专门用于工业领域的国际标准接口。镜头选择何种接口，应以相机的物理接口为准。不同物理接口的镜头如图 2.20 所示。

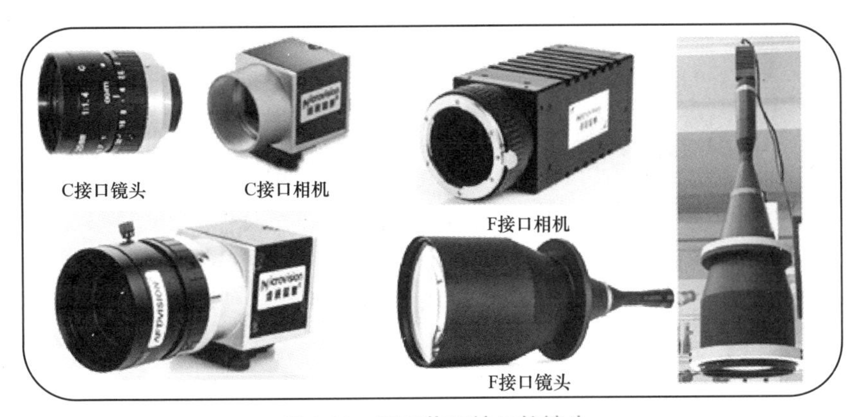

图 2.20 不同物理接口的镜头

（2）光学尺寸

镜头光学尺寸指的是镜头最大能兼容的 CCD 芯片尺寸。相机之所以能成像，是因为镜头把物体反射的光线打到了 CCD 芯片上面。因此，镜头的镜片直径（设计相面尺寸）要大于或等于 CCD 芯片尺寸。常见镜头的相面尺寸有 1/3 in（1 in = 25.4 mm），1/2 in，2/3 in，1 in 等，其中 1/3 in 和 1/2 in 常用于监控行业，其成本较低，分辨率也较低。如图 2.21 所示为各种相面尺寸对应的实际尺寸。

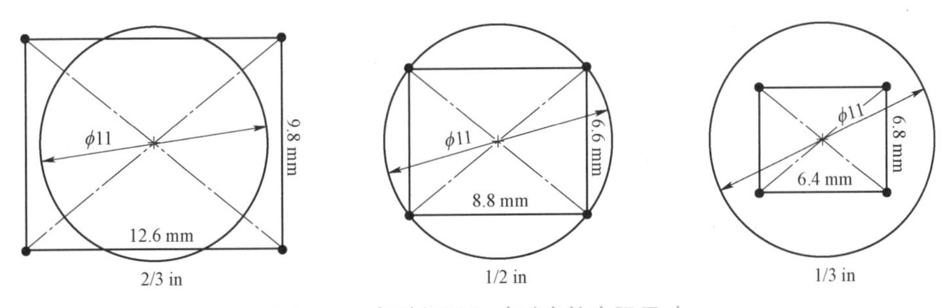

图 2.21 各种相面尺寸对应的实际尺寸

（3）视场角

视场（FOV）就是整个系统能够观察的物体的尺寸范围。视场又进一步分为水平视场和垂直视场，也就是 CCD 芯片上最大成像对应的实际物体大小，定义为

$$\mathrm{FOV}=L/M \tag{2-1}$$

式中，L 是 CCD 芯片的高或者宽；M 是放大率，定义为

$$M=h/H=v/u \tag{2-2}$$

式中，h 是像高；H 是物高；u 是物距；v 是像距。FOV 也可以表示成镜头对视野的高度和宽度的张角，即视场角 α，定义为

$$\alpha=2\theta=2\arctan[L/(2v)] \tag{2-3}$$

通常用视场角来表示视场的大小，且按照视场大小，可以把镜头分为鱼眼镜头、超广角镜头、广角镜头和标准镜头。

视场和视场角如图 2.22 所示。

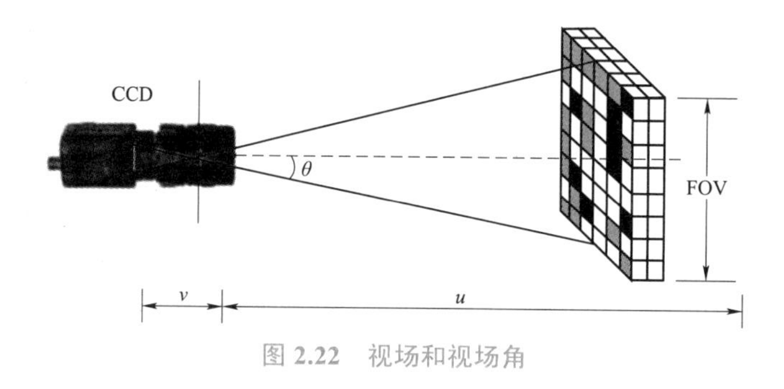

图 2.22 视场和视场角

（4）焦距

焦距是光学系统中衡量光的聚集或发散程度的参数，是从透镜中心到光聚集焦点的距离，也是相机中从镜片中心到底片或 CCD 等成像平面的距离，简单地说，焦距是焦点到面镜顶点之间的距离。

镜头焦距的长短决定着视场角的大小，焦距越短，视场角就越大，观察范围也越大，但远处的物体不清楚；焦距越长，视场角就越小，观察范围也越小，很远的物体也能看清楚。因此，短焦距的光学系统比长焦距的光学系统有更好的集聚光的能力。由此可见，焦距和视场角一一对应，一定的焦距就意味着一定的视场角。因此，在选择焦距时应该充分考虑是要观察细节还是要有较大的观测范围。如果需要观测近距离大场面，就选择短焦距的广角镜头；如果要观察细节，应该选择焦距较长的长焦镜头。以 CCD 为例，焦距的参考公式为

$$\alpha = 2\arctan\frac{L_{SR}}{2L_{WD}} \tag{2-4}$$

$$f = \frac{d}{2\tan(\alpha/2)} \tag{2-5}$$

式中，L_{SR} 为景物范围；L_{WD} 为工作距离；d 为 CCD 尺寸。这里应注意，L_{SR} 和 d 要保持一致性，即同为高或同为宽。实际选用时还应留有余量，应当选择比计算值略小的焦距。

（5）自动调焦

在机器视觉系统中，调焦直接影响光测设备的测量效果，特别是在光测设备对运动目标进行拍摄的过程中，目标与光测设备之间的距离随时发生变化，因而需要不断地调整光学系统的焦距，从而调整目标像点的位置，使其始终位于焦平面上，以获得清晰的图像。对光学镜头进行手动调焦，其调节过程长，调焦精度受人为影响较大，成像效果往往不能满足需要，而自动调焦技术能很好地解决这一问题。

自动调焦相机利用电子测距器自动调焦，采集图片时，根据被摄目标的距离，电子测距器可以把前后移动的镜头控制在相应的位置上，或将镜头旋转至需要位置，使被摄目标成像达到最清晰。

自动调焦有几种不同的方式，目前应用最多的是主动式红外系统。这种系统的工作过程是从相机发光元件发射出一束红外线，照射到被摄物主体后反射回相机，由感应器接收到回波。相机根据发光光束与反射光束所形成的角度来测知拍摄距离，实现自动对焦。采用这种方式的自动调焦相机，因为是由自身发出照射光，所以其调焦精度与被摄物的亮度和反差无关，即使是在室内等较暗的环境下，也可以顺利地进行拍摄。但是，由于这种方式是

以被摄物反射的红外线为检测对象，因此，对反射率较低或面积太小的被摄物，有时不能发挥其功能。

（6）景深

景深（Depth Of Field，DOF）是指在摄影机镜头或其他成像器前沿，能够取得清晰图像的成像所测定的被摄物体前后距离范围。在聚焦完成后，焦点前后范围内所呈现的是清晰的图像，这一前一后距离范围便是景深。光圈、镜头及到拍摄物的距离是影响景深的重要因素。

与光轴平行的光线射入凸透镜时，理想的镜头应该是所有的光线聚集在一点后，再以锥状扩散开来，焦点就是聚集所有光线的点。在焦点前后，光线开始聚集和扩散，点的影像变得模糊，形成一个扩大的圆，这个圆称为弥散圆。

在现实中，人们是以某种方式（如投影、放大成照片等）来观察所拍摄的影像的，人眼所感受到的影像与放大倍率、投影距离及观看距离有很大的关系，如果弥散圆的直径大于人眼的鉴别能力，则在一定范围内将无法辨认模糊的影像。这个不能被人眼辨认影像的弥散圆称为容许弥散圆，在焦点的前后各有一个容许弥散圆。

以持照相机的拍摄者为基准，从焦点到近点容许弥散圆的距离叫前景深，从焦点到远点容许弥散圆的距离叫后景深。景深如图 2.23 所示。

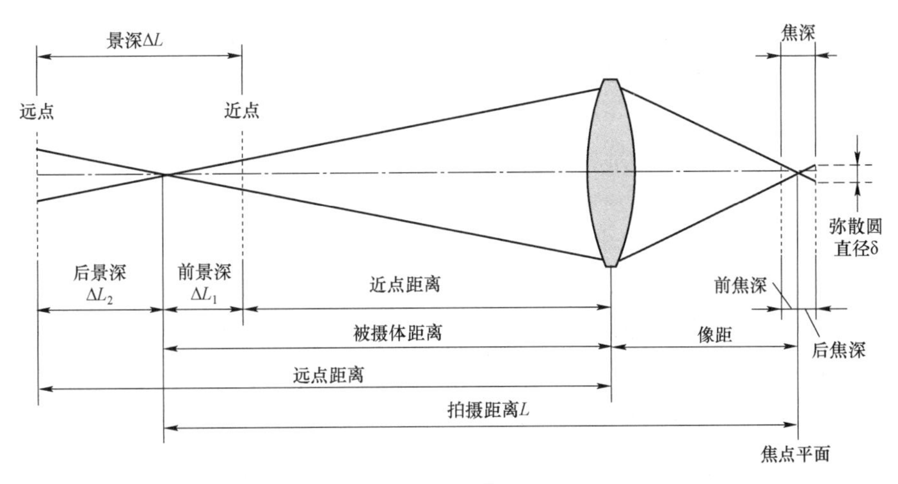

图 2.23　景深

前景深：

$$\Delta L_1 = \frac{\delta F L^2}{f^2 + \delta F L} \tag{2-6}$$

后景深：

$$\Delta L_2 = \frac{\delta F L^2}{f^2 - \delta F L} \tag{2-7}$$

景深：

$$\Delta L = \Delta L_1 + \Delta L_2 = \frac{2 f^2 \delta F L^2}{f^4 - \delta^2 F^2 L^2} \tag{2-8}$$

式中，F 为镜头的拍摄光圈值；f 为镜头焦距。

影响景深的重要因素如下：

1）镜头光圈。光圈越大，景深越浅；光圈越小，景深越深。

2）镜头焦距。镜头焦距越长，景深越浅；镜头焦距越短，景深越深。

3）物体与背景之间的距离。距离越远，景深越深；距离越近，景深越浅。

4）物体与镜头之间的距离。距离越远，景深越浅；距离越近（不能小于最小拍摄距离），景深越深。

从上述可以看出，后景深大于前景深。在进行拍摄时，调节相机镜头，使与相机成一定距离的景物清晰成像的过程，称为调焦。景物所在的点，称为对焦点，因为“清晰”并不是一种绝对的概念，所以调焦点（靠近相机）前后一定距离内的景物的成像都可以是清晰的，这个前后范围的总和就称为景深，即在这一范围之内的景物，都能清楚地拍摄。

4. 放大倍率计算公式

1）定焦镜头一般存在视差。所谓视差，即因工作距离不同、透镜放大倍率不同而导致的近大远小的现象。

2）透镜由于制造精度以及组装工艺的偏差会引入畸变，导致原始图像失真。一般情况下，越靠近视野边缘畸变越明显。

3）远心镜头独特的透镜组结构，可以较好地克服透视误差。

4）定焦镜头工作距离、焦距和视野之间的关系为

$$\text{放大倍率} = \frac{\text{传感器尺寸（}h\text{或}v\text{）}}{\text{视野（}H\text{或}V\text{）}} = \frac{f}{L_{\mathrm{WD}}} \tag{2-9}$$

任务实施

PCB 板尺寸测量中镜头的选择过程：

1）由任务 2.1 可知，PCB 板的实际尺寸约为 32 mm×35 mm，估算视野为 52 mm×39 mm，选择 500 万像素的彩色工业相机，则其靶面尺寸为 1/2.5 in［5.70 mm（h）×4.28 mm（v）］。

2）假设工作距离 L_{WD} 为 200 mm，若选择定焦镜头，则根据式（2-9）可以得到 $f = L_{\mathrm{WD}}\dfrac{h}{H} = 200\times\dfrac{5.7}{52} = 21.92\ \mathrm{mm}$。所以可以选择焦距为 25 mm 的定焦镜头，并适当增大工作距离；或者选择焦距为 16 mm 的镜头，并适当减小工作距离。

3）若选择定倍镜头，则放大倍率为

$$\text{放大倍率} = \frac{\text{传感器尺寸（}h\text{或}v\text{）}}{\text{视野（}H\text{或}V\text{）}} = \frac{5.7}{52} = 0.11$$

所以可以选择放大倍率在 0.11 附近的定倍远心镜头。在实验室条件下，选择 16 mm 定焦镜头，工作距离为 145 mm 时，实际视野大小为 52 mm×39 mm。

任务评价

任务评价如表 2.4 所示。

表 2.4　任务评价

任务名称		工业镜头选型		实施日期	
序号	评价目标	任务实施评价标准		配分	得分
1	职业素养	纪律意识	自觉遵守劳动纪律，服从老师管理	5	
2		学习态度	积极上课，踊跃回答问题，保持全勤	5	
3		团队协作	分工与合作，配合紧密，相互协助解决选型过程中遇到的问题	5	
4		科学思维意识	独立思考、发现问题、提出解决方案，并能够创新改进其工作流程和方法	5	
5		严格执行现场 6S 管理	整理：区分物品的用途，清除多余的东西； 整顿：物品分区放置，明确标识，方便取用； 清扫：清除垃圾和污秽，防止污染； 清洁：现场环境的洁净符合标准； 素养：养成良好习惯，积极主动； 安全：遵守安全操作规程，人走机关	5	
6	职业技能	能估算出工作距离		10	
7		能计算出定焦镜头的焦距		25	
8		能计算出远心镜头的放大倍率		25	
9		能选择出所需工业镜头		15	
合计				100	
小组成员签名					
指导教师签名					
任务评价记录	1. 存在问题 ____________ ____________ ____________ ____________ 2. 优化建议 ____________ ____________ ____________ ____________				
备注：在使用真实实训设备或工件编程调试过程中，如发生设备碰撞、零部件损坏等每处扣 10 分。					

任务总结

本任务详细介绍了工业镜头的基础知识以及基本参数，介绍了各参数的含义，讲解了工业镜头放大倍率的计算方法，并详细介绍了工业镜头选型所需参数的计算方法和步骤。合适的工业镜头是获取高质量图像的关键因素之一。

任务拓展

工业镜头是工业视觉系统的关键组件之一，选择性能良好的工业镜头，对于工业视觉系统的稳定性有着重要影响。在选择合适的工业镜头时，首先应明确需求，根据项目要求选择镜头的类型，如定焦镜头还是远心镜头；若是定焦镜头，需要初步确定工作距离，然后根据放大倍率公式计算出焦距，验证工作距离是否符合架设要求并微调；若是远心镜头，直接根据放大倍率公式计算出放大倍率，然后验证工作距离是否在远心镜头规定范围内。

拓展任务要求：

检测汽车电容器方框内的零件字符是否有漏装、错装、装反，如图 2.12 所示，检测区域为 110 mm × 27 mm，所需检测产品字符细节尺寸为 0.5 mm。已知工作距离小于 500 mm，尝试选择合适的工业镜头。

任务检测

1）【第十八届“振兴杯”】工业视觉镜头的增透膜的主要作用不包括（　　）。

A. 减少反射和抑制散射　　B. 提高色彩还原性

C. 防污和抗反污　　D. 改善成像畸变

2）【第十八届“振兴杯”】按照视场大小，镜头分类不包括（　　）。

A. 鱼眼镜头　　B. 定焦镜头　　C. 超广角镜头　　D. 广角镜头

3）【第十八届“振兴杯”】焦距相同的定焦镜头，物距越大，视野（　　）。

A. 越大　　B. 越小　　C. 不变　　D. 取决于镜头的品牌

4）【第十八届“振兴杯”】通过（　　）可以获得较大的景深。

A. 增大光圈同时保持焦距　　B. 增大光圈同时增大焦距

C. 缩小光圈同时保持焦距　　D. 缩小光圈同时缩小焦距

5）影响视野大小的因素有（　　）。

A. 物距　　B. 像距　　C. 成像面大小　　D. 被拍摄物体大小

6）白色表示光圈大小，如图 2.24 所示光圈中（　　）能得到最大的景深。

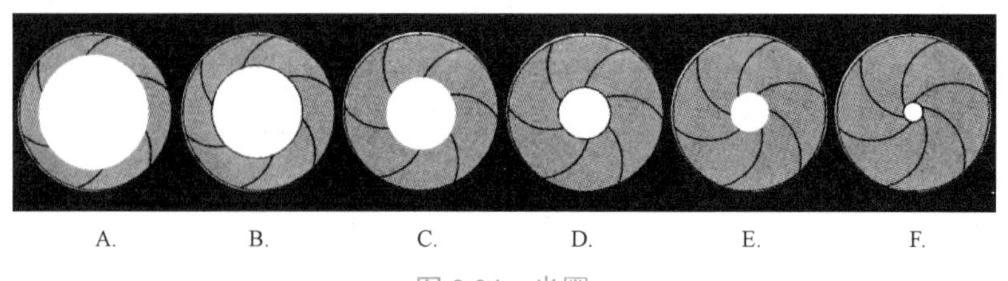

图 2.24　光圈

7）下列（　　）属于镜头畸变。

A. 桶形畸变　　B. 偏移畸变　　C. 伸展畸变　　D. 枕形畸变

8）填写如图2.25所示的工业镜头各位置的专业术语。

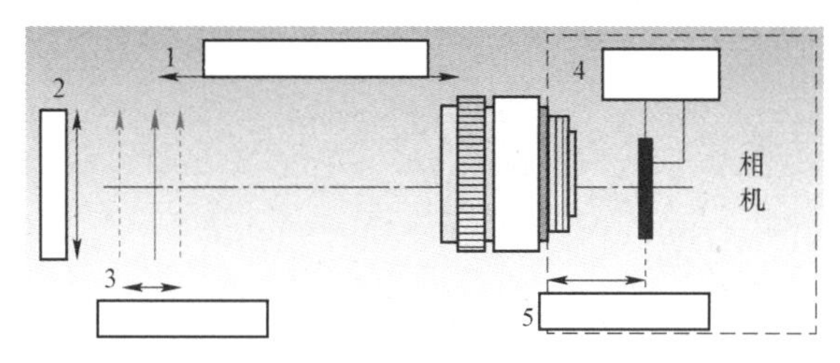

图2.25　工业镜头

9）简述凸透镜成像原理。

10）比较远心镜头与普通工业镜头的差异，并对两者的拍摄效果进行对比。

11）总结自动对焦镜头的原理及实现方法。

开阔视野

珍贵有趣画面：红外相机镜头前的“动物剧场”

如工作人员所说的，野外工作那么久都不一定能亲眼见到野生熊猫，但他们的监测路线和大熊猫的活动轨迹时空相叠，在工作人员心中就是一种相遇。虽然在野外亲身遇到大熊猫的机会非常少，但是得益于工作人员布设在野外的这些红外相机镜头等拍摄设备，现在人们可以经常通过画面看到野生大熊猫和其他动物的活动情况。如图2.26所示是大熊猫在野外活动画面，这是大熊猫国家公园白水江片区的红外相机记录的一些珍贵、有趣的画面。

图2.26　大熊猫在野外活动画面

任务 2.3　PCB 板尺寸测量中光源的选择

任务描述

工业视觉系统是通过分析来自物品的反射光线而非物品本身来生成图像的。想要了解光线是如何从正在检测的生产元件上反射出去的，就必须知道物品的生产材料、尺寸、形状和表面处理等，这些都会影响到光线的反射，并且可能会给高品质图像的采集带来挑战。寻找适当的光源有助于处理看似复杂的应用，并极大地简化应用。

因此，在工业视觉项目应用中，更感兴趣的是什么样的光源才是“好”光源。只有知道什么样的光源是“好”光源，才能正确地进行光源选型。下面给出几条“好”光源的标准：

1）将感兴趣区域（Region Of Interest，ROI）和其余部分的灰度值差异加大，而弱化非ROI 区域。

2）光照强度要足够，提高信噪比，方便图像处理。

3）成本低，稳定且寿命长。

4）光源的均匀性要好。

光源的类型不同，能够实现的成像效果也会有很大差异，所以需要根据项目要求选择合适的光源。

本任务具体要求：测量如图 2.1(a)所示的 PCB 板的外形尺寸，要求测量公差为±0.1 mm。已知工作距离小于 250 mm，若采用 16 mm 定焦镜头，尝试选择合适的光源，并设计出图像采集系统示意图。

任务目标

1）了解光源基础知识。

2）了解常见光源及特性。

3）熟悉光源的类型、特点和应用场景。

4）熟悉光源的不同照射方式。

5）掌握光源的选型方法。

6）能够设计图像采集系统的架设示意图。

相关知识

1. 光源基础知识

光源是能够产生光辐射的辐射源，一般分为自然光源和人造光源。自然光源是自然界中

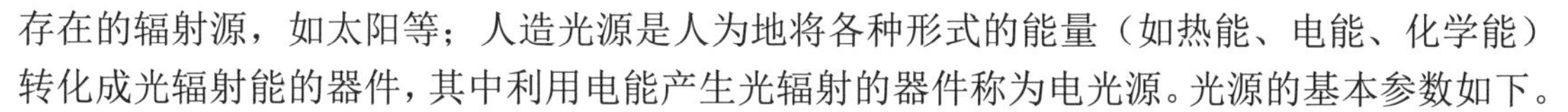

存在的辐射源，如太阳等；人造光源是人为地将各种形式的能量（如热能、电能、化学能）转化成光辐射能的器件，其中利用电能产生光辐射的器件称为电光源。光源的基本参数如下。

（1）辐射效率和发光效率

在给定波长$\lambda_1 \sim \lambda_2$范围内，某一光源发出的辐射能通量与产生这些辐射能通量所需的电功率之比，称为该光源在规定光谱范围内的辐射效率。

工业视觉系统设计中，在光源的光谱分布满足要求的前提下，应尽可能选用辐射效率较高的光源。某一光源所发射的光通量与产生这些光通量所需的电功率之比，称为该光源的发光效率。在照明领域或者光度测量系统中，一般应选用发光效率较高的光源。

（2）光谱功率分布

自然光源和人造光源大都是由单色光组成的复色光。不同光源在不同光谱上将辐射出不同的光谱功率，常用光谱功率分布来描述。若令其最大值为 1，将光谱功率分布进行归一化，那么，经过归一化后的光谱功率分布称为相对光谱功率分布。

（3）空间光强分布

对于各向异性光源，其发光强度在空间各方向上是不相同的。若在空间某一截面上，自原点向各径向取矢量，则矢量的长度与该方向的发光强度成正比。将各矢量的断点连起来，就得到光源在该截面上的发光强度曲线，即配光曲线。

（4）光源的色温

黑体的温度决定了它的光辐射特性。对于非黑体辐射，常用黑体辐射的特性近似地表示其某些特性。对于一般光源，经常用分布温度、色温或相关色温表示。

辐射源在某一波长范围内辐射的相对光谱功率分布，与黑体在某一温度下辐射的相对光谱功率分布一致，那么，黑体的这一温度就称为该辐射源的分布温度。辐射源辐射光的颜色与黑体在某一温度下辐射光的颜色相同，则黑体的这一温度称为该辐射源的色温。由于某种颜色可以由多种光谱分布产生，因此色温相同的光源，其相对光谱功率分布不一定相同。对于一般光源，若它的颜色与任何温度下的黑体辐射的颜色都不相同，则用相关色温表示该光源。在均匀色度图中，如果光源的色坐标点与某一温度下的黑体辐射的色坐标点最接近，则黑体的这一温度称为该光源的相关色温。

（5）光源的颜色

光源的颜色包含了两方面的含义，即色表和显色性。用眼睛直接观察光源时所看到的颜色称为光源的色表。例如，高压钠光灯的色表呈黄色，荧光灯的色表呈白色。当用一种光源照射物体时，物体呈现的颜色（也就是物体反射光在人眼内产生的颜色感觉）与该物体在完全辐射体照射下所呈现的颜色的一致性，称为该光源的显色性。国际照明委员会（CIE）规定了 14 种特殊物体作为检验光源显色性的试验色。

（6）光源的寿命

机器视觉系统多用于工业现场，系统与器件的维护是用户关心的重要问题。采用长寿命光源降低后期维护费用是用户的广泛需求。常用的几种可见光源有白炽灯、荧光灯、汞灯和钠光灯等，这些光源的一个最大缺点是光能不能保持长期稳定，衰减较快。以荧光灯为例，在使用的第一个 100 h 内，光能将下降 15%，随着使用时间的增加，光能还将不断下降。因此，如何使光能在一定程度上保持稳定，是实用化过程中亟须解决的问题。

发光二极管（LED）光源作为一种新型的半导体发光材料，在寿命方面具有非常明显的优势。根据纽约特洛伊照明研究中心进行的独立研究测试所获得的结果可知，普通 5 mm LED 在 20 mA 驱动电流下工作时，光衰情况为：2 000～2 500 h，光衰到 70%；6 000 h，光衰到 50%。

另有资料显示，如果驱动电流降低到 10 mA，普通 5 mm LED 的衰减速度将大大降低，半衰期可达 10 000～30 000 h。新型的大功率 LED 在寿命上又达到了一个新的高度，20 000 h 光衰到 80%，并且此后的衰减非常缓慢，半衰期可达 100 000 h 以上。LED 用作工业检测设备的光源优势非常明显，是今后工业视觉系统光源制作的首选器件。

（7）色光混合规律

光的三原色是红、绿、蓝，三原色中任意一色都不能由另外两种原色混合产生，而其他色光可由这三色光按照一定的比例混合出来。

1）色光连续变化规律。由两种色光组成的混合色中，如果一种色光连续变化，则混合色也连续变化。

2）补色规律。三原色光等量混合，可以得到白光。如果先将红光与绿光混合得到黄光，黄光再与蓝光混合，也可以得到白光。这两种颜色称为补色，最基本的补色有三对：红－青、绿－品红、蓝－黄。补色的一个重要性质：一种色光照射到其补色的物体上，则这种色光将被吸收。如用蓝光照射黄色物体，则呈现黑色。

3）中间色规律。任何两种非补色光混合，可产生中间色。其颜色取决于两种色光的相对能量，其鲜艳程度取决于二者在色相顺序上的远近。

4）代替规律。颜色外貌相同的光，不管它们的光谱成分是否一样，在色光混合中都具有相同的效果。凡是在视觉上相同的颜色都是等效的，即相似色混合后仍相似。色光混合的代替规律表明，只要在感觉上颜色是相似的便可以相互代替，所得的视觉效果是相同的。

以上四种规律是色光混合的基本规律，这些规律可以指导工业视觉光源系统设计。例如，可以根据目标的颜色不同来选择不同光谱的光源照射，利用补色规律和亮度相加原则得到突出目标亮度、削弱背景的目的，以达到最终突出目标的效果。

2. 常见光源

目前，光源和照明是否优良是决定机器视觉应用系统成败的关键，优良的光源系统应当具有以下特征：① 尽可能突出目标的特征，在物体需要检测的部分与非检测部分之间尽可能产生明显的区别，增加对比度；② 保证足够的亮度和稳定性；③ 物体位置的变化不应影响成像的质量。

常见的光源包括高频荧光灯、光纤卤素灯、LED 灯等，如图 2.27 所示。选择光源时，需要考虑光源的照明亮度、均匀度、发光的光谱特性是否符合实际要求，同时还要考虑光源的发光效率和使用寿命。

如表 2.5 所示为几种主要光源的特性。其中，LED 灯具有显色性好、光谱范围宽（可覆盖整个可见光范围）、发光强度高、稳定时间长等优点，而且随着制造技术的成熟，其价格越来越低，必将在现代工业视觉领域得到越来越广泛的应用。

(a)

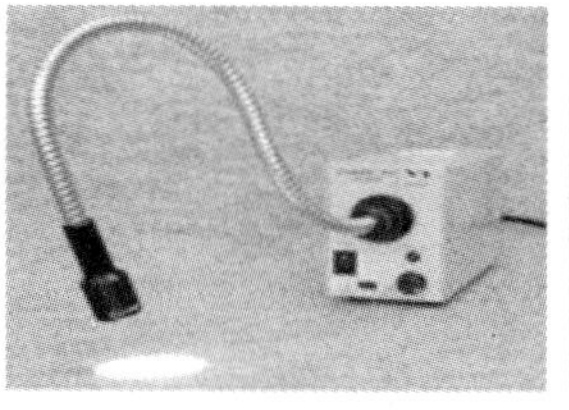
(b)

(c)

图 2.27　常见的光源

（a）高频荧光灯；（b）光纤卤素灯；（c）LED 灯

表 2.5　几种主要光源的特性

光源	颜色	寿命/h	发光亮度	特点
卤素灯	白色，偏黄	5 000～7 000	很亮	发热多，较便宜
荧光灯	白色，偏绿	5 000～7 000	亮	较便宜
LED 灯	红色、绿色、蓝色、白色	6 000～100 000	较亮	固体，能做成很多形状
氙灯	白色，偏蓝	3 000～7 000	亮	发热多，持续光
电致发光管	由发光频率决定	5 000～7 000	较亮	发热少，较便宜

3. 光源的类型

经过大量的研究和实验可以发现，对于不同的检测对象，必须采用不同的照明方式才能突出被测对象的特征，有时可能需要采取几种方式的组合，而最佳的照明方法和光源的选择往往需要大量的实验才能找到。除了要求设计人员有很强的理论知识外，还需要很高的创造性，这个看似简单的问题实际上是非常复杂的。下面对几种典型的光源进行简单的介绍与说明。

（1）前光源

前光源是指放置在待测物前方的光源，这种光照方式称为前光式照明，如图 2.28 所示。前光源又可以分为高角度与低角度两种，其区别在于光源与被测物待测表面之间的夹角大小不同。

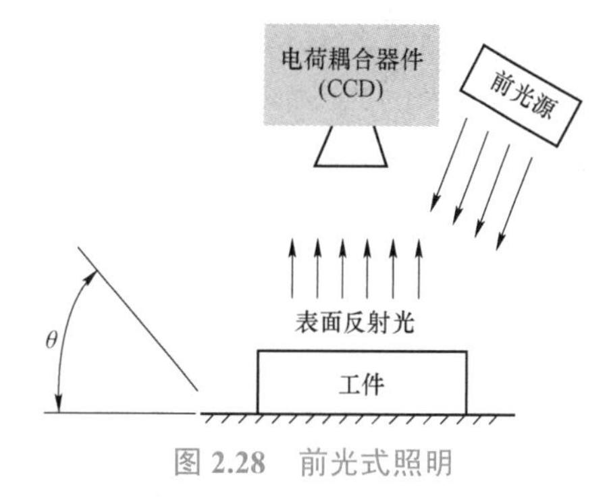

图 2.28　前光式照明

在选用高角度照明或低角度照明时，主要考虑被测物表面待测部分的机理。

如图 2.29 所示为不同打印方式的字符表面。

采用不同打印方式的字符，其待测部分的表面机理不同，印刷式字符采用高角度照明方式效果较好，而刻字式字符采用低角度照明方式效果更佳。

前光式照明主要用于检测反光与不平整表面，如 IC 芯片上的印刷式字符、电路板元器件、焊点、橡胶类制品、封盖标记、包装袋标记、封盖内部及底部的脏污等。

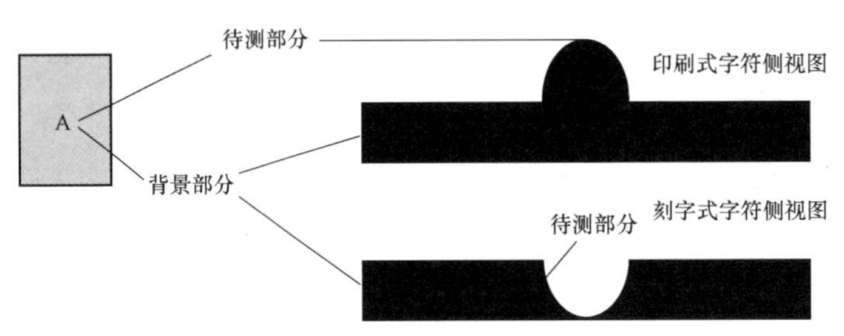

图 2.29　不同打印方式的字符表面

将工业视觉检测技术应用于汽车制造业，可以检测轮胎和轮盘上的字符。

如图 2.30 所示为轮胎字符检测。轮胎上的数字编号凸出于轮胎侧表面，且与背景颜色相同，因此很难判别。但是，采用前光源高角度照明法可以在图像上产生微妙的“凸出”效果，数字编号可清晰地浮现出来，大大有利于后期数字编号的图像处理与识别。

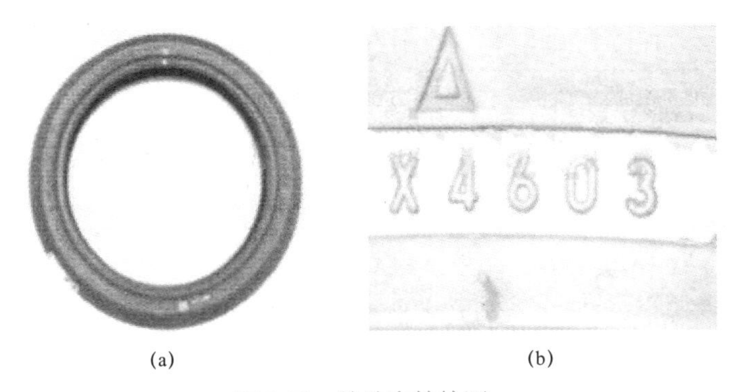

(a)　(b)

图 2.30　轮胎字符检测

（a）待测轮胎；（b）高角度照明下轮胎数字编号

在检测轮盘上的字符时，鉴于文字是刻在涂层表面上的，采用低角度照明法，采集的图像中原本凹陷入轮盘里的字符与背景形成了鲜明的对比，十分有利于后续图像处理。如图 2.31 所示为轮盘字符检测。

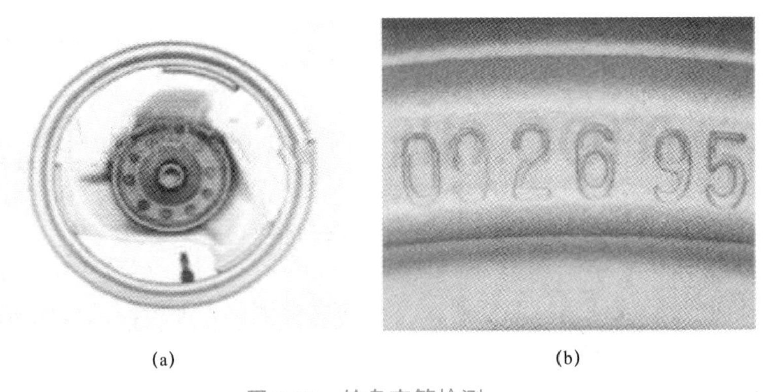

(a)　(b)

图 2.31　轮盘字符检测

（a）待测轮盘；（b）高角度照明下轮盘数字编号

（2）背光源

背光源与前光源在放置位置上刚好相反，即放置于待测物体背面，如图 2.32 所示。通过背光源照射待测物体，相对摄像机形成不透明物体的阴影或观察透明物体的内部时，使待测物透光与不透光部分边缘清晰，为图像边缘提取奠定基础。

由于背光源能充分突出待测物体的轮廓信息，因此，它主要用于被测对象的轮廓检测、透明体的污点缺陷检测、液晶文字检查、小型电子元器件尺寸和外形检测、轴承外观和尺寸检查、半导体引线框外观和尺寸检查等。如图 2.33 所示为采用背光源照射一个多孔齿轮所拍摄的图片，齿轮上的圆孔与齿牙的轮廓十分清晰，这为齿轮不良品（No Good，NG）判定的后续图像处理打下了良好基础。

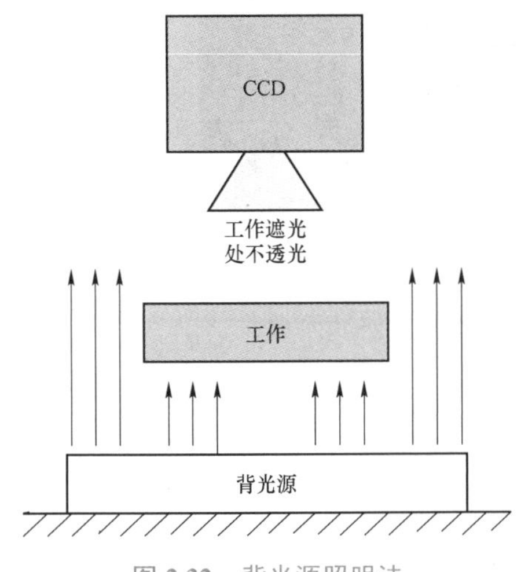

图 2.32　背光源照明法

图 2.33　背光源照射下齿轮的图片

（3）环形光源

环形光源的实物如图 2.34（a）所示，它能为待测物体提供大面积均衡的照明。实际应用中，环形光源与 CCD 镜头同轴安放，一般与镜头边缘相对齐。环形光源的优点在于可直接安装在镜头上，如图 2.34（b）所示，与待测物体距离合适时，可大大减少阴影，提高对比度，可实现大面积荧光照明。但应用距离不合适时会造成环形反光现象。

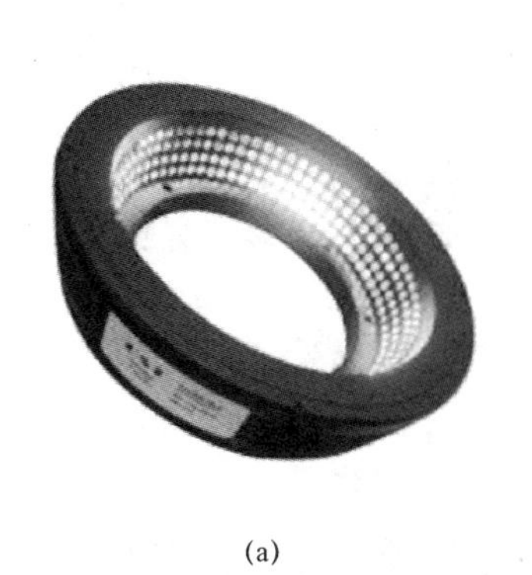

(a)

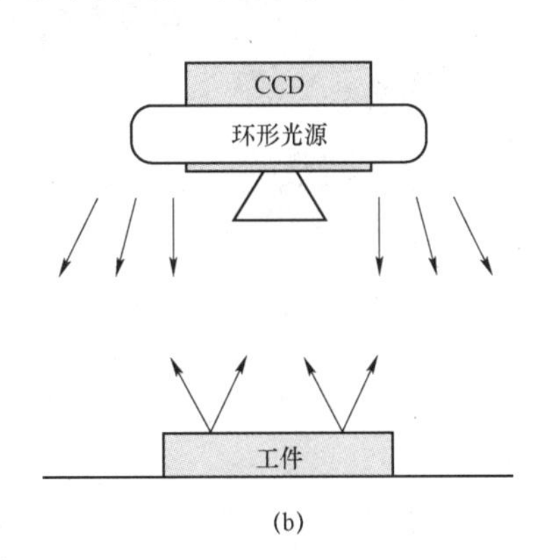

(b)

图 2.34　环形光源照明法

（a）实物图；（b）安装方式

环形光源在检测高反射率材料表面的缺陷时表现极佳，非常适合电路板和球栅阵列封装（Ball Grid Array，BGA）缺陷的检测。它广泛应用于有纹理表面的物体检测，如检测 IC 芯片上的印刷字符、印制电路板上的零件、塑料盖上的污点和各种产品标签等。

如图 2.35 所示为用蓝色环形光源照射待测 BGA 焊点和金属导线，既去除了金属导线图案，又突出了焊点，图像中仅焊点部分呈白色。从图 2.35（b）中还可清晰地看到左上方的瑕疵，为后续识别处理奠定了基础。

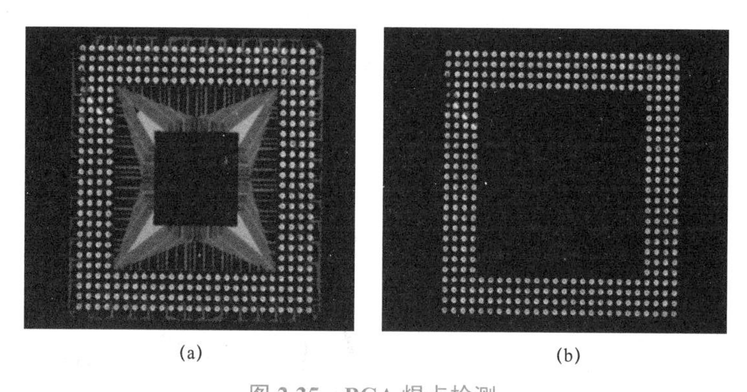

(a)　　(b)

图 2.35　BGA 焊点检测

（a）待测 BGA 焊点；（b）蓝色环形光源下 BGA 焊点的图片

如图 2.36 所示为采用环形光源照射电容和晶体振荡器的拍摄图像效果。如图 2.36（a）中电容上的白色印刷字符与黑色背景形成鲜明对比，字体的轮廓非常清晰；如图 2.36（b）中晶体振荡器上的印刷字符也突出于金属外壳之上。这种图片的字符成像效果已可以满足字符识别算法的基本要求。

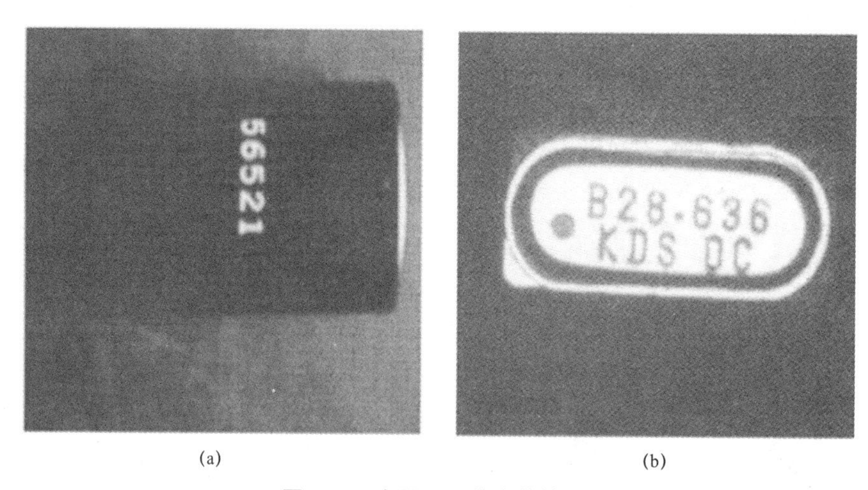

(a)　　(b)

图 2.36　电子元器件字符检测

（a）用环形光源拍摄电容图片；（b）用环形光源拍摄电容图片

（4）点光源

点光源的实物如图 2.37（a）所示，它结构紧凑，能够使光线集中照射在一个特定距离的小视场范围内。一般将点光源安置于工件前方，采用前光源照明方式，以一定的角度从正面直接对准工件上感兴趣的区域，如图 2.37（b）所示。在点光源高亮度、均匀强光的照射下，采集的图像对比度高，对检测物体反射表面上的阴影、微小缺陷和凹痕十分有效，对条形码识别和激光打印字符的检测也特别有用。

(a)

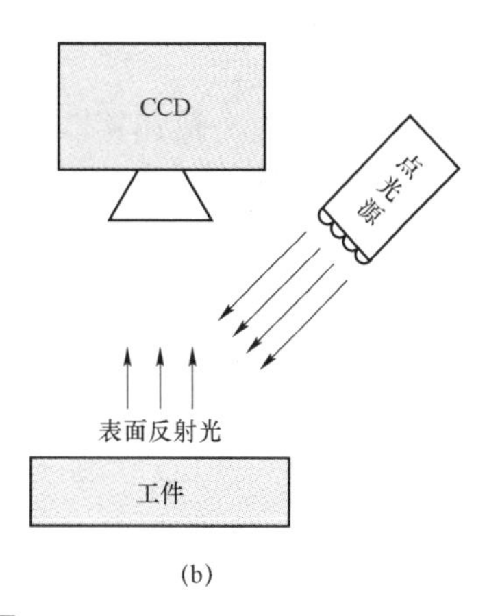

(b)

图 2.37　点光源

（a）实物图；（b）安装方式

在检测凸轮、齿轮损伤缺陷时，可以采用平行度误差较小的点光源照明，采集的凸轮表面缺陷图像如图 2.38（b）所示。点光源能均匀照射金属表面，检测出伤痕所在位置。检测一维条形码时，也可以选用点光源直接照射感兴趣的区域，采集的一维条形码图像如图 2.39（b）所示，该图像为后续图像处理提供了很好的素材。

(a)

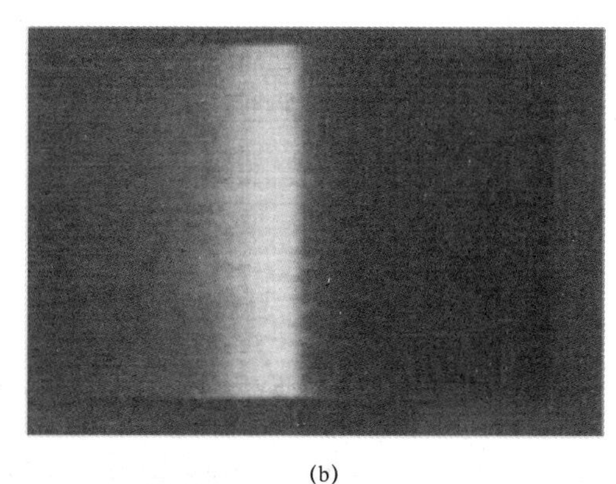

(b)

图 2.38　凸轮缺陷检测

（a）实物图；（b）采集的凸轮表面缺陷图像

(a)

(b)

图 2.39　条形码检测

（a）实物图；（b）采集的一维条形码图像

（5）可调光源

可调光源是可以通过电流调整器、亮度控制器或频闪控制器来调整光源亮度或频闪速度的一种光源。由于可调光源的调节主要由控制器实现，因此下面对这些控制器作简单介绍。

1）电流调整器和亮度控制器。

包括单信道与双信道输出的恒流控制器、四信道带触摸屏的亮度控制器、RGB 光源彩色分量调节控制器，这些给工业视觉的光源设计提供了较多的选择机会。

2）频闪控制器。

频闪控制器是一种为 LED 光源提供频闪电源和连续控制的直流电源控制器，主要用于实现对最新一代大电流 LED 光源、大面积线组光源以及大面积表面贴片背光源的控制。频闪控制器结合大电流 LED 光源可以替代氖光源。

4. 光源照射方式

目前，工业视觉领域光源主要的照射方式如下：

（1）平行光

照射角整齐的光称为平行光，如太阳光。发光角度越小的 LED，其直射光越接近平行光。

（2）直射光

LED 光源直接照射对象的光。

（3）漫射光

各种角度的光源混合在一起的光。日常生活用光几乎都是漫射光。

（4）偏光

光源的传递方向在特定的垂直平面上，使波动受到限制的光。通常利用偏光板来防止特定方向的反射。

如图 2.40 所示为几种不同光源照明方式效果对比，主要包括直射光与漫射光、明视野与暗视野、透射照明和偏光。

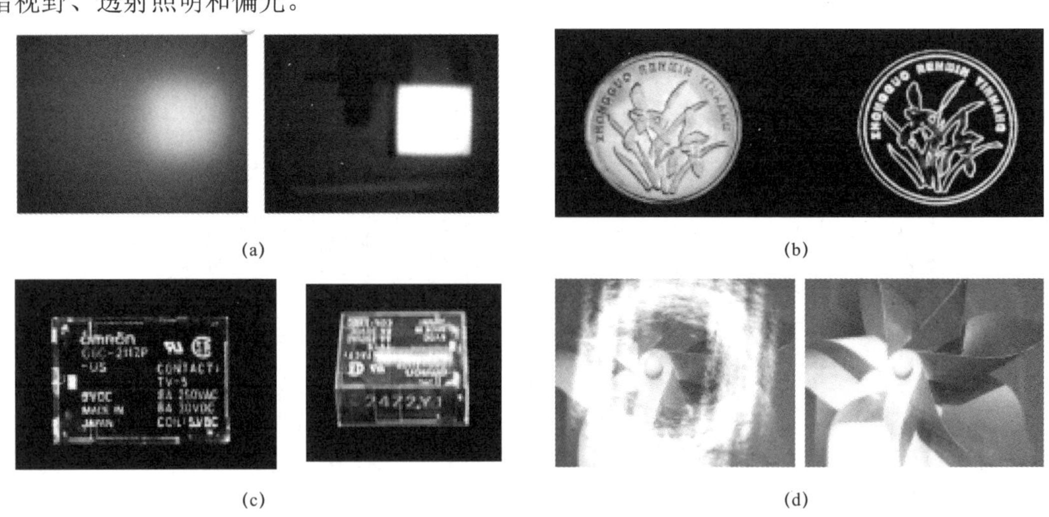

图 2.40　几种不同光源照明方式效果对比

（a）直射光与漫射光；（b）明视野与暗视野；（c）透射照明；（d）偏光

平行面光与普通面光的区别如图 2.41 所示，其中平行面光可以较好保留物体边缘。

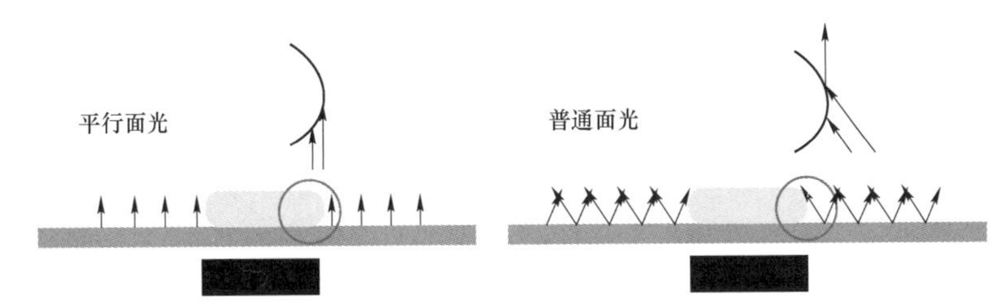

图 2.41 平行面光与普通面光的区别

任务实施

PCB 板尺寸测量中光源的选择过程：

1）由任务 2.1 可知，PCB 板的实际尺寸约为 32 mm × 35 mm，估算视野为 52 mm × 39 mm，选择 500 万像素的彩色工业相机，则其靶面尺寸为 1/2.5 in［5.70 mm（*h*）×4.28 mm（*v*）］。

2）由任务 2.2 可知，若采用 16 mm 定焦镜头，则工作距离为 145 mm，实际视野大小为 52 mm × 39 mm。

3）对于小型电子元器件尺寸进行测量时，一般选取背光源，它可以充分突出待测物体的轮廓和边缘信息，其中平行面光源具有更好的方向性，LED 经结构优化均匀分布于光源底部，常用于外形轮廓和尺寸测量，因此，此处选择比实际拍摄视野略大的平行面光源。考虑到仅测量外形尺寸，无其他特殊要求，选用白色光源即可。

4）图像采集系统示意图如图 2.42 所示。其中，L_{WD} 表示工作距离，工业相机分辨率为 500 万像素。

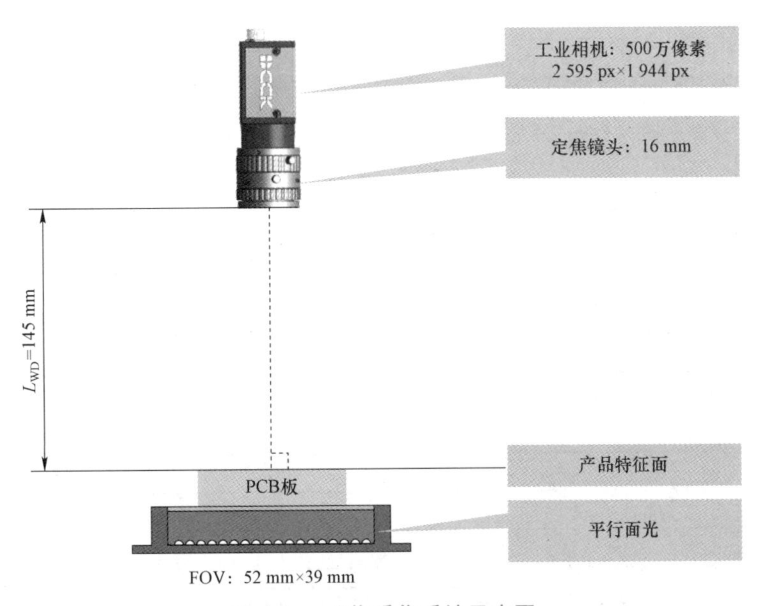

图 2.42 图像采集系统示意图

任务评价

任务评价如表 2.6 所示。

表 2.6　任务评价

任务名称		光源系统选型		实施日期	
序号	评价目标	任务实施评价标准		配分	得分
1	职业素养	纪律意识	自觉遵守劳动纪律，服从老师管理	5	
2		学习态度	积极上课，踊跃回答问题，保持全勤	5	
3		团队协作	分工与合作，配合紧密，相互协助解决选型过程中遇到的问题	5	
4		科学思维意识	独立思考、发现问题、提出解决方案，并能够创新改进其工作流程和方法	5	
5		严格执行现场 6S 管理	整理：区分物品的用途，清除多余的东西； 整顿：物品分区放置，明确标识，方便取用； 清扫：清除垃圾和污秽，防止污染； 清洁：现场环境的洁净符合标准； 素养：养成良好习惯，积极主动； 安全：遵守安全操作规程，人走机关	5	
6	职业技能	能确定光源的选型所需参数		20	
7		能选择出所需光源		10	
8		能设计出图像采集系统示意图（包含工业相机及其参数、工业镜头及其参数、光源、视野、产品及其特征面、工作距离，每少一处扣 5 分）		45	
合计				100	
小组成员签名					
指导教师签名					
任务评价记录	1. 存在问题 ______ ______ ______ ______ 2. 优化建议 ______ ______ ______ ______				
备注：在使用真实实训设备或工件编程调试过程中，如发生设备碰撞、零部件损坏等每处扣 10 分。					

任务总结

本任务介绍了光源的基础知识，了解相关参数的含义，详细介绍了光源选型过程，并对 PCB 板外形尺寸测量的图像采集系统进行了设计。工业视觉系统的硬件架设是开展视觉项目的关键环节，是进行图像采集的基础，而工业相机、工业镜头和光源三大硬件的选型是核心。

任务拓展

在工业视觉的应用过程中，光源的类型不同，能够实现的成像效果也会有很大差异，所以需要根据项目要求选择合适的光源。在图像采集时能否采集到完美图像，取决于照明系统中光源的选择。一般情况，光源的选择可以按照以下步骤进行：

1）根据产品的颜色，确定光源的颜色和背景颜色。

2）根据产品的材质，确定光源选择直射光还是漫射光，穿透性较强的光还是穿透性较弱的光。

3）根据产品的尺寸、3D 结构和要突出的特征，选择光源的类型、尺寸、入射角度和高度等。

4）选择好光源后，进行实验室验证，根据图像效果最终确定合适的光源及安装方式。

拓展任务要求：

检测汽车电容器方框内的零件字符是否有漏装、错装、装反，如图 2.12 所示，检测区域为 110 mm × 27 mm，所需检测产品字符细节尺寸为 0.5 mm。已知工作距离小于 500 mm，若采用 16 mm 定焦镜头，尝试选择合适的光源，并设计出图像采集系统示意图。

任务检测

1）【第十八届“振兴杯”】色温低的光偏（　　）色。

A. 红　　B. 绿　　C. 蓝　　D. 黄

2）【第十八届“振兴杯”】在颜色色环中，关于圆环中心对称的两种颜色为（　　）。

A. 相同色　　B. 相邻色　　C. 互补色　　D. 对比色

3）【第十八届“振兴杯”】（　　）能为待测物体提供大面积均衡的照明，可大大减少阴影，提高对比度。

A. 前光源　　B. 背光源

C. 环形光源　　D. 点光源

4）如图 2.43 所示的待检测图像中白色产品上印有蓝色和红色字符，仅需检测蓝色字符，使用（　　）光源最好。

A. 红光　　B. 绿光

C. 蓝光　　D. 红外光

图 2.43　待检测图像

5）（　　）可以消除金属产品上的眩光。

A. 低通滤镜　　B. 紫外滤镜　　C. 偏振滤镜　　D. 中性密度滤镜

6）光的三原色是什么？

7）简述常见光源的特性。

8）画出暗场照明的光路图。

9）简述如何查看 V+平台软件所支持的光源品牌。

开阔视野

我国研制成功世界最亮极紫外光源

经过五年建设，中科院大连化物所和上海应物所，于 2017 年联合研制成功了世界首台极紫外自由电子激光装置——大连光源（见图 2.44），在这样的极紫外光照射下，区域内几乎所有原子和分子都“无处遁形”。如图 2.45 所示为大连光源对原子和分子的拍摄效果。因此，大连光源可被用于观测与燃烧大气以及洁净能源相关的物理化学过程。

大连光源是我国第一台大型自由电子激光科学研究用户装置，90%以上的仪器设备均由我国自主研发。它由加速器、波荡器和光束线站三部分构成，通过一个百米长的科学装置，产生了世界上最亮的极紫外光。大连光源每一个激光脉冲可产生超过 100 万亿个光子，成为世界上光子束最亮、脉冲超短的极紫外光源。

图 2.44　大连光源

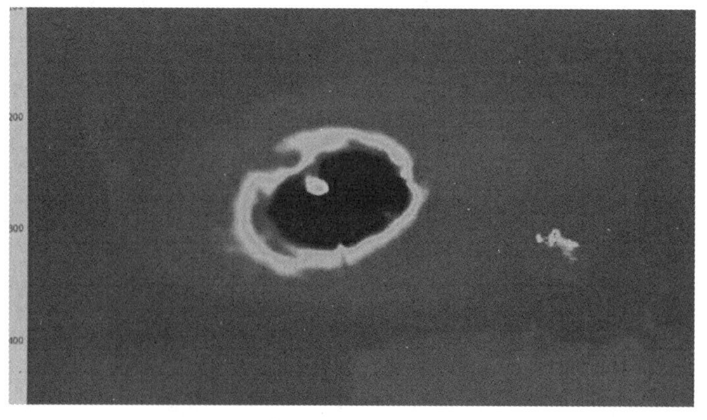

图 2.45　大连光源对原子和分子的拍摄效果

项目 3

PCB 板图像采集

项目概述

1. 项目总体信息

某印制电路板（PCB）生产企业进行自动化升级改造，在新的生产线中，每个待测 PCB 板沿输送带运动，依次经停 3 个不同检测工位，要求在静态情况下分别对其进行外形尺寸测量、识别型号和跳线帽位置检测，如图 2.1 所示。企业工程部赵经理接到任务后，根据任务要求安排 3 名工程师（李工、刘工和王工）分别负责 3 个检测工位的检测要求的实现，包括视觉系统硬件选型、安装和调试系统，以及要求在 2 h 内完成对应的编程与调试，并进行合格验收。

3 个检测工位的检测要求具体如下：

1）检测工位 1：测量出 PCB 板的外形尺寸，要求测量公差为±0.1 mm，其工作距离不超过 250 mm。

2）检测工位 2：识别出 PCB 板的型号，其工作距离不超过 250 mm。

3）检测工位 3：检测出 PCB 板跳线帽所在位置，其工作距离不超过 250 mm。

2. 本项目引入

图像采集是工业视觉项目的重要环节，是项目得以进行的基础保障。完整的图像采集系统一般包括工业相机、工业镜头、光源、光源控制器等。硬件的选型将关系到图像的质量和传输速率，也会影响视觉软件算法的工作效率。硬件和软件需要搭配得当，彼此补充，从而得到一幅高质量的图像。

那么，现有的成像组件拍摄所得的图像质量是否符合要求？这个问题是整个工业视觉项目的基石，因为它对后续图像处理算法和结果的输出有影响。如果仅在主观上进行评断，一方面，人眼并不能特别好地识别出细微的偏差；另一方面，主观上在单一维度（清晰度）上判断图像偏差得出的结果实际上意义不大。

因此，工业视觉项目中评估图像质量高低的标准有以下几点准则：

1）对比强烈。在一张图像中，如果特征相比背景有很强的对比度，那么在视觉软件中，这些特征就很容易被识别到，并且识别效果相对稳定。在工程应用中，提高图像对比度可以通过合适的打光实现，比如对轮廓检测，打背光就会有比较好的对比度效果。此外，有时也可以通过图像处理来实现图像对比度增强，比如图像二值法运算。

2）特征完整。图像特征完整要求在对特征成像时要选择合适的视野。视野不能太大，一般来说，视野越大，图像精度越低；当然，视野也不能过小，否则会漏掉局部关键特征。视野主要与 3 点因素相关，即镜头焦距、工作距离和相机芯片尺寸。

3）边缘锐利。边缘锐利是图像好坏标准中比较重要的一个要素。图像黑白过渡仅需一个像素就能完成图像由黑到白的变化，这样就可以准确确定出图像边界所在的位置。若图像由黑到白过渡，经历了 5 个像素的变化，这就会导致在确定图像边界时可能产生 5 个像素的误差，假设 1 个像素的尺寸为 0.1 mm，这就意味着可能会有 0.5 mm 的测量误差。在具体项目应用中，可以选择特殊的远心镜头配合平行光使用，以提高图像边缘锐利程度。

4）颜色真实。图像颜色的真实性要求主要是针对彩色图像。在一般领域里，对颜色识别要求没那么严格，但在特殊领域，如生理学、医学领域，对颜色要求是比较严格的。

检测工位 1 所需工业视觉系统硬件选型确定后，李工需要进行系统软硬件搭建，用于采集一张清晰的 PCB 板图像。为此，需要先进行系统硬件装调，配置相机通信，实现相机取像功能。

3. 本项目目标

着重学习如何使用 V+平台软件来采集一张清晰的图像，为后续视觉程序的创建提供良好的图像来源。

学习导航

学习导航如表 3.1 所示。

表 3.1　学习导航

项目构成	PCB板图像采集（5学时） ├ 相机通信配置（2学时） └ 相机取像（3学时）	
学习目标	知识目标	1）了解工业视觉系统硬件组成。 2）熟悉网络配置信息相关要求。 3）熟悉工业视觉软件的界面及其功能。 4）掌握工业视觉软件的基本操作。 5）熟悉工业相机通信配置过程。 6）掌握工业视觉软件取像工具的用法。 7）了解数字图像基础知识

续表

<table>
<tr><td rowspan="2">学习目标</td><td>技能目标</td><td>1）能安装、调试工业视觉系统硬件。
2）能利用工业视觉软件正确连接工业相机进行图像采集。
3）能判断图像质量，并根据成像效果调整相关参数。
4）能查看 PCB 板图像像素坐标位置和像素值</td></tr>
<tr><td>素养目标</td><td>1）提高学生自主学习能力和实践能力。
2）培养学生安全意识和工程意识。
3）培养学生养成安全规范操作的行为习惯。
4）培养学生团队合作意识，学会合理表达自己的观点。
5）培养学生具有纪律意识，遵守课堂纪律。
6）培养学生爱护设备，保护环境</td></tr>
<tr><td>学习重点</td><td colspan="2">1）工业视觉系统硬件安装与调试。
2）工业相机通信配置。
3）图像采集方法。
4）图像质量判断与参数调整</td></tr>
<tr><td>学习难点</td><td colspan="2">1）搭建工业视觉系统软硬件。
2）相机实时取像。
3）获取高质量的图像</td></tr>
</table>

任务 3.1　相机通信配置

任务描述

工业相机、工业镜头和光源的选型完成后，就可以搭建工业视觉硬件系统，并对系统进行通电测试，确保工业视觉硬件系统没有问题。而后，需要将视觉软件与相机进行通信，才能初步获取产品的图像，这是图像采集的第一步。

本任务要求了解工业视觉系统硬件组成，能够安装和调试相关硬件，熟悉工业相机配置相关要求，能够实现相机连接。

任务目标

1）了解工业视觉系统硬件组成。

2）熟悉网络配置信息相关要求。

3）能安装和调试工业视觉系统硬件。

4）能够完成工业相机 GigE 通信配置。

相关知识

1. 系统硬件组成

工业视觉系统必备的硬件构成，包括工业相机、工业镜头、光源、光源控制器和配套线缆等，同时由于工业相机本身相当于一个单纯的图像采集器，既没有图像处理能力，也没有控制其他硬件的能力，所以需要通过工控机来完成相应的工作。

本文所使用的实训平台为机器视觉实训基础套件（简称“基础套件”，型号为DC-PD100-30CA），如图 3.1 所示，其组成说明如表 3.2 所示。

图 3.1　机器视觉实训基础套件

表 3.2　基础套件的组成说明

序号	示意图	说明
1		工业相机：500 万像素的彩色相机，可以采集到被测物体的颜色、形状、尺寸等信息，相机的感光芯片可实现将光信号转变为有序的电信号，相机的上端有两个插口，其中一个是电源线插口，另一个是网线插口，相机的螺纹口处和镜头进行连接
2	①　②	工业镜头：将目标成像在图像传感器的光敏面上，产生锐利的图像，以得到被测物的细节。标配为 16 mm 焦距的定焦镜头，通过调节镜头上的①光圈环和②对焦环来优化图像质量。根据项目需要，可扩展有远心镜头等
3		光源：通过使用光源来降低相机的曝光时间，提高图像的亮度，提高工业视觉系统的抗干扰性。标配为环形光源，根据项目需要，可扩展为同轴光源、条形光源、面光源、AOI 光源等
4		相机网线：工业相机采集到的图像通过网线传输到 PC 端，然后才可以进行图像处理操作
5		相机电源线：为相机提供 12 V 电源
6		设备电源线：为基础套件传输 220 V 电源

2. 网络配置信息

对于需要进行通信交互的双方，需要将二者的 IP 地址修改为同一个网段，IP 地址是 IPv4 类型，它的组成分为四段数字，每一段最大不超过 255，前三段是网络号码，剩下的一段是本地计算机的号码，在同一网段内就意味着网络号码要保持相同，而本地计算机的号码不同，如图 3.2 所示为通信双方 IP 地址示例。

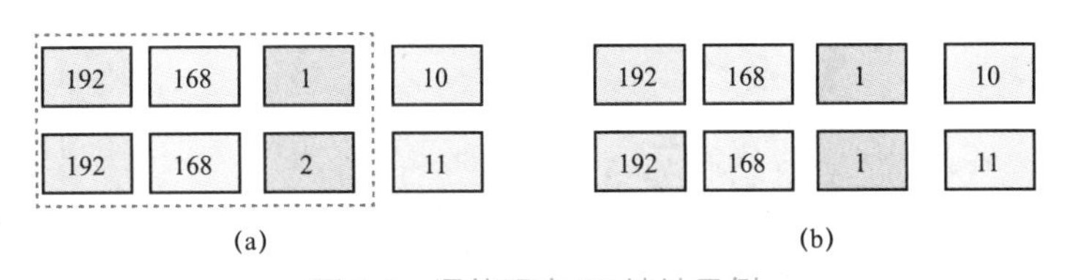

图 3.2　通信双方 IP 地址示例

（a）两个 IP 地址不在同一个网段；（b）两个 IP 地址在同一个网段

任务实施

1. 系统硬件装调

在使用基础套件进行取像之前要正确进行相关硬件装调。基础套件主要装调步骤如表 3.3 所示。

表 3.3　基础套件主要装调步骤

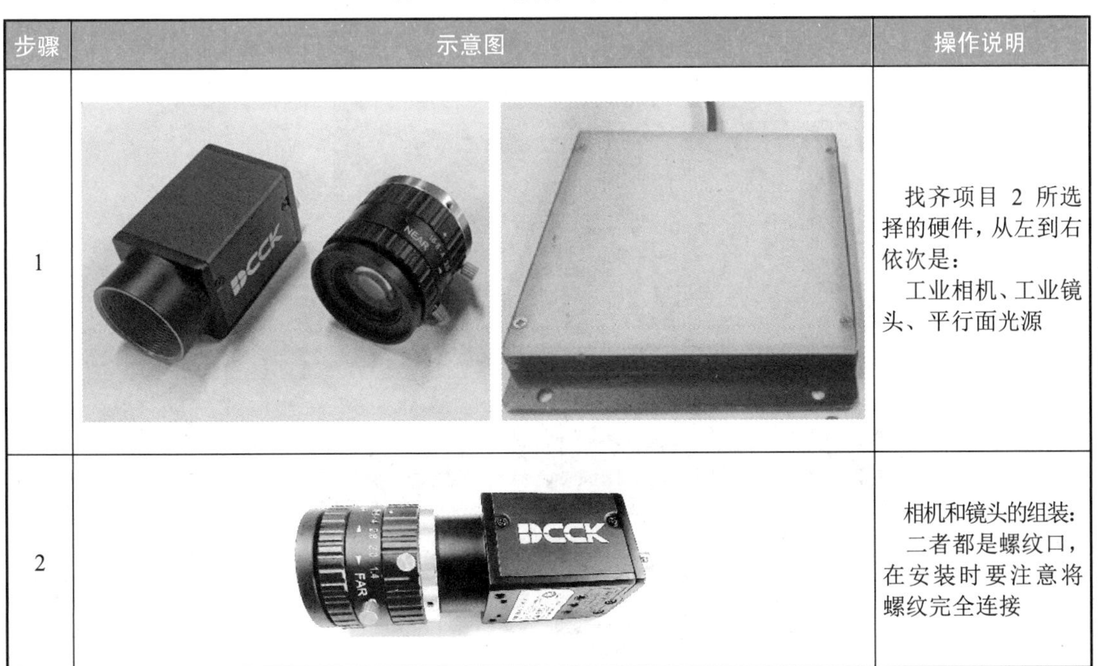

步骤	示意图	操作说明
1		找齐项目 2 所选择的硬件，从左到右依次是： 工业相机、工业镜头、平行面光源
2		相机和镜头的组装： 二者都是螺纹口，在安装时要注意将螺纹完全连接

续表

步骤	示意图	操作说明
3	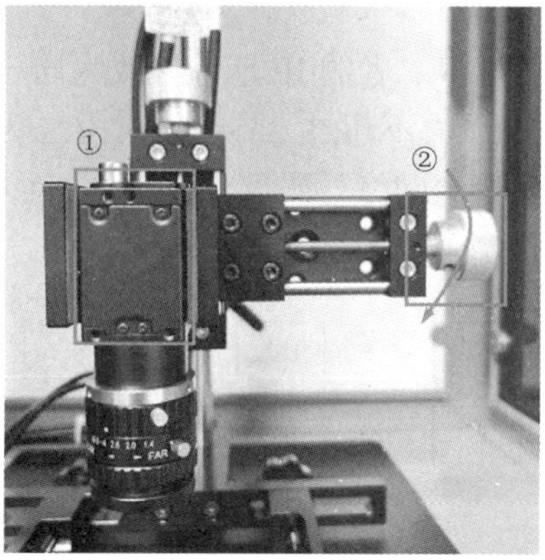	相机和镜头整体的固定： 1）将镜头朝下，相机黑色面正对自己，相机夹持机构夹住相机，如图中①处。 2）用手慢慢向下旋转夹紧相机，如图中②处，夹紧相机不会掉落即可，不可使太大力量旋转
4	 	连接相机电源线和网线： ③处为电源线，适当左右旋转，待公母头匹配后可轻松插接。 ④处为网线，连接之后要锁紧网线两侧螺丝。 注：在连接电源线时要注意匹配接口，不可蛮力插接
5	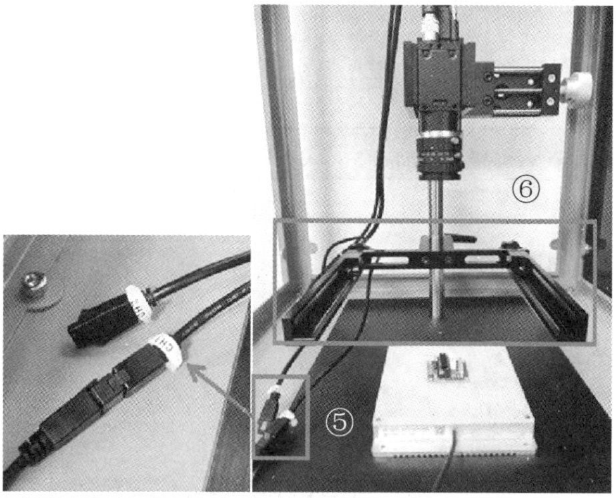	安装光源： 1）此项目不需要将光源放置于支撑杆上，调节⑥处的旋钮和挡杆，使其不要遮挡相机视野；将面光源发光面向上放置，并在其上放置PCB板。 2）插接⑤处的光源电源线，可看到分别对应光源控制器的两个通道：CH1、CH2，任选其一即可
6	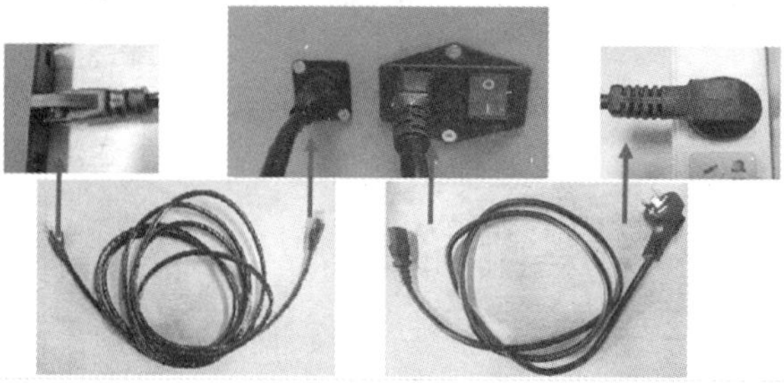	连接设备电源线和网线： 1）分别将网线两端与网口和电脑网口相连。 2）分别将电源线两端与电源口和插线板相连

续表

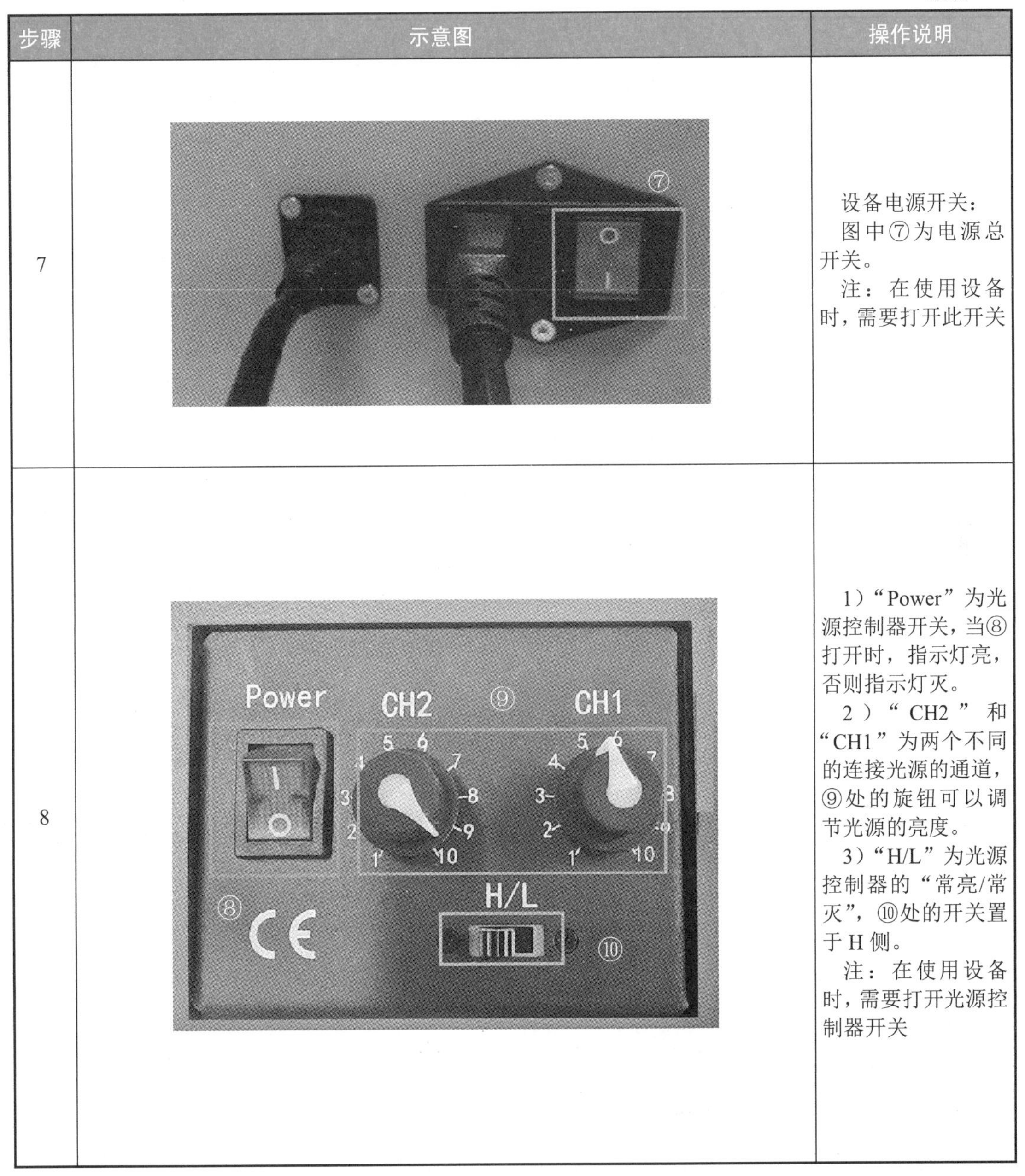

步骤	示意图	操作说明
7		设备电源开关： 图中⑦为电源总开关。 注：在使用设备时，需要打开此开关
8		1）“Power”为光源控制器开关，当⑧打开时，指示灯亮，否则指示灯灭。 2）“CH2”和“CH1”为两个不同的连接光源的通道，⑨处的旋钮可以调节光源的亮度。 3）“H/L”为光源控制器的“常亮/常灭”，⑩处的开关置于 H 侧。 注：在使用设备时，需要打开光源控制器开关

通过以上步骤即可完成基础套件硬件的组装，如果电源指示灯已亮起，说明正常通电，方可进行相机通信配置。

2. 相机通信配置

工业相机的数据传输方式有很多种，如 GigE，USB，CameraLink 等，常用的 GigE 传输方式的配置步骤如表 3.4 所示。

表 3.4　常用的 GigE 传输方式的配置步骤

步骤	示意图	操作说明
1	Cognex Calibration Grids CC24 Cognex Communication Ca... CFG-8700 Hardware Manual CogCLSerial Cognex Comm Card Configurator Cognex GigE Vision Configurator Cognex IEEE1394 DCAM Camera...	单击 Windows 系统的“开始”→“Cognex”→“Congex GigE Vision Configurator”，单击即可进入设置界面。 注：Windows 系统的“开始”图标为
2	Cognex GigE Vision Configuration Tool File View Help Network Connections WLAN 以太网 ① 192.168.11.17 以太网 4 Network Connection Information Name: 以太网 Device: Intel(R) Ethernet Connection (6) I219-V Status: Up Speed: 1 Gbps MAC F8-75-A4-D5-CB-D6 DHCP status: Disabled ② IP address: 192.168.10.100 Subnet mask: 255.255.255.0 Subnet: 192.168.10.0 ③ Update Network Connection Properties Set maximum Jumbo Frame for the best MTU: 9000 Press F5 to update the value. Firewall Status Off Press F5 to update the status. Driver Status Performance drive eBUS Universal Pro Driv Driver version: 4.1.16.3416 eBus Universal Pro Driver Show All Working with GigE Vision Network Connections How do I use this utility to create my GigE Vision network? How do I know which Network Connections are GigE connections? How do I choose an IP address and a Subnet mask for a GigE Vision network connection? Are there reserved IP addresses and Subnet Masks I cannot use? Why is there a red warning symbol on my camera or GigE Vision network connection? Why is there a red warning symbol on two GigE Vision network connections? What advanced connection properties should I set for best performance? Why is there a yellow warning icon under Properties? The Firewall status is On. What should I do? When do I check the eBus Universal Pro Driver checkbox? Why does enabling the eBus Universal Pro Driver display a Hardware Installation warning? I connected a camera. Why doesn't it show up? Why did my camera disappear? Can I save the current configuration?	通信时需要二者的 IP 地址在同一个网段，所以需要修改电脑网卡 IP 地址： 1）选择①处的“以太网”选项。 2）在②处修改。 ① IP 地址：192.168.10.100。 ② 子网掩码：255.255.255.0。 3）单击③处的“Update Network Connection”按钮
3	Cognex GigE Vision Configuration Tool File View Help Network Connections WLAN 以太网 192.168.10.1 ① 以太网 4 Camera Information Vendor: GEV Model: DC-C108-050R-24GC Serial J26662380 MAC B0-B3-53-6E-F2-59 Host IP 192.168.10.100 Host subnet 255.255.255.0 Host subnet: 192.168.10.0 Camera Network Properties ② IP address: 192.168.10.1 Subnet 255.255.255.0 Subnet: 192.168.10.0 ③ Update Camera Address DHCP Camera Feature Display Show Feature Snapshot Show All Working with Cameras How do I choose an IP address for a camera? I connected a camera. Why doesn't it show up? Why is there a red warning symbol on the camera icon? Why is there a yellow warning symbol on multiple camera icons? Why is there a pink warning symbol on the camera icon? Why do I see a "Error Setting IP Address" error? Why is DHCP enabled? When should I enable DHCP? What does the Show Feature Snapshot button do?	修改相机 IP 地址： 1）选择以太网下①处连接的相机。 2）在②处修改。 IP 地址：192.168.10.1。 子网掩码：255.255.255.0。 3）单击③处的“Update Camera Address”按钮

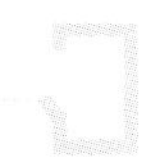

续表

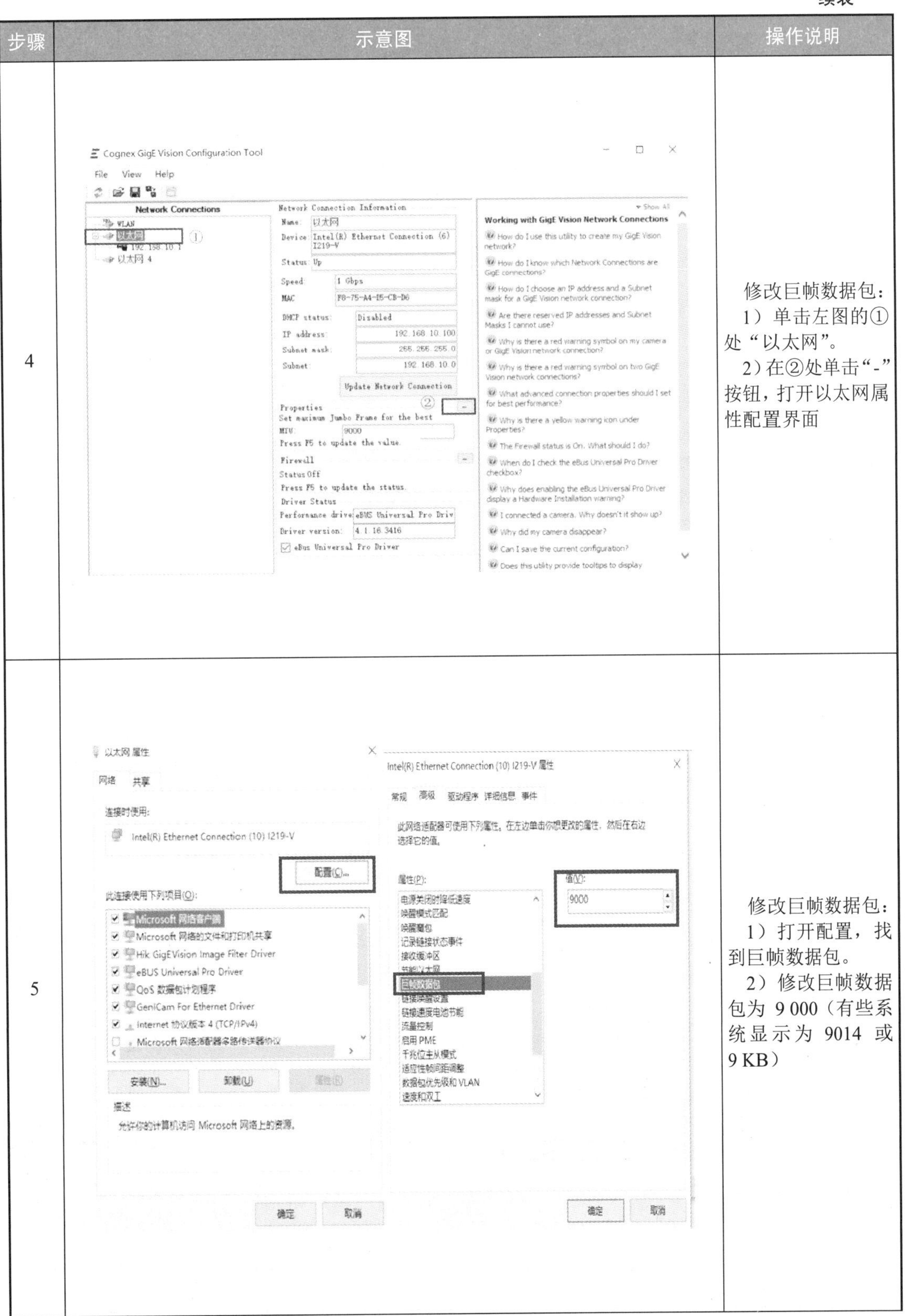

步骤	示意图	操作说明
4		修改巨帧数据包： 1）单击左图的①处“以太网”。 2）在②处单击“-”按钮，打开以太网属性配置界面
5		修改巨帧数据包： 1）打开配置，找到巨帧数据包。 2）修改巨帧数据包为 9 000（有些系统显示为 9014 或 9 KB）

续表

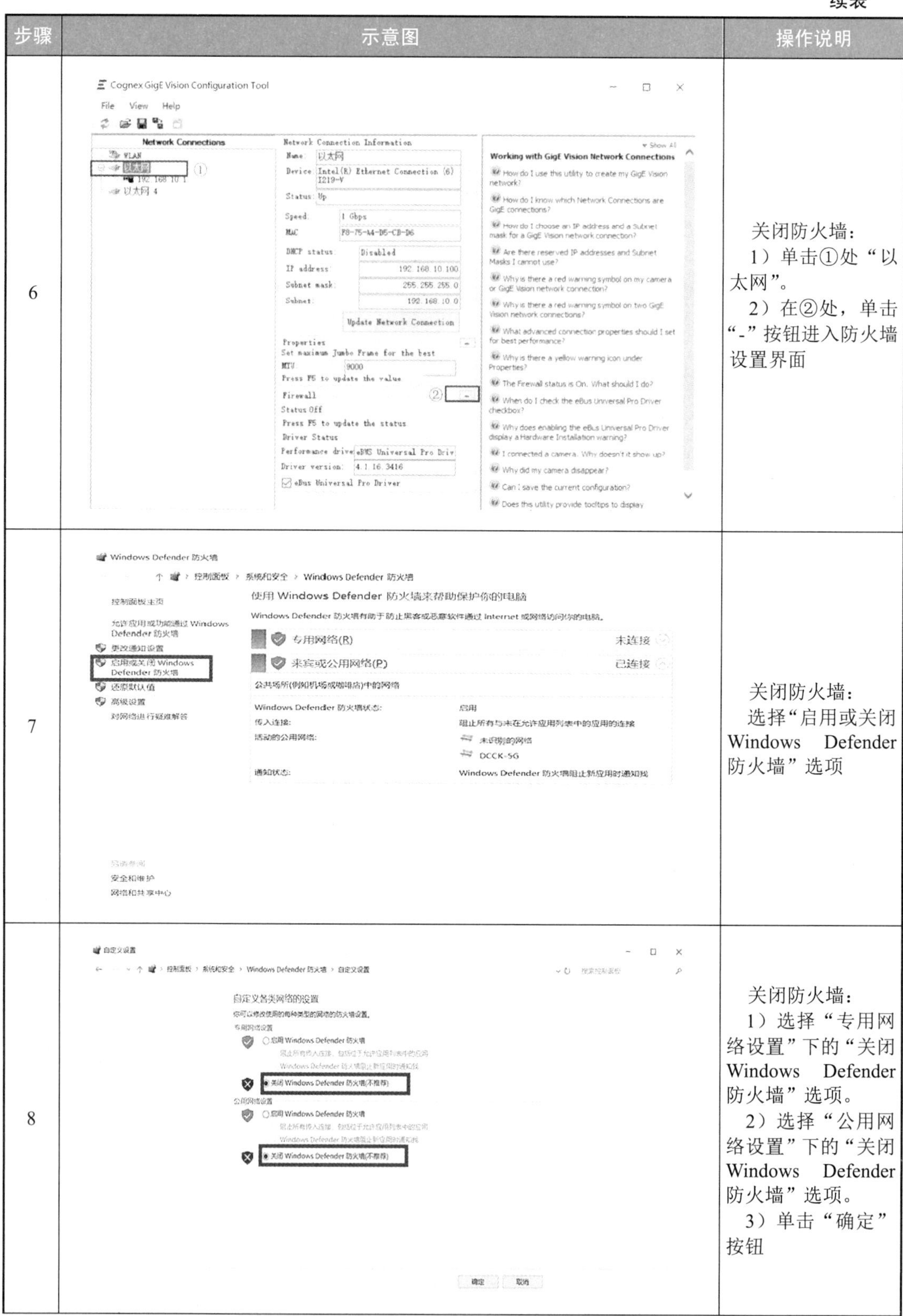

步骤	示意图	操作说明
6		关闭防火墙： 1）单击①处“以太网”。 2）在②处，单击“-”按钮进入防火墙设置界面
7		关闭防火墙： 选择“启用或关闭Windows Defender防火墙”选项
8		关闭防火墙： 1）选择“专用网络设置”下的“关闭Windows Defender防火墙”选项。 2）选择“公用网络设置”下的“关闭Windows Defender防火墙”选项。 3）单击“确定”按钮

续表

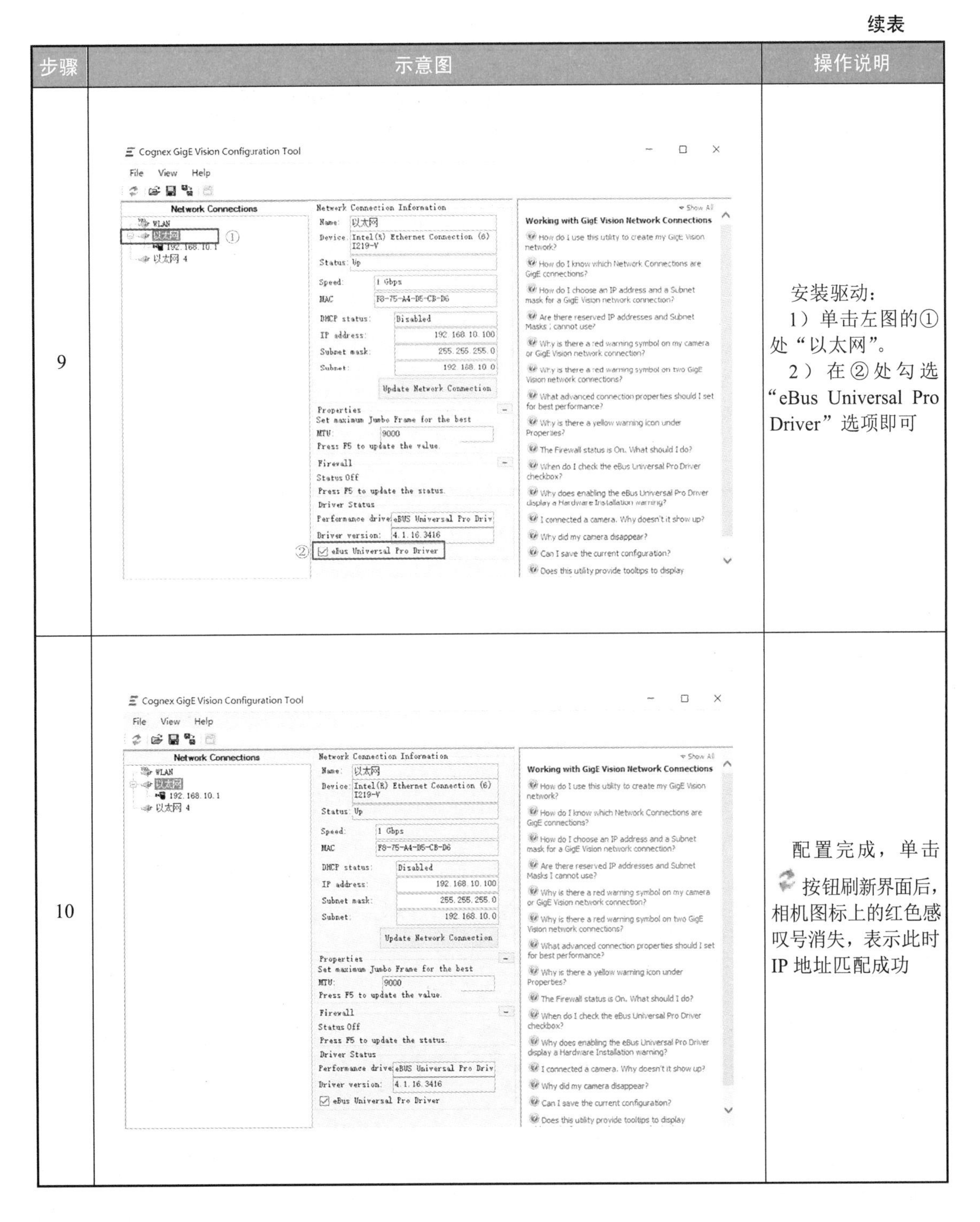

步骤	示意图	操作说明
9		安装驱动： 1）单击左图的①处“以太网”。 2）在②处勾选“eBus Universal Pro Driver”选项即可
10		配置完成，单击按钮刷新界面后，相机图标上的红色感叹号消失，表示此时 IP 地址匹配成功

任务评价

任务评价如表 3.5 所示。

表 3.5　任务评价

<table>
<tr><th colspan="2">任务名称</th><th colspan="2">搭建 PCB 板图像采集系统</th><th>实施日期</th><th></th></tr>
<tr><th>序号</th><th>评价目标</th><th colspan="2">任务实施评价标准</th><th>配分</th><th>得分</th></tr>
<tr><td>1</td><td rowspan="4">职业素养</td><td>纪律意识</td><td>自觉遵守劳动纪律，服从老师管理</td><td>5</td><td></td></tr>
<tr><td>2</td><td>学习态度</td><td>积极上课，踊跃回答问题，保持全勤</td><td>5</td><td></td></tr>
<tr><td>3</td><td>团队协作</td><td>分工与合作，配合紧密，相互协助解决相机通信配置过程中遇到的问题</td><td>5</td><td></td></tr>
<tr><td>4</td><td>严格执行现场 6S 管理</td><td>整理：区分物品的用途，清除多余的东西；
整顿：物品分区放置，明确标识，方便取用；
清扫：清除垃圾和污秽，防止污染；
清洁：现场环境的洁净符合标准；
素养：养成良好习惯，积极主动；
安全：遵守安全操作规程，人走机关</td><td>5</td><td></td></tr>
<tr><td>5</td><td rowspan="10">职业技能</td><td colspan="2">能根据物料清单找到对应型号的工业相机及其配件</td><td>4</td><td></td></tr>
<tr><td>6</td><td colspan="2">能根据物料清单找到对应型号的工业镜头及其配件</td><td>4</td><td></td></tr>
<tr><td>7</td><td colspan="2">能根据物料清单找到对应型号的光源系统及其配件</td><td>4</td><td></td></tr>
<tr><td>8</td><td colspan="2">能安装工业相机至对应位置，并进行电气连接</td><td>10</td><td></td></tr>
<tr><td>9</td><td colspan="2">能安装工业镜头至对应位置</td><td>5</td><td></td></tr>
<tr><td>10</td><td colspan="2">能安装光源系统至对应位置，并进行电气连接</td><td>15</td><td></td></tr>
<tr><td>11</td><td colspan="2">能连接实训设备电源线和网线</td><td>4</td><td></td></tr>
<tr><td>12</td><td colspan="2">能对工业视觉系统进行通电测试</td><td>4</td><td></td></tr>
<tr><td>13</td><td colspan="2">能修改工业相机和电脑网卡的 IP 地址，确保在同一网段且不冲突</td><td>10</td><td></td></tr>
<tr><td>14</td><td colspan="2">能实现工业相机 GigE 通信（包含修改巨帧数据包、关闭防火墙、安装驱动、刷新界面，每少一处扣 5 分）</td><td>20</td><td></td></tr>
<tr><td colspan="4">合计</td><td>100</td><td></td></tr>
<tr><td colspan="2">小组成员签名</td><td colspan="4"></td></tr>
<tr><td colspan="2">指导教师签名</td><td colspan="4"></td></tr>
<tr><td colspan="2">任务评价记录</td><td colspan="4">1. 存在问题
______
______
2. 优化建议
______
______</td></tr>
<tr><td colspan="6">备注：在使用真实实训设备或工件编程调试过程中，如发生设备碰撞、零部件损坏等每处扣 10 分。</td></tr>
</table>

任务总结

本任务简述了实训平台的系统硬件组成和工业视觉系统硬件的安装，要求学生能够对系统进行通电测试，能够完成工业相机 IP 地址设置，从而进一步实现相机 GigE 通信，为后续的图像采集作好准备。

任务拓展

在相机 GigE 通信配置过程中，为了使工业相机和电脑/工控机网卡 IP 地址保持在同一网段，既可以通过修改相机 IP 地址来实现，又可以通过修改电脑/工控机网卡 IP 地址来实现。而修改电脑/工控机网卡 IP 地址，除了利用“Congex GigE Vision Configurator”工具修改，还可以在电脑/工控机上修改。

拓展任务要求：通过在电脑/工控机上修改网卡 IP 地址来实现相机 GigE 通信。

任务检测

1）定焦镜头上能进行旋转的部件有（　　）。

A. 对焦环　　B. 光圈环　　C. 偏振镜　　D. 遮光板

2）【第十八届“振兴杯”】如果电脑静态 IP 地址设置为 192.168.1.100，子网掩码为 255.255.255.0，以下（　　）IP 地址可以设置给相机以连接到该电脑。

A. 192.168.1.101　　B. 255.255.255.1　　C. 192.1.1.100　　D. 192.168.1.100

3）简述相机 GigE 通信配置的过程。

任务 3.2　相机取像

任务描述

相机通信成功后，需要通过观察视野中图像的成像效果，调整相机、镜头和光源等相关参数，最终获取清晰的图像。在工业视觉领域，选择最佳的相机参数是实现高质量图像的关键之一。相机参数包括但不限于快门速度、光圈、ISO 感光度、白平衡等，不同的参数设置会对图像的清晰度、亮度、对比度等产生影响。在选择相机参数时，需要明确应用需求，了解光照条件和图像分辨率等因素，合理选择 ISO 感光度、快门速度和光圈大小等参数。通过合理选择相机参数，可以最大程度地提高图像质量，获得更好的成像效果。

本任务要求熟悉 V+ 平台软件的界面及其功能，掌握其基本操作，能够利用取像工具进行 PCB 板尺寸测量的图像初步采集，并根据成像效果调整相关参数，直至获得高质量图像。

任务目标

1）熟悉 V+平台软件的界面及其功能。
2）掌握 V+平台软件的基本操作。
3）掌握 V+平台软件取像工具的功能参数及其用法。
4）能利用工业相机实现图像采集。
5）能根据成像效果调整相关参数，并获取高质量图像。
6）了解数字图像基础知识。
7）能利用 V+平台软件查看图像像素坐标位置和像素值。

相关知识

1. 软件界面

（1）模式选择

V+平台软件的界面包含两种模式：设计模式和运行模式。

1）设计模式

用于进行方案流程设计、工具配置的设计界面，如图 3.3 所示。

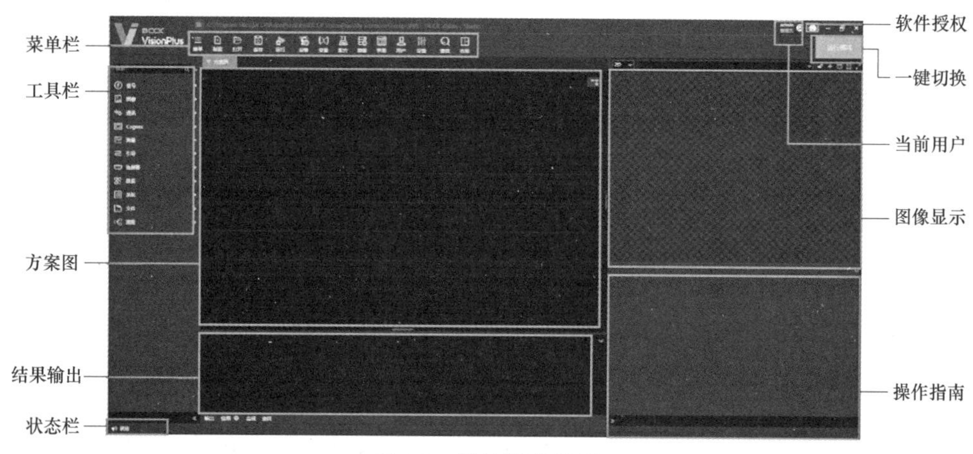

图 3.3　设计模式界面

2）运行模式

用于图像和数据结果显示并且便于进行交互控制的 HMI 显示界面，如图 3.4 所示，详见“任务 4.2　HMI 界面设计”。

（2）设计模式界面的菜单栏

V+平台软件的设计模式界面包括菜单栏、工具栏、方案图、模式切换等，其具体说明如表 3.6～表 3.8 所示。

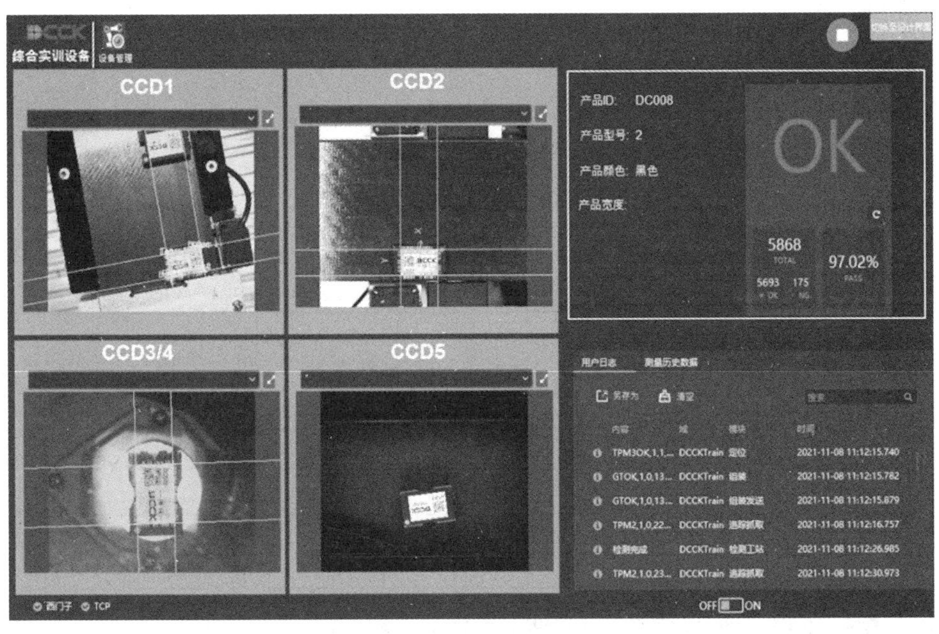

图 3.4　运行模式界面

表 3.6　设计模式界面菜单栏说明

序号	功能组件	说明	序号	功能组件	说明
1	新建	新建解决方案	7	配方	实现配方的工具，包括配方的添加与删除、修改、选择等
2	打开	打开已有的解决方案	8	数据	存储和查询方案运行中生成的数据
3	保存	保存已建立的解决方案	9	界面	可进行方案运行界面 HMI 的设计
4	运行	运行解决方案	10	用户	设置不同等级权限的用户类型
5	设备	与外部设备连接和管理的工具，包括光源、镜头、2D 相机、3D 相机、通信、PLC、I/O 卡、组件等	11	设置	解决方案的初始运行模式设置
6	变量	创建解决方案所需的变量，其中支持的变量类型有 Int，Double，String，Enum，Boolean 等多种	12	查找	查找在解决方案中所使用的工具

表 3.7　设计模式界面其他功能组件详细说明

序号	功能组件	说明	序号	功能组件	说明
1	一键切换	设计模式和运行模式的切换	6	软件授权	查看软件授权方式和期限
2	方案图	方案设计时工具的放置区域	7	当前用户	查看当前登录的用户信息
3	图像显示	图像效果的显示	8	操作指南	显示当前正在使用工具的操作说明
4	工具栏	用户可以在此区域选择需要的工具拖拽至方案图使用，具体功能如表 3.8 所示	9	状态栏	展示当前解决方案的运行状态，状态包括“就绪”“运行中”
5	结果输出	方案和工具运行信息的汇总显示			

表 3.8　设计模式工具栏说明

名称	组件示意图	工具说明
工具栏		搜索：输入关键字，快速查找对应工具
		信号：包含触发流程的各种信号
		图像：包含图像获取及相关设定工具
		通信：包含使用各种通信方式交换数据的工具
		Cognex：与 VisionPro 算法、功能相关的工具
		测量：对结果数据进行分析处理相关的工具
		引导：用于引导项目的常用工具集合
		连接器：用于连接器项目的常用工具集合
		数据：包含数据对象操作、运算等相关的工具
		系统：包括延时、对话框、日志等与系统功能信息相关的工具
		文件：与文本、文件和文件夹操作相关的工具
		流程：包含程序分支、循环、流程相关的工具

2. 软件基本操作

V+平台软件基本操作包括：添加、解绑、启用、链接、运行等，添加到方案图中的工具可以进行运行、重命名、设置等操作。以取像工具为例，其具体说明如表 3.9 所示。V+平台软件基本操作如表 3.10 所示。

表 3.9　取像工具属性设置

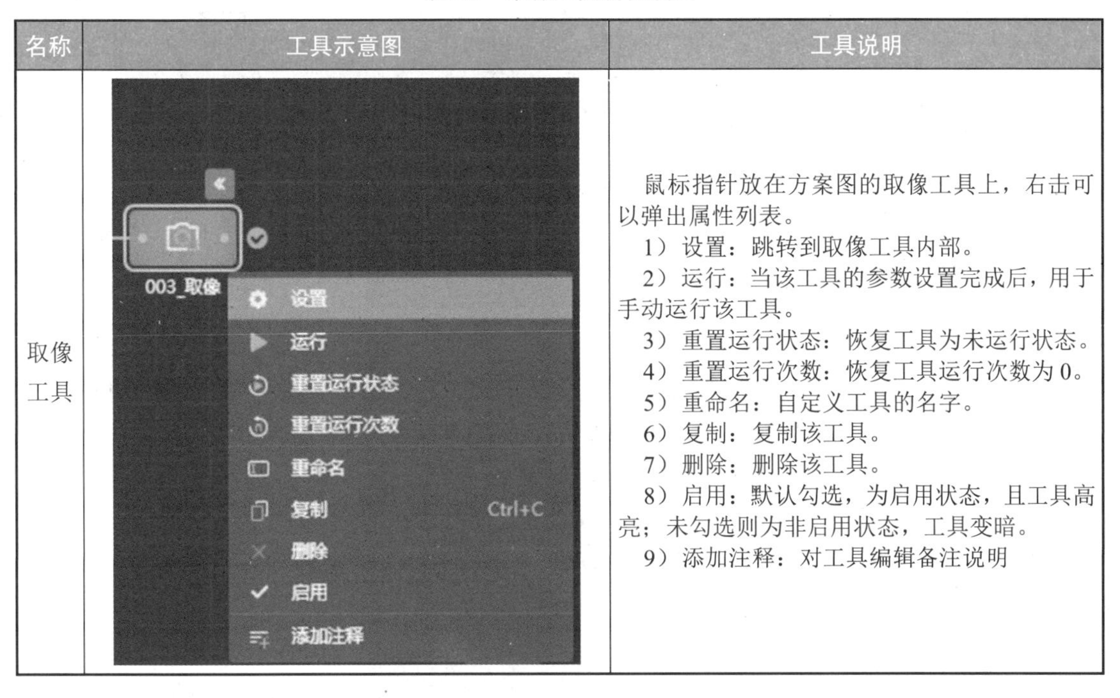

名称	工具示意图	工具说明
取像工具	003_取像 设置 运行 重置运行状态 重置运行次数 重命名 复制　Ctrl+C 删除 启用 添加注释	鼠标指针放在方案图的取像工具上，右击可以弹出属性列表。 1）设置：跳转到取像工具内部。 2）运行：当该工具的参数设置完成后，用于手动运行该工具。 3）重置运行状态：恢复工具为未运行状态。 4）重置运行次数：恢复工具运行次数为 0。 5）重命名：自定义工具的名字。 6）复制：复制该工具。 7）删除：删除该工具。 8）启用：默认勾选，为启用状态，且工具高亮；未勾选则为非启用状态，工具变暗。 9）添加注释：对工具编辑备注说明

表 3.10　V+平台软件基本操作

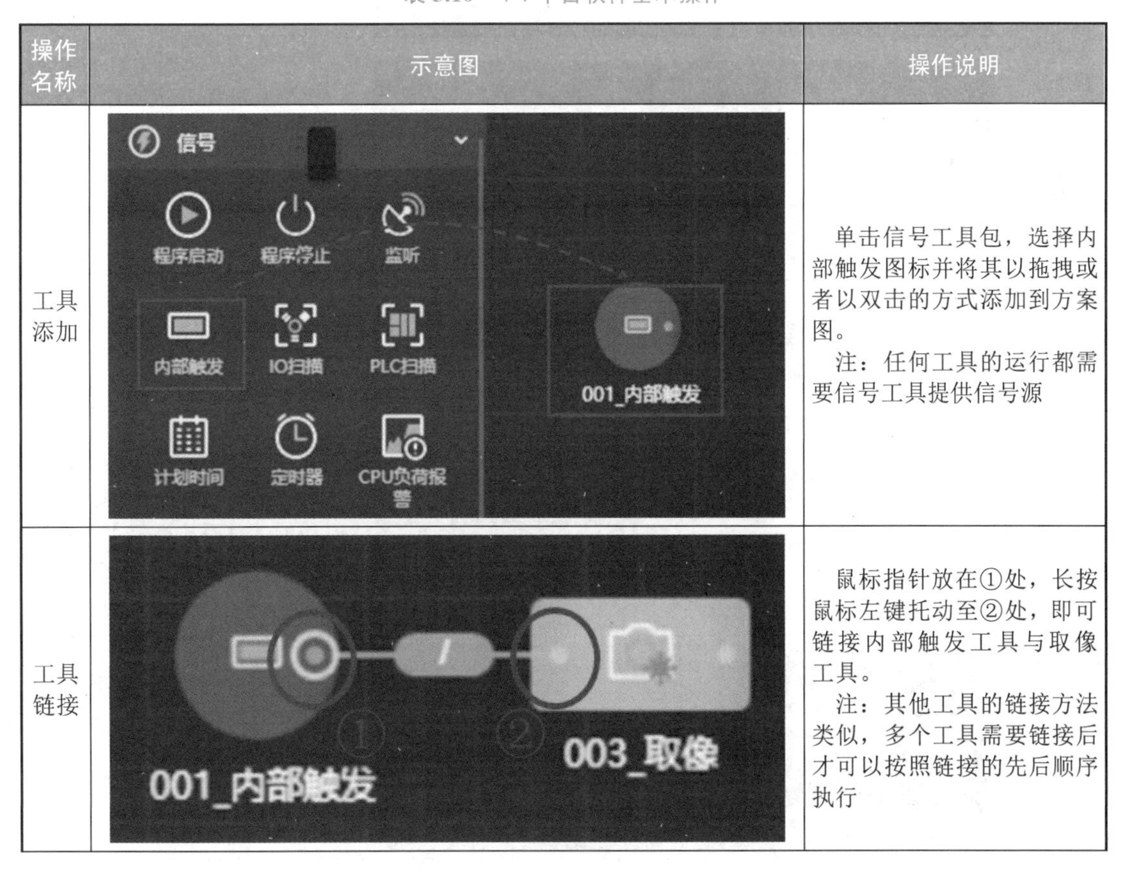

操作名称	示意图	操作说明
工具添加	信号 程序启动　程序停止　监听 内部触发　IO扫描　PLC扫描 计划时间　定时器　CPU负荷报警 001_内部触发	单击信号工具包，选择内部触发图标并将其以拖拽或者以双击的方式添加到方案图。 注：任何工具的运行都需要信号工具提供信号源
工具链接	①　② 001_内部触发　003_取像	鼠标指针放在①处，长按鼠标左键托动至②处，即可链接内部触发工具与取像工具。 注：其他工具的链接方法类似，多个工具需要链接后才可以按照链接的先后顺序执行

续表

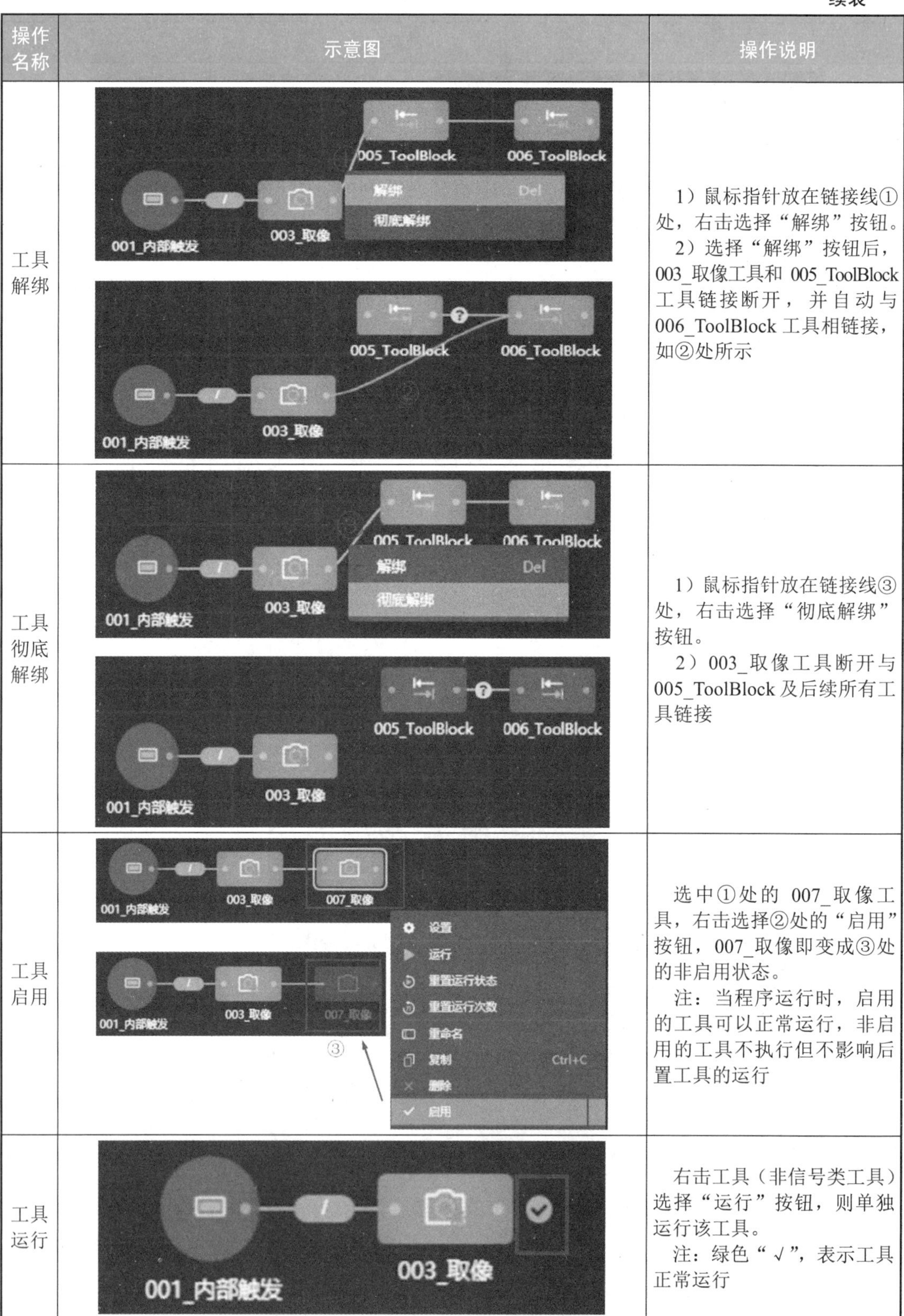

操作名称	示意图	操作说明
工具解绑		1）鼠标指针放在链接线①处，右击选择“解绑”按钮。 2）选择“解绑”按钮后，003_取像工具和 005_ToolBlock 工具链接断开，并自动与 006_ToolBlock 工具相链接，如②处所示
工具彻底解绑		1）鼠标指针放在链接线③处，右击选择“彻底解绑”按钮。 2）003_取像工具断开与 005_ToolBlock 及后续所有工具链接
工具启用		选中①处的 007_取像工具，右击选择②处的“启用”按钮，007_取像即变成③处的非启用状态。 注：当程序运行时，启用的工具可以正常运行，非启用的工具不执行但不影响后置工具的运行
工具运行		右击工具（非信号类工具）选择“运行”按钮，则单独运行该工具。 注：绿色“√”，表示工具正常运行

3. 相机参数

基础套件仅支持 2D 相机取像，其参数设置如表 3.11 所示。

表 3.11　2D 取像的属性参数

名称	参数设置默认界面	参数及其说明
设置	 设置 名称　德创1 重连(ms)　2000 SN　192.168.10.100 格式　BayerGB8 曝光 (μs)　2000 增益　0 取像间隔(...　250	名称：自定义相机的名称。 重连：相机掉线后重连时间（ms）。 SN：相机序列号/IP 地址。 格式：相机采集图像输出的格式，常用的为 Mono8（灰度）和 BayerGB8（彩色）。 曝光：相机的曝光时间（μs）。 增益：相机的信号放大倍数，直接影响图像的亮度。 取像间隔：相机采集图像之间最小间隔时间（ms）
硬件触发	 硬件触发 触发　帧开始 图像数目　10 触发源　Line0 触发模式　RisingEdge 触发延时　0	硬件触发：通过外部 I/O 触发相机取像。 触发：勾选“帧开始”选项，则为硬件触发。 图像数目：此处数值指拍完几次形成图像。 触发源：触发信号来源的信号线。 触发模式：选择信号线的电平模式触发。 触发延时：收到信号延时后才执行（ms）
频闪拍照	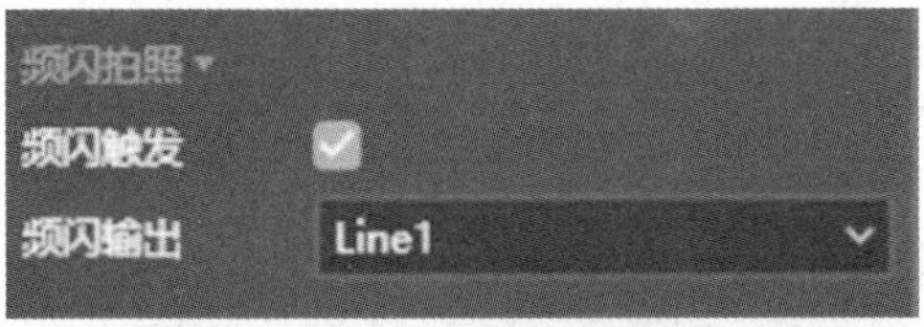 频闪拍照 频闪触发 频闪输出　Line1	频闪拍照：取像时控制光源频闪。 频闪触发：勾选则为频闪拍照模式。 频闪输出：选择相机的输出信号端口
图像裁剪	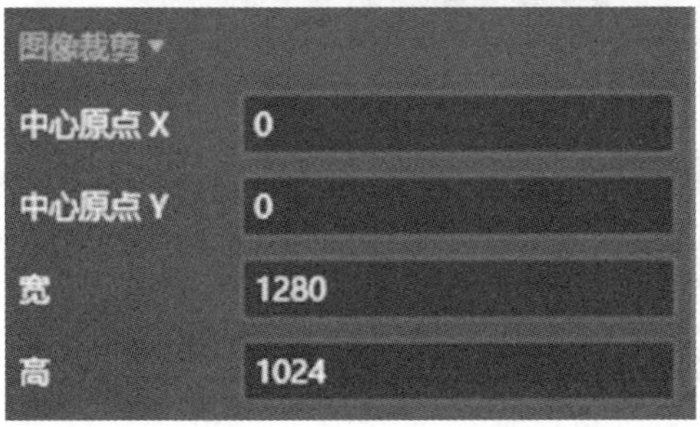 图像裁剪 中心原点 X　0 中心原点 Y　0 宽　1280 高　1024	图像裁剪：裁剪相机获取的图像。 中心原点 *X*：图像的坐标原点 *X* 坐标。 中心原点 *Y*：图像的坐标原点 *Y* 坐标。 宽：指定图像裁剪后的宽度。 高：指定图像裁剪后的高度

4. 取像工具

V+平台软件支持的 2D 和 3D 相机，对应的取像工具分别为取像和 3D 取像。取像工具参数设置界面如图 3.5 所示。

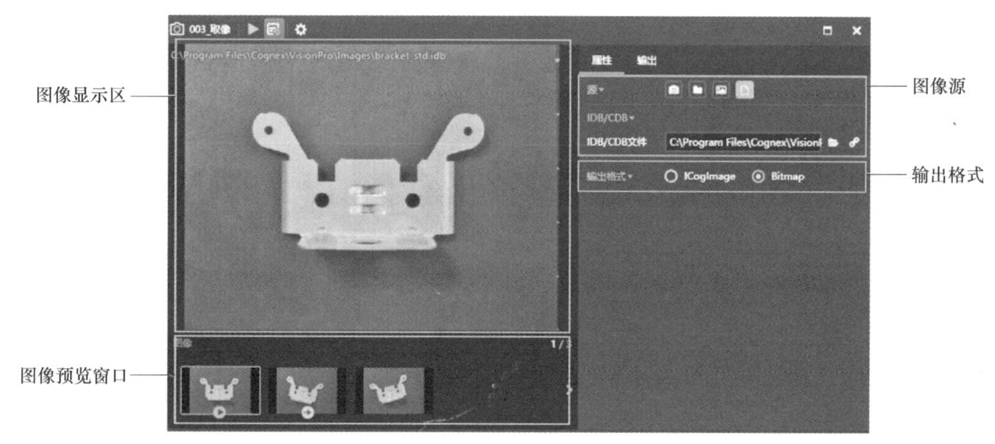

图 3.5　取像工具参数设置界面（附彩插）

1）图像显示区：显示当前的图像内容。

2）图像预览窗口：蓝色方框表示选择显示的图像；蓝色图标表示当前运行显示的图像；黄色箭头表示即将运行显示的图像。

3）图像源：图像采集的方式，有四种类型：相机、文件夹、文件和 IDB/CDB 文件（特殊格式文件，可包含多张图像）。不同的图像采集方式，其对应的参数内容不相同。“取像”工具的参数说明如表 3.12 所示。

4）输出格式：图像输出的格式，分两种：ICogImage 和 Bitmap。通常选择 ICogImage 格式，方便后续图像处理。

表 3.12　“取像”工具的参数说明

序号	属性参数界面	属性参数及其说明
1	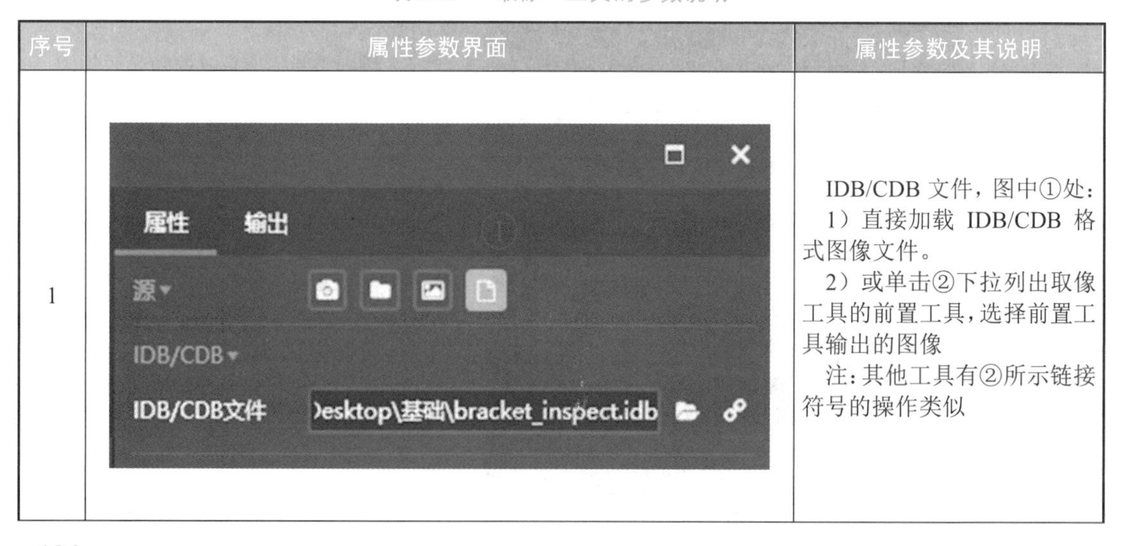	IDB/CDB 文件，图中①处： 1）直接加载 IDB/CDB 格式图像文件。 2）或单击②下拉列出取像工具的前置工具，选择前置工具输出的图像 注：其他工具有②所示链接符号的操作类似

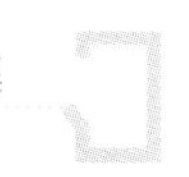

续表

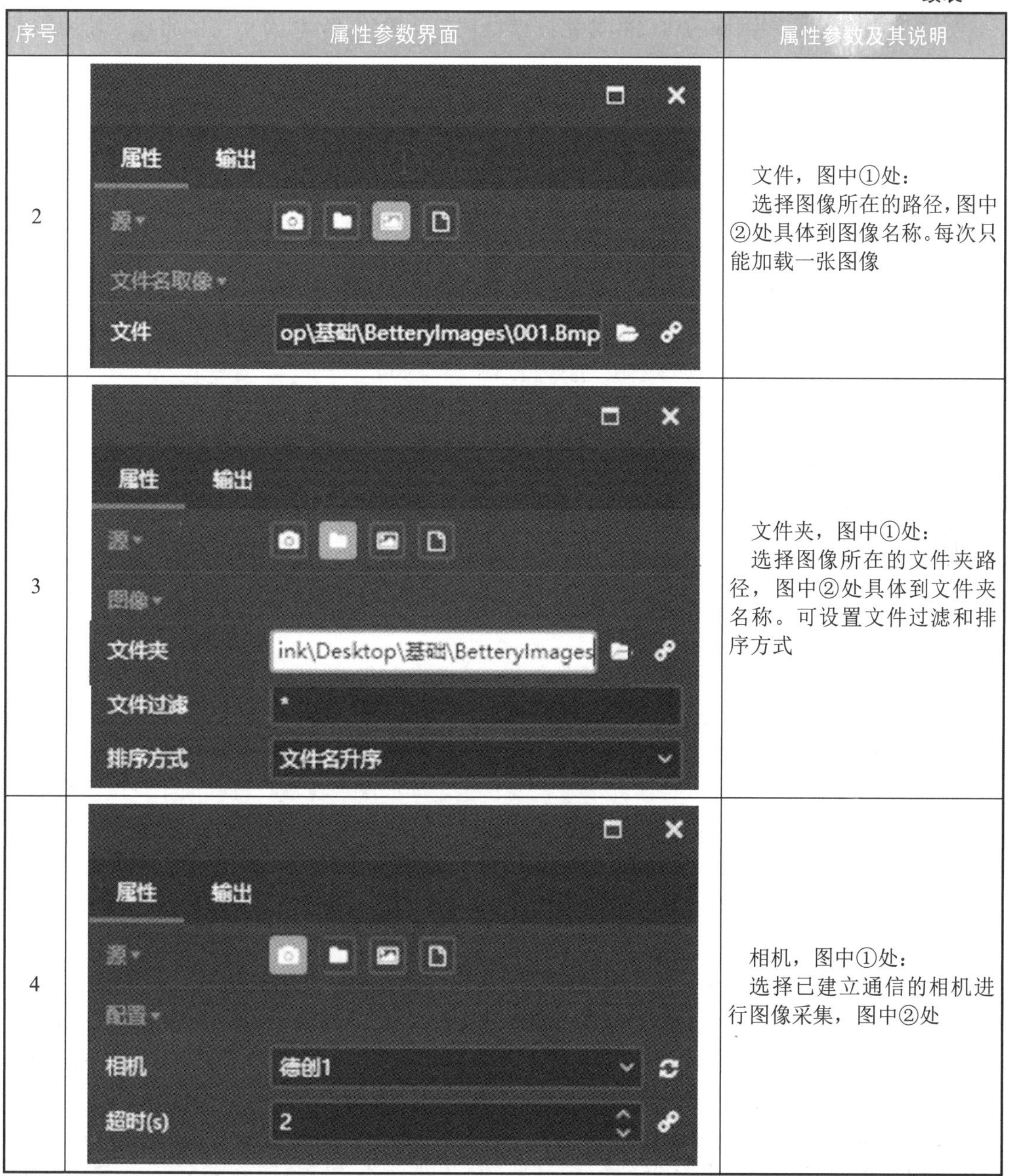

序号	属性参数界面	属性参数及其说明
2	属性　输出 源 文件名取像 文件　op\基础\BetteryImages\001.Bmp	文件，图中①处： 选择图像所在的路径，图中②处具体到图像名称。每次只能加载一张图像
3	属性　输出 源 图像 文件夹　ink\Desktop\基础\BetteryImages 文件过滤　* 排序方式　文件名升序	文件夹，图中①处： 选择图像所在的文件夹路径，图中②处具体到文件夹名称。可设置文件过滤和排序方式
4	属性　输出 源 配置 相机　德创1 超时(s)　2	相机，图中①处： 选择已建立通信的相机进行图像采集，图中②处

5. 数字图像基础知识

（1）数字图像的定义

图像是指能在人的视觉系统中产生视觉印象的客观对象，包括自然景物、拍摄到的图片、用数学方法描述的图形等。图像的要素有几何要素（刻画对象的轮廓、形状等）和非几何要素（刻画对象的颜色、材质等）。

这里主要介绍数字图像的实质和数字图像处理的一般步骤，以及后文中将经常使用的基本概念。

简单地说，数字图像就是能够在计算机上显示和处理的图像，可根据其特性分为两大类——位图和矢量图。位图通常使用数字阵列表示，常见格式有 BMP，JPG，GIF 等；矢量图由矢量数据库表示，接触最多的就是 PNG 图形。本项目只涉及数字图像中位图的处理与识别，如无特别说明，后文提到的图像和数字图像都仅仅是指位图图像。一般而言，使用数字摄像机或数字照相机得到的图像都是位图图像。

可以将一幅图像视为一个二维函数 f（x，y），其中 x 和 y 是空间坐标，而在 x-y 平面中的任意一对空间坐标（x，y）上的幅值 f 称为该点图像的灰度、亮度或强度。此时，如果 f，x，y 均为非负有限离散，则称该图像为数字图像（位图）。

一个大小为 $M \times N$ 的数字图像是由 M 行、N 列的有限元素组成的，每个元素都有特定的位置和幅值，代表了其所在行列位置上的图像物理信息，如灰度和色彩等。这些元素称为图像元素或像素。

（2）数字图像的分类

根据每个像素所代表信息的不同，可将图像分为二值图像、灰度图像、RGB 图像和索引图像等。

1）二值图像。

每个像素只有黑、白两种颜色的图像称为二值图像。在二值图像中，像素只有 0 和 1 两种取值，一般用 0 来表示黑色，用 1 表示白色。

2）灰度图像。

在二值图像中进一步加入许多介于黑色与白色之间的颜色深度，就构成了灰度图像。这类图像通常显示为从最暗黑色到最亮的白色的灰度，每种灰度（颜色深度）称为一个灰度级，通常用 L 表示。在灰度图像中，像素可以取 $0 \sim L-1$ 之间的整数值，根据保存灰度数值所使用的数据类型不同，可能有 256 种取值或者说 $2k$ 种取值，当 $k=1$ 时即退化为二值图像。

3）RGB 图像。

众所周知，自然界中几乎所有颜色都可以由红（Red，R）、绿（Green，G）、蓝（Blue，B）三种颜色组合而成，通常称它们为 RGB 三原色。计算机显示彩色图像时采用最多的就是 RGB 模型，对于每个像素，通过控制 R、G、B 三原色的合成比例决定该像素的最终显示颜色。

对于 RGB 三原色中的每一种颜色，可以像灰度图那样使用 L 个等级来表示含有这种颜色成分的多少。例如，对于含有 256 个等级的红色，0 表示不含红色成分，255 表示含有 100% 的红色成分。同样，绿色和蓝色也可以划分为 256 个等级。这样，每种原色可以用 8 位二进制数据表示，于是三原色总共需要 24 位二进制数，这样能够表示出的颜色种类数目为 $256 \times 256 \times 256 = 2^{24}$，大约有 1 600 万种，已经远远超过普通人所能分辨出的颜色数目。

RGB 颜色代码可以使用十六进制数减少书写长度，按照两位一组的方式依次书写 R，G，B 三种颜色的级别。例如：0xFF0000 代表纯红色，0x00FF00 代表纯绿色，而 0x00FFFF 是青色（绿色和蓝色的加和）。当 R，G，B 三种颜色的浓度一致时，所表示的颜色就退化为灰度，比如 0x808080 就是 50%的灰色，0x000000 为黑色，而 0xFFFFFF 为白色。常见颜色的

RGB 组合值如表 3.13 所示。

表 3.13　常见颜色的 RGB 组合值

颜色	R	G	B
红（0xFF0000）	255	0	0
绿（0x00FF00）	0	255	0
蓝（0x0000FF）	0	0	255
黄（0xFFFF00）	255	255	0
紫（0xFF00FF）	255	0	255
青（0x00FFFF）	0	255	255
白（0xFFFFFF）	255	255	255
黑（0x000000）	0	0	0
灰（0x808080）	128	128	128

未经压缩的原始 BMP 文件就是使用 RGB 标准给出的 3 个数值来存储图像数据的，称为 RGB 图像。在 RGB 图像中，每个像素都是用 24 位二进制数表示，故也称为 24 位真彩色图像。

4）索引图像。

如果对每个像素都直接使用 24 位二进制数表示，图像文件的体积将变得十分庞大。例如，对一个长、宽各为 200 px，颜色数为 16 的彩色图像，每个像素都用 R，G，B 三个分量表示。这样，每个像素由 3 个字节（B）表示，整个图像就是 200 × 200 × 3 B = 120 000 B。这种完全未经压缩的表示方式，浪费了大量的存储空间。下面简单介绍另一种更节省空间的存储方式：索引图像。

同样还是 200 px × 200 px 的 16 色图像，由于这张图片中最多只有 16 种颜色，那么可以用一张颜色表（16 × 3 的二维数组）保存这 16 种颜色对应的 RGB 值，在表示图像的矩阵中使用这 16 种颜色在颜色表中的索引（偏移量）作为数据写入相应的行、列位置。例如，颜色表中第 3 个元素为 0xAA1111，那么在图像中，所有颜色为 0xAA1111 的像素均可以由 3 − 1 = 2 表示（颜色表索引下标从 0 开始）。这样，每一个像素所需要使用的二进制数就仅仅为 4 位（0.5 B），从而整个图像只需要 200 × 200 × 0.5 = 20 000 B 就可以存储，而不会影响显示质量。

上文中的颜色表就是常说的调色板（Palette），也称为颜色查找表（Look Up Table，LUT）。Windows 位图中应用到了调色板技术。其实不仅是 Windows 位图，许多其他的图像文件格式，如 PCX，TIF，GIF 都应用了这种技术。

在实际应用中，调色板中通常少于 256 种颜色。在使用许多图像编辑工具生成或者编辑 GIF 文件时，常常会提示用户选择文件包含的颜色数目。当选择较低颜色数目时，将会有效地减小图像文件的体积，但这也会降低图像的质量。

（3）数字图像的分辨率

图像的空间分辨率（Spatial Resolution）是指图像中每单位长度所包含的像素或点的

数目，常以图像的采样率（Pixels Per Inch，PPI）为单位，如 72 PPI 表示图像中每 in（1 in = 25.4 mm）包含 72 个像素或点。分辨率越高，图像将越清晰，图像文件所需的磁盘空间也越大，编辑和处理所需的时间也越长。

像素越小，单位长度所包含的像素数据就越多，分辨率也就越高，但同样物理大小范围内所对应图像的尺寸也会越大，存储图像所需要的字节数也越多。因而，在图像的放大缩小算法中，放大就是对图像的过采样，缩小是对图像的欠采样。

一般在没有必要对涉及像素的物理分辨率进行实际度量时，通常会称一幅大小为 $M \times N$ 的数字图像的空间分辨率为 M px × N px。

如图 3.6 所示为同一幅图像在不同的空间分辨率下呈现出的不同效果。当高分辨率下的图像以低分辨率表示时，在同等的显示或者打印输出条件下，图像的尺寸变小，细节变得不明显；而当将低分辨率下的图像放大时，则会导致图像的细节仍然模糊，只是尺寸变大。这是因为缩小的图像已经丢失了大量的信息，在放大图像时只能通过复制行列的插值方法来确定新增像素的取值。

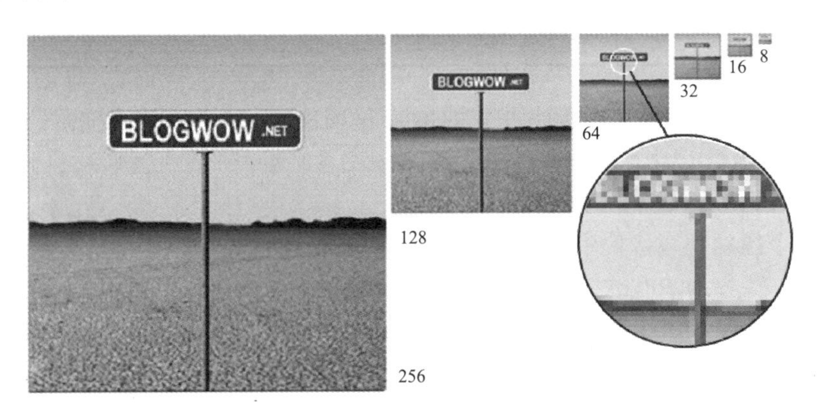

图 3.6　图像的空间分辨率（分辨率从 256 px × 256 px 逐次减少至 8 px × 8 px）

（4）图像的灰度级/辐射计量分辨率

在数字图像处理中，灰度级分辨率又叫色阶，是指图像中可分辨的灰度级数目，即前文提到的灰度级数目 L，它与存储灰度级别所使用的数据类型有关。由于灰度级度量的是投射到传感器上光辐射值的强度，因此灰度级分辨率也叫辐射计量分辨率（Radiometric Resolution）。

随着图像的灰度级分辨率逐渐降低，图像中包含的颜色数目变少，从而会在颜色的角度造成图像信息受损，同样也使图像细节表达受到了一定影响，如图 3.7 所示。

任务实施

对于工业视觉项目而言，高质量的图像会起到事半功倍的效果，而获取高质量的图像所涉及的参数配置和结构调整需要基于现有的取像硬件来完成。首先需要完成工业相机、工业镜头、光源等硬件的安装和相机通信配置，准备工作完成后即可使用工业相机进行实时取像。

工业相机采集 PCB 板图像的具体操作步骤如表 3.14 所示。

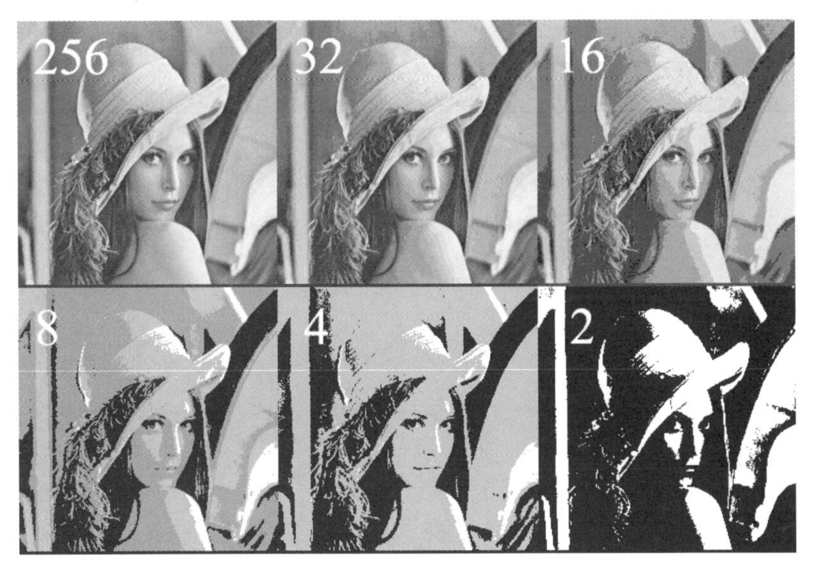

图 3.7　灰度级分辨率分别为 256 px、32 px、16 px、8 px、4 px 和 2 px 的图像

表 3.14　工业相机采集 PCB 板图像的具体操作步骤

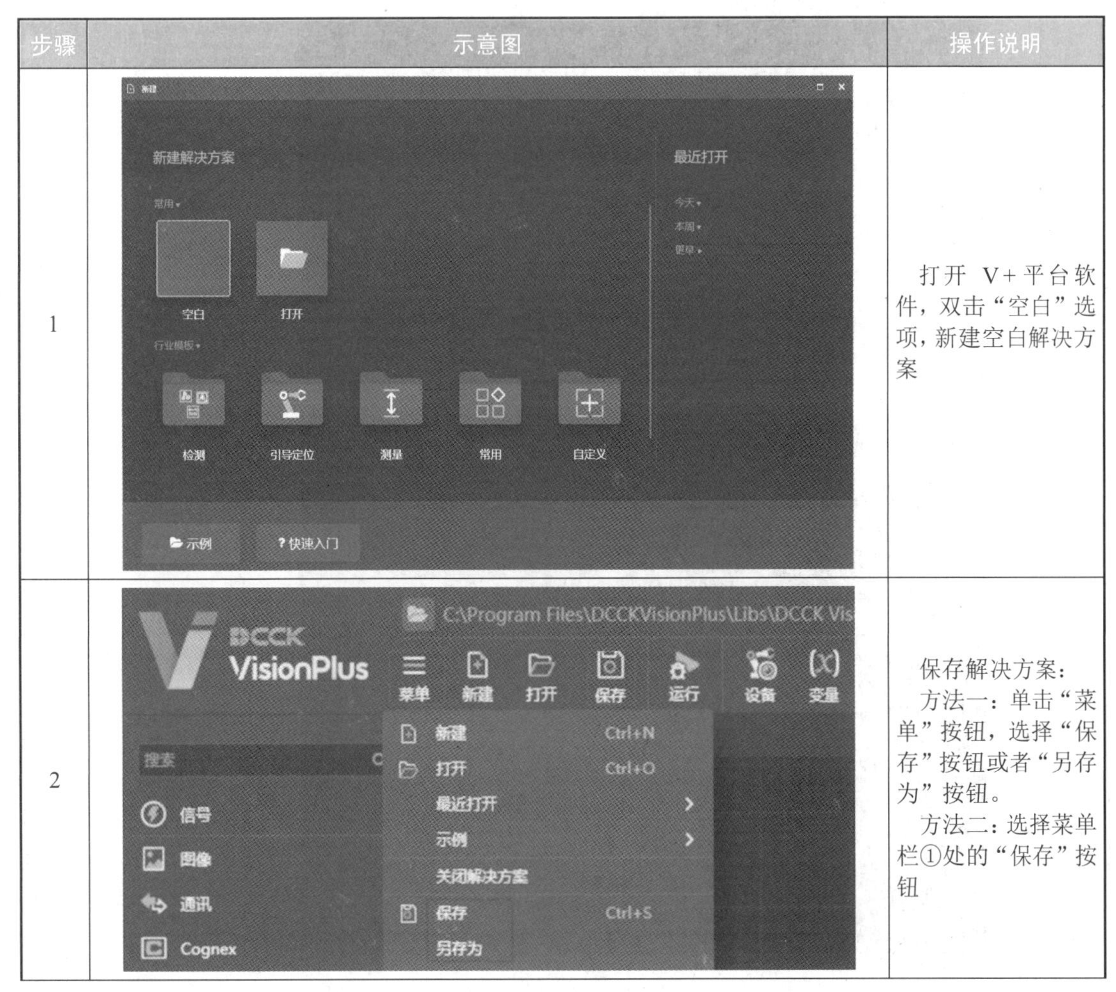

步骤	示意图	操作说明
1		打开 V+ 平台软件，双击“空白”选项，新建空白解决方案
2		保存解决方案： 方法一：单击“菜单”按钮，选择“保存”按钮或者“另存为”按钮。 方法二：选择菜单栏①处的“保存”按钮

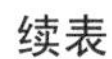

续表

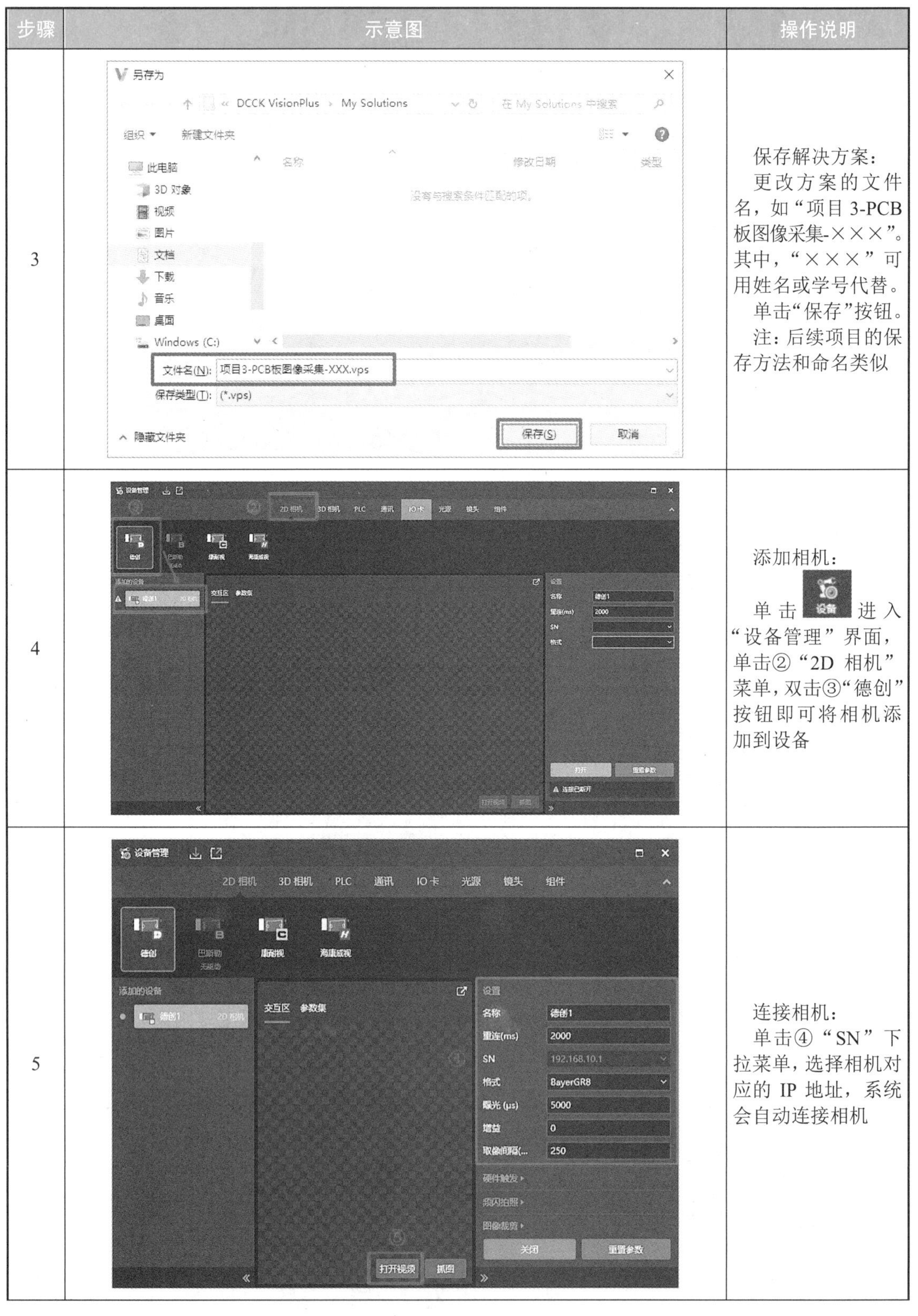

步骤	示意图	操作说明
3		保存解决方案： 更改方案的文件名，如“项目 3-PCB 板图像采集-×××”。其中，“×××”可用姓名或学号代替。 单击“保存”按钮。 注：后续项目的保存方法和命名类似
4		添加相机： 单击（设备）进入“设备管理”界面，单击②“2D 相机”菜单，双击③“德创”按钮即可将相机添加到设备
5		连接相机： 单击④“SN”下拉菜单，选择相机对应的 IP 地址，系统会自动连接相机

续表

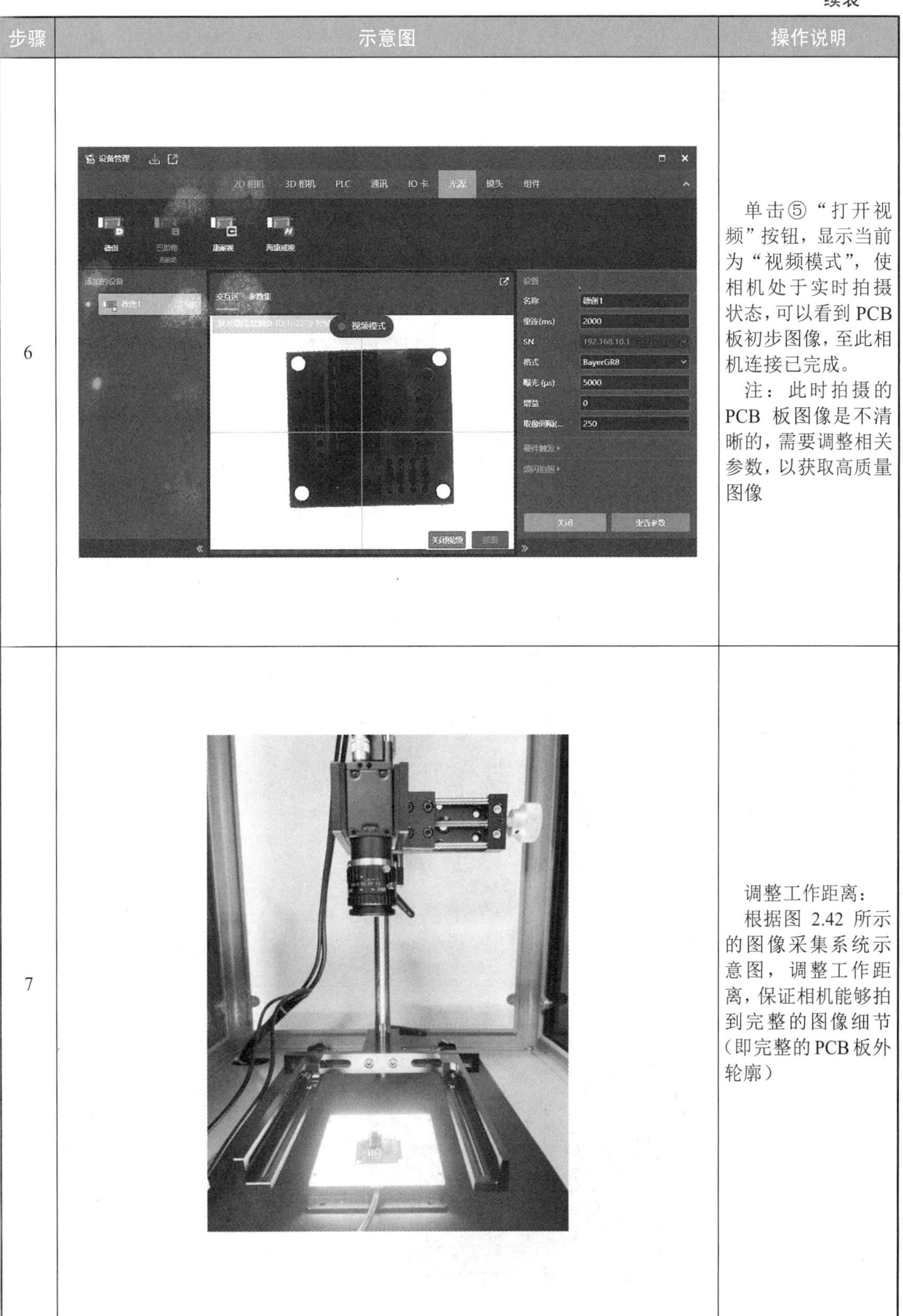

步骤	示意图	操作说明
6		单击⑤“打开视频”按钮，显示当前为“视频模式”，使相机处于实时拍摄状态，可以看到 PCB 板初步图像，至此相机连接已完成。 注：此时拍摄的 PCB 板图像是不清晰的，需要调整相关参数，以获取高质量图像
7		调整工作距离： 根据图 2.42 所示的图像采集系统示意图，调整工作距离，保证相机能够拍到完整的图像细节（即完整的 PCB 板外轮廓）

续表

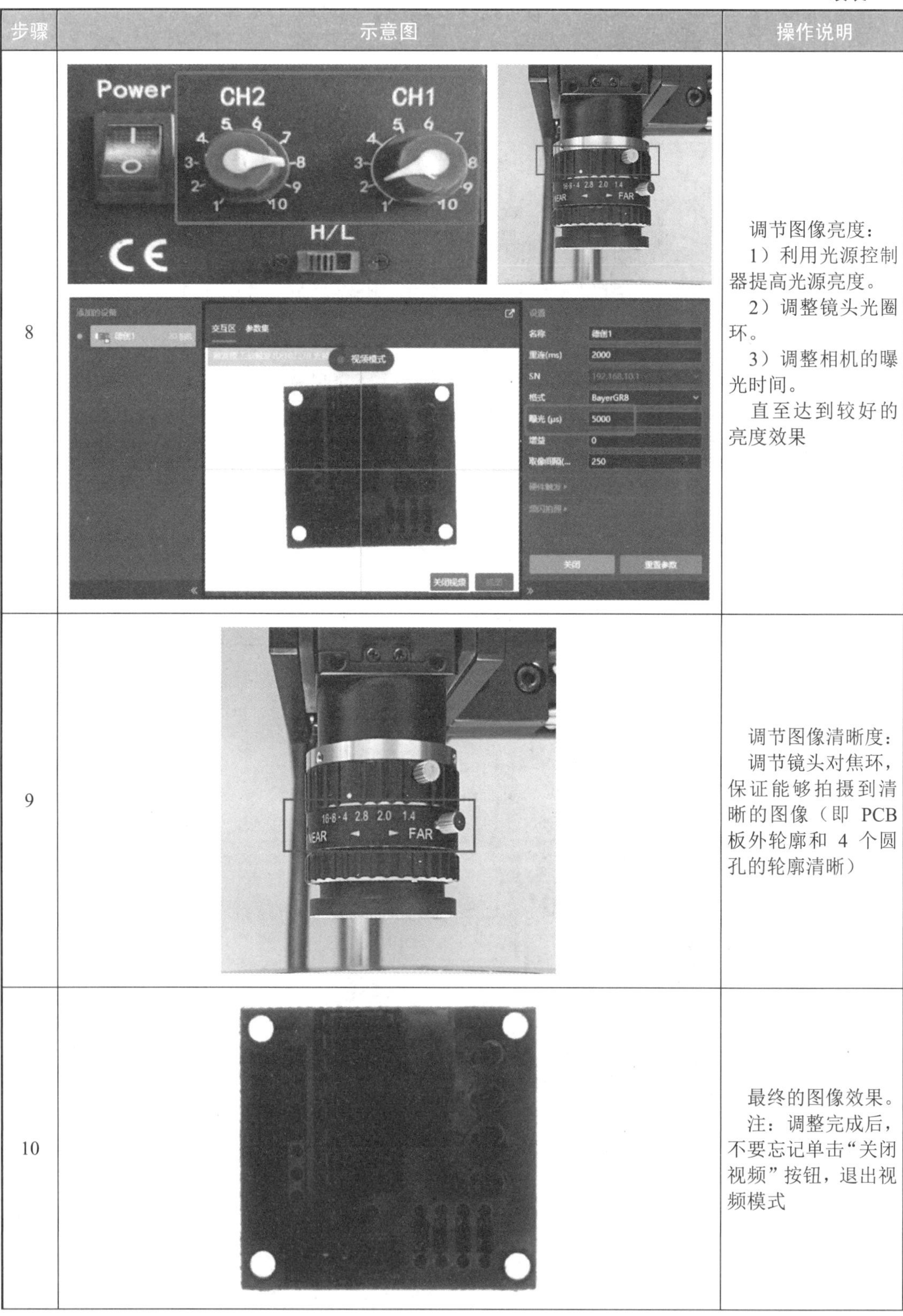

步骤	示意图	操作说明
8		调节图像亮度： 1）利用光源控制器提高光源亮度。 2）调整镜头光圈环。 3）调整相机的曝光时间。 直至达到较好的亮度效果
9		调节图像清晰度： 调节镜头对焦环，保证能够拍摄到清晰的图像（即 PCB 板外轮廓和 4 个圆孔的轮廓清晰）
10		最终的图像效果。 注：调整完成后，不要忘记单击“关闭视频”按钮，退出视频模式

续表

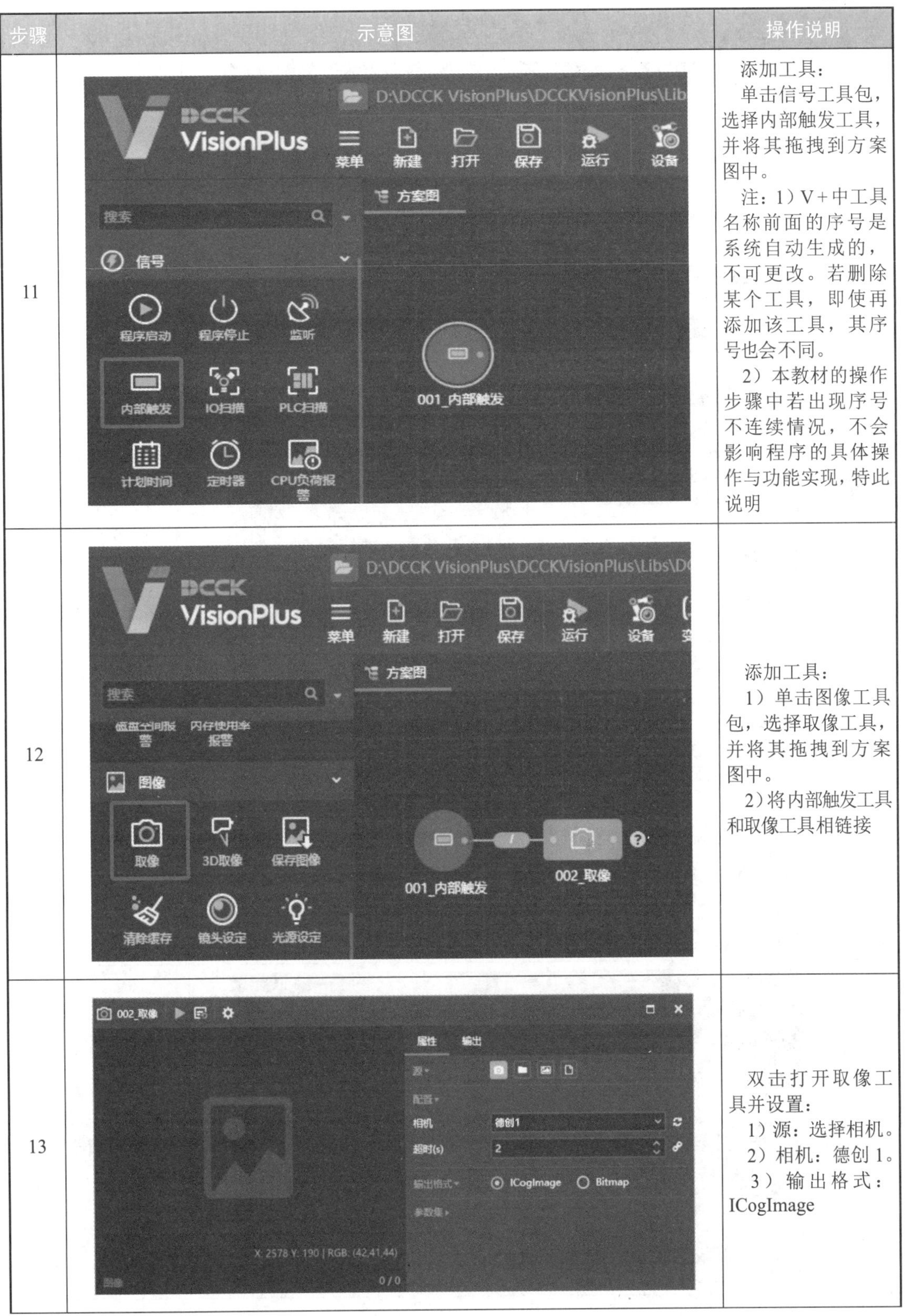

步骤	示意图	操作说明
11		添加工具： 单击信号工具包，选择内部触发工具，并将其拖拽到方案图中。 注：1）V+中工具名称前面的序号是系统自动生成的，不可更改。若删除某个工具，即使再添加该工具，其序号也会不同。 2）本教材的操作步骤中若出现序号不连续情况，不会影响程序的具体操作与功能实现，特此说明
12		添加工具： 1）单击图像工具包，选择取像工具，并将其拖拽到方案图中。 2）将内部触发工具和取像工具相链接
13		双击打开取像工具并设置： 1）源：选择相机。 2）相机：德创 1。 3）输出格式：ICogImage

续表

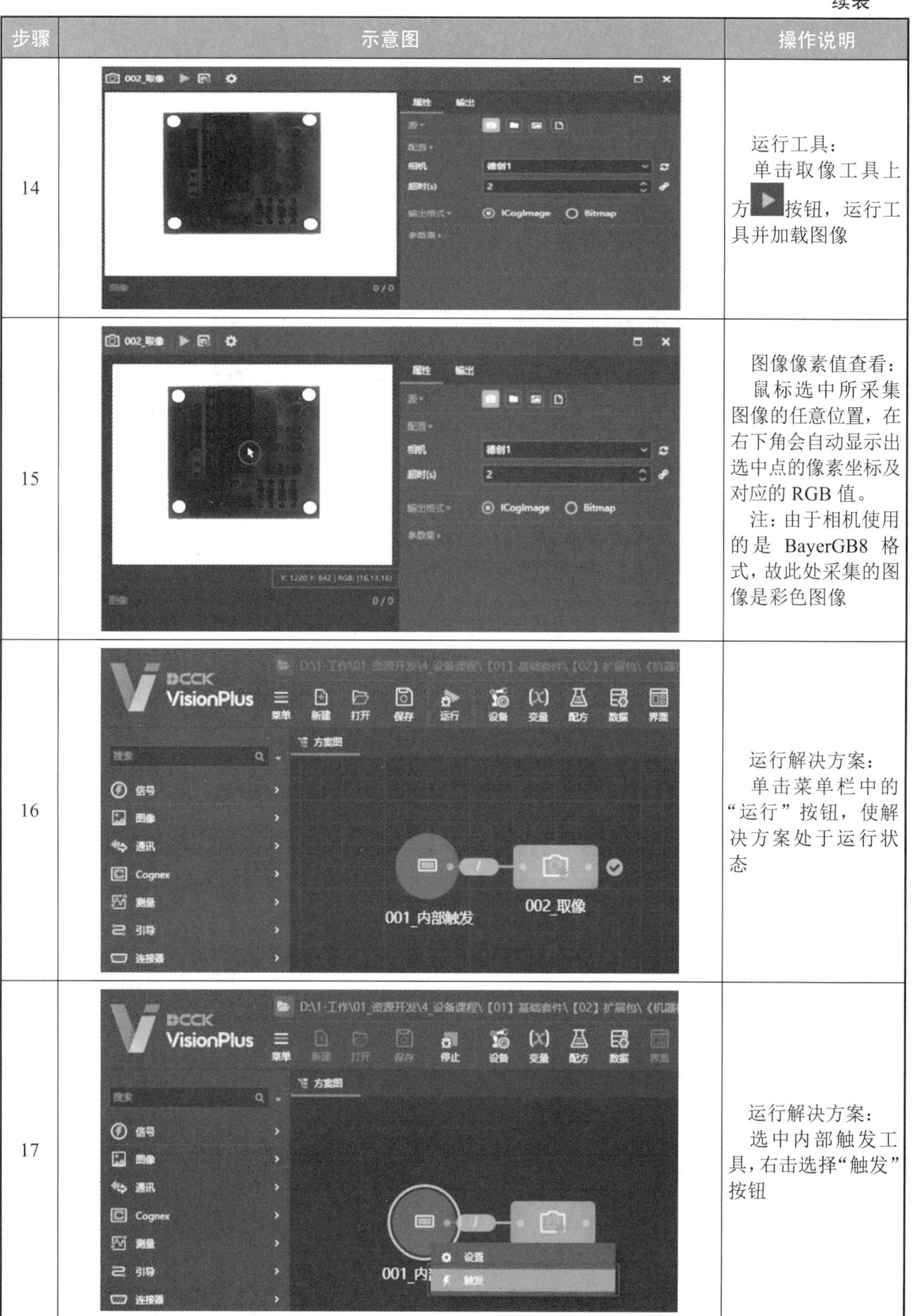

步骤	示意图	操作说明
14		运行工具： 单击取像工具上方按钮，运行工具并加载图像
15		图像像素值查看： 鼠标选中所采集图像的任意位置，在右下角会自动显示出选中点的像素坐标及对应的 RGB 值。 注：由于相机使用的是 BayerGB8 格式，故此处采集的图像是彩色图像
16		运行解决方案： 单击菜单栏中的“运行”按钮，使解决方案处于运行状态
17		运行解决方案： 选中内部触发工具，右击选择“触发”按钮

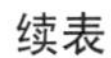

续表

步骤	示意图	操作说明
18	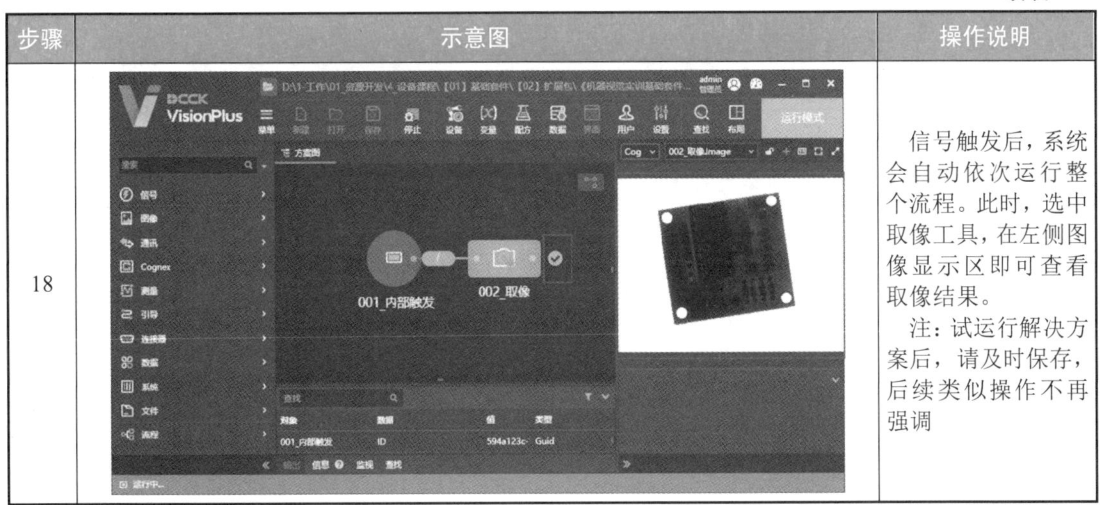	信号触发后，系统会自动依次运行整个流程。此时，选中取像工具，在左侧图像显示区即可查看取像结果。 注：试运行解决方案后，请及时保存，后续类似操作不再强调

任务评价

任务评价如表 3.15 所示。

表 3.15　任务评价

任务名称		采集 PCB 板图像	实施日期		
序号	评价目标	任务实施评价标准		配分	得分
1	职业素养	纪律意识	自觉遵守劳动纪律，服从老师管理	5	
2		学习态度	积极上课，踊跃回答问题，保持全勤	5	
3		团队协作	分工与合作，配合紧密，相互协助解决图像采集过程中遇到的问题	5	
4		严格执行现场 6S 管理	整理：区分物品的用途，清除多余的东西； 整顿：物品分区放置，明确标识，方便取用； 清扫：清除垃圾和污秽，防止污染； 清洁：现场环境的洁净符合标准； 素养：养成良好习惯，积极主动； 安全：遵守安全操作规程，人走机关	5	
5	职业技能	能新建空白解决方案		5	
6		能按照要求命名和保存解决方案		5	
7		能添加对应型号的工业相机设备		5	
8		能连接对应型号的工业相机		5	
9		能初步查看 PCB 板图像		5	
10		能使视野中 PCB 板图像清晰		20	
11		能添加并链接内部触发和取像工具		10	

续表

序号	评价目标	任务实施评价标准	配分	得分
12	职业技能	能设置取像工具参数	15	
13		能使用工业相机采集清晰的 PCB 板图像	5	
14		能及时保存视觉解决方案	5	
合计			100	
小组成员签名				
指导教师签名				
任务评价记录	1. 存在问题 ______ ______ 2. 优化建议 ______ ______			
备注：在使用真实实训设备或工件编程调试过程中，如发生设备碰撞、零部件损坏等每处扣 10 分。				

任务总结

本任务介绍了 V+平台软件的界面构成和功能，学习了它的基本操作，详细说明了相机参数含义和取像工具参数含义，通过演示 V+平台软件采集 PCB 图像，进一步了解如何调整相关参数以获取高质量图像，利用取像工具实现相机取像，并详细介绍了数字图像的基础知识，及如何查看图像像素坐标位置和像素值。

任务拓展

在工业视觉应用中，通过相机实时采集图像是必须要掌握的一种取像方法，而从本地图像库中调用图像也是进行视觉方案测试的快捷方式，能够节省大部分硬件组装和取像质量调整的时间，对初次接触工业视觉者而言，是一种快速入门 V+平台软件的途径。

拓展任务要求：

1）新建一个 V+平台软件的解决方案，在内部触发信号源后添加 4 个取像工具。

2）4 个取像工具的图像源分别选择：工业相机、文件夹、文件、IDB/CDB 文件。

3）运行解决方案，触发信号源，4 个取像工具能正常运行。

任务检测

1）【第十八届“振兴杯”】工业视觉系统的图像采集阶段不能够完成的是（　　）。

A. 光源强化检测特征　　　　B. 相机镜头捕获特征

C. I/O 输出　　　　　　　　　　D. 数据通信传输数字图像

2）V+平台软件中取像工具的图像源包括（　　）。

A. 工业相机　　　B. 文件夹　　　C. 文件　　　D. IDB/CDB 文件

3）【第十八届“振兴杯”】工业视觉系统实际处理的是（　　）类型的图像。

A. 彩色图像　　　B. 灰度图像　　　C. 几何图像　　　D. 二值图像

4）【第十八届“振兴杯”】分辨率为 1 280 px×1 024 px 的 256 色的未压缩 RGB 彩色图案其存储容量为（　　）左右。

A. 1.53 M　　　B. 2.46 M　　　C. 3.75 M　　　D. 5.64 M

5）图像的表示方法包括（　　）。

A. 二值图像　　　B. 灰度图像　　　C. 彩色图像　　　D. 数字图像

6）图像中相机能识别的最小单元是（　　）。

A. 像素　　　B. 体素　　　C. 网格　　　D. 点云

7）思考取像工具的硬触发功能，简要说明硬触发的作用。

开阔视野

嫦娥五号“探月之眼”

2020 年 11 月 24 日 4 时 30 分，我国成功发射探月工程嫦娥五号探测器，12 月 1 日探测器成功着陆在月球正面预选着陆区。一张嫦娥五号着陆器和上升器组合体着陆后环拍成像图（见图 3.8）从太空传回。嫦娥五号的“眼睛”是它身上搭建的全景相机，让人们能够清晰地看到嫦娥五号着陆月球的图景，这些高清图片更是成为今后科研工作的重要资料，同时也让世界看到了中国的探月脚步。负责研制“探月之眼”的团队来自西安光机所月球与深空探测技术研究室。2018 级国科大硕博连读研究生黄帅东就是这个团队中的一员。参与项目的过程中，黄帅东团队对每一张图片，每一个表头都会仔细检查，养成了严谨的工作习惯，在历代嫦娥型号的基础上进行了优化设计，在漫长的重复工作中，精益求精地磨砺“探月之眼”。

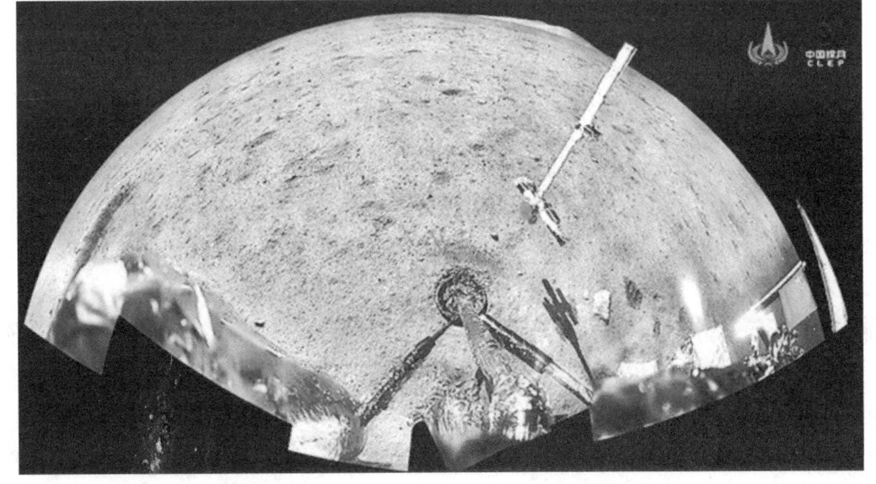

图 3.8　嫦娥五号着陆器和上升器组合体着陆后环拍成像图

项目 4

PCB 板有无检测

项目概述

1. 项目总体信息

某印制电路板（PCB）生产企业进行自动化升级改造，在新的生产线中，每个待测 PCB 板沿输送带运动，依次经停 3 个不同检测工位，要求在静态情况下分别对其进行外形尺寸测量、识别型号和跳线帽位置检测，如图 2.1 所示。企业工程部赵经理接到任务后，根据任务要求安排 3 名工程师（李工、刘工和王工）分别负责 3 个检测工位检测要求的实现，包括视觉系统硬件选型、安装和调试系统，以及要求在 2h 内完成对应的编程与调试，并进行合格验收。

3 个检测工位的检测要求具体如下：

1）检测工位 1：测量出 PCB 板的外形尺寸，要求测量公差为±0.1mm，其工作距离不超过 250mm。

2）检测工位 2：识别出 PCB 板的型号，其工作距离不超过 250mm。

3）检测工位 3：检测出 PCB 板跳线帽所在位置，其工作距离不超过 250mm。

2. 本项目引入

PCB 板是电子信息产品不可或缺的基础组件，它又被称为“电子产品之母”，是重要的电子部件，是电子元器件的支撑体，是电子元器件电气相互连接的载体。PCB 板产业的发展水平可在一定程度上反映一个国家或地区电子信息产业的发展速度和技术水平。

据预测，未来 5 年，5G、人工智能（AI）、物联网、工业 4.0、云端服务器、存储设备、汽车电子等将成为驱动 PCB 板需求增长的新方向，且将持续朝高阶技术升级。AI 服务器 PCB 板的价值量显著提升，为普通服务器 PCB 板的 5～6 倍，将带动高多层板以及高密度板需求增加。同时，新能源汽车的增长也将带来稳定的 PCB 板需求。数据显示，2022 年全球印刷电路板的市场规模在 817.41 亿美元以上。而 PCB 板的需求越大，对其检测的要求就越多，采用工业视觉系统进行检测能够更好地实现检测要求。

检测工位 1 的工业视觉系统采集到 PCB 板图像后，李工就可以对其进行初步的处理和判断，并需要将检测的结果及时直观地反馈至用户。为此，需要先查看 PCB 板图像属性，利用工具块工具进行 PCB 板有无检测，还需要设计一个友好、易用性高的 HMI 界面。

3. 本项目目标

学习工具块工具、图像类型转换工具、直方图工具的参数含义及其使用方法，着重熟悉基于 V+平台软件进行 PCB 板有无检测的思路和方案设计，学习在 V+平台软件中如何新建和设计操作方便、可视化强的 HMI 界面，为视觉解决方案的设计打下坚实的基础。

学习导航

学习导航如表 4.1 所示。

表 4.1　学习导航

<table>
<tr><td>项目构成</td><td colspan="2">PCB板有无检测（4学时）
检测PCB板有无（2学时）
HMI界面设计（2学时）</td></tr>
<tr><td rowspan="3">学习目标</td><td>知识目标</td><td>1）掌握工具块、图像类型转换和直方图工具的使用方法。
2）熟悉 PCB 板有无检测的思路。
3）掌握 HMI 界面基本操作方法。
4）熟悉 HMI 界面常见控件属性</td></tr>
<tr><td>技能目标</td><td>1）能添加工具块工具的输入和输出。
2）能检测出 PCB 板的有无。
3）能新建 HMI 界面，并根据项目要求设计出 HMI 界面</td></tr>
<tr><td>素养目标</td><td>1）提高学生在工业视觉领域的文化素养。
2）培养学生自主探究能力和团队协作能力，安全意识和工程意识。
3）培养学生解决工程问题的思维模式。
4）培养学生查阅技术文献或资料的能力。
5）培养学生对美的感知能力和设计创新能力。
6）培养学生具有纪律意识，遵守课堂纪律。
7）培养学生爱护设备，保护环境</td></tr>
<tr><td>学习重点</td><td colspan="2">1）工具块、图像类型转换和直方图工具的参数含义及其使用方法。
2）实现 PCB 板的有无检测。
3）HMI 界面组件工具的使用方法。
4）HMI 界面设计过程和方法</td></tr>
<tr><td>学习难点</td><td colspan="2">1）PCB 板有无检测的数据结果显示。
2）在 HMI 界面添加形状、按钮、图像显示等常用控件。
3）HMI 界面设计思路与优化布局</td></tr>
</table>

任务 4.1　检测 PCB 板有无

任务描述

工业视觉检测、测量、识别和引导四大类应用都是基于视觉系统有产品输入的前提下，因此，检测产品的有无是先决条件，这也是为了防止后续程序执行时出现未知错误。

本任务要求熟悉图像类型转换工具和直方图工具的界面组成及其功能参数，从而分析出 PCB 板有无检测的思路，能够利用 V+平台软件实现 PCB 板图像类型转换和灰度值统计分析，并且能够添加视觉工具的输入输出终端。

任务目标

1）熟悉图像类型转换工具界面及其功能参数。

2）熟悉直方图工具界面及其功能参数。

3）能利用 V+平台软件实现图像类型转换。

4）能利用 V+平台软件实现图像灰度值统计分析。

5）能利用 V+平台软件添加视觉工具的输入输出终端。

相关知识

1. 工具块工具

在编写视觉程序时，由于项目的复杂程度，往往会出现使用很多视觉工具的情况，编程界面看上去很冗长，这时候需要利用工具块工具对应实现某一功能的相关工具分组，增加程序的可读性，使项目结构更清晰。

工具块（ToolBlock）的作用是将图像与分析该图像的一组视觉工具相关联，用于增加和改进应用程序的结构。ToolBlock 结构如图 4.1 所示。

ToolBlock 通过以下方式增加和改进应用程序的结构：

1）按功能组织所用的视觉工具，只显示必要的结果终端。

2）创建可重用组件。

3）为视觉逻辑的复杂任务提供简化的界面。

V+软件平台中的 ToolBlock 工具默认界面如图 4.2 所示，ToolBlock 工具界面说明如表 4.2 所示。

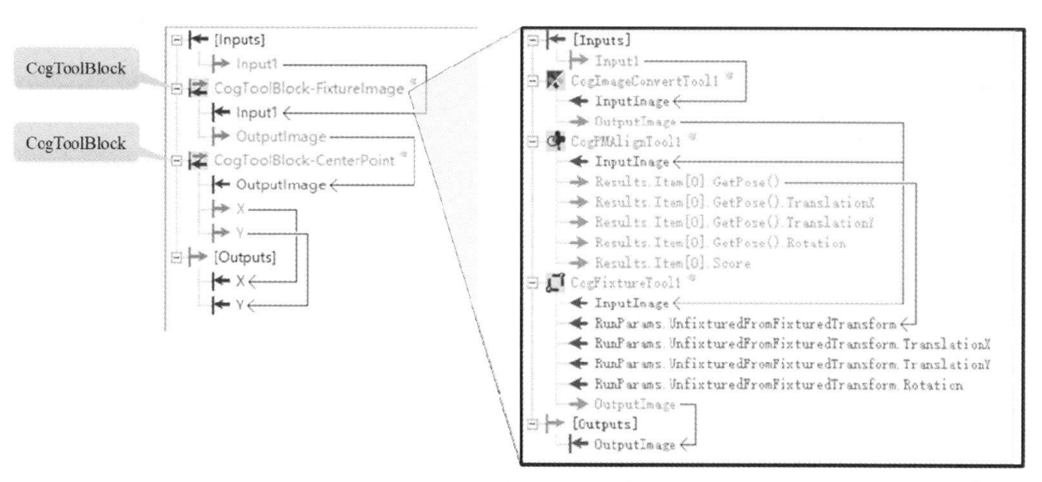

图 4.1　ToolBlock 结构

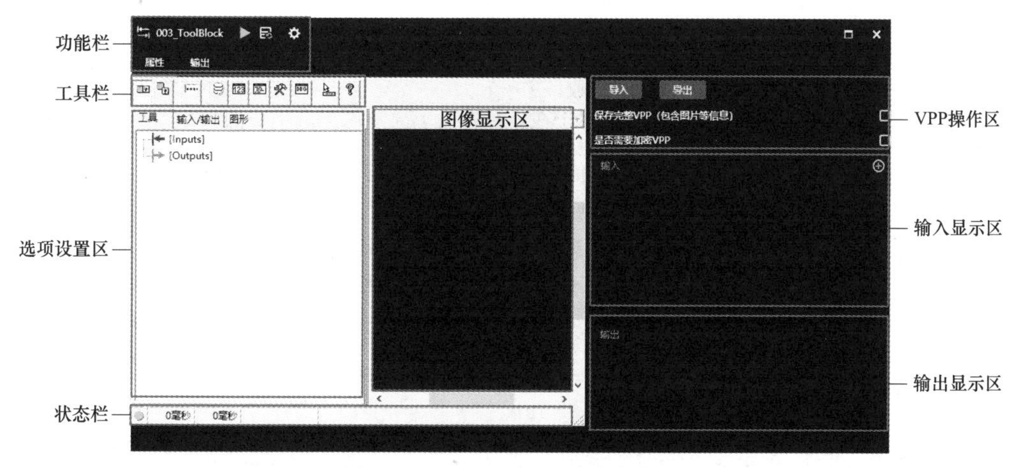

图 4.2　ToolBlock 工具默认界面

表 4.2　ToolBlock 工具界面说明

序号	功能组件		说明
1	功能栏	▶	运行工具
2		（重置图标）	重置工具运行状态
3		⚙	高级选项，设置是否启用“运行失败时中断所属流程”功能
4		属性	设置 ToolBlock 工具属性，包括工具栏、选项设置区、图像显示区、状态栏、VPP 操作区、输入显示区和输出显示区
5		输出	显示 ToolBlock 工具输出的数据项及其类型和值

续表

序号	功能组件		说明
6	VPP 操作区	导入	加载已保存的 VPP
7		导出	保存当前的 VPP，此时可以选择以下辅助功能： 1）保存完整 VPP（包含图片等信息）。 2）是否需要加密 VPP
8	输入显示区		新建并添加 ToolBlock 工具的输入终端
9	输出显示区		输出 ToolBlock 工具的目标数据信息
10	工具栏		显示工具相关功能，包括显示方式、创建脚本、显示工具箱、帮助等。ToolBlock 工具栏说明如表 4.3 所示
11	选项设置区		ToolBlock 工具的选项设置区包括 3 个选项：工具、输入/输出、图形。不同工具该区域的内容有所不同。 1）工具：显示相关视觉工具，并进行调用和编程。 2）输入/输出：设置 ToolBlock 工具的输出和输入终端，与输入/输出显示区的功能一致。 3）图形：用于在目标图像上显示由工具生成的共享图形
12	图像显示区		用于显示其他视觉工具的图像缓冲区。右键单击可打开包括缩放图像、显示像素或子像素网格的菜单选项
13	状态栏		绿色圆圈表示工具已成功运行，红色圆圈表示工具未成功运行。 状态栏会显示运行工具的时间以及所有错误代码或消息。 状态栏首次显示的时间是工具的原始执行时间，第二次显示的时间包含更新编辑控件所需的时间

表 4.3　ToolBlock 工具栏说明

序号	控件按钮	说明	序号	控件按钮	说明
1		打开或关闭本地图像显示窗口	6		打开用于创建简单或高级脚本的脚本窗口
2		打开一个或多个浮动图像窗口，与本地工具显示不同，用户可以调整浮动工具显示窗口的大小或移动其位置	7		打开视觉工具箱，以选择要添加至 ToolBlock 的视觉工具
3		用密码保护该工具，以防止用户通过 GUI 查看或修改其内容	8		打开对象编辑器窗口。此窗口可显示所有 ToolBlock 属性以及每个工具包含的属性
4		打开用于执行图像验证的 Verification 控件	9		启用或禁用控件按钮中的工具提示显示
5		打开单独的浮动窗口，不用转至结果选项卡即可查看运行结果	10		打开此工具的联机帮助文件

2. 图像类型转换工具

图像类型转换工具（即 CogImageConvertTool，简称 ImageConvert）能够实现图像类型的转换，可以将16位彩色图像转换为8位灰度图像。V+平台软件中的 CogImageConvertTool 界面如图4.3所示。

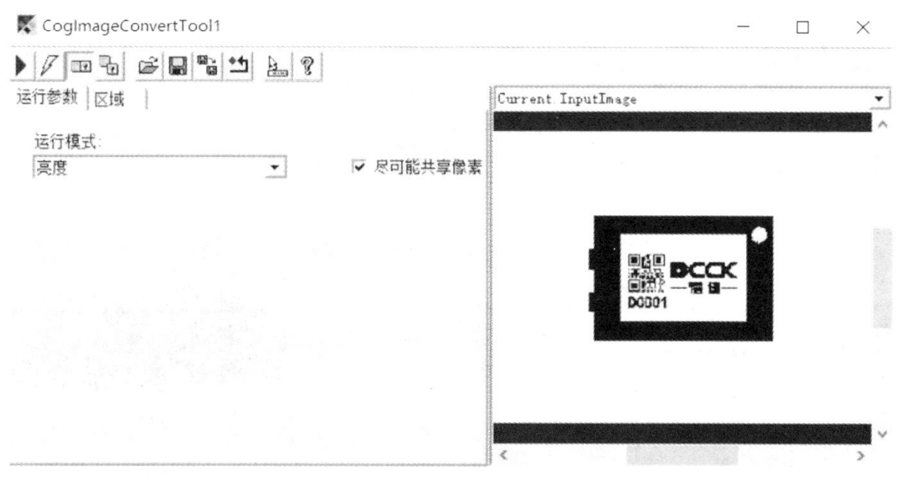

图4.3　V+平台软件中的 CogImageConvertTool 界面

在使用 CogImageConvertTool 时，“运行模式”默认为“亮度”，此时直接传入彩色图像即可实现从彩色图像到灰度图像的转换；如果需要实现其他类型的转换，可以在“运行模式”中选择相应的算法。

如图4.4所示为 CogImageConvertTool 应用示例，在视觉软件中，有些工具（如直方图工具）是不支持处理彩色图像的，必须用图像类型转换工具将图像转换为灰度图像或二值图像才可以正常处理。

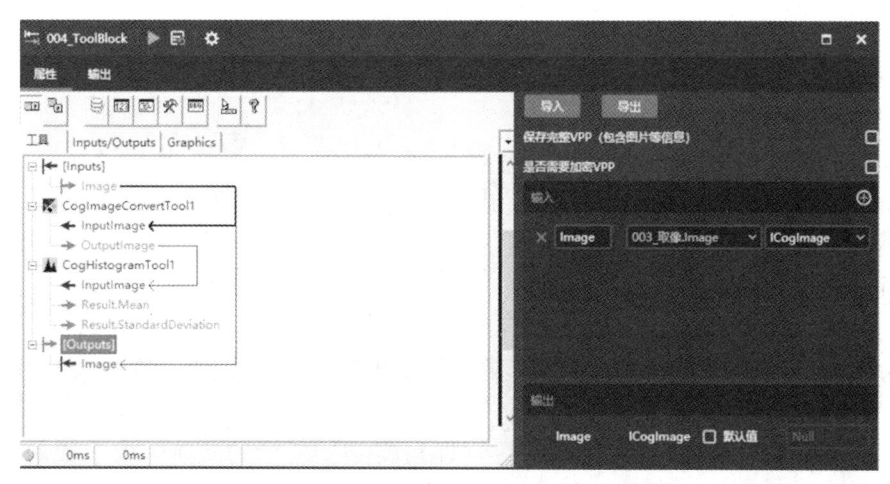

图4.4　CogImageConvertTool 应用示例

3. 直方图工具

直方图工具（即 CogHistogramTool，简称 Histogram）可以对整张图像或者图像中指定区域的灰度值分布情况进行统计分析，同时还可以输出详细的数据和直方图结果，但其输入图像不支持彩色图像。

CogHistogramTool 可选择的区域形状如图 4.5 所示。①处默认为 “使用整个图像”，即对整个图像进行直方图统计。当在①处选择了区域形状，如圆形（CogCircle），在②所指示的“Current.InputImage”图像缓冲区会出现如③所示的蓝色圆框，鼠标选中圆框可修改其位置和大小，从而实现对指定区域进行直方图统计。

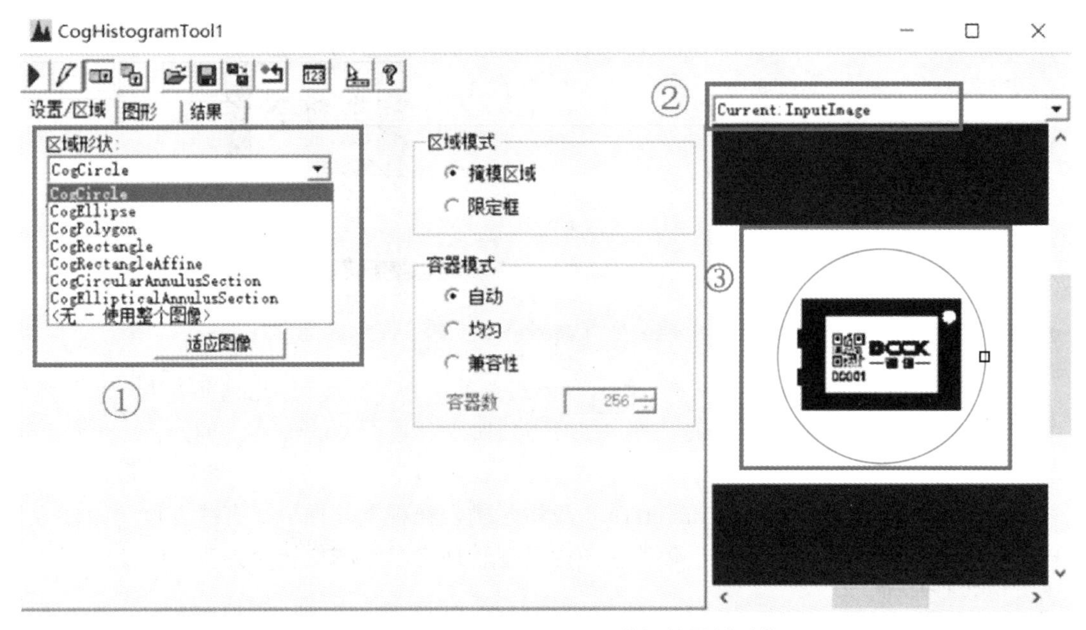

图 4.5 CogHistogramTool 可选择的区域形状

CogHistogramTool 结果输出如图 4.6 所示，主要分为以下三大类：

（1）统计信息

CogHistogramTool 的结果统计信息包括：

1）指定区域灰度值的最小值、最大值、中值、平均值、标准差、方差。

2）模式：像素数最多的灰度值。

3）示例：指定区域的总像素数。

（2）数据

数据统计中详细列举出了每个灰度值的像素数和像素数占选定区域的累计百分比。

（3）直方图

选择 LastRun.Histogram 图像缓冲区，即可得到④所示的灰阶 – 像素数的直方图，在直方图中白色的竖线表示统计信息中的平均值，鼠标放在竖线上能够看到相关的提示信息。

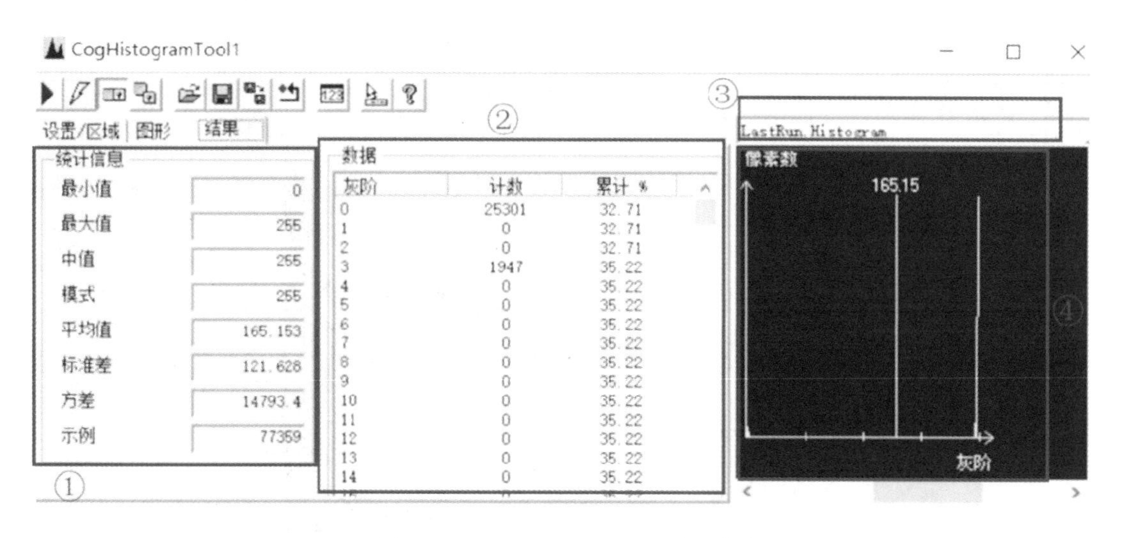

图 4.6　CogHistogramTool 结果输出

任务实施

1. 检测思路分析

如图 4.7 所示为 PCB 板图像采集对比，使用相机采集的两幅图像，如图 4.7（a）所示的图像中有 PCB 板，则图像的灰度值有等级区分；而如图 4.7（b）所示的图像中无 PCB 板，图像的灰度值单一。依据图像的此差异性，可实现 PCB 板的有无检测。

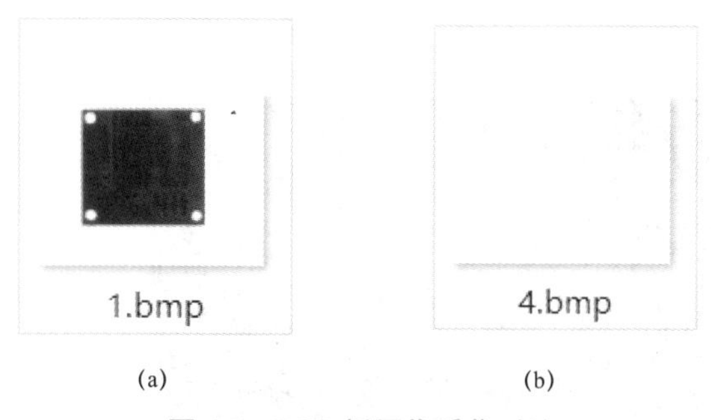

图 4.7　PCB 板图像采集对比

（a）有 PCB 板；（b）无 PCB 板

2. 检测 PCB 板有无

对采集到的图像进行视觉处理时，通常会选择在工具块中完成，并需要将与图像处理相关的数据和图像传入至工具块。在 V+平台软件中结合本项目所介绍工具来完成 PCB 板有无检测。PCB 板有无检测实施步骤如表 4.4 所示。

表 4.4　PCB 板有无检测实施步骤

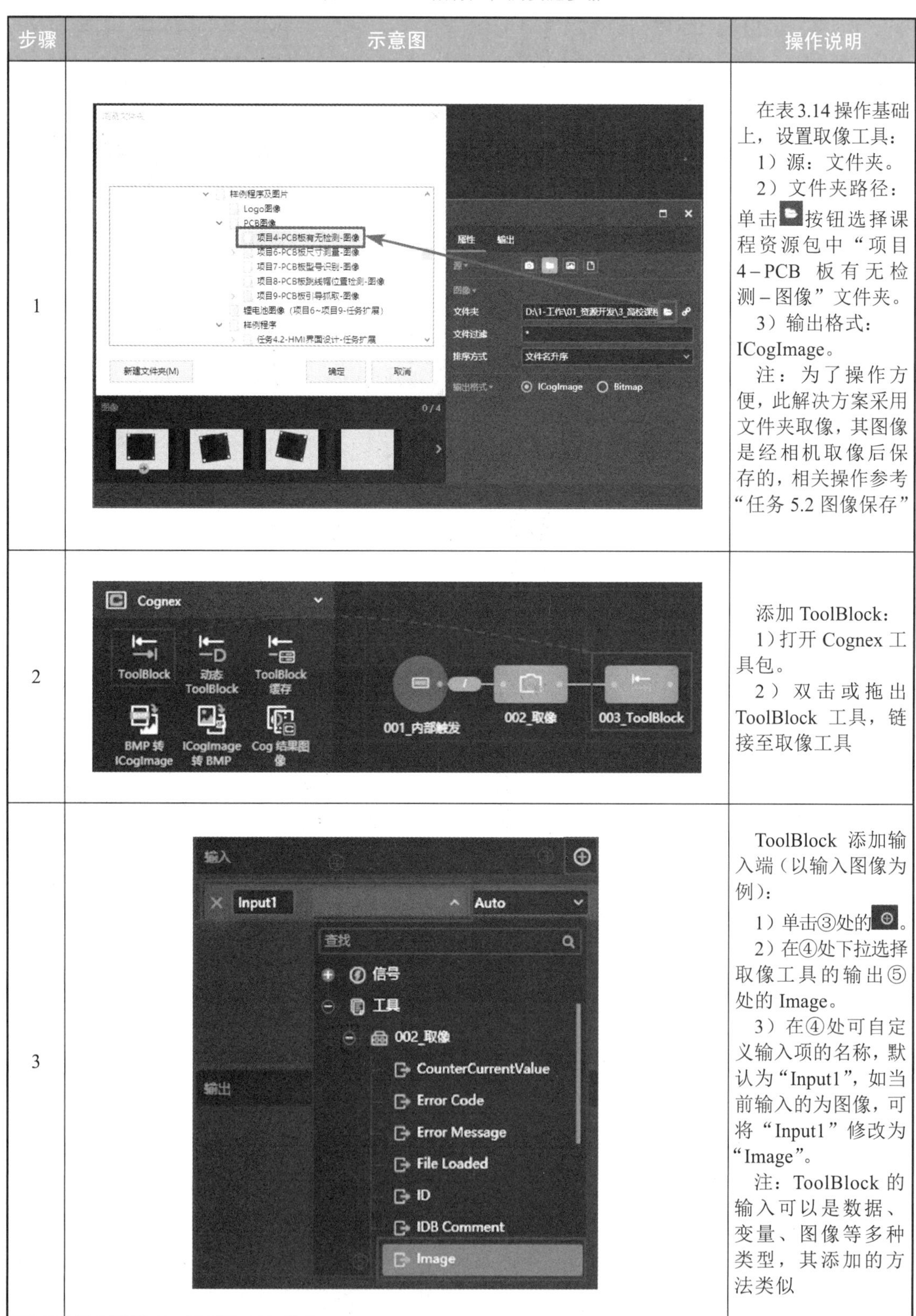

步骤	示意图	操作说明
1		在表 3.14 操作基础上，设置取像工具： 1）源：文件夹。 2）文件夹路径：单击按钮选择课程资源包中“项目4–PCB 板有无检测–图像”文件夹。 3）输出格式：ICogImage。 注：为了操作方便，此解决方案采用文件夹取像，其图像是经相机取像后保存的，相关操作参考“任务 5.2 图像保存”
2		添加 ToolBlock： 1）打开 Cognex 工具包。 2）双击或拖出 ToolBlock 工具，链接至取像工具
3		ToolBlock 添加输入端（以输入图像为例）： 1）单击③处的。 2）在④处下拉选择取像工具的输出⑤处的 Image。 3）在④处可自定义输入项的名称，默认为“Input1”，如当前输入的为图像，可将“Input1”修改为“Image”。 注：ToolBlock 的输入可以是数据、变量、图像等多种类型，其添加的方法类似

续表

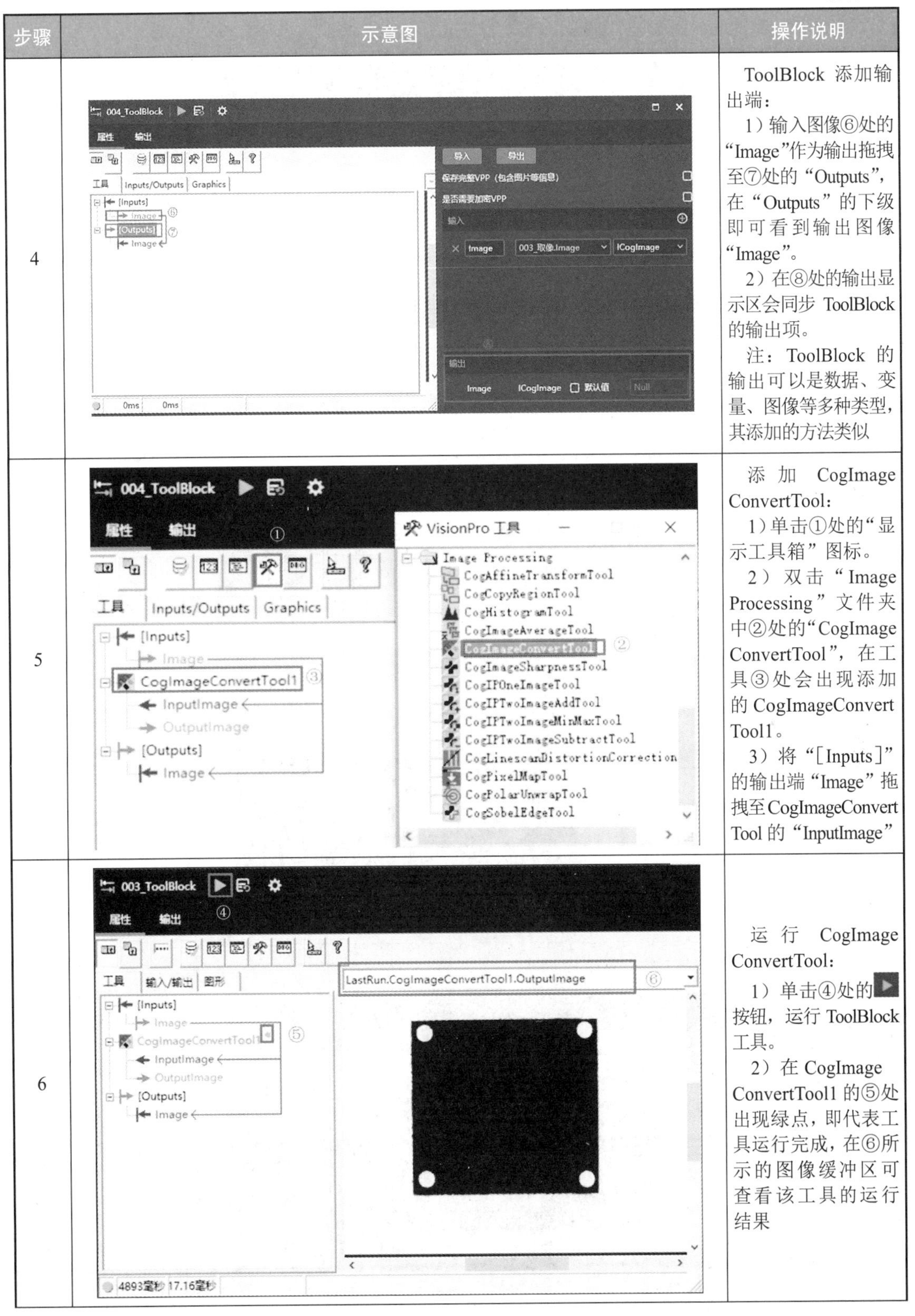

步骤	示意图	操作说明
4		ToolBlock 添加输出端： 1）输入图像⑥处的“Image”作为输出拖拽至⑦处的“Outputs”，在“Outputs”的下级即可看到输出图像“Image”。 2）在⑧处的输出显示区会同步 ToolBlock 的输出项。 注：ToolBlock 的输出可以是数据、变量、图像等多种类型，其添加的方法类似
5		添加 CogImage ConvertTool： 1）单击①处的“显示工具箱”图标。 2）双击“Image Processing”文件夹中②处的“CogImage ConvertTool”，在工具③处会出现添加的 CogImageConvert Tool1。 3）将“[Inputs]”的输出端“Image”拖拽至CogImageConvert Tool 的“InputImage”
6		运行 CogImage ConvertTool： 1）单击④处的▶按钮，运行 ToolBlock 工具。 2）在 CogImage ConvertTool1 的⑤处出现绿点，即代表工具运行完成，在⑥所示的图像缓冲区可查看该工具的运行结果

续表

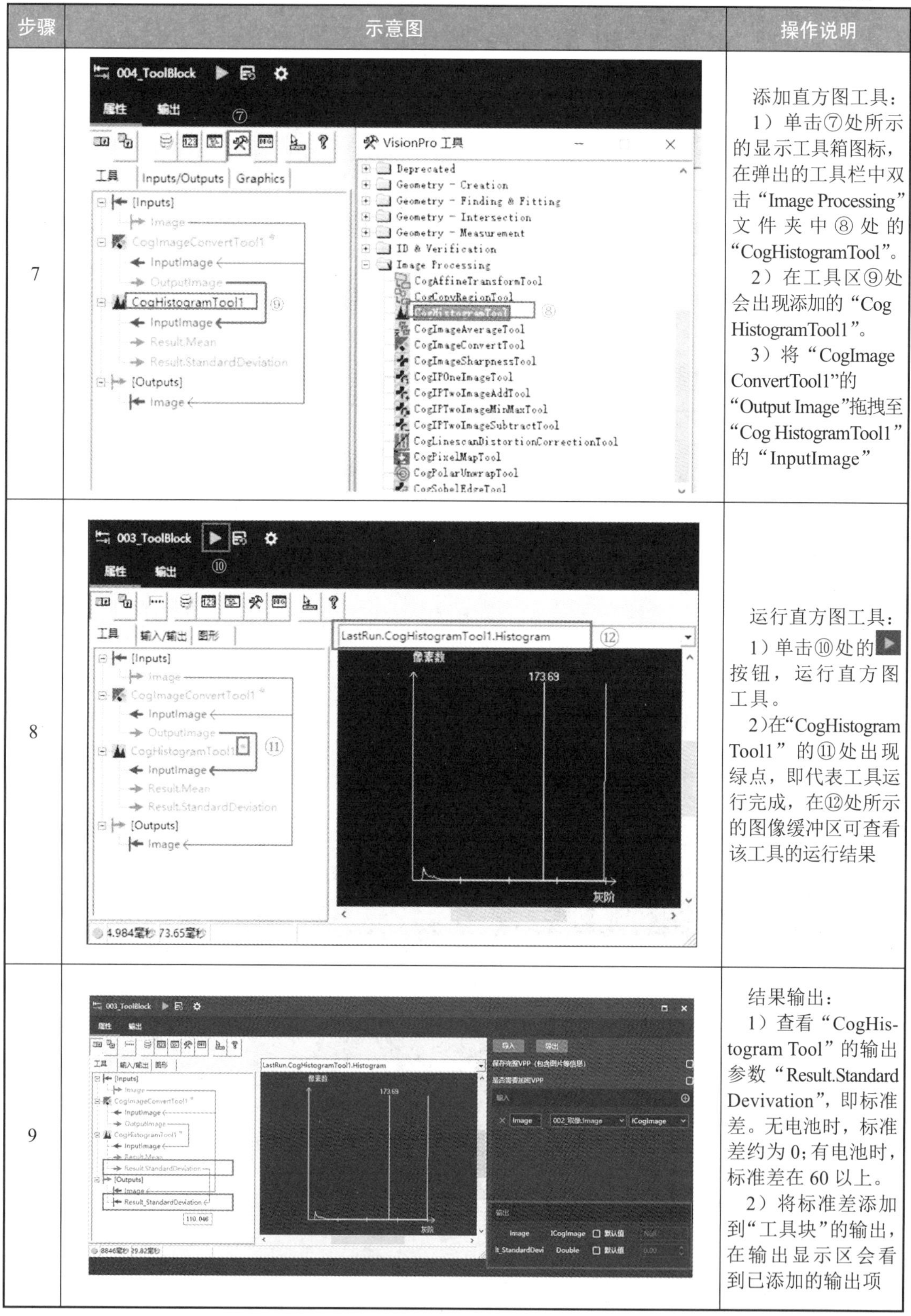

步骤	示意图	操作说明
7		添加直方图工具： 1）单击⑦处所示的显示工具箱图标，在弹出的工具栏中双击“Image Processing”文件夹中⑧处的“CogHistogramTool”。 2）在工具区⑨处会出现添加的“Cog HistogramTool1”。 3）将“CogImage ConvertTool1”的“Output Image”拖拽至“Cog HistogramTool1”的“InputImage”
8		运行直方图工具： 1）单击⑩处的▶按钮，运行直方图工具。 2）在“CogHistogram Tool1”的⑪处出现绿点，即代表工具运行完成，在⑫处所示的图像缓冲区可查看该工具的运行结果
9		结果输出： 1）查看“CogHistogram Tool”的输出参数“Result.Standard Devivation”，即标准差。无电池时，标准差约为0；有电池时，标准差在60以上。 2）将标准差添加到“工具块”的输出，在输出显示区会看到已添加的输出项

3. 添加工具终端

PCB 板检测的方案实施过程中直方图工具统计信息很齐全，但从表 4.5 中可以看出 CogHistogramTool 在终端显示时，只显示了均值和标准差，如果需要也可以将其他统计信息显示在终端。添加工具终端的步骤如表 4.5 所示。

表 4.5　添加工具终端的步骤

步骤	示意图	操作说明
1	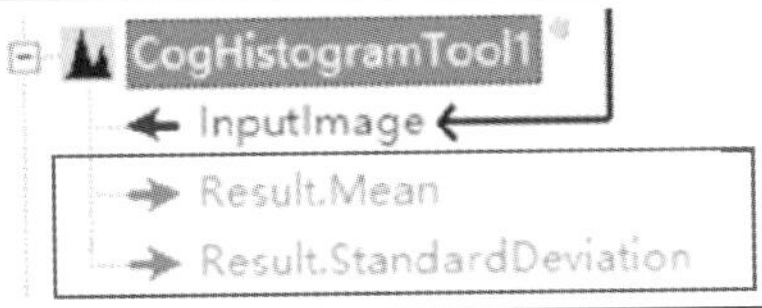 CogHistogramTool1 InputImage Result.Mean Result.StandardDeviation	在表 4.4 中，默认状态下，直方图工具的终端仅输出了均值和标准差
2	 CogHistogramTool1 InputImage ① Result.Mean Result.StandardDe [Outputs] Image 编辑 运行 删除 重新命名 已启用　② 添加终端... Collapse all Expand all 剪切 复制 粘贴到所选的工具之后 保存工具模板...	选中“CogHistogramTool1”，右键单击②处的“添加终端”项
3	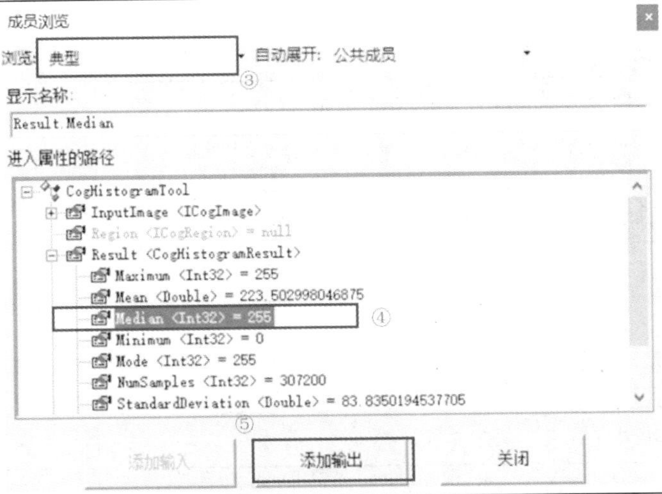 成员浏览 浏览：典型　③　自动展开：公共成员 显示名称： Result.Median 进入属性的路径 CogHistogramTool InputImage <ICogImage> Region <ICogRegion> = null Result <CogHistogramResult> Maximum <Int32> = 255 Mean <Double> = 223.502998046875 Median <Int32> = 255　④ Minimum <Int32> = 0 Mode <Int32> = 255 NumSamples <Int32> = 307200 StandardDeviation <Double> = 83.8350194537705 ⑤ 添加输入　添加输出　关闭	在“成员浏览”选择③处的“典型”模式，选中需要添加的结果项，如④所示选择“Median<Int32>=255”，单击⑤处的“添加输出”按钮。 注：如果待添加的输入输出端未显示，需要将③处的“浏览”切换至“所有（未过滤）”模式，显示该工具的所有输入输出终端
4	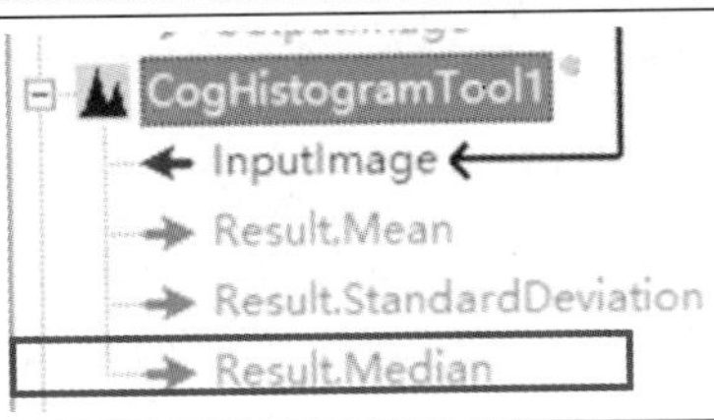 CogHistogramTool1 InputImage Result.Mean Result.StandardDeviation Result.Median	最终添加后，会在“CogHistogramTool1”的输出终端显示。 注：其他工具的输入输出终端添加方法类似

任务评价

任务评价如表 4.6 所示。

表 4.6　任务评价

任务名称		检测 PCB 板有无		实施日期	
序号	评价目标	任务实施评价标准		配分	得分
1	职业素养	纪律意识	自觉遵守劳动纪律，服从老师管理	5	
2		学习态度	积极上课，踊跃回答问题，保持全勤	5	
3		团队协作	分工与合作，配合紧密，相互协助解决检测过程中遇到的问题	5	
4		严格执行现场 6S 管理	整理：区分物品的用途，清除多余的东西； 整顿：物品分区放置，明确标识，方便取用； 清扫：清除垃圾和污秽，防止污染； 清洁：现场环境的洁净符合标准； 素养：养成良好习惯，积极主动； 安全：遵守安全操作规程，人走机关	5	
5	职业技能	能从指定的文件夹中获取 PCB 板图像		5	
6		能添加 ToolBlock 工具，并链接至取像工具		5	
7		能添加 ToolBlock 工具的输入端		5	
8		能将取像工具的输出 Image 链接至 ToolBlock 工具的输入端		5	
9		能将输入图像 Image 添加至 ToolBlock 工具的输出端		5	
10		能添加图像类型转换工具		5	
11		能将相机采集的 PCB 板图像转换成灰度图像		5	
12		能添加直方图工具		5	
13		能实现 PCB 板图像的灰度值统计分析		5	
14		能输出 PCB 板图像的标准差		15	
15		能按要求另存解决方案并命名		5	
16		能在直方图工具的输出终端输出中值信息		15	
合计				100	
小组成员签名					
指导教师签名					

续表

任务评价记录	1. 存在问题 ____________ ____________ ____________ ____________ 2. 优化建议 ____________ ____________ ____________
备注：在使用真实实训设备或工件编程调试过程中，如发生设备碰撞、零部件损坏等每处扣 10 分。	

任务总结

本任务详细介绍了工具块工具、图像类型转换工具和直方图工具的界面组成及其功能参数，在此基础上，对 PCB 板有无检测的思路进行了分析，通过演示 V+平台软件添加工具块工具及其输入与输出、图像类型转换工具和直方图工具，进一步掌握工具块工具、图像类型转换工具和直方图工具的使用方法，从而实现 PCB 板有无检测，并通过添加视觉工具的终端来实现 PCB 板图像的灰度目标值的输出，为后续检测结果数据的分析提供数据来源。

任务拓展

通过使用图像类型转换工具和直方图工具的综合使用，用户可以实现 PCB 板有无检测，采用添加终端的方式可以将工具输出的数据直观地显示在方案中，方便实时查看运行效果。

拓展任务要求：利用直方图工具的均值统计数据完成 PCB 板有无检测。

任务检测

1）工具块的输出类型包括（　　）。

A. 图像　　　　B. 布尔变量

C. 字符串　　　D. 整型数据

2）简述 V+平台软件添加工具块工具及其输入与输出的过程。

3）CogHistogramTool 的数据统计包括（　　）。

A. 最大值　　　B. 中值

C. RMS　　　　D. 均值

4）简述 PCB 板有无检测的思路，思考是否有其他可行方案？

5）如何实现将 PCB 板有无检测的工具块进行导出保存？

任务 4.2 HMI 界面设计

任务描述

HMI 界面的设计，应该遵循 KISS（Keep It Simple & Stupid）原则，即保持简单与傻瓜型的设计，因为 HMI 界面首要的任务在于它是给操作人员操作机器，操作人员往往并不是那么需要了解深厚的逻辑、复杂的工艺、烦琐的流程，而是最为简单的操作即可，设置最为简单的参数，不必在多个页面之间切换，设置一大堆参数，通过大量地翻阅页面查看报警，简单就是硬道理。

建立一个良好性能 HMI 界面的关键点有：

1）将数据融入环境，提升操作者的环境意识，如突出关键信息、提供数据及其正常数值范围、趋势显示与判断、给报警级别标识不同的颜色等。

2）通过减少操作者的认知负担，使一切变得更轻松。

3）建立信息等级制度，便于识别。

工业视觉系统的 HMI 界面也是基于以上原则，让用户能够简单、快速、便捷地得到想要的产品数据信息。

本任务要求了解 HMI 界面的作用，熟悉 HMI 界面设计器及其设计组件中各组件功能，能够利用 V+平台软件新建 HMI 界面，并设计出符合项目要求的 HMI 界面，如图 4.8 所示。

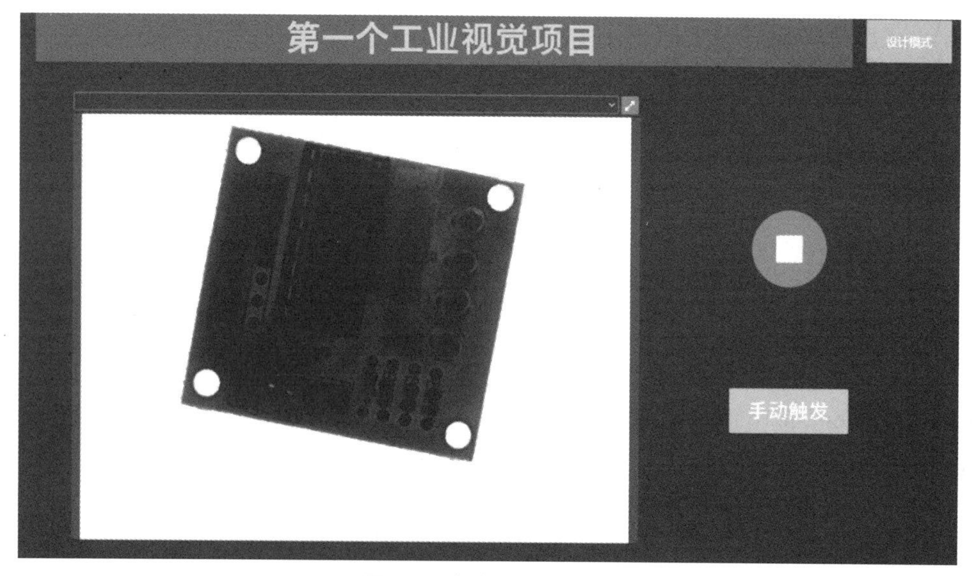

图 4.8 参考 HMI 界面

任务目标

1）了解HMI界面的作用。
2）熟悉HMI界面设计器及其功能组件。
3）熟悉HMI界面常见控件属性。
4）能利用V+平台软件新建HMI界面。
5）能进行HMI界面的基本操作。
6）能根据项目要求设计出HMI界面。

相关知识

1. HMI界面

HMI（Human Machine Interface）又称“人机界面”，是用户和工业视觉系统之间传递和交换信息的媒介和接口。用户可以通过HMI来控制和监视视觉方案的运行情况，同时HMI能够帮助使用者直接变更系统参数。设计良好的交互界面除了满足强大的功能，还会给人带来舒适的视觉感受，因此，它的设计水平将直接影响项目进展的效率和用户的体验满意度。

HMI界面的作用是提升用户体验和增强可用性，具体体现在以下几点：

1）传达信息：用户交互界面为用户提供了图标、按钮、菜单、文本框等各种交互元素，这些元素可以向用户传达有关软件功能、信息和状态等方面的信息。

2）提供反馈：用户交互界面不仅支持用户对软件进行操作和控制，还能够及时地返回给用户一些反馈信息，比如提示信息、错误信息、进度条等，帮助用户快速地获得需要的信息或操作结果。

3）管理数据：在用户交互界面上，用户可以通过输入文本、选择选项等方式来控制软件进行相关操作。同时它也会将数据传递到软件内部并显示相应结果。

4）提高效率：用户交互界面能够使用户更加快速地完成任务、满足需求，进而提高生产力和工作效率。

5）快速上手：帮助用户更快地理解V+平台软件实现的功能，减少用户认知负荷。

V+平台软件的HMI界面运行效果如图4.9（a）所示。其提供了常见行业应用的模板，如测量、检测和引导类项目模板，以及连接器类项目模板等，如图4.9（b）所示。

2. HMI界面相关组件

在设计HMI界面时主要遵循简洁易用，可操作性强的原则，满足大多数使用者对软件操作的要求，即输入简单、方便易用、输出标准化。V+平台软件中的HMI编辑界面如图4.10所示，HMI编辑界面说明如表4.7所示。

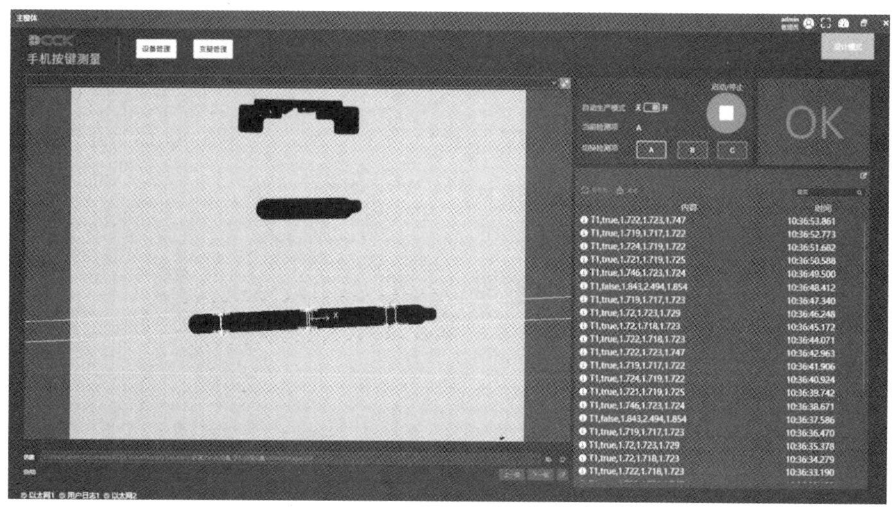

(a) HMI 界面运行效果

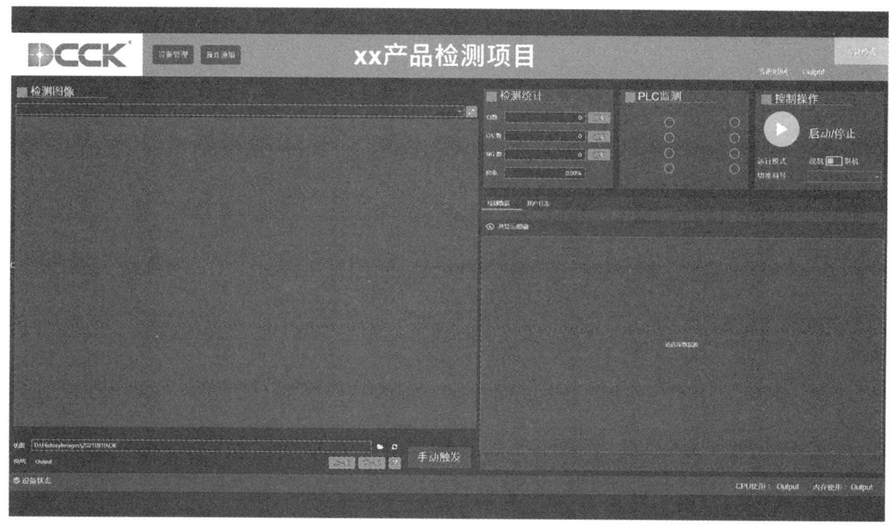

(b)【1 机位】检测类项目模板

图 4.9　V+平台软件的 HMI 界面

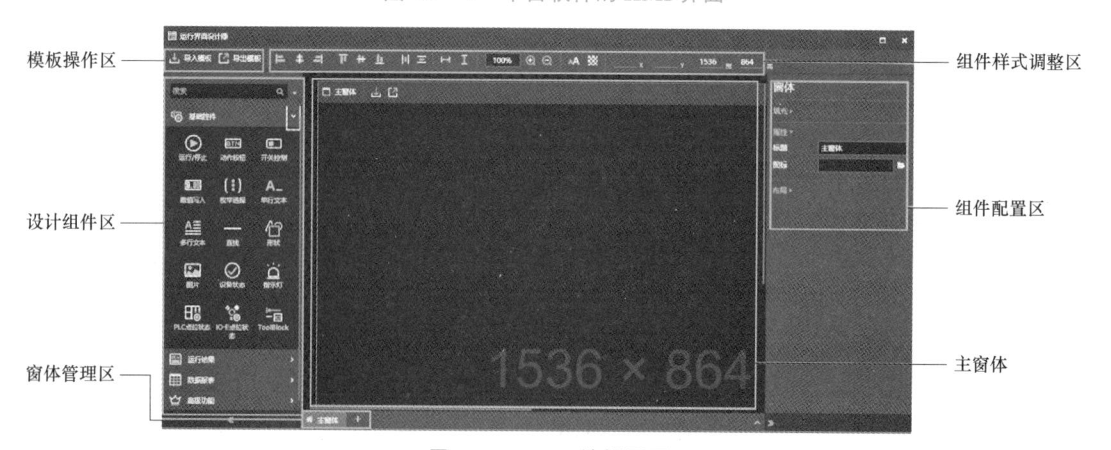

图 4.10　HMI 编辑界面

表 4.7　HMI 编辑界面说明

序号	功能组件		说明
1	模板操作区	导入模板	支持导入模板界面
		导出模板	支持将当前界面导出为模板
2	设计组件区	基础控件	设计组件库，分类展示不同功能的组件，用户拖拽所需组件至主窗体即可开展界面设计。设计组件说明如表 4.8 所示
		运行结果	
		数据报表	
		高级功能	
3	窗体管理区		用户在此区域可以添加、删除子窗体，通常建议在主窗体设置“动作按钮”控件关联控制子窗体的弹出
4	组件样式调整区		此区域提供组件排列、对齐、字体样式修改、边框修改、填充修改、尺寸修改、位置修改等操作，并支持对多个组件批量调整
5	组件配置区		选中组件后，可在此区域修改组件的配置内容，不支持批量修改
6	主窗体		设计组件的载体，若组件重叠则仅显示最上一层组件，画布尺寸可通过拖动右下角或在顶端“组件调整区”的尺寸栏进行修改，建议与实际项目显示器的分辨率匹配

表 4.8　设计组件说明

组件名称	具体工具	功能说明
基础控件	基础控件：运行/停止 动作按钮 开关控制 数值写入 枚举选择 单行文本 多行文本 直线 形状 图片 设备状态 指示灯 PLC点位状态 I/O卡点位状态 ToolBlock	运行/停止：方案启动/不启动； 动作按钮：可以用来显示窗体、触发信号、查看变量/设备等； 开关控制：通过布尔变量设置状态为开或者关； 数值写入：在 HMI 运行界面修改变量值； 枚举选择：和枚举变量配合使用； 单行文本：输入单行文本； 多行文本：输入单行或多行文本； 直线：绘制指定角度的直线； 形状：绘制指定形状如方形、梯形、圆形等； 图片：插入本地图片用于 Logo 显示、背景显示等； 设备状态、PLC 点位状态、I/O 卡点位状态：用于监视设备、PLC、I/O 卡运行状态； 指示灯：将方案运行结果转换为指示灯的不同颜色来直观呈现； ToolBlock：在 HMI 界面配置 ToolBlock 工具
运行结果	运行结果：OK/NG统计 统计窗 结果数据 图像 图像(Cognex) 运行日志	OK/NG 统计：良率统计和显示； 统计窗：统计良率相关的数据； 结果数据：链接“方案设计”界面工具运行的结果数据； 图像：显示 Bitmap 格式图像； 图像（Cognex）：显示 ICogImage 格式的图像； 运行日志：日志的实时显示
高级功能	高级功能：仿图 配方 输入路径 Tab 控件	仿图：多用于项目中来查看历史图片的视觉处理结果； 配方：同一方案适用于多种相似产品时使用； 输入路径：指定文件路径； Tab 控件：实现一栏多用的功能

续表

组件名称	具体工具	功能说明
数据报表		通用数据表：方案输出的数据统计和显示； 连接器数据表：专用于显示连接器数据结果

3. HMI界面基本操作

良好的 HMI 界面设计涉及界面布局、功能完善、图形显示和数据统计等多方面的综合使用，其相关的基本操作主要包括添加子窗体、添加控件、字体及格式设置、填充及边框设置、控件位置设置等。HMI 界面基本操作如表 4.9 所示。

表 4.9　HMI 界面基本操作

操作名称	示意图	操作说明
添加子窗体	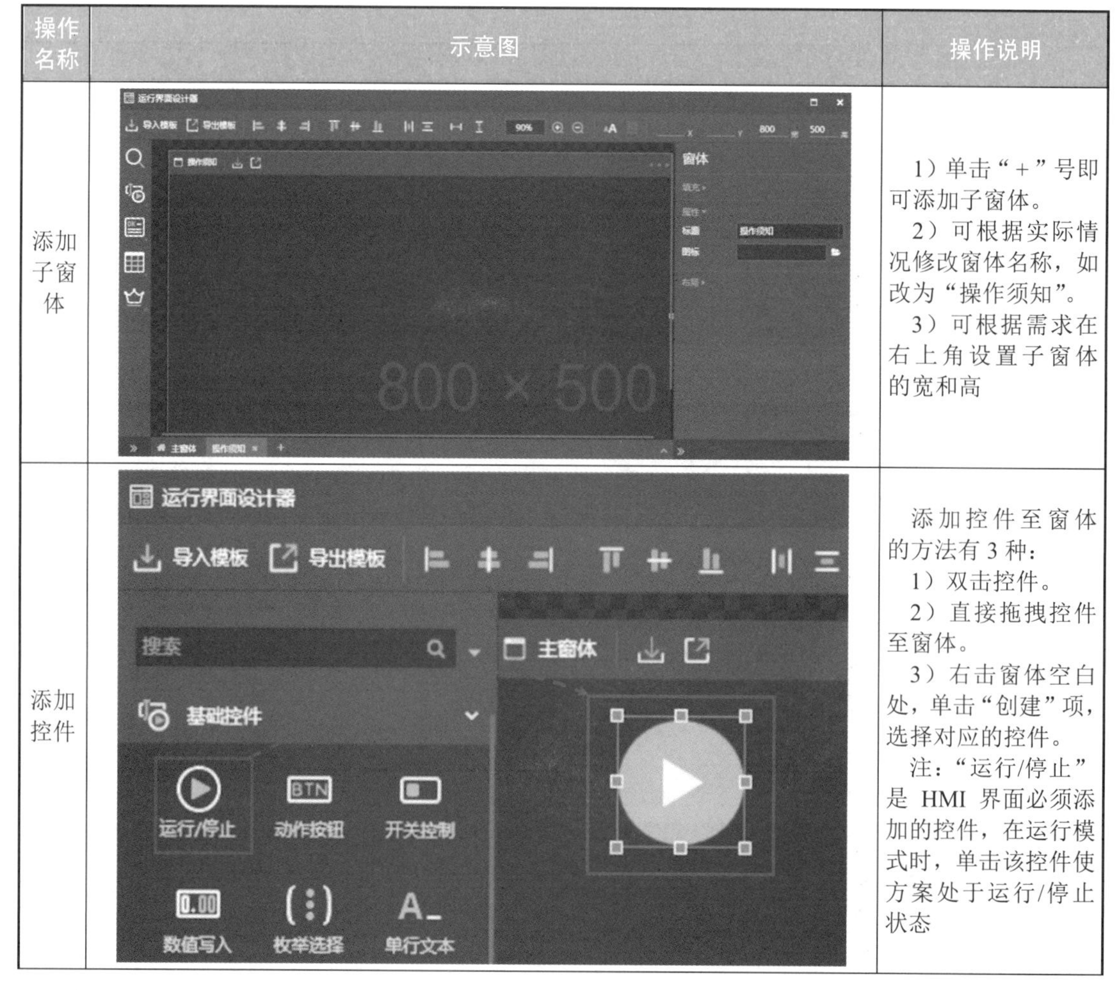	1）单击“+”号即可添加子窗体。 2）可根据实际情况修改窗体名称，如改为“操作须知”。 3）可根据需求在右上角设置子窗体的宽和高
添加控件		添加控件至窗体的方法有 3 种： 1）双击控件。 2）直接拖拽控件至窗体。 3）右击窗体空白处，单击“创建”项，选择对应的控件。 注：“运行/停止”是 HMI 界面必须添加的控件，在运行模式时，单击该控件使方案处于运行/停止状态

续表

操作名称	示意图	操作说明
字体及格式设置	字体及格式 Arial 15 A B I U	可设置控件的字体类型、大小、颜色、粗细、下划线及字体的对齐方式。 注：相关操作类似 Word 字体及格式设置
填充及边框设置	填充及边框 填充 边框 边框粗细 0	可设置控件的填充颜色、边框颜色及边框粗细
控件位置设置	窗体 填充 属性	可指定控件的位置和外形的尺寸

4. 常见控件及其属性

HMI 界面提供的控件类型较多，功能也较为全面，常见的控件包括动作按钮、图像（Cognex）、OK/NG 统计、Tab 控件、结果数据、指示灯等，其属性参数说明如表 4.10 所示。

表 4.10　常见控件属性配置

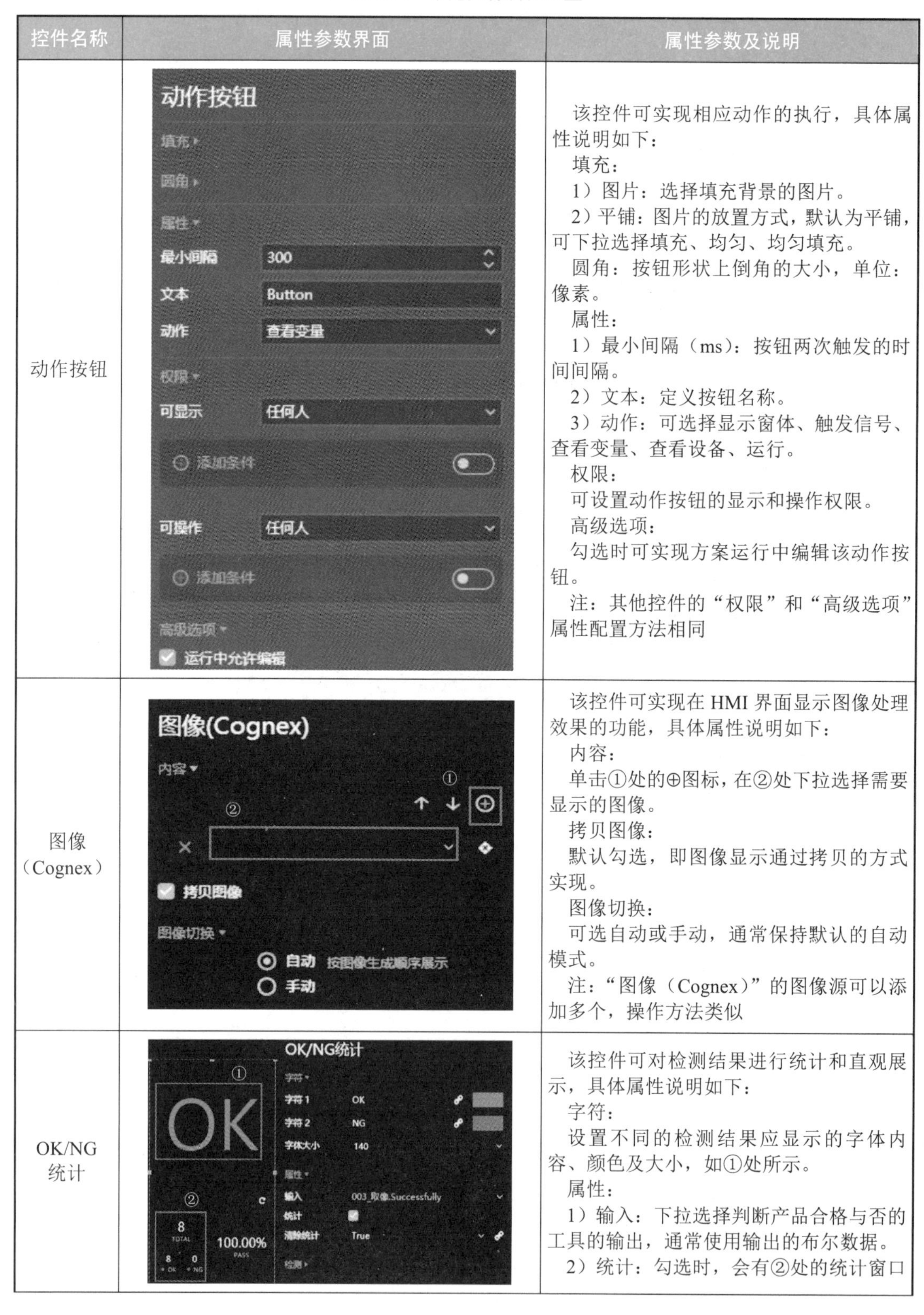

控件名称	属性参数界面	属性参数及说明
动作按钮	动作按钮 填充▸ 圆角▸ 属性▾ 最小间隔 300 文本 Button 动作 查看变量 权限▾ 可显示 任何人 添加条件 可操作 任何人 添加条件 高级选项▾ 运行中允许编辑	该控件可实现相应动作的执行，具体属性说明如下： 填充： 1）图片：选择填充背景的图片。 2）平铺：图片的放置方式，默认为平铺，可下拉选择填充、均匀、均匀填充。 圆角：按钮形状上倒角的大小，单位：像素。 属性： 1）最小间隔（ms）：按钮两次触发的时间间隔。 2）文本：定义按钮名称。 3）动作：可选择显示窗体、触发信号、查看变量、查看设备、运行。 权限： 可设置动作按钮的显示和操作权限。 高级选项： 勾选时可实现方案运行中编辑该动作按钮。 注：其他控件的“权限”和“高级选项”属性配置方法相同
图像 （Cognex）	图像(Cognex) 内容▾ ① ② 拷贝图像 图像切换▾ 自动 按图像生成顺序展示 手动	该控件可实现在 HMI 界面显示图像处理效果的功能，具体属性说明如下： 内容： 单击①处的⊕图标，在②处下拉选择需要显示的图像。 拷贝图像： 默认勾选，即图像显示通过拷贝的方式实现。 图像切换： 可选自动或手动，通常保持默认的自动模式。 注：“图像（Cognex）”的图像源可以添加多个，操作方法类似
OK/NG 统计	OK/NG统计 ① OK 字符▾ 字符1 OK 字符2 NG 字体大小 140 属性▾ ② 输入 003_取像.Successfully 统计 清除统计 True 8 TOTAL 8 OK　0 NG 100.00% PASS 检测▸	该控件可对检测结果进行统计和直观展示，具体属性说明如下： 字符： 设置不同的检测结果应显示的字体内容、颜色及大小，如①处所示。 属性： 1）输入：下拉选择判断产品合格与否的工具的输出，通常使用输出的布尔数据。 2）统计：勾选时，会有②处的统计窗口

续表

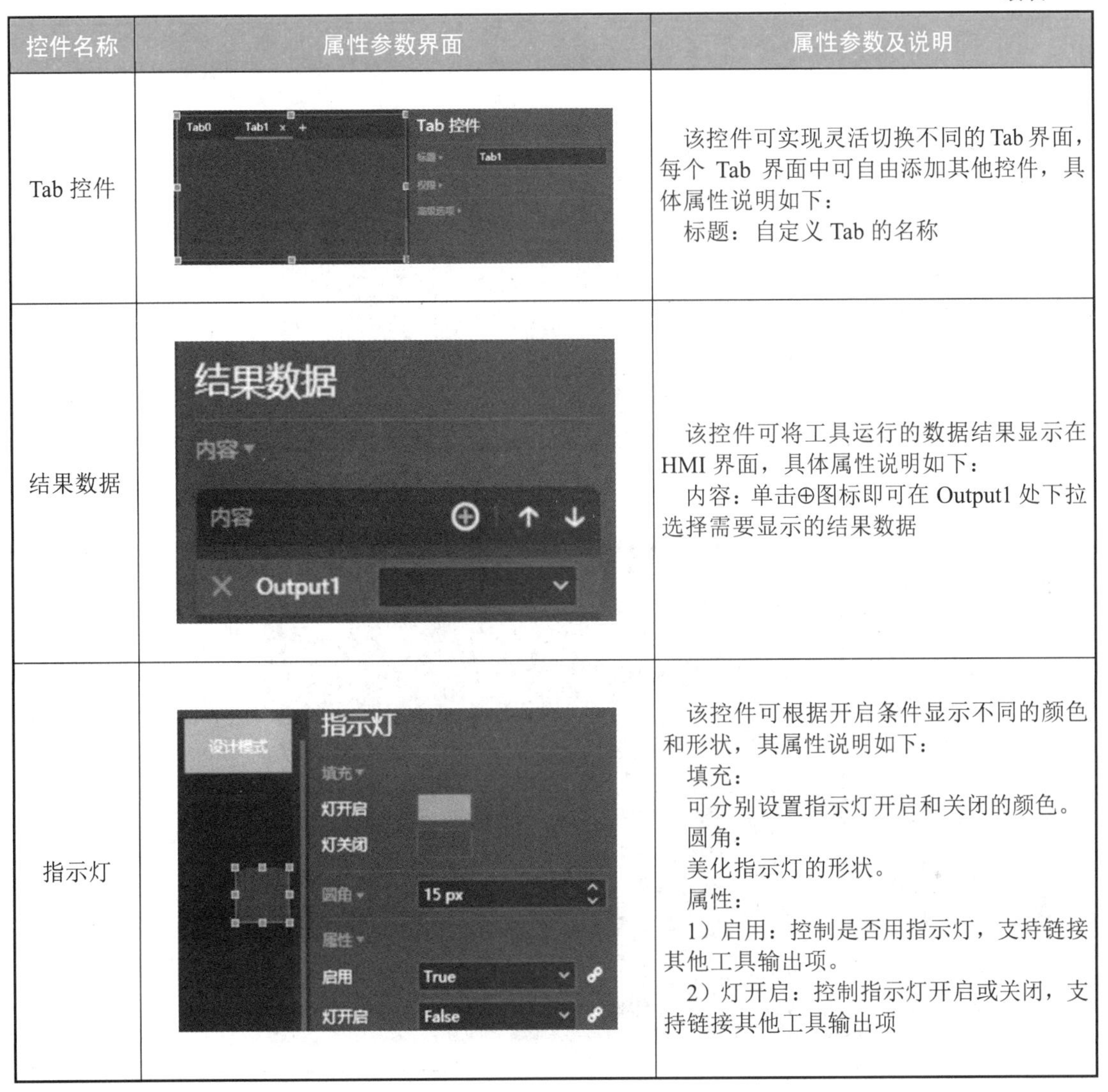

控件名称	属性参数界面	属性参数及说明
Tab 控件	Tab0　Tab1 × +　Tab 控件　标题　Tab1　权限　高级选项	该控件可实现灵活切换不同的 Tab 界面，每个 Tab 界面中可自由添加其他控件，具体属性说明如下： 标题：自定义 Tab 的名称
结果数据	结果数据　内容　内容　Output1	该控件可将工具运行的数据结果显示在 HMI 界面，具体属性说明如下： 内容：单击⊕图标即可在 Output1 处下拉选择需要显示的结果数据
指示灯	设计模式　指示灯　填充　灯开启　灯关闭　圆角　15 px　属性　启用　True　灯开启　False	该控件可根据开启条件显示不同的颜色和形状，其属性说明如下： 填充： 可分别设置指示灯开启和关闭的颜色。 圆角： 美化指示灯的形状。 属性： 1）启用：控制是否用指示灯，支持链接其他工具输出项。 2）灯开启：控制指示灯开启或关闭，支持链接其他工具输出项

任务实施

工业视觉软件的 HMI 界面的设计过程需要明确用户的需求和期望，采用手绘或软件制作草图和模型来对界面的颜色、排版和布局进行初步试探，根据需求和草图分析的结果来实施界面设计过程，同时在软件使用过程中可以根据用户的反馈来优化和完善界面功能。

V+平台软件的HMI界面设计步骤如表4.11所示，基于此步骤设计的界面仅供学习参考，可根据实际需求和个人偏好进行优化和完善。

表 4.11　HMI 界面设计步骤

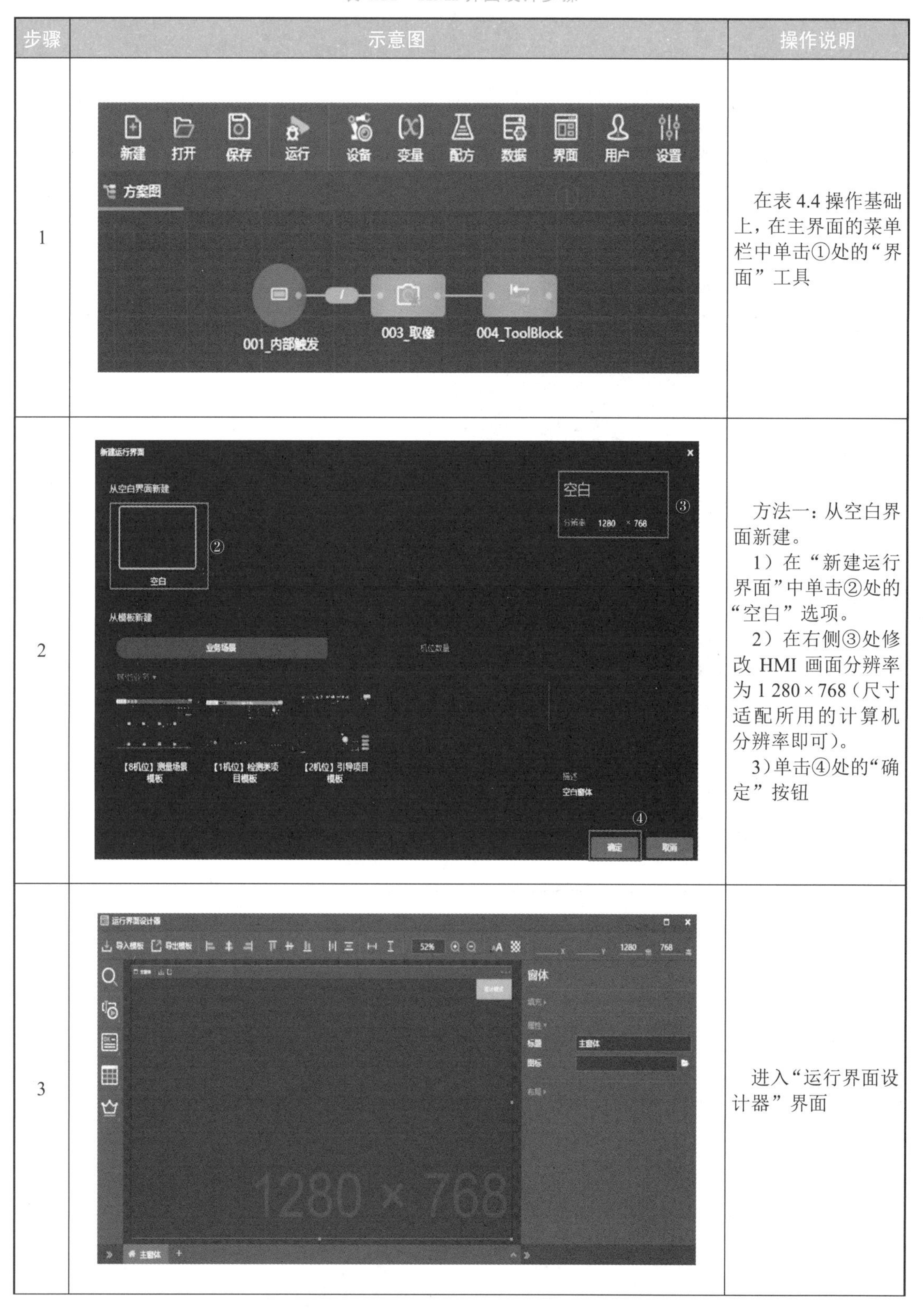

步骤	示意图	操作说明
1		在表 4.4 操作基础上，在主界面的菜单栏中单击①处的“界面”工具
2		方法一：从空白界面新建。 1）在“新建运行界面”中单击②处的“空白”选项。 2）在右侧③处修改 HMI 画面分辨率为 1 280 × 768（尺寸适配所用的计算机分辨率即可）。 3）单击④处的“确定”按钮
3		进入“运行界面设计器”界面

续表

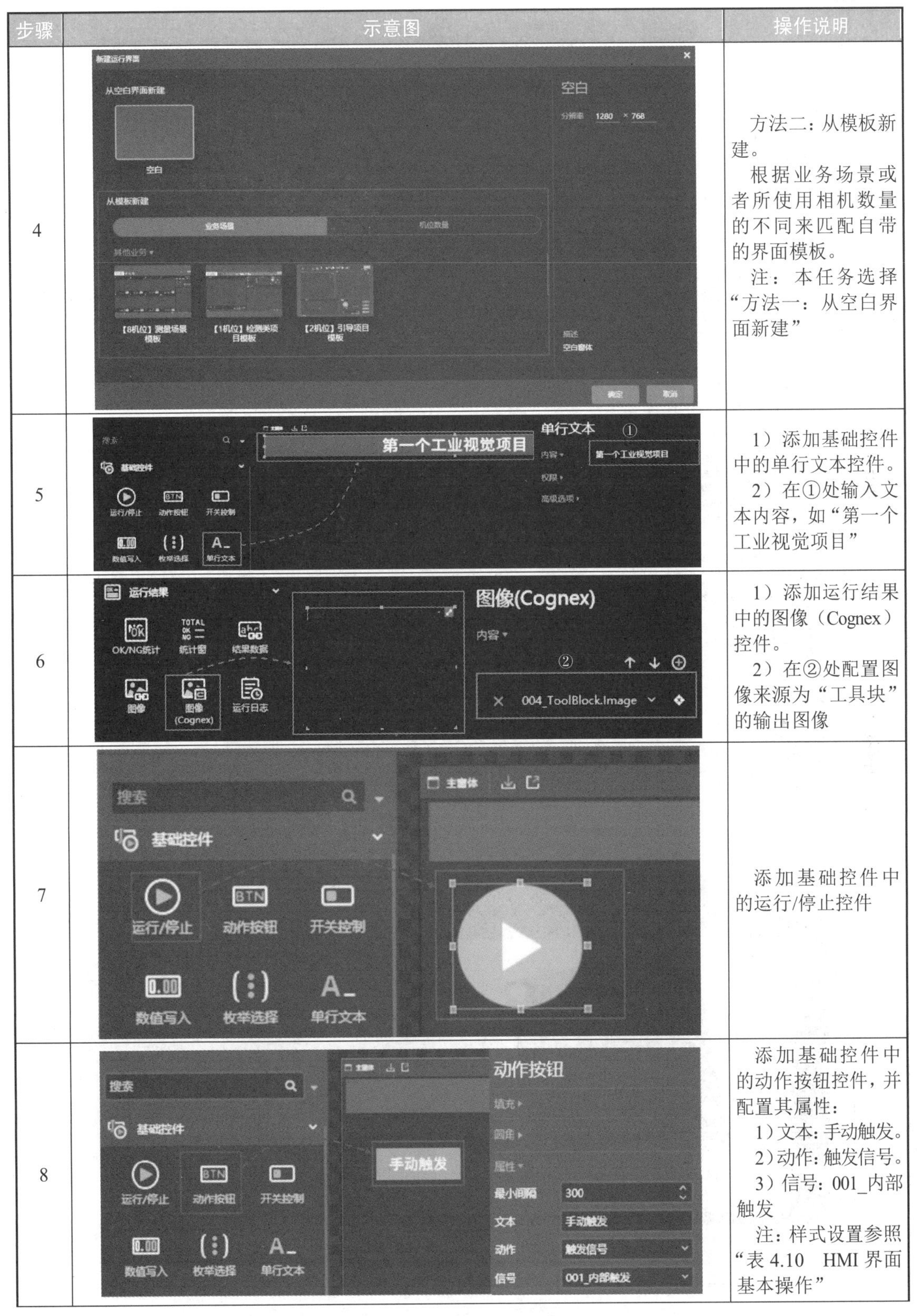

步骤	示意图	操作说明
4		方法二：从模板新建。 根据业务场景或者所使用相机数量的不同来匹配自带的界面模板。 注：本任务选择“方法一：从空白界面新建”
5		1）添加基础控件中的单行文本控件。 2）在①处输入文本内容，如“第一个工业视觉项目”
6		1）添加运行结果中的图像（Cognex）控件。 2）在②处配置图像来源为“工具块”的输出图像
7		添加基础控件中的运行/停止控件
8		添加基础控件中的动作按钮控件，并配置其属性： 1）文本：手动触发。 2）动作：触发信号。 3）信号：001_内部触发 注：样式设置参照“表 4.10　HMI 界面基本操作”

续表

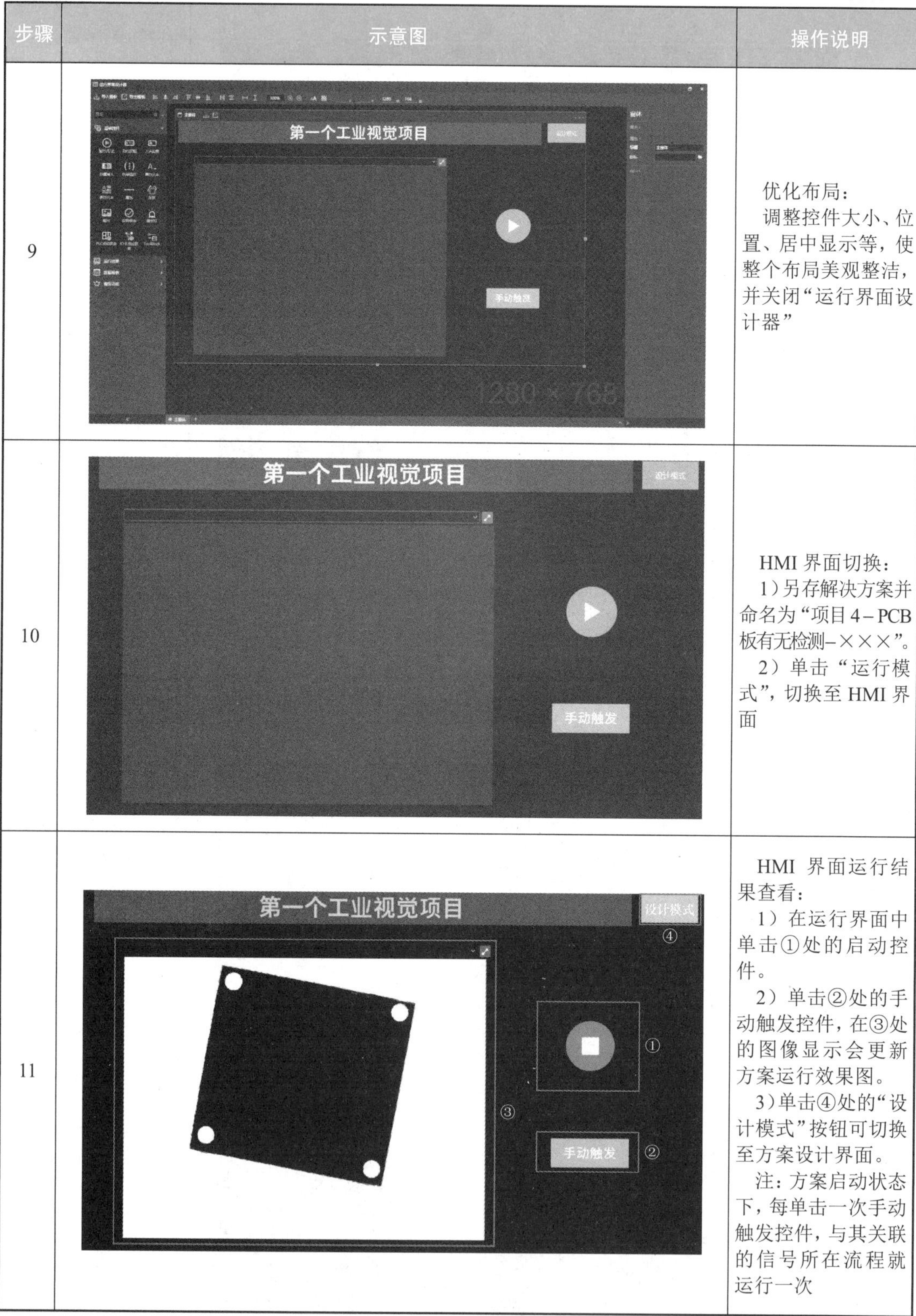

步骤	示意图	操作说明
9		优化布局： 调整控件大小、位置、居中显示等，使整个布局美观整洁，并关闭“运行界面设计器”
10		HMI 界面切换： 1）另存解决方案并命名为“项目4－PCB板有无检测－×××”。 2）单击“运行模式”，切换至 HMI 界面
11		HMI 界面运行结果查看： 1）在运行界面中单击①处的启动控件。 2）单击②处的手动触发控件，在③处的图像显示会更新方案运行效果图。 3）单击④处的“设计模式”按钮可切换至方案设计界面。 注：方案启动状态下，每单击一次手动触发控件，与其关联的信号所在流程就运行一次

任务评价

任务评价如表 4.12 所示。

表 4.12　任务评价

任务名称		HMI 界面设计		实施日期	
序号	评价目标	任务实施评价标准		配分	得分
1	职业素养	纪律意识	自觉遵守劳动纪律，服从老师管理	5	
2		学习态度	积极上课，踊跃回答问题，保持全勤	5	
3		团队协作	分工与合作，配合紧密，相互协助解决 HMI 界面设计过程中遇到的问题	5	
4		严格执行现场 6S 管理	整理：区分物品的用途，清除多余的东西； 整顿：物品分区放置，明确标识，方便取用； 清扫：清除垃圾和污秽，防止污染； 清洁：现场环境的洁净符合标准； 素养：养成良好习惯，积极主动； 安全：遵守安全操作规程，人走机关	5	
5	职业技能	能从空白界面新建 HMI 界面		5	
6		能设置 HMI 界面的分辨率		5	
7		能在 HMI 界面中添加单行文本控件，并配置其属性		10	
8		能在 HMI 界面中添加图像（Cognex）控件，并配置其属性		10	
9		能在 HMI 界面中添加运行/停止控件		5	
10		能在 HMI 界面中添加动作按钮控件，并配置其属性		10	
11		能优化布局，调整控件大小、位置、居中显示等，使整个布局美观整洁		15	
12		能另存解决方案，并正确命名		5	
13		能切换至运行模式		5	
14		能在 HMI 界面中运行程序		5	
15		能在 HMI 界面中实现图像采集		5	
合计				100	
小组成员签名					
指导教师签名					
任务评价记录		1. 存在问题 ________________ ________________ ________________ 2. 优化建议 ________________ ________________ ________________			
备注：在使用真实实训设备或工件编程调试过程中，如发生设备碰撞、零部件损坏等每处扣 10 分。					

任务总结

本任务简述了 HMI 界面的作用，介绍了 HMI 界面组成及其相关组件功能，详细说明了 HMI 界面的基本操作，并对常见控件及其属性做了介绍，通过演示 V+平台软件的 HMI 界面设计，进一步掌握 HMI 界面的作用，提高工业视觉项目的完整度。

任务拓展

一个完整的工业视觉解决方案需要配备良好的用户交互界面来实现以下两个方面的需求：

1）对调试参数的可视化呈现：工业视觉软件中很多参数会影响视觉方案运行的鲁棒性和灵敏度，通过设计合理的 HMI 界面，可以实现数据可视化显示，直接调整，便捷快速。

2）操作工艺的自定义功能：即使对于同一种工业视觉方案，由于应用场景的不同，使用习惯上依然有着不同的需求。通过优化用户界面，可以实现操作习惯的自定制功能。

因此，支持可视化管理的工业视觉系统将有助于提高生产效率、降低设备故障率，改善生产场景中的生产安全性和信息普及速度。

拓展任务要求：

1）在 HMI 界面显示取像工具的采集图像和工具块类型转换后的图像。

2）添加子窗体，并在子窗体中书写多行文本，文本的内容、字体、颜色、背景等可自行设计。

3）采用手动触发方式触发运行解决方案。

4）在 HMI 界面显示 PCB 板图像灰度统计的标准差数值。

5）可自行选择添加其他工具完善各项功能，优化 HMI 界面。PCB 板有无检测参考 HMI 界面如图 4.11 所示。

6）在 V+平台软件的“运行界面设计器”界面，导出设计好的 HMI 界面模板，供项目组其他人员使用。

图 4.11　PCB 板有无检测参考 HMI 界面

任务检测

1. 判断题

1）HMI 界面除了可以创建新的空白界面还可以导入已有的模板。（　　）

2）设计 HMI 界面时可以不添加基础控件中的运行/停止控件。（　　）

3）HMI 界面指示灯控件的填充颜色只能是红色和绿色。（　　）

4）HMI 界面图片控件可以用来显示视觉工具处理后的结果图像。（　　）

2. 简述 HMI 界面的作用。

3. 简述 V+平台软件新建 HMI 界面的过程。

4. 思考指示灯控件的使用方法并进行练习使用。

5. 通过使用图像控件和图像（Cognex）控件来简述二者之间的相同点和不同点。

开阔视野

工业视觉系统运维员新职业及其国家职业标准

为规范工业视觉从业者的从业行为，引导职业教育培训的方向，为技能人才评价提供依据，依据《中华人民共和国劳动法》，适应经济社会发展和科技进步的客观需要，立足培育工匠精神和精益求精的敬业风气，人力资源和社会保障部联合工业和信息化部组织有关专家，制定了《工业视觉系统运维员国家职业标准（2023 年版）》（以下简称《标准》），本《标准》经人力资源和社会保障部、工业和信息化部批准，于 2023 年 11 月正式公布施行，如图 4.12 所示。

GZB

国　家　职　业　标　准

职业编码：6-31-07-02

工业视觉系统运维员

（2023 年版）

中华人民共和国人力资源和社会保障部
中华人民共和国工业和信息化部　制定

图 4.12　《工业视觉系统运维员国家职业标准（2023 年版）》

新标准对工业视觉系统运维员职业进行了规范细致的描述，明确了各等级从业者的技能和理论知识要求。工业视觉系统运维员的职业定义为：从事智能装备视觉系统选型、安装调试、程序编制、故障诊断与排除、日常维修与保养作业的人员。

其主要工作任务：

1）对相机、镜头、读码器等视觉硬件进行选型、调试、维护；

2）进行物体采像打光；

3）进行视觉系统精度标定；

4）进行视觉系统和第三方系统坐标系统标定；

5）将视觉应用系统和主控工业软件集成嵌入通信；

6）确认和抓取采像过程中物体特征；

7）识别和分类系统运行过程中图像优劣，并判断和解决问题；

8）设计小型样例程序，验证工艺精度；

9）进行更换视觉硬件后的系统重置、调试和验证。

其实，早在2021年3月，人社部、市场监管总局、统计局就正式发布工业视觉系统运维员等13个新职业信息。2022年9月，《中华人民共和国职业分类大典（2022年版）》审定颁布会召开并审议通过，首次将工业视觉系统运维员标识为数字职业。

这次新标准的出台，为相关院校工业视觉技术应用相关专业或专业方向的建设和课程的设置提供了新指南、新要求，为工业视觉行业人才培养、人才评价等提供了新依据、新支撑。

项目 5

图像结果显示与保存

项目概述

1. 项目总体信息

某印制电路板（PCB）生产企业进行自动化升级改造，在新的生产线中，每个待测 PCB 板沿输送带运动，依次经停 3 个不同检测工位，要求在静态情况下分别对其进行外形尺寸测量、识别型号和跳线帽位置检测，如图 2.1 所示。企业工程部赵经理接到任务后，根据任务要求安排 3 名工程师（李工、刘工和王工）分别负责 3 个检测工位的检测要求的实现，包括视觉系统硬件选型、安装和调试系统，以及要求在 2 h 内完成对应的编程与调试，并进行合格验收。

3 个检测工位的检测要求具体如下：

1）检测工位 1：测量出 PCB 板的外形尺寸，要求测量公差为±0.1 mm，其工作距离不超过 250 mm。

2）检测工位 2：识别出 PCB 板的型号，其工作距离不超过 250 mm。

3）检测工位 3：检测出 PCB 板跳线帽所在位置，其工作距离不超过 250 mm。

2. 本项目引入

在工业视觉系统应用中，结果图像显示是一个非常重要且必要的环节，能够让用户、开发人员等快速了解图像处理的效果，对于算法的验证与优化都起到了至关重要的作用。

保存的历史图像，一方面可以帮助工程师在没有相机取像的情况下进行离线分析，追溯并确定产品质量和性能问题所在，优化生产流程，并为制造商调整参数和维护设备提供有力的依据；另一方面也可以作为教学培训材料，用于展示产品质量检测的过程和结果，为学员提供直观的感受和理解，同时，这些图像还可以用于讲解相关的技术原理和工艺流程，帮助学员更加深入地掌握相关知识。

因此，工业视觉软件中的图像保存功能对于产教融合育人的作用是非常显著的，它可以将实际工业数据带入到教学中，促进理论与实践的结合，培养素质高、专业技术全面、技能

熟练的大国工匠、高技能人才，以便更好地服务于制造业发展的需求。

对于检测工位 1 而言，李工需要将 PCB 板有无检测的结果图像实时显示在 HMI 界面上，并及时保存原始采集图像至指定位置，以便现场技术人员查看和分析。为此，要掌握 V+平台软件中与结果显示和图像保存相关工具的使用方法。

3. 本项目目标

学习在 V+平台软件中实现图像处理后的结果显示，同时根据不同的用户需求保存在方案运行过程中采集到的图像。

学习导航

学习导航如表 5.1 所示。

表 5.1 学习导航

项目构成	图像结果显示与保存（3学时） ├ 结果显示（1学时） └ 图像保存（2学时）	
学习目标	知识目标	1）熟悉结果图像工具的作用。 2）掌握逻辑运算和多元选择工具的使用方法。 3）熟悉保存图像工具的使用方法。 4）掌握格式转换工具的使用方法。 5）掌握字符串操作工具的使用方法
	技能目标	1）能显示结果图像相关信息。 2）能将结果图像显示在 HMI 界面。 3）能对数值进行格式转换。 4）能进行字符串拼接。 5）能将采集到的图像保存到指定文件夹
	素养目标	1）培养学生查阅技术文献或资料的能力。 2）培养学生自主探究能力和团队协作能力，安全意识和工程意识。 3）培养学生解决工程问题的思维模式。 4）培养学生爱护设备，保护环境的意识。 5）培养学生具有纪律意识，遵守课堂纪律
学习重点	1）结果图像工具的参数含义及其使用方法。 2）逻辑运算工具的参数含义及其使用方法。 3）多元选择工具的参数含义及其使用方法。 4）格式转换工具的参数含义及其使用方法。 5）字符串操作工具的参数含义及其使用方法。 6）PCB 板图像结果显示和图像保存	
学习难点	1）字符串拼接操作。 2）在采集图像和 HMI 界面上显示 PCB 板图像结果。 3）PCB 板图像全部保存	

任务 5.1　结果显示

任务描述

图像结果显示是了解工业视觉项目信息的重要渠道，对视觉系统判断出的信息进行更好的展示和理解可以有效提升系统数据交互与人机交互的能力，同时还可以辅助系统做进一步的分析和决策，进而提高生产效率。

本任务要求掌握结果图像工具、逻辑运算工具和多元选择工具的参数含义及其使用方法，能够利用 V+平台软件显示 PCB 板结果图像相关信息，并实现在 HMI 界面上显示结果图像，如图 5.1 所示。

图 5.1　结果图像参考 HMI 界面

任务目标

1）熟悉结果图像工具的作用。
2）掌握逻辑运算和多元选择工具的使用方法。
3）能利用 V+平台软件显示结果图像相关信息。
4）能利用 V+平台软件将结果图像显示在 HMI 界面。

相关知识

1. 结果图像工具

V+平台软件中与结果图像相关的工具有两种：Cog 结果图像和图像（Cognex），如图 5.2 所示。

（1）Cog 结果图像

该工具在方案图中，其作用是为了将“ToolBlock”处理后的图像效果集成在一幅图像上显示。Cog 结果图像工具属性说明如表 5.2 所示。

（2）图像（Cognex）

该工具是在 HMI 界面中，用于可视化呈现结果图像。

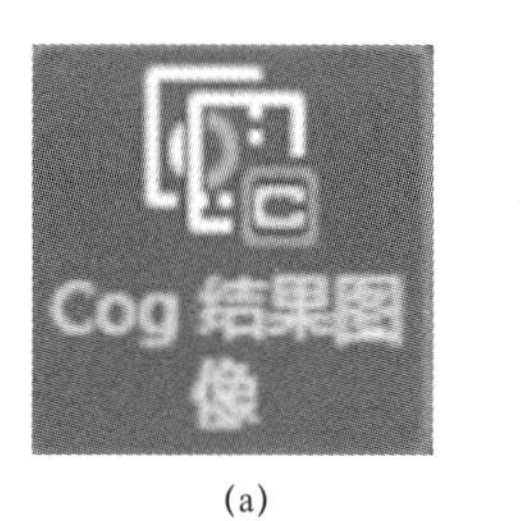

(a)

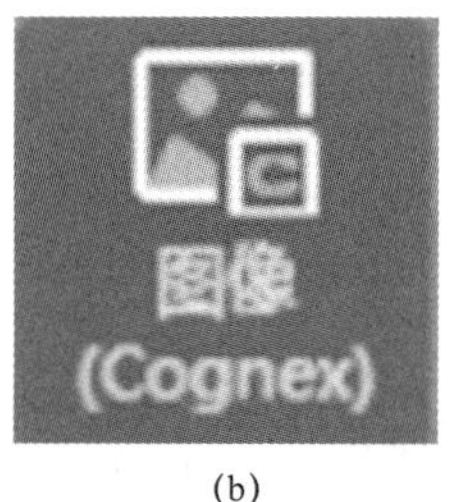

(b)

图 5.2 结果图像相关工具

（a）Cog 结果图像；（b）图像（Cognex）

表 5.2 Cog 结果图像工具属性说明

序号	属性参数设置界面	属性及其说明
1	018_Cog 结果图像 属性 输出 灰度标准差为：83.84 从工具创建Record 直接合并Record Record 工具 图像 004_ToolBlock CogImageConv	结果图像创建的两种方式： 1）从工具创建 Record：即选择前置 ToolBlock 工具处理后的图像。 2）直接合并 Record：汇总多个 Cog 结果图像工具的输出图像
2		工具：选择输出结果图像的 ToolBlock
3		图像：选择图像处理效果所在的图像缓冲区
4		①为结果图像预览窗口

2. 逻辑运算工具

逻辑运算工具主要用于处理和分析不同结果之间的逻辑关系，实现逻辑推理和计算。

（1）逻辑运算工具功能介绍

V+平台软件中的逻辑运算工具可选择数值比较，字符串比较，与、或、异或、非等运算方法，如图 5.3 所示。各运算方法的详细说明如表 5.3 所示。

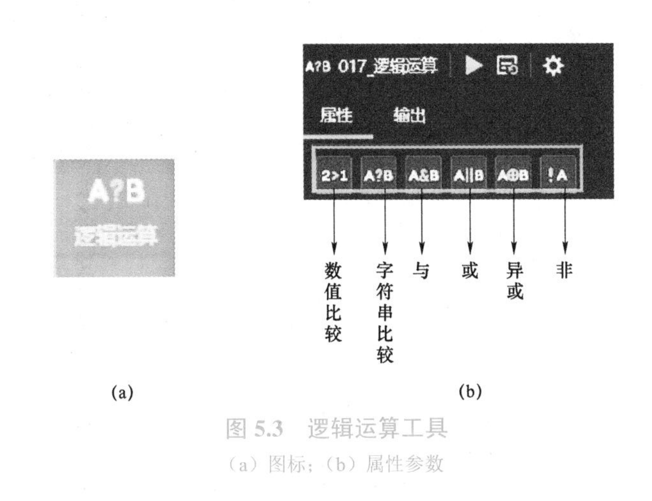

图 5.3　逻辑运算工具

（a）图标；（b）属性参数

表 5.3　各运算方法的详细说明

序号	运算方法名称	作用
1	数值比较	对输入的 2 个数值型参数作比较运算，并输出结果
2	字符串比较	对输入的 2 个字符串型参数作比较运算，并输出结果
3	与	对输入的多个布尔型参数进行与运算，并输出结果
4	或	对输入的多个布尔型参数进行或运算，并输出结果
5	异或	对输入的 2 个布尔型参数进行异或运算，并输出结果
6	非	对输入的布尔型参数进行非运算，并输出结果

（2）逻辑运算工具的属性参数

根据需要进行逻辑运算的数据的类型来选择相应的运算方法，数据比较方法说明如表 5.4 所示。

表 5.4　数据比较方法说明

属性参数界面	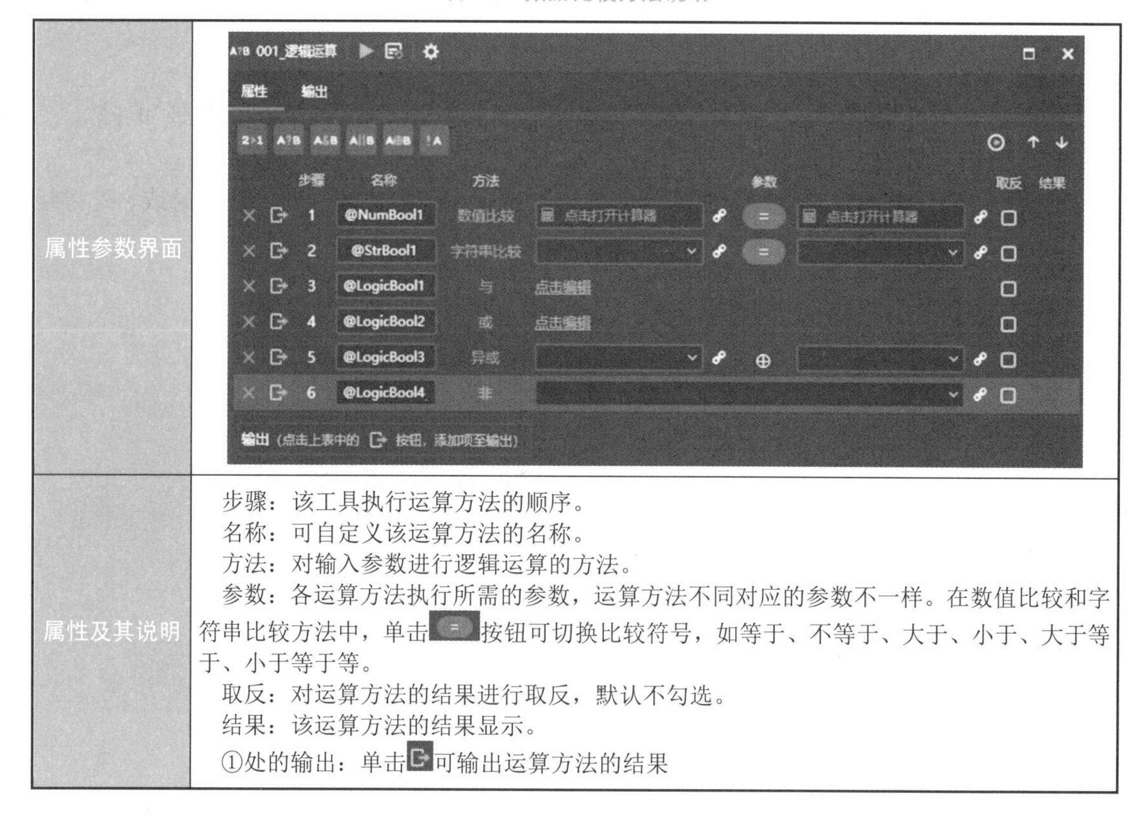
属性及其说明	步骤：该工具执行运算方法的顺序。 名称：可自定义该运算方法的名称。 方法：对输入参数进行逻辑运算的方法。 参数：各运算方法执行所需的参数，运算方法不同对应的参数不一样。在数值比较和字符串比较方法中，单击按钮可切换比较符号，如等于、不等于、大于、小于、大于等于、小于等于等。 取反：对运算方法的结果进行取反，默认不勾选。 结果：该运算方法的结果显示。 ①处的输出：单击可输出运算方法的结果

3. 多元选择工具

V+平台软件中的多元选择工具主要实现将输入数据与多个预设参数进行比对，根据比对结果输出对应的返回值。多元选择工具如图 5.4 所示，多元选择工具属性设置界面说明如表 5.5 所示。

(a)

(b)

图 5.4　多元选择工具

（a）图标；（b）返回值类型

表 5.5　多元选择工具属性设置界面说明

序号	设置默认界面	属性及其说明
1	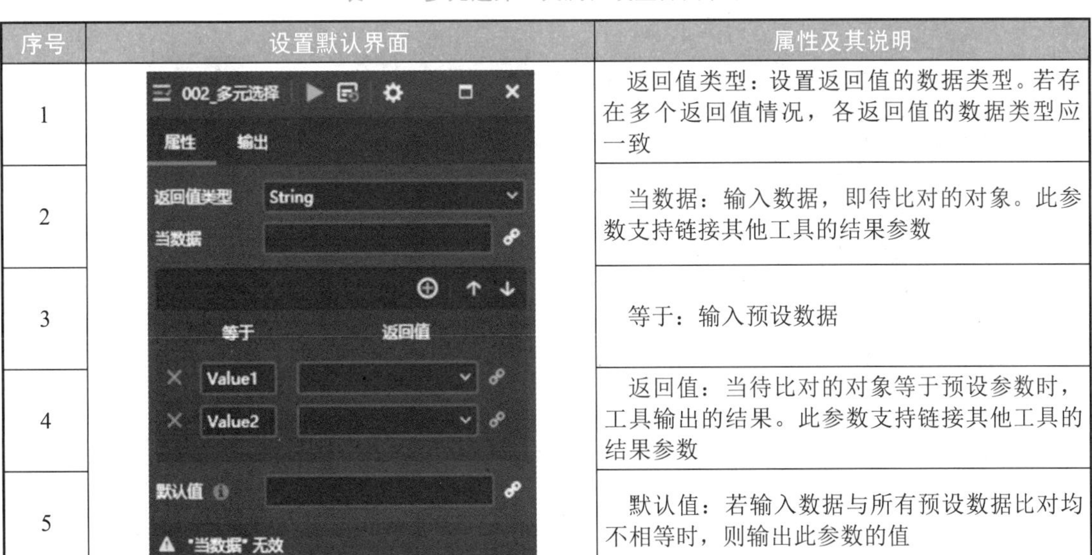	返回值类型：设置返回值的数据类型。若存在多个返回值情况，各返回值的数据类型应一致
2		当数据：输入数据，即待比对的对象。此参数支持链接其他工具的结果参数
3		等于：输入预设数据
4		返回值：当待比对的对象等于预设参数时，工具输出的结果。此参数支持链接其他工具的结果参数
5		默认值：若输入数据与所有预设数据比对均不相等时，则输出此参数的值

任务实施

1. 图像信息显示

将 ToolBlock 工具块处理后的信息显示在图像上可以实时看到产品结果数据，方便用户及时调整和优化生产过程。V+平台软件可以通过导入含显示脚本的 ToolBlock 程序来实现图像信息的显示。导入含脚本的 ToolBlock 步骤如表 5.6 所示。

表 5.6　导入含脚本的 ToolBlock 步骤

步骤	示意图	操作说明
1	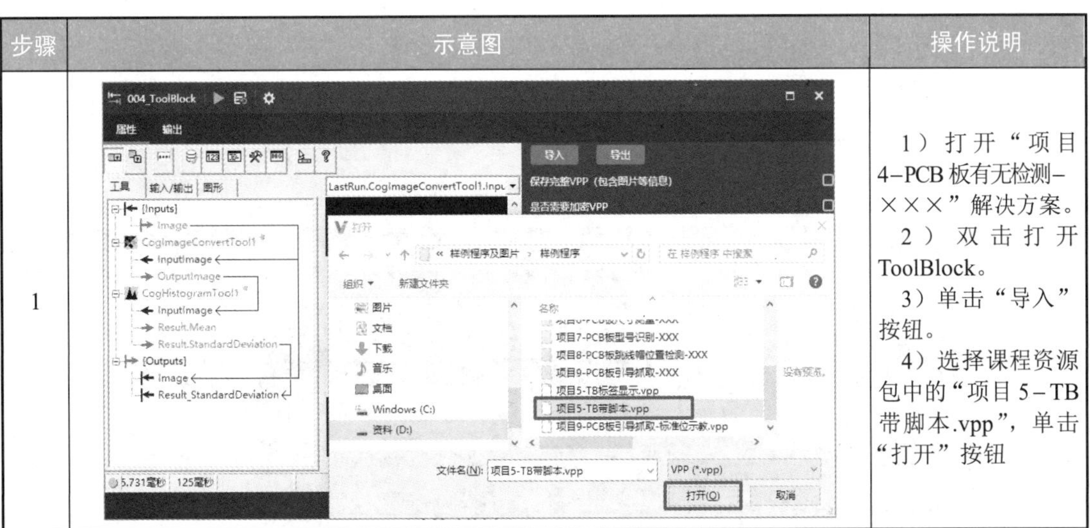	1）打开“项目4-PCB板有无检测-×××”解决方案。 2）双击打开ToolBlock。 3）单击“导入”按钮。 4）选择课程资源包中的“项目5-TB带脚本.vpp”，单击“打开”按钮

续表

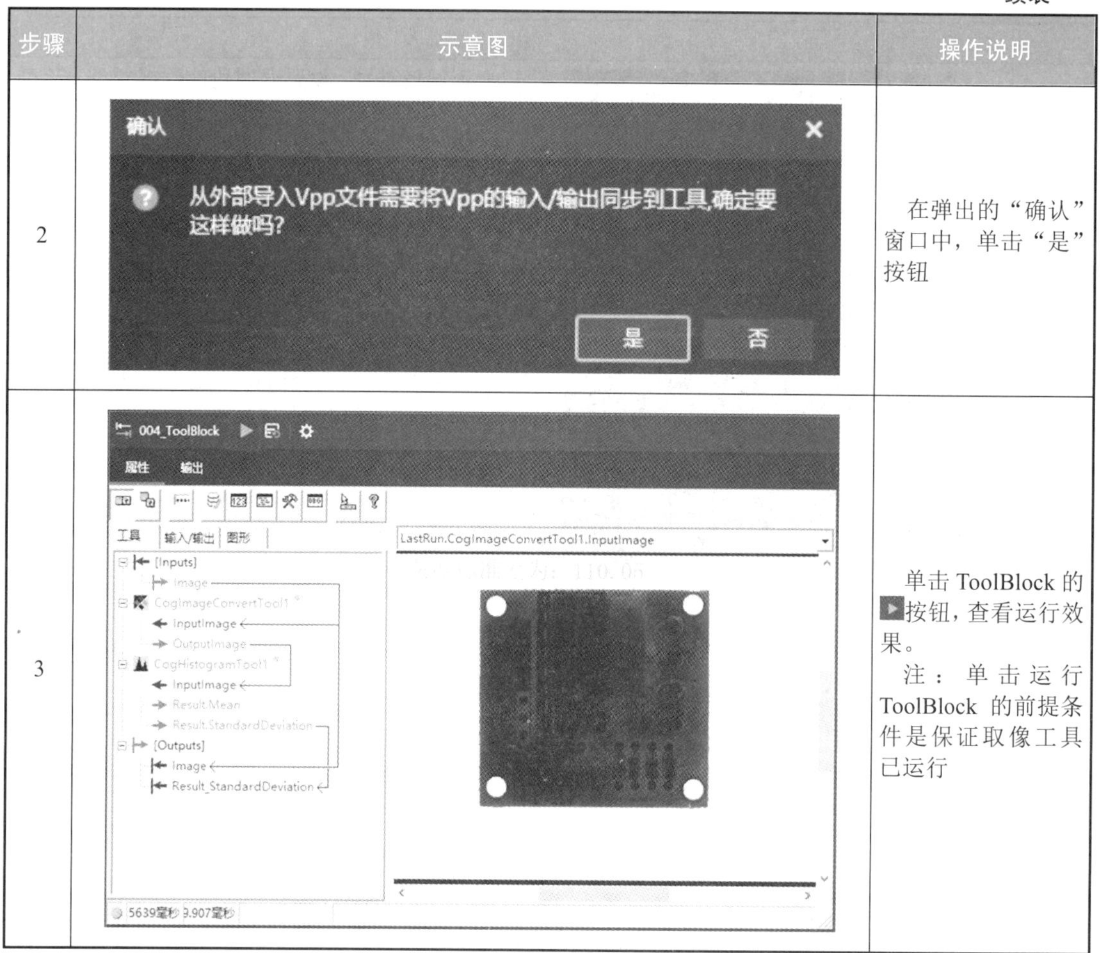

步骤	示意图	操作说明
2		在弹出的“确认”窗口中，单击“是”按钮
3		单击 ToolBlock 的▶按钮，查看运行效果。 注：单击运行 ToolBlock 的前提条件是保证取像工具已运行

2. HMI 界面结果显示

V+平台软件中图像处理结果可视化既可以在图像中实现，也可以在 HMI 界面通过结果数据来呈现。HMI 界面结果显示的操作步骤如表 5.7 所示。

表 5.7　HMI 界面结果显示的操作步骤

步骤	示意图	操作说明
1	Cognex ToolBlock　动态 ToolBlock　ToolBlock 缓存 BMP 转 ICogImage　ICogImage 转 BMP　Cog 结果图像 Record 转 BMP　图像保存 IDB　ICogImage 保存图像 001_内部触发　003_取像　004_ToolBlock　018_Cog 结果图像	在表 5.6 操作基础上，双击或拖出 Cognex 工具包中的 Cog 结果图像工具，并链接至 ToolBlock 工具

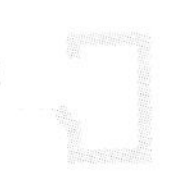

续表

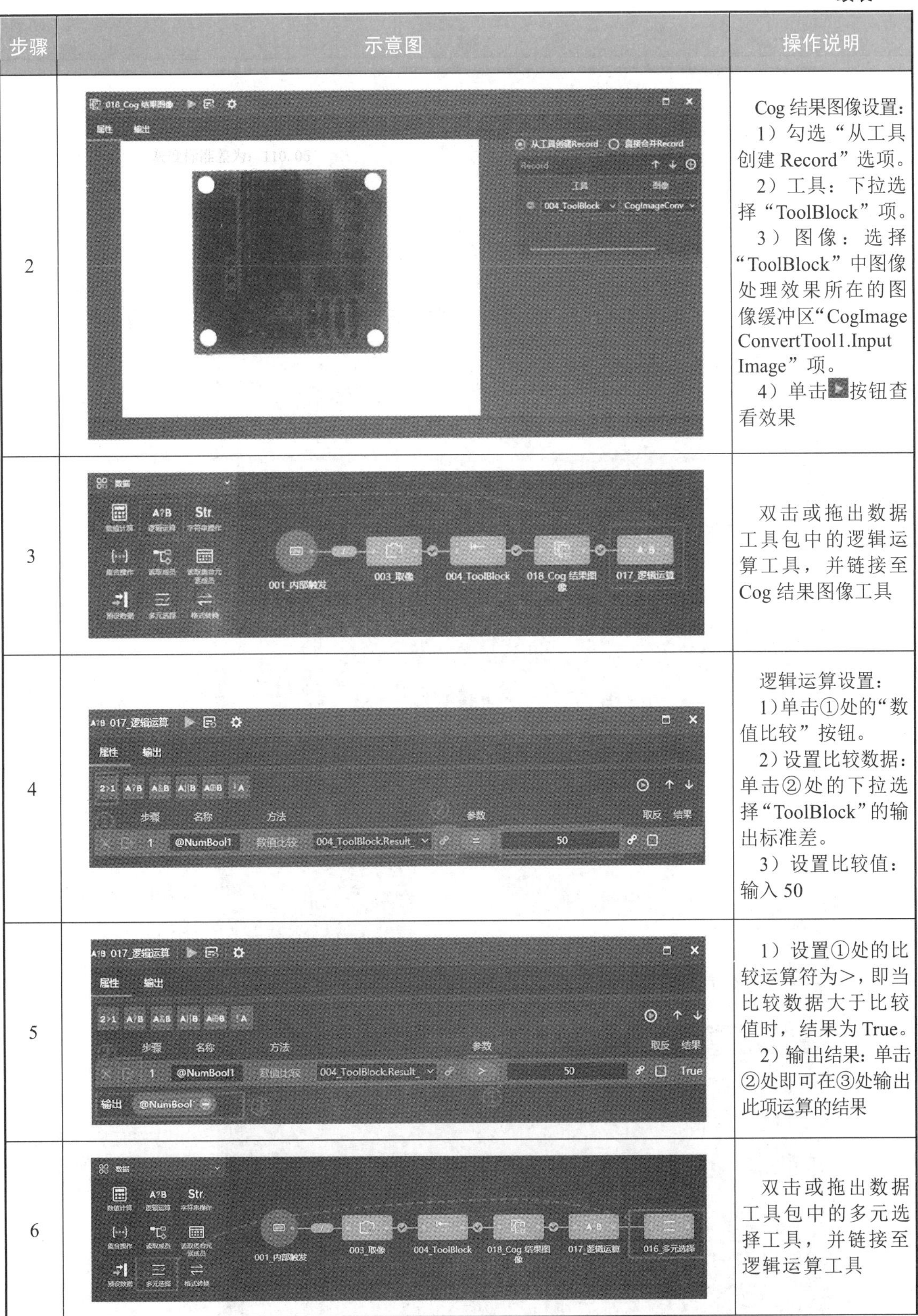

步骤	示意图	操作说明
2		Cog 结果图像设置： 1）勾选“从工具创建 Record”选项。 2）工具：下拉选择“ToolBlock”项。 3）图像：选择“ToolBlock”中图像处理效果所在的图像缓冲区“CogImage ConvertTool1.Input Image”项。 4）单击▶按钮查看效果
3		双击或拖出数据工具包中的逻辑运算工具，并链接至 Cog 结果图像工具
4		逻辑运算设置： 1）单击①处的“数值比较”按钮。 2）设置比较数据：单击②处的下拉选择“ToolBlock”的输出标准差。 3）设置比较值：输入 50
5		1）设置①处的比较运算符为>，即当比较数据大于比较值时，结果为 True。 2）输出结果：单击②处即可在③处输出此项运算的结果
6		双击或拖出数据工具包中的多元选择工具，并链接至逻辑运算工具

续表

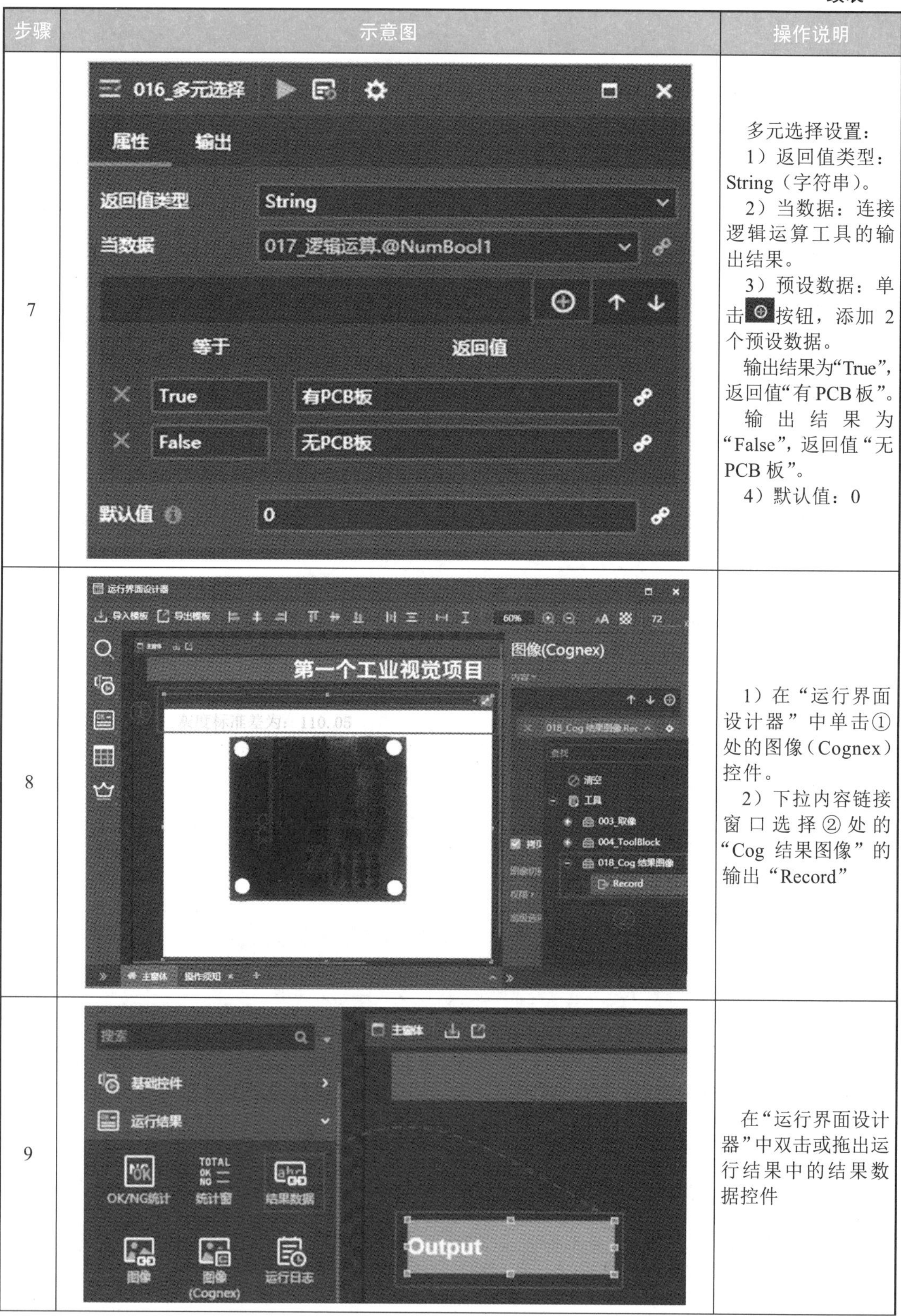

步骤	示意图	操作说明
7		多元选择设置： 1）返回值类型：String（字符串）。 2）当数据：连接逻辑运算工具的输出结果。 3）预设数据：单击⊕按钮，添加 2 个预设数据。 输出结果为“True”，返回值“有 PCB 板”。 输出结果为“False”，返回值“无 PCB 板”。 4）默认值：0
8		1）在“运行界面设计器”中单击①处的图像（Cognex）控件。 2）下拉内容链接窗口选择②处的“Cog 结果图像”的输出“Record”
9		在“运行界面设计器”中双击或拖出运行结果中的结果数据控件

续表

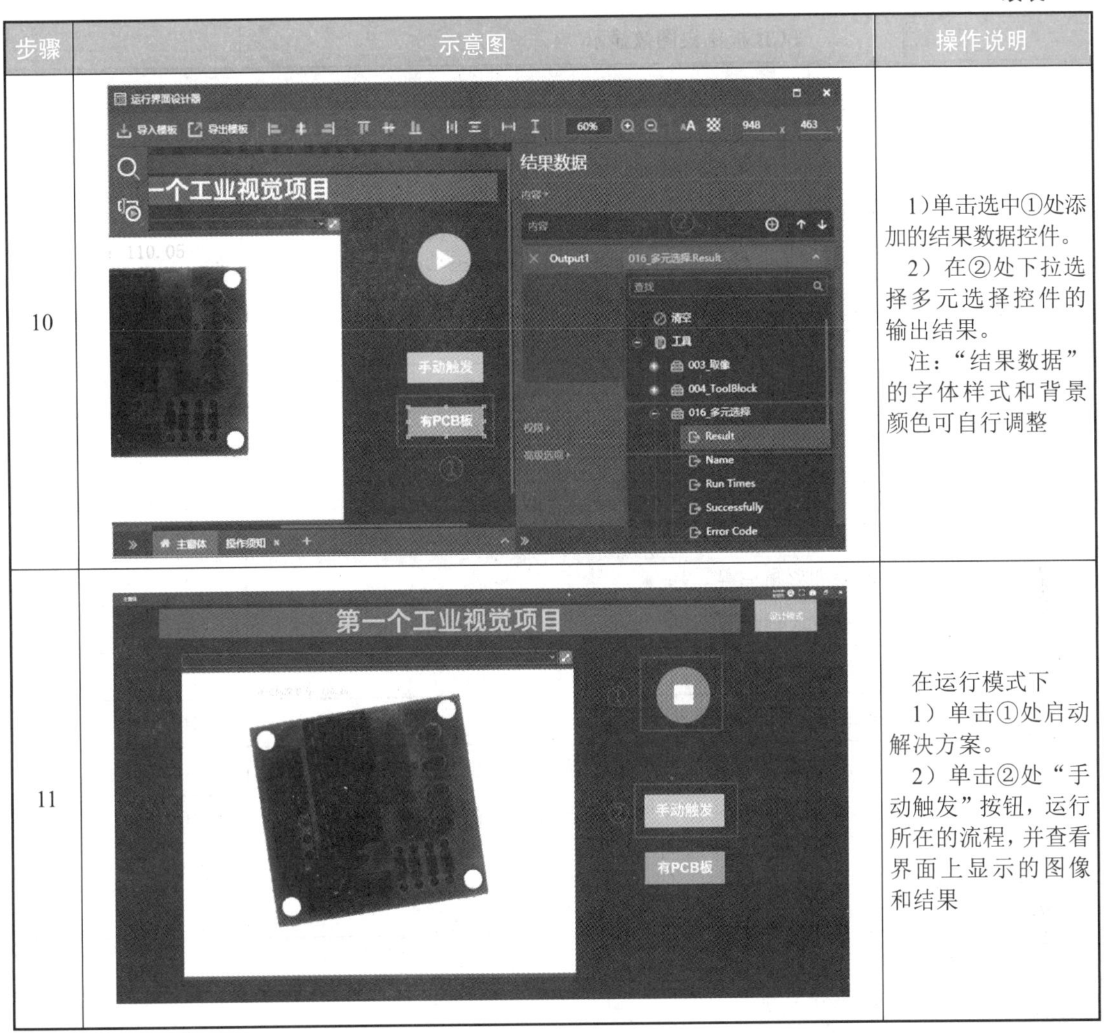

步骤	示意图	操作说明
10		1）单击选中①处添加的结果数据控件。 2）在②处下拉选择多元选择控件的输出结果。 注："结果数据"的字体样式和背景颜色可自行调整
11		在运行模式下 1）单击①处启动解决方案。 2）单击②处"手动触发"按钮，运行所在的流程，并查看界面上显示的图像和结果

任务评价

任务评价如表 5.8 所示。

表 5.8　任务评价

任务名称		PCB 板结果图像显示		实施日期	
序号	评价目标	任务实施评价标准		配分	得分
1	职业素养	纪律意识	自觉遵守劳动纪律，服从老师管理	5	
2		学习态度	积极上课，踊跃回答问题，保持全勤	5	
3		团队协作	分工与合作，配合紧密，相互协助解决结果图像显示过程中遇到的问题	5	

续表

任务名称		PCB 板结果图像显示		实施日期	
序号	评价目标	任务实施评价标准		配分	得分
4	职业素养	严格执行现场 6S 管理	整理：区分物品的用途，清除多余的东西； 整顿：物品分区放置，明确标识，方便取用； 清扫：清除垃圾和污秽，防止污染； 清洁：现场环境的洁净符合标准； 素养：养成良好习惯，积极主动； 安全：遵守安全操作规程，人走机关	5	
5	职业技能	能打开并运行上一个项目的视觉解决方案		5	
6		能在 ToolBlock 工具块导入“项目 5 – TB 带脚本.vpp”		5	
7		能运行 ToolBlock 查看图像信息显示效果		5	
8		能添加 Cog 结果图像工具		5	
9		能设置 Cog 结果图像工具		10	
10		能添加逻辑运算工具		5	
11		能设置逻辑运算工具		10	
12		能添加多元选择工具		5	
13		能设置多元选择工具		10	
14		能在 HMI 界面添加并显示结果图像的图像信息		10	
15		能在 HMI 界面添加并显示有无 PCB 板的结果数据		10	
合计				100	
小组成员签名					
指导教师签名					
任务评价记录		1. 存在问题 ______ ______ ______ 2. 优化建议 ______ ______ ______			
备注：在使用真实实训设备或工件编程调试过程中，如发生设备碰撞、零部件损坏等每处扣 10 分。					

任务总结

本任务详细介绍了结果图像工具、逻辑运算工具和多元选择工具的属性参数，通过演示 V+平台软件进行图像信息显示和 HMI 界面结果显示，实现 PCB 板有无检测，熟练掌握相

关工具的使用方法，初步展示工业视觉项目应用的完整流程。

任务拓展

V+平台软件显示图像信息的方法主要有两种：一是导入含显示脚本的 ToolBlock 程序；二是利用 CogCreateGraphicLabelTool（此方法仅适用于 VisionPro 9.0 及以上版本）。

拓展任务要求：在 V+平台软件利用 CogCreateGraphicLabelTool 显示图像信息。创建标签步骤如表 5.9 所示。

表 5.9　创建标签步骤

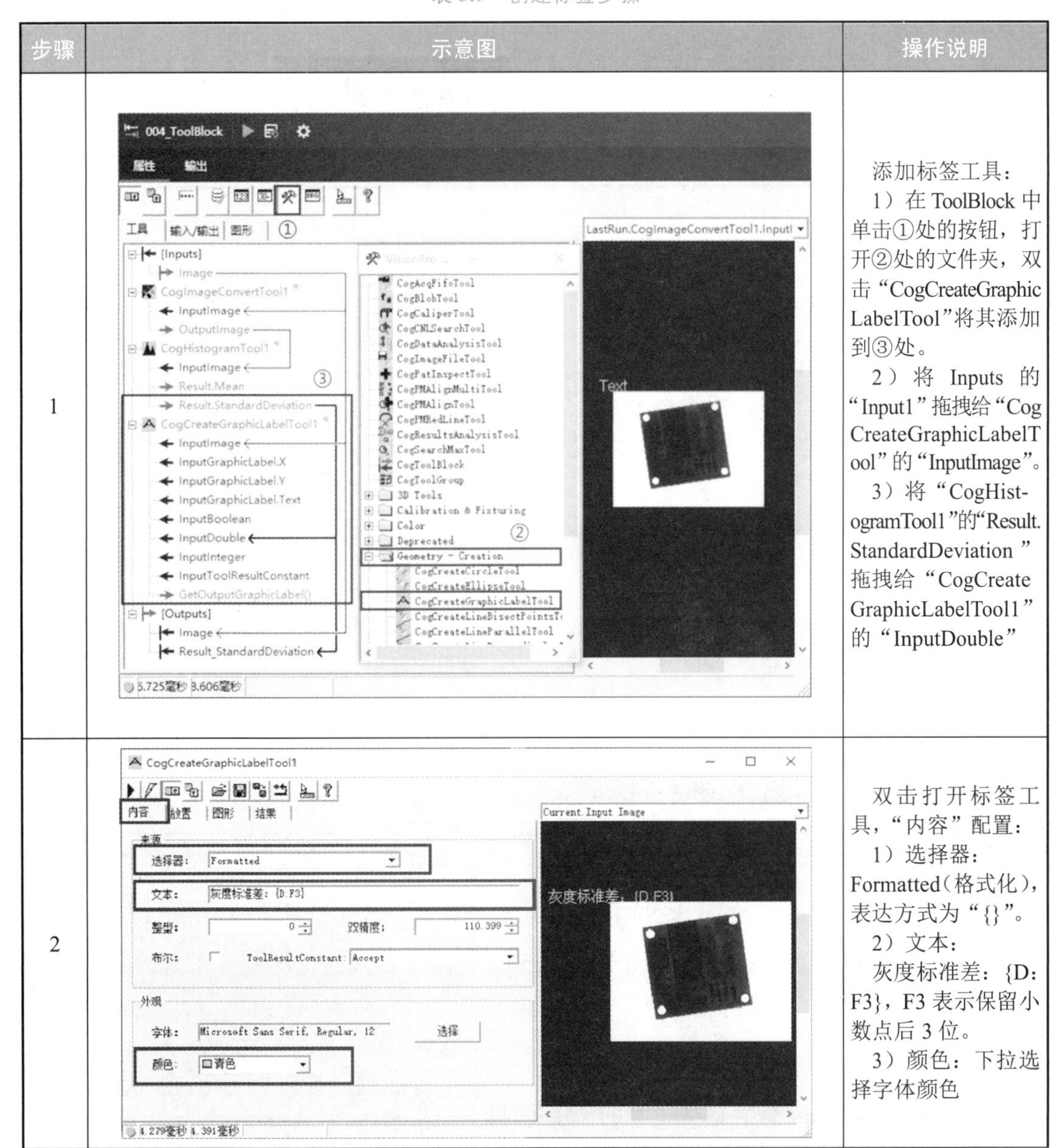

步骤	示意图	操作说明
1		添加标签工具： 1）在 ToolBlock 中单击①处的按钮，打开②处的文件夹，双击“CogCreateGraphicLabelTool”将其添加到③处。 2）将 Inputs 的“Input1”拖拽给“CogCreateGraphicLabelTool”的“InputImage”。 3）将“CogHistogramTool1”的“Result.StandardDeviation”拖拽给“CogCreateGraphicLabelTool1”的“InputDouble”
2		双击打开标签工具，“内容”配置： 1）选择器：Formatted（格式化），表达方式为“{}”。 2）文本： 灰度标准差：{D:F3}，F3 表示保留小数点后 3 位。 3）颜色：下拉选择字体颜色

续表

<table>
<tr><th>步骤</th><th>示意图</th><th>操作说明</th></tr>
<tr><td>3</td><td>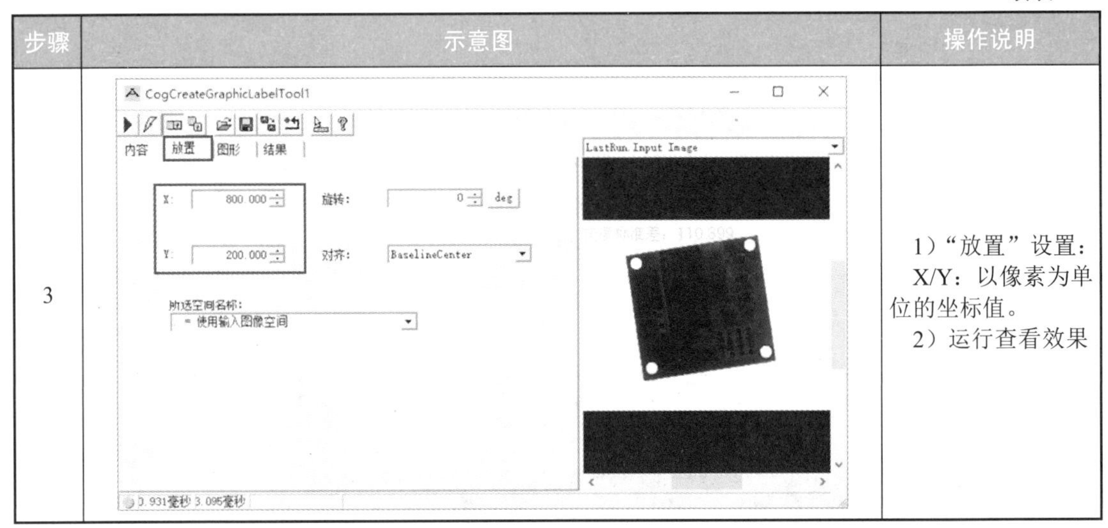
</td><td>1）“放置”设置：
X/Y：以像素为单位的坐标值。
2）运行查看效果</td></tr>
</table>

任务检测

1. 判断题

1）多元选择工具可以进行数值比较运算。 （　　）

2）逻辑运算工具可以输出多个方法的运算结果。 （　　）

2. V+平台软件中图像处理结果可视化方法有哪些？请简述其实现过程。

任务 5.2　图像保存

任务描述

在工业视觉项目实施过程中，采集的图像往往是产品的真实样貌，若此时系统检测的结果有误，通常就需要追溯到原图像，从而判断是哪个环节（如图像拍摄、软件误操作等）出现了问题。因此，对采集图像的保存是非常必要的，视觉工程师需要养成良好的保存图像的习惯。

本任务要求掌握 ICogImage 保存图像工具、格式转换工具和字符串操作工具的参数含义及其使用方法，能够利用 V+平台软件将采集到的 PCB 板图像保存到指定文件夹。

任务目标

1）熟悉 ICogImage 保存图像工具的使用方法。

2）掌握格式转换工具的使用方法。

3）掌握字符串操作工具的使用方法。

4）能利用 V+平台软件将采集到的图像保存到指定文件夹。

1. 当前时间工具

在保存图像时，图像名称通常需要添加时间后缀，不仅便于图像管理，还能够为后期的查找和维护工作提供更多的信息支持，主要表现在以下两个方面：

1）避免重复命名：在时间后缀中添加毫秒数等信息，可以防止由于快速连续保存而导致的文件名相同而被覆盖的问题。

2）便于筛选：在图像文件名中加入时间戳可以方便检索指定时间段内的文件，避免因命名混乱、错误或杂乱无章造成的找不到所需文件的尴尬情况。

当前时间工具可以准确记录并输出图像采集的时间信息，包含了年、月、日、时、分、秒等时间表示方法，如图 5.5 所示。当前时间工具在方案图中直接调用即可，属性不需要设置。当时间信息的数据格式不满足图像名称的命名规则时，可以使用格式转换工具进行格式转换。

(a)

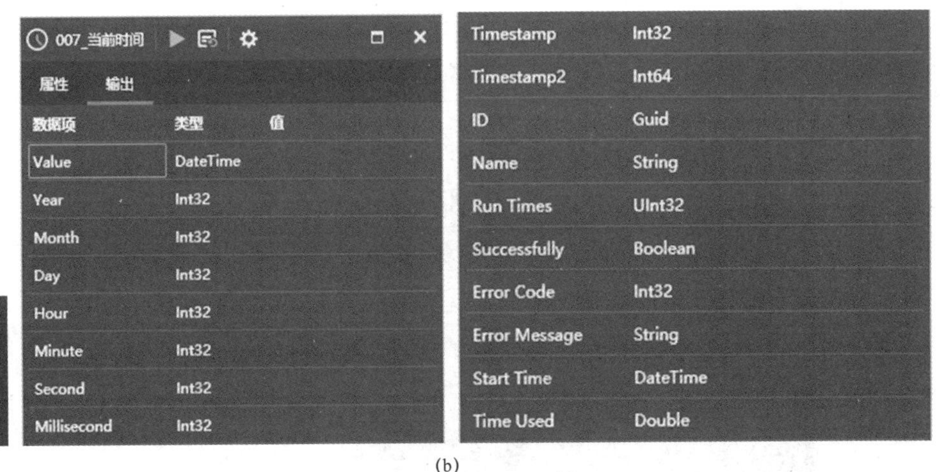

(b)

图 5.5　当前时间工具

（a）图标；（b）输出项

2. 格式转换工具

V+平台软件的格式转换工具是一种能将数据从一种格式转换为另一种格式的工具，支持多种数据类型的转换，如图 5.6 所示，能让用户更加灵活地应对各种数据转换需求，节省了手动转换数据的时间和人力成本，同时避免了可能出现的误差。格式转换工具的属性配置说明如表 5.10 所示。

(a)

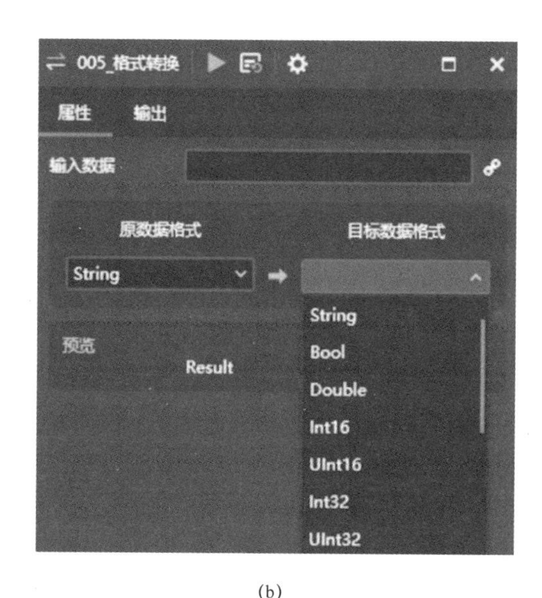

(b)

图 5.6　格式转换工具

（a）图标；（b）数据格式类型

表 5.10　格式转换工具的属性配置说明

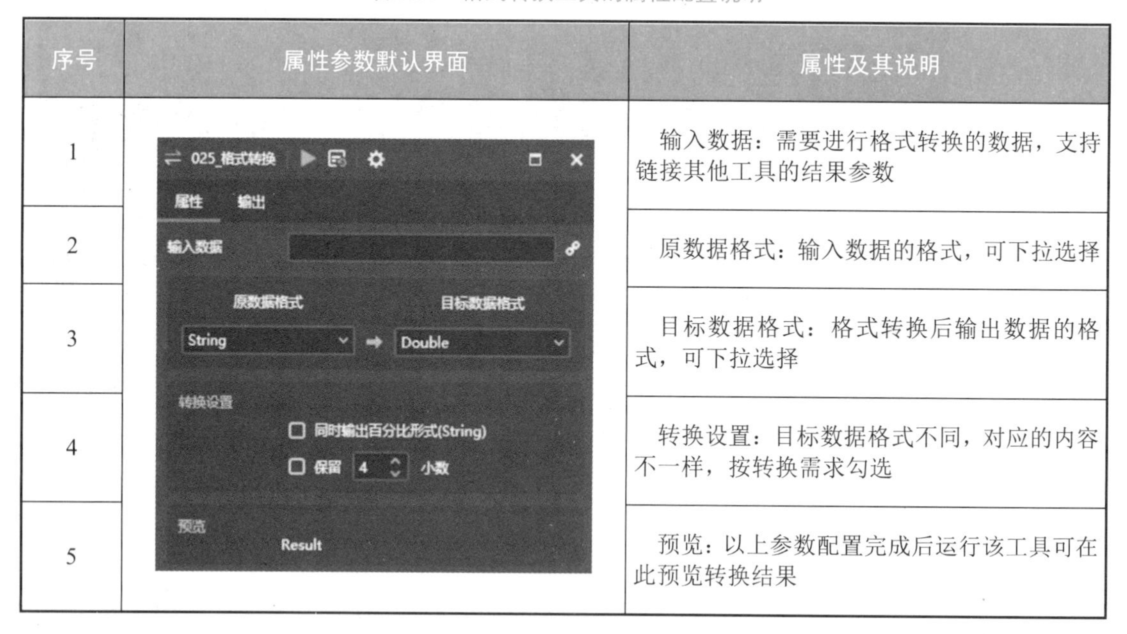

序号	属性参数默认界面	属性及其说明
1		输入数据：需要进行格式转换的数据，支持链接其他工具的结果参数
2		原数据格式：输入数据的格式，可下拉选择
3		目标数据格式：格式转换后输出数据的格式，可下拉选择
4		转换设置：目标数据格式不同，对应的内容不一样，按转换需求勾选
5		预览：以上参数配置完成后运行该工具可在此预览转换结果

3. 字符串操作工具

字符串在工业视觉系统中是一种广泛使用的数据类型，字符串操作工具主要是为了帮助用户更方便地操作字符串，使复杂字符串的操作更加轻松和高效。

（1）字符串操作工具功能介绍

V+平台软件中的字符串操作工具可选择拼接、分割、替换、大小写、去空格等方法，如图 5.7 所示。各方法的详细说明如表 5.11 所示。

(a)

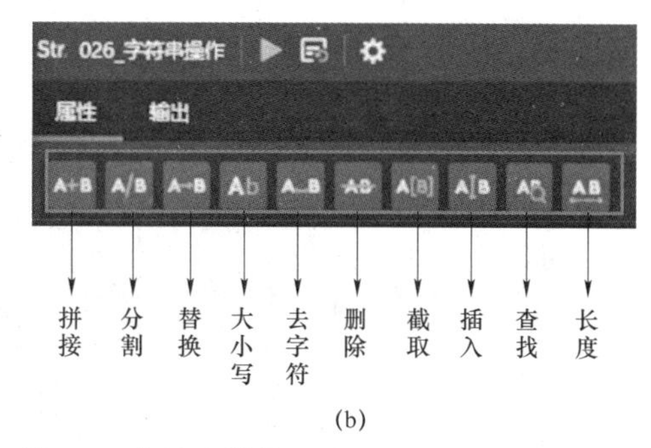

(b)

图 5.7 字符串操作工具

（a）工具图标；（b）属性参数

表 5.11 各方法的详细说明

序号	方法名称	作用	序号	方法名称	作用
1	拼接	按指定顺序将一个或多个字符串的值拼接为一个字符串	6	删除	对输入字符串删减指定字符的内容
2	分割	对输入字符串按指定分隔符分割，并输出指定索引对应的字符值	7	截取	将输入字符串从指定位置开始截取指定长度的字符内容
3	替换	在输入的字符串中，用指定的新字符值替换原有字符值	8	插入	将输入字符串从指定位置开始插入指定字符内容
4	大小写	将输入字符串的字母字符值统一转换为大写或小写	9	查找	在输入的字符串中，查找指定字符的位置索引（仅限首次或最后匹配的索引值）
5	去字符	对输入字符串按特定规则去除空格字符	10	长度	计算输入字符串字符内容的长度

（2）字符串操作工具的属性介绍

字符串操作工具在使用时，可根据实际情况选择所需的方法，其属性参数如表 5.12 所示。

表 5.12　字符串操作工具的属性参数

属性参数界面	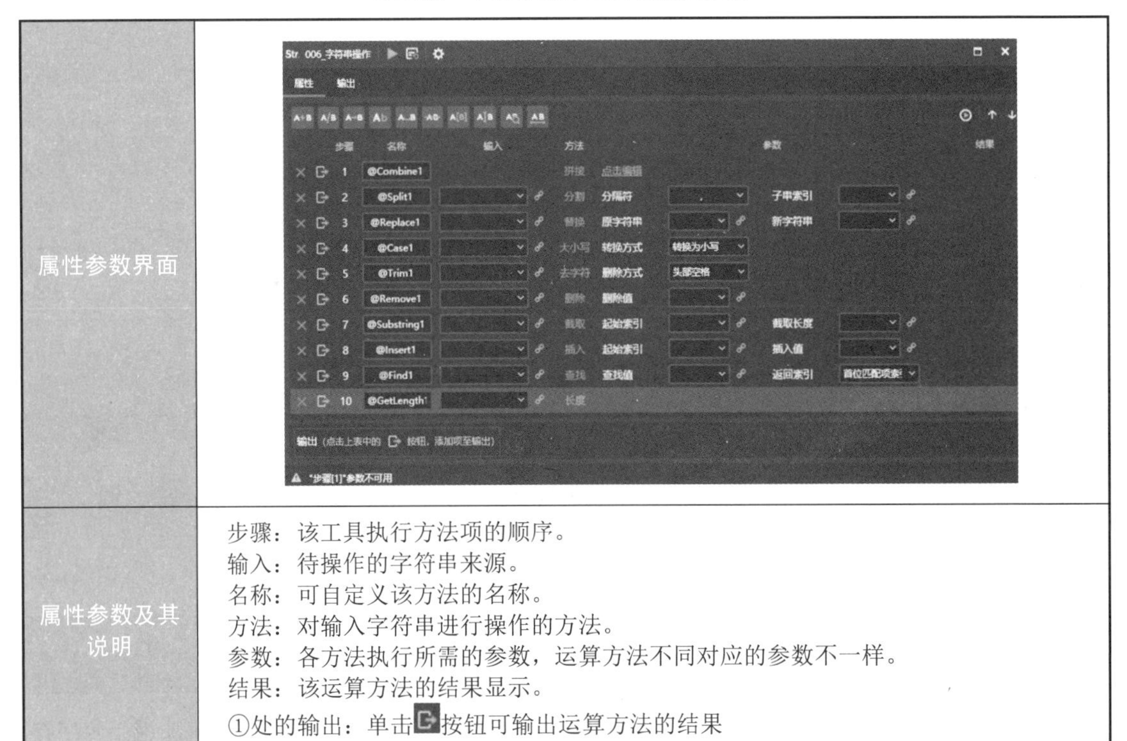
属性参数及其说明	步骤：该工具执行方法项的顺序。 输入：待操作的字符串来源。 名称：可自定义该方法的名称。 方法：对输入字符串进行操作的方法。 参数：各方法执行所需的参数，运算方法不同对应的参数不一样。 结果：该运算方法的结果显示。 ①处的输出：单击按钮可输出运算方法的结果

（3）ICogImage 保存图像工具

ICogImage 保存图像工具可以将取像工具和工具块处理后的输出图像全部保存下来，也可以按照指定需求分类保存，其属性说明如表 5.13 所示。

表 5.13　ICogImage 保存图像工具属性说明

名称	属性参数默认界面	属性及其说明
图像	027_ICogImage... 属性 输出 图像 保存与位置 保存 ◉全部 ○分类 位置 AllImages 文件名 高级 图片类型 Bmp 最大数量 500	图像：选择保存图像的图像源
保存与位置（全部）		保存：“全部”为保存所有图像；“分类”为按要求分类保存 位置：指定图像所存放的路径，可选择已存在的文件夹或链接已设置好的路径
文件名		文件名：指定图像的名称，可直接输入名称或链接其他工具的输出
高级		图像类型：图像保存格式为 Bmp 或 Jpg 最大数量：图像保存的最大数量

续表

名称	属性参数默认界面	属性及其说明
保存与位置（分类）	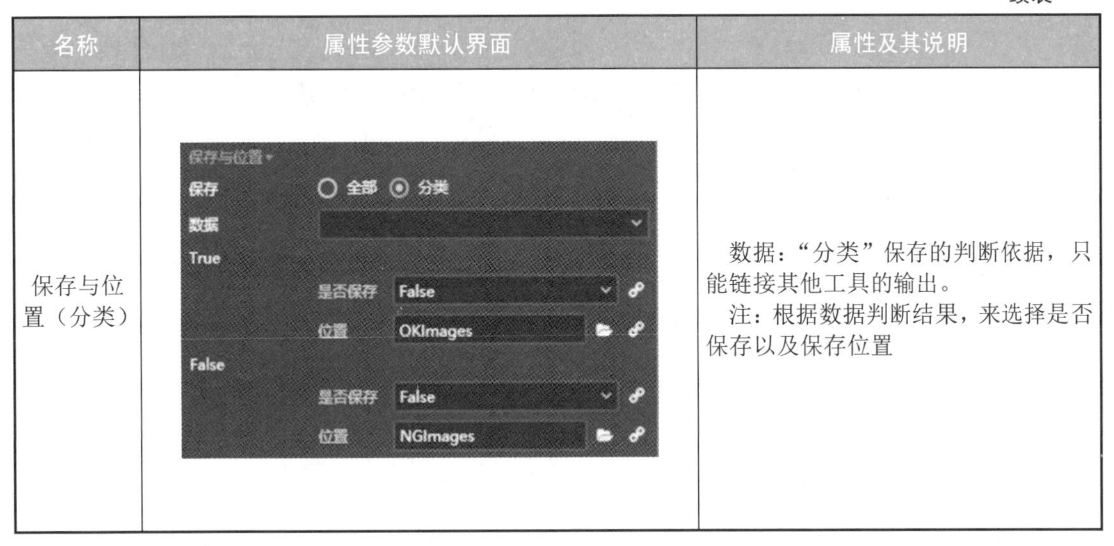	数据："分类"保存的判断依据，只能链接其他工具的输出。 注：根据数据判断结果，来选择是否保存以及保存位置

任务实施

V+平台软件中保存图像时需要避免图像名称相同导致图像被覆盖的问题，因此可以考虑使用获取图像的具体时间来命名。全部保存图像参考步骤如表 5.14 所示。

表 5.14　全部保存图像参考步骤

步骤	示意图	操作说明
1		1）在表 5.7 操作的基础上，双击或拖出系统工具包中的当前时间工具，并链接至取像工具。 2）运行解决方案，获取当前时间
2		双击或拖出数据工具包中的格式转换工具，并链接至当前时间工具

续表

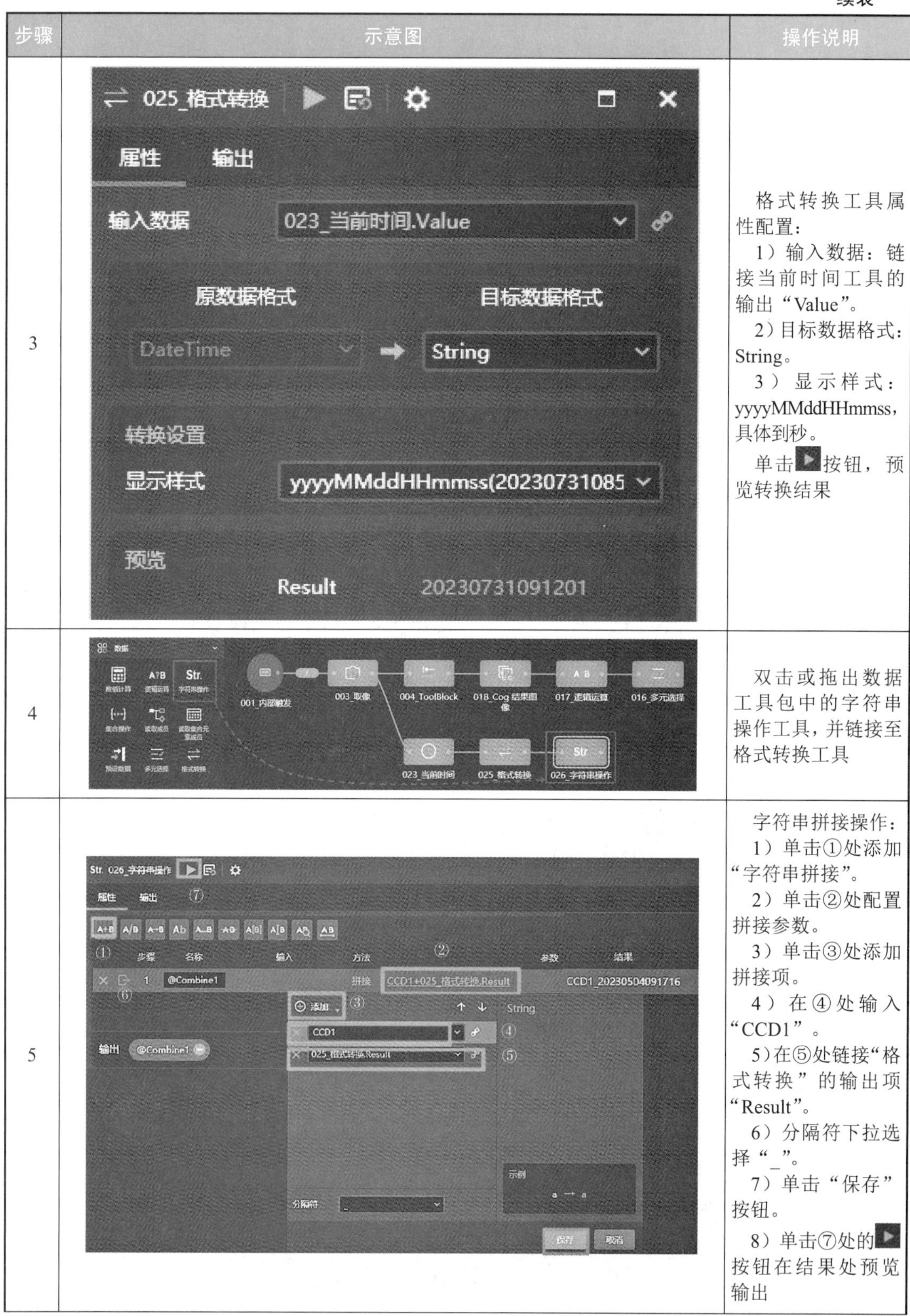

步骤	示意图	操作说明
3		格式转换工具属性配置： 1）输入数据：链接当前时间工具的输出“Value”。 2）目标数据格式：String。 3）显示样式：yyyyMMddHHmmss，具体到秒。 单击 按钮，预览转换结果
4		双击或拖出数据工具包中的字符串操作工具，并链接至格式转换工具
5		字符串拼接操作： 1）单击①处添加“字符串拼接”。 2）单击②处配置拼接参数。 3）单击③处添加拼接项。 4）在④处输入“CCD1”。 5）在⑤处链接“格式转换”的输出项“Result”。 6）分隔符下拉选择“_”。 7）单击“保存”按钮。 8）单击⑦处的 按钮在结果处预览输出

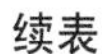

续表

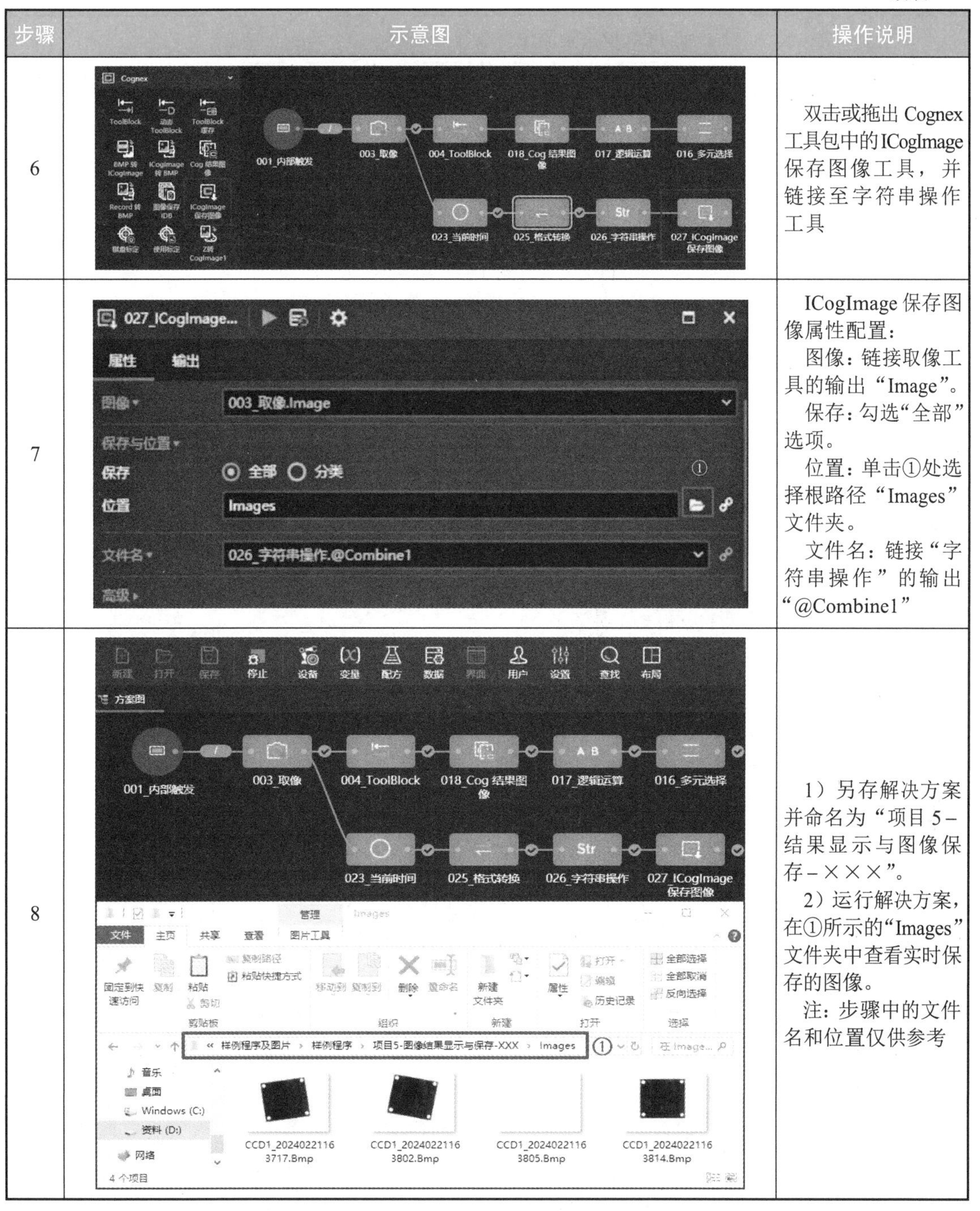

步骤	示意图	操作说明
6		双击或拖出 Cognex 工具包中的ICogImage 保存图像工具，并链接至字符串操作工具
7		ICogImage 保存图像属性配置： 图像：链接取像工具的输出“Image”。 保存：勾选“全部”选项。 位置：单击①处选择根路径“Images”文件夹。 文件名：链接“字符串操作”的输出“@Combine1”
8		1）另存解决方案并命名为“项目 5－结果显示与图像保存－×××”。 2）运行解决方案，在①所示的“Images”文件夹中查看实时保存的图像。 注：步骤中的文件名和位置仅供参考

任务评价

任务评价如表 5.15 所示。

表 5.15　任务评价

任务名称		保存 PCB 板采集图像		实施日期	
序号	评价目标	任务实施评价标准		配分	得分
1	职业素养	纪律意识	自觉遵守劳动纪律，服从老师管理	5	
2		学习态度	积极上课，踊跃回答问题，保持全勤	5	
3		团队协作	分工与合作，配合紧密，相互协助解决图像保存过程中遇到的问题	5	
4		严格执行现场 6S 管理	整理：区分物品的用途，清除多余的东西； 整顿：物品分区放置，明确标识，方便取用； 清扫：清除垃圾和污秽，防止污染； 清洁：现场环境的洁净符合标准； 素养：养成良好习惯，积极主动； 安全：遵守安全操作规程，人走机关	5	
5	职业技能	能打开并运行上一个项目的视觉解决方案		5	
6		能添加当前时间工具		5	
7		能添加格式转换工具		5	
8		能设置格式转换工具		10	
9		能添加字符串操作工具		5	
10		能进行字符串拼接操作		25	
11		能添加 ICogImage 保存图像工具		5	
12		能设置 ICogImage 保存图像工具		10	
13		能将采集的 PCB 板图像保存至指定位置		5	
14		能另存解决方案，并正确命名		5	
合计				100	
小组成员签名					
指导教师签名					
任务评价记录	1. 存在问题 2. 优化建议				
备注：在使用真实实训设备或工件编程调试过程中，如发生设备碰撞、零部件损坏等每处扣 10 分。					

任务总结

本任务详细介绍了当前时间工具、格式转换工具、字符串操作工具和 ICogImage 保存图像工具的属性参数，通过演示 V+平台软件进行 PCB 板采集图像全部保存，熟练掌握相关工具的使用方法，逐步完善工业视觉项目的应用流程。

任务拓展

实际项目应用中图像的保存会依据不同的要求（如产品类型、序列条码、OK/NG 等）来分类存储，同时包含获取图像的时间信息、设备、处理结果的图像名称等，有利于工作人员更快捷地追溯历史图像。

拓展任务要求：

1）根据有无 PCB 板来将图像分两个文件夹保存。

2）当有 PCB 板时，文件名为“CCD1_yyMMddHHmmss_有 PCB 板”；当无 PCB 板时，文件名为“CCD1_yyMMddHHmmss_无 PCB 板”。

3）在 HMI 界面显示 Record 图像和检测结果。

4）在 HMI 界面添加指示灯控件，并实现在有 PCB 板时显示绿色，无 PCB 板时显示红色。

5）参考方案设计如图 5.8 所示，参考 HMI 界面如图 5.9 所示。

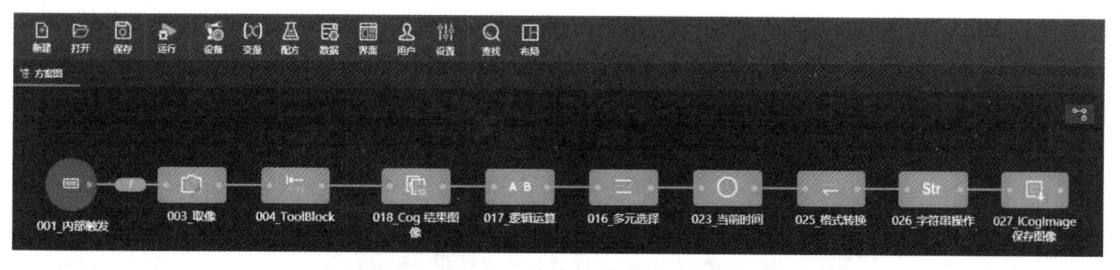

图 5.8　参考方案设计

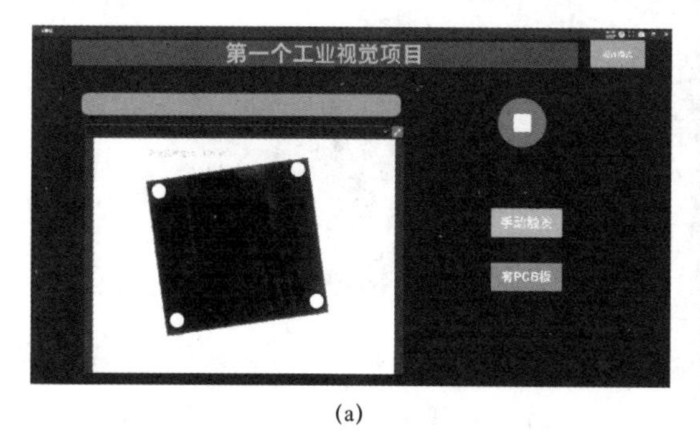

(a)

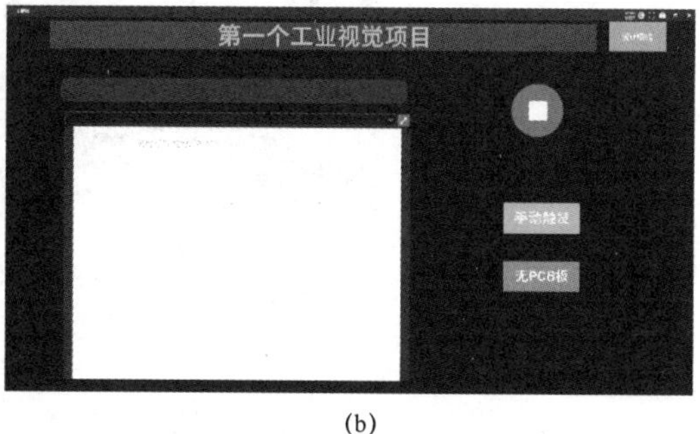

(b)

图 5.9　参考 HMI 界面（附彩插）

（a）绿色指示灯；（b）红色指示灯

任务检测

1. 判断题

1）ICogImage 保存图像时位置可以链接前置工具输出或变量设置的路径。（ ）

2）ICogImage 保存图像时图像源的格式必须是 ICogImage。（ ）

3）【第十八届“振兴杯”】工业视觉系统采集到的图片存储时，采用 Jpg 格式保存比 Bmp 格式保存了更多的图像和彩色数据，所以得到了广泛的使用。（ ）

2. 如何将保存图像的路径开放在 HMI 界面？

3. 练习字符串操作工具中的分割、截取、查找方法项，简要概述其使用的注意事项。

开阔视野

带你走进“时间显微镜”里的世界

2022 年 2 月 7 日晚，北京冬奥会短道速滑男子 1 000 米决赛现场，决胜关头，中国队与匈牙利队选手几乎同时冲线。究竟谁能胜出？最终，在一帧帧高速运动过程镜头前，中国队以实力说话，将金牌收入囊中。

人眼难以分辨的运动瞬间如何精准捕捉？赛后，赛道旁“火眼金睛”的超高速摄像仪上了“热搜”。

“这么说吧，人在观察的时候，通过肉眼，是 20～30 帧/s；通过智能视觉，就比如我们的‘千眼狼’高速摄像仪，是 100 万帧/s。将近 4 万倍速度差，足以让你看清你想知道的一切。”合肥富煌君达高科有限公司创始人吕盼稂博士介绍。“千眼狼”高速摄像仪如图 5.10 所示。

图 5.10 “千眼狼”高速摄像仪

“通俗地讲，我们研发生产的是‘时间显微镜’。用技术，无限细分时间，并将这微秒之间隐藏的海量信息精确定格。”吕盼稂博士解释，“顺应工业自动化趋势，我们不断优化以高速图像采集、处理技术为核心的智能新视觉综合解决方案，用高精度的人工智能，赋能传统行业提升‘感知力’。”

项目6

PCB板尺寸测量

项目概述

1. 项目总体信息

某印制电路板（PCB）生产企业进行自动化升级改造，在新的生产线中，每个待测PCB板沿输送带运动，依次经停3个不同检测工位，要求在静态情况下分别对其进行外形尺寸测量、识别型号和跳线帽位置检测，如图2.1所示。企业工程部赵经理接到任务后，根据任务要求安排3名工程师（李工、刘工和王工）分别负责3个检测工位的检测要求的实现，包括视觉系统硬件选型、安装和调试系统，以及要求在2 h内完成对应的编程与调试，并进行合格验收。

3个检测工位的检测要求具体如下：

1）检测工位1：测量出PCB板的外形尺寸，要求测量公差为±0.1 mm，其工作距离不超过250 mm。

2）检测工位2：识别出PCB板的型号，其工作距离不超过250 mm。

3）检测工位3：检测出PCB板跳线帽所在位置，其工作距离不超过250 mm。

2. 本项目引入

工业视觉常用于四类应用之一的精准测量测距，其主要包含：三维视觉测量技术、光学影像测量技术、激光扫描测量技术。如图6.1所示为工业视觉测量案例。与传统的测量方法相比，工业视觉测量具有高精度、高速度、非接触式等优势，这有利于提高生产效率和生产自动化程度，降低人工成本；有利于保障产品质量，提高产品精度和稳定性；有利于促进新型工业化的发展，推动经济高质量发展；有利于增强国家综合实力，提高国际竞争力。

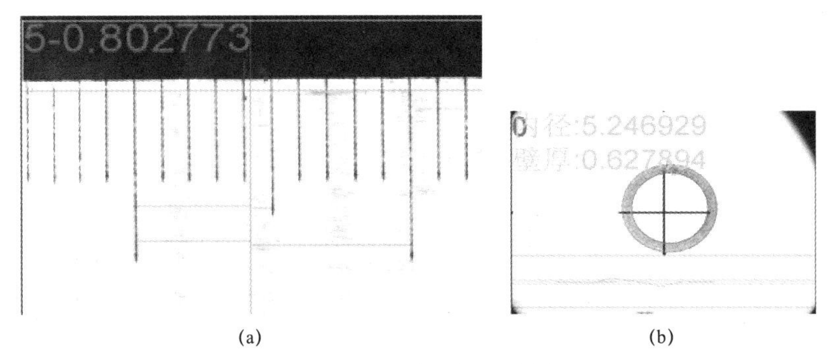

(a) (b)

图 6.1　工业视觉测量案例

(a) 校验尺尺寸测量；(b) 密封圈尺寸测量

PCB 检测，就是检验 PCB 设计的合理性，测试其在生产过程中可能出现的问题或缺陷，确保产品的功能性和外观性，提高最终产品的生产良率，是 PCB 生产过程中极其重要的步骤，是必不可少的生产流程。PCB 的尺寸在制造过程中起着至关重要的作用，如果不严格把控，可能无法为后期通孔镀层甚至电子元件放置形成适当的连接点，就会造成生产资源的浪费。检测 PCB 板尺寸是否符合设计图纸标准是 PCB 检测中一个重要的环节。

在检测工位 1 时，要求李工测量出 PCB 板的外形尺寸，并判断其是否在公差范围内。为此，需要了解像素尺寸与实际尺寸的关系，掌握 V+平台软件中与图像定位和尺寸测量相关工具的使用方法。

3. 本项目实施流程

基于 V+平台软件实现 PCB 板外形尺寸测量，其项目实施一般流程如图 6.2 所示。

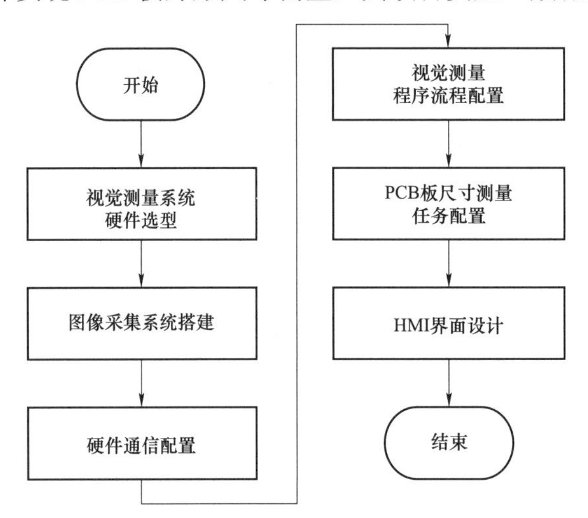

图 6.2　PCB 板外形尺寸测量项目实施一般流程

其中，PCB 板尺寸测量系统硬件选型包括工业相机、工业镜头和光源系统的选型，图像采集系统搭建包括系统硬件安装与调试、V+平台软件安装与测试，程序流程配置包括 PCB 板图像采集、PCB 板尺寸测量结果显示、PCB 板图像保存、辅助功能配置等。

4. 本项目目标

熟悉自动化生产线中对 PCB 板外形尺寸进行测量的过程，学会使用 V+ 平台软件中模板匹配、定位、卡尺、几何特征、标定等视觉工具，实现 PCB 板外形尺寸的测量以及结果分析，为实际的生产应用培养素质高、专业技术全面的高技能人才奠定基础。

学习导航

学习导航如表 6.1 所示。

表 6.1　学习导航

<table>
<tr><td>项目构成</td><td colspan="2">PCB板尺寸测量（8学时）
PCB板定位（4学时）
测量PCB板像素尺寸（3学时）
测量PCB板实际尺寸（1学时）</td></tr>
<tr><td rowspan="3">学习目标</td><td>知识目标</td><td>1）理解图像标定的原理。
2）掌握图像模板匹配和图像定位工具的使用方法。
3）熟悉图像边缘提取和几何特征工具的使用方法。
4）掌握图像标定工具的使用方法</td></tr>
<tr><td>技能目标</td><td>1）能匹配和定位 PCB 板图像。
2）能测量 PCB 板像素尺寸。
3）能对 PCB 板图像进行标定。
4）能测量 PCB 板实际尺寸。
5）能设计与优化工业视觉测量项目的 HMI 界面</td></tr>
<tr><td>素养目标</td><td>1）培养学生自主探究能力和团队协作能力，安全意识和工程意识。
2）通过找出软件编程的最优方法，培养学生的科学思维意识及其积极性、主动性、创造性。
3）培养学生查阅技术文献或资料的能力以及终身学习和自我发展的能力。
4）培养学生对实际工业应用场景的适应能力。
5）培养学生现场精益求精，一丝不苟的精神。
6）增强学生纪律意识，遵守课堂纪律。
7）培养学生爱护设备，保护环境的意识</td></tr>
<tr><td>学习重点</td><td colspan="2">1）图像模板匹配、图像定位工具的参数含义及其使用方法。
2）图像边缘提取工具的参数含义及其使用方法。
3）图像几何特征工具的参数含义及其使用方法。
4）图像标定工具的参数含义及其使用方法</td></tr>
<tr><td>学习难点</td><td colspan="2">1）匹配并定位 PCB 板图像。
2）实现 PCB 板像素尺寸的测量。
3）实现 PCB 板实际尺寸的测量</td></tr>
</table>

任务 6.1　PCB 板定位

任务描述

模板匹配指的是通过模板图像与测试图像之间的比较，找到测试图像上与模板图像相似的部分，这是通过计算模板图像与测试图像中目标的相似度来实现的，可以快速地在测试图像中定位出预定义的目标。匹配的主要思路是使用一个目标原型，根据它创建一个模板，在测试图像中搜索与该模板图像最相似的目标，并寻找与该模板的均值或方差最接近的区域。

通过模板匹配可以得到目标的相似度、旋转角度、行列坐标、缩放大小等。针对不同的图像特征和检测环境，有多种模板匹配算法。如何选择合适的模板匹配算法，取决于具体的图像数据和匹配任务。只有理解这些算法的原理和适用场景后，才能根据项目的需要选择合适的算法。

本任务要求掌握图像模板匹配工具和图像定位工具的参数含义及其使用方法，能够利用 V+平台软件实现 PCB 板图像的模板匹配与定位。

任务目标

1）掌握图像模板匹配工具的使用方法。

2）掌握图像定位工具的使用方法。

3）能利用 V+平台软件实现 PCB 板图像模板匹配。

4）能利用 V+平台软件实现 PCB 板图像定位。

相关知识

1. 图像模板匹配工具

（1）CogPMAlignTool 的作用

图像模板匹配工具（即 CogPMAlignTool，简称 PMAlign）提供了一个图形用户界面，该界面允许训练一个模型，然后让工具在连续的输入图像中搜索它，可以搜索到单个或多个，并获取一组或多组坐标等相关信息。

（2）CogPMAlignTool 的组成

1）CogPMAlignTool 整体界面。

CogPMAlignTool 整体界面结构如图 6.3 所示。

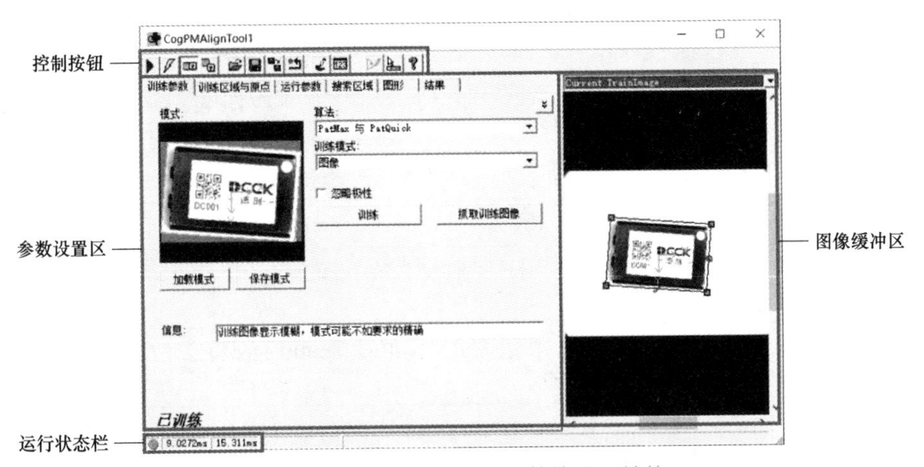

图 6.3　CogPMAlignTool 整体界面结构

CogPMAlignTool 界面的控制按钮和其他组件说明如表 6.2 和表 6.3 所示，后续其他视觉工具的界面布局也类似。

表 6.2　CogPMAlignTool 界面的控制按钮说明

序号	功能组件	说明	序号	功能组件	说明
1		运行按钮。通过训练模板、输入图像和指定的运行参数，CogPMAlign Tool 在输入图像中搜索训练好的模式。可以将模式搜索限制在输入图像中的搜索区域	6		图像掩膜编辑器，在训练图像中添加区域，以掩盖不需要的模板特征
2		切换为电子模式。选中后，如果某些参数发生更改，CogPMAlign Tool 工具将自动运行。当工具处于电动模式时，这些参数由电动螺栓图标表示	7		打开单独的浮动窗口，不用转至结果选项卡即可查看运行结果
3		打开或关闭本地图像显示窗口	8		建模器，启动模型制作器来编辑形状模型
4		打开一个或多个浮动图像窗口，与本地工具显示不同，用户可以调整浮动工具显示窗口的大小或移动其位置	9		启用或禁用控件按钮中的工具提示显示
5		复位按钮，将当前工具重置为默认状态	10		打开此工具的帮助文件

表 6.3 CogPMAlignTool 界面的其他组件说明

序号	功能组件		说明
1	参数设置区	训练参数	用于设置训练参数和训练搜索模式
2		训练区域与原点	配合右侧 Current.TrainImage 图像缓冲区设置训练区域
3		运行参数	指定如何执行模式搜索，参数包括要使用的运行算法、阈值和限制，以及模式搜索期间允许的旋转和缩放量等
4		搜索区域	配合右侧 Current.InputImage 图像缓冲区定义搜索区域
5		图形	可选择在 Current.InputImage 和 Current.TrainImage 图像缓冲区显示不同图形
6		结果	配合右侧 LastRun.InputImage 图像缓冲区显示最近模式搜索的结果
7	图像缓冲区	Current.InputImage	提供输入图像显示窗口，右键单击显示可打开包括缩放图像、显示像素、子像素网格的菜单选项，可在本地和浮动工具显示窗口中显示
8		Current.TrainImage	提供训练模型图像显示窗口
9		LastRun.InputImage	显示工具最后运行的结果图像，可以配合图形选项卡高亮显示搜索区域和搜索结果
10	运行状态栏		绿色圆圈表示工具已成功运行，红色圆圈表示工具未成功运行。 状态栏会显示运行工具的时间以及所有错误代码或消息。 状态栏第一栏显示的时间是工具的原始执行时间，第二栏显示的时间包含更新编辑控件所需的时间

2）CogPMAlignTool 训练参数选项卡界面。

CogPMAlignTool 训练参数选项卡界面用于设置训练时的参数设置，如图 6.4 所示。

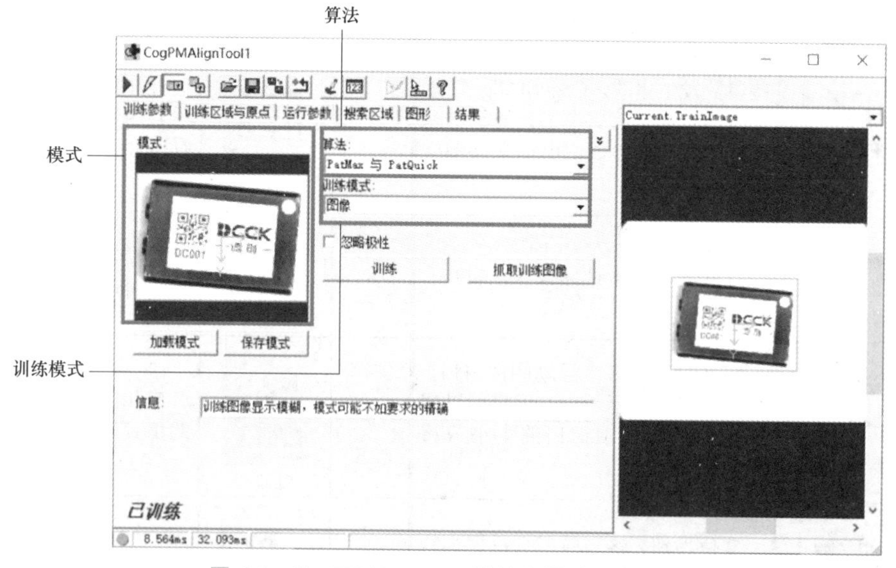

图 6.4 CogPMAlignTool 训练参数选项卡界面

CogPMAlignTool 训练参数选项卡常用参数如表 6.4 所示。

表 6.4 CogPMAlignTool 训练参数选项卡常用参数

序号	名称	图片	说明
1	算法	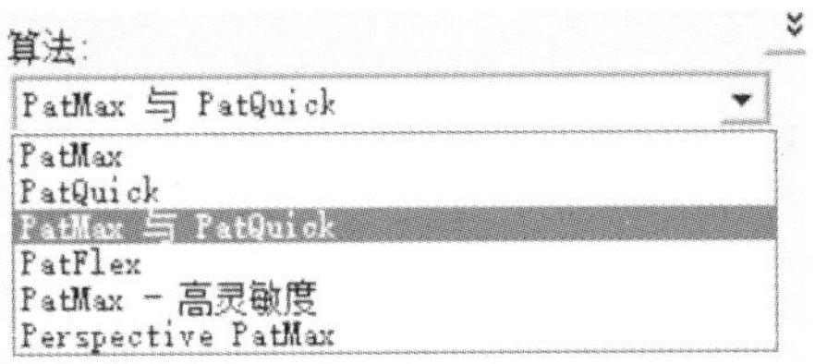 算法: PatMax 与 PatQuick PatMax PatQuick PatMax 与 PatQuick PatFlex PatMax - 高灵敏度 Perspective PatMax	包含 PatMax、PatQuick、PatMax 与 PatQuick、Perspective PatMax、PatMax－高灵敏度、PatMax 多种算法。默认是 PatMax 与 PatQuick，兼具高精度和快速的特点
2	训练模式	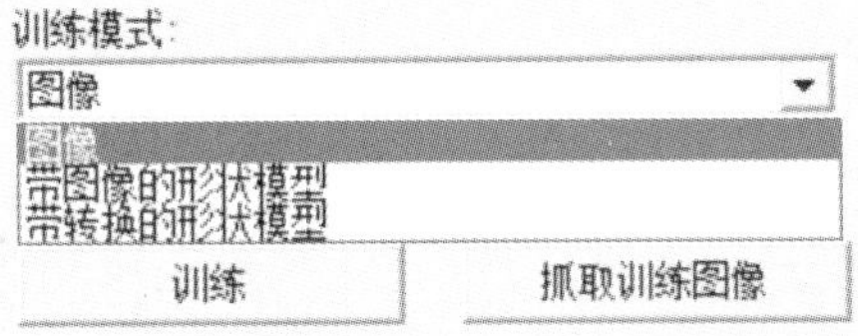 训练模式: 图像 图像 带图像的形状模型 带转换的形状模型 训练 抓取训练图像	选择根据训练图像的像素内容，或根据建模器，来创建和修改图像模板，共有“图像”“带图像的形状模型”“带转换的形状模型”3 种模式，默认且常用的为“图像”模式
3	忽略极性	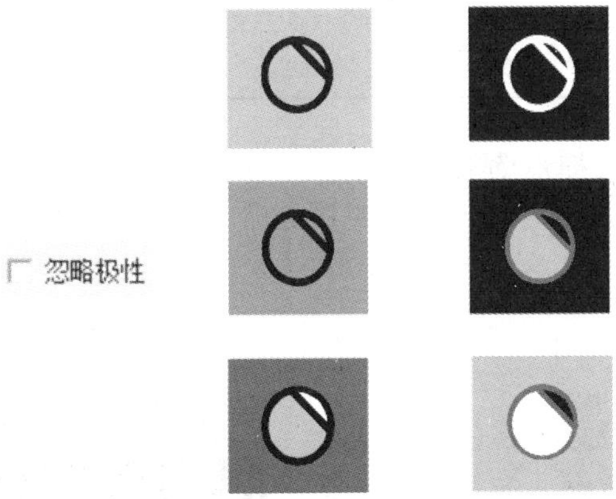 忽略极性 极性相同 极性不同	边界点的极性表明该边界是否可以被描述为由亮到暗或由暗到亮。 若勾选，将忽略模板的极性，即图像边界由亮到暗或由暗到亮都可被搜索到。 若禁用，则只能找到极性与已训练模板匹配的模板。 如果使用由形状模型创建的已训练模板并且其中有模型具有未定义的极性，则必须允许工具忽略极性
4	模式	 模式: DCCK DC001 加载模式 保存模式	显示从图像或从形状模型集合创建的训练模式，为“Current.Train Image”中以蓝色边框框选出的图形。可以使用“训练区域与原点”选项卡设置训练区域，或者直接在“Current. TrainImage”中调整其显示大小，具体操作如表 6.5 所示
5	保存模式	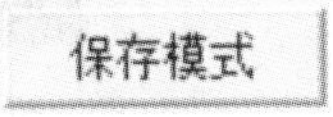 保存模式	将当前训练好的图像模板保存到本地，扩展名为 vpp
6	加载模式	 加载模式	打开一个由“保存模式”保存的.vpp 文件，内含一个训练好的图像模板

续表

序号	名称	图片	说明
7	训练	训练	单击后模板成功被训练，同时控件底部的文本将显示“已训练”
8	抓取训练图像	抓取训练图像	将 InputImage 缓冲区中的图像复制到 TrainImage 缓冲区，此按钮只在 Current.InputImage 中有图像时才会启用
9	其他参数	模式：加载模式 保存模式 弹性：0 算法：PatMax 与 PatQuick 训练模式：图像 忽略极性 重复模式 训练 抓取训练图像 特征粒度限制 自动选择 粗糙：8.58092 精细：2 自动边缘阈值 10	单击右上角按钮将其切换为按钮，即可查看其他参数，此处不做介绍，可单击按钮参考学习。 注：其他选项卡的该功能类似，不再赘述

3）CogPMAlignTool 训练区域与原点选项卡界面。

CogPMAlignTool 训练区域与原点选项卡界面（见图 6.5）用于设置训练限定框的区域和原点位置。

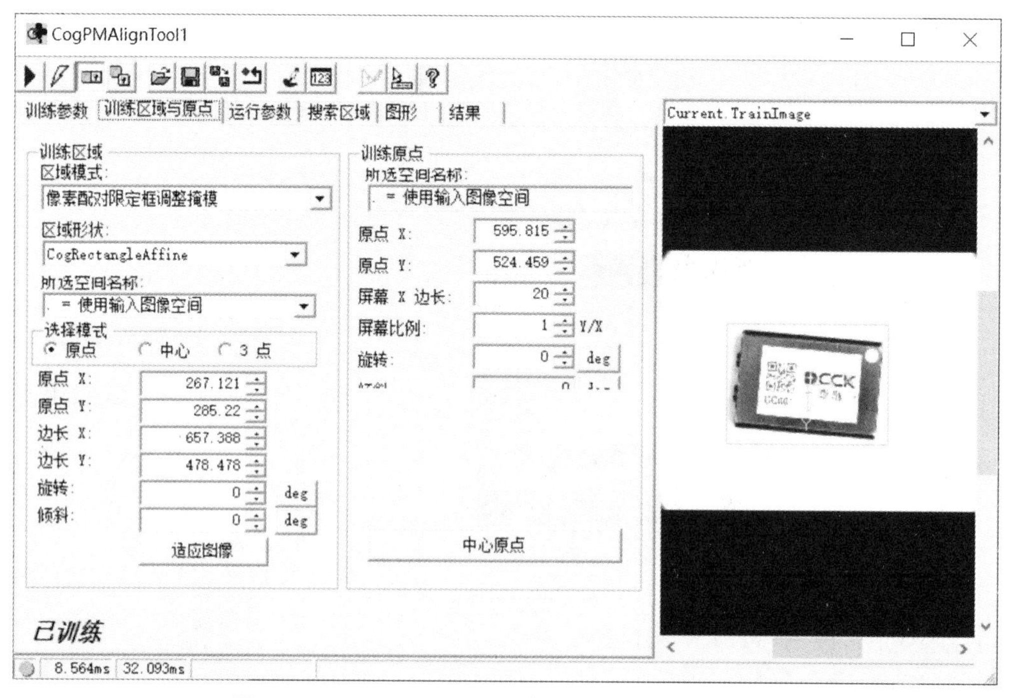

图 6.5　CogPMAlignTool 训练区域与原点选项卡界面

CogPMAlignTool 训练区域与原点选项卡界面常用参数如表 6.5 所示。

表 6.5　**CogPMAlignTool** 训练区域与原点选项卡界面常用参数

序号	名称		图片	说明
1	训练区域	区域模式	训练区域 区域模式: 像素配对限定框调整掩模 像素配对限定框调整掩模 像素配对限定框	定义训练区域的限定框。除形状训练不支持“像素配对限定框调整掩模”，其他训练情况下均默认为此模式
2		区域形状	区域形状: CogRectangleAffine CogCircle CogEllipse CogPolygon CogRectangle CogRectangleAffine CogCircularAnnulusSection CogEllipticalAnnulusSection <无 - 使用整个图像>	选择训练区域的形状。选择“〈无－使用整个图像〉”时表示此工具使用整个输入图像作为训练模型。 区域形状如何操作如图 6.6 所示
3		所选空间名称	所选空间名称: . = 使用输入图像空间 . = 使用输入图像空间 # = 使用像素空间 @ = 使用根空间	使用输入图像空间（.）：是由用户自定义的坐标空间。 使用像素空间（#）：整个图片空间的左上角为原点的坐标系，输入图片的大小影响坐标值。 使用根空间（@）：坐标系原点同像素空间，不同处为即使图像上的像素总量改变，工具仍会自动调整根空间以保证图片上的坐标仍然是原来的坐标
4		选择模式	选择模式 原点　中心　3 点 原点　中心点　顶点X DCCK 德劭 DC001 顶点Y	当区域形状为矩形（CogRectangle）或仿射矩形（CogRectangleAffine）时可用。若选择仿射矩形，需要注意旋转角度和倾斜角度可用度数或弧度指定
5		适应图像	适应图像	单击后，左上角的训练限定框通常会放大并出现图像中央区域

续表

序号	名称		图片	说明
6	训练原点	训练原点	训练原点 所选空间名称: . = 使用输入图像空间 原点 X: 320 原点 Y: 240 屏幕 X 边长: 20 屏幕比例: 1 Y/X 旋转: 0 deg 倾斜: 0 deg	可设置训练区域的坐标系
7		中心原点	中心原点	单击后，坐标系跳至训练限定框的中心位置

CogPMAlignTool 训练区域操作方式如图 6.6 所示。

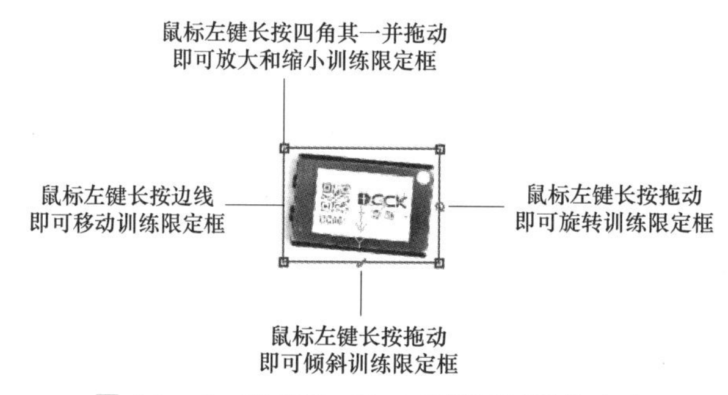

图 6.6　CogPMAlignTool 训练区域操作方式

4）CogPMAlignTool 运行参数选项卡界面。

CogPMAlignTool 运行参数选项卡界面（见图 6.7）用于指定如何在输入空间中搜索模板。

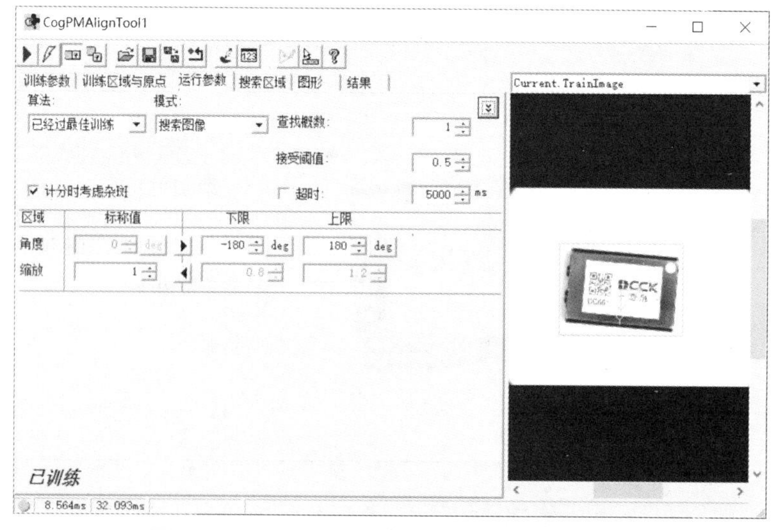

图 6.7　CogPMAlignTool 运行参数选项卡界面

CogPMAlignTool 运行参数选项卡界面常用参数如表 6.6 所示。

表 6.6 CogPMAlignTool 运行参数选项卡界面常用参数

序号	名称	图片	说明
1	算法和模式	 算法: 已经过最佳训练 模式: 搜索图像 PatMax PatQuick 已经过最佳训练 PatFlex Perspective PatMax	此两项均为默认值时，搜索效果最好
2	查找概数	查找概数: 2	指定要查找的结果数量。 有时匹配到的结果数量会和设定值有差距，主要因为搜寻的特征相似度接近
3	接受阈值	接受阈值: 0.5	指定结果分数的接受阈值，分数大于或等于此值的结果会被匹配到，否则匹配不到
4	计分时考虑杂斑	 ☑ 计分时考虑杂斑	若勾选，搜索结果时会考虑无关特征或杂乱特征，导致分数较低。 否则将不考虑无关特征或杂乱特征，分数较高但易找到同模板相似度不高的图像
5	角度	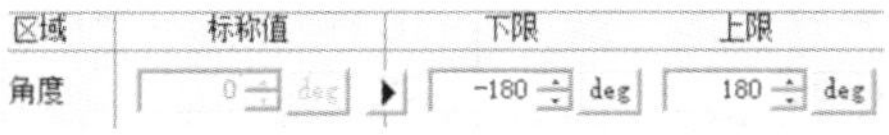 区域 标称值 下限 上限 角度 0 deg -180 deg 180 deg	单击◀按钮可切换为▶按钮，右侧角度上下限变为可编辑状态，可以设置匹配到的结果图像相对于模板图像的转动角度，如范围为（−180 deg，180 deg）
6	缩放	 缩放 1 0.8 1.2	若图像大小相同，则无须切换；若需要找到大小不同的结果图像，单击◀按钮可切换为▶按钮，右侧缩放上下限变为可编辑状态，可以设置匹配到的结果图像相对于模板图像的等比例大小

5）CogPMAlignTool 搜索区域选项卡界面。

CogPMAlignTool 搜索区域选项卡界面（见图 6.8）用于指定在对应区域形状中搜索模板。

CogPMAlignTool 搜索区域选项卡界面常用参数如表 6.7 所示。

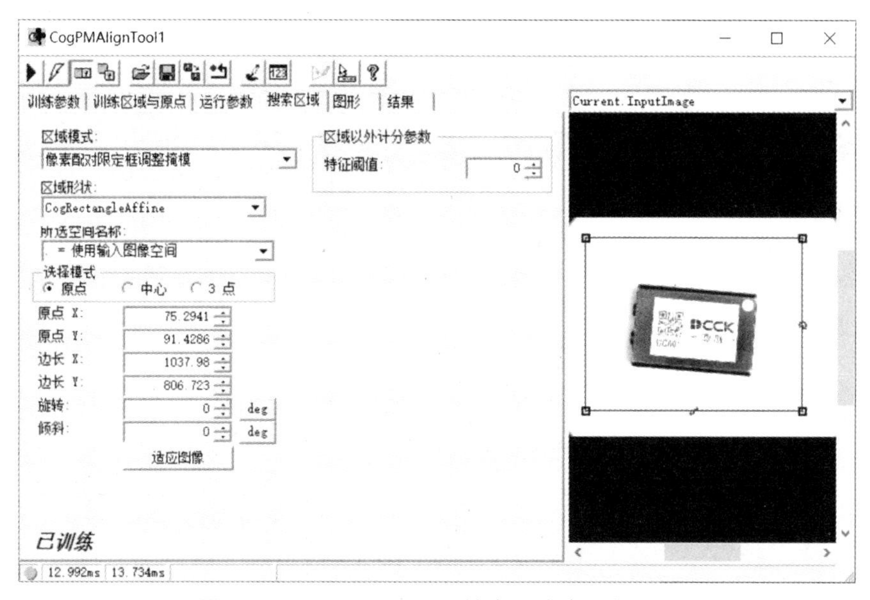

图 6.8 CogPMAlignTool 搜索区域选项卡界面

表 6.7 CogPMAlignTool 搜索区域选项卡界面常用参数

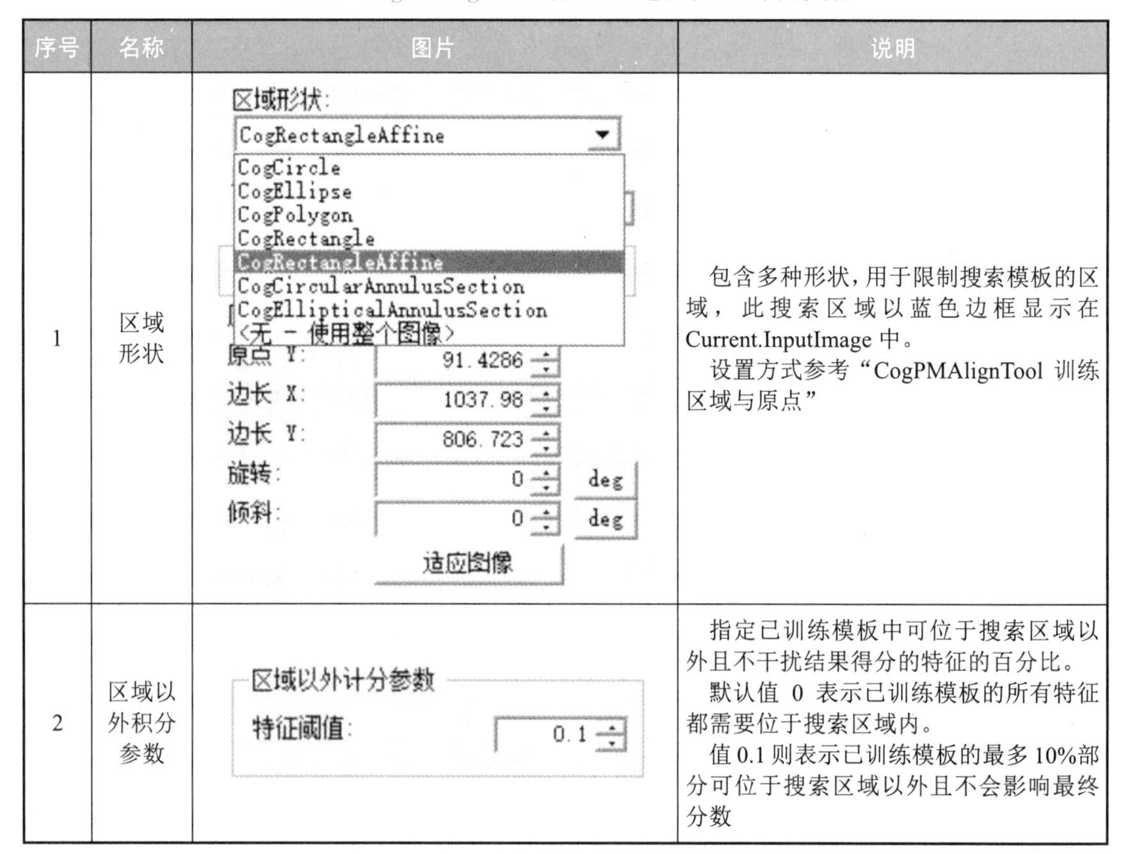

序号	名称	图片	说明
1	区域形状		包含多种形状，用于限制搜索模板的区域，此搜索区域以蓝色边框显示在Current.InputImage 中。 设置方式参考“CogPMAlignTool 训练区域与原点”
2	区域以外积分参数		指定已训练模板中可位于搜索区域以外且不干扰结果得分的特征的百分比。 默认值 0 表示已训练模板的所有特征都需要位于搜索区域内。 值 0.1 则表示已训练模板的最多 10%部分可位于搜索区域以外且不会影响最终分数

6）CogPMAlignTool 图形选项卡界面。

CogPMAlignTool 图形选项卡界面（见图 6.9）用于选择在对应图像缓冲区中显示图形。

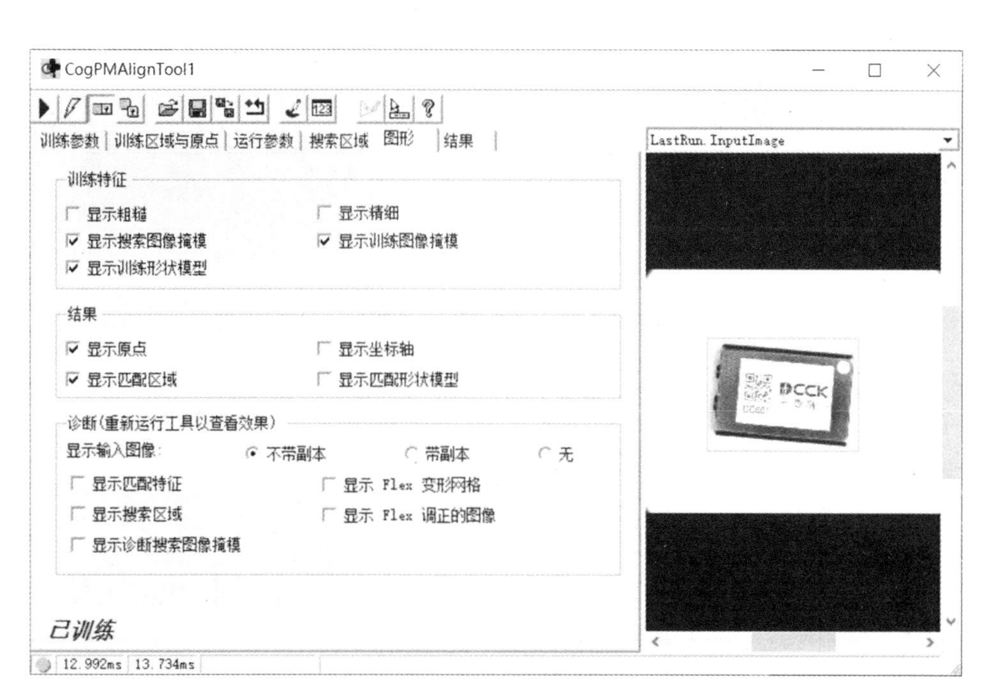

图 6.9　CogPMAlignTool 图形选项卡界面

CogPMAlignTool 图形选项卡界面常用参数如表 6.8 所示。

表 6.8　CogPMAlignTool 图形选项卡界面常用参数

序号	名称	图片	说明
1	训练特征	训练特征 □ 显示粗糙　□ 显示精细 ☑ 显示搜索图像掩模　☑ 显示训练图像掩模 ☑ 显示训练形状模型	勾选相应选项，可立即显示在 Current.TrainImage 中。 其中“显示粗糙”和“显示精细”可帮助用户查看训练图像中的特征
2	结果	结果 ☑ 显示原点　□ 显示坐标轴 ☑ 显示匹配区域　□ 显示匹配形状模型	勾选相应选项，可立即显示在 LastRun.InputImage 中
3	诊断	诊断(重新运行工具以查看效果) 显示输入图像:　◉ 不带副本　○ 带副本　○ 无 □ 显示匹配特征　□ 显示 Flex 变形网格 □ 显示搜索区域　□ 显示 Flex 调正的图像 □ 显示诊断搜索图像掩模	勾选相应选项，运行后方可显示在 LastRun.InputImage 中。 其中“显示匹配特征”可帮助用户查看匹配到的结果图像中和训练模板对应的特征

7）CogPMAlignTool 结果选项卡界面。

CogPMAlignTool 结果选项卡界面（见图 6.10）用于显示匹配到的图像的坐标等相应信息。

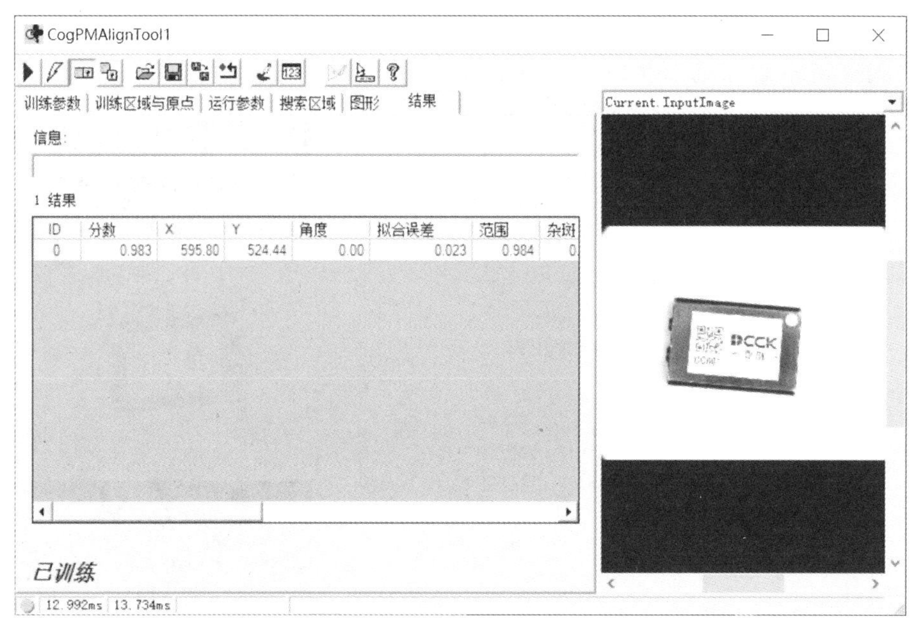

图 6.10 CogPMAlignTool 结果选项卡界面

CogPMAlignTool 结果选项卡界面常用参数如表 6.9 所示。

表 6.9 CogPMAlignTool 结果选项卡界面常用参数

序号	名称	说明
1	分数	此结果的分数。范围为 0.0 至 1.0，值越大表示越匹配，和训练模板越相似
2	*X*	匹配到结果的原点坐标 *X*
3	*Y*	匹配到结果的原点坐标 *Y*
4	角度	匹配到结果的原点旋转角度（单位为弧度）
5	拟合误差	已找到的模板与已训练模板的特征的匹配度（不考虑缺失的特征），范围为零（完美拟合）至无穷大（拟合很差），仅用于 PatMax 算法
6	范围	在搜索结果中找到的已训练模板中特征的百分比，仅用于 PatMax 算法
7	杂斑	结果中显示的无关特征数除以已训练模板中的特征数，范围为零至无穷大，仅用于 PatMax 算法
8	缩放	匹配的图像与原始模板在尺寸上的比值。若“运行参数”界面中的“缩放”未打开编辑权限，则此处找到的结果缩放为 1
9	外部区域特征	已找到模板的特征在图像外部的区域占总特征的百分比
10	外部区域	已找到模板在图像外部的区域占总面积的百分比
11	粗糙分数	允许发现此结果的最大粗糙度接受阈值。配合“运行参数”界面的“粗糙度接受阈值法”，此处的得分不能低于设定的值，否则不会作为结果
12	精细阶段	此结果是由精细特征还是由粗糙特征匹配到的结果。True 表示由精细特征得到；False 表示由粗糙特征得到

8）CogPMAlignTool 默认输入输出

CogPMAlignTool 默认输入输出如图 6.11 所示，输入为图像，输出包括匹配到最高分的位置信息和分数。

注：CogPMAlignTool 输入的图像仅支持 8 位灰度图像，不支持输入彩色图像。

图 6.11 CogPMAlignTool 默认输入输出

2. 图像定位工具

（1）CogFixtureTool 的作用

图像定位工具（即 CogFixtureTool，简称 Fixture）可以新建固定的坐标空间附加到图像上，并提供更新后的图像作为输出，供其他视觉算法工具使用。需要为此固定空间提供一个坐标空间名称，以及定义该坐标空间的 2D 坐标信息，以此获得 2D 转换。

（2）CogFixtureTool 的组成

在程序流程中，若只存在一个 CogFixtureTool，则不需要打开工具内部进行设置；若需要使用多个该工具，则可以选择更改定位空间的名称，其他参数无须设置。CogFixtureTool 默认界面如图 6.12 所示。

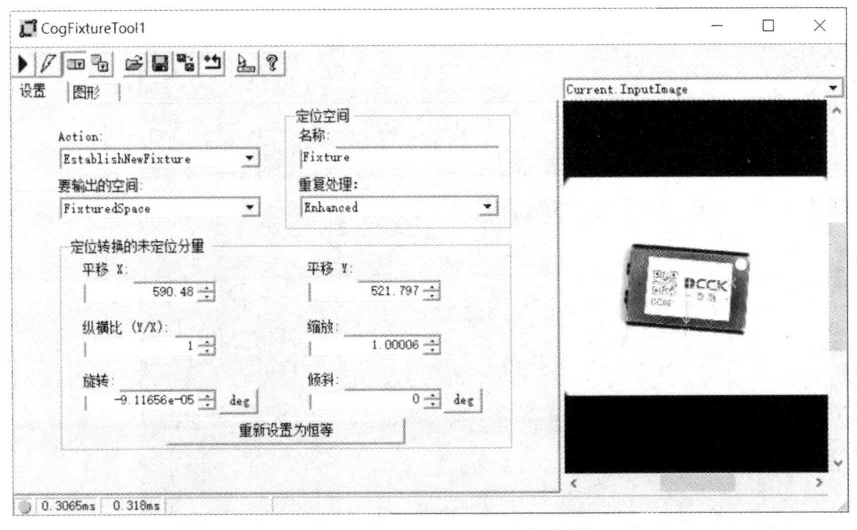

图 6.12 CogFixtureTool 默认界面

定义该坐标空间的 2D 坐标信息主要由外部进行输入，默认的输入为图像和 2D 坐标信息，输出为重建新坐标后的图像，如图 6.13 所示。

图 6.13　CogFixtureTool 默认输入输出

任务实施

PCB 板图像模板匹配与定位具体操作步骤如表 6.10 所示。

表 6.10　PCB 板图像模板匹配与定位具体操作步骤

步骤	示意图	操作说明
1		双击桌面的 DCCKVisionPlus 图标，在弹出界面新建空白解决方案
2		进入设计模式界面后可点击按钮将该解决方案保存，并命名为“项目6－PCB板尺寸测量－×××”

续表

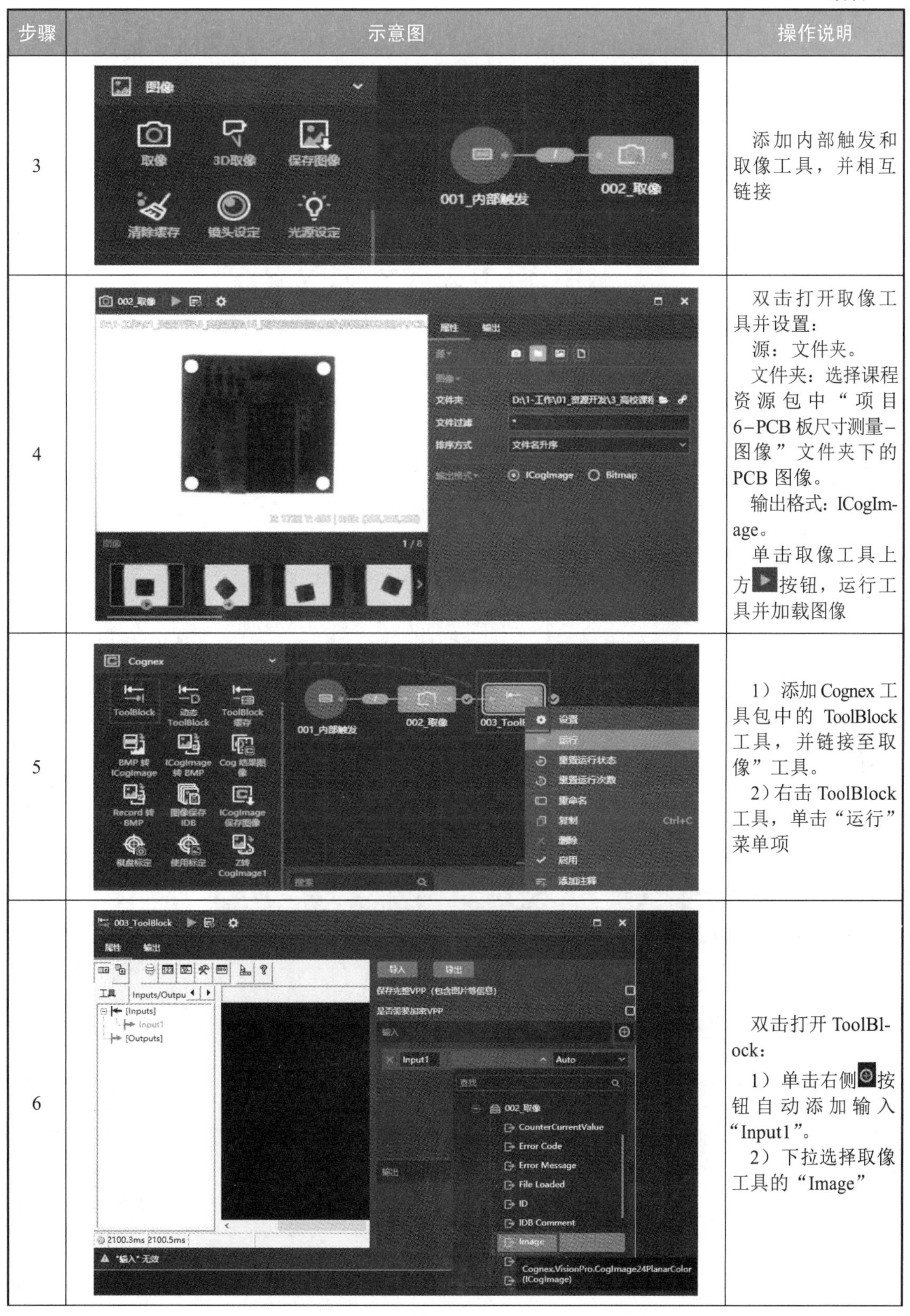

步骤	示意图	操作说明
3		添加内部触发和取像工具，并相互链接
4		双击打开取像工具并设置： 源：文件夹。 文件夹：选择课程资源包中“项目6-PCB 板尺寸测量-图像”文件夹下的 PCB 图像。 输出格式：ICogImage。 单击取像工具上方▶按钮，运行工具并加载图像
5		1）添加 Cognex 工具包中的 ToolBlock 工具，并链接至取像”工具。 2）右击 ToolBlock 工具，单击“运行”菜单项
6		双击打开 ToolBlock： 1）单击右侧⊕按钮自动添加输入“Input1”。 2）下拉选择取像工具的“Image”

续表

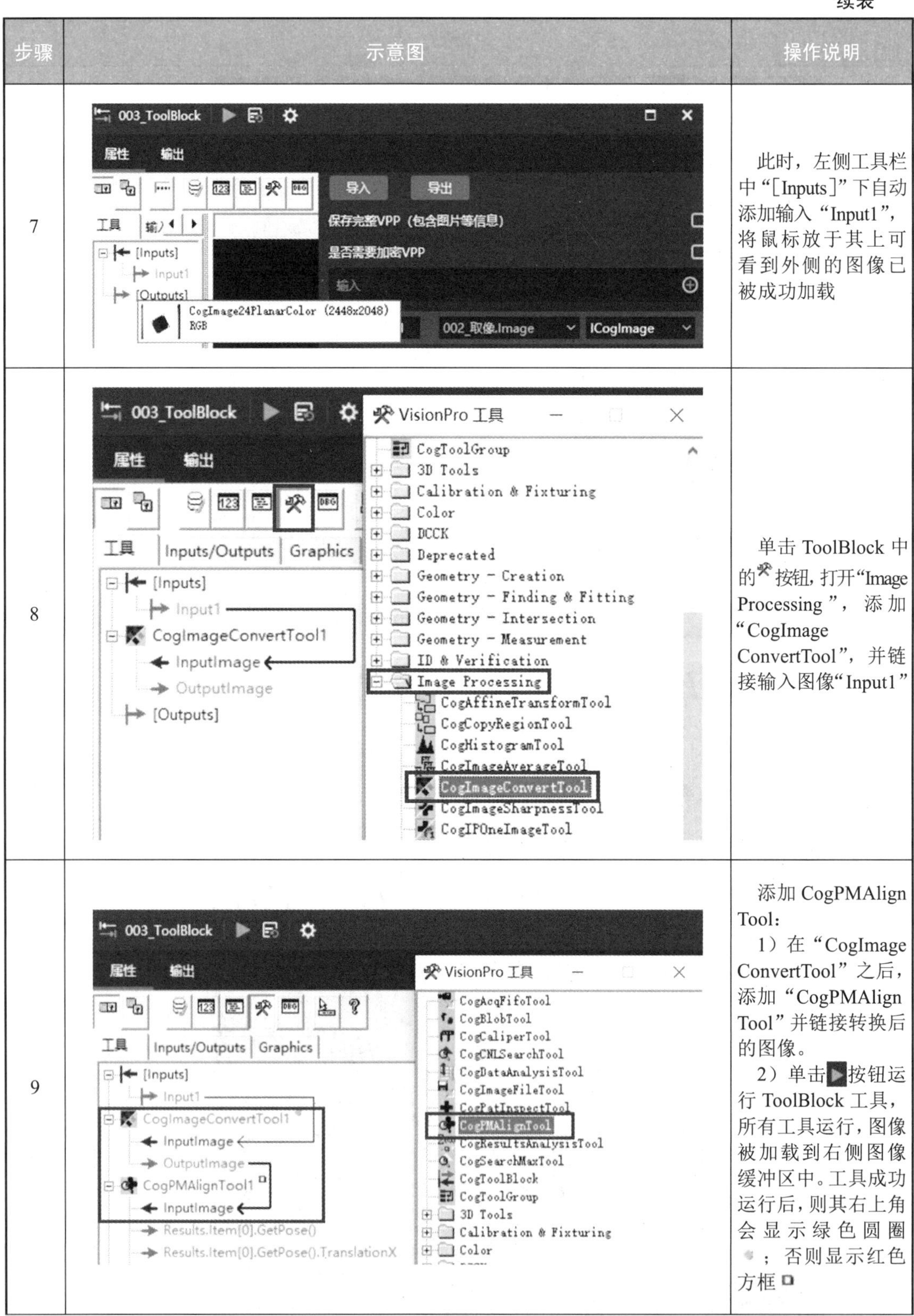

步骤	示意图	操作说明
7		此时，左侧工具栏中“[Inputs]”下自动添加输入“Input1”，将鼠标放于其上可看到外侧的图像已被成功加载
8		单击 ToolBlock 中的按钮，打开“Image Processing”，添加“CogImage ConvertTool”，并链接输入图像“Input1”
9		添加 CogPMAlign Tool： 1）在“CogImage ConvertTool”之后，添加“CogPMAlign Tool”并链接转换后的图像。 2）单击按钮运行 ToolBlock 工具，所有工具运行，图像被加载到右侧图像缓冲区中。工具成功运行后，则其右上角会显示绿色圆圈；否则显示红色方框

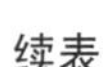

续表

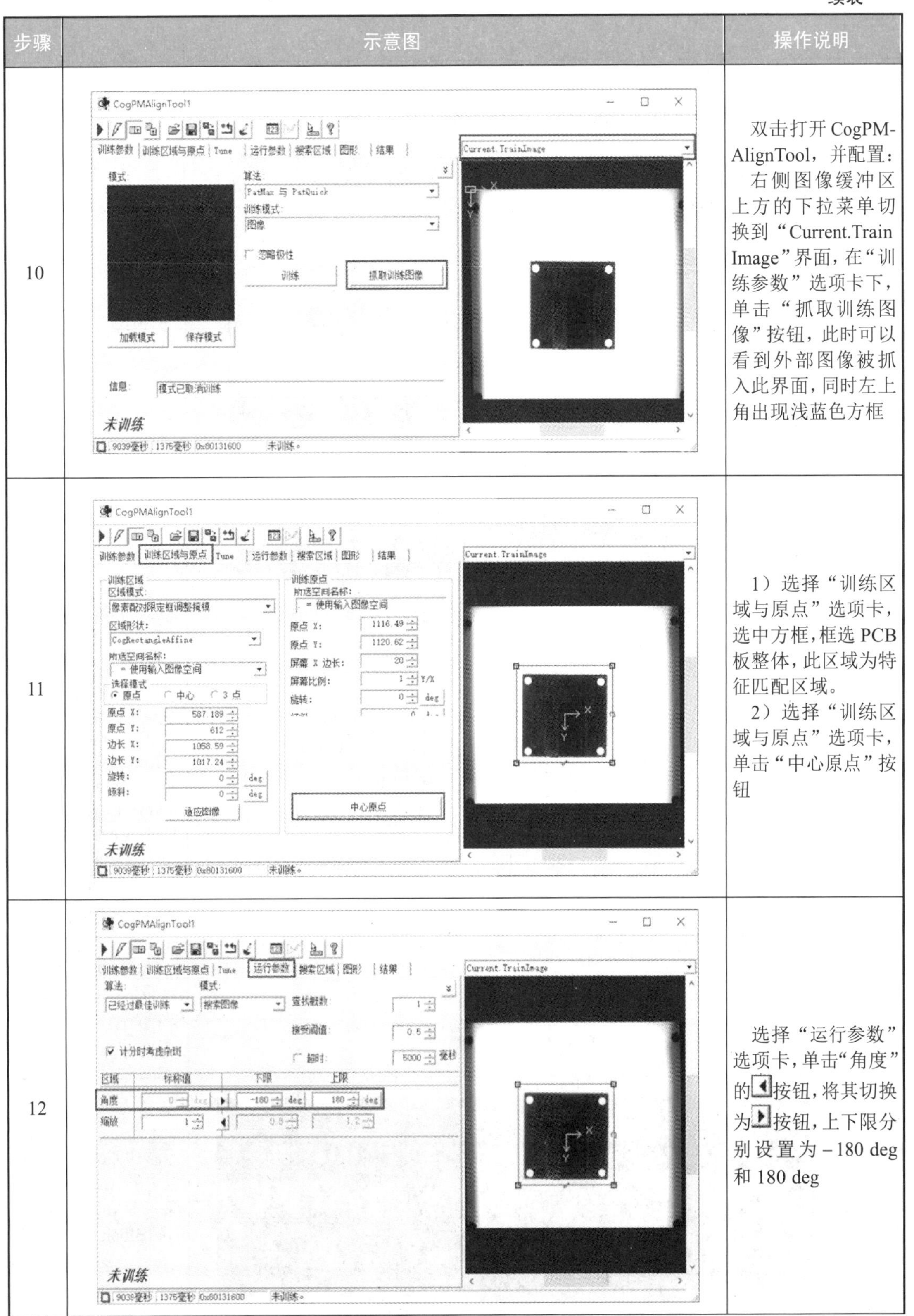

步骤	示意图	操作说明
10		双击打开 CogPM-AlignTool，并配置：右侧图像缓冲区上方的下拉菜单切换到“Current.Train Image”界面，在“训练参数”选项卡下，单击“抓取训练图像”按钮，此时可以看到外部图像被抓入此界面，同时左上角出现浅蓝色方框
11		1）选择“训练区域与原点”选项卡，选中方框，框选 PCB 板整体，此区域为特征匹配区域。 2）选择“训练区域与原点”选项卡，单击“中心原点”按钮
12		选择“运行参数”选项卡，单击“角度”的◀按钮，将其切换为▶按钮，上下限分别设置为 −180 deg 和 180 deg

续表

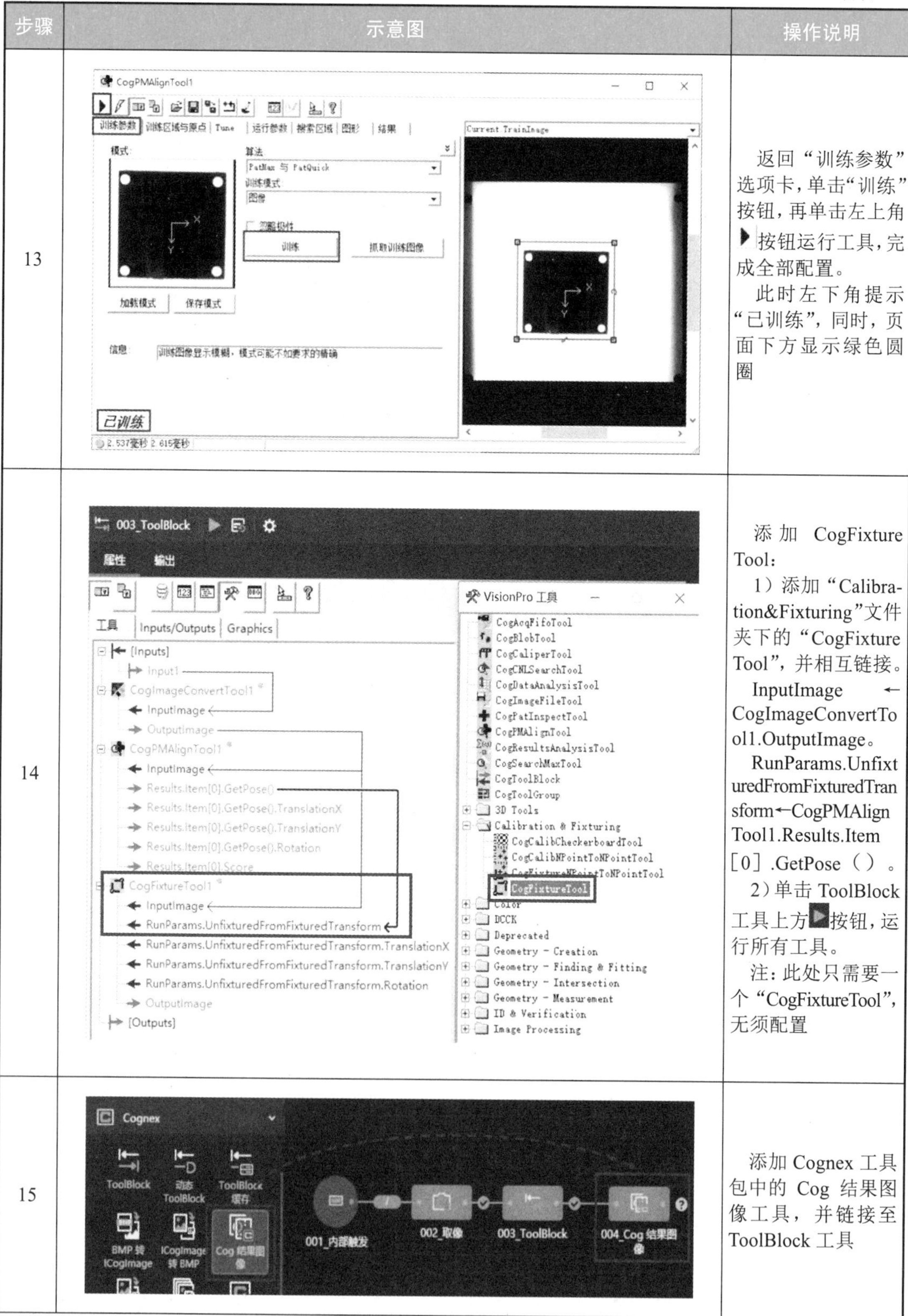

步骤	示意图	操作说明
13		返回“训练参数”选项卡，单击“训练”按钮，再单击左上角▶按钮运行工具，完成全部配置。 此时左下角提示“已训练”，同时，页面下方显示绿色圆圈
14		添加 CogFixture Tool： 1）添加“Calibration&Fixturing”文件夹下的“CogFixture Tool”，并相互链接。 InputImage ← CogImageConvertTool1.OutputImage。 RunParams.UnfixturedFromFixturedTransform←CogPMAlignTool1.Results.Item［0］.GetPose（）。 2）单击 ToolBlock 工具上方▶按钮，运行所有工具。 注：此处只需要一个“CogFixtureTool”，无须配置
15		添加 Cognex 工具包中的 Cog 结果图像工具，并链接至 ToolBlock 工具

续表

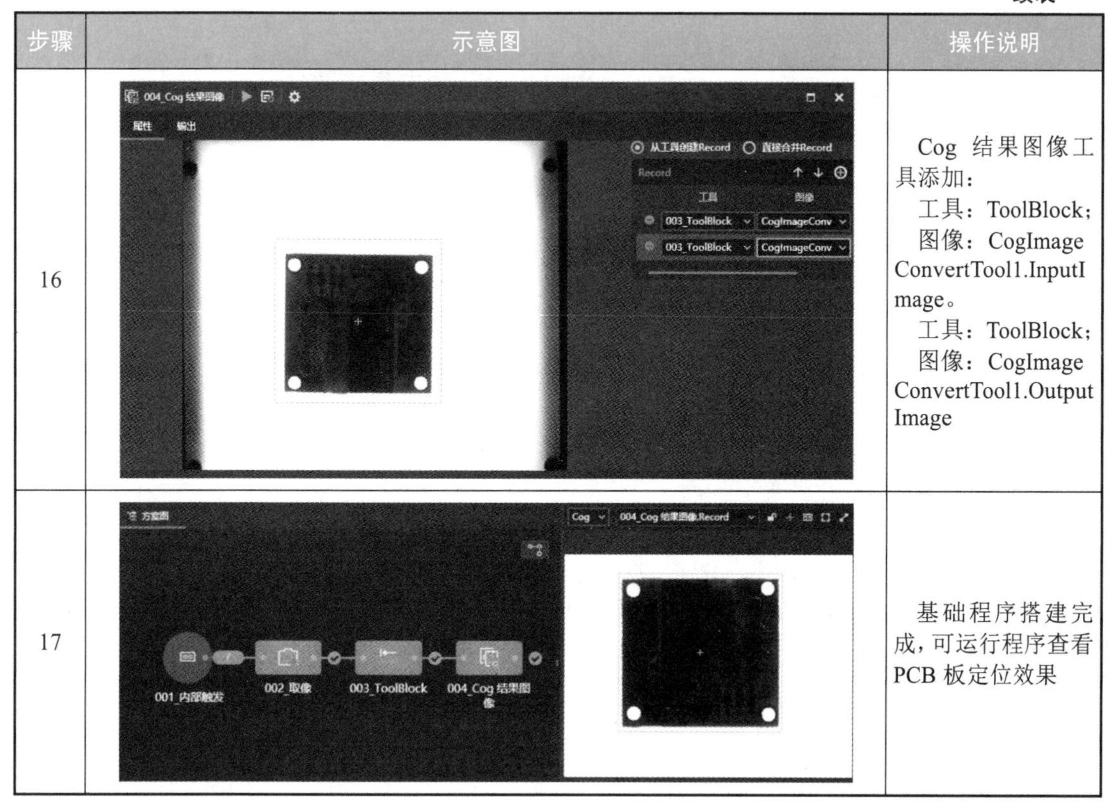

步骤	示意图	操作说明
16		Cog 结果图像工具添加： 工具：ToolBlock； 图像：CogImageConvertTool1.InputImage。 工具：ToolBlock； 图像：CogImageConvertTool1.OutputImage
17		基础程序搭建完成，可运行程序查看 PCB 板定位效果

任务评价

任务评价如表 6.11 所示。

表 6.11　任务评价

任务名称		PCB 板定位		实施日期	
序号	评价目标	任务实施评价标准		配分	得分
1	职业素养	纪律意识	自觉遵守劳动纪律，服从老师管理	5	
2		学习态度	积极上课，踊跃回答问题，保持全勤	5	
3		团队协作	分工与合作，配合紧密，相互协助解决定位过程中遇到的问题	5	
4		严格执行现场 6S 管理	整理：区分物品的用途，清除多余的东西； 整顿：物品分区放置，明确标识，方便取用； 清扫：清除垃圾和污秽，防止污染； 清洁：现场环境的洁净符合标准； 素养：养成良好习惯，积极主动； 安全：遵守安全操作规程，人走机关	5	

续表

任务名称		PCB 板定位	实施日期	
序号	评价目标	任务实施评价标准	配分	得分
5	职业技能	能新建解决方案，并按照要求命名和保存	5	
6		能从文件夹中获取 PCB 板图像	5	
7		能添加和设置工具块工具	5	
8		能添加图像模板匹配工具	5	
9		能设置图像模板匹配工具	30	
10		能添加图像定位工具	5	
11		能设置图像定位工具	10	
12		能实现 PCB 板图像定位	10	
13		能设置 PCB 板定位的结果图像	5	
合计			100	
小组成员签名				
指导教师签名				
任务评价记录		1. 存在问题 ____________ ____________ ____________ 2. 优化建议 ____________ ____________ ____________		
备注：在使用真实实训设备或工件编程调试过程中，如发生设备碰撞、零部件损坏等每处扣 10 分。				

任务总结

本任务详细介绍了图像模板匹配工具和图像定位工具的属性参数，通过演示 V+平台软件进行 PCB 板图像模板匹配和定位。模板匹配的主要目的是定位目标区域在图像中的位置，为下一步处理做好准备。

任务拓展

模板匹配是在图像中寻找目标的方法之一，类似的方法还有阈值分割、霍夫变换等。其中，阈值分割只适用于目标区域封闭，灰度对比强的图像；而霍夫变换通常只用于寻找二值图像中标准形状曲线，如直线、圆锥曲线等。

使用图像的边缘轮廓特征作为匹配的模板，在图像中搜索形状上相似的目标，可以设置角度和比例范围，可用于定位、计数和判断有无等。用户可在 V+ 平台软件中使用多组图片进行图像模板匹配与定位的拓展应用。

拓展任务要求：利用 V+ 平台软件中的图像模板匹配和定位工具，实现锂电池模板匹配与定位，如图 6.14 所示。

图 6.14　锂电池模板匹配与定位

任务检测

1）下列选项中与模板极性一致的选项有（　　）。

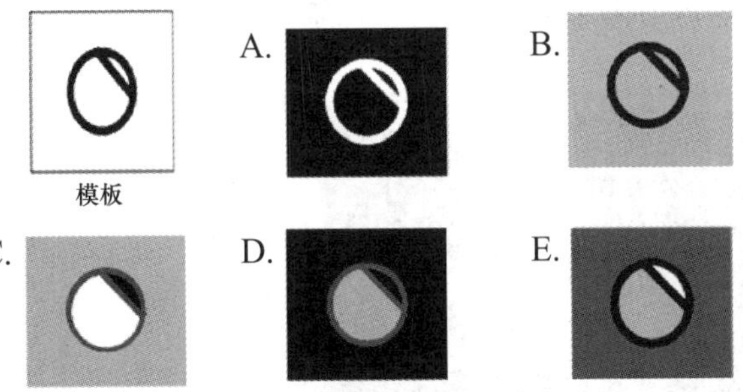

2）在 ToolBlock 工具内的空间坐标系，“#”“@”“.”分别表示（　　）。

A）像素空间、根空间、输入图像空间

B）像素空间、输入图像空间、根空间

C）输入图像空间、根空间、像素空间

D）根空间、输入图像空间、像素空间

3）CogPMAlignTool 输出的结果数据（*X*，*Y*，Angle 等）是在（　　）空间下。

A. 像素空间　　B. 输入图像空间

C. 训练区域选取空间　　D. 搜索区域选取空间

4）PatMax 算法的训练图像中，绿色的线条表示_____特征，黄色的线条表示_____特征。

5）CogPMAlignTool 是基于___________模板而不是基于像素灰度值的模板匹配工具，支持图像的___________与______________。

6）简述 CogPMAlignTool 工具建立模板的一般原则。

7）通过哪些办法可以提高 CogPMAlignTool 的运行速度？

任务 6.2　测量 PCB 板像素尺寸

任务描述

生产 PCB 电路板除了要测试其功能的完整性外，还要测量 PCB 外观尺寸，包括板上线宽、线长、线距、外形长宽、孔径、孔距、角度等尺寸。如果不严格把控，可能无法为后期通孔镀层甚至电子元件放置形成适当的连接点，就会造成生产资源的浪费，甚至导致商业竞争的成败。

目前，在国内 PCB 板生产行业主要采用机器视觉测量其尺寸，它具有非接触、检测速度快和检测精度高等特点，还能把生产过程中各工序的工作质量以及出现缺陷的情况反馈回来，供工艺控制人员分析和管理。

本任务要求利用 V+平台软件实现对 PCB 板的像素尺寸进行测量，如图 6.15 所示，具体要求如下：

1）正确使用图像边缘提取工具测量 PCB 板的像素长度和宽度。

2）正确使用图像几何特征工具找到 PCB 板 4 个圆孔 C_1，C_2，C_3 和 C_4。

3）正确使用图像几何特征工具测量 PCB 板相邻圆孔圆心像素间距 D_1，D_2，D_3 和 D_4。

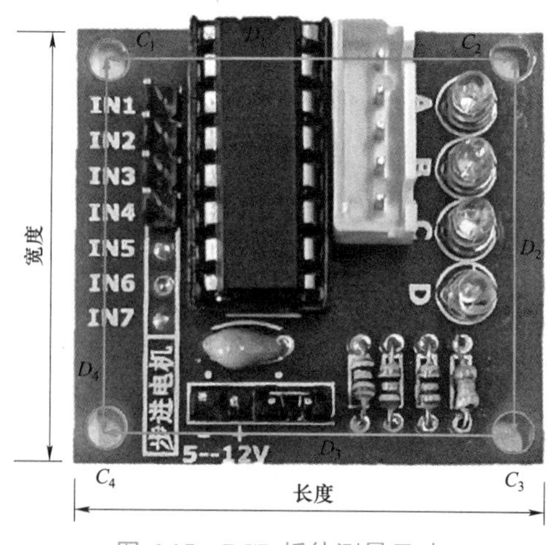

图 6.15　PCB 板待测量尺寸

PCB 板像素尺寸的测量参考方案如图 6.16 所示。

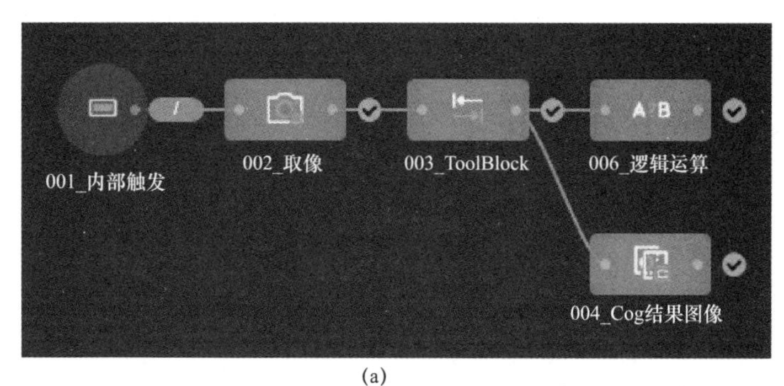

(a)

(b)

图 6.16　PCB 板像素尺寸的测量参考方案

（a）参考程序；（b）HMI 界面设计

任务目标

1）了解图像距离量度的方法。

2）掌握图像边缘提取工具的使用方法。

3）掌握图像几何特征工具的使用方法。

4）能利用 V+平台软件实现 PCB 板像素尺寸的测量。

相关知识

1. 图像边缘提取工具

（1）CogCaliperTool 的作用

图像边缘提取工具（即 CogCaliperTool，简称 Caliper）也称卡尺工具，是通过像素区域间灰阶差异来判断灰阶变化的位置的工具。可以在投影区域内搜索边或边对，其具有两种模式：单个边缘或边缘对。单边缘模式可找到一条或多条单边，边缘对模式则可找到一对或多对边对。边缘对模式也可以测量边对之间的距离。

其中，投影区域仅从图像的一小部分提取出边缘信息，由图像缓冲区“Current.Input Image”中方框（选中时为深蓝色）表示。灰色区域为模拟要查找的边缘。CogCaliperTool投影区域结构如图6.17所示。

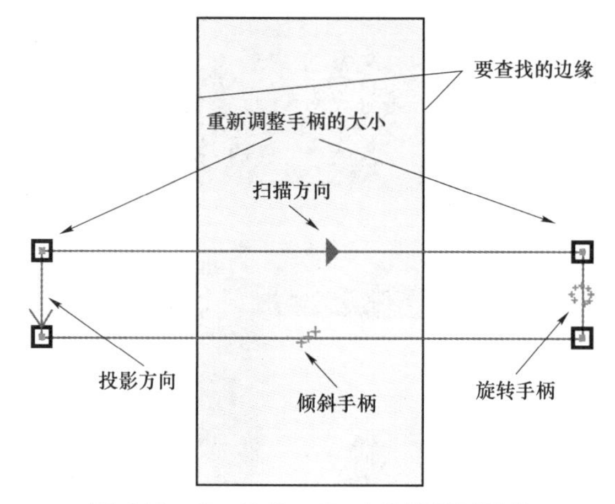

图 6.17　CogCaliperTool 投影区域结构

此方框的调整方式大致同CogPMAlignTool的训练区域框，不同之处在于此方框边缘存在2个方向：

1）投影方向。与要查找的边缘平行。将二维图像映射到一维图像中，其作用是减少处理时间，存储、维持并在一些情况下增强边线信息。其基本原理是沿投影区域的投影方向中的平行光线添加像素灰度值，将二维平面区域投影成一行，形成一维投影图像，如图6.18（a）所示。

2）扫描方向。与要查找的边缘垂直，即在此方向上存在明暗变化。其基本原理为利用滤波窗口进行卷积运算，得到过滤曲线，过滤曲线的峰值所在位置即为边缘位置，此方式还可以从输入图像中消除噪声和伪边缘，如图6.18（b）所示。

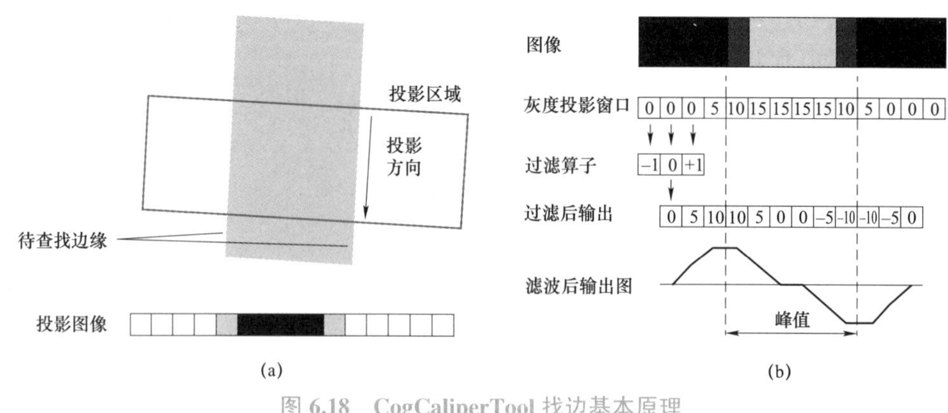

图 6.18　CogCaliperTool 找边基本原理

（a）投影方向；（b）扫描方向

（2）CogCaliperTool的组成

1）CogCaliperTool图像缓冲区。

CogCaliperTool图像缓冲区及说明如表6.12所示。

表 6.12　CogCaliperTool 图像缓冲区及说明

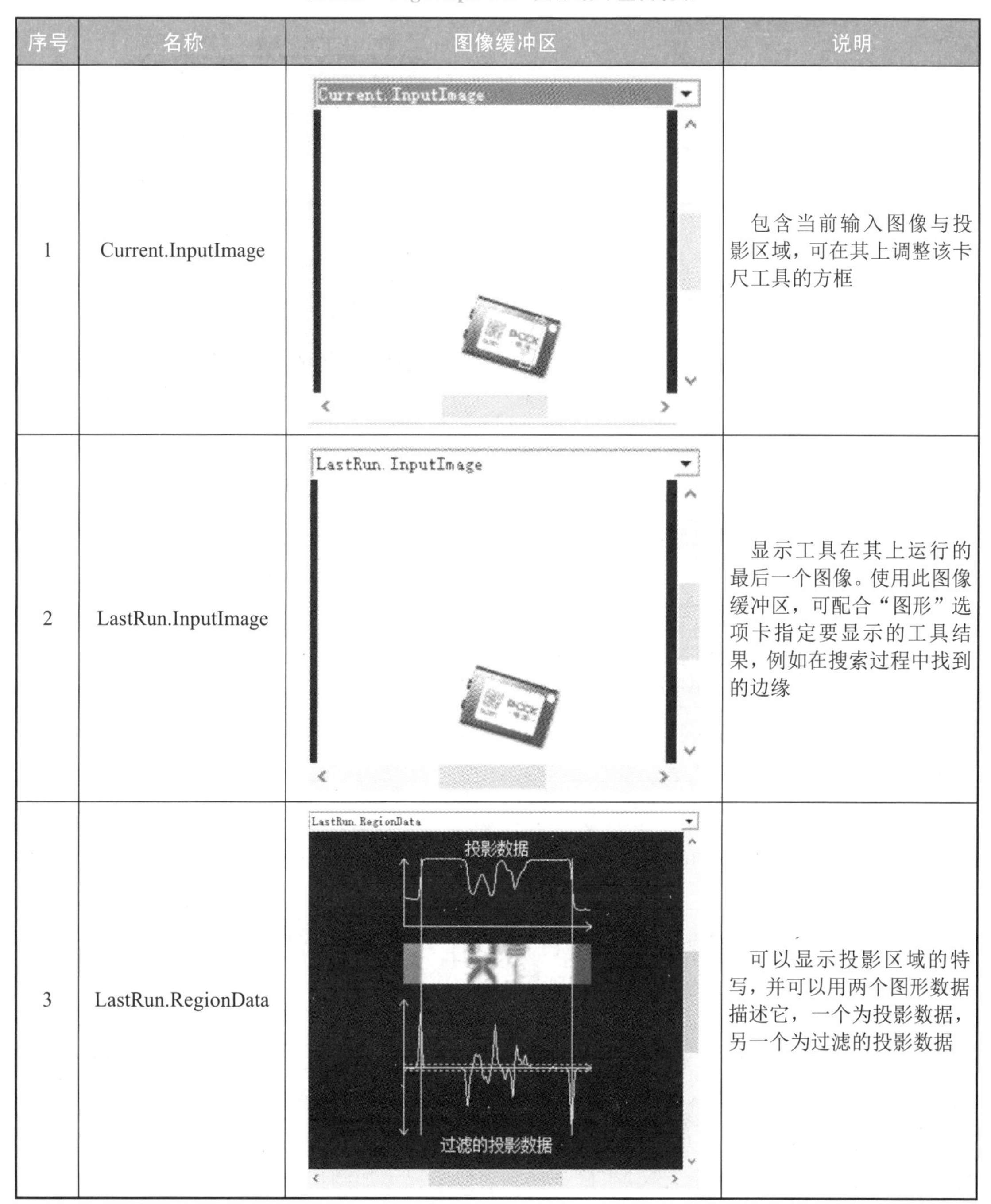

序号	名称	图像缓冲区	说明
1	Current.InputImage	Current.InputImage	包含当前输入图像与投影区域，可在其上调整该卡尺工具的方框
2	LastRun.InputImage	LastRun.InputImage	显示工具在其上运行的最后一个图像。使用此图像缓冲区，可配合“图形”选项卡指定要显示的工具结果，例如在搜索过程中找到的边缘
3	LastRun.RegionData	LastRun.RegionData 投影数据 过滤的投影数据	可以显示投影区域的特写，并可以用两个图形数据描述它，一个为投影数据，另一个为过滤的投影数据

2）CogCaliperTool 设置选项卡界面。

CogCaliperTool 设置选项卡界面定义了卡尺工具的执行模式。可以将卡尺设置为“单个边缘”或“边缘对”模式，如图 6.19 所示，其中部分参数说明如表 6.13 所示。当打开电子模式时，调节带有电子图标的参数会自动运行卡尺工具。

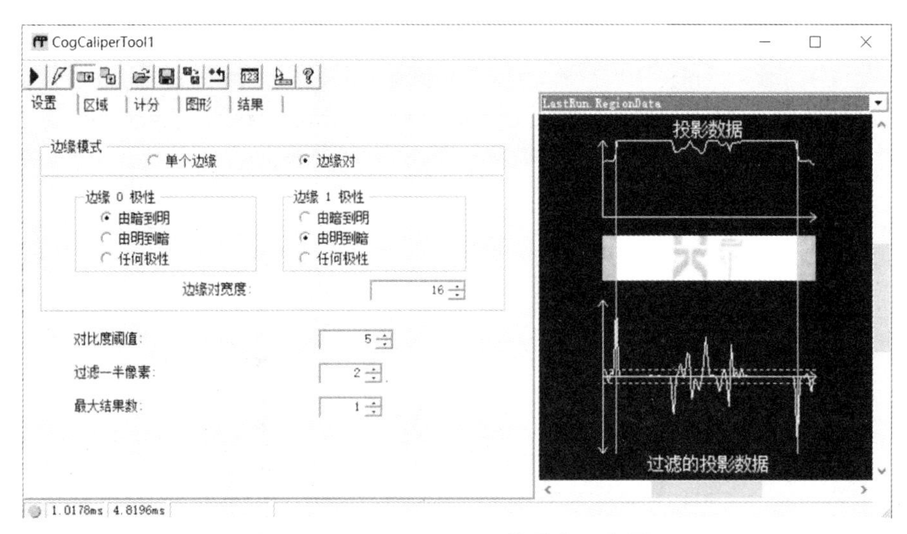

图 6.19　CogCaliperTool 设置选项卡界面

表 6.13　CogCaliperTool 设置选项卡部分参数说明

序号	参数	说明
1	边缘模式	分为“单个边缘”和“边缘对”，确定卡尺工具的搜索结果是单个边还是边对
2	边缘极性	若选择“单个边缘”模式，则仅“边缘 0 极性”值可用，这是第一（唯一）边缘的所需极性；若选择“边缘对”模式，则“边缘 0 极性”和“边缘 1 极性”值都可用，以查找两条边缘（一组结果）分别对应的极性
3	边缘对宽度	当前默认计分函数下，必须以选定空间为单位（像素或实际值）设置“边缘对宽度”，即边缘之间的距离
4	对比度阈值	在评分阶段要考虑边缘所需的最小对比度，可以消除不满足最低对比度的边线，小于此值的边会被忽略，大于此值的边会被保留，调节时可在“LastRun.RegionData”图像缓冲区　“过滤的投影数据”中，查看横轴上下两条蓝色虚线的放宽和收紧
5	过滤一半像素	指定过滤器的半宽，该值设置的太大或太小都会影响峰值，调节时可在“LastRun.RegionData”图像缓冲区　“过滤的投影数据”中，查看过滤后的边线峰值的尖锐和平缓
6	最大结果数	要查找的最多的边缘/边缘对的结果数量

3）CogCaliperTool 计分选项卡界面。

CogCaliperTool 计分选项卡可以创建用于查找边缘的评分函数的集合，可用的计分方式取决于“边缘模式”的选择。选项卡底部的列表显示已添加到集合中的功能。突出显示计分方式时，该选项卡将显示计分方式的图形，该图形会标记指定的功能参数。一般情况下，在切换“边缘模式”后，使用工具默认选择的计分方式即可，无须调整。CogCaliperTool 计分选项卡界面如图 6.20 所示。

若“边缘模式”为“单个边缘”，可以选择的计分方式有：对比度、位置、PositionNeg。默认使用“对比度”计分。

若“边缘模式”为“边缘对”，可以选择的计分方式有：对比度、位置、PositionNeg、PositionNorm、PositionNormNeg、SizeDiffNorm、SizeDiffNormAsym、SizeNorm、跨立。默认使用“SizeDiffNorm”计分。

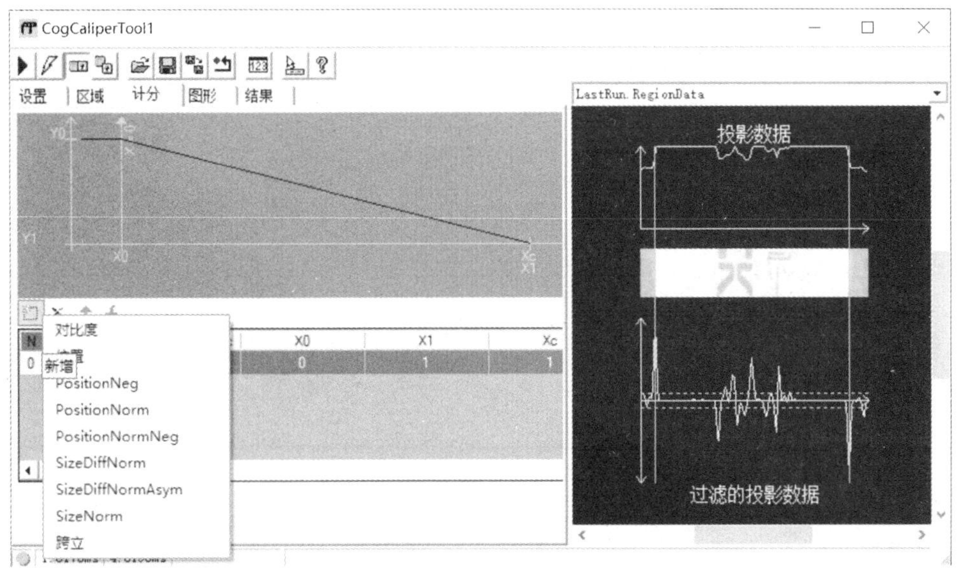

图 6.20　CogCaliperTool 计分选项卡界面

4）CogCaliperTool 图形选项卡界面。

CogCaliperTool 图形选项卡可配合图像缓冲区进行显示。其中，勾选“显示仿射转换图像”，可以在“LastRun.RegionData”中显示投影区域的特写，并可以用两个图形数据描述它，一个为“投影数据”，一个为“过滤的投影数据”。CogCaliperTool 图形选项卡界面如图 6.21 所示。

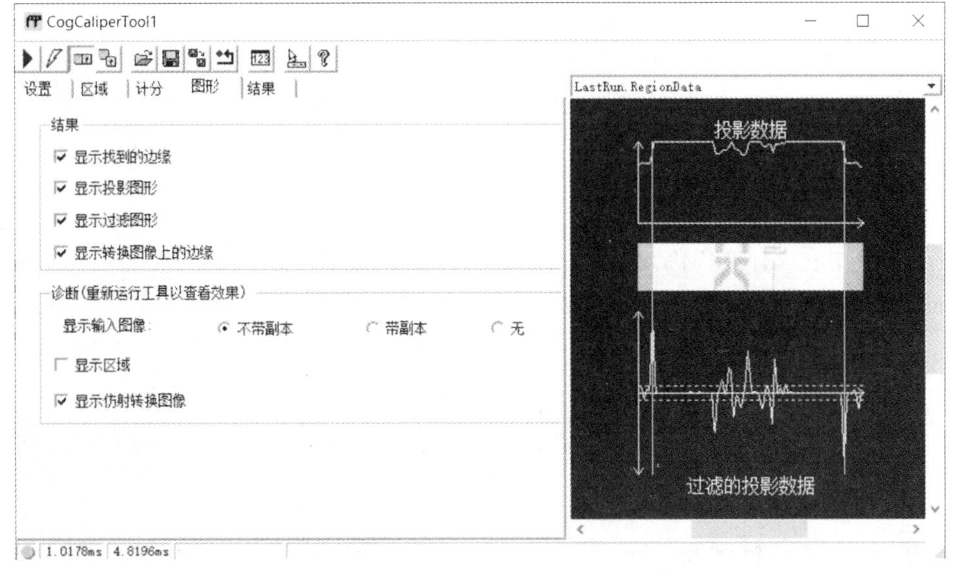

图 6.21　CogCaliperTool 图形选项卡界面

5）CogCaliperTool 结果选项卡界面。

CogCaliperTool 结果选项卡显示该工具的执行结果。CogCaliperTool 结果选项卡界面如图 6.22 所示，CogCaliperTool 结果选项卡常用参数说明如表 6.14 所示。

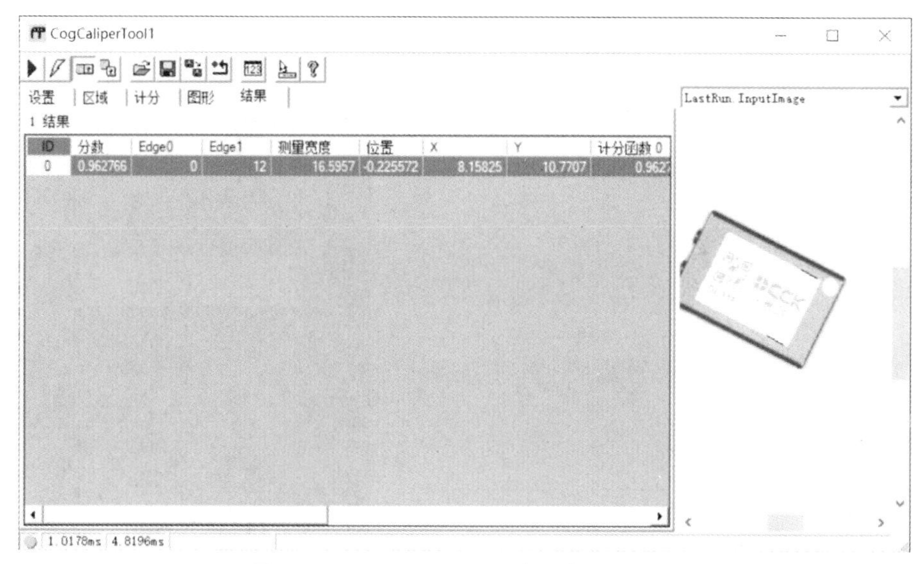

图 6.22　CogCaliperTool 结果选项卡界面

表 6.14　CogCaliperTool 结果选项卡常用参数说明

序号	参数	说明
1	得分	根据计分函数计算的结果分数
2	Edge0	得到此结果的第一条边的索引
3	Edge1	在“边缘对”模式中，得到此结果的第二条边缘的索引
4	测量宽度	在“边缘对”模式中，两个边缘（一组边缘对）之间的宽度
5	位置	沿搜索方向相对于输入区域中心的一维测量
6	*X*/*Y*	此结果位置的坐标值

CogCaliperTool 的区域选项卡界面，操作方式类似 CogPMAlignTool，不再赘述。

6）CogCaliperTool 默认输入输出。

CogCaliperTool 默认输入为灰度图像，默认输出为找到的边缘结果数量、得分最高的边缘分数、边缘 0 的位置和 *XY* 坐标值，如图 6.23 所示。“边缘模式”为“边缘对”时，常需要添加“Width”输出终端，后文实操步骤中将会进行讲解。

2. 图像几何特征工具

ToolBlock 工具内的所有几何工具都包含在以下几个文件夹中。几何工具分类如图 6.24 所示。

图 6.23　CogCaliperTool 默认输入输出　　　　图 6.24　几何工具分类

1）Geometry-Creation。包含几何工具中创建类的工具，如在图形中根据已知条件创建新的圆、直线、线段等。

2）Geometry-Finding&Fitting。包含几何工具中查找和拟合类的工具，如查找图形中已存在的一个角，通过三个已存在的点拟合一个圆等。

3）Geometry-Intersection。包含几何工具中相交类的工具，如线和线相交求交点等。

4）Geometry-Measurement。包含几何工具中测量类的工具，如点到点的距离，点到线的距离，线与线的夹角等。

以下将对部分几何工具作详细介绍。

（1）CogFindLineTool

找线工具（即 CogFindLineTool，简称 FindLine）提供了图形用户界面，该工具在图像的指定区域上运行一系列卡尺工具以定位多个边缘点，将这些边缘点进行拟合，并最终返回最适合这些输入点的线，同时产生最小的均方根（RMS）误差。用户可以使用此工具指定分析图像的区域，控制所用卡尺的数量以及查看视觉工具的结果。CogFindLineTool 的组成如下：

1）CogFindLineTool 设置选项卡界面。

CogFindLineTool 设置选项卡界面用于配置“卡尺”和图像缓冲区中的“查找线”图形将使用的预期线段。CogFindLineTool 设置选项卡界面如图 6.25 所示，CogFindLineTool 设置选项卡参数说明如表 6.15 所示。

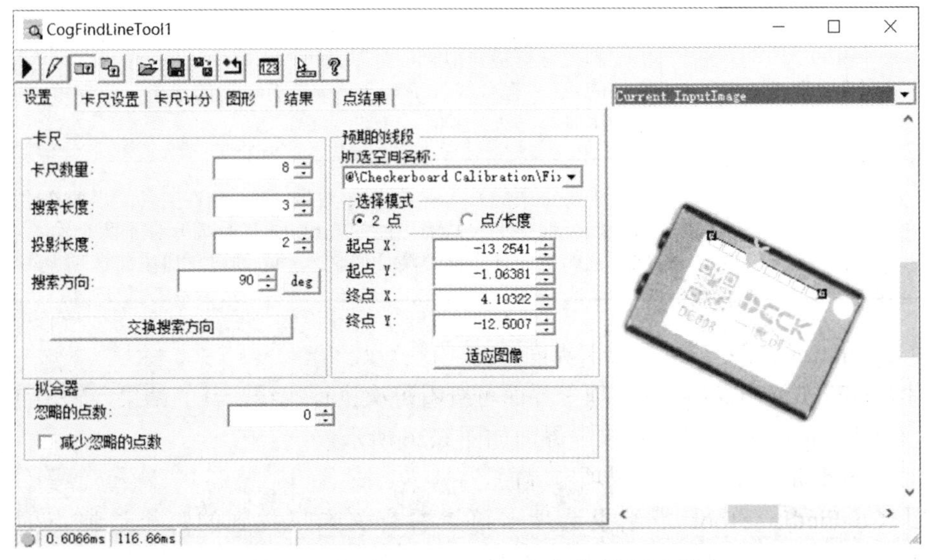

图 6.25　CogFindLineTool 设置选项卡界面

表 6.15 CogFindLineTool 设置选项卡参数说明

序号	参数		说明
1	卡尺	卡尺数量	控制“查找线”图形线段使用的卡尺的数量。该工具使用更多的卡尺可得出更准确的结果，一般至少需要两个卡尺。此外，若允许计算最佳拟合线时，在“拟合器”中忽略一个或多个点，则应使用两个以上的卡尺。为了确定要忽略的点，工具会考虑所有可能的子集，并保留产生最佳分数的集合
2		搜索长度	控制垂直于预期线段的每个卡尺的长度。用户可以使用“查找线”图形指定常规搜索长度，也可以使用此字段输入精确值
3		投影长度	控制平行于预期线段的每个卡尺的长度。用户可以使用“查找线”图形指定总体投影长度，也可以使用此字段输入精确值。不可指定单个卡尺工具重叠的投影长度，否则该工具可能会产生意外的结果
4		搜索方向	控制每个卡尺搜索边或边对的方向。默认情况下，从预期的线段开始，搜索方向为+90°。为了避免在卡尺内包含多余的边缘或其他图像特征，可以通过为搜索方向指定不同的值来调整卡尺的偏斜。用户可以使用“查找线”图形来修改方向，或使用此字段输入精确值
5		交换搜索方向	通过减去 180° 或增加 180°（如果搜索方向已经是负值）来反转搜索方向
6	预期的线段	所选空间名称	选择输入图像的空间坐标系
7		选择模式	确定是通过两点方法［两个（x，y）坐标］还是通过点/长度方法［起始（x，y）坐标，然后是线长和旋转量度］确定期望的线段，默认两点模式即可
8	拟合器	忽略的点数	控制在计算最佳拟合线时工具可以忽略的边缘点的数量。为了确定要忽略的点，“拟合线”工具会考虑所有可能的子集，并保留产生最佳分数的集合
9		减少忽略的点数	对于每个未能产生有效边缘点的卡尺，允许工具减少要忽略的点数。此功能可保护卡尺故障可能使 Fit Line 工具离开少于两个输入点的应用程序。如果允许工具忽略任何输入点，则建议启用此选项

2）CogFindLineTool 结果选项卡界面。

使用 CogFindLineTool 结果选项卡界面可查看每次执行找线工具的结果，输出包括直线和线段。CogFindLineTool 结果选项卡界面如图 6.26 所示。

3）CogFindLineTool 点结果选项卡界面。

使用 CogFindLineTool 点结果选项卡可查看有关卡尺找到的每个边缘点的信息。CogFindLineTool 点结果选项卡界面如图 6.27 所示，CogFindLineTool 点结果选项卡部分参数

说明如表 6.16 所示。

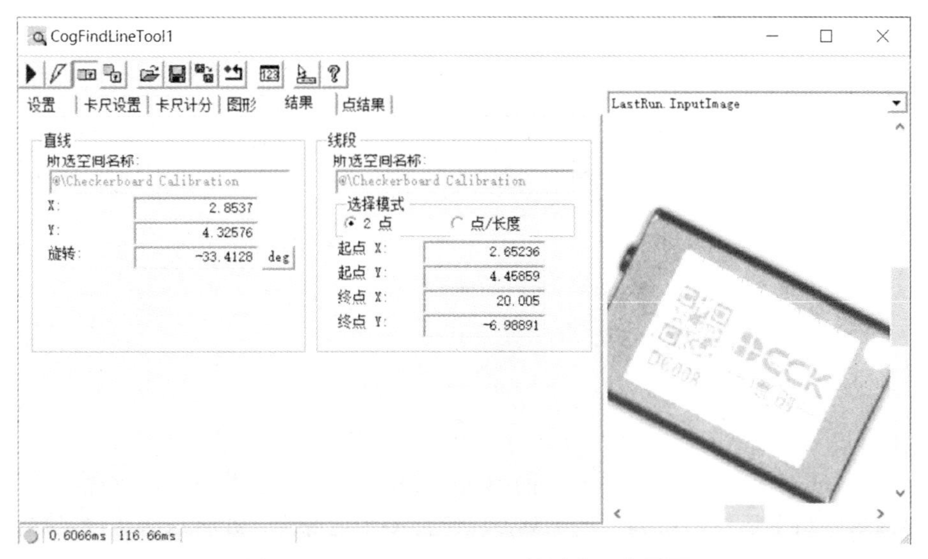

图 6.26　CogFindLineTool 结果选项卡界面

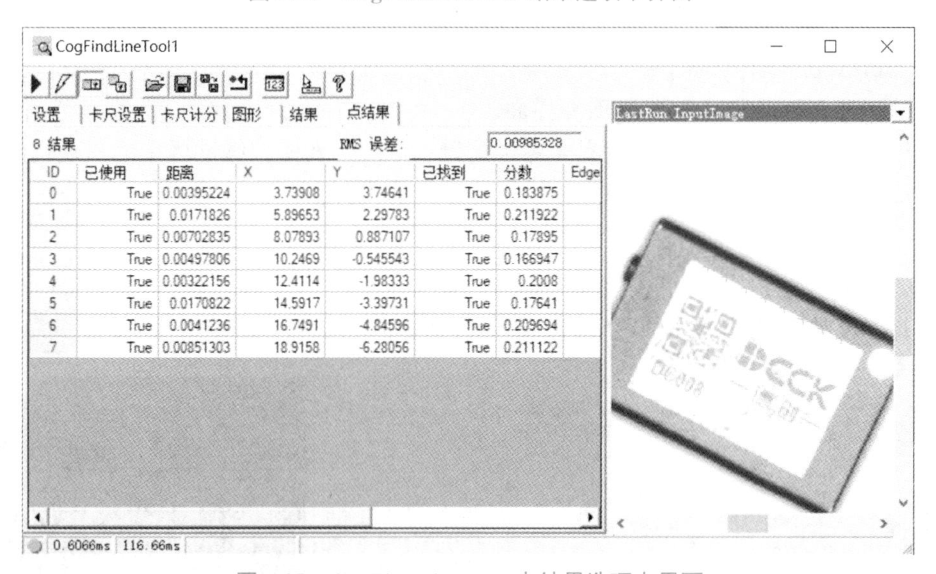

图 6.27　CogFindLineTool 点结果选项卡界面

表 6.16　CogFindLineTool 点结果选项卡部分参数说明

序号	参数	说明	序号	参数	说明
1	已使用	指示是否使用该点进行线拟合	4	已找到	指示此卡尺是否找到边缘点
2	距离	此边缘点到结果线的距离	5	分数	根据计分函数计算出的得分，范围为 0～1
3	*X*/*Y*	边缘点的 *X*/*Y* 坐标			

CogFindLineTool 的卡尺设置、卡尺计分、图形选项卡界面，操作方式类似 CogCaliperTool，不再赘述。

4）CogFindLineTool 默认输入输出。

CogFindLineTool 默认输入为灰度图像，默认输出为找到的直线和线段，如图 6.28 所示。

图 6.28　CogFindLineTool 默认输入输出

（2）CogFindCircleTool

找圆工具（即 CogFindCircleTool，简称 FindCircle）提供了图形用户界面，该工具在图像的指定圆形区域上运行一系列卡尺工具，以定位多个边缘点，并将这些边缘点提供给基础的拟合圆工具，以及最终返回最适合这些输入点的圆，同时生成最小的均方根（RMS）误差。该工具使用户可以指定分析图像的区域，控制所用卡尺的数量以及查看视觉工具的结果。CogFindCircleTool 的组成如下：

1）CogFindCircleTool 设置选项卡界面。

CogFindCircleTool 设置选项卡界面用于配置“卡尺”和图像缓冲区中的“查找圆”图形将使用的预期线段。CogFindCircleTool 设置选项卡界面如图 6.29 所示。

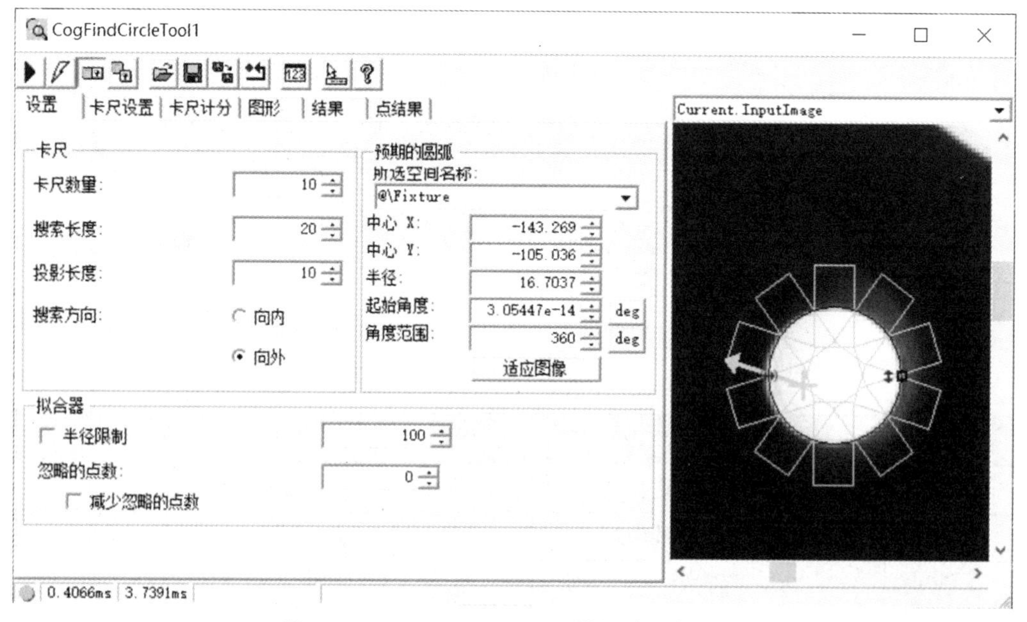

图 6.29　CogFindCircleTool 设置选项卡界面

“查找圆”图形将使用的预期线段在图像缓冲区中的操作方法如图 6.30 所示。

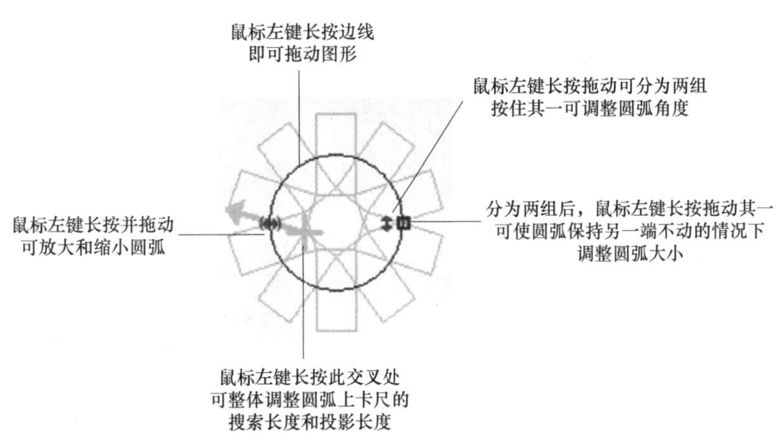

图 6.30　“查找圆”图形将使用的预期线段在图像缓冲区中的操作方法

CogFindCircleTool 设置选项卡大部分内容同 CogFindLineTool，部分不同参数说明如表 6.17 所示。

表 6.17　CogFindCircleTool 设置选项卡部分不同参数说明

序号	参数		说明
1	卡尺	搜索方向	控制每个卡尺搜索边或边对的方向，默认为向外
2	预期的圆弧		除在图像缓冲区中直接对圆弧图形操作外，还可在此进行输入，其中可在“角度范围”中输入 360 使圆弧快速变为圆形
3	拟合器	半径限制	若勾选，则可以为最适合输入点的圆指定精确的半径

CogFindCircleTool 的卡尺设置、卡尺计分、图形、结果、点结果选项卡界面，操作方式类似 CogFindLineTool，不再赘述。

2）CogFindCircleTool 默认输入输出。

CogFindCircleTool 默认输入为灰度图像，默认输出为找到的圆形、圆弧、圆心 *XY* 坐标值和圆的半径，如图 6.31 所示。

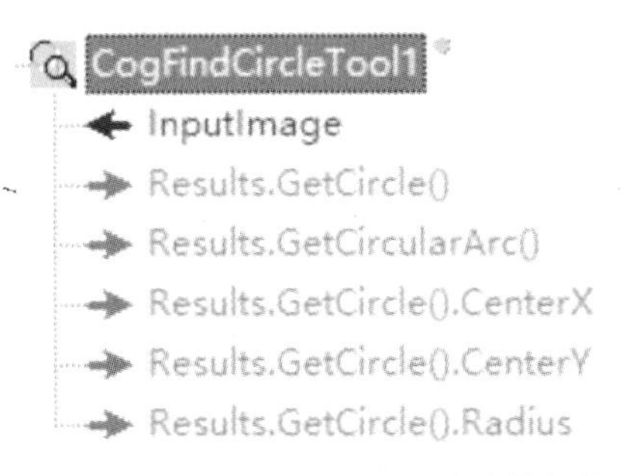

图 6.31　CogFindCircleTool 默认输入输出

（3）CogDistancePointPointTool

点到点距离工具（即 CogDistancePointPointTool，简称 DistancePointPoint）提供了图形用户界面，可返回点（StartX，StartY）与点（EndX，EndY）之间的线段长度。该工具允许

配置这两个点（如其他工具的输出点），指定在工具执行时显示哪些图形，并查看工具结果。CogDistancePointPointTool 的组成如下：

1）CogDistancePointPointTool 默认整体界面。

CogDistancePointPointTool 默认整体界面如图 6.32 所示。

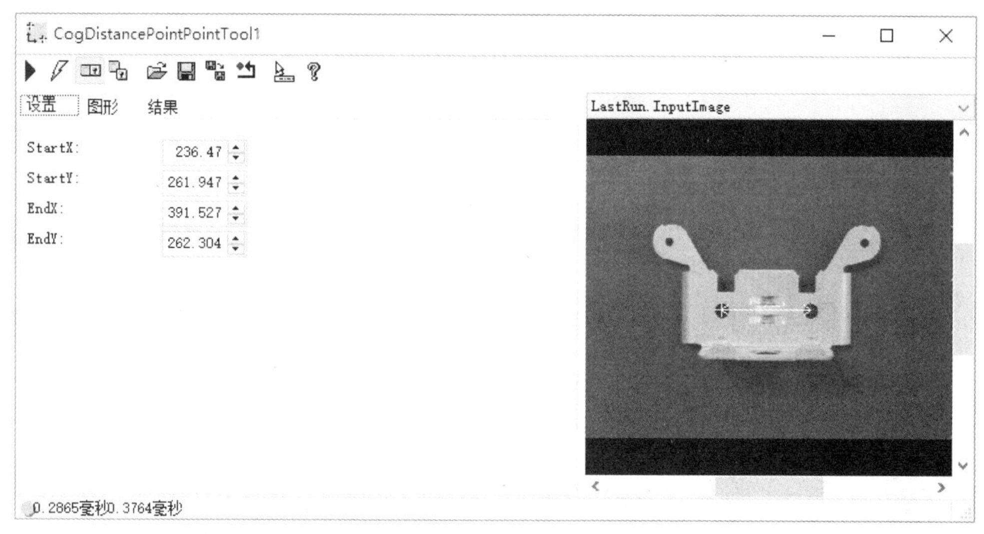

图 6.32　CogDistancePointPointTool 默认整体界面

2）CogDistancePointPointTool 默认输入输出。

CogDistancePointPointTool 默认输入为灰度图像、点（StartX，StartY）与点（EndX，EndY）的 *XY* 坐标值，默认输出为两点之间的距离、两点之间连线与水平面的角度，如图 6.33 所示。

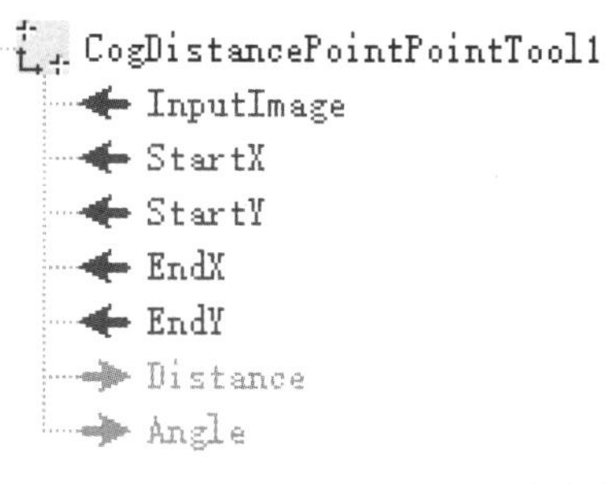

图 6.33　CogDistancePointPointTool 默认输入输出

其他几何工具操作方式类似，且大部分工具在运用过程中只需基于查找工具输出的参数进行链接即可得到结果，不再赘述。

任务实施

1. 测量 PCB 板像素尺寸

PCB 板像素尺寸测量具体操作步骤如表 6.18 所示。

表 6.18　PCB 板像素尺寸测量具体操作步骤

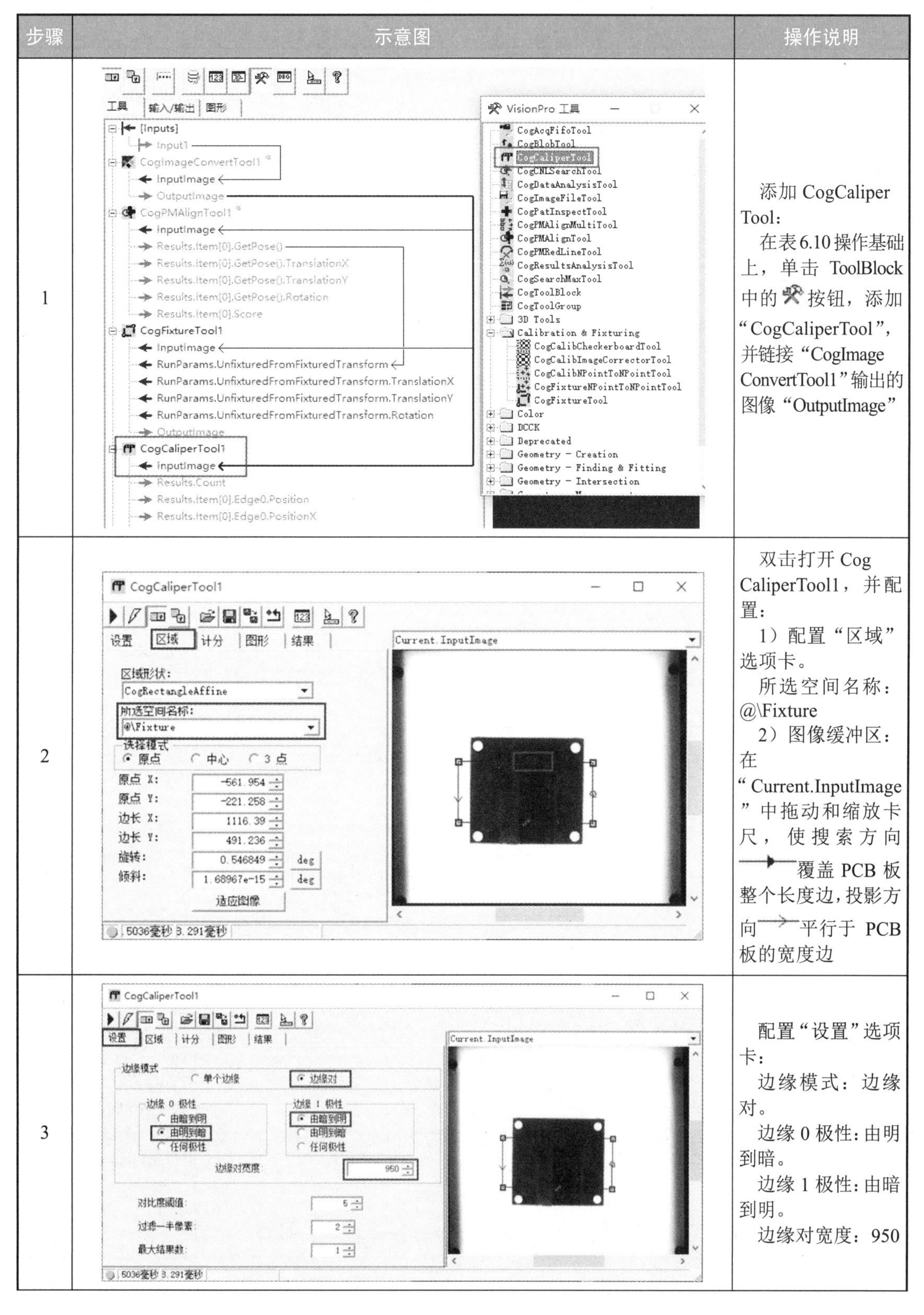

步骤	示意图	操作说明
1		添加 CogCaliper Tool： 在表 6.10 操作基础上，单击 ToolBlock 中的按钮，添加“CogCaliperTool”，并链接“CogImage ConvertTool1”输出的图像“OutputImage”
2		双击打开 Cog CaliperTool1，并配置： 1）配置“区域”选项卡。 所选空间名称：@\Fixture 2）图像缓冲区：在“Current.InputImage”中拖动和缩放卡尺，使搜索方向覆盖 PCB 板整个长度边，投影方向平行于 PCB 板的宽度边
3		配置“设置”选项卡： 边缘模式：边缘对。 边缘 0 极性：由明到暗。 边缘 1 极性：由暗到明。 边缘对宽度：950

续表

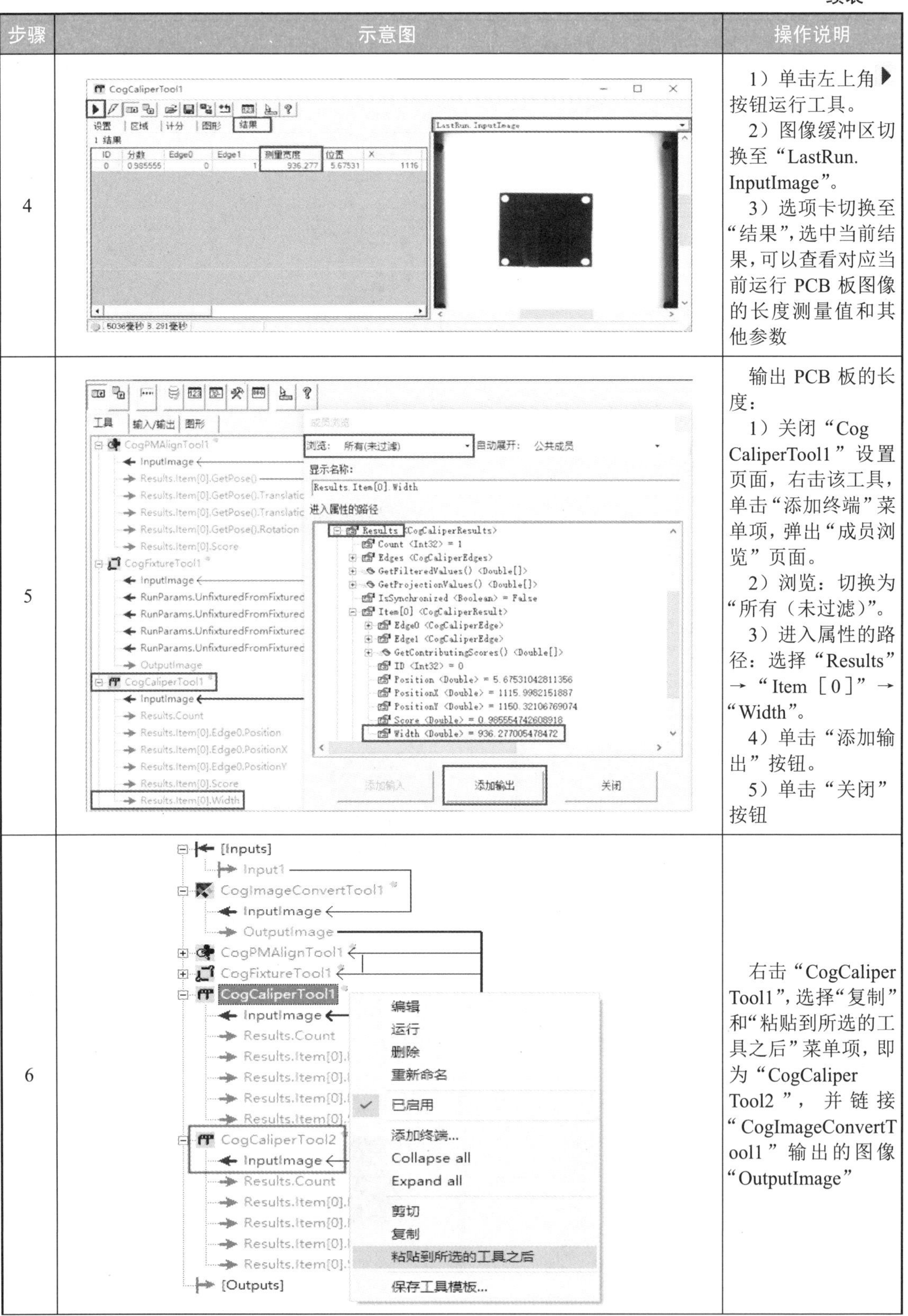

步骤	示意图	操作说明
4		1）单击左上角▶按钮运行工具。 2）图像缓冲区切换至“LastRun.InputImage”。 3）选项卡切换至“结果”，选中当前结果，可以查看对应当前运行PCB板图像的长度测量值和其他参数
5		输出PCB板的长度： 1）关闭“CogCaliperTool1”设置页面，右击该工具，单击“添加终端”菜单项，弹出“成员浏览”页面。 2）浏览：切换为“所有（未过滤）”。 3）进入属性的路径：选择“Results”→“Item［0］”→“Width”。 4）单击“添加输出”按钮。 5）单击“关闭”按钮
6		右击“CogCaliperTool1”，选择“复制”和“粘贴到所选的工具之后”菜单项，即为“CogCaliperTool2”，并链接“CogImageConvertTool1”输出的图像“OutputImage”

续表

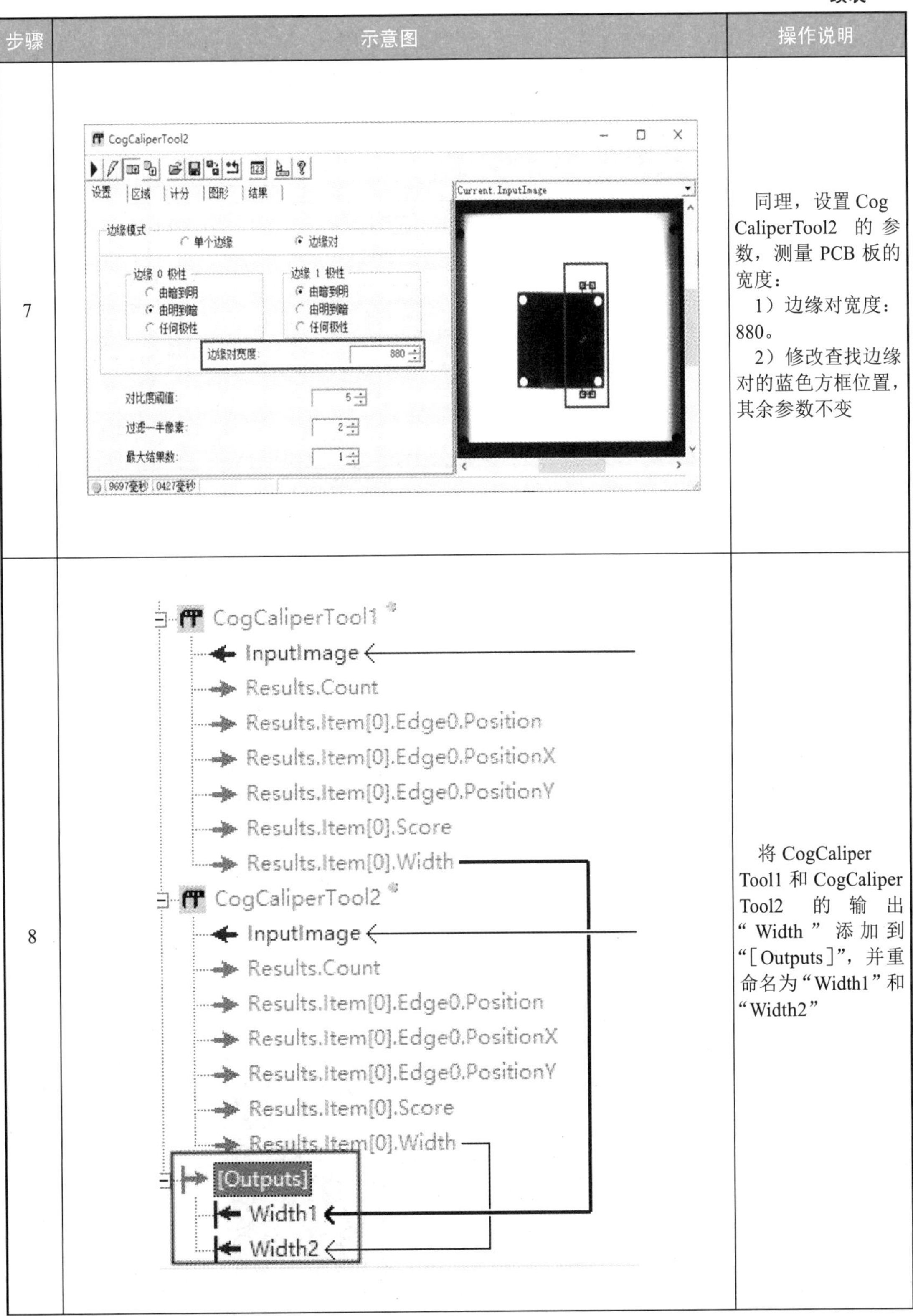

步骤	示意图	操作说明
7		同理，设置 CogCaliperTool2 的参数，测量 PCB 板的宽度： 1）边缘对宽度：880。 2）修改查找边缘对的蓝色方框位置，其余参数不变
8		将 CogCaliperTool1 和 CogCaliperTool2 的输出“Width”添加到“[Outputs]”，并重命名为“Width1”和“Width2”

续表

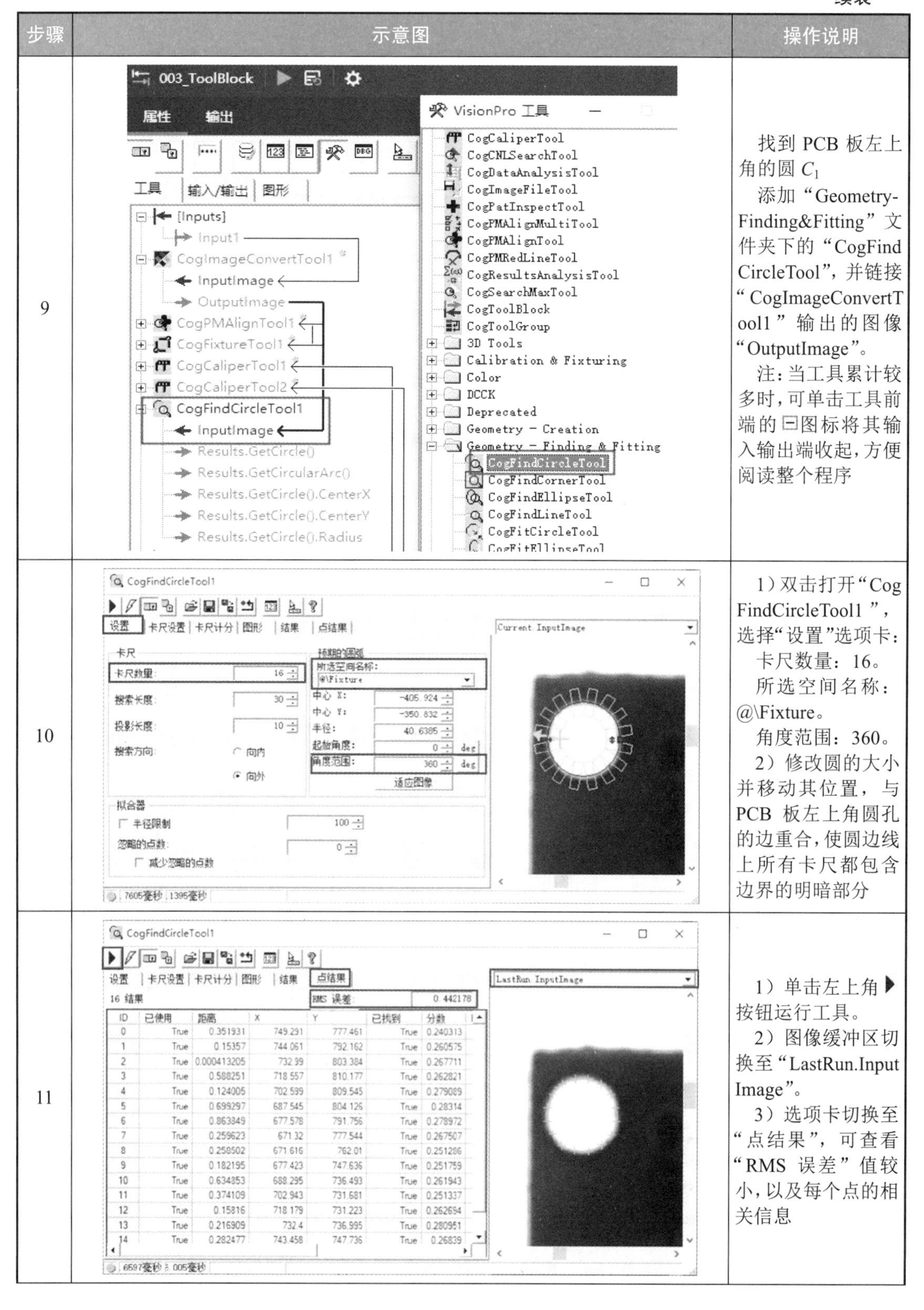

步骤	示意图	操作说明
9		找到 PCB 板左上角的圆 C_1 添加“Geometry-Finding&Fitting”文件夹下的“CogFindCircleTool”，并链接“CogImageConvertTool1”输出的图像“OutputImage”。 注：当工具累计较多时，可单击工具前端的⊟图标将其输入输出端收起，方便阅读整个程序
10		1）双击打开“CogFindCircleTool1”，选择“设置”选项卡： 卡尺数量：16。 所选空间名称：@\Fixture。 角度范围：360。 2）修改圆的大小并移动其位置，与 PCB 板左上角圆孔的边重合，使圆边线上所有卡尺都包含边界的明暗部分
11		1）单击左上角▶按钮运行工具。 2）图像缓冲区切换至“LastRun.InputImage”。 3）选项卡切换至“点结果”，可查看“RMS 误差”值较小，以及每个点的相关信息

续表

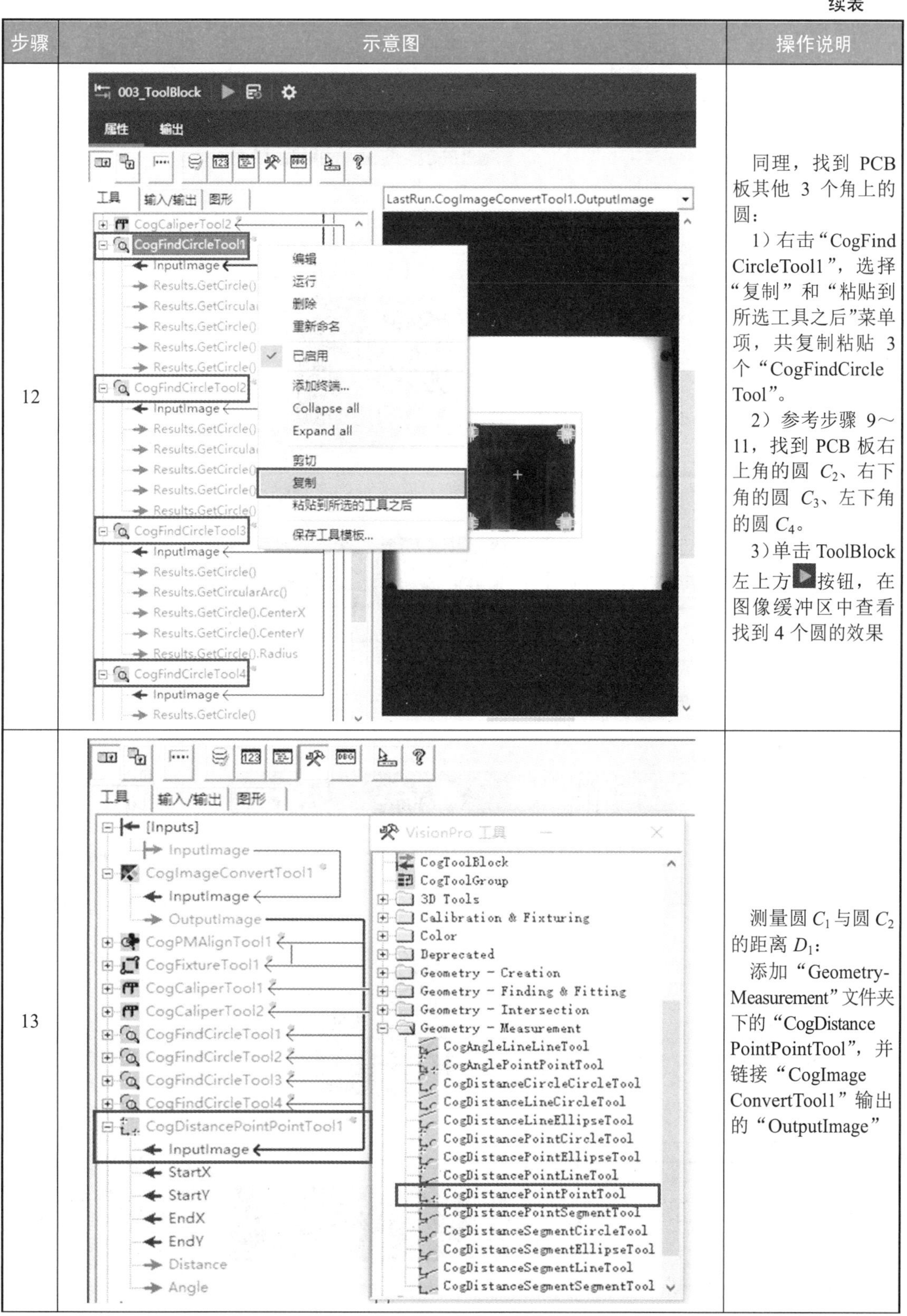

步骤	示意图	操作说明
12		同理，找到 PCB 板其他 3 个角上的圆： 1）右击“CogFindCircleTool1”，选择“复制”和“粘贴到所选工具之后”菜单项，共复制粘贴 3 个“CogFindCircleTool”。 2）参考步骤 9～11，找到 PCB 板右上角的圆 C_2、右下角的圆 C_3、左下角的圆 C_4。 3）单击 ToolBlock 左上方▶按钮，在图像缓冲区中查看找到 4 个圆的效果
13		测量圆 C_1 与圆 C_2 的距离 D_1： 添加“Geometry-Measurement”文件夹下的“CogDistancePointPointTool”，并链接“CogImageConvertTool1”输出的“OutputImage”

续表

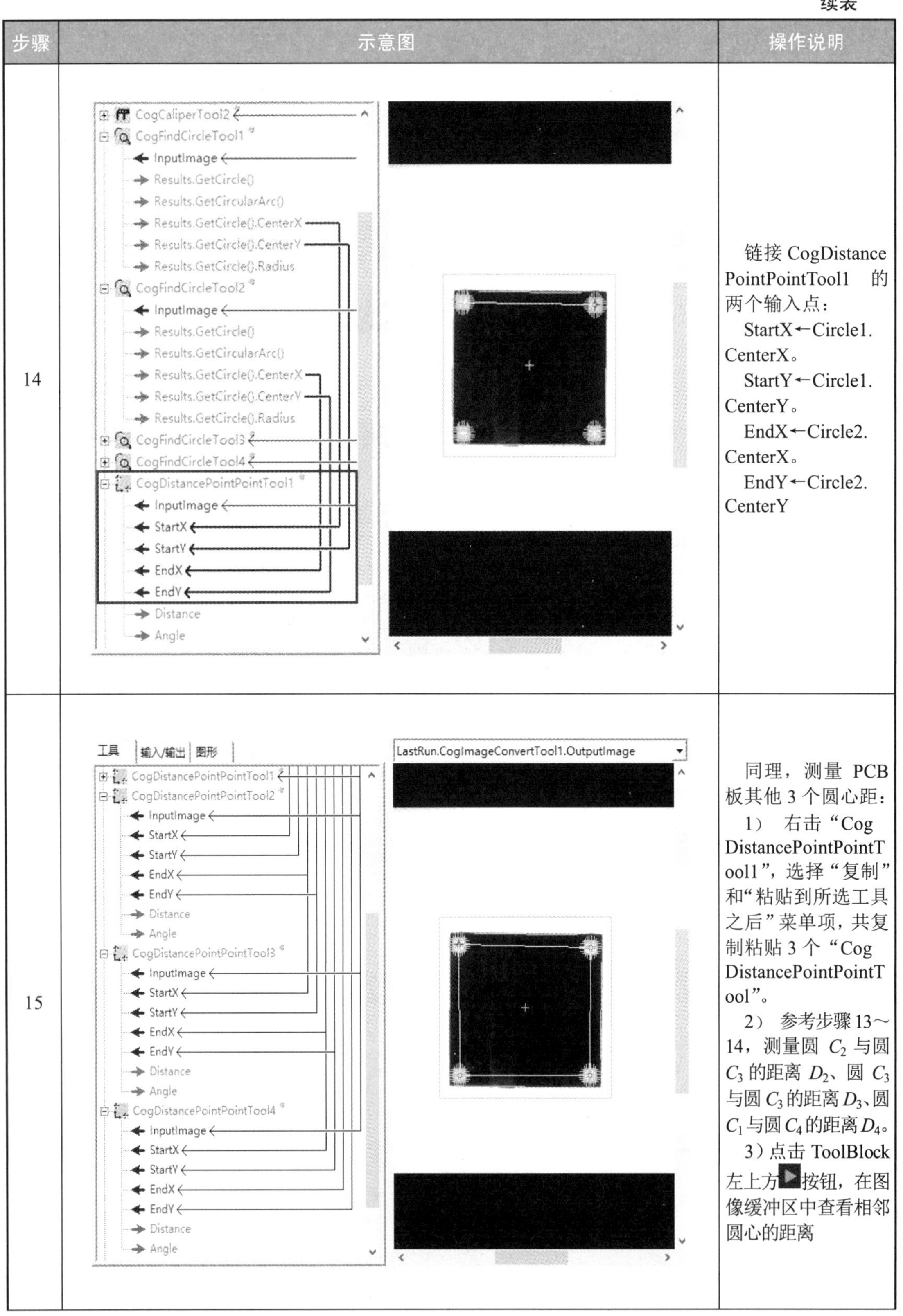

步骤	示意图	操作说明
14		链接 CogDistancePointPointTool1 的两个输入点： StartX←Circle1.CenterX。 StartY←Circle1.CenterY。 EndX←Circle2.CenterX。 EndY←Circle2.CenterY
15		同理，测量 PCB 板其他 3 个圆心距： 1） 右击“CogDistancePointPointTool1”，选择“复制”和“粘贴到所选工具之后”菜单项，共复制粘贴 3 个“CogDistancePointPointTool”。 2） 参考步骤 13～14，测量圆 C_2 与圆 C_3 的距离 D_2、圆 C_3 与圆 C_3 的距离 D_3、圆 C_1 与圆 C_4 的距离 D_4。 3）点击 ToolBlock 左上方▶按钮，在图像缓冲区中查看相邻圆心的距离

续表

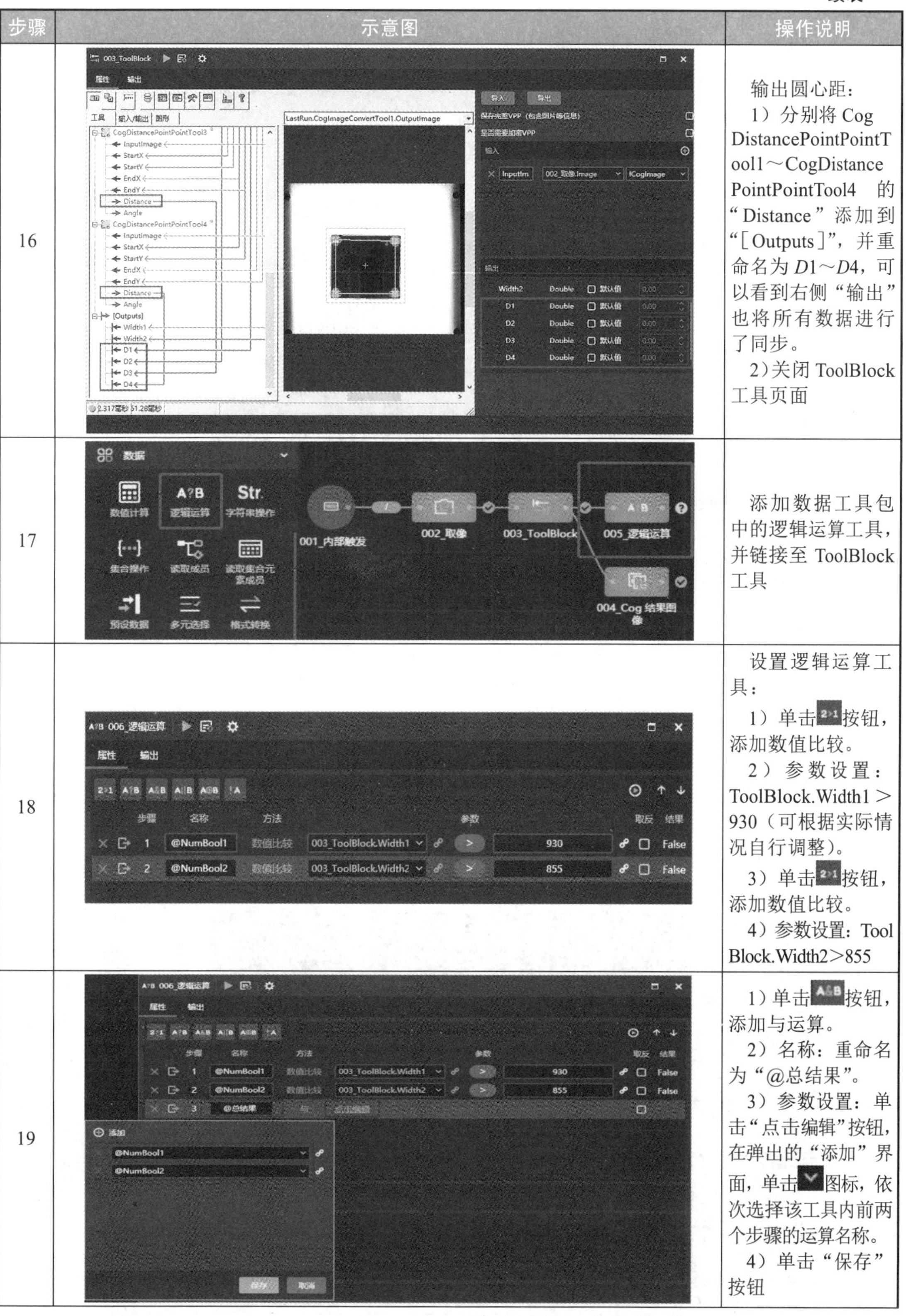

步骤	示意图	操作说明
16		输出圆心距： 1）分别将 CogDistancePointPointTool1～CogDistancePointPointTool4 的“Distance”添加到“[Outputs]”，并重命名为 *D*1～*D*4，可以看到右侧“输出”也将所有数据进行了同步。 2）关闭 ToolBlock 工具页面
17		添加数据工具包中的逻辑运算工具，并链接至 ToolBlock 工具
18		设置逻辑运算工具： 1）单击按钮，添加数值比较。 2）参数设置：ToolBlock.Width1＞930（可根据实际情况自行调整）。 3）单击按钮，添加数值比较。 4）参数设置：ToolBlock.Width2＞855
19		1）单击按钮，添加与运算。 2）名称：重命名为“@总结果”。 3）参数设置：单击“点击编辑”按钮，在弹出的“添加”界面，单击图标，依次选择该工具内前两个步骤的运算名称。 4）单击“保存”按钮

续表

步骤	示意图	操作说明
20	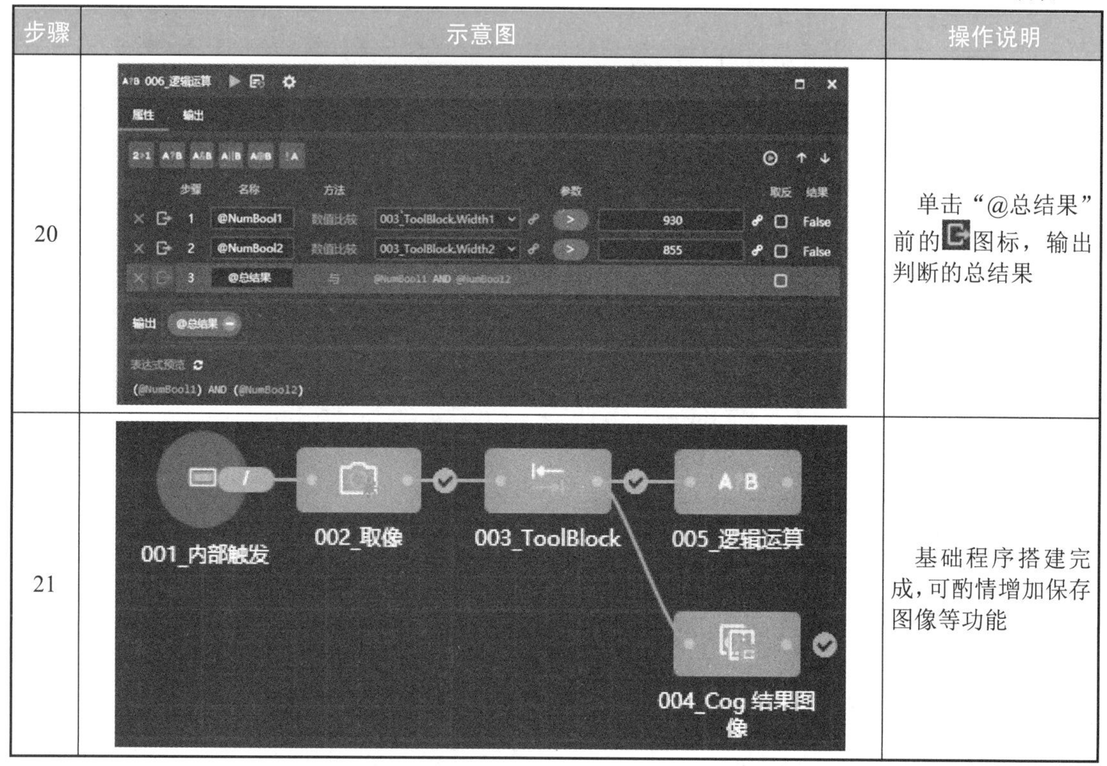	单击“@总结果”前的图标，输出判断的总结果
21		基础程序搭建完成，可酌情增加保存图像等功能

2. HMI 界面设计与优化

PCB 板像素尺寸测量的 HMI 界面设计参考步骤如表 6.19 所示。

表 6.19 PCB 板像素尺寸测量的 HMI 界面设计参考步骤

步骤	示意图	操作说明
1	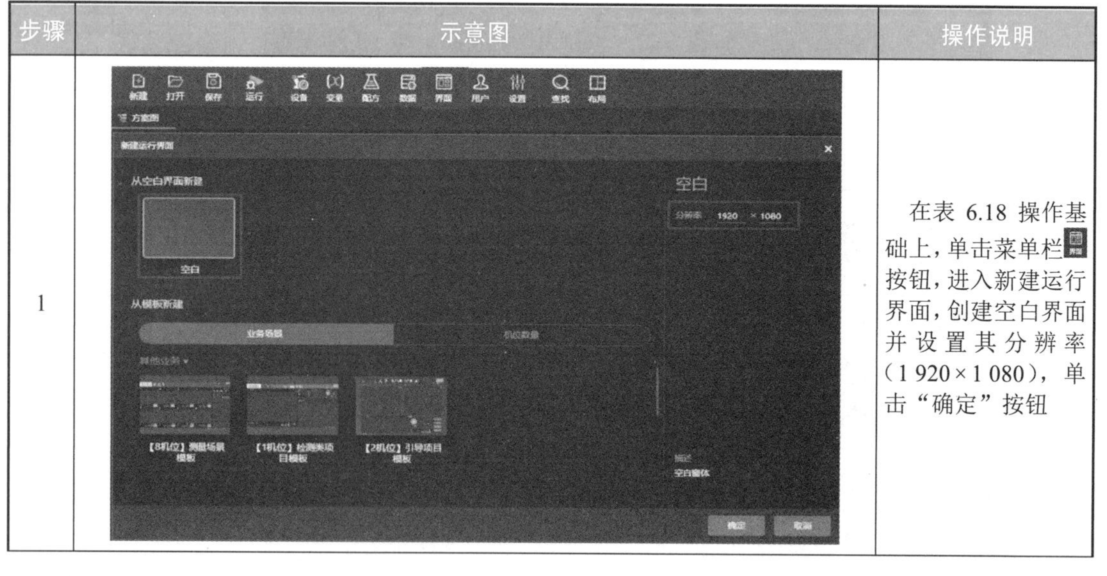	在表 6.18 操作基础上，单击菜单栏按钮，进入新建运行界面，创建空白界面并设置其分辨率（1 920×1 080），单击“确定”按钮

续表

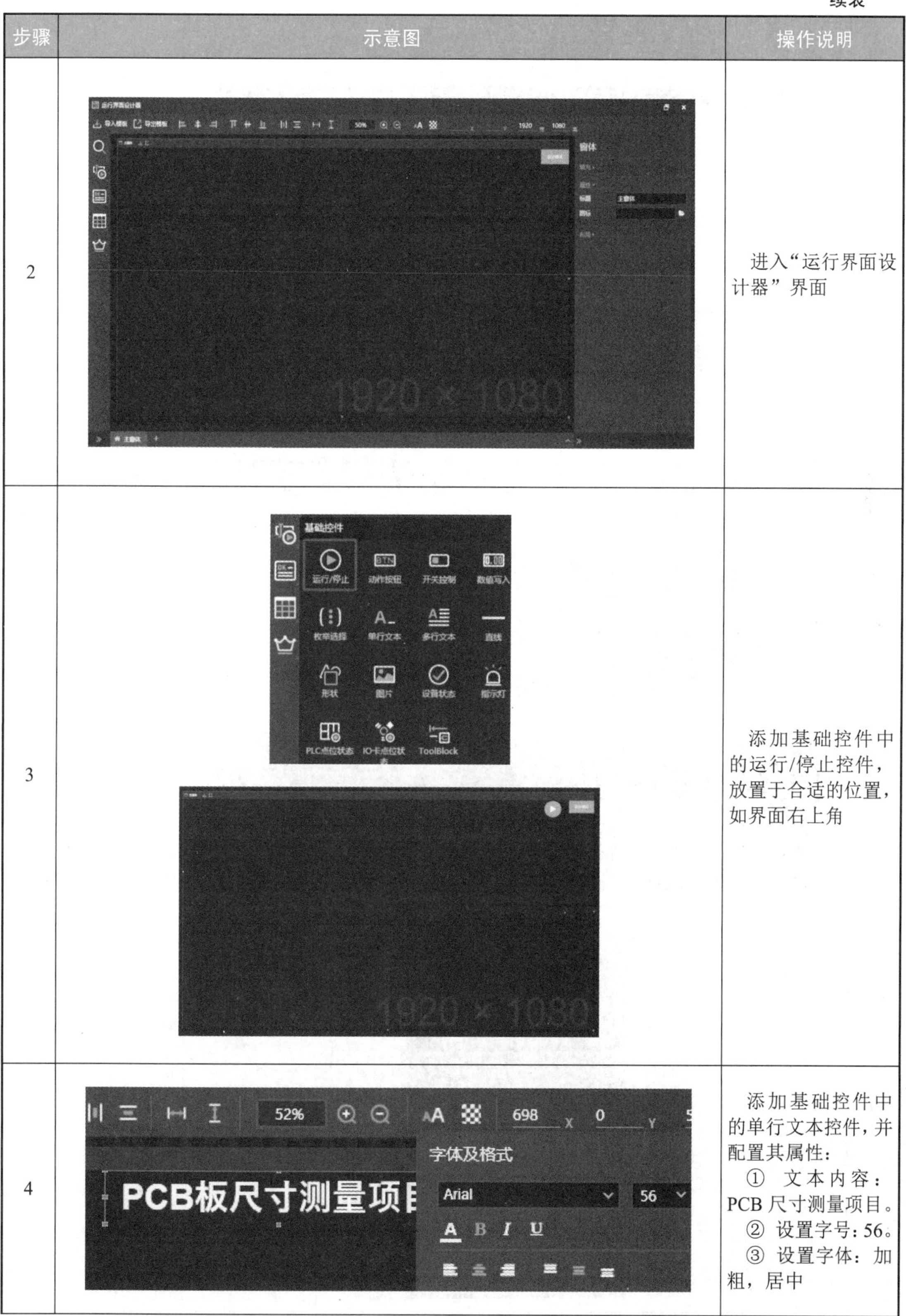

步骤	示意图	操作说明
2		进入“运行界面设计器”界面
3		添加基础控件中的运行/停止控件，放置于合适的位置，如界面右上角
4		添加基础控件中的单行文本控件，并配置其属性： ① 文本内容：PCB 尺寸测量项目。 ② 设置字号：56。 ③ 设置字体：加粗，居中

续表

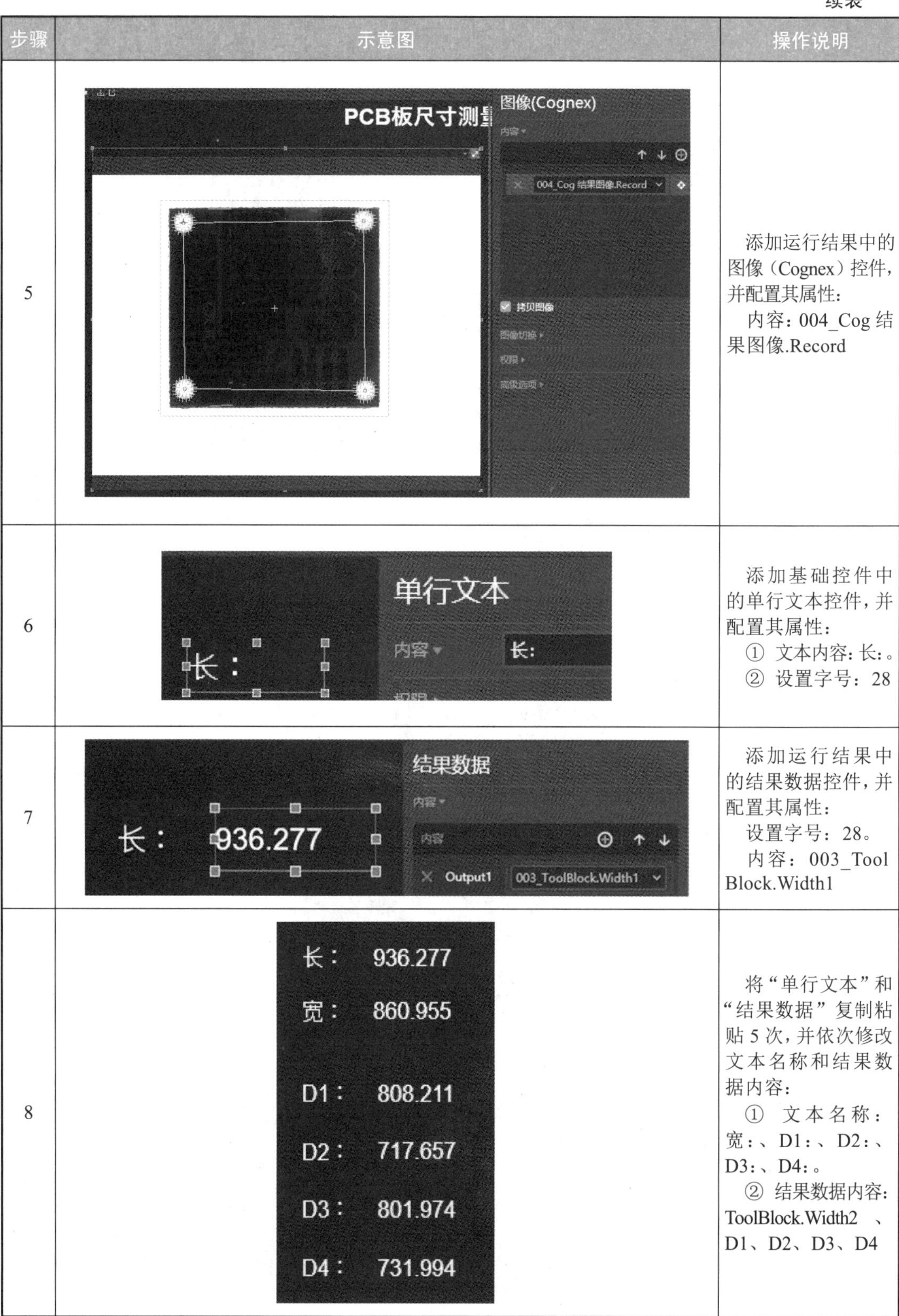

步骤	示意图	操作说明
5		添加运行结果中的图像（Cognex）控件，并配置其属性： 内容：004_Cog 结果图像.Record
6		添加基础控件中的单行文本控件，并配置其属性： ① 文本内容：长：。 ② 设置字号：28
7		添加运行结果中的结果数据控件，并配置其属性： 设置字号：28。 内容：003_ToolBlock.Width1
8		将“单行文本”和“结果数据”复制粘贴 5 次，并依次修改文本名称和结果数据内容： ① 文本名称：宽：、D1：、D2：、D3：、D4：。 ② 结果数据内容：ToolBlock.Width2 、D1、D2、D3、D4

续表

步骤	示意图	操作说明
9	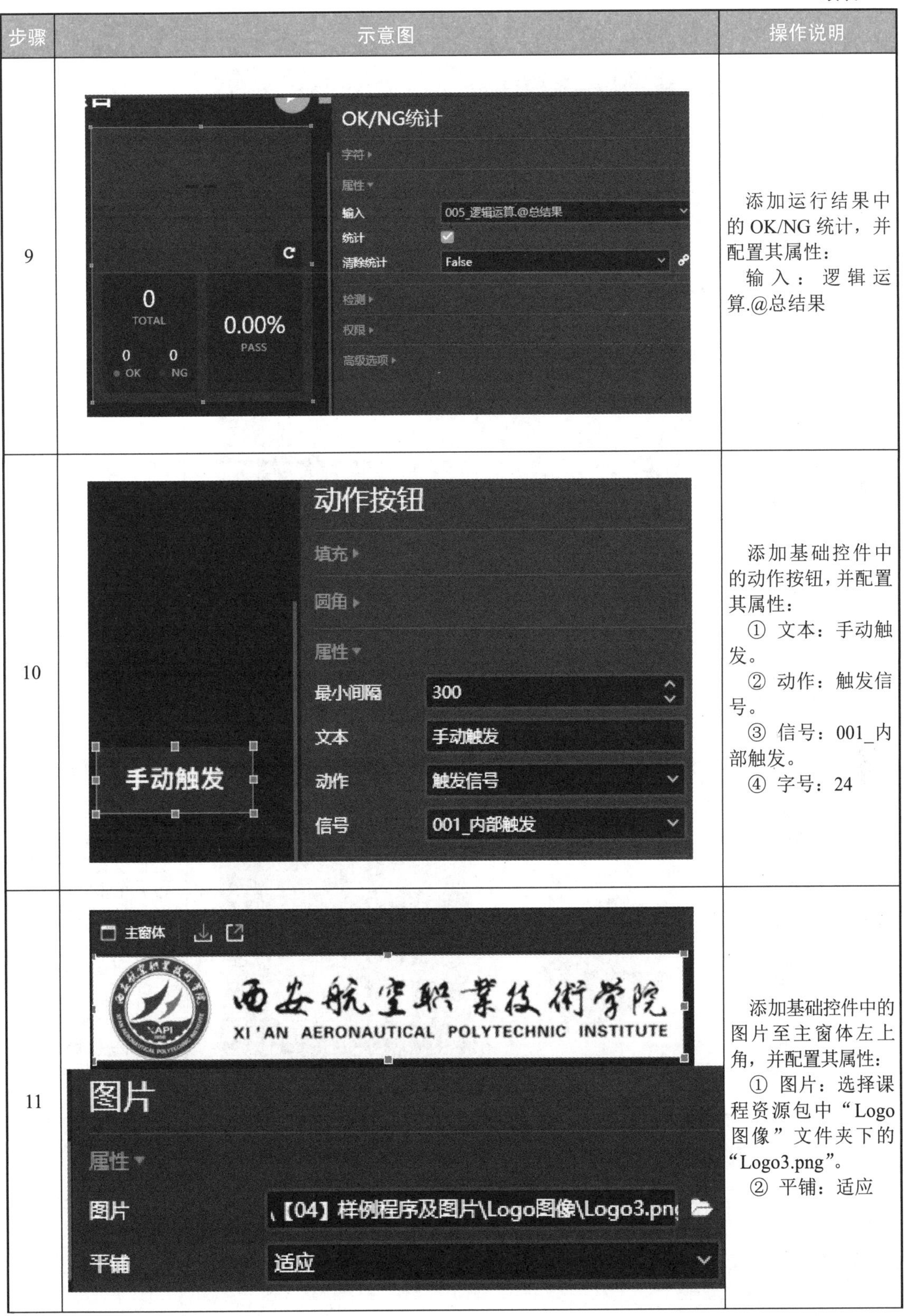	添加运行结果中的 OK/NG 统计，并配置其属性： 输入：逻辑运算.@总结果
10		添加基础控件中的动作按钮，并配置其属性： ① 文本：手动触发。 ② 动作：触发信号。 ③ 信号：001_内部触发。 ④ 字号：24
11		添加基础控件中的图片至主窗体左上角，并配置其属性： ① 图片：选择课程资源包中“Logo 图像”文件夹下的“Logo3.png”。 ② 平铺：适应

续表

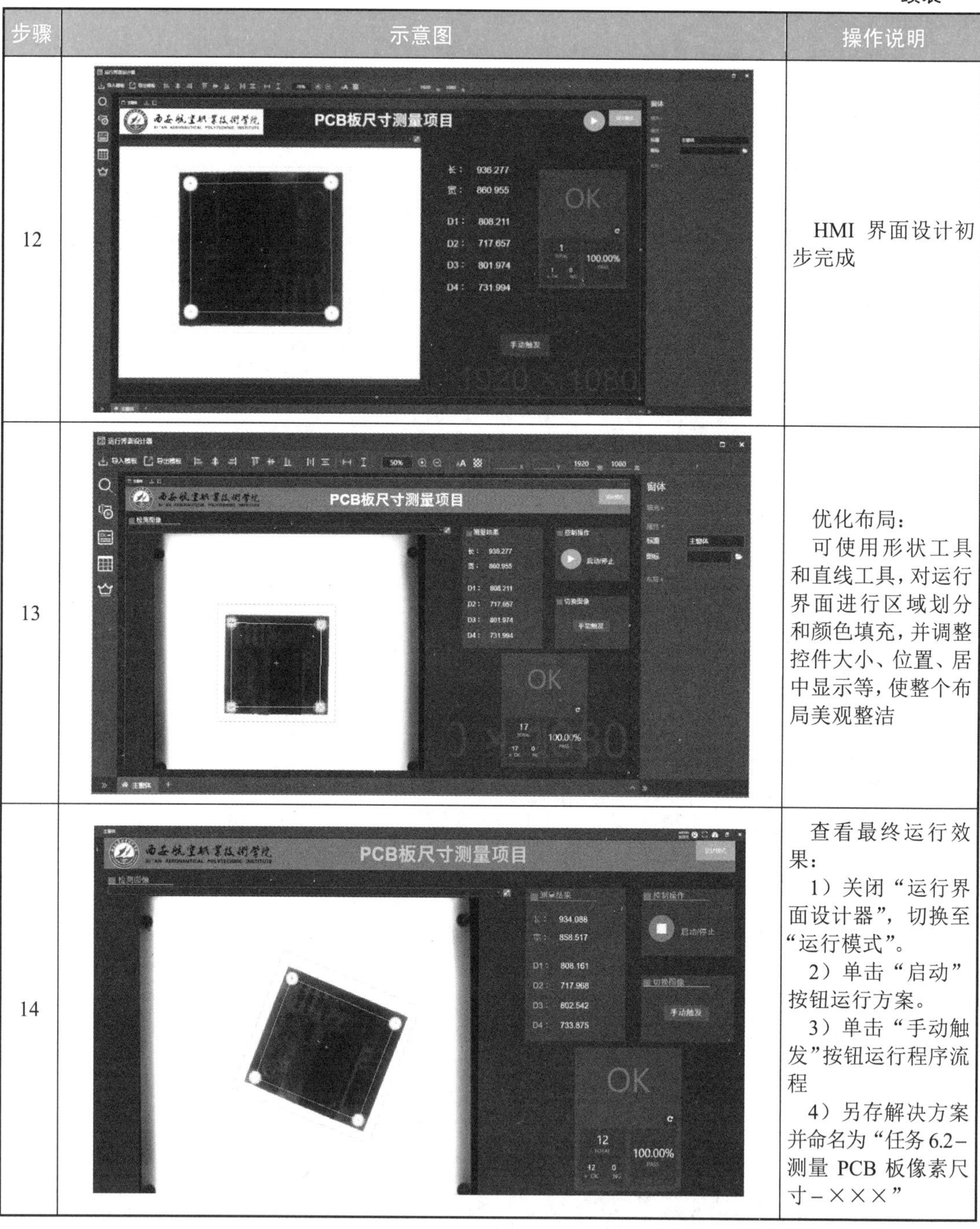

步骤	示意图	操作说明
12		HMI 界面设计初步完成
13		优化布局： 可使用形状工具和直线工具，对运行界面进行区域划分和颜色填充，并调整控件大小、位置、居中显示等，使整个布局美观整洁
14		查看最终运行效果： 1）关闭“运行界面设计器”，切换至“运行模式”。 2）单击“启动”按钮运行方案。 3）单击“手动触发”按钮运行程序流程 4）另存解决方案并命名为“任务 6.2–测量 PCB 板像素尺寸–×××”

任务评价

任务评价如表 6.20 所示。

表 6.20　任务评价

<table>
<tr><th colspan="2">任务名称</th><th colspan="2">测量 PCB 板像素尺寸</th><th>实施日期</th><th></th></tr>
<tr><th>序号</th><th>评价目标</th><th colspan="3">任务实施评价标准</th><th>配分</th><th>得分</th></tr>
<tr><td>1</td><td rowspan="5">职业素养</td><td>纪律意识</td><td colspan="2">自觉遵守劳动纪律，服从老师管理</td><td>5</td><td></td></tr>
<tr><td>2</td><td>学习态度</td><td colspan="2">积极上课，踊跃回答问题，保持全勤</td><td>5</td><td></td></tr>
<tr><td>3</td><td>团队协作</td><td colspan="2">分工与合作，配合紧密，相互协助解决测量过程中遇到的问题</td><td>5</td><td></td></tr>
<tr><td>4</td><td>科学思维意识</td><td colspan="2">独立思考、发现问题、提出解决方案，并能够创新改进其工作流程和方法</td><td>5</td><td></td></tr>
<tr><td>5</td><td>严格执行现场 6S 管理</td><td colspan="2">整理：区分物品的用途，清除多余的东西；
整顿：物品分区放置，明确标识，方便取用；
清扫：清除垃圾和污秽，防止污染；
清洁：现场环境的洁净符合标准；
素养：养成良好习惯，积极主动；
安全：遵守安全操作规程，人走机关</td><td>5</td><td></td></tr>
<tr><td>6</td><td rowspan="11">职业技能</td><td colspan="3">能添加图像边缘提取工具</td><td>5</td><td></td></tr>
<tr><td>7</td><td colspan="3">能设置图像边缘提取工具</td><td>10</td><td></td></tr>
<tr><td>8</td><td colspan="3">能添加找圆工具</td><td>5</td><td></td></tr>
<tr><td>9</td><td colspan="3">能设置找圆工具</td><td>5</td><td></td></tr>
<tr><td>10</td><td colspan="3">能添加并设置测量点到点距离工具</td><td>5</td><td></td></tr>
<tr><td>11</td><td colspan="3">能测量出 PCB 板的像素长度和宽度</td><td>6</td><td></td></tr>
<tr><td>12</td><td colspan="3">能测量出 PCB 板相邻圆孔的像素圆心距</td><td>12</td><td></td></tr>
<tr><td>13</td><td colspan="3">能在 HMI 界面显示长度、宽度和圆心距的像素尺寸</td><td>12</td><td></td></tr>
<tr><td>14</td><td colspan="3">可自行选择添加其他工具，完善 HMI 各项功能</td><td>5</td><td></td></tr>
<tr><td>15</td><td colspan="3">能合理布局 HMI 界面，整体美观大方</td><td>5</td><td></td></tr>
<tr><td>16</td><td colspan="3">能另存解决方案，并正确命名</td><td>5</td><td></td></tr>
<tr><td colspan="5">合计</td><td>100</td><td></td></tr>
<tr><td colspan="2">小组成员签名</td><td colspan="5"></td></tr>
<tr><td colspan="2">指导教师签名</td><td colspan="5"></td></tr>
<tr><td colspan="2">任务评价记录</td><td colspan="5">1. 存在问题
____
____
____
2. 优化建议
____
____
______________________</td></tr>
<tr><td colspan="7">备注：在使用真实实训设备或工件编程调试过程中，如发生设备碰撞、零部件损坏等每处扣 10 分。</td></tr>
</table>

任务总结

本任务简述了图像距离量度的方法，详细介绍了图像边缘提取工具和图像几何特征工具的属性参数，通过演示 V+平台软件进行 PCB 板长度、宽度和相邻圆孔圆心距的像素尺寸测量，为后续的实际尺寸测量作准备。

任务拓展

在自动化生产线中，少不了对产品尺寸的测量，对于测量方法有很多种手段，例如千分尺、游标卡尺、塞尺等，但是这些测量手段往往精度低，检测速度也慢，导致了检测效率过慢，而通过工业视觉测量系统对产品的尺寸进行测量，就大大提升了检测效率，同时提升了精度以及速度，对于自动化企业来说，解决了不少难题。

拓展任务要求：

1）利用 V+平台软件中的图像边缘提取工具，测量锂电池标签（即中间白色区域）的像素宽度，如图 6.34 所示。

图 6.34　锂电池尺寸测量

2）设计 HMI 界面显示锂电池标签的像素宽度。

3）可自行选择添加其他工具完善各项功能，优化 HMI 界面。

任务检测

1）CogCaliperTool 的边缘模式有______________和______________。

2）CogCaliperTool 工具中——→——代表卡尺的_________方向，↓代表卡尺的_________方向。在抓边过程中，_________方向要与查找的边缘平行。

任务 6.3　测量 PCB 板实际尺寸

任务描述

图像标定是一种将相机和世界坐标系之间的关系进行描述的技术，是视觉测量中重要的一步。其主要目的是为了将相机采集到的图像坐标转化为三维空间中的真实世界坐标，即实现像素和真实单位（mm）之间的转换，也可以消除相机畸变，提高图像的精度和准确性。相机畸变是由于相机镜头等部件制造过程中的误差或变形等因素引起的，会使图像失真，导致测量误差和定位偏差。

本任务要求利用 V+平台软件对 PCB 板的实际尺寸进行测量，如图 6.15 所示，具体要求如下：

1）正确使用图像标定工具测量 PCB 板的实际长度和宽度。

2）正确使用图像标定工具测量 PCB 板相邻圆孔圆心实际间距 D_1，D_2，D_3 和 D_4。

3）设计 HMI 界面，显示所测量的 PCB 板实际尺寸数据。

4）判断并分析长度和宽度是否满足测量精度要求。

PCB 板实际尺寸测量参考方案如图 6.35 所示。

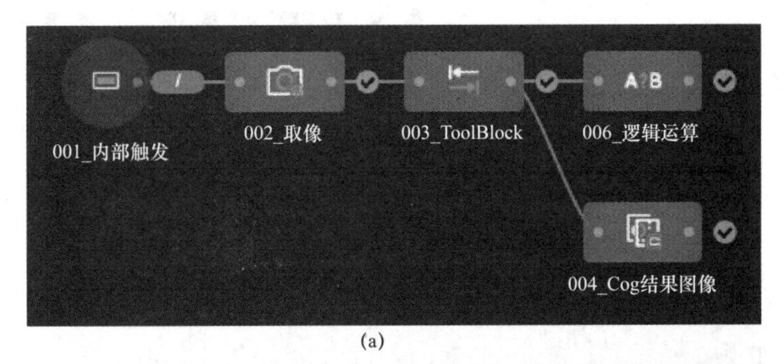

(a)

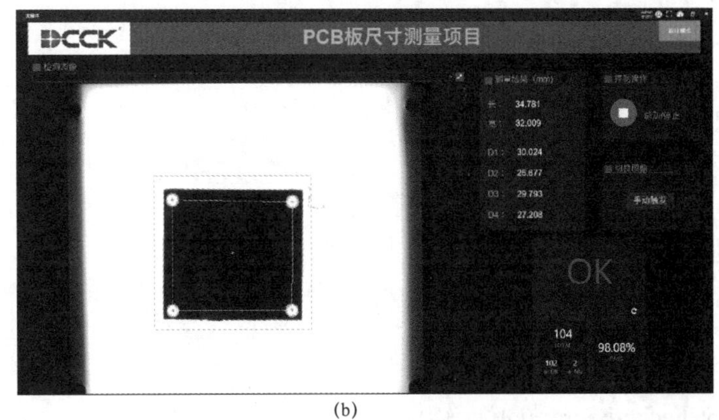

(b)

图 6.35　PCB 板实际尺寸测量参考方案

（a）参考程序；（b）HMI 界面设计

任务目标

1）理解图像标定原理。

2）掌握图像标定工具的使用方法。

3）能利用 V+平台软件实现 PCB 板图像标定。

4）能利用 V+平台软件测量 PCB 板实际尺寸。

相关知识

1. 标定板

图像标定通过相机拍摄带有固定间距图案阵列平板，经过标定算法的计算，可以得出相机的几何模型，从而得到高精度的测量和重建结果。而带有固定间距图案阵列的平板就是标定板，又称校正板。常见标定板分为棋盘格和点网格两种类型，如图 6.36 所示。

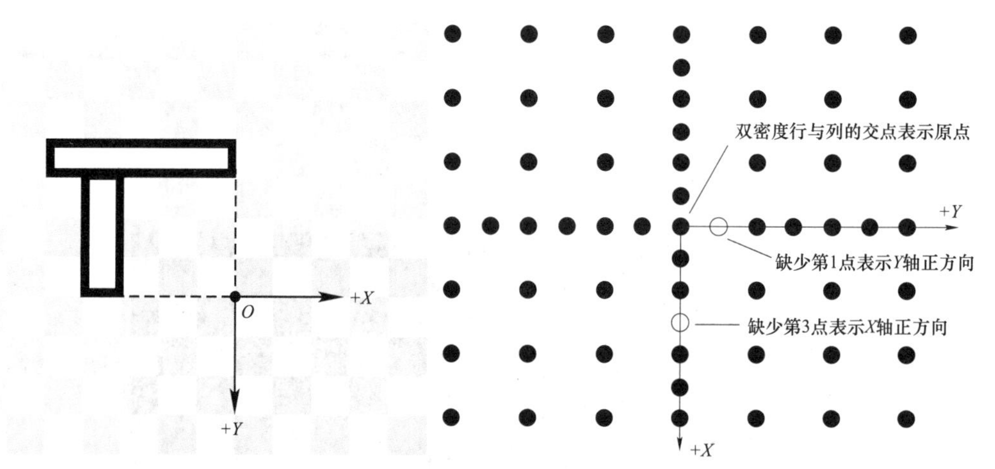

图 6.36 棋盘格与点网格

标定板特点如下：

1）黑白瓷块必须以交叉图案方式排列。

2）黑白瓷块必须具有同样的尺寸。

3）瓷块必须为矩形，其纵横比范围是 0.90～1.10。

对所采集的标定板图像的要求为：

1）所采集的图像必须包括至少 9 个完整瓷块。

2）所采集的图像中的瓷块必须至少为 15 px × 15 px。

3）增加标定板图像中可见的瓷块数量（通过减小校正板上瓷块的尺寸），可提高校准的精确度。

2. 图像标定工具

（1）CogCalibCheckerboardTool 的作用

图像标定工具（即 CogCalibCheckerboardTool，简称 CalibCheckerboard）的基本作用有：

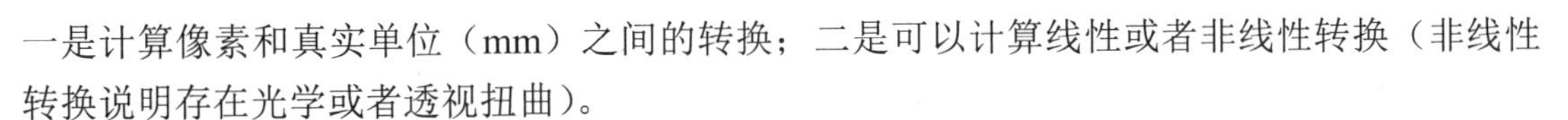

一是计算像素和真实单位（mm）之间的转换；二是可以计算线性或者非线性转换（非线性转换说明存在光学或者透视扭曲）。

（2）CogCalibCheckerboardTool 的组成

1）CogCalibCheckerboardTool 图像缓冲区。

CogCalibCheckerboardTool 图像缓冲区输出 3 种图像，具体描述如表 6.21 所示。

表 6.21　CogCalibCheckerboardTool 图像缓冲区描述

序号	名称	说明
1	Current.InputImage	当前输入图像（标定时输入灰度标定板图像，运行时输入图像可为彩色或灰度）
2	Current.CalibrationImage	当前使用的校正坐标系图像
3	LastRun.OutputImage	最后一次运行输出图像，为使用标定坐标空间输出的图像

2）CogCalibCheckerboardTool 校正选项卡界面。

CogCalibCheckerboardTool 校正选项卡界面用于确定 2D 转换映射的类型（线性或非线性），定义网格间距与要使用的度量单位之间的比率，来生成和定义棋盘格图。CogCalibCheckerboardTool 校正选项卡界面如图 6.37 所示。

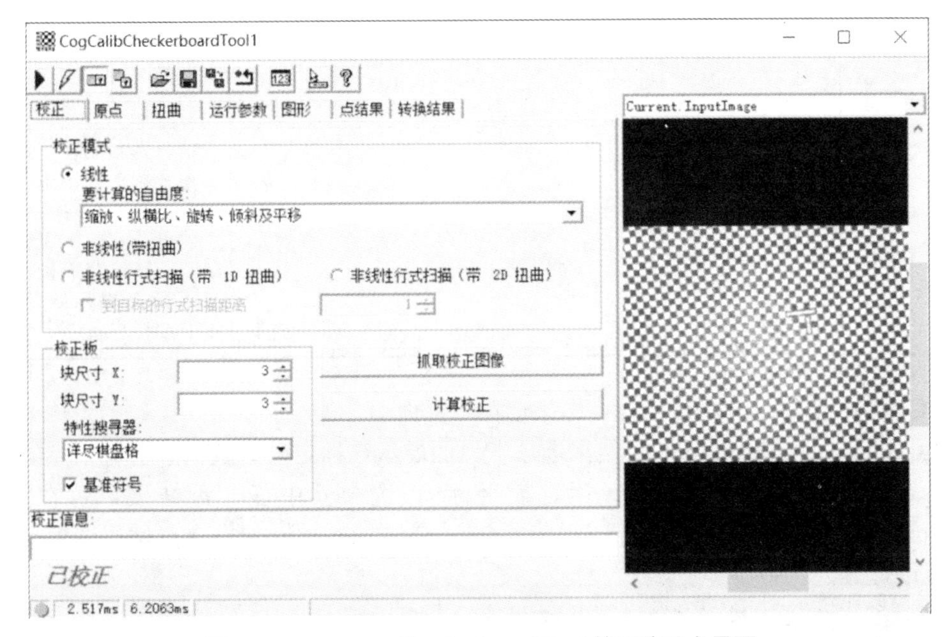

图 6.37　CogCalibCheckerboardTool 校正选项卡界面

CogCalibCheckerboardTool 校正选项卡界面常用参数具体说明如表 6.22 所示。

表 6.22　CogCalibCheckerboardTool 校正选项卡界面常用参数具体说明

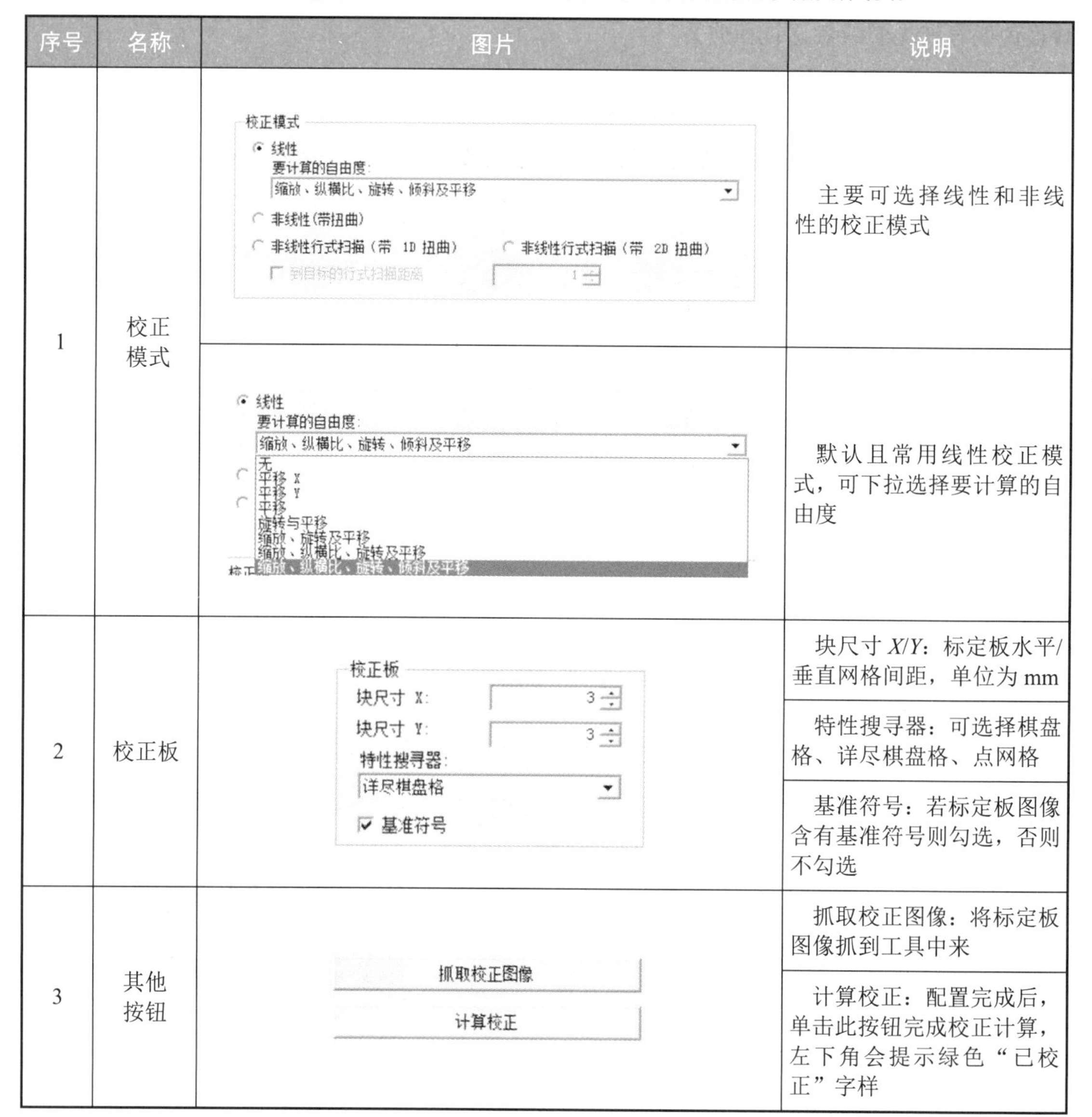

序号	名称	图片	说明
1	校正模式	校正模式 线性 要计算的自由度: 缩放、纵横比、旋转、倾斜及平移 非线性(带扭曲) 非线性行式扫描（带 1D 扭曲）　非线性行式扫描（带 2D 扭曲） 到目标的行式扫描距离　1	主要可选择线性和非线性的校正模式
		线性 要计算的自由度: 缩放、纵横比、旋转、倾斜及平移 无 平移 X 平移 Y 平移 旋转与平移 缩放、旋转及平移 缩放、纵横比、旋转及平移 缩放、纵横比、旋转、倾斜及平移	默认且常用线性校正模式，可下拉选择要计算的自由度
2	校正板	校正板 块尺寸 X:　3 块尺寸 Y:　3 特性搜寻器: 详尽棋盘格 基准符号	块尺寸 *X*/*Y*：标定板水平/垂直网格间距，单位为 mm
			特性搜寻器：可选择棋盘格、详尽棋盘格、点网格
			基准符号：若标定板图像含有基准符号则勾选，否则不勾选
3	其他按钮	抓取校正图像 计算校正	抓取校正图像：将标定板图像抓到工具中来
			计算校正：配置完成后，单击此按钮完成校正计算，左下角会提示绿色“已校正”字样

3）CogCalibCheckerboardTool 点结果选项卡界面。

CogCalibCheckerboardTool 点结果选项卡界面展示在标定板中找到的所有顶点的未校正 *X*/*Y*（像素坐标）和已校正 *X*/*Y*（标定板坐标），选中其中任一点结果，可在 Current.CalibrationImage 图像缓冲区中显示当前点。CogCalibCheckerboardTool 点结果选项卡界面如图 6.38 所示。

4）CogCalibCheckerboardTool 转换结果选项卡界面。

CogCalibCheckerboardTool 转换结果选项卡界面显示计算后的 2D 转换详细信息。CogCalibCheckerboardTool 转换结果选项卡界面如图 6.39 所示。

CogCalibCheckerboardTool 转换结果选项卡界面常用参数说明如表 6.23 所示。

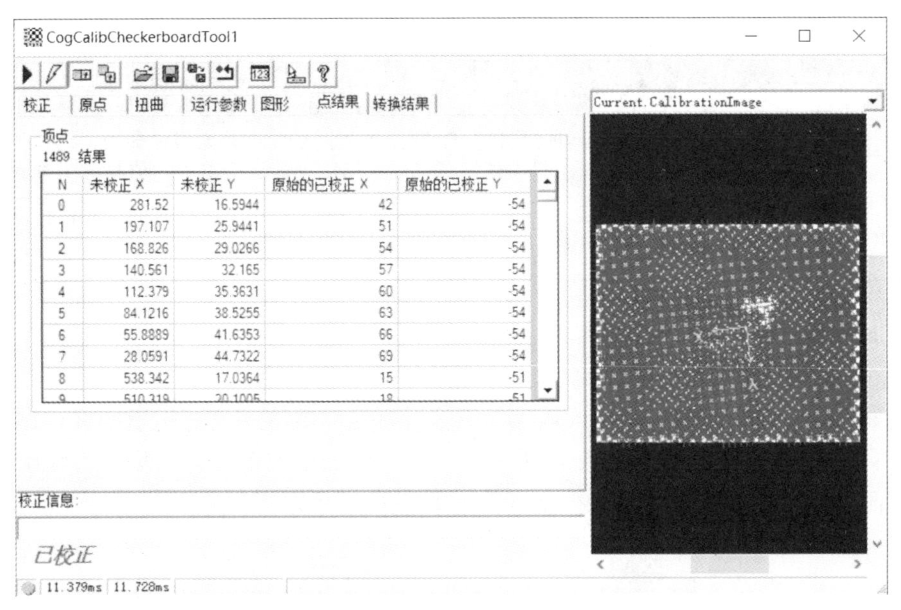

图 6.38　CogCalibCheckerboardTool 点结果选项卡界面

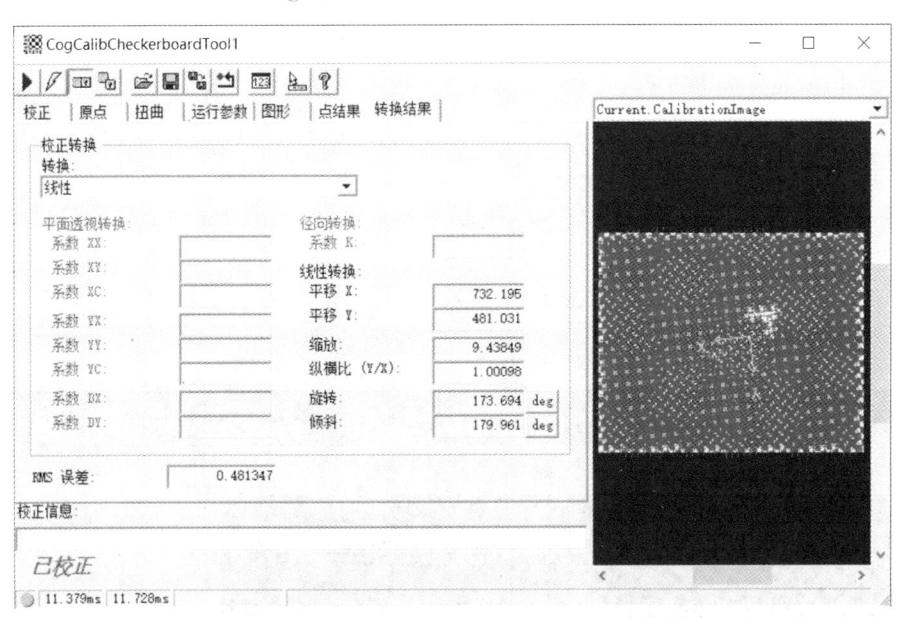

图 6.39　CogCalibCheckerboardTool 转换结果选项卡界面

表 6.23　CogCalibCheckerboardTool 转换结果选项卡界面常用参数说明

序号	名称	说明
1	转换	可下拉显示工具已计算出的一个或多个转换类型，一般为线性
2	平面透视转换	这些值描述了未校准到原始校准变换的平面透视属性。如果 2D 转换是线性的，这些字段将被禁用
3	径向转换	描述了未校准到原始校准变换的径向畸变特性。如果 2D 转换是线性的，这些字段将被禁用

续表

序号	名称	说明
4	线性转换	这些值根据工具计算的 2D 变换类型而变化，若为线性转换，这些值表示从校准到未校准空间的整个变换。其中纵横比为计算后 Y 方向值与 X 方向上值的比值
5	RMS 误差	此值为未校准点与映射的原始校准点之间的误差，在未校准空间中表示。在大多数情况下，当校准图像显示明显的透视或径向畸变时，RMS 存在较大的误差

CogCalibCheckerboardTool 的其他选项卡不作介绍，可在帮助文档中自行学习。

5）CogCalibCheckerboardTool 默认输入输出。

CogCalibCheckerboardTool 默认输入为图像（标定时输入灰度标定板图像，运行时输入图像可为彩色或灰度），默认输出为使用标定坐标空间输出的图像，然后可将输出图像传递给其他将使用标定坐标空间的其他视觉工具，如图 6.40 所示。

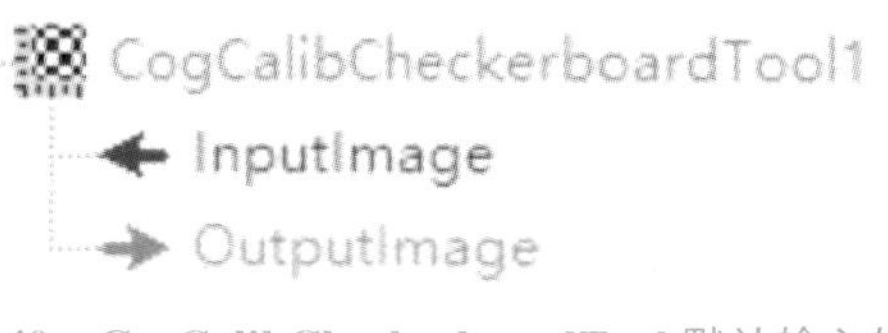

图 6.40　CogCalibCheckerboardTool 默认输入输出

任务实施

1. 测量 PCB 板实际尺寸

PCB 板标定的具体操作步骤如表 6.24 所示。

表 6.24　PCB 板标定的具体操作步骤

步骤	示意图	操作说明
1		在表 6.19 操作的基础上，双击打开“取像”工具： ① 源：文件。 ② 文件：选择课程资源包中“项目 6－PCB 板尺寸测量－图像”文件夹下的标定板图像。 ③ 输出格式：ICogImage。 运行该工具，成功加载图像。 注：若采用相机取像，则将标定板实物放置于待测产品同高度的位置，进行拍照取像

续表

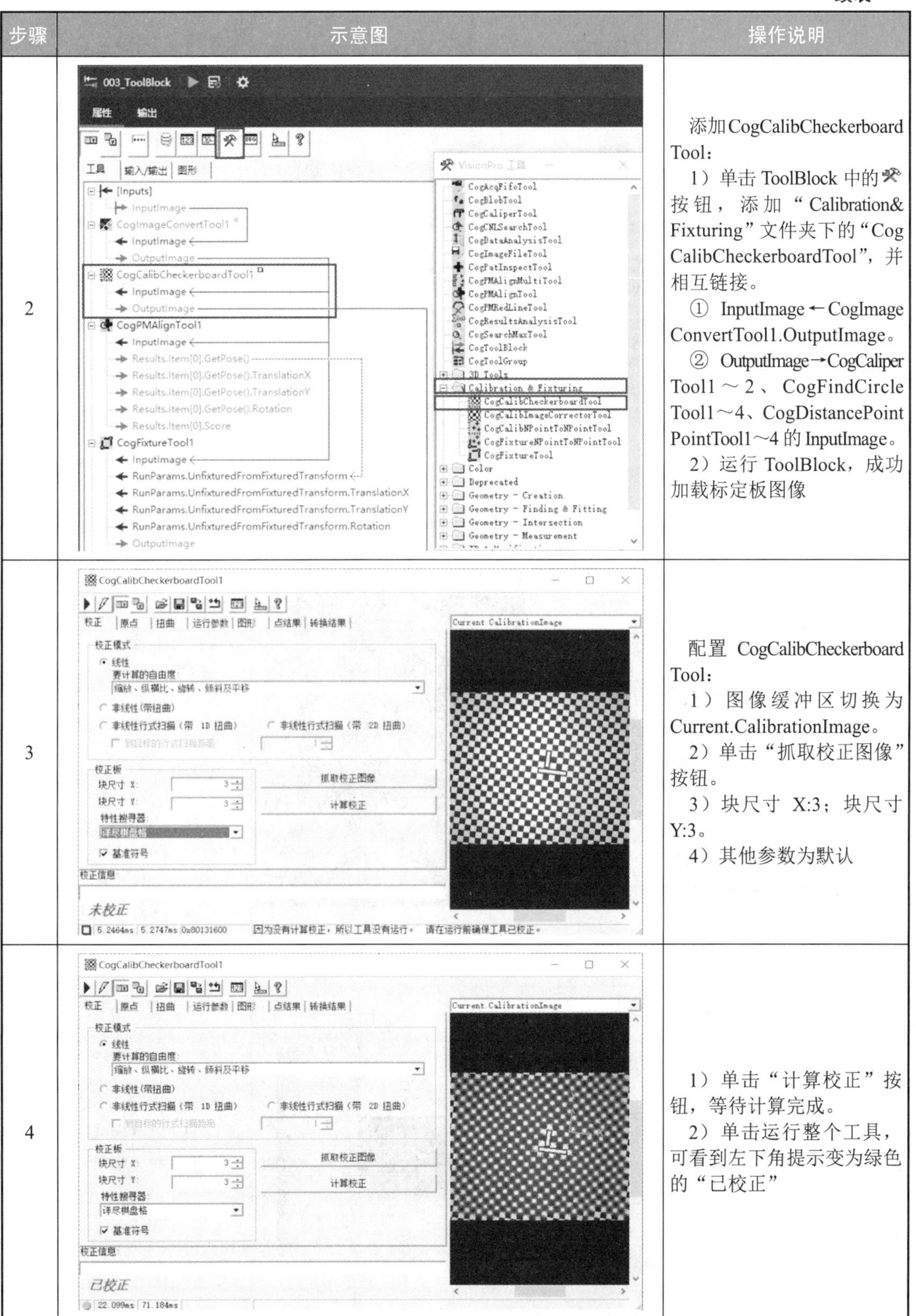

步骤	示意图	操作说明
2		添加CogCalibCheckerboardTool： 1）单击 ToolBlock 中的 按钮，添加“Calibration&Fixturing”文件夹下的“CogCalibCheckerboardTool”，并相互链接。 ① InputImage←CogImageConvertTool1.OutputImage。 ② OutputImage→CogCaliperTool1～2、CogFindCircleTool1～4、CogDistancePointPointTool1～4 的 InputImage。 2）运行 ToolBlock，成功加载标定板图像
3		配置 CogCalibCheckerboardTool： 1）图像缓冲区切换为 Current.CalibrationImage。 2）单击“抓取校正图像”按钮。 3）块尺寸 X:3；块尺寸 Y:3。 4）其他参数为默认
4		1）单击“计算校正”按钮，等待计算完成。 2）单击运行整个工具，可看到左下角提示变为绿色的“已校正”

续表

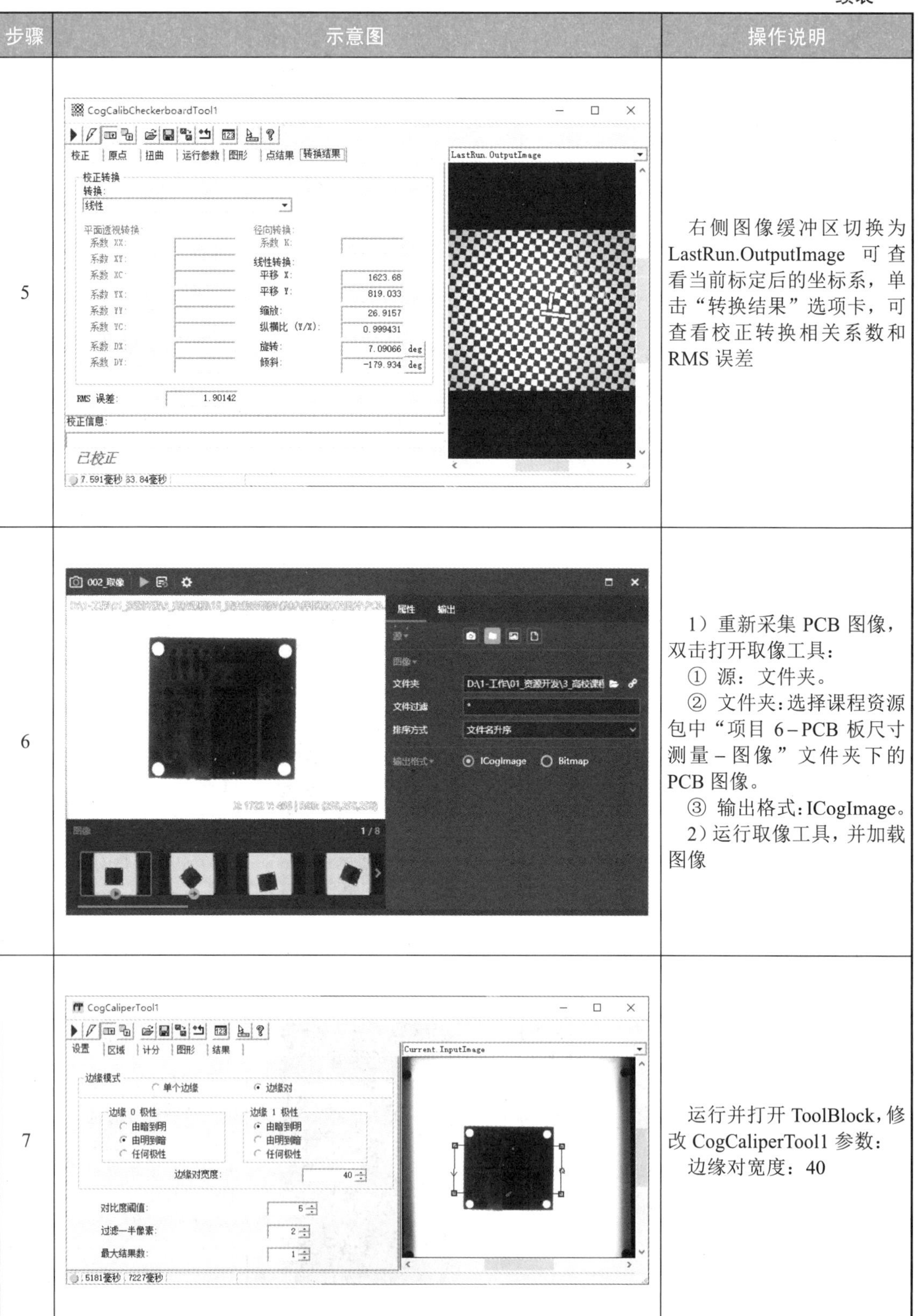

步骤	示意图	操作说明
5		右侧图像缓冲区切换为LastRun.OutputImage 可查看当前标定后的坐标系，单击“转换结果”选项卡，可查看校正转换相关系数和RMS 误差
6		1）重新采集 PCB 图像，双击打开取像工具： ① 源：文件夹。 ② 文件夹：选择课程资源包中“项目 6-PCB 板尺寸测量-图像”文件夹下的PCB 图像。 ③ 输出格式：ICogImage。 2）运行取像工具，并加载图像
7		运行并打开 ToolBlock，修改 CogCaliperTool1 参数： 边缘对宽度：40

续表

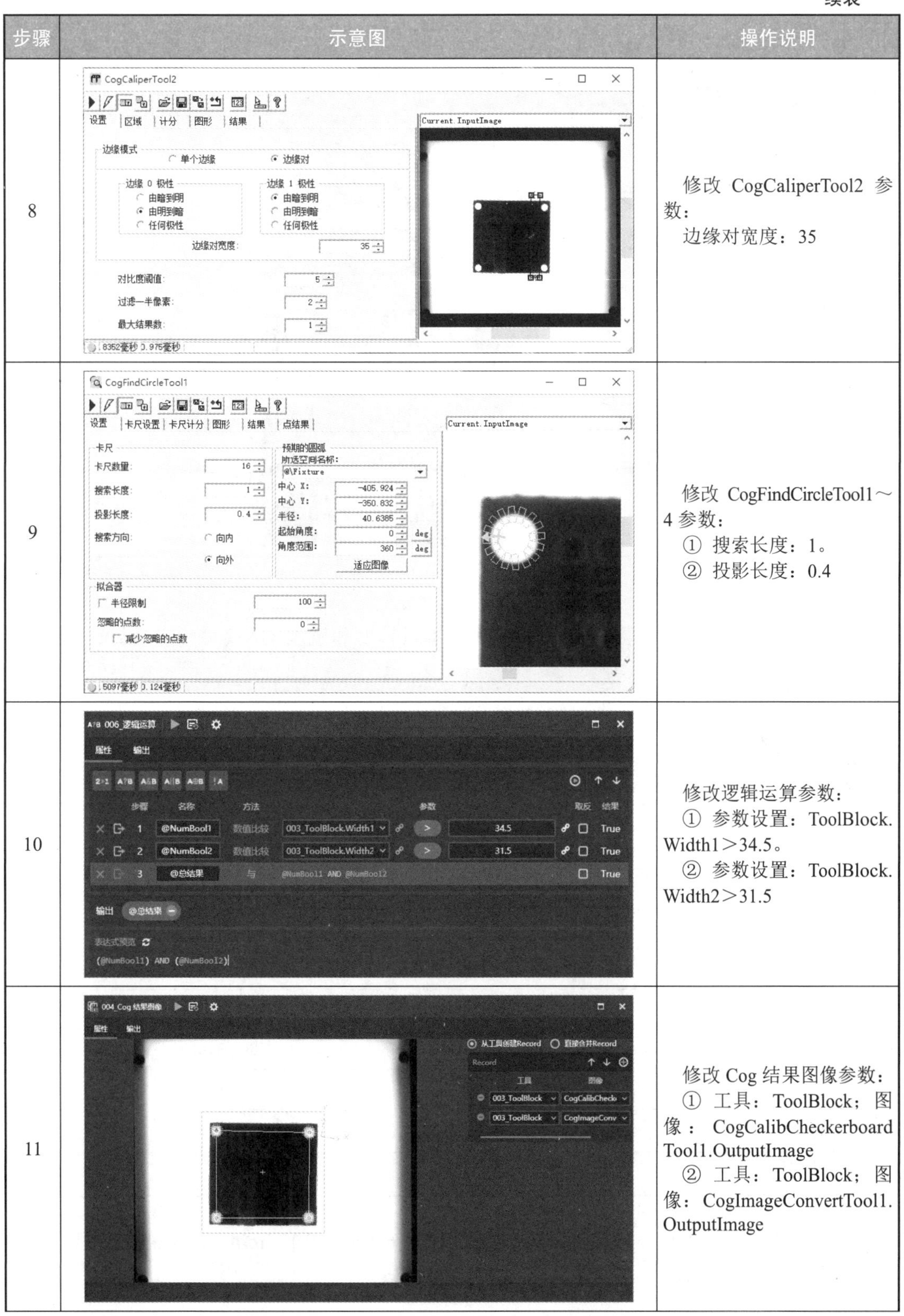

步骤	示意图	操作说明
8		修改 CogCaliperTool2 参数： 边缘对宽度：35
9		修改 CogFindCircleTool1～4 参数： ① 搜索长度：1。 ② 投影长度：0.4
10		修改逻辑运算参数： ① 参数设置：ToolBlock.Width1＞34.5。 ② 参数设置：ToolBlock.Width2＞31.5
11		修改 Cog 结果图像参数： ① 工具：ToolBlock；图像：CogCalibCheckerboardTool1.OutputImage ② 工具：ToolBlock；图像：CogImageConvertTool1.OutputImage

续表

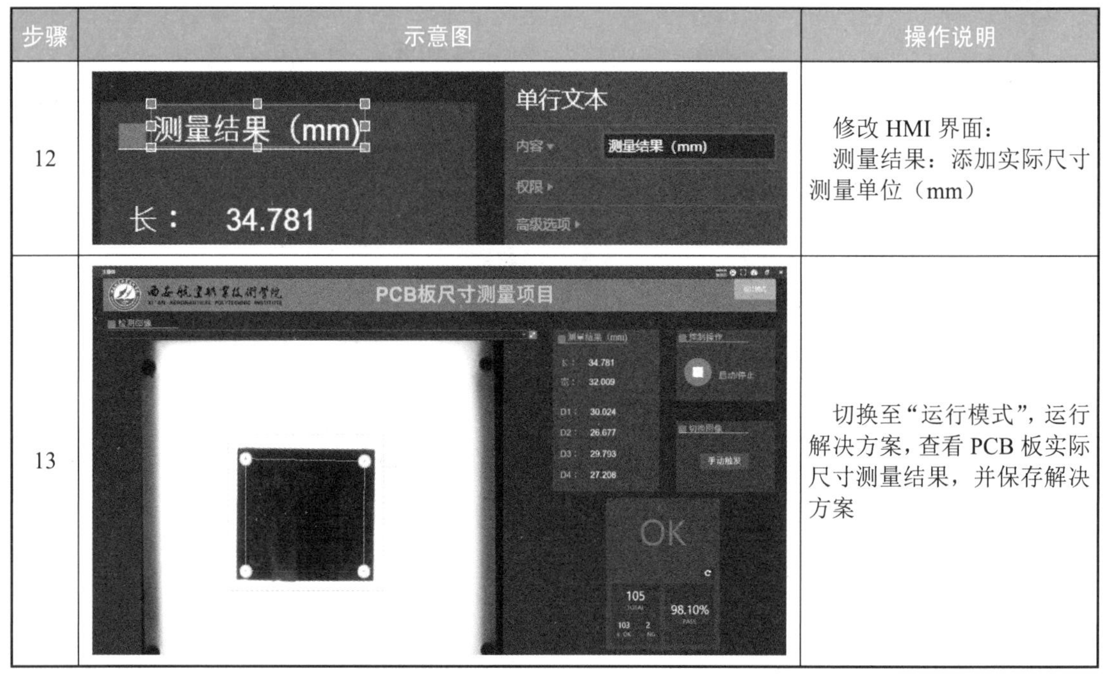

步骤	示意图	操作说明
12		修改 HMI 界面： 测量结果：添加实际尺寸测量单位（mm）
13		切换至“运行模式”，运行解决方案，查看 PCB 板实际尺寸测量结果，并保存解决方案

2. PCB 板测量精度分析

对同一 PCB 板分别采集 8 张图像，测量 8 组长度和宽度的动态数据并记录，结果如表 6.25 所示。

表 6.25　PCB 板尺寸测量数据表

序号	长度/mm	宽度/mm
1	34.781	32.009
2	34.709	31.850
3	34.617	31.834
4	34.716	31.904
5	34.716	31.868
6	34.711	31.929
7	34.699	31.859
8	34.686	31.926
最大值	34.781	32.009
最小值	34.617	31.834

这 8 组数据中最大值和最小值的差值分别为 0.164mm、0.175mm，满足测量结果公差为±0.1mm 的要求。

任务评价

任务评价如表 6.26 所示。

表 6.26　任务评价

任务名称		测量 PCB 板实际尺寸		实施日期	
序号	评价目标	任务实施评价标准		配分	得分
1	职业素养	纪律意识	自觉遵守劳动纪律，服从老师管理	5	
2		学习态度	积极上课，踊跃回答问题，保持全勤	5	
3		团队协作	分工与合作，配合紧密，相互协助解决测量过程中遇到的问题	5	
4		科学思维意识	独立思考、发现问题、提出解决方案，并能够创新改进其工作流程和方法	5	
5		严格执行现场 6S 管理	整理：区分物品的用途，清除多余的东西； 整顿：物品分区放置，明确标识，方便取用； 清扫：清除垃圾和污秽，防止污染； 清洁：现场环境的洁净符合标准； 素养：养成良好习惯，积极主动； 安全：遵守安全操作规程，人走机关	5	
6	职业技能	能采集标定板图像		15	
7		能添加图像标定工具		5	
8		能设置图像标定工具		10	
9		能修改图像边缘提取工具的参数		10	
10		能修改找圆工具的参数		6	
11		能测量出 PCB 板的实际长度和宽度		4	
12		能测量出 PCB 板相邻圆孔的实际圆心距		8	
13		能在 HMI 界面显示长度、宽度和圆心距的实际尺寸		6	
14		可自行选择添加其他工具，完善 HMI 各项功能，并合理布局 HMI 界面		6	
15		能对 PCB 板长度和宽度的实际测量尺寸进行精度分析		5	
合计				100	
小组成员签名					
指导教师签名					
任务评价记录		1. 存在问题 2. 优化建议			
备注：在使用真实实训设备或工件编程调试过程中，如发生设备碰撞、零部件损坏等每处扣 10 分。					

任务总结

本任务简述了标定板特点及取像要求，详细介绍了图像标定工具的属性参数，通过演示V+平台软件进行PCB板长度、宽度和相邻圆孔圆心距的实际尺寸测量，实现工业视觉测量项目的完整操作流程。通过HMI界面的设计，能够更直观地显示产品的相关信息，有助于进一步体会工业视觉系统测量应用的优点。

任务拓展

锂电池是安全相关部件，锂电池生产时严格的检测精度和测量精度也需要机器视觉的参与。根据工信部2018年发布的《锂离子电池行业规范条件》，锂电池生产过程中电极涂敷厚度和长度的测量精度分别不低于2 μm和1 mm，电极剪切后产生的毛刺，检测精度不低于1μm。利用工业视觉对锂电池相关尺寸进行实时生产测量，既能保障产品质量，又能最大化生产效率。

拓展任务要求：

1）利用 V+平台软件中的图像标定工具，测量锂电池标签（即中间白色区域）的实际宽度，如图6.34所示。

2）设计HMI界面显示锂电池标签的实际宽度。

3）可自行选择添加其他工具完善各项功能，优化HMI界面。

任务检测

1. 判断题

1）【第十八届“振兴杯”】相机标定是通过拍摄已知尺寸或角度的标定板，利用标定算法对相机进行校准，从而得到准确的像素与实际物理尺寸之间的关系。 （　）

2）【第十八届“振兴杯”】传统的相机标定方法的优点是可以应用于任意的摄像机模型，标定精度高，在所有场合下都可以使用。 （　）

2. 简述影响测量精度的因素。

3. 请画出如图6.41所示的两种棋盘格标定之后的坐标系（原点，X轴和Y轴）。

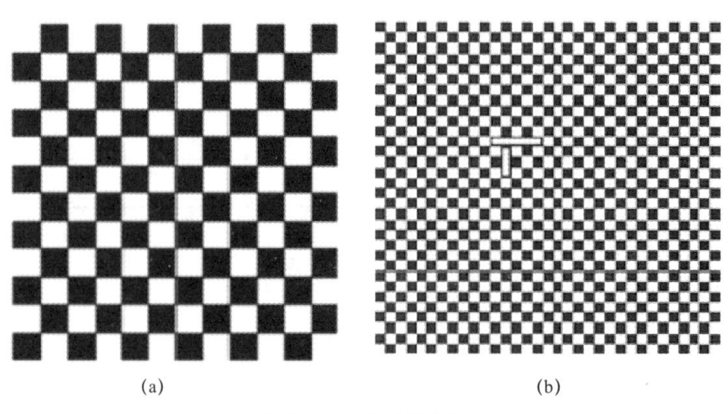

图 6.41　棋盘格图

（a）不带基准符号；（b）带基准符号

产业数字化转型提速升级

在智能厨具未来工厂，方太通过应用“5G+工业互联网”技术，与浙江移动联合打造视觉检测、AGV（移动机器人）、数据采集三大场景，能实时采集、分析生产数据，提升生产安全管控水平；下料机器人可将冲压完成后的产品放在测量工位工装上，测量系统自动进行3D尺寸测量；AGV能在车间穿梭，实现对运行状态和数据的收集和管理等，实现生产少人化、信息集成化、过程可视化。

“与厨电行业传统制造模式相比，方太智能工厂在生产效率上提升36.8%，运营成本降低22.9%，产品开发周期缩短30.3%，能源利用率提高10.2%。”方太集团电器一厂总监范旦良介绍，该项目已申请国内发明专利10项。

2022年上半年，克服疫情等不利因素影响，我国传统产业加速向数字化、网络化、智能化方向延伸拓展。产业数字化转型进程提速，对经济增长拉动作用不断增强。与此同时，新一代信息技术与制造业进一步深度融合，工业互联网创新发展迈出更坚实步伐，“5G+工业互联网”512工程纵深推进，建设项目超过3 100个，其中二季度新增项目700个。“5G商用后，工业互联网发展按下快进键。”中国移动董事长杨杰说。目前，工业互联网产业体系更加完善，服务领域更加广泛，从个别典型领域拓展到钢铁、电力、化工等国民经济重点行业；应用环节更加深入，从生产辅助环节成为生产核心环节，包括5G全连接工厂、机器视觉检测等。

方太智能厨具未来工厂如图6.42所示。

图6.42 方太智能厨具未来工厂

项目 7

PCB 板型号识别

项目概述

1. 项目总体信息

某印制电路板（PCB）生产企业进行自动化升级改造，在新的生产线中，每个待测 PCB 板沿输送带运动，依次经停 3 个不同检测工位，要求在静态情况下分别对其进行外形尺寸测量、识别型号和跳线帽位置检测，如图 2.1 所示。企业工程部赵经理接到任务后，根据任务要求安排 3 名工程师（李工、刘工和王工）分别负责 3 个检测工位的检测要求的实现，包括视觉系统硬件选型、安装和调试系统，以及要求在 2 h 内完成对应的编程与调试，并进行合格验收。

3 个检测工位的检测要求具体如下：

1）检测工位 1：测量出 PCB 板的外形尺寸，要求测量公差为±0.1 mm，其工作距离不超过 250mm。

2）检测工位 2：识别出 PCB 板的型号，其工作距离不超过 250 mm。

3）检测工位 3：检测出 PCB 板跳线帽所在位置，其工作距离不超过 250 mm。

2. 本项目引入

在智能制造中，工业视觉读码和识别字符是一种利用图像处理和模式识别技术实现自动识别和解码信息的技术，常常需要工业视觉识别系统实时监控生产过程中的各个环节，及时发现异常情况并采取相应措施，确保生产过程的稳定运行。工业视觉识别系统还可以自动收集和分析生产过程中的数据，为企业提供有价值的信息支持，帮助企业进行决策和改进，促进数字经济和实体经济深度融合，加快落实新型工业化的转型需求。常见的工业视觉识别类型应用案例如图 7.1 所示。

PCB 板作为电子产品的重要组成部分，是电子元器件连接的重要桥梁。通常 PCB 板上会印制如产品材料、生产信息、产品工艺等相关的字符类信息，但在实际的字符印刷过程中，会存在字符漏印、字符缺失、字符规格不一等缺陷。在 PCB 生产线上，如果采用传统的人工检查方式，会导致 PCB 板检测效率低，发生印刷字符漏检、误判、检测标准不统一等情况。而工业视觉识别字符技术具有高度准确性和稳定性，可以有效降低因人为操作导致的误差，提高产品质量和可靠性，从而减少检测人员，节省检测成本、提高检测效率，也为工业制造带来更多的创新和价值。

(a)

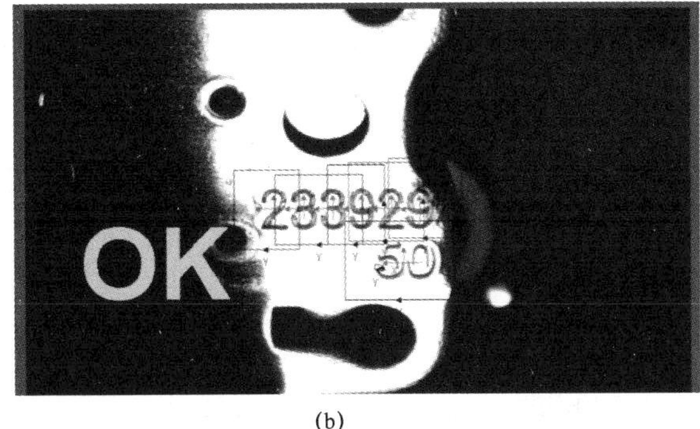

(b)

图 7.1　常见的工业视觉识别类型应用案例

（a）识别产品表面条码；（b）识别产品表面字符

在检测工位 2 时，要求刘工识别出 PCB 板的字符型号。由于字符属于物体表面的特征，其打光方式与外形尺寸测量的打光方式存在差异，刘工需要更换光源。为此，需要重新搭建图像采集系统，掌握 V+平台软件中与图像字符识别相关工具的使用方法。

3. 本项目实施流程

基于 V+平台软件实现 PCB 板型号识别测量，其项目实施一般流程如图 7.2 所示。

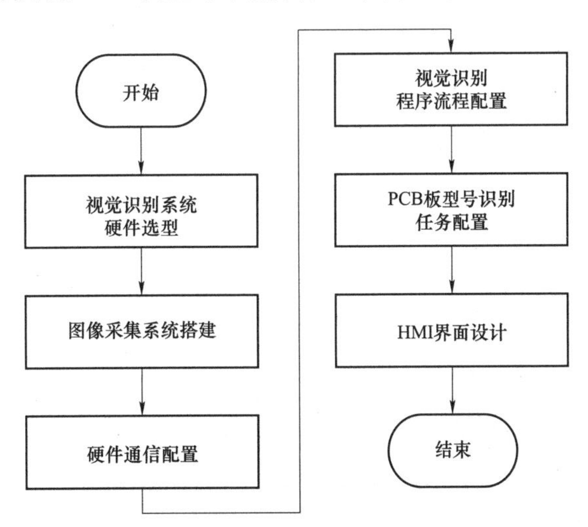

图 7.2　PCB 板型号识别测量项目实施一般流程

其中，PCB 板型号识别系统硬件选型包括工业相机、工业镜头和光源系统的选型，图像采集系统搭建包括系统硬件安装与调试、V+平台软件安装与测试，程序流程配置包括 PCB 板图像采集、PCB 板型号识别结果显示、PCB 板图像保存、辅助功能配置等。

4. 本项目目标

熟悉自动化生产线中对 PCB 板型号进行视觉识别的过程，通过构建工业视觉识别系统，学会使用 V+平台软件中字符识别工具等视觉工具，实现 PCB 板型号字符的识别，为实际生产奠定基础。

学习导航

学习导航如表 7.1 所示。

表 7.1　学习导航

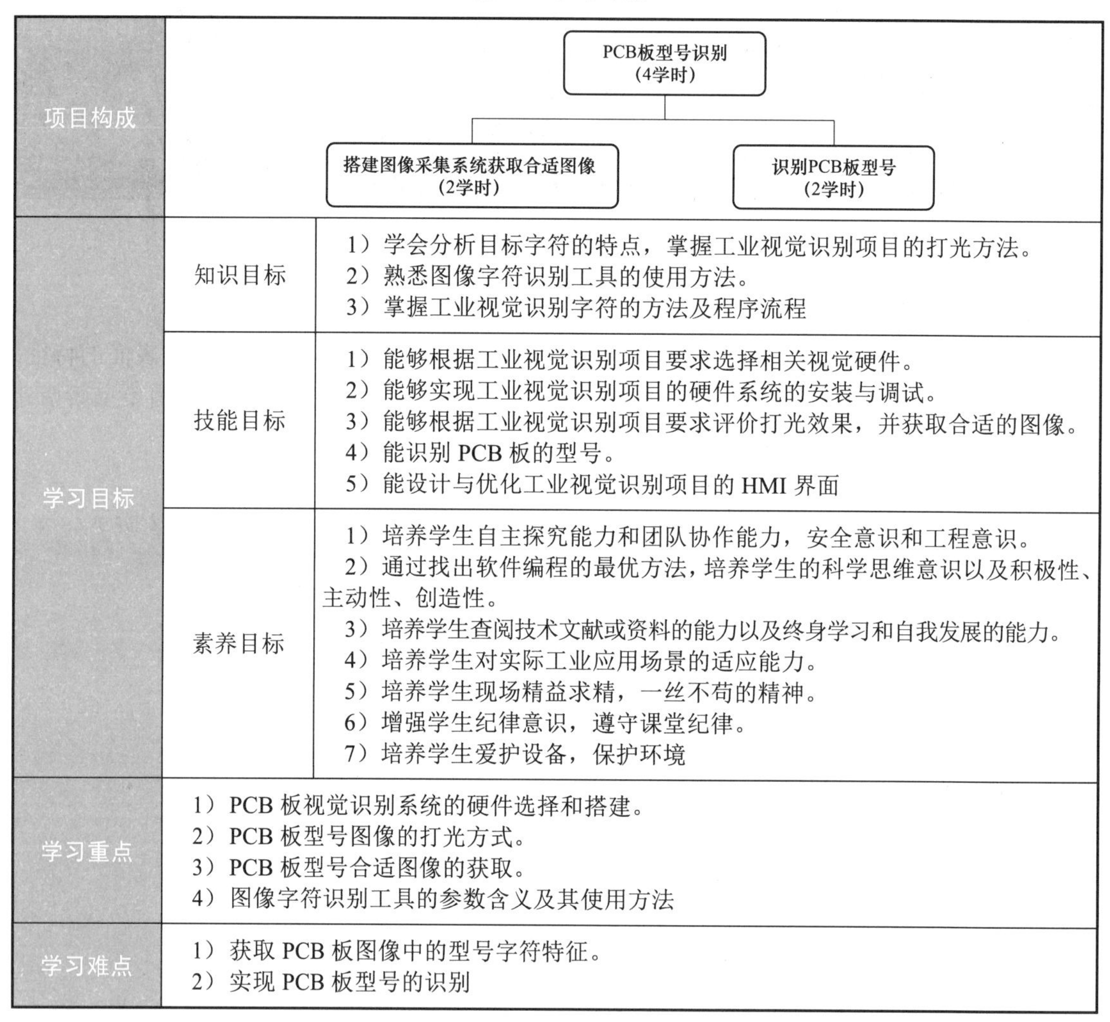

项目构成		PCB板型号识别（4学时）：搭建图像采集系统获取合适图像（2学时）；识别PCB板型号（2学时）
学习目标	知识目标	1）学会分析目标字符的特点，掌握工业视觉识别项目的打光方法。 2）熟悉图像字符识别工具的使用方法。 3）掌握工业视觉识别字符的方法及程序流程
	技能目标	1）能够根据工业视觉识别项目要求选择相关视觉硬件。 2）能够实现工业视觉识别项目的硬件系统的安装与调试。 3）能够根据工业视觉识别项目要求评价打光效果，并获取合适的图像。 4）能识别 PCB 板的型号。 5）能设计与优化工业视觉识别项目的 HMI 界面
	素养目标	1）培养学生自主探究能力和团队协作能力，安全意识和工程意识。 2）通过找出软件编程的最优方法，培养学生的科学思维意识以及积极性、主动性、创造性。 3）培养学生查阅技术文献或资料的能力以及终身学习和自我发展的能力。 4）培养学生对实际工业应用场景的适应能力。 5）培养学生现场精益求精，一丝不苟的精神。 6）增强学生纪律意识，遵守课堂纪律。 7）培养学生爱护设备，保护环境
学习重点		1）PCB 板视觉识别系统的硬件选择和搭建。 2）PCB 板型号图像的打光方式。 3）PCB 板型号合适图像的获取。 4）图像字符识别工具的参数含义及其使用方法
学习难点		1）获取 PCB 板图像中的型号字符特征。 2）实现 PCB 板型号的识别

任务 7.1　搭建图像采集系统获取合适图像

任务描述

PCB 板上面都有不同的丝印字符，主要是印制一些电路板的产品材料、产品生产信息、产品工艺等相关的信息，此外，字符的存在还可以规范 PCB 设计，方便 SMT 贴片焊接以及贴装识别器件。

本任务需要搭建图像采集系统，并利用 V+平台软件获取合适的 PCB 板型号图像，如图 7.3 所示，具体要求如下：

1）根据 PCB 板型号识别要求，选择合适的工业相机、工业镜头和光源。

2）设计出图像采集系统示意图。

3）完成 PCB 板型号视觉识别系统的安装与调试。

4）采集合适的 PCB 板型号图像。

(a)

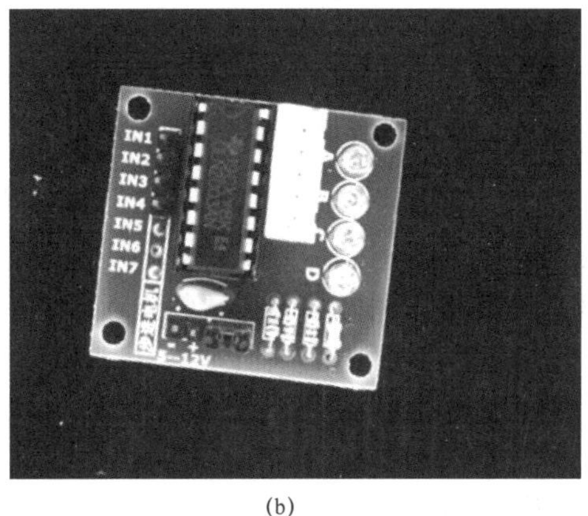

(b)

图 7.3　PCB 板待识别型号

（a）型号字符所在区域；（b）打光效果图

任务目标

1）学会分析 PCB 板型号字符的特点，掌握工业视觉识别项目的打光方法。

2）能够根据 PCB 板型号识别要求选择相关视觉硬件。

3）能够完成 PCB 板型号识别的硬件系统的安装与调试。

4）能够根据 PCB 板型号识别要求评价打光效果，并利用 V+平台软件获取合适的图像。

相关知识

1. 光的反射定律

光在两种物质分界面上改变传播方向又返回原来物质中的现象，称为光的反射。光的反射定律：反射光线、入射光线和法线在同一平面上；反射光线和入射光线分居法线两侧；反射角等于入射角。可归纳为“三线共面，两线分居，两角相等”。根据物体表面的凹凸程度不同，选择不同角度的入射光线可以照亮物体表面的不同特征，从而拍摄出不同的图像效果，如图 7.4 所示。

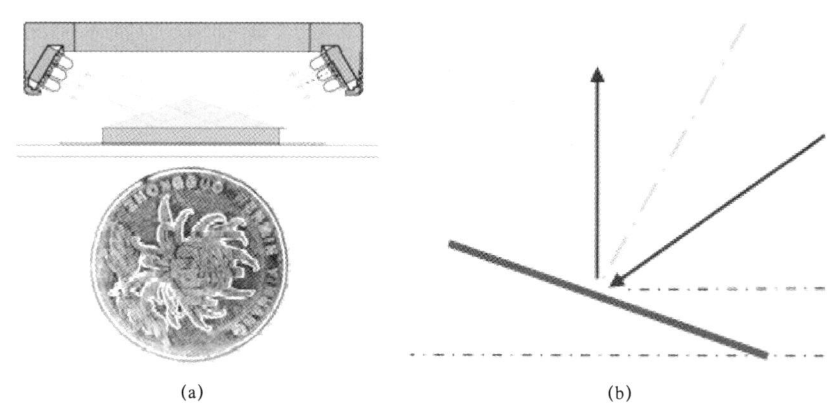

(a) (b)

图 7.4　光的反射照射光路图

（a）效果图；（b）光路图

2. 图像采集系统搭建思路分析

环形光源简称环光，可以提供不同角度的照射（0°，30°，45°，60°，90°等），能够突出物体的三维信息有效解决对角照射阴影问题，在各种字符检测、O 形环外观检测、损伤及外观检测等方面有较为广泛的应用。

低角度打光的光线方向与检测面接近平行，表明平整部位相对无反射光线进入镜头之中，在画面中显示偏暗。而凹坑、划痕、字符等表面机构不平整的部位，反光比较杂乱，部分光线会反射到镜头里面，在画面中表现为较亮。

因此，PCB 板型号识别可以选择 0°环光和采用低角度打光方式，同时需要保证环形光源和相机、镜头同轴安装，选择适当的安装距离，以保证图像质量。

任务实施

1. 设计图像采集系统

PCB 板型号识别的图像采集系统示意图如图 7.5 所示。

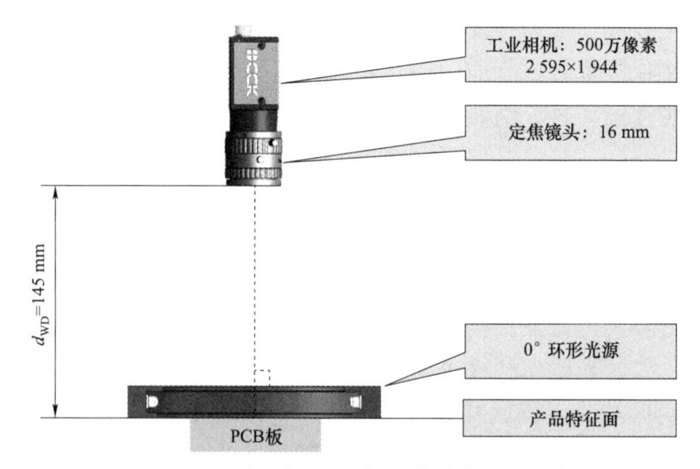

图 7.5　PCB 板型号识别的图像采集系统示意图

2. 图像采集系统搭建与图像获取

PCB 板型号识别的图像采集系统搭建与图像获取的具体操作步骤如表 7.2 所示。

表 7.2　PCB 板型号识别的图像采集系统搭建与图像获取的具体操作步骤

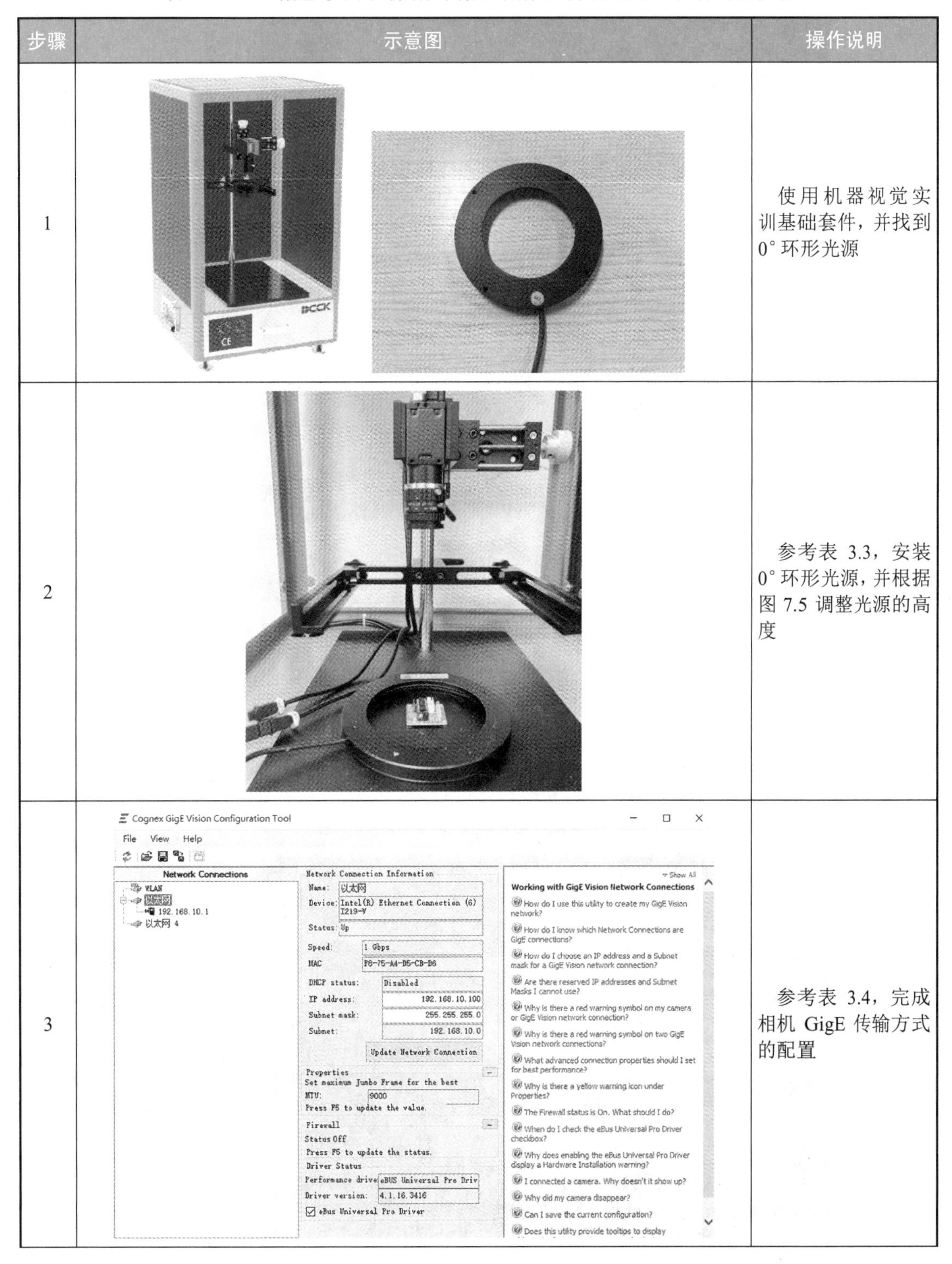

步骤	示意图	操作说明
1		使用机器视觉实训基础套件，并找到 0° 环形光源
2		参考表 3.3，安装 0° 环形光源，并根据图 7.5 调整光源的高度
3		参考表 3.4，完成相机 GigE 传输方式的配置

续表

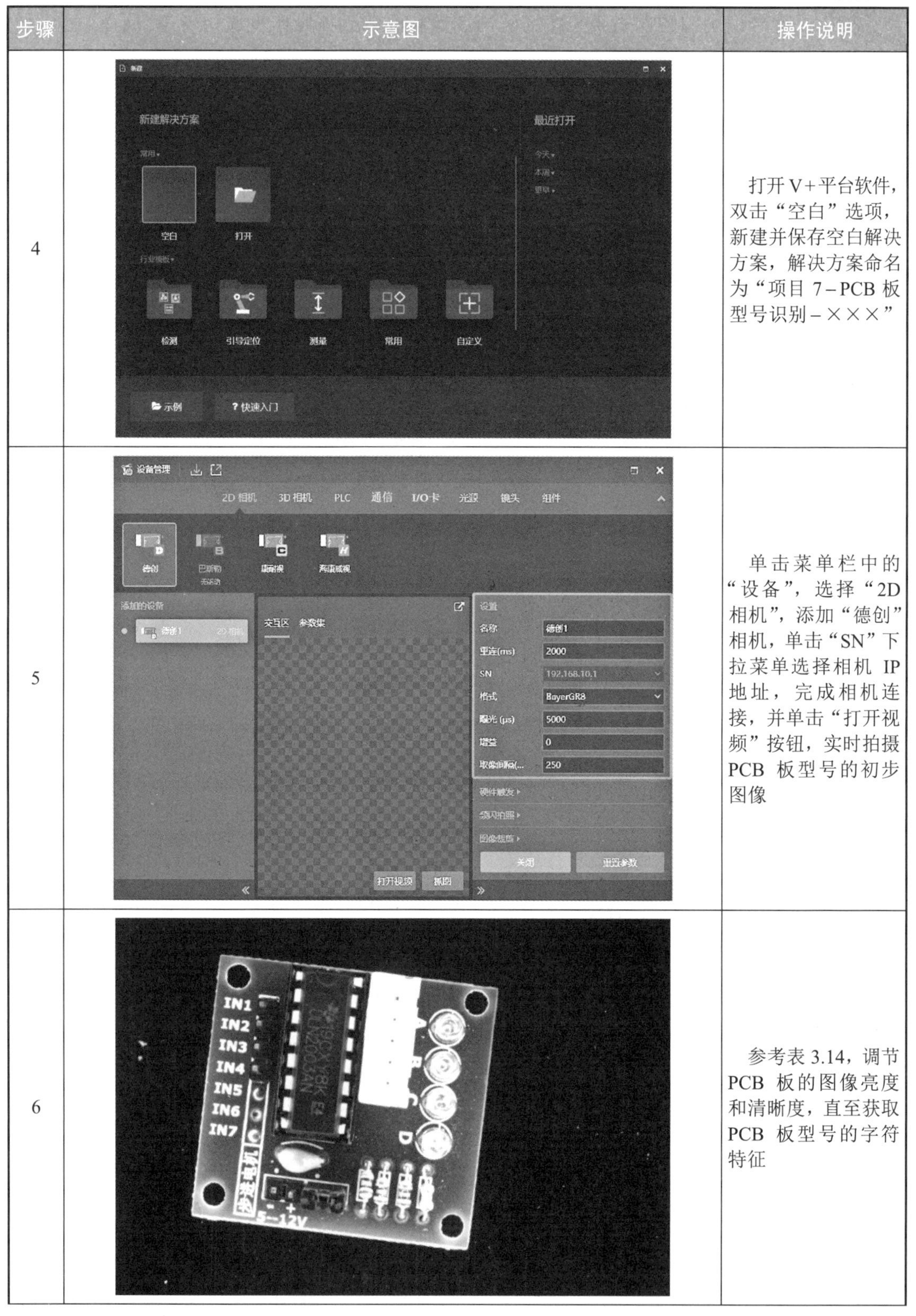

步骤	示意图	操作说明
4		打开V+平台软件，双击“空白”选项，新建并保存空白解决方案，解决方案命名为“项目7-PCB板型号识别-×××”
5		单击菜单栏中的“设备”，选择“2D相机”，添加“德创”相机，单击“SN”下拉菜单选择相机IP地址，完成相机连接，并单击“打开视频”按钮，实时拍摄PCB板型号的初步图像
6		参考表3.14，调节PCB板的图像亮度和清晰度，直至获取PCB板型号的字符特征

续表

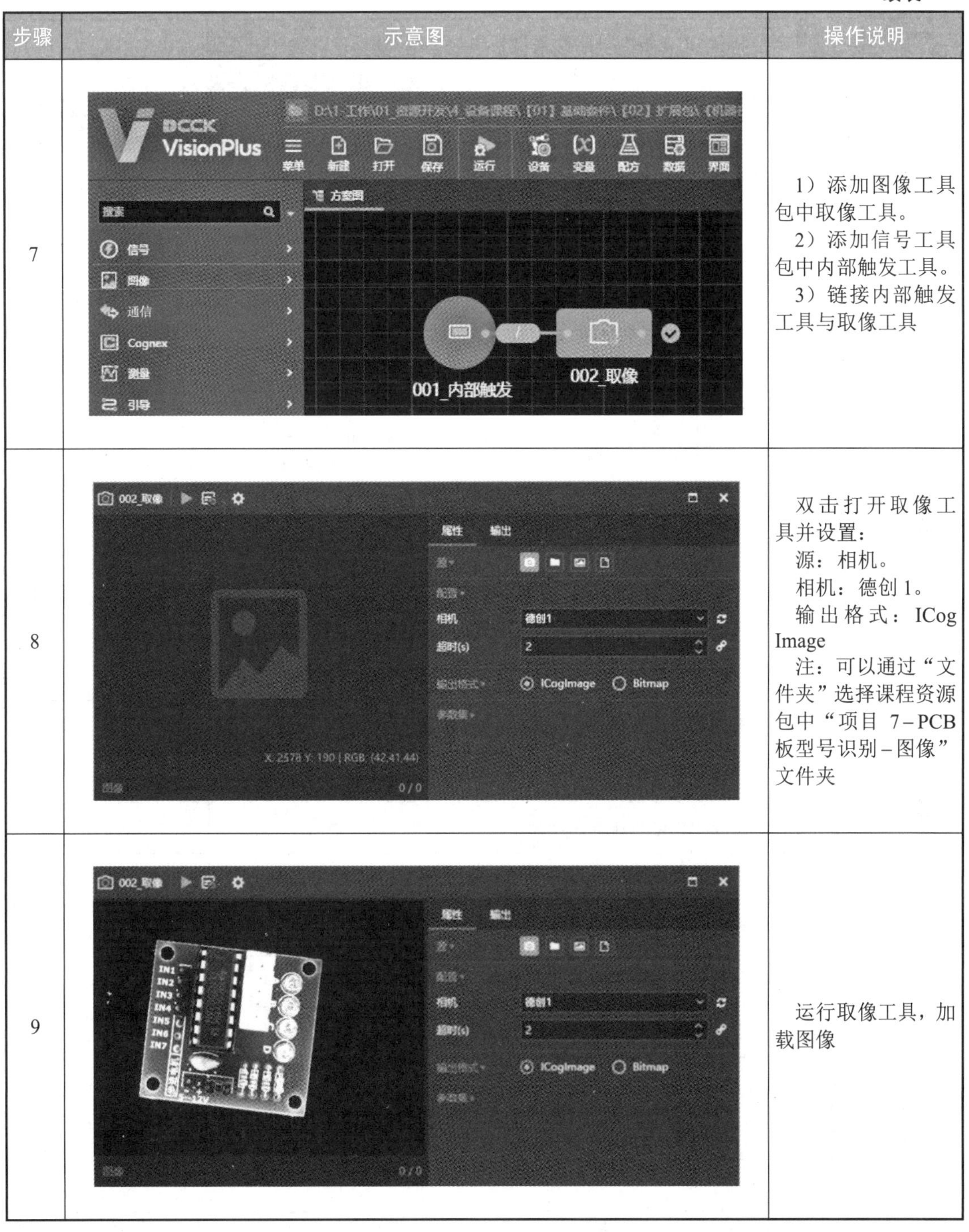

步骤	示意图	操作说明
7		1）添加图像工具包中取像工具。 2）添加信号工具包中内部触发工具。 3）链接内部触发工具与取像工具
8		双击打开取像工具并设置： 源：相机。 相机：德创 1。 输出格式：ICog Image 注：可以通过“文件夹”选择课程资源包中“项目 7－PCB 板型号识别－图像”文件夹
9		运行取像工具，加载图像

任务评价

任务评价如表 7.3 所示。

表 7.3 任务评价

<table>
<tr><td colspan="2">任务名称</td><td colspan="2">搭建 PCB 板型号图像采集系统
获取合适图像</td><td>实施日期</td><td></td></tr>
<tr><td>序号</td><td>评价目标</td><td colspan="2">任务实施评价标准</td><td>配分</td><td>得分</td></tr>
<tr><td>1</td><td rowspan="5">职业
素养</td><td>纪律意识</td><td>自觉遵守劳动纪律，服从老师管理</td><td>5</td><td></td></tr>
<tr><td>2</td><td>学习态度</td><td>积极上课，踊跃回答问题，保持全勤</td><td>5</td><td></td></tr>
<tr><td>3</td><td>团队协作</td><td>分工与合作，配合紧密，相互协助解决图像采集系统搭建过程中遇到的问题</td><td>5</td><td></td></tr>
<tr><td>4</td><td>科学思维意识</td><td>独立思考、发现问题、提出解决方案，并能够创新改进其工作流程和方法</td><td>5</td><td></td></tr>
<tr><td>5</td><td>严格执行现场 6S 管理</td><td>整理：区分物品的用途，清除多余的东西；
整顿：物品分区放置，明确标识，方便取用；
清扫：清除垃圾和污秽，防止污染；
清洁：现场环境的洁净符合标准；
素养：养成良好习惯，积极主动；
安全：遵守安全操作规程，人走机关</td><td>5</td><td></td></tr>
<tr><td>6</td><td rowspan="9">职业
技能</td><td colspan="2">能选择出合适的光源</td><td>6</td><td></td></tr>
<tr><td>7</td><td colspan="2">能设计出图像采集系统示意图</td><td>14</td><td></td></tr>
<tr><td>8</td><td colspan="2">能根据物料清单找到对应型号的光源</td><td>2</td><td></td></tr>
<tr><td>9</td><td colspan="2">能按照图像采集系统示意图安装图像采集系统</td><td>14</td><td></td></tr>
<tr><td>10</td><td colspan="2">能完成相机通信配置</td><td>10</td><td></td></tr>
<tr><td>11</td><td colspan="2">能新建并按照要求保存视觉识别解决方案</td><td>4</td><td></td></tr>
<tr><td>12</td><td colspan="2">能添加并连接相机设备</td><td>5</td><td></td></tr>
<tr><td>13</td><td colspan="2">能调整系统获取清晰的 PCB 板型号的字符特征</td><td>10</td><td></td></tr>
<tr><td>14</td><td colspan="2">能采集清晰的 PCB 板型号图像</td><td>10</td><td></td></tr>
<tr><td colspan="4">合计</td><td>100</td><td></td></tr>
<tr><td colspan="2">小组成员签名</td><td colspan="4"></td></tr>
<tr><td colspan="2">指导教师签名</td><td colspan="4"></td></tr>
<tr><td colspan="2">任务评价记录</td><td colspan="4">1. 存在问题

2. 优化建议</td></tr>
<tr><td colspan="6">备注：在使用真实实训设备或工件编程调试过程中，如发生设备碰撞、零部件损坏等每处扣 10 分。</td></tr>
</table>

任务总结

本任务简述了光的反射定律，分析了 PCB 板型号的图像采集系统搭建思路，了解 0° 环形光源的作用，并设计了图像采集系统的架设图。根据架设图，找到并安装 0° 环形光源，通过配置相机通信和新建视觉解决方案，对 PCB 板型号图像进行采集与调整，以便获取合适图像，为型号的字符识别打下基础。

任务拓展

锂电池从原材料到生产、组装、运输的过程，都必须要有完整信息收集流程，从而形成闭环的锂电池生产信息追溯。传统的读码和识别字符的方法通常需要人工操作，耗时耗力且容易出现错误，而工业视觉读码和识别字符技术在智能制造中的应用有助于提高生产效率、降低错误率、优化产品质量和实现智能化生产。

拓展任务要求：

1）选择合适的工业相机、工业镜头和光源，搭建图像采集系统用于识别如图 7.6 所示的锂电池表面字符（如 DC001），锂电池的长度和宽度为 34 mm × 23 mm。

2）设计出图像采集系统示意图。

3）完成锂电池型号视觉识别系统的安装与调试。

4）采集合适的锂电池图像。

图 7.6　锂电池表面字符识别

任务检测

1. 判断题

1）【第十八届“振兴杯”】相机之所以能成像，是因为镜头把物体反射的光线打到了 CCD 芯片上面。（　　）

2）【第十八届“振兴杯”】环形光源是光出射角度值为 0° ～180° 。（　　）

2. 对于本项目的 PCB 板型号的识别，除了使用 0° 环光，还可以使用什么光源、以什么角度进行打光？

任务 7.2　识别 PCB 板型号

任务描述

光学字符识别（Optical Character Recognition，OCR）即通过电子设备识别印刷在纸张上的字符，包括数字、英文字母和符号等。目前，一般字符识别系统包含图像处理、倾斜校正、版面分析、字符切割、字符识别、版面恢复、后处理与校正等步骤。

本任务要求利用 V+平台软件对 PCB 板的型号字符进行识别，具体要求如下：

1）正确使用图像字符识别工具实现 PCB 板型号的识别。

2）设计 HMI 界面，显示所识别的 PCB 板型号。

PCB 板型号识别参考方案如图 7.7 所示。

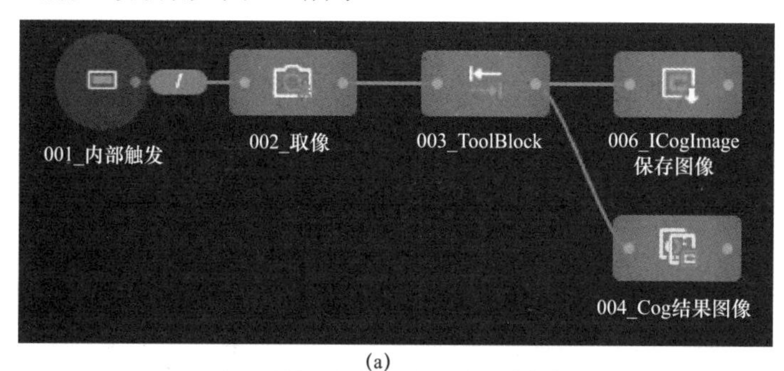

(a)

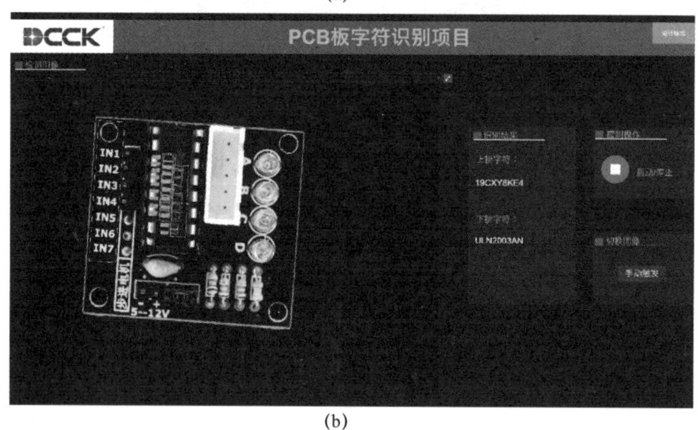

(b)

图 7.7　PCB 板型号识别参考方案

（a）参考程序；（b）HMI 界面设计

任务目标

1）掌握字符的属性含义。

2）掌握图像字符识别工具的使用方法。

3）能利用 V+平台软件正确识别 PCB 板的型号字符。

4）能在 HMI 界面中显示识别出的 PCB 板型号信息。

相关知识

1. 字符属性

字符指类字形单位或符号，包括字母、数字、运算符号、标点符号和其他符号，以及一些功能性符号，其常见属性包括高度、宽度、跨度、字符间隙等，如图 7.8 所示。

2. 图像字符识别工具

（1）CogOCRMaxTool 的作用

图像字符识别工具（即 CogOCRMaxTool，简称 OCRMax）提供了图形用户界面，可以使用其读取 8 位灰度图像，16 位灰度图像或范围图像中的单行字符串。CogOCRMaxTool 字符读取框如图 7.9 所示。

ABC
高度
宽度
跨度
字符间隙

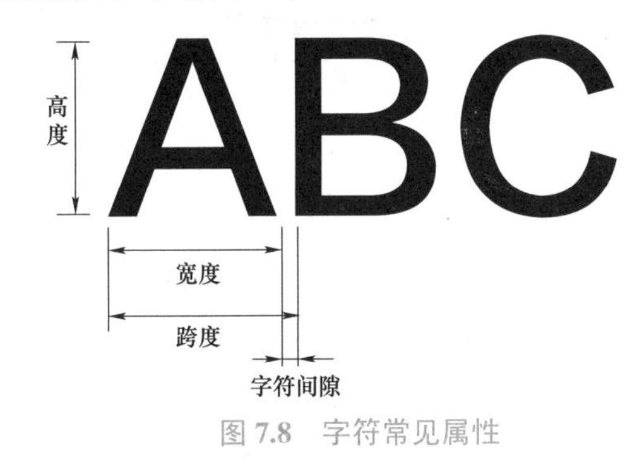

图 7.8　字符常见属性

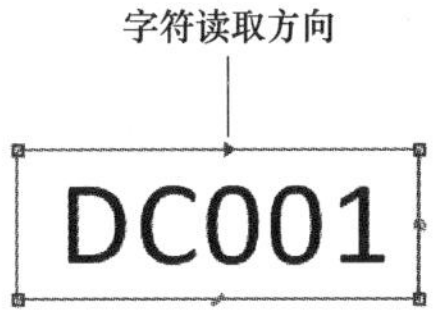

字符读取方向
DC001

图 7.9　CogOCRMaxTool 字符读取框

该工具支持和不支持识别的字符类型如图 7.10 所示。

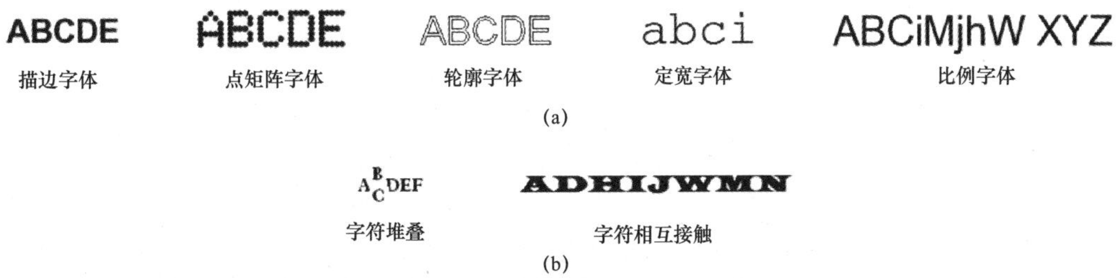

ABCDE
描边字体
ABCDE
点矩阵字体
ABCDE
轮廓字体
abci
定宽字体
ABCiMjhW XYZ
比例字体
(a)
ABCDEF
字符堆叠
ADHIJWMN
字符相互接触
(b)

图 7.10　CogOCRMaxTool 支持和不支持识别的字符类型

（a）支持识别的字符类型；（b）不支持识别的字符类型

（2）CogOCRMaxTool 相关参数

1）CogOCRMaxTool 调整（Tune）选项卡界面。

使用调整选项卡构建 OCRMax 字体，并使用该工具支持的自动调整功能来自动确定最佳的分割参数，以识别连续图像中的连续字符。CogOCRMaxTool 调整选项卡界面如图 7.11 所示。

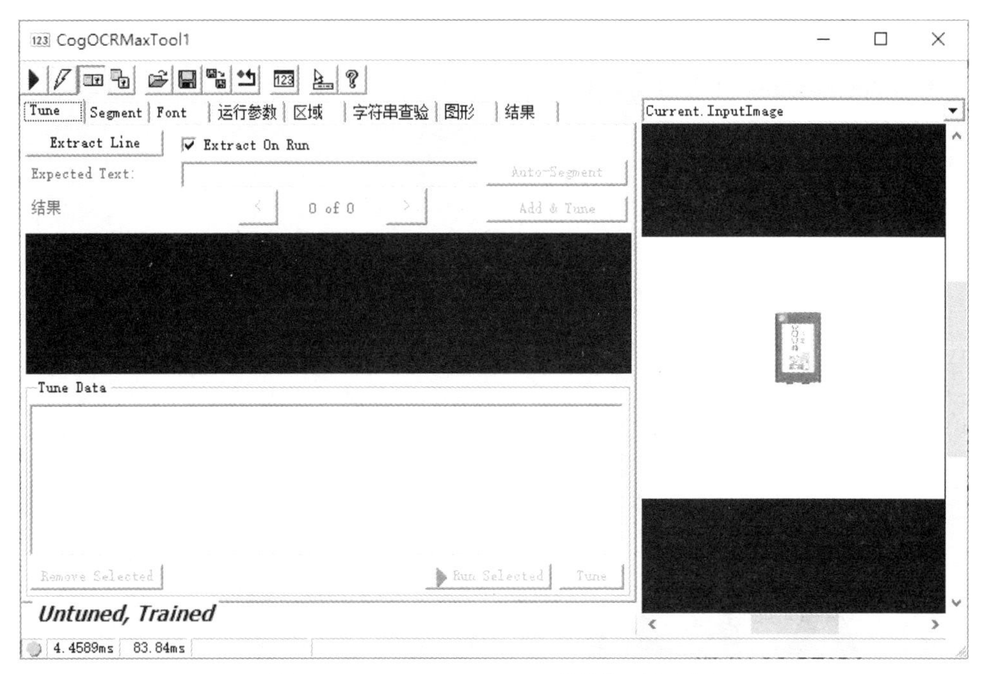

图 7.11　CogOCRMaxTool 调整选项卡界面

使用调整选项卡构建字体并自动调整分段的参数是可选的。也可以使用字体（Font）选项卡来构建字体，但字体选项卡不支持自动调整，必须使用区段（Segment）选项卡来手动设置细分参数。CogOCRMaxTool 调整选项卡常用参数及说明如表 7.4 所示。

表 7.4　CogOCRMaxTool 调整选项卡常用参数及说明

序号	参数	说明
1	Extract Line	提取线：允许工具检查感兴趣的区域，并尝试使用当前的分割参数集将区域分割为正确的字符符号
2	Extract On Run	运行时提取：允许该工具每次运行时都对感兴趣区域执行细分
3	Expected Text	预期文字：输入包含当前图像感兴趣区域的字符串
4	Auto-Segment	自动分段：使用“预期文本”中的字符作为参数对感兴趣的区域执行分割
5	Add&Tune	添加和调整：将当前感兴趣区域的字符区域添加到此选项卡中，然后根据当前图像的特征设置分割参数，建议使用 5～15 张图像来自动调整分割参数
6	Tune Data	调整数据：显示当前用于分段参数自动调整的所有调整记录

2）CogOCRMaxTool 区段（Segment）选项卡界面。

使用区段选项卡可以手动选择最佳参数，将字符与背景、字符与字符之间彼此分开。建议使用调整选项卡中支持的自动调整功能，或使用字体选项卡手动提取字符，并允许该工具自动确定细分设置，右上角下拉展开后 CogOCRMaxTool 区段选项卡界面如图 7.12 所示，CogOCRMaxTool 区段选项卡部分常用参数及说明如表 7.5 所示。

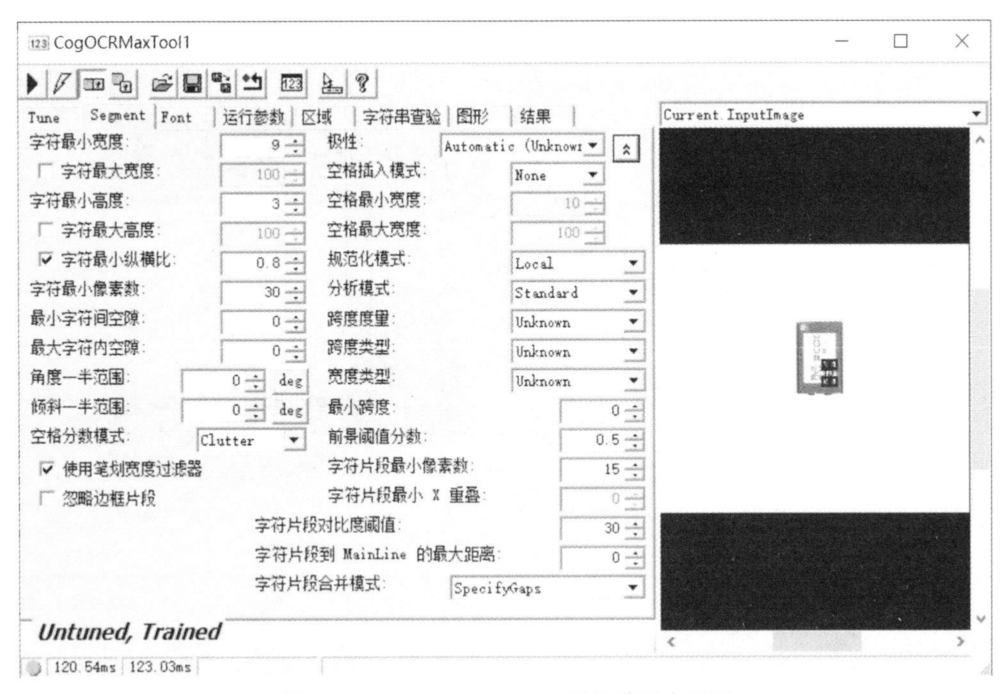

图 7.12　CogOCRMaxTool 区段选项卡界面

表 7.5　CogOCRMaxTool 区段选项卡部分常用参数及说明

序号	参数	说明
1	字符最小宽度	要报告的字符必须具有的字符标记矩形的最小宽度（以像素为单位）
2	字符最大宽度	字符标记矩形的最大允许宽度，以像素为单位。大于此值的字符将被拆分为不太宽的部分
3	字符最小高度	要报告的字符必须具有的字符标记矩形的最小高度（以像素为单位）
4	字符最大高度	字符标记矩形的最大允许高度，以像素为单位。该值有两种使用方式：第一，在找到整条线时使用此值，例如拒绝垂直相邻的噪声，或垂直相邻字符的其他行；第二，高度超过该值的单个字符将被修剪以满足该高度
5	最小字符间空隙	两个字符之间可能出现的最小间隙大小（以像素为单位），间隔是从一个字符的标记矩形的右边缘到下一个字符的标记矩形的左边缘测量的
6	最大字符间空隙	两个字符之间可能出现的最大间隙大小（以像素为单位）
7	字符片段合并模式	用于确定是否将两个片段合并为一个字符的模式。 ① RequireOverlap 模式：“最小/最大字符间空隙”为不可编辑状态。 ② SpecifyMinIntercharacter 模式：“最小字符间空隙”可编辑，“最大字符间空隙”不可编辑。 ③ SpecifyGaps 模式：“最小/最大字符间空隙”均为可编辑状态

3）CogOCRMaxTool 字体（Font）选项卡界面。

使用字体选项卡可以构建 OCR 字体，其界面如图 7.13 所示。

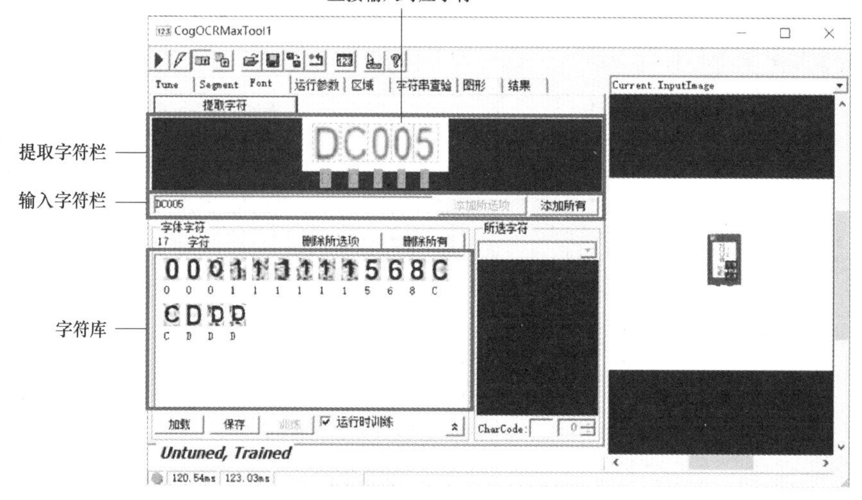

图 7.13　CogOCRMaxTool 字体选项卡界面

在将字符添加到字符库之前，必须正确分割示例图像中的字符，使用区段选项卡确定正确的细分参数，如图 7.12 所示。这些字符已正确分割，可以添加到字符库中。执行以下步骤，将分段图像中的字符添加到字符库中：

① 单击“提取字符”按钮；

② 在提取的字符下方的文本行中输入每个字符的名称；

③ 单击“添加所选项”按钮或“添加所有”按钮以将字符添加到 OCR 字体。

4）CogOCRMaxTool 运行参数选项卡界面。

使用运行参数选项卡可以设置对应结果的运行参数，如图 7.14 所示。CogOCRMaxTool 运行参数选项卡部分常用参数及说明如表 7.6 所示。

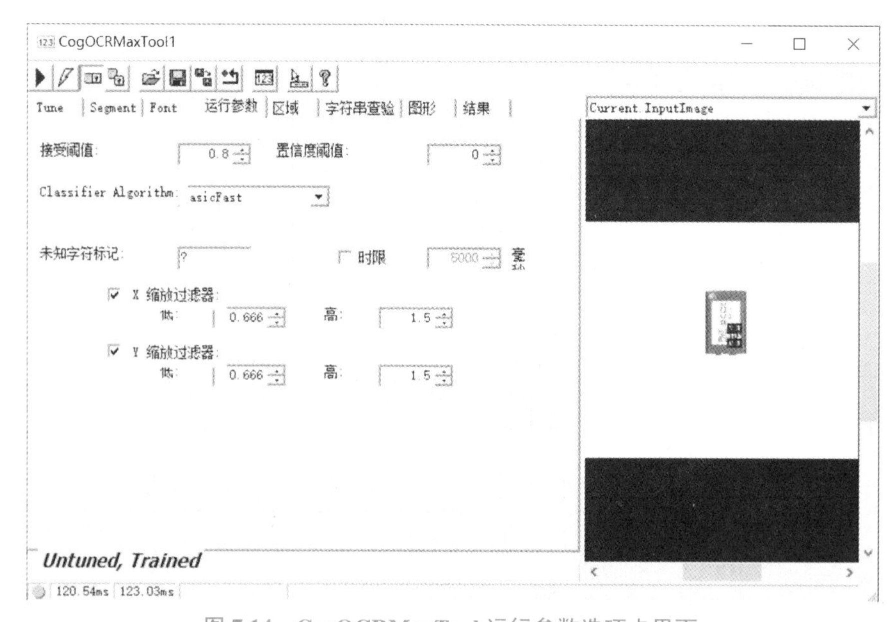

图 7.14　CogOCRMaxTool 运行参数选项卡界面

表 7.6　CogOCRMaxTool 运行参数选项卡部分常用参数及说明

序号	参数	说明
1	接受阈值	为当前每个字符生成匹配分数，范围 0～1，大于等于该值可被识别出字符，否则将识别不出字符
2	置信度阈值	为当前每个字符生成置信度分数，未达到该值将返回混淆的字符识别结果，即相似字符，默认情况下为 0，即无法生成混淆结果
3	未知字符标记	一个字符串，将用于标识此工具生成的结果字符串中的未知字符代码
4	*X*/*Y* 缩放过滤器	是否使用 *X*/*Y* 方向比例过滤

5）CogOCRMaxTool 结果选项卡界面。

使用结果选项卡查看由区段和分类操作生成的结果，如图 7.15 所示。CogOCRMaxTool 结果选项卡部分常用参数及说明如表 7.7 所示。

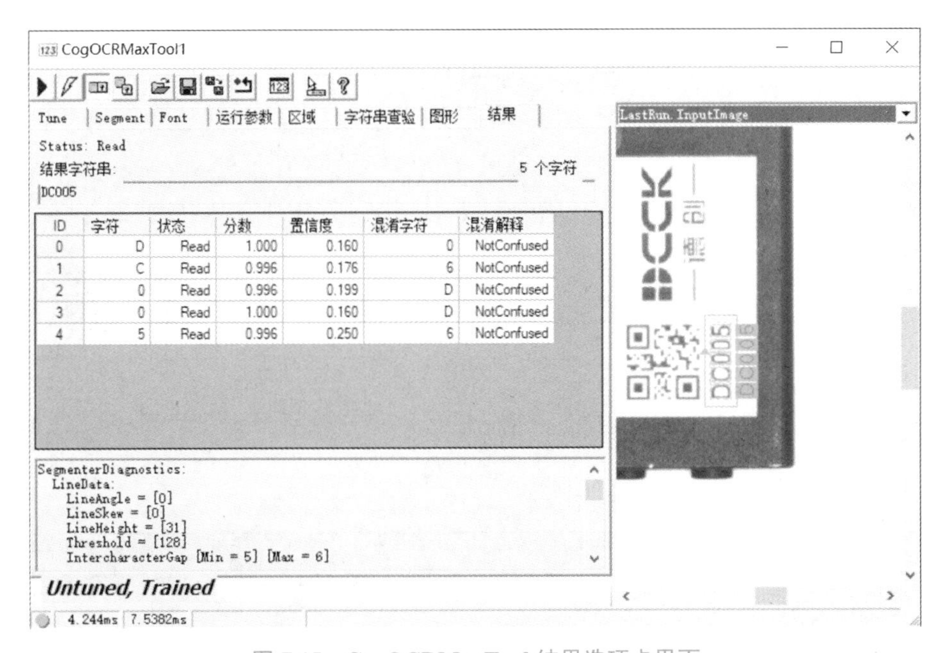

图 7.15　CogOCRMaxTool 结果选项卡界面

表 7.7　CogOCRMaxTool 结果选项卡部分常用参数及说明

序号	参数	说明
1	字符	在此位置分类的字符
2	状态	当前分割字符的状态。 ① Read：则此位置的字符已成功分类。 ② Confused：该工具已识别出其得分超过可接受阈值的字符，但另一个字符的得分也足够接近，以至于最接近的匹配项与下一个最接近的匹配项之间的得分小于置信度阈值的设置。 ③ Failed：训练后的字体中没有字符返回高于接受阈值的分数

续表

序号	参数	说明
3	分数	在0到1之间的一个分数，表示图像中的字符与受训字体中最接近的字符的匹配程度
4	置信度	得分结果与混淆字符得分之间的差异。若此差异未超过“置信度阈值”的设置，则此字符的结果为混淆字符

6）CogOCRMaxTool 默认输入输出。

CogOCRMaxTool 默认输入为灰度图像，默认输出为当前字符串状态和读取的字符串结果，如图 7.16 所示。

图 7.16　CogOCRMaxTool 默认输入输出

任务实施

1. 识别 PCB 板型号

PCB 板型号字符识别具体操作步骤如表 7.8 所示。

表 7.8　PCB 板型号字符识别具体操作步骤

步骤	示意图	操作说明
1		在表 7.2 基础上，添加 ToolBlock 工具并进行链接，右击该工具，单击“运行”菜单项

续表

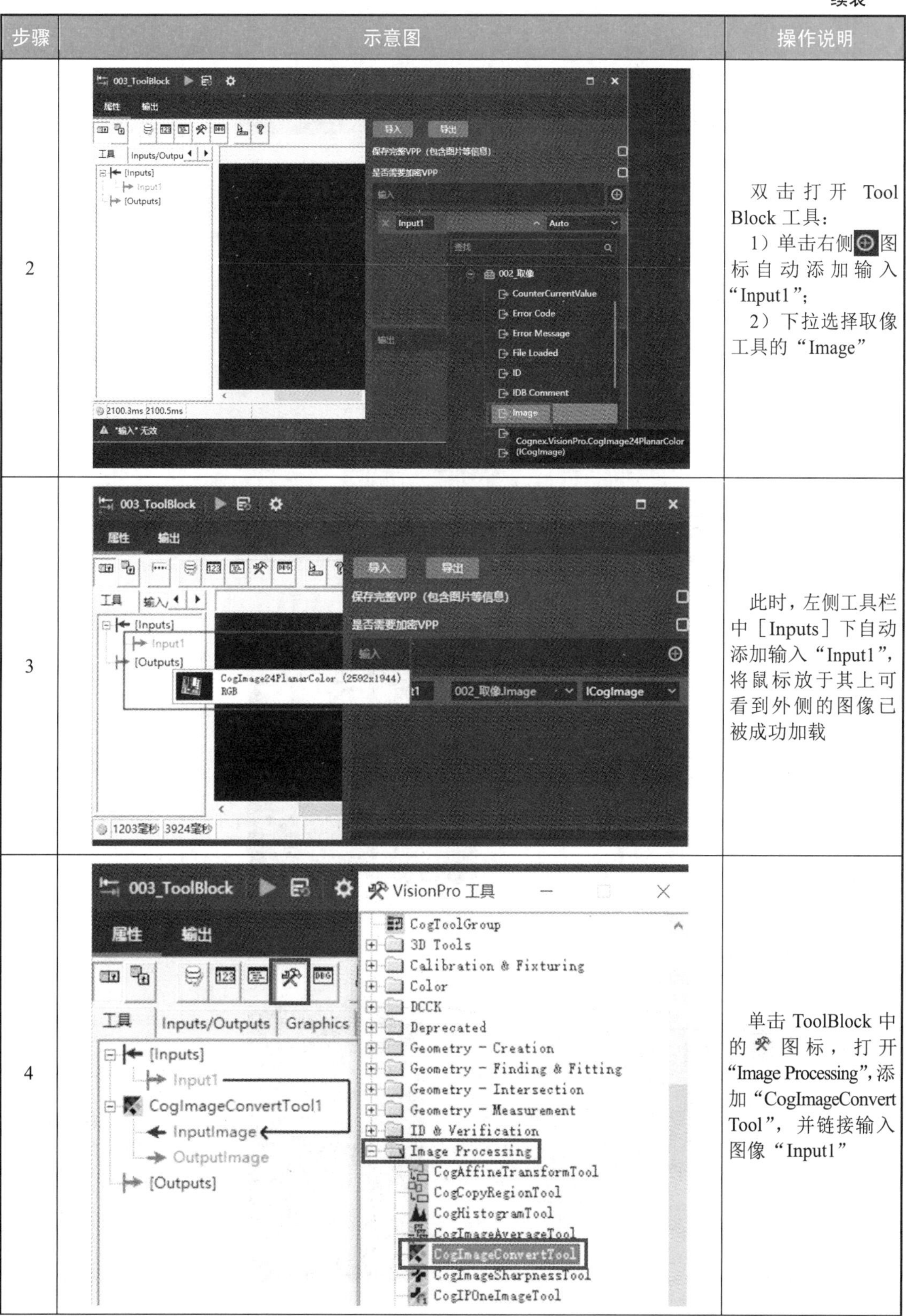

步骤	示意图	操作说明
2		双击打开 Tool Block 工具： 1）单击右侧⊕图标自动添加输入“Input1”； 2）下拉选择取像工具的“Image”
3		此时，左侧工具栏中［Inputs］下自动添加输入“Input1”，将鼠标放于其上可看到外侧的图像已被成功加载
4		单击 ToolBlock 中的⚒图标，打开“Image Processing”，添加“CogImageConvert Tool”，并链接输入图像“Input1”

续表

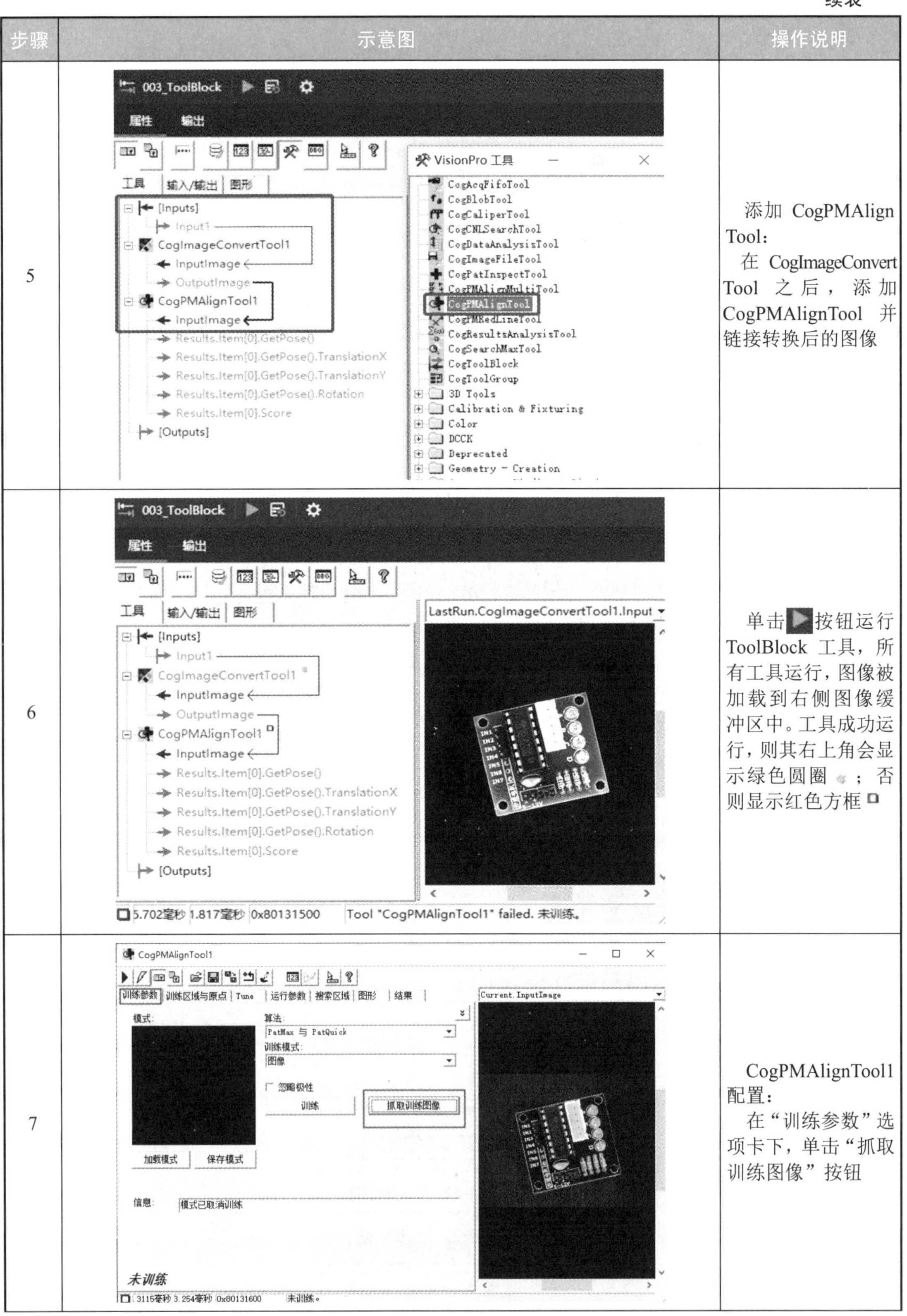

步骤	示意图	操作说明
5		添加 CogPMAlign Tool： 在 CogImageConvert Tool 之后，添加 CogPMAlignTool 并链接转换后的图像
6		单击▶按钮运行 ToolBlock 工具，所有工具运行，图像被加载到右侧图像缓冲区中。工具成功运行，则其右上角会显示绿色圆圈；否则显示红色方框
7		CogPMAlignTool1 配置： 在“训练参数”选项卡下，单击“抓取训练图像”按钮

续表

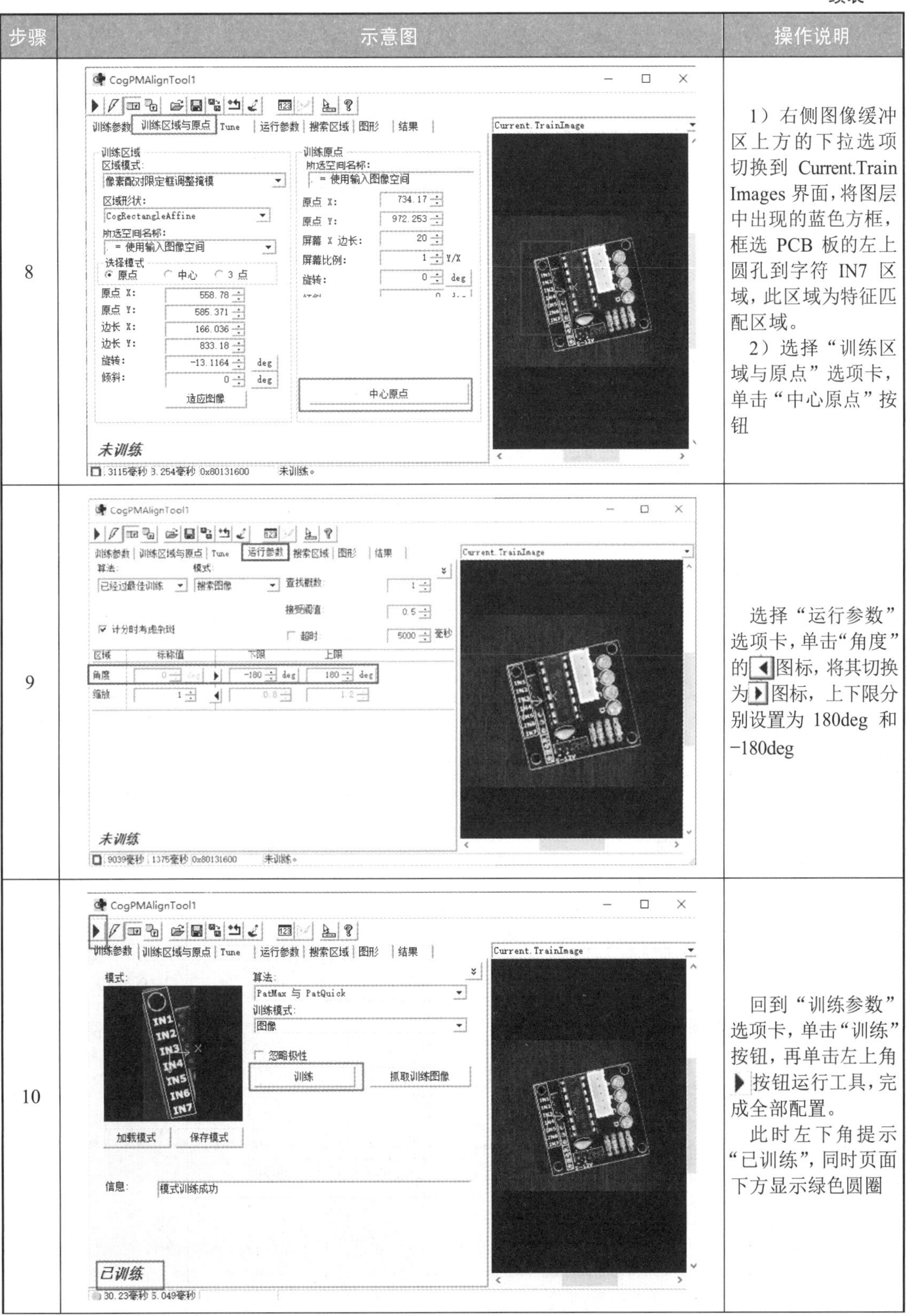

步骤	示意图	操作说明
8		1）右侧图像缓冲区上方的下拉选项切换到 Current.Train Images 界面，将图层中出现的蓝色方框，框选 PCB 板的左上圆孔到字符 IN7 区域，此区域为特征匹配区域。 2）选择“训练区域与原点”选项卡，单击“中心原点”按钮
9		选择“运行参数”选项卡，单击“角度”的◀图标，将其切换为▶图标，上下限分别设置为 180deg 和 −180deg
10		回到“训练参数”选项卡，单击“训练”按钮，再单击左上角▶按钮运行工具，完成全部配置。 此时左下角提示“已训练”，同时页面下方显示绿色圆圈

续表

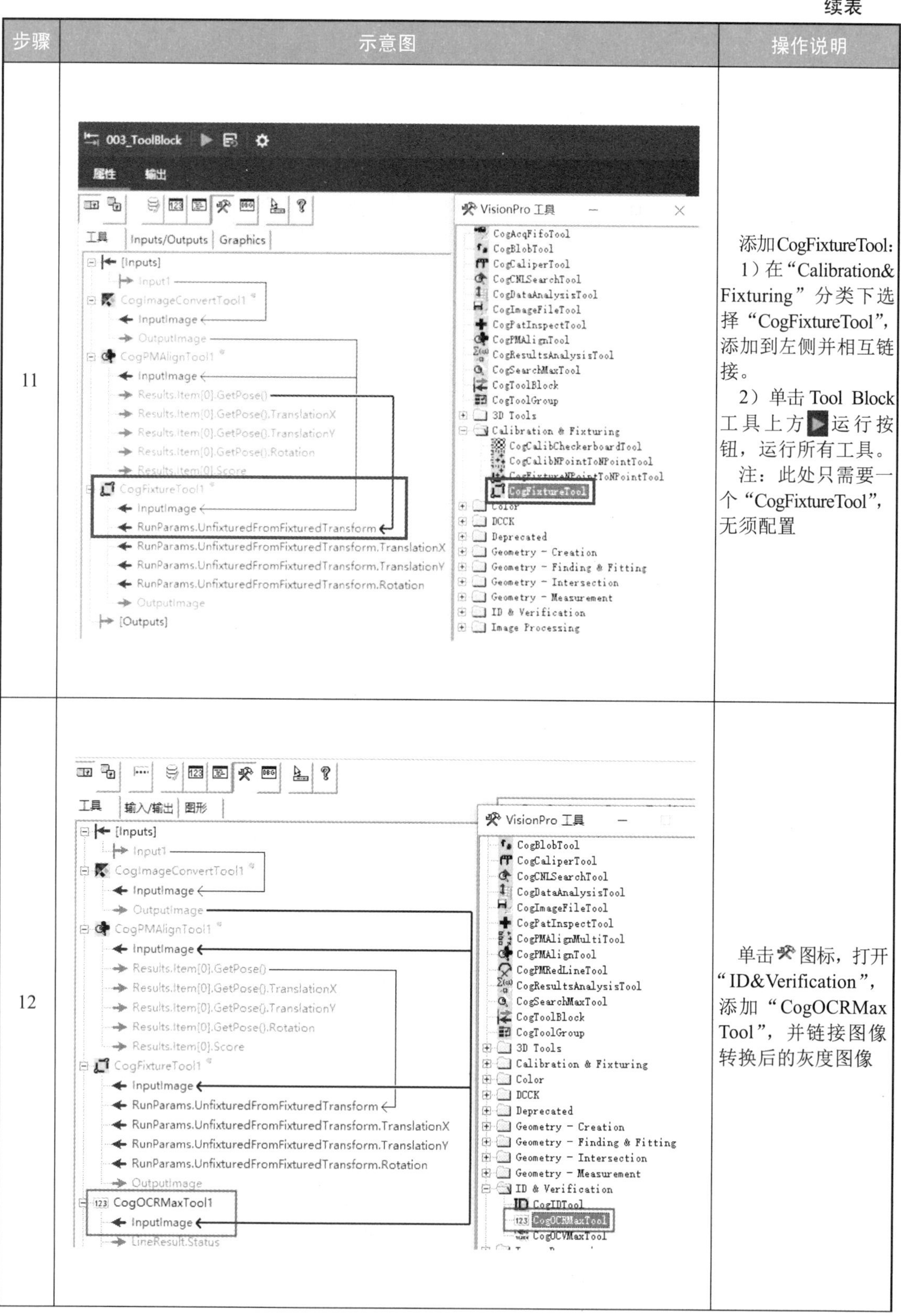

步骤	示意图	操作说明
11		添加CogFixtureTool： 1）在“Calibration& Fixturing”分类下选择“CogFixtureTool”，添加到左侧并相互链接。 2）单击 Tool Block 工具上方▶运行按钮，运行所有工具。 注：此处只需要一个“CogFixtureTool”，无须配置
12		单击图标，打开“ID&Verification”，添加“CogOCRMax Tool”，并链接图像转换后的灰度图像

续表

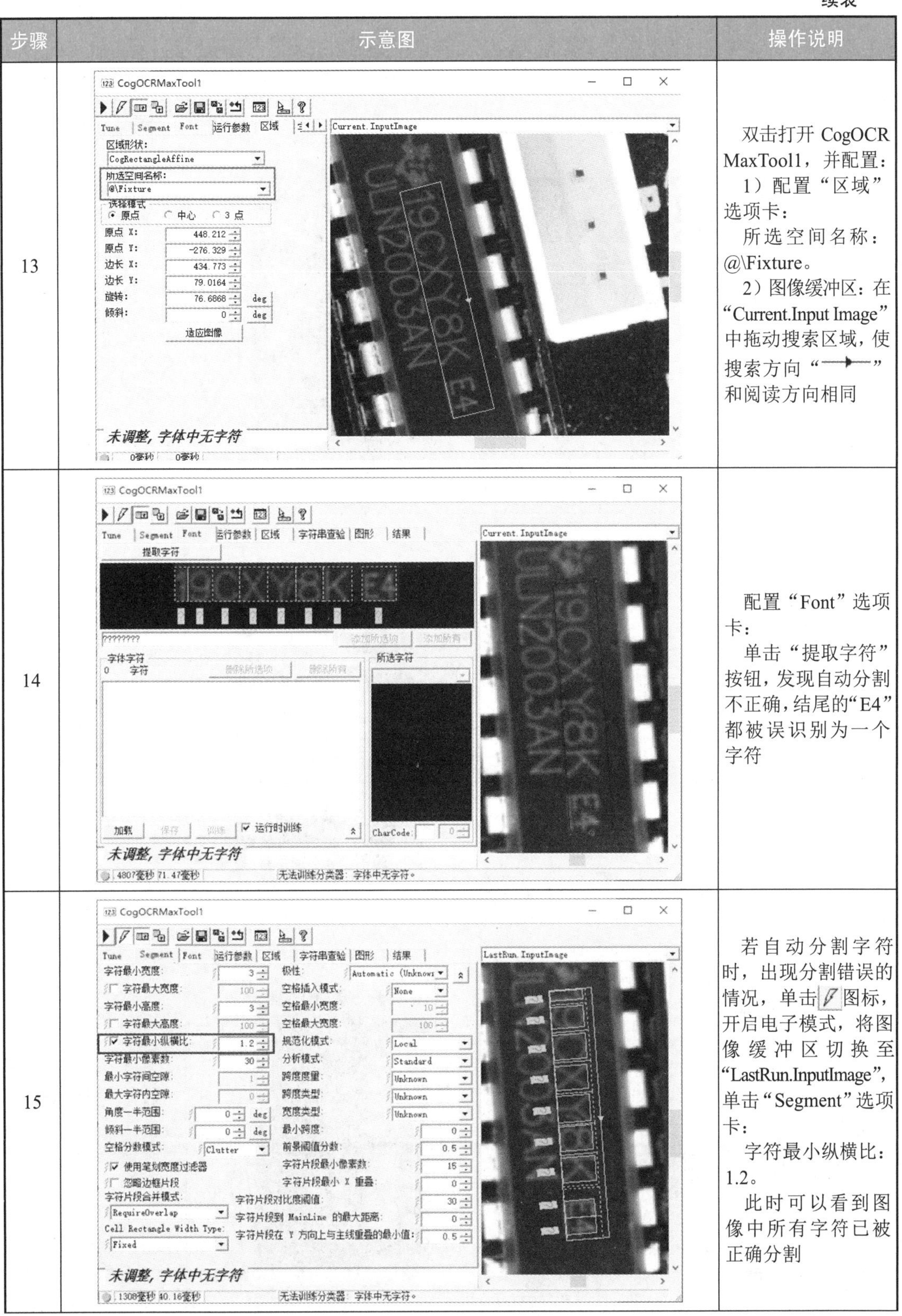

步骤	示意图	操作说明
13		双击打开 CogOCRMaxTool1，并配置： 1）配置“区域”选项卡： 所选空间名称：@\Fixture。 2）图像缓冲区：在“Current.Input Image”中拖动搜索区域，使搜索方向“⟶”和阅读方向相同
14		配置“Font”选项卡： 单击“提取字符”按钮，发现自动分割不正确，结尾的“E4”都被误识别为一个字符
15		若自动分割字符时，出现分割错误的情况，单击 图标，开启电子模式，将图像缓冲区切换至“LastRun.InputImage”，单击“Segment”选项卡： 字符最小纵横比：1.2。 此时可以看到图像中所有字符已被正确分割

续表

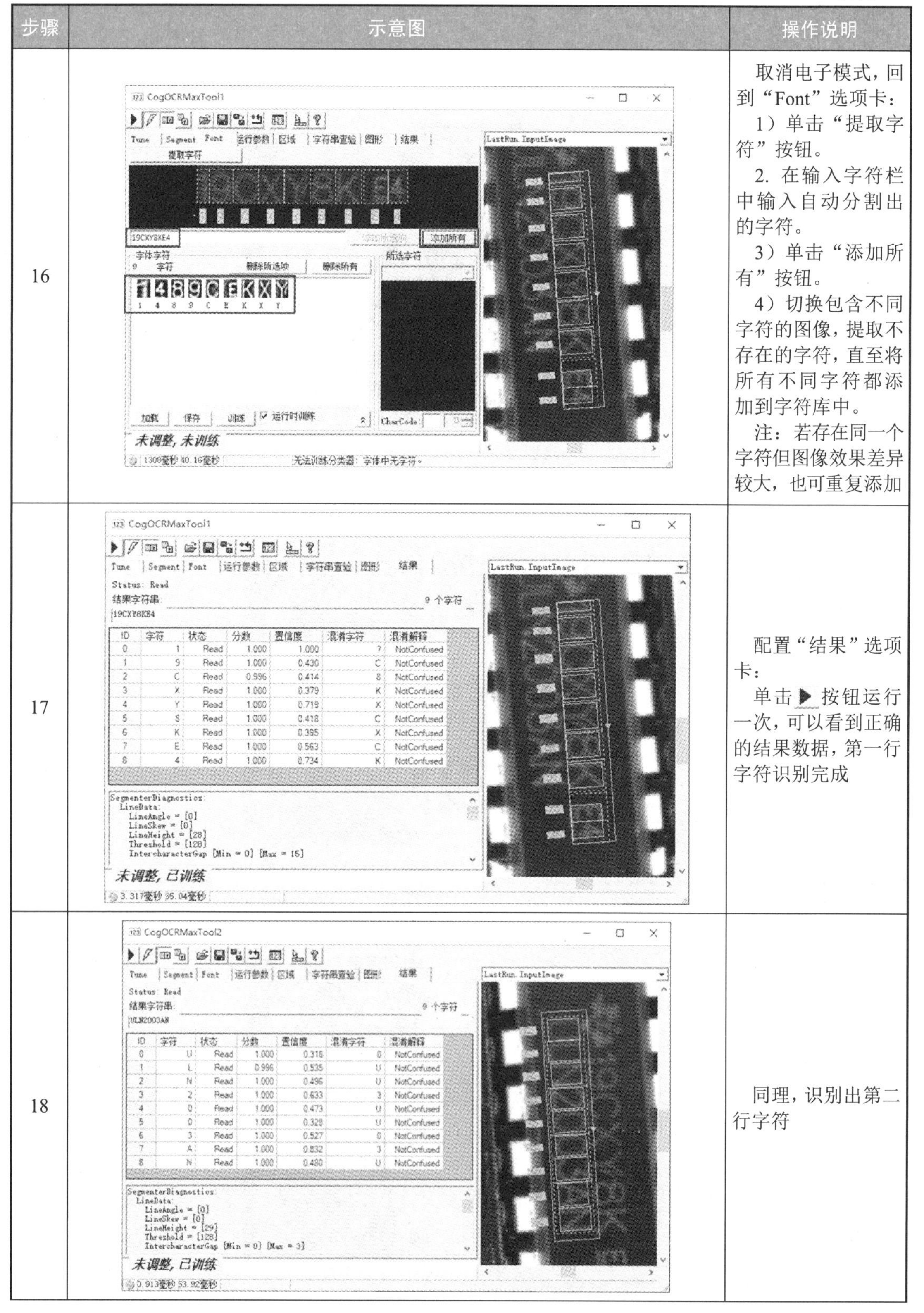

步骤	示意图	操作说明
16		取消电子模式，回到“Font”选项卡： 1）单击“提取字符”按钮。 2. 在输入字符栏中输入自动分割出的字符。 3）单击“添加所有”按钮。 4）切换包含不同字符的图像，提取不存在的字符，直至将所有不同字符都添加到字符库中。 注：若存在同一个字符但图像效果差异较大，也可重复添加
17		配置“结果”选项卡： 单击▶按钮运行一次，可以看到正确的结果数据，第一行字符识别完成
18		同理，识别出第二行字符

续表

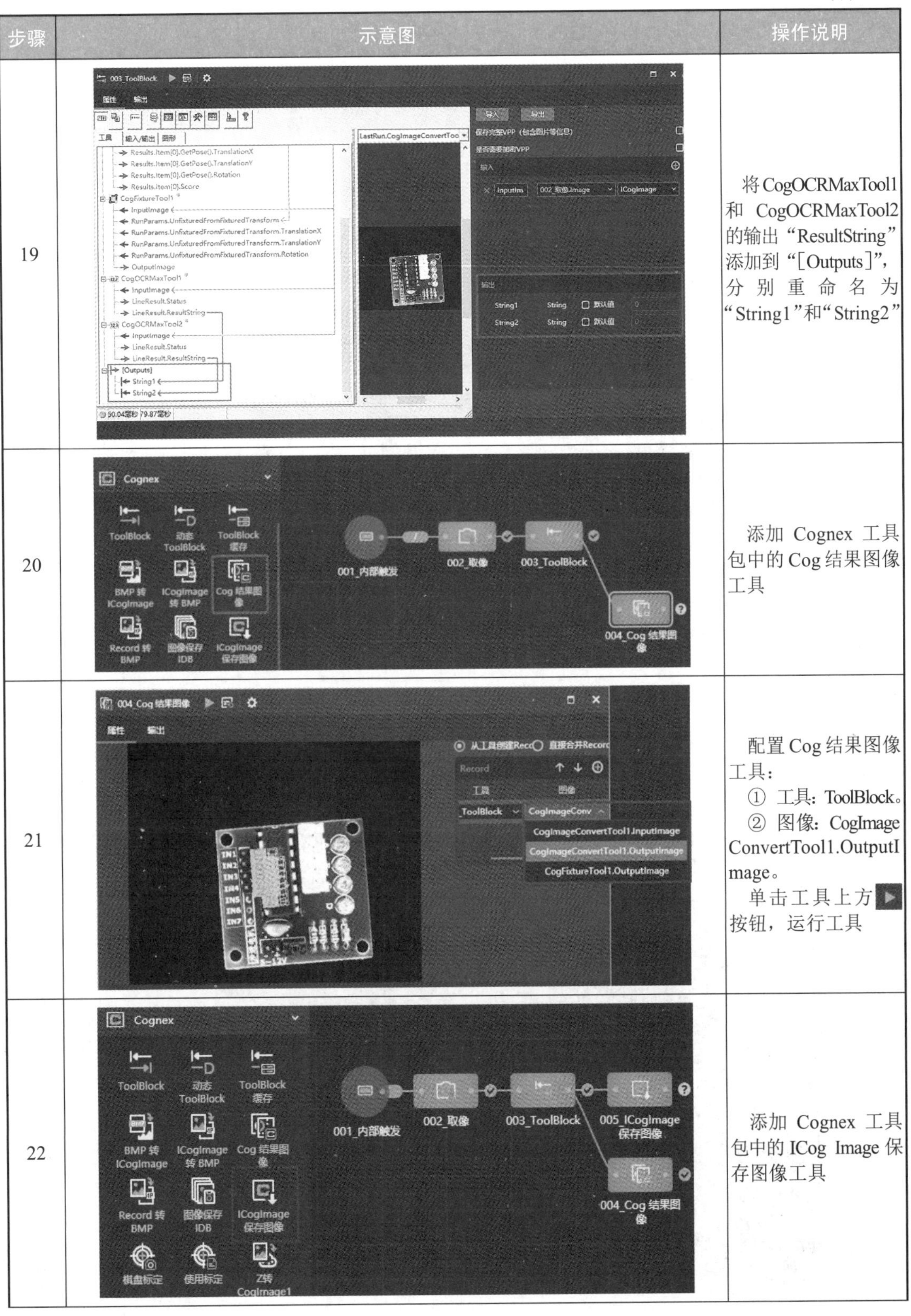

步骤	示意图	操作说明
19		将 CogOCRMaxTool1 和 CogOCRMaxTool2 的输出“ResultString”添加到“[Outputs]”，分别重命名为“String1”和“String2”
20		添加 Cognex 工具包中的 Cog 结果图像工具
21		配置 Cog 结果图像工具： ① 工具：ToolBlock。 ② 图像：CogImageConvertTool1.OutputImage。 单击工具上方 ▶ 按钮，运行工具
22		添加 Cognex 工具包中的 ICog Image 保存图像工具

续表

步骤	示意图	操作说明
23	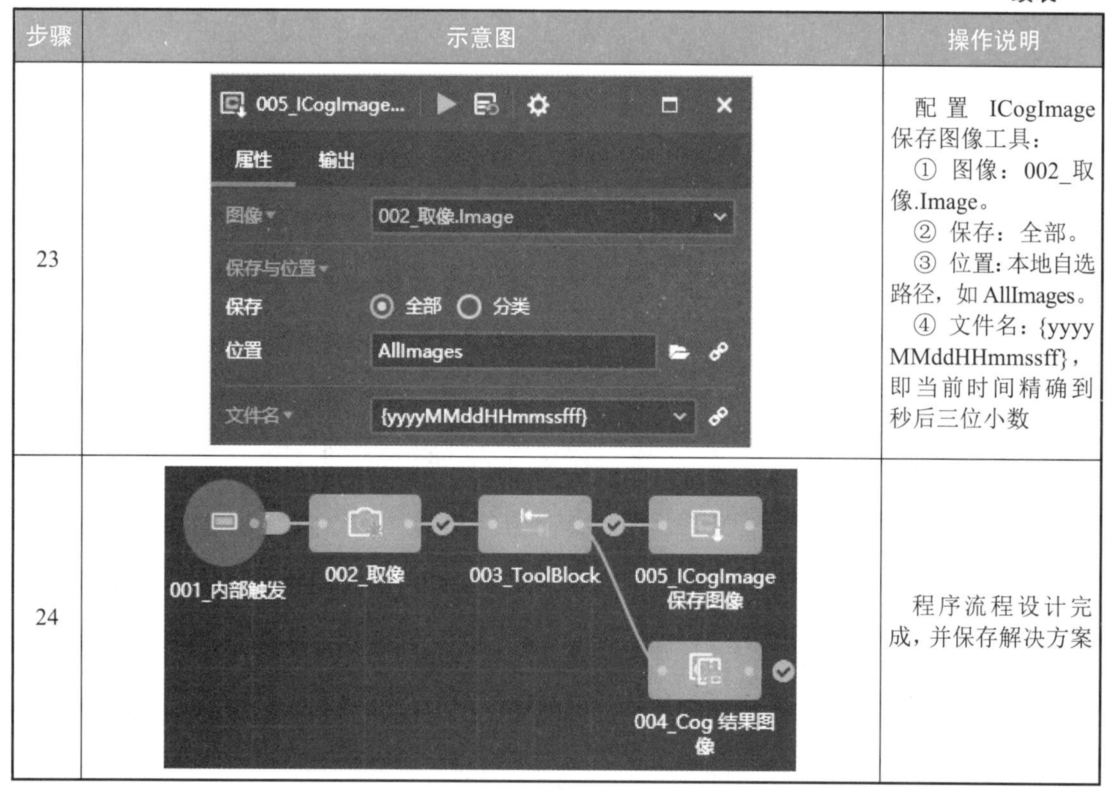	配置 ICogImage 保存图像工具： ① 图像：002_取像.Image。 ② 保存：全部。 ③ 位置：本地自选路径，如 AllImages。 ④ 文件名：{yyyyMMddHHmmssfff}，即当前时间精确到秒后三位小数
24		程序流程设计完成，并保存解决方案

2. HMI 界面设计与优化

PCB 板型号字符识别对应的 HMI 界面设计参考步骤如表 7.9 所示。

表 7.9　PCB 板型号字符识别对应的 HMI 界面设计参考步骤

步骤	示意图	操作说明
1	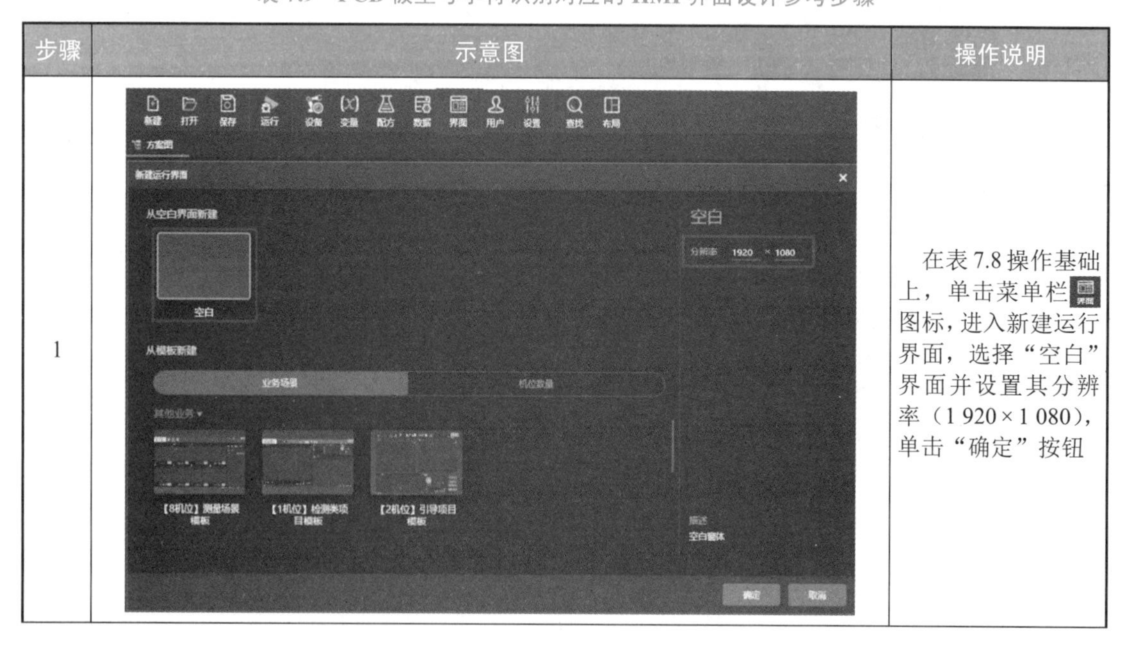	在表 7.8 操作基础上，单击菜单栏界面图标，进入新建运行界面，选择“空白”界面并设置其分辨率（1 920 × 1 080），单击“确定”按钮

续表

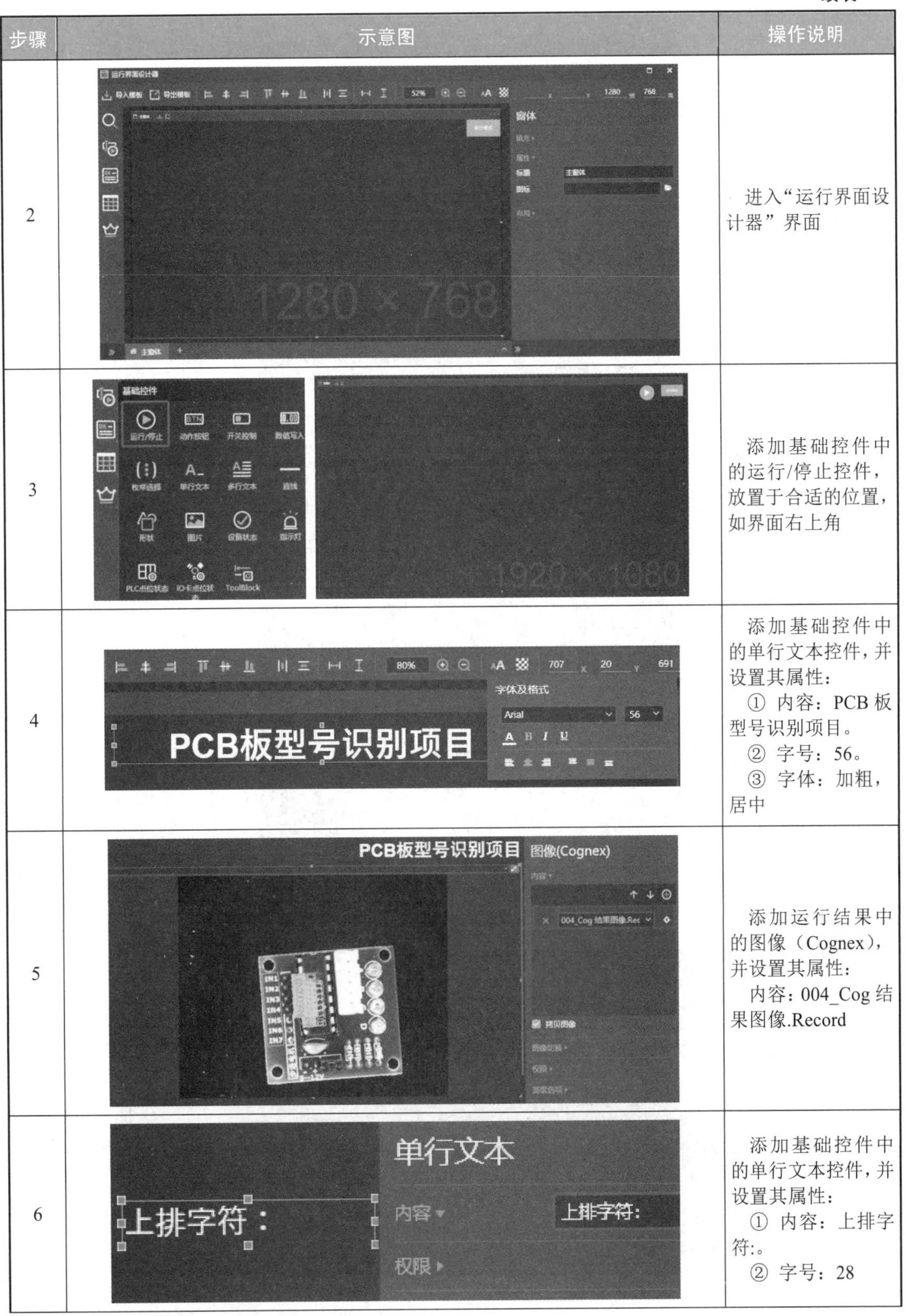

步骤	示意图	操作说明
2		进入“运行界面设计器”界面
3		添加基础控件中的运行/停止控件，放置于合适的位置，如界面右上角
4		添加基础控件中的单行文本控件，并设置其属性： ① 内容：PCB 板型号识别项目。 ② 字号：56。 ③ 字体：加粗，居中
5		添加运行结果中的图像（Cognex），并设置其属性： 内容：004_Cog 结果图像.Record
6		添加基础控件中的单行文本控件，并设置其属性： ① 内容：上排字符:。 ② 字号：28

续表

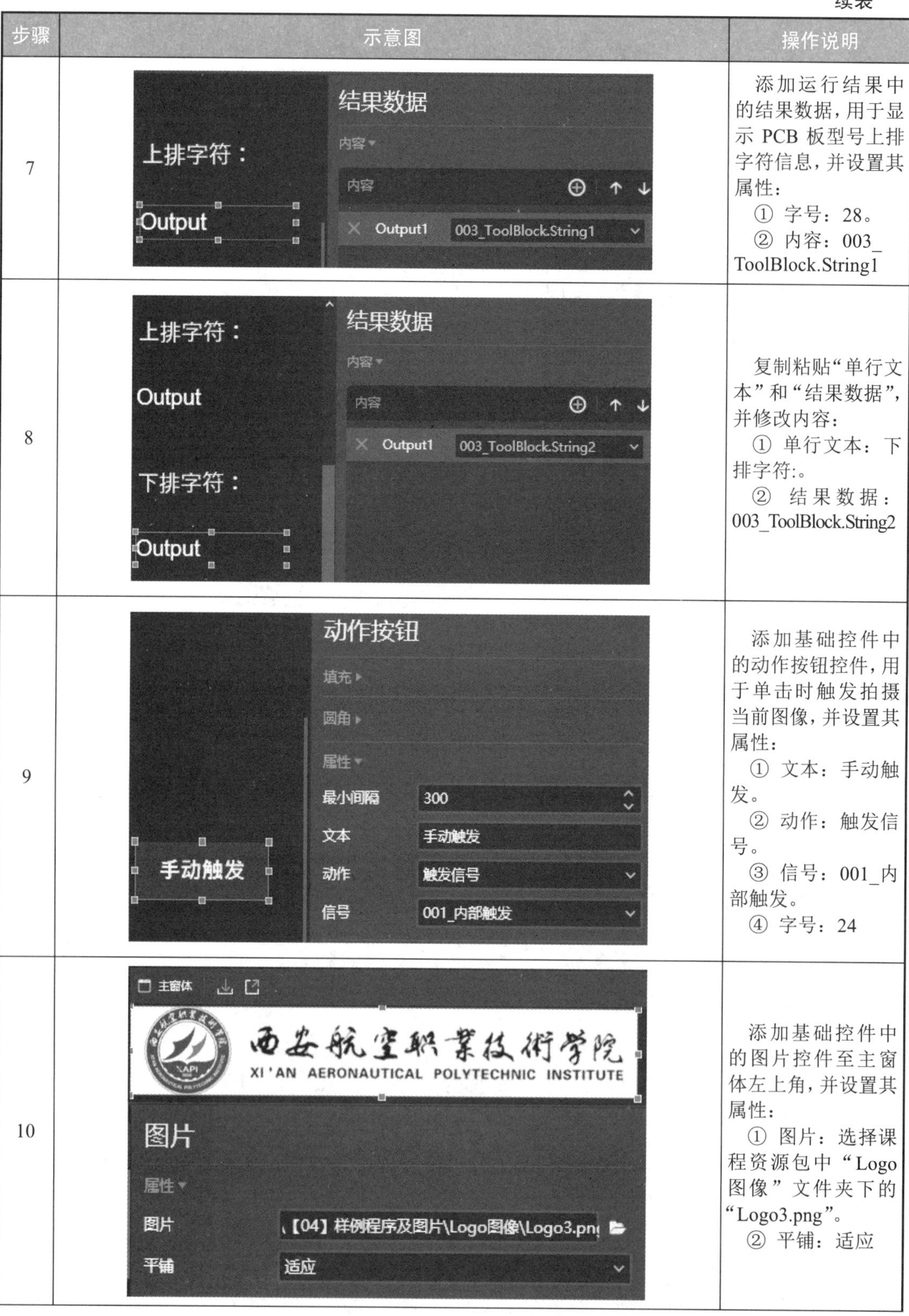

步骤	示意图	操作说明
7	上排字符： Output 结果数据 内容 内容 Output1 003_ToolBlock.String1	添加运行结果中的结果数据，用于显示 PCB 板型号上排字符信息，并设置其属性： ① 字号：28。 ② 内容：003_ToolBlock.String1
8	上排字符： Output 下排字符： Output 结果数据 内容 内容 Output1 003_ToolBlock.String2	复制粘贴“单行文本”和“结果数据”，并修改内容： ① 单行文本：下排字符:。 ② 结果数据：003_ToolBlock.String2
9	手动触发 动作按钮 填充 圆角 属性 最小间隔 300 文本 手动触发 动作 触发信号 信号 001_内部触发	添加基础控件中的动作按钮控件，用于单击时触发拍摄当前图像，并设置其属性： ① 文本：手动触发。 ② 动作：触发信号。 ③ 信号：001_内部触发。 ④ 字号：24
10	主窗体 西安航空職業技術學院 XI'AN AERONAUTICAL POLYTECHNIC INSTITUTE 图片 属性 图片 【04】样例程序及图片\Logo图像\Logo3.pn 平铺 适应	添加基础控件中的图片控件至主窗体左上角，并设置其属性： ① 图片：选择课程资源包中“Logo 图像”文件夹下的“Logo3.png”。 ② 平铺：适应

续表

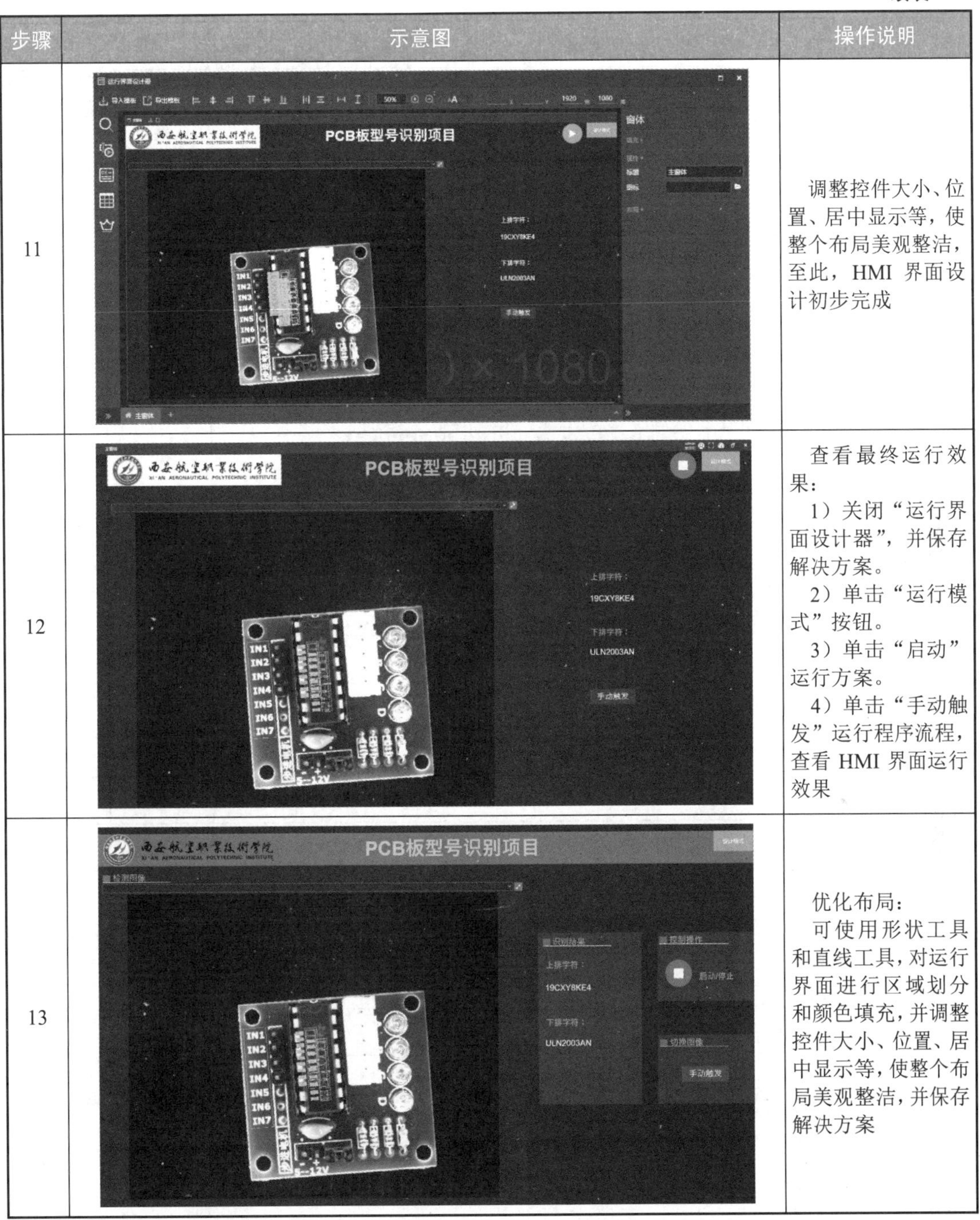

步骤	示意图	操作说明
11		调整控件大小、位置、居中显示等，使整个布局美观整洁，至此，HMI 界面设计初步完成
12		查看最终运行效果： 1）关闭“运行界面设计器”，并保存解决方案。 2）单击“运行模式”按钮。 3）单击“启动”运行方案。 4）单击“手动触发”运行程序流程，查看 HMI 界面运行效果
13		优化布局： 可使用形状工具和直线工具，对运行界面进行区域划分和颜色填充，并调整控件大小、位置、居中显示等，使整个布局美观整洁，并保存解决方案

任务评价

任务评价如表 7.10 所示。

表 7.10 任务评价

<table>
<tr><th colspan="2">任务名称</th><th colspan="2">识别 PCB 板型号</th><th>实施日期</th><th colspan="2"></th></tr>
<tr><th>序号</th><th>评价目标</th><th colspan="3">任务实施评价标准</th><th>配分</th><th>得分</th></tr>
<tr><td>1</td><td rowspan="5">职业素养</td><td>纪律意识</td><td colspan="2">自觉遵守劳动纪律，服从老师管理</td><td>5</td><td></td></tr>
<tr><td>2</td><td>学习态度</td><td colspan="2">积极上课，踊跃回答问题，保持全勤</td><td>5</td><td></td></tr>
<tr><td>3</td><td>团队协作</td><td colspan="2">分工与合作，配合紧密，相互协助解决识别过程中遇到的问题</td><td>5</td><td></td></tr>
<tr><td>4</td><td>科学思维意识</td><td colspan="2">独立思考、发现问题、提出解决方案，并能够创新改进其工作流程和方法</td><td>5</td><td></td></tr>
<tr><td>5</td><td>严格执行现场 6S 管理</td><td colspan="2">整理：区分物品的用途，清除多余的东西；
整顿：物品分区放置，明确标识，方便取用；
清扫：清除垃圾和污秽，防止污染；
清洁：现场环境的洁净符合标准；
素养：养成良好习惯，积极主动；
安全：遵守安全操作规程，人走机关</td><td>5</td><td></td></tr>
<tr><td>6</td><td rowspan="12">职业技能</td><td colspan="3">能添加工具块工具</td><td>5</td><td></td></tr>
<tr><td>7</td><td colspan="3">能添加图像模板匹配工具</td><td>5</td><td></td></tr>
<tr><td>8</td><td colspan="3">能添加图像定位工具</td><td>5</td><td></td></tr>
<tr><td>9</td><td colspan="3">能实现 PCB 板图像定位</td><td>10</td><td></td></tr>
<tr><td>10</td><td colspan="3">能添加图像字符识别工具</td><td>5</td><td></td></tr>
<tr><td>11</td><td colspan="3">能够实现 PCB 板型号自动提取字符，并正确分割字符</td><td>6</td><td></td></tr>
<tr><td>12</td><td colspan="3">能识别出 PCB 板型号上排和下排的字符内容</td><td>10</td><td></td></tr>
<tr><td>13</td><td colspan="3">能在工具块工具中输出 PCB 板型号上排和下排的字符内容</td><td>4</td><td></td></tr>
<tr><td>14</td><td colspan="3">能设计 HMI 界面，显示 PCB 板型号上下排字符</td><td>13</td><td></td></tr>
<tr><td>15</td><td colspan="3">可自行选择添加其他工具，完善 HMI 界面内容</td><td>5</td><td></td></tr>
<tr><td>16</td><td colspan="3">能合理布局 HMI 界面，整体美观大方</td><td>5</td><td></td></tr>
<tr><td>17</td><td colspan="3">能保存工业视觉识别项目解决方案</td><td>2</td><td></td></tr>
<tr><td colspan="5">合计</td><td>100</td><td></td></tr>
<tr><td colspan="2">小组成员签名</td><td colspan="5"></td></tr>
<tr><td colspan="2">指导教师签名</td><td colspan="5"></td></tr>
<tr><td colspan="2">任务评价记录</td><td colspan="5">1. 存在问题

2. 优化建议</td></tr>
<tr><td colspan="7">备注：在使用真实实训设备或工件编程调试过程中，如发生设备碰撞、零部件损坏等每处扣 10 分。</td></tr>
</table>

任务总结

本任务简述了字符的常见属性，详细介绍了图像字符识别工具的属性参数，通过演示 V+平台软件进行 PCB 板型号识别，实现工业视觉识别项目的完整操作流程。通过 HMI 界面的设计，能够更直观地显示产品的相关信息，有助于进一步体会工业视觉系统识别应用的优点。

任务拓展

CogOCRMaxTool 可进行字体训练的光学字符识别（OCR）和光学字符验证（Optical Character Verification，OCV）工具，对于难以读取的字符可提供 99%的准确度。它可以防止误读、处理流程变化并提供轻松的字体管理。其适用于：

1）学习并读取任何印刷字体。

2）读取在类型和背景之间仅存在微小差异的文本。

3）读取在宽度和高度上存在显著差异的文本。

4）读取在各个字母相互粘连、歪斜和畸变等情况下的文本。

5）区分相似形状，如字母“O”和数字“0”。

与其他光学字符识别读取工具不同，CogOCRMaxTool 技术有自动调节能力。自动调节即可采集样本图像并自动培训字体并将工具调整为较优参数，从而大幅减少设置工具所需的时间。

拓展任务要求：

1）正确使用图像字符识别工具识别锂电池表面字符，如图 7.6 所示。

2）设计 HMI 界面显示锂电池字符的内容。

3）可自行选择添加其他工具完善各项功能，优化 HMI 界面。

任务检测

1）CogOCRMaxTool 工具支持和不支持识别的字体类型分别有哪些？

2）若存在多行字符，如何进行视觉识别？

3）PCB 板型号进行自动提取字符时，出现了分割错误的情况，还可以调整 CogOCRMaxTool 的 Segment 选项卡中的哪些参数来实现正确提取？

开阔视野

全球首个矿山领域商用人工智能大模型

2023 年 7 月 18 日，山东能源集团、华为、云鼎科技联手发布全球首个商用于能源行业的 AI 大模型——盘古矿山大模型。这将解决人工智能在矿山领域落地难的问题，引领矿山

AI 开发模式从作坊式向工厂式转变，为 AI 大规模进入矿山打下坚实基础。

作为 AI 大模型在能源领域的全球首次商用，山东能源、云鼎科技、华为在前期试点验证 AI 大模型赋能工业生产领域的基础上，正在开发和实施首批场景应用，涵盖采煤、掘进、主运、辅运、提升、安监、防冲、洗选、焦化 9 个专业 21 个场景应用。

我国是世界煤炭行业受冲击地压影响最深的国家之一，钻孔卸压工程是冲击地压防治的主要手段。为保证卸压钻孔施工质量，山东能源李楼、新巨龙等煤矿引入了 AI 大模型视觉识别能力，对卸压钻孔施工质量进行智能分析，辅助防冲部门进行防冲卸压工程规范性验证，不仅降低了 82%的人工审核工作量，还将原本需要 3 天的防冲卸压施工监管流程缩短至 10 分钟，实现防冲工程 100%验收率。

盘古矿山大模型架构图如图 7.17 所示。

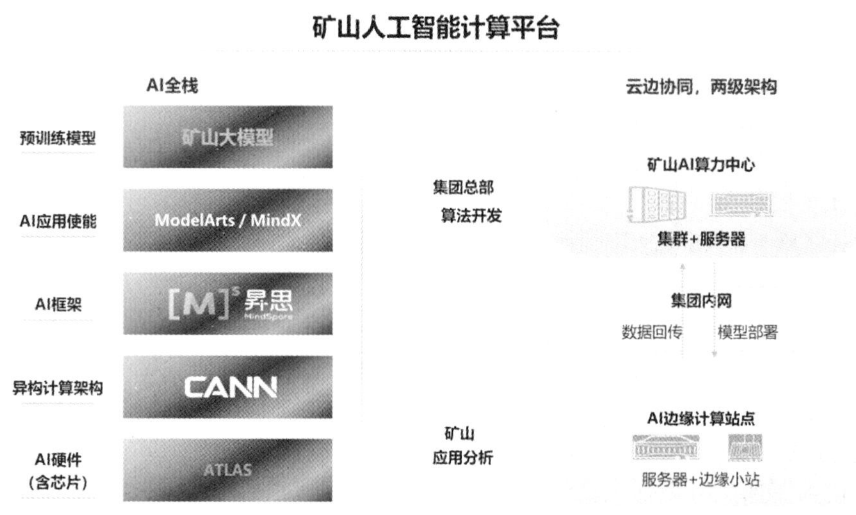

图 7.17　盘古矿山大模型架构图

项目 8

PCB 板跳线帽位置检测

项目概述

1. 项目总体信息

某印制电路板（PCB）生产企业进行自动化升级改造，在新的生产线中，每个待测 PCB 板沿输送带运动，依次经停 3 个不同检测工位，要求在静态情况下分别对其进行外形尺寸测量、识别型号和跳线帽位置检测，如图 2.1 所示。企业工程部赵经理接到任务后，根据任务要求安排 3 名工程师（李工、刘工和王工）分别负责 3 个检测工位的检测要求的实现，包括视觉系统硬件选型、安装和调试系统，以及要求在 2h 内完成对应的编程与调试，并进行合格验收。

3 个检测工位的检测要求具体如下：

1）检测工位 1：测量出 PCB 板的外形尺寸，要求测量公差为±0.1 mm，其工作距离不超过 250 mm。

2）检测工位 2：识别出 PCB 板的型号，其工作距离不超过 250 mm。

3）检测工位 3：检测出 PCB 板跳线帽所在位置，其工作距离不超过 250 mm。

2. 本项目引入

工业视觉常用于遍布整个生产环节的四类应用：外观和瑕疵检测、精准测量测距、条码和字符识别、视觉引导与定位。其中，外观和瑕疵检测应用最为广泛，这些应用帮助企业提高生产效率和自动化程度，摒弃了传统的人工视觉检查产品质量效率低、精度低的特点，推进新型工业化的发展，深化“高端化、智能化、绿色化”的发展趋势。部分实际工业视觉检测案例如图 8.1 所示。

在国家政策的支持以及物联网、智能驾驶、新能源汽车、智能终端制造、新一代移动通信等下游市场需求的驱动下，我国集成电路产业市场规模显著增长。数据显示，我国集成电路行业市场规模由 2017 年的 5 411 亿元增长至 2022 的 12 036 亿元，年均复合增长率为 17.3%。中商产业研究院预测，2024 年我国集成电路行业市场规模有望增至 14 205 亿元。

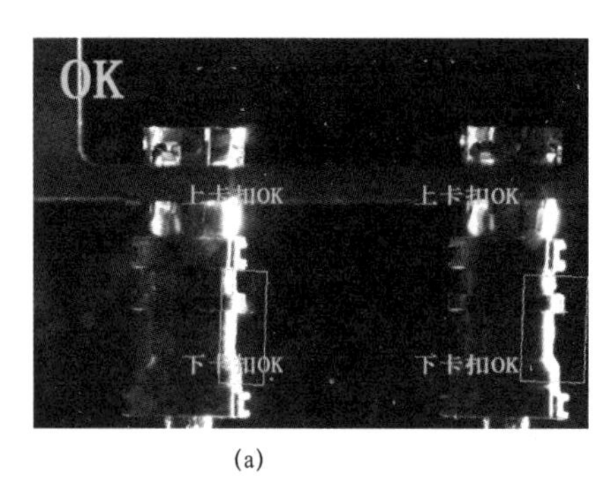

(a)

(b)

图 8.1 部分实际工业视觉检测案例

（a）卡扣到位检测；（b）线序颜色检测

PCB 板作为电子元器件连接的重要桥梁，是集成电路（IC）的载体，集成电路是焊接在PCB 板上的。因此，PCB 板质量的好坏直接影响集成电路的使用。据统计，当电路板的线路宽度和线路间距小于 0.2 mm 时，人工漏检率就会高于 30%，造成大量的退货，因此，需要PCB 板外观检测设备。PCB 板外观检测通常采用视觉检测方式代替质检员，实现全自动检测，通过自动上料送到传送带，通过工业相机检测缺陷尺寸等。在 PCB 板生产行业中，工业视觉技术可以用于 PCB 板的质量检测、制造过程的监控和分析以及产品品质的提升等方面，可以提高 PCB 板生产效率、降低成本、提高产品质量和安全性。大大加快了企业智能制造和数字化转型，具有广泛的前景和商业价值，进一步推动锂电池产业的快速发展。

在检测工位 3 时，要求王工检测出 PCB 板跳线帽所在位置。由于跳线帽是插在跳线 PIN 针上，而 PIN 针属于反光明显的材质，故其打光方式与外形尺寸测量、字符型号识别的打光方式均不相同，因此王工需要更换光源，而工业相机和工业镜头可以选择不更换。为此，需要重新搭建图像采集系统，掌握 V+平台软件中与图像分割相关工具的使用方法。

3. 本项目实施流程

基于 V+平台软件实现 PCB 板跳线帽位置检测，其项目实施一般流程如图 8.2 所示。

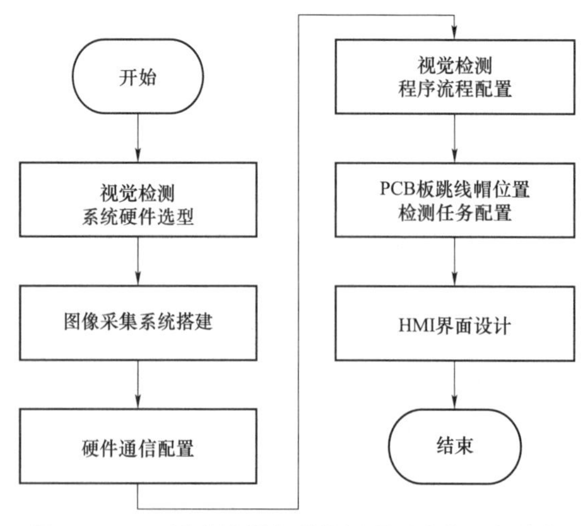

图 8.2 PCB 板跳线帽位置检测项目实施一般流程

其中，PCB 板跳线帽位置检测系统硬件选型包括工业相机、工业镜头和光源系统的选型，图像采集系统搭建包括系统硬件安装与调试、V+平台软件安装与测试，程序流程配置包括 PCB 板图像采集、PCB 板跳线帽位置检测结果显示、PCB 板图像保存、辅助功能配置等。

4. 本项目目标

熟悉自动化生产线中对 PCB 板跳线帽位置进行检测和判断的过程，通过构建工业视觉识别系统，学会使用 V+平台软件中斑点工具等，实现 PCB 板跳线帽位置的检测，为实际的生产应用培养素质高、专业技术全面的高技能人才奠定基础。

学习导航

学习导航如表 8.1 所示。

表 8.1　学习导航

项目构成	PCB板跳线帽位置检测（4学时） ├ 搭建图像采集系统获取合适图像（2学时） └ 检测跳线帽位置（2学时）	
学习目标	知识目标	1）学会分析目标的位置特点，掌握工业视觉检测项目的打光方法。 2）熟悉图像分割工具的使用方法。 3）掌握工业视觉检测的方法及程序流程
	技能目标	1）能够根据工业视觉检测项目要求选择相关视觉硬件。 2）能够实现工业视觉检测项目的硬件系统的安装与调试。 3）能够根据工业视觉检测项目要求评价打光效果，并获取合适的图像。 4）能检测 PCB 板跳线帽的位置。 5）能设计与优化工业视觉检测项目的 HMI 界面
	素养目标	1）培养学生自主探究能力和团队协作能力，安全意识和工程意识。 2）通过找出软件编程的最优方法，培养学生的科学思维意识及其积极性、主动性、创造性。 3）培养学生查阅技术文献或资料的能力以及终身学习和自我发展的能力。 4）培养学生对实际工业应用场景的适应能力。 5）培养学生现场精益求精，一丝不苟的精神。 6）增强学生纪律意识，遵守课堂纪律。 7）培养学生爱护设备，保护环境
学习重点	1）PCB 板视觉检测系统的硬件选择和搭建。 2）PCB 板跳线帽图像的打光方式。 3）PCB 板跳线帽合适图像的获取。 4）图像分割工具的参数含义及其使用方法	
学习难点	1）获取 PCB 板图像中的跳线帽位置特征。 2）实现 PCB 板跳线帽位置的检测	

任务 8.1 搭建图像采集系统获取合适图像

任务描述

跳线帽是主板、硬盘等硬件上的小的方形塑料帽，其内部是金属。其作用就是改变电路，连接 PCB 板两需求点的金属连接线而产生压降，使性能产生改变。

跳线帽通常用于以下几种情况：

1）连接不同的电路板。当需要将两个或多个电路板连接在一起时，跳线帽可以起到很好的连接作用。通过跳线帽，可以轻松地将信号从一个电路板引出并连接到另一个电路板上。

2）更改电路板布局。在电路板设计过程中，有时需要更改电路板的布局，例如更改电路板上器件的位置。跳线帽可以帮助工程师快速更改电路板的布局，以满足不同的需求。

3）调试电路板。在调试电路板时，有时需要改变电路板的连接方式。通过使用跳线帽，可以轻松地更改电路板的连接方式，以便在调试过程中找到问题所在。

本任务需要搭建图像采集系统，并利用 V+ 平台软件获取合适的 PCB 板跳线帽图像。PCB 板待检测跳线帽位置及打光效果图如图 8.3 所示，具体要求如下：

1）根据 PCB 板跳线帽位置检测要求，选择合适的工业相机、工业镜头和光源。

2）设计出图像采集系统示意图。

3）完成 PCB 板跳线帽位置检测系统的安装与调试。

4）采集合适的 PCB 板跳线帽图像。

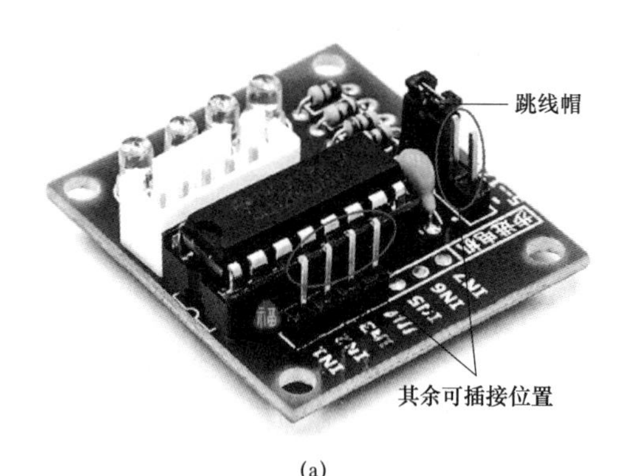

(a)

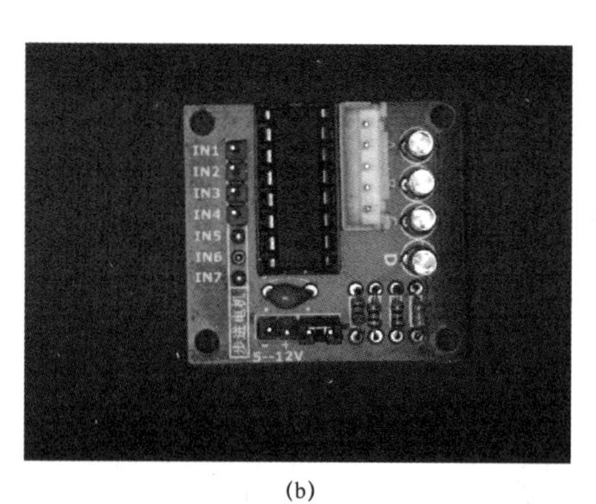

(b)

图 8.3 PCB 板待检测跳线帽位置及打光效果图

（a）跳线帽所在位置；（b）打光效果图

任务目标

1）学会分析 PCB 板跳线帽位置的特点，掌握工业视觉检测项目的打光方法。

2）能够根据 PCB 板跳线帽位置检测要求选择相关视觉硬件。

3）能够完成 PCB 板跳线帽位置检测的硬件系统的安装与调试。

4）能够根据 PCB 板跳线帽位置检测要求评价打光效果，并利用 V+平台软件获取合适的图像。

相关知识

1. 跳线帽及其跳线结构

跳线帽是一种常见的电子元件，它通常用于连接不同的电路板或连接器。它是一个可以活动的小的方形部件，外层是绝缘塑料，内层是导电材料，如图 8.4（a）所示。在跳线帽未插入时，PCB 板中各跳线 PIN 针间相互电隔离；在跳线帽插入两根跳线 PIN 针上后，PCB 板中相应跳线 PIN 针间通过与跳线帽导电线材的接触而形成电连接，如图 8.4（b）所示。

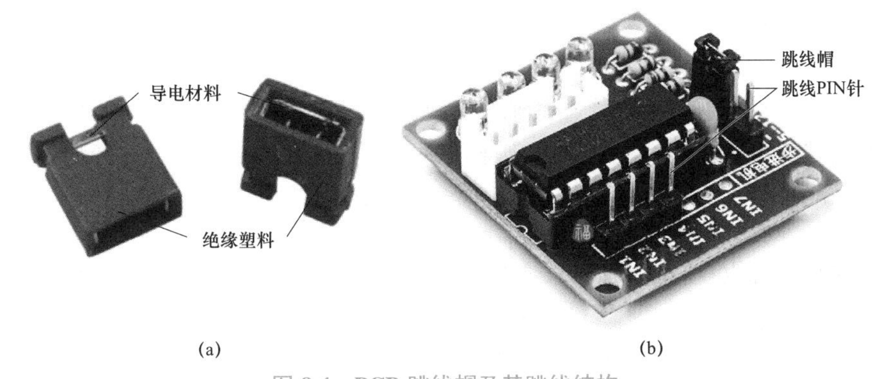

图 8.4　PCB 跳线帽及其跳线结构

（a）跳线帽组成；（b）跳线帽与跳线 PIN 针之间插接

在使用跳线帽时，需要注意以下几点：

1）确保跳线帽插入正确的位置。如果将跳线帽插入错误的位置，可能会导致 PCB 板无法正常工作。

2）确保跳线帽的规格与跳线 PIN 针间距相匹配。如果不匹配，可能会导致连接不良或损坏 PCB 板。

3）不要在 PCB 板通电时拔下跳线帽。这可能会导致 PCB 板损坏或触电。

4）确保跳线帽的长度和颜色正确匹配。如果使用错误的跳线帽，可能会导致 PCB 板无法正常工作。

由于跳线帽短接采用插拔方式，插错位置则会导致 PCB 板无法正常工作或损坏 PCB 板，此时就需要对其位置进行检测，在不同位置可以实现不同的功能。

2. 图像采集系统搭建思路分析

同轴光源是指经被测物反射的光线与镜头光轴平行的照明方式的光源，如图 8.5 所示。在光源的一侧面放置面光源，然后经过一块 45° 放置的半透半反分光镜，将一半光线反射到底部的目标上，另一半透射到光源的另一侧面黑绒布上；有效的一半的光通量经过目标完全反射，再经过分光镜将一半的一半（1/4）光线透射到上方的透镜进入相机，而另外的 1/4 光线则反射回光源安装处。

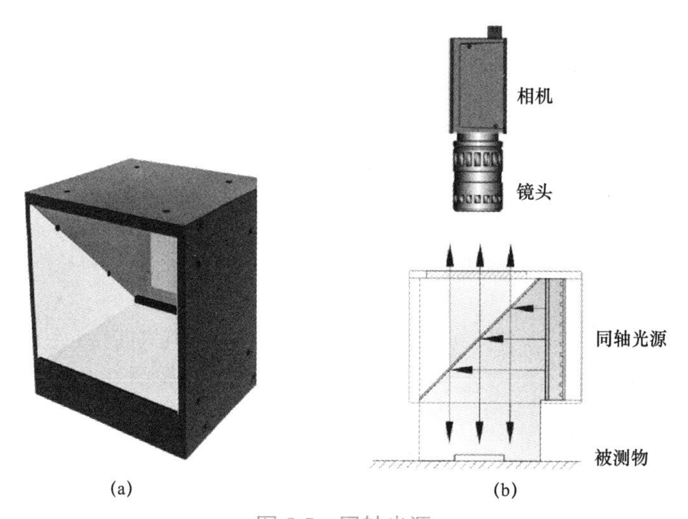

图 8.5　同轴光源

（a）实物；（b）同轴光照明

同轴光源特点是只有平整的物面才能较好地将光反射到镜头中，而不平整的物面上的光被斜着反射到其他地方，会在图像中呈现暗色，从而将那些不平整的地方较好地突显出来。同轴光源一般应用于反光平面划痕检测、包装条码识别，烤瓷表面检测、平面瑕疵检测、金属板表面检测、PCB 板 PIN 针定位等。

因此，PCB 板跳线帽位置检测可以选择同轴光源，选择适当的安装距离，以保证图像质量。

任务实施

1. 设计图像采集系统

PCB 板跳线帽位置检测的图像采集系统示意图如图 8.6 所示。

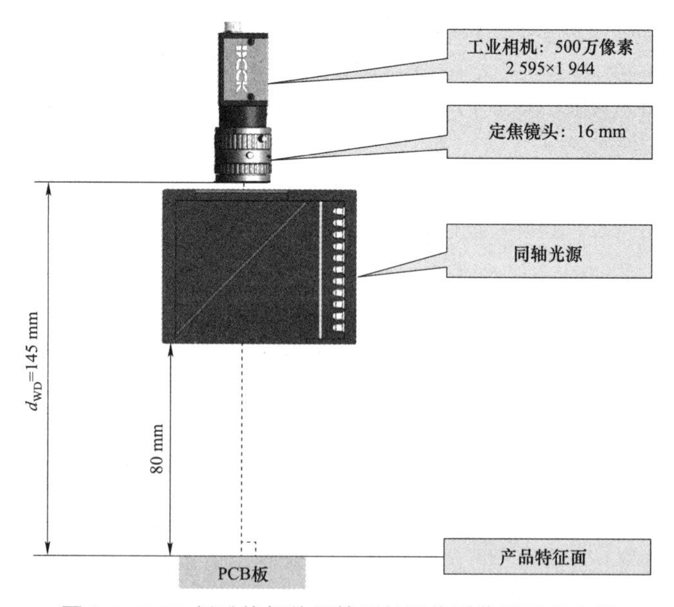

图 8.6　PCB 板跳线帽位置检测的图像采集系统示意图

2. 图像采集系统搭建与图像获取

PCB 板跳线帽位置检测的图像采集系统搭建与图像获取的具体操作步骤如表 8.2 所示。

表 8.2　PCB 板跳线帽位置检测的图像采集系统搭建与图像获取的具体操作步骤

步骤	示意图	操作说明
1	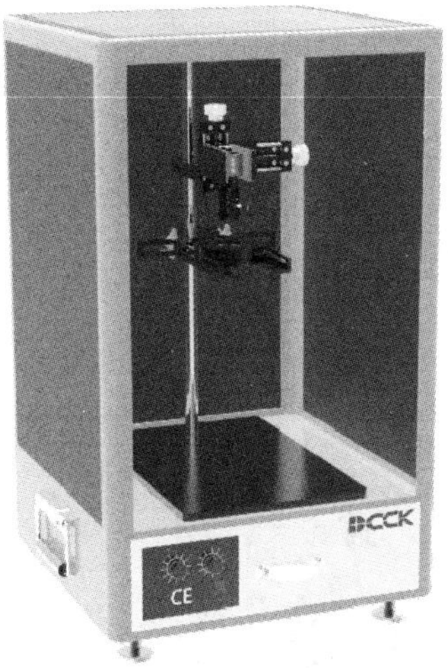 	使用如图 3.1 所示的机器视觉实训基础套件，并找到同轴光源
2		参考表 3.3，安装同轴光源，并根据图 8.6 调整光源的高度

续表

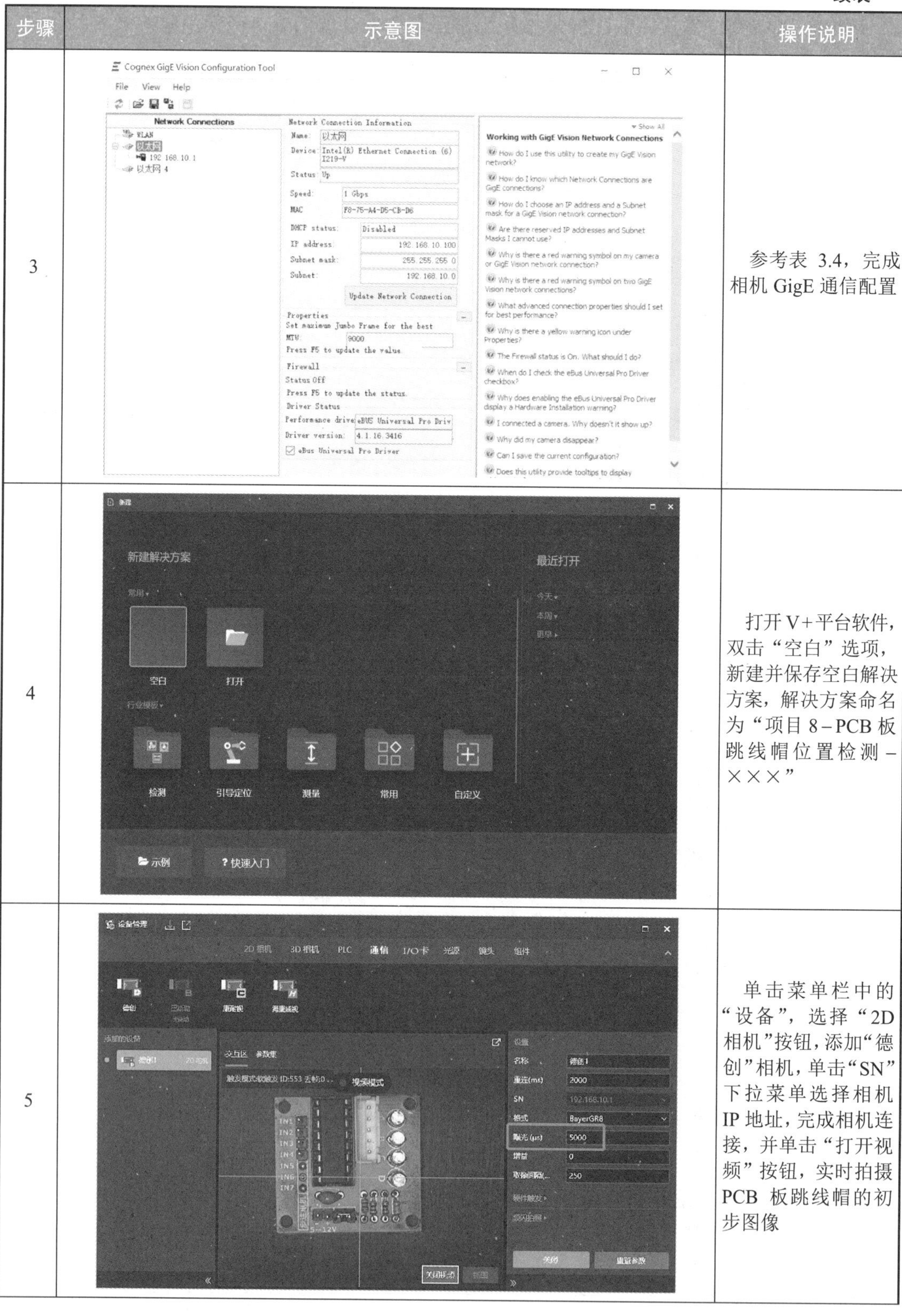

步骤	示意图	操作说明
3		参考表 3.4，完成相机 GigE 通信配置
4		打开 V+平台软件，双击“空白”选项，新建并保存空白解决方案，解决方案命名为“项目 8－PCB 板跳线帽位置检测－×××”
5		单击菜单栏中的“设备”，选择“2D 相机”按钮，添加“德创”相机，单击“SN”下拉菜单选择相机 IP 地址，完成相机连接，并单击“打开视频”按钮，实时拍摄 PCB 板跳线帽的初步图像

续表

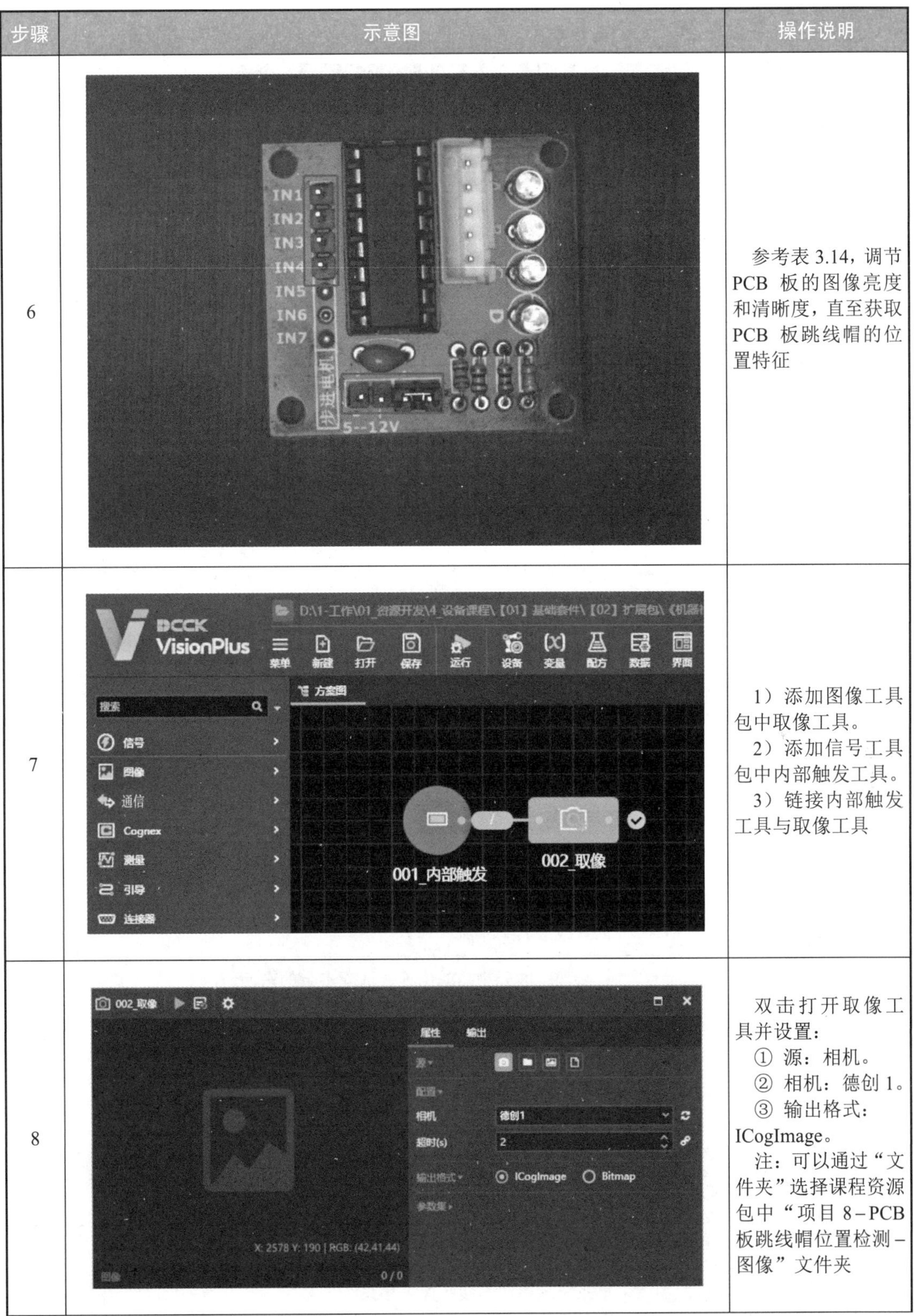

步骤	示意图	操作说明
6		参考表 3.14，调节 PCB 板的图像亮度和清晰度，直至获取 PCB 板跳线帽的位置特征
7		1）添加图像工具包中取像工具。 2）添加信号工具包中内部触发工具。 3）链接内部触发工具与取像工具
8		双击打开取像工具并设置： ① 源：相机。 ② 相机：德创 1。 ③ 输出格式：ICogImage。 注：可以通过“文件夹”选择课程资源包中“项目 8－PCB 板跳线帽位置检测－图像”文件夹

续表

<table>
<tr><th>步骤</th><th>示意图</th><th>操作说明</th></tr>
<tr><td>9</td><td>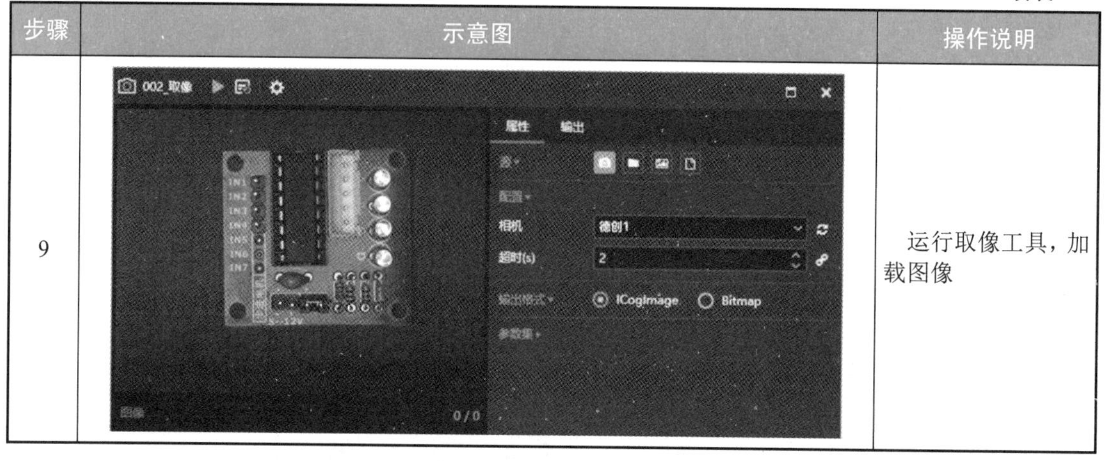
</td><td>运行取像工具，加载图像</td></tr>
</table>

任务评价

任务评价如表 8.3 所示。

表 8.3　任务评价

<table>
<tr><th colspan="2">任务名称</th><th colspan="2">搭建 PCB 板跳线帽位置图像采集系统获取合适图像</th><th>实施日期</th><th colspan="2"></th></tr>
<tr><th>序号</th><th>评价目标</th><th colspan="3">任务实施评价标准</th><th>配分</th><th>得分</th></tr>
<tr><td>1</td><td rowspan="5">职业素养</td><td>纪律意识</td><td colspan="2">自觉遵守劳动纪律，服从老师管理</td><td>5</td><td></td></tr>
<tr><td>2</td><td>学习态度</td><td colspan="2">积极上课，踊跃回答问题，保持全勤</td><td>5</td><td></td></tr>
<tr><td>3</td><td>团队协作</td><td colspan="2">分工与合作，配合紧密，相互协助解决图像采集系统搭建过程中遇到的问题</td><td>5</td><td></td></tr>
<tr><td>4</td><td>科学思维意识</td><td colspan="2">独立思考、发现问题、提出解决方案，并能够创新改进其工作流程和方法</td><td>5</td><td></td></tr>
<tr><td>5</td><td>严格执行现场 6S 管理</td><td colspan="2">整理：区分物品的用途，清除多余的东西；
整顿：物品分区放置，明确标识，方便取用；
清扫：清除垃圾和污秽，防止污染；
清洁：现场环境的洁净符合标准；
素养：养成良好习惯，积极主动；
安全：遵守安全操作规程，人走机关</td><td>5</td><td></td></tr>
<tr><td>6</td><td rowspan="4">职业技能</td><td colspan="3">能选择出合适的光源</td><td>6</td><td></td></tr>
<tr><td>7</td><td colspan="3">能设计出图像采集系统示意图</td><td>14</td><td></td></tr>
<tr><td>8</td><td colspan="3">能根据物料清单找到对应型号的光源</td><td>2</td><td></td></tr>
<tr><td>9</td><td colspan="3">能按照图像采集系统示意图安装图像采集系统</td><td>14</td><td></td></tr>
</table>

续表

序号	评价目标	任务实施评价标准	配分	得分
10	职业技能	能完成相机通信配置	10	
11		能新建并按照要求保存视觉检测解决方案	4	
12		能添加并连接相机设备	5	
13		能调整系统获取清晰的 PCB 板跳线帽的位置特征	10	
14		能采集清晰的 PCB 板跳线帽图像	10	
合计			100	
小组成员签名				
指导教师签名				
任务评价记录	1. 存在问题 2. 优化建议			
备注：在使用真实实训设备或工件编程调试过程中，如发生设备碰撞、零部件损坏等每处扣 10 分。				

任务总结

本任务简述了 PCB 板的跳线帽及其跳线结构，分析了 PCB 板跳线帽的图像采集系统搭建思路，进一步了解同轴光源的作用，并设计了图像采集系统的架设图。根据架设图，找到并安装同轴光源，通过配置相机通信和新建视觉解决方案，对 PCB 板跳线帽图像进行采集与调整，以便获取合适图像，为跳线帽的位置检测打下基础。

任务拓展

使用工业视觉系统对锂电池进行检测可以提高电池生产的质量和效率。在电芯后工序中，视觉检测主要应用于裸电芯极耳翻折检测、极耳裁切碎屑检测、极耳焊接质量检测、入壳顶盖焊接质量检测等。此外，工业视觉对锂电池极片检测的优势包括准确率高、具有客观重复性、速度快、效率高、成本低等。

拓展任务要求：

1）选择合适的工业相机、工业镜头和光源，搭建图像采集系统用于检测如图 8.7 所示的锂电池缺陷。其中，A 型号是合格的，B 和 C 型号是有不同缺陷的。

2）设计出图像采集系统示意图。

3）完成锂电池型号视觉识别系统的安装与调试。

4）采集合适的锂电池图像。

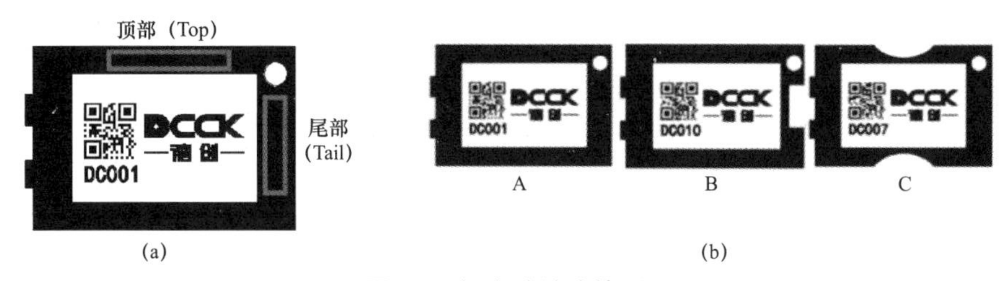

图 8.7　锂电池缺陷检测

（a）锂电池缺口位置判断；（b）锂电池型号

任务检测

1）【第十八届“振兴杯”】（　　）会使用镀膜分光镜。

A. 条形光源　　B. 同轴光源

C. 环形光源　　D. 背光源

2）简述同轴光源的用途。

3）对于金属 PIN 尖的检测，除了使用同轴光源，还可以使用什么光源？以什么角度进行打光？

任务 8.2　检测跳线帽位置

任务描述

目前，在利用跳线 PIN 针和跳线帽实现 PCB 板线路短接时，首先需要在 PCB 板上设计通孔，然后需要将用于制备跳线 PIN 针的物料放置在对应的通孔中，并通过波峰焊的方式将物料焊接在通孔中，以得到跳线 PIN 针，后续需要根据作业指导书的安装位置人工完成跳线帽的安装。在上述实现过程中，由于需要在 PCB 板上设置通孔且需要额外采用波峰焊的方式进行物料的焊接，因此，存在制备过程复杂、制备成本高的问题，而且人工安装跳线帽会存在错装或漏装的可能性，从而降低 PCB 板的质量。而采用工业视觉检测技术可以有效降低 PCB 板线路短接的复杂程度和成本，并提高 PCB 板的质量，是解决这类问题的重要方法。

本任务要求利用 V+平台软件实现对 PCB 板的跳线帽位置进行检测，具体要求如下：

1）正确使用图像分割工具实现 PCB 板跳线帽位置的检测。

2）设计 HMI 界面，显示所检测的 PCB 板跳线帽位置。

PCB 板跳线帽位置检测参考方案如图 8.8 所示。

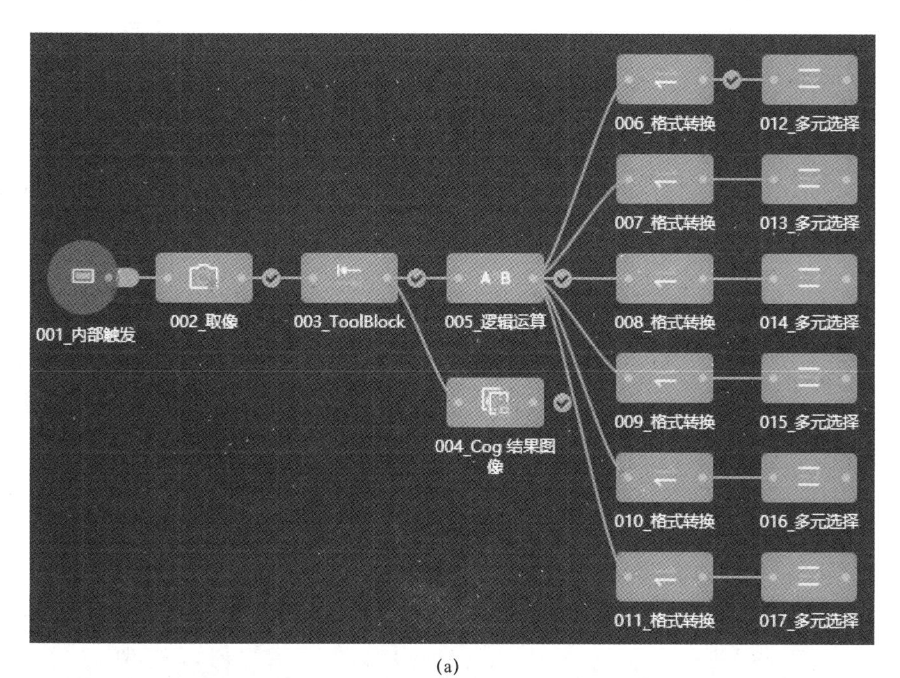

(a)

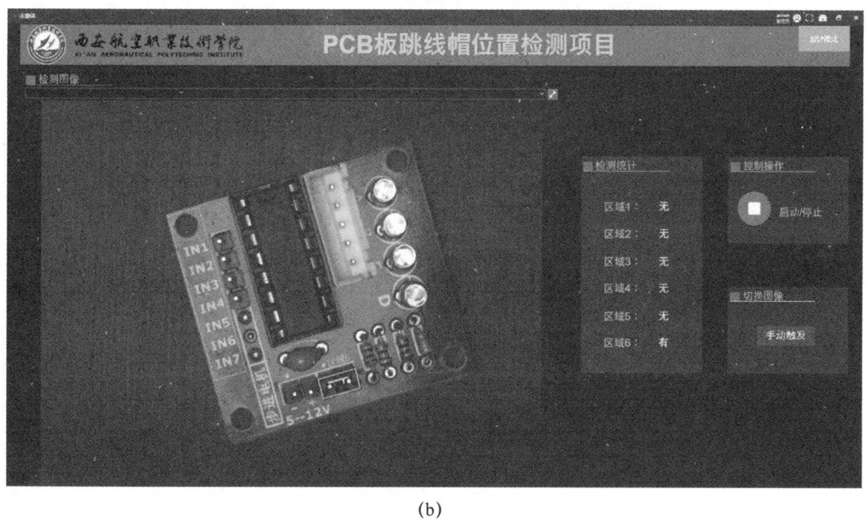

(b)

图 8.8　PCB 板跳线帽位置检测参考方案

（a）参考程序；（b）HMI 界面设计

任务目标

1）理解灰度阈值分割以及图像面积、周长、质心等含义。
2）掌握图像分割工具的使用方法。
3）能利用 V+ 平台软件正确检测 PCB 板的跳线帽位置。
4）能在 HMI 界面中显示检测出的 PCB 板跳线帽位置信息。

相关知识

1. 灰度阈值分割

如图 8.9 所示为灰度阈值分割示例，以 150 为阈值，将灰度值大于或等于 150 的部分作为背景，灰度值小于 150 的为对象。

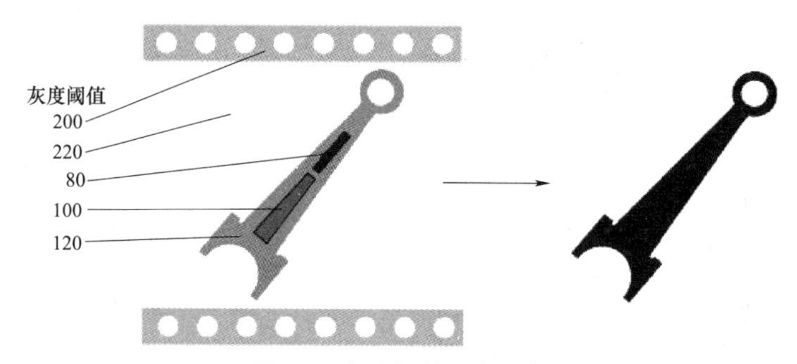

图 8.9　灰度阈值分割示例

2. 图像几何特征

1）面积（A）：组成斑点（Binary large object，Blob）中像素个数（硬阈值分割算法）。

2）周长（P）：指边缘像素的个数。这种方法计算出来的周长会比实际的长，因此，视觉软件会使用修正因子来修正结果。

3）质心（Center of mass）：代表 Blob 的平衡点。质心不一定在 Blob 中。

如图 8.10 所示为 Blob 与质心。

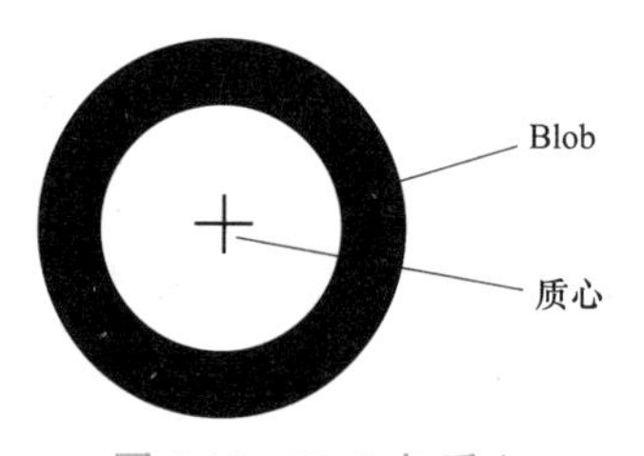

图 8.10　Blob 与质心

3. 图像分割工具

（1）CogBlobTool 的作用

图像分割工具（即 CogBlobTool，简称 Blob）也称斑点工具，用于搜索斑点，即输入图像中任意的二维封闭形状，是利用图像中像素区域灰阶差异，进行图像分割。可以指定工具运行时所需的分段、连通性和形态调整参数，以及希望工具执行的属性分析，最终在结果界面上查看搜索结果，还可以查看重叠在搜索图像上的搜索结果。

（2）CogBlobTool 的组成

1）CogBlobTool 设置选项卡界面。

CogBlobTool 设置选项卡界面提供了将图像分割为对象像素和背景像素的方法。CogBlobTool 设置选项卡界面如图 8.11 所示。

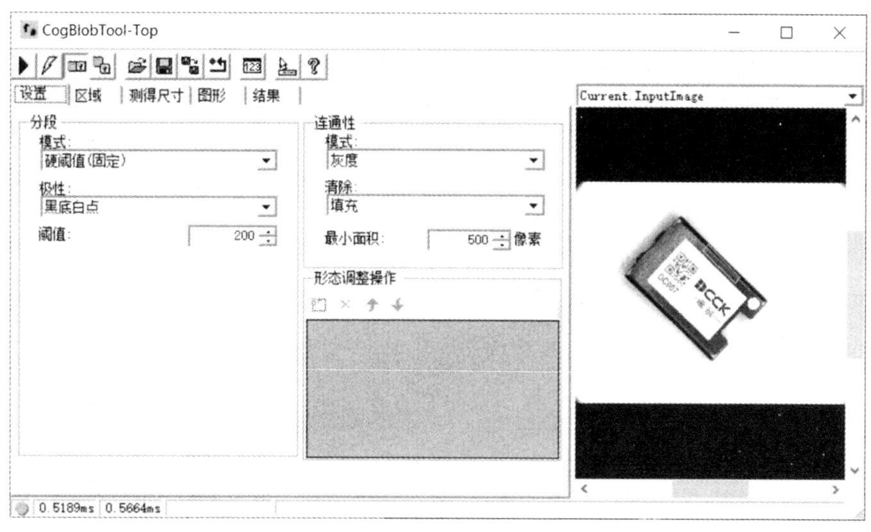

图 8.11　CogBlobTool 设置选项卡界面

CogBlobTool 分段部分的参数说明如表 8.4 所示。

表 8.4　CogBlobTool 分段部分的参数说明

序号	参数	说明
1	分段模式	① 硬阈值（固定）：按照固定的灰度值，对图片区域进行绝对性的分割。 ② 硬阈值（相对）：按照灰度值像素个数和阈值的百分比，对图片区域进行绝对性的分割。 ③ 硬阈值（动态）：按照灰度值像素个数的百分比，对图片区域进行动态分割。 ④ 软阈值（固定）：按照一定范围内的灰度值，对图片区域进行分割，范围内的灰度值并非绝对分割，存在中间数，分割出的像素面积存在小数点。 ⑤ 软阈值（相对）：按照百分比，对图片区域进行分割，分割出的像素面积存在小数点。 其余分段模式不做介绍，可单击图标自行学习。不同的分段模式将显示不同的分段参数，具体如表 8.5 所示
2	极性	① 白底黑点：浅色像素区域作为背景，即结果里的“0：孔”，深色像素区域作为要分割出的对象，即结果里的“1：斑点”。 ② 黑底白点：深色像素区域作为背景，浅色像素区域作为要分割出的对象
3	最小面积	以像素为单位，允许被分割的最小面积
4	形态学调整	包括侵蚀、扩大、打开、关闭的形态学操作，可自行查阅资料学习

不同的分段模式将显示不同的分段参数。CogBlobTool 分段模式参数说明如表 8.5 所示。

表 8.5　CogBlobTool 分段模式参数说明

序号	参数	说明
1	阈值	分段模式为“硬阈值（固定）”时，单位为像素。 分段模式为“硬阈值（相对）”时，单位为百分比。 使用此值作为区域内绝对性分割并二值化图像的分割值
2	低尾部	单位为百分比，区域内灰度值最低的像素的占比，此占比内的像素值不参与分割

续表

序号	参数	说明
3	高尾部	单位为百分比，区域内灰度值最高的像素的占比，此占比内的像素值不参与分割
4	低阈值	分段模式为“软阈值（固定）”时，单位为像素。 分段模式为“软阈值（相对）”时，单位为百分比
5	高阈值	分段模式为“软阈值（固定）”时，单位为像素。 分段模式为“软阈值（相对）”时，单位为百分比
6	柔和度	分段模式为“软阈值”时，将存在的中间值像素进行分割。此值最大为 254，此时远离“硬阈值”的绝对式分割方式；此值为 0 时，分割方式等同于“硬阈值”

可结合“Current.Histogram”图像缓冲区理解并调节参数，以下仅展示“硬阈值（固定）”分段模式及其极性时的灰度直方图，如图 8.12 所示。

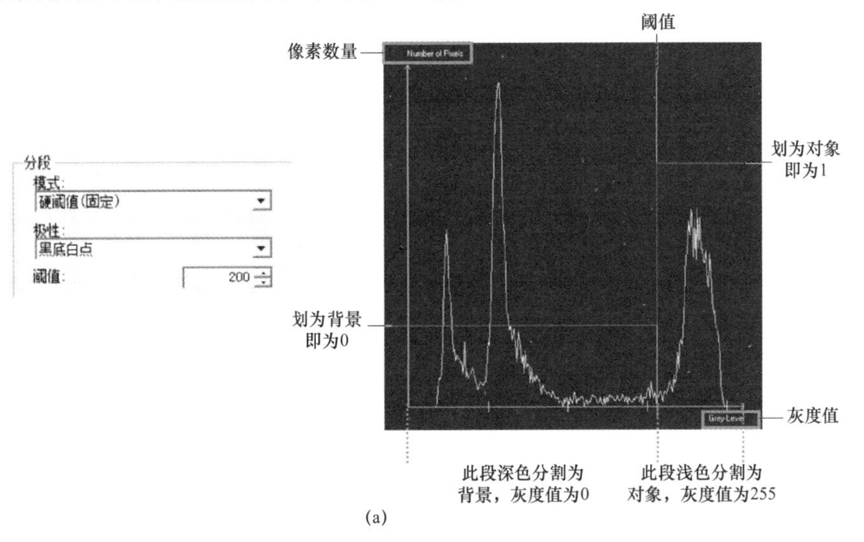

(a)

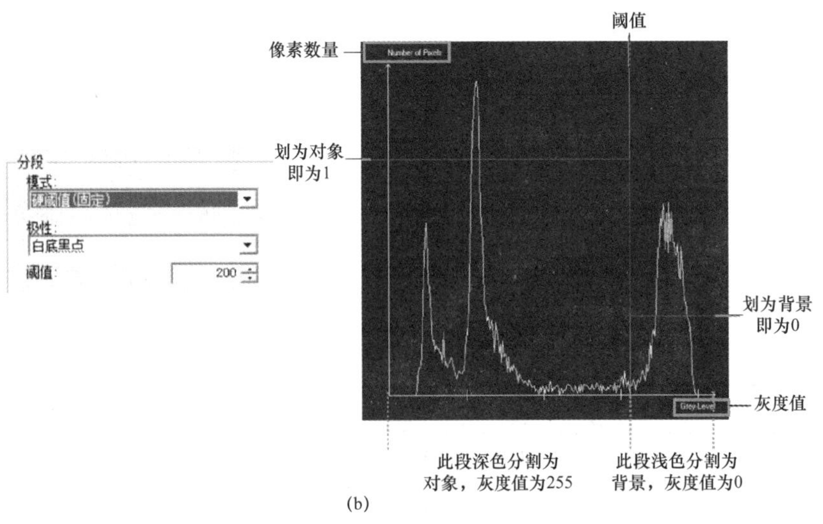

(b)

图 8.12 “硬阈值（固定）”分段模式及其极性时的灰度直方图

（a）黑底白点；（b）白底黑点

2）CogBlobTool 测得尺寸选项卡界面。

CogBlobTool 测得尺寸选项卡界面，提供了对分割结果的展示进行筛选的方法。CogBlobTool 测得尺寸选项卡界面如图 8.13 所示。

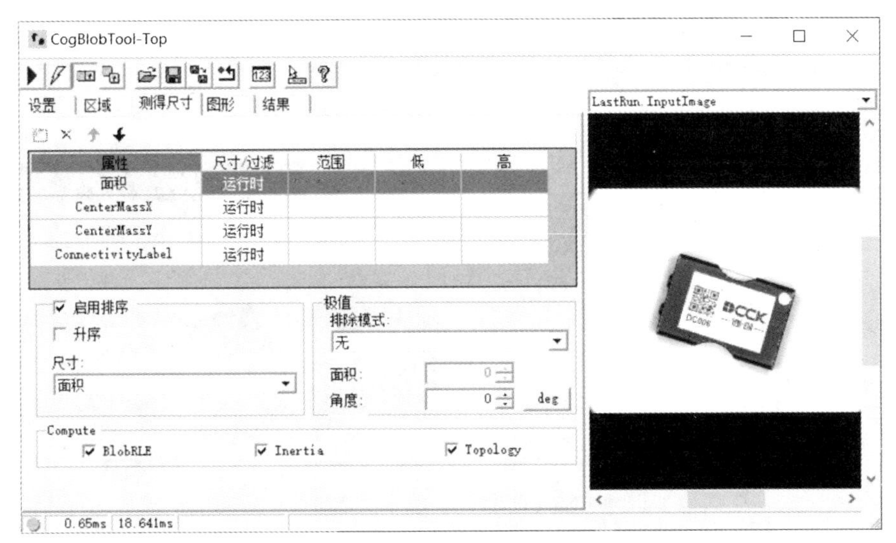

图 8.13　CogBlobTool 测得尺寸选项卡界面

CogBlobTool 测得尺寸选项卡界面常用参数如表 8.6 所示。

表 8.6　CogBlobTool 测得尺寸选项卡界面常用参数

序号	参数名称	图片	说明
1	面积		斑点的像素面积，单击“面积”后第二栏“尺寸/过滤”下的图标可将“运行时”更改为“过滤”，第三栏“范围”可切换为“排除”或“包含”，可在第四和第五栏中更改数字，将不需要的斑点面积筛除
2	CenterMassX/Y	CenterMassX 运行时 CenterMassY 运行时	斑点质心的 X 坐标/Y 坐标
3	ConnectivityLabel	ConnectivityLabel 运行时	筛选出图形的标签，分为“1：斑点”和“0：孔”
4	其他属性（部分）	周长　延长 NumChildren　角度 InertiaX　非环性 InertiaY　AcircularityRms InertiaMin　ImageBoundCenterX InertiaMax　ImageBoundCenterY	单击“ ”图标可以新增更多属性到表格中进行筛选

3）CogBlobTool 结果选项卡界面。

CogBlobTool 结果选项卡界面，显示了当前图像的结果属性，为“测得尺寸”选项卡下添加的属性。CogBlobTool 结果选项卡界面如图 8.14 所示。

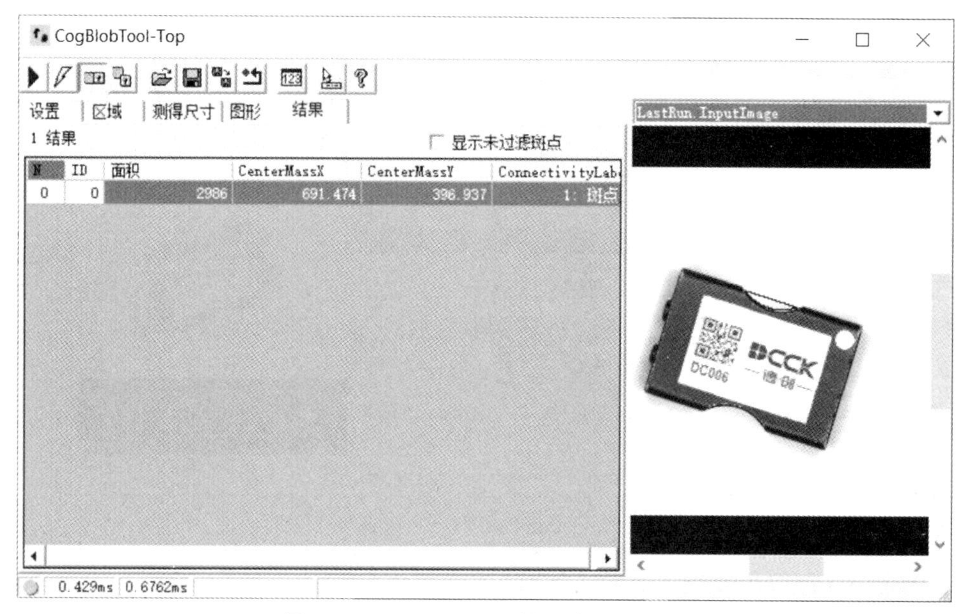

图 8.14　CogBlobTool 结果选项卡界面

CogBlobTool 的区域选项卡和图形选项卡界面，操作方式类似 CogPMAlignTool，不再赘述。

4）CogBlobTool 默认输入输出。

CogBlobTool 的默认输入为 8 位灰度图像，输出为分割出的斑点个数、在结果中排序第一位的斑点质心 *X* 和 *Y* 以及面积，如图 8.15 所示。

图 8.15　CogBlobTool 默认输入输出

任务实施

1. 检测跳线帽位置

PCB 板跳线帽位置检测的具体操作步骤如表 8.7 所示。

表 8.7　PCB 板跳线帽位置检测的具体操作步骤

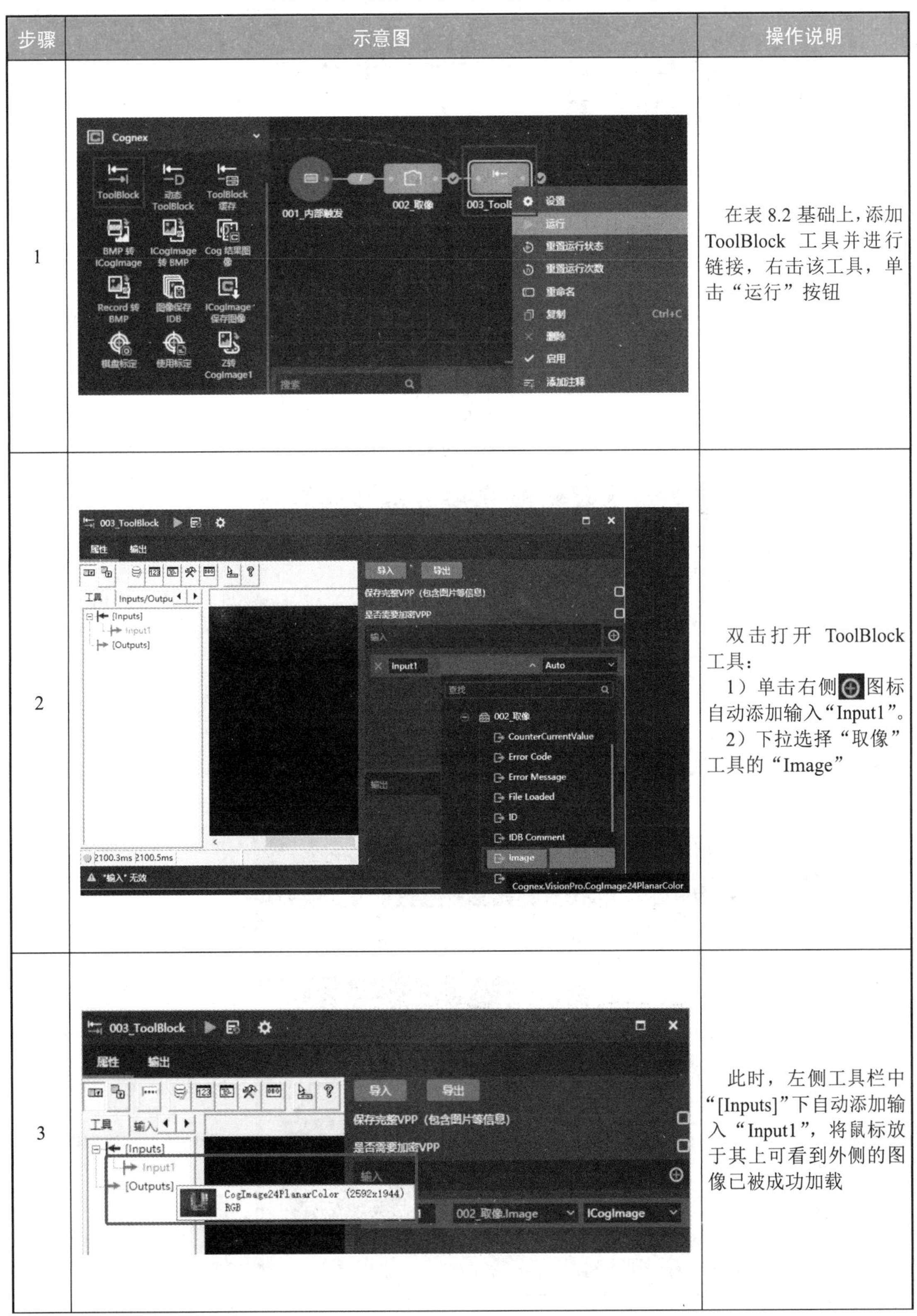

步骤	示意图	操作说明
1		在表 8.2 基础上，添加 ToolBlock 工具并进行链接，右击该工具，单击“运行”按钮
2		双击打开 ToolBlock 工具： 1）单击右侧⊕图标自动添加输入“Input1”。 2）下拉选择“取像”工具的“Image”
3		此时，左侧工具栏中“[Inputs]”下自动添加输入“Input1”，将鼠标放于其上可看到外侧的图像已被成功加载

续表

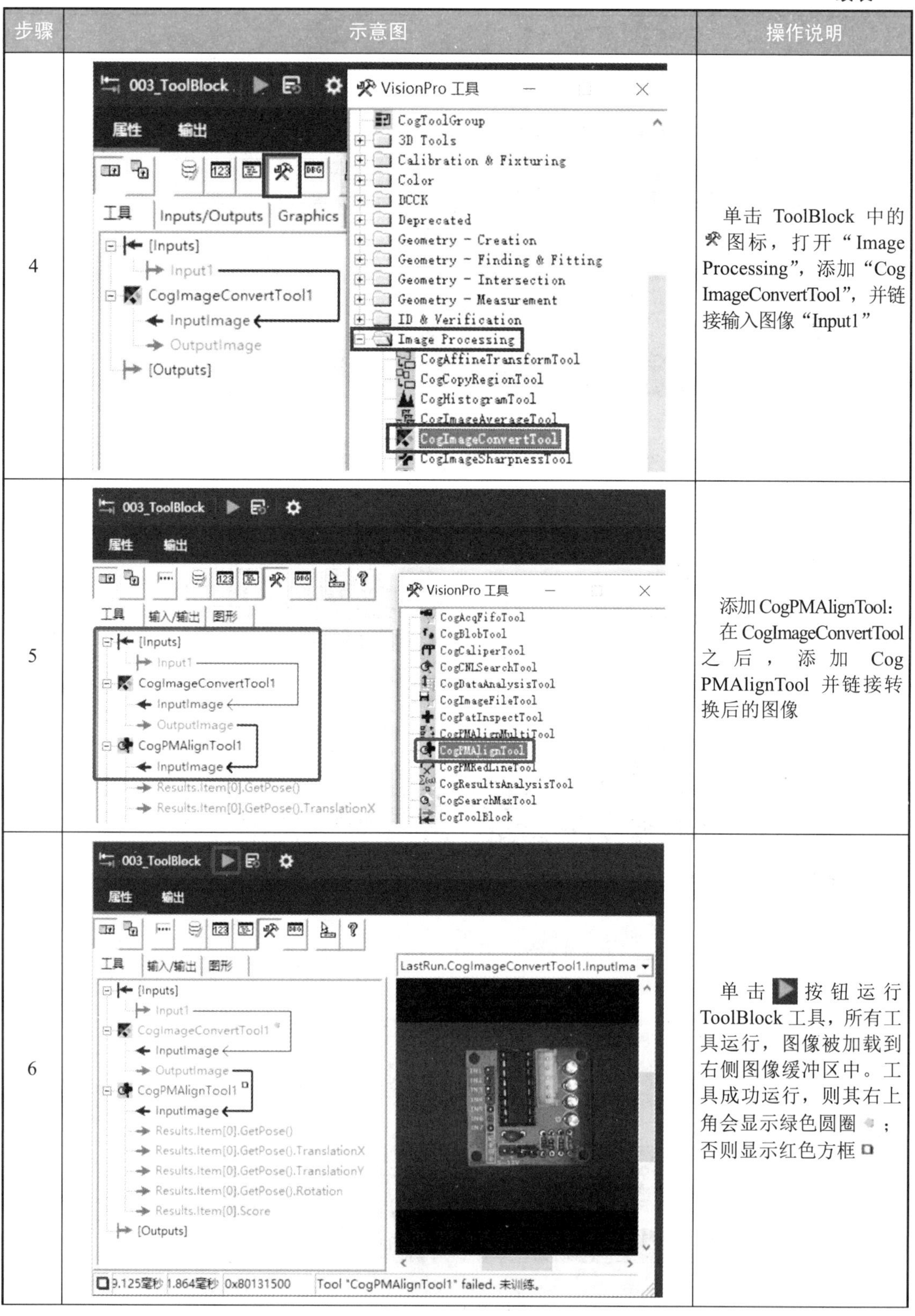

步骤	示意图	操作说明
4		单击 ToolBlock 中的图标，打开“Image Processing”，添加“CogImageConvertTool”，并链接输入图像“Input1”
5		添加 CogPMAlignTool：在 CogImageConvertTool 之后，添加 CogPMAlignTool 并链接转换后的图像
6		单击按钮运行 ToolBlock 工具，所有工具运行，图像被加载到右侧图像缓冲区中。工具成功运行，则其右上角会显示绿色圆圈；否则显示红色方框

续表

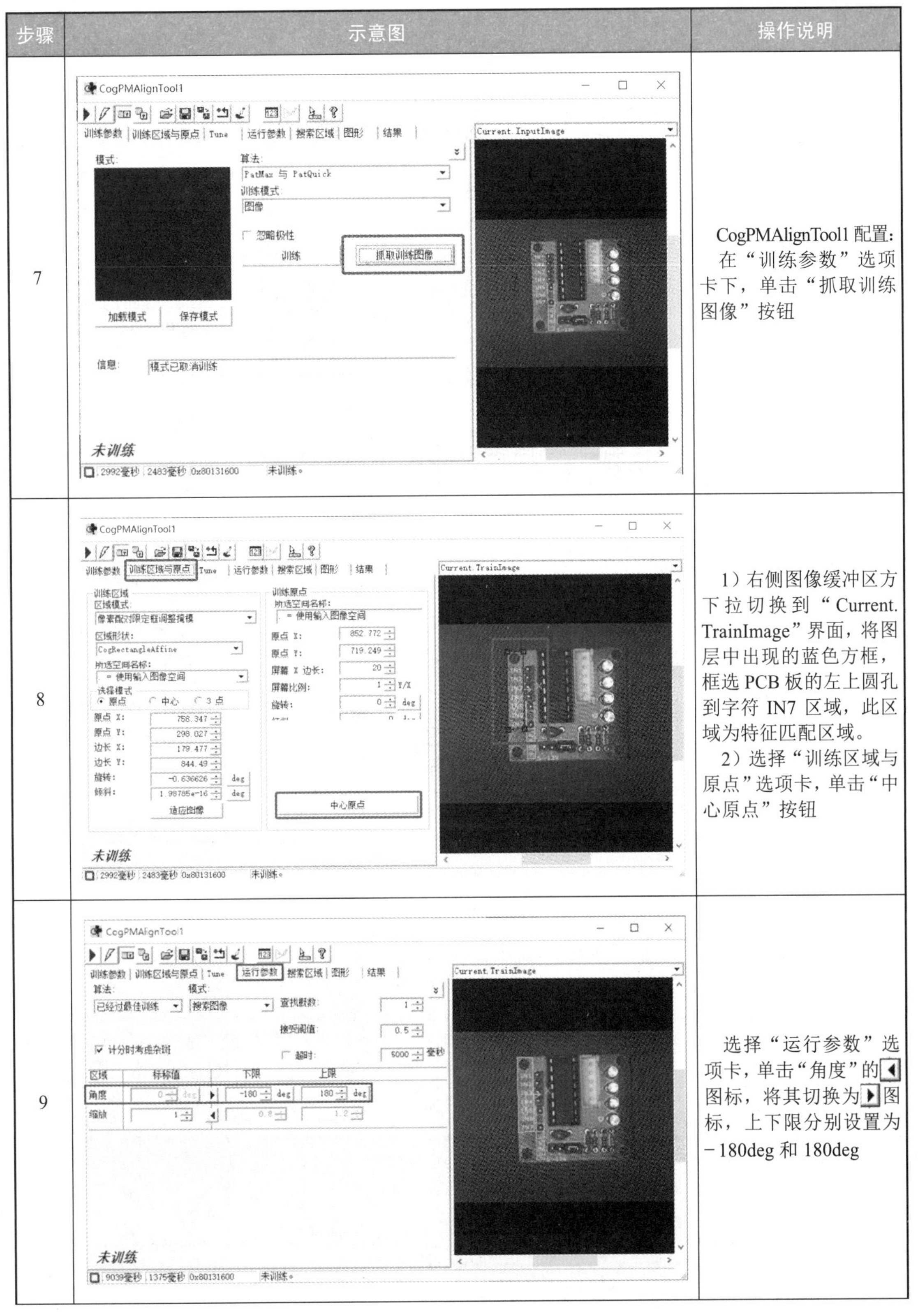

步骤	示意图	操作说明
7		CogPMAlignTool1 配置： 在“训练参数”选项卡下，单击“抓取训练图像”按钮
8		1）右侧图像缓冲区方下拉切换到“Current. TrainImage”界面，将图层中出现的蓝色方框，框选 PCB 板的左上圆孔到字符 IN7 区域，此区域为特征匹配区域。 2）选择“训练区域与原点”选项卡，单击“中心原点”按钮
9		选择“运行参数”选项卡，单击“角度”的◀图标，将其切换为▶图标，上下限分别设置为 −180deg 和 180deg

续表

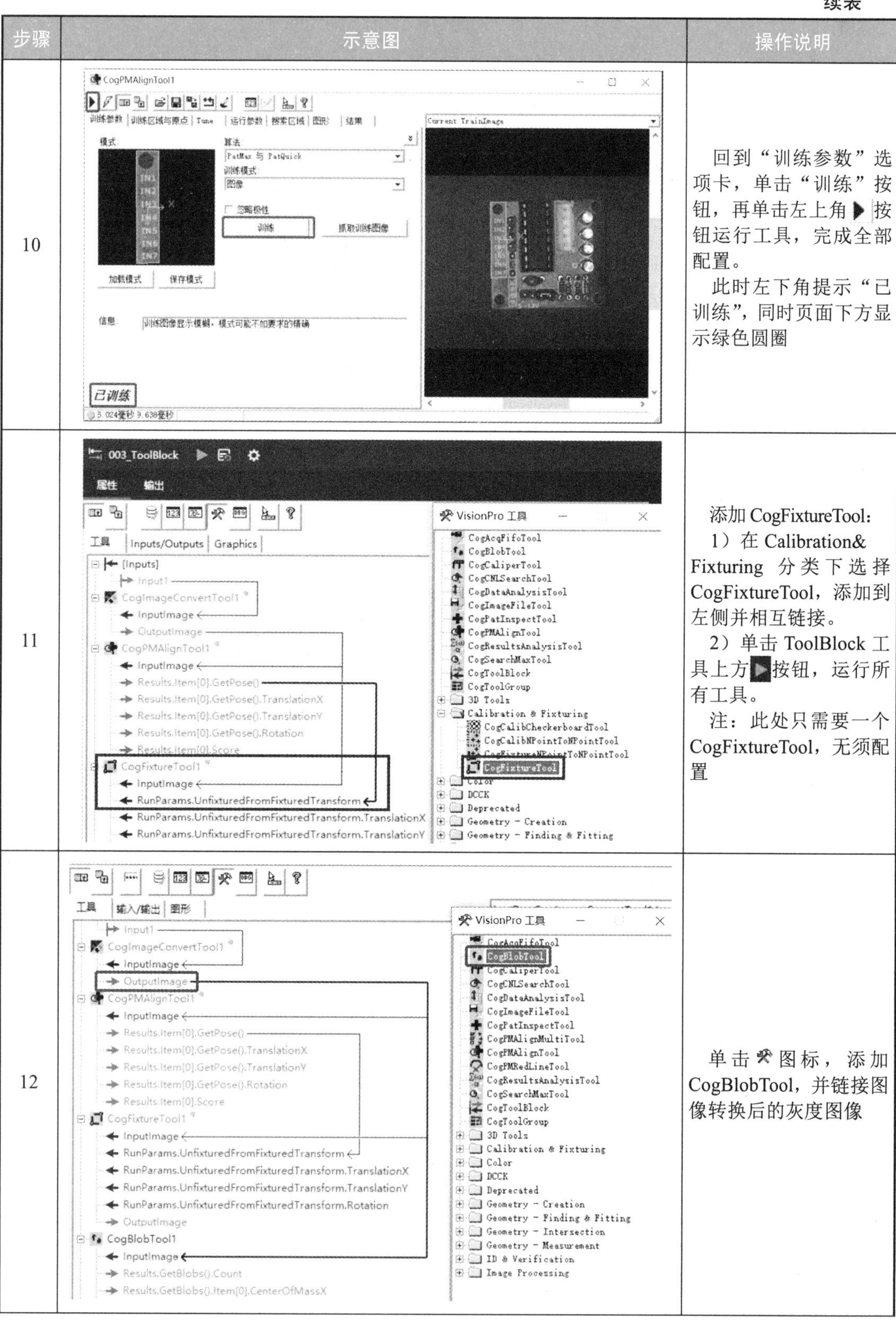

步骤	示意图	操作说明
10		回到“训练参数”选项卡，单击“训练”按钮，再单击左上角▶按钮运行工具，完成全部配置。 此时左下角提示“已训练”，同时页面下方显示绿色圆圈
11		添加 CogFixtureTool： 1）在 Calibration& Fixturing 分类下选择 CogFixtureTool，添加到左侧并相互链接。 2）单击 ToolBlock 工具上方▶按钮，运行所有工具。 注：此处只需要一个 CogFixtureTool，无须配置
12		单击⚒图标，添加 CogBlobTool，并链接图像转换后的灰度图像

续表

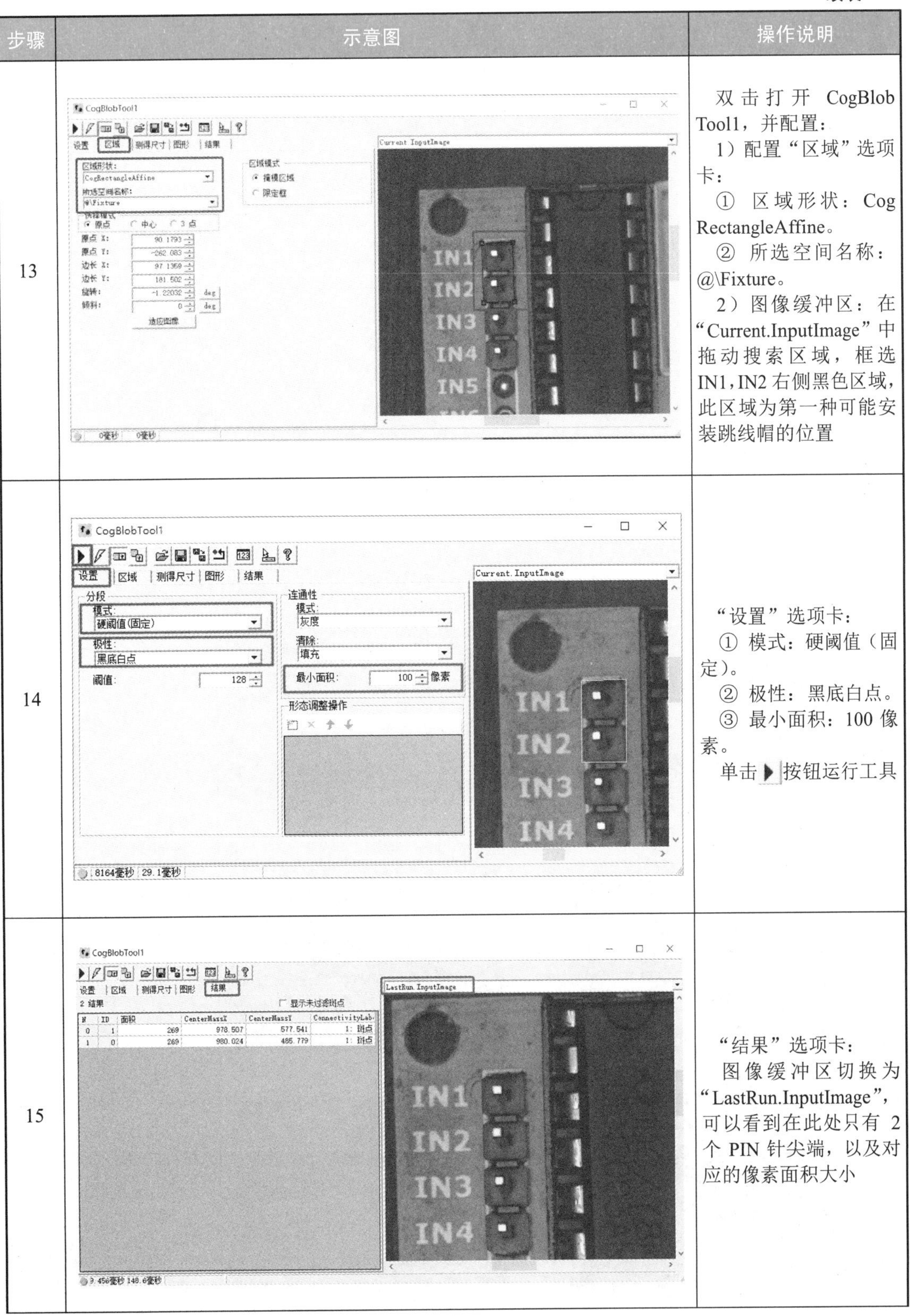

步骤	示意图	操作说明
13		双击打开 CogBlob Tool1，并配置： 1）配置“区域”选项卡： ① 区域形状：CogRectangleAffine。 ② 所选空间名称：@\Fixture。 2）图像缓冲区：在“Current.InputImage”中拖动搜索区域，框选 IN1，IN2 右侧黑色区域，此区域为第一种可能安装跳线帽的位置
14		“设置”选项卡： ① 模式：硬阈值（固定）。 ② 极性：黑底白点。 ③ 最小面积：100 像素。 单击 ▶ 按钮运行工具
15		“结果”选项卡： 图像缓冲区切换为“LastRun.InputImage”，可以看到在此处只有 2 个 PIN 针尖端，以及对应的像素面积大小

续表

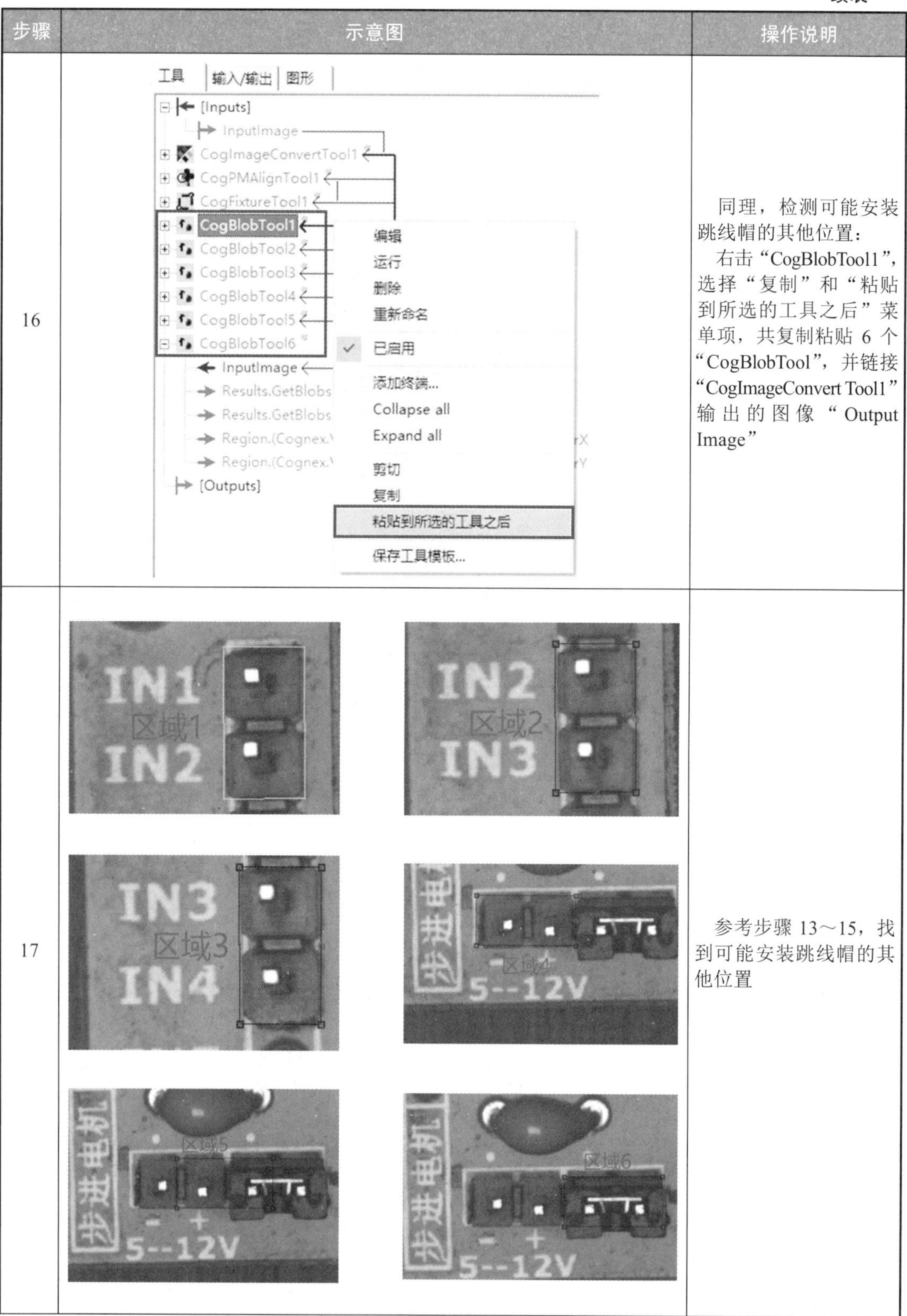

步骤	示意图	操作说明
16		同理，检测可能安装跳线帽的其他位置： 右击“CogBlobTool1”，选择“复制”和“粘贴到所选的工具之后”菜单项，共复制粘贴 6 个“CogBlobTool”，并链接“CogImageConvert Tool1”输出的图像“Output Image”
17		参考步骤 13～15，找到可能安装跳线帽的其他位置

续表

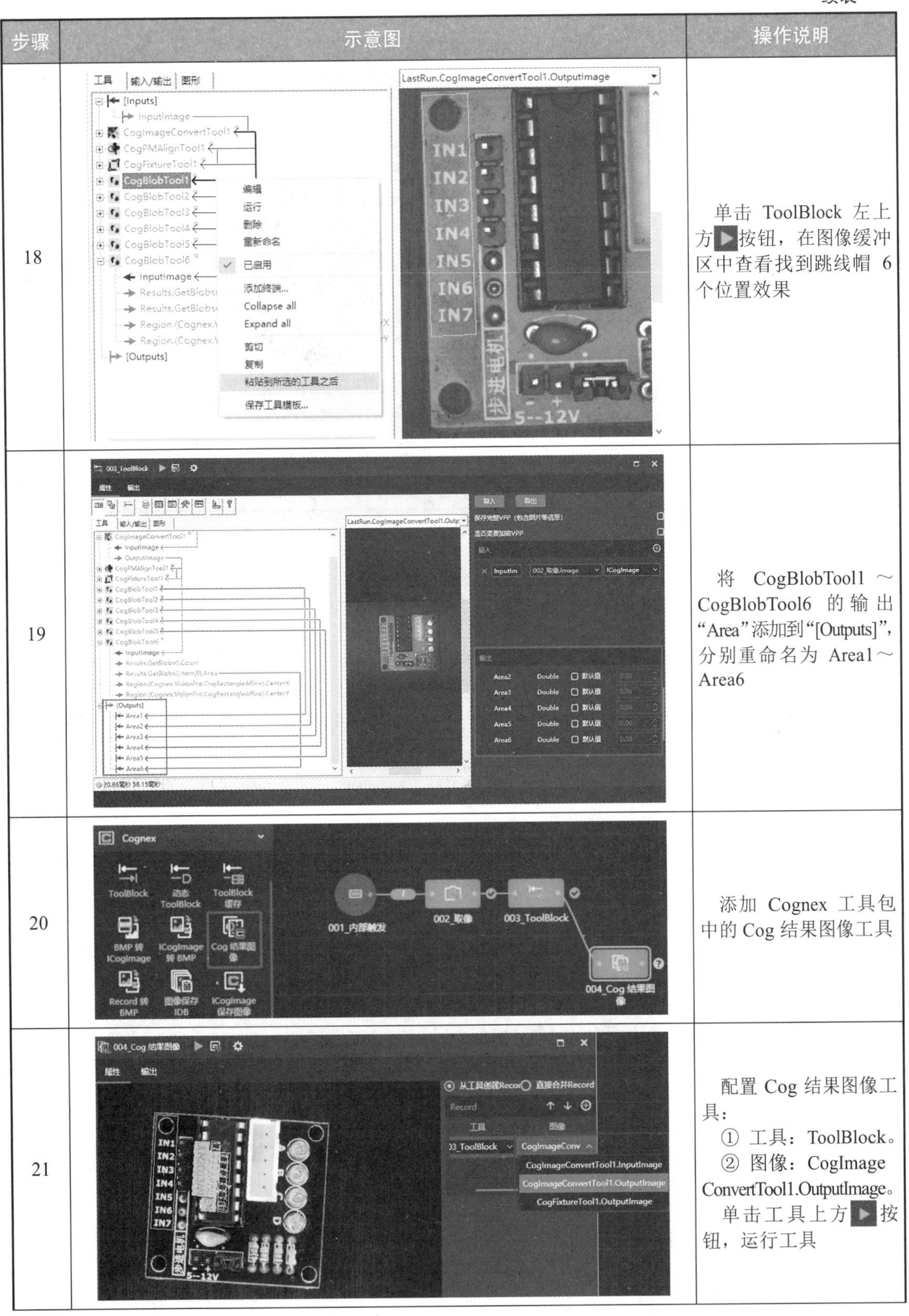

步骤	示意图	操作说明
18		单击 ToolBlock 左上方▶按钮，在图像缓冲区中查看找到跳线帽 6 个位置效果
19		将 CogBlobTool1～CogBlobTool6 的输出“Area”添加到“[Outputs]”，分别重命名为 Area1～Area6
20		添加 Cognex 工具包中的 Cog 结果图像工具
21		配置 Cog 结果图像工具： ① 工具：ToolBlock。 ② 图像：CogImageConvertTool1.OutputImage。 单击工具上方▶按钮，运行工具

续表

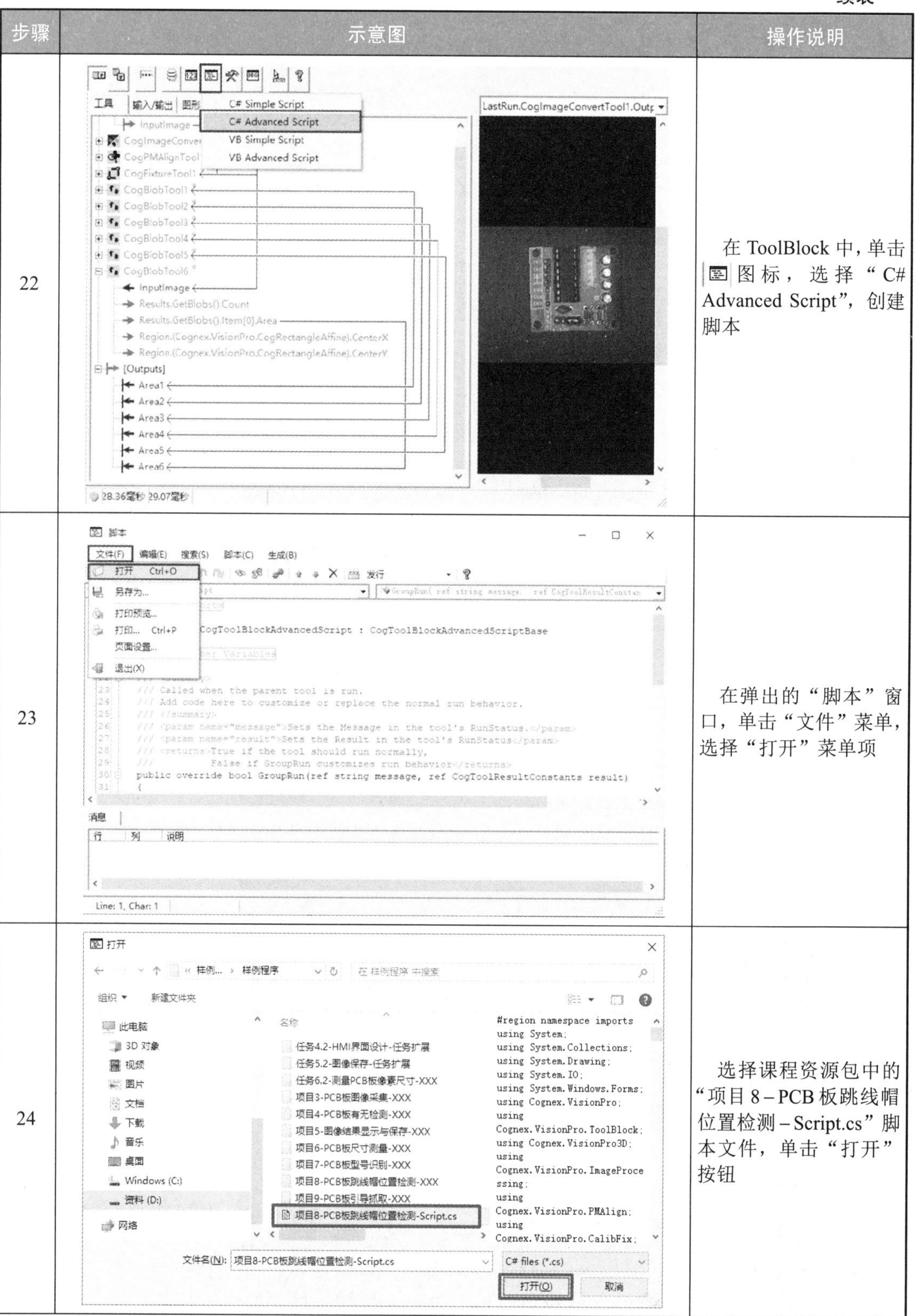

步骤	示意图	操作说明
22		在 ToolBlock 中，单击 图标，选择“C# Advanced Script”，创建脚本
23		在弹出的“脚本”窗口，单击“文件”菜单，选择“打开”菜单项
24		选择课程资源包中的“项目 8－PCB 板跳线帽位置检测－Script.cs”脚本文件，单击“打开”按钮

续表

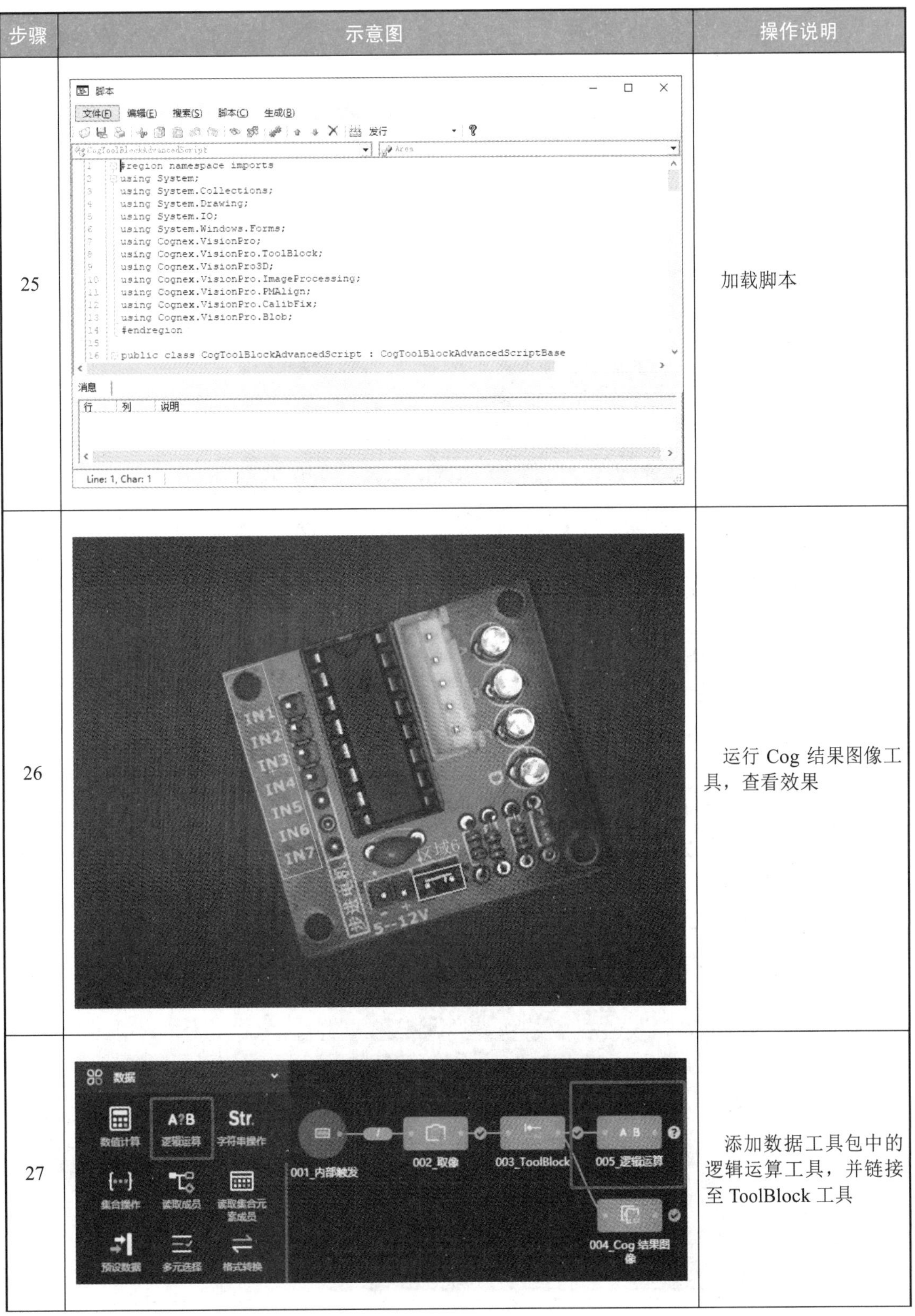

步骤	示意图	操作说明
25		加载脚本
26		运行 Cog 结果图像工具，查看效果
27		添加数据工具包中的逻辑运算工具，并链接至 ToolBlock 工具

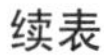
续表

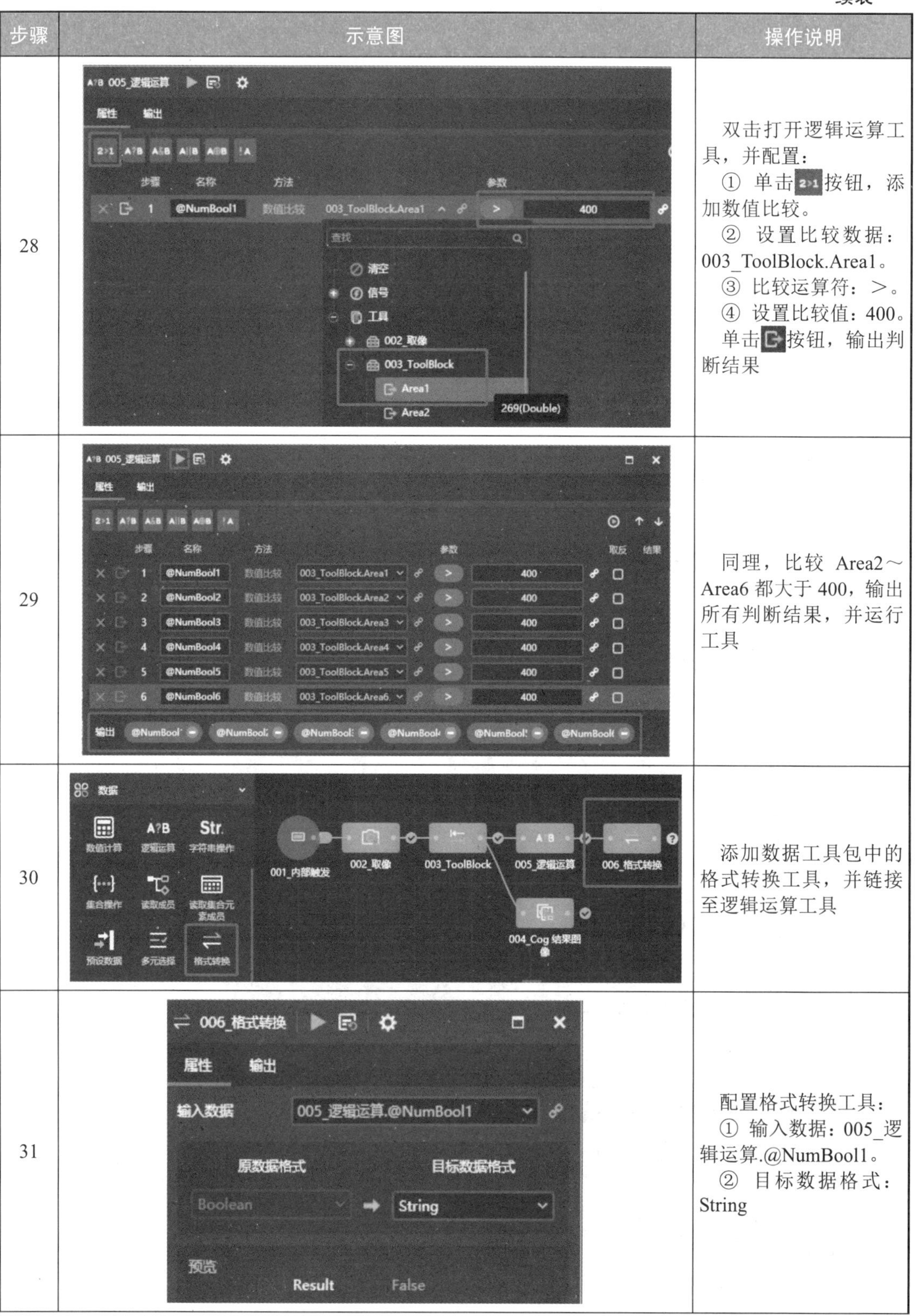

步骤	示意图	操作说明
28		双击打开逻辑运算工具，并配置： ① 单击 2>1 按钮，添加数值比较。 ② 设置比较数据：003_ToolBlock.Area1。 ③ 比较运算符：>。 ④ 设置比较值：400。 单击按钮，输出判断结果
29		同理，比较 Area2～Area6 都大于 400，输出所有判断结果，并运行工具
30		添加数据工具包中的格式转换工具，并链接至逻辑运算工具
31		配置格式转换工具： ① 输入数据：005_逻辑运算.@NumBool1。 ② 目标数据格式：String

续表

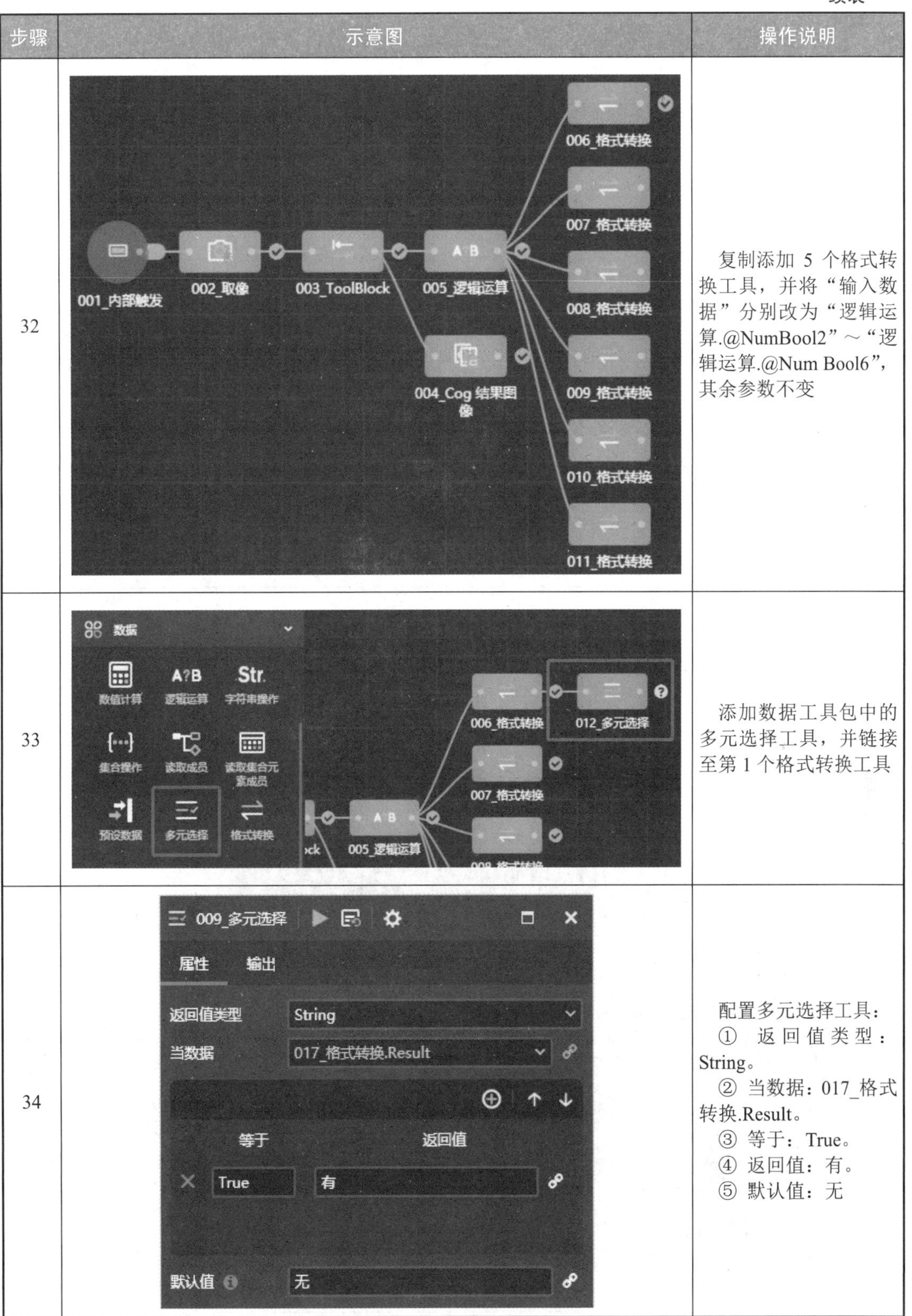

步骤	示意图	操作说明
32		复制添加 5 个格式转换工具，并将“输入数据”分别改为“逻辑运算.@NumBool2”～“逻辑运算.@Num Bool6”，其余参数不变
33		添加数据工具包中的多元选择工具，并链接至第 1 个格式转换工具
34		配置多元选择工具： ① 返回值类型：String。 ② 当数据：017_格式转换.Result。 ③ 等于：True。 ④ 返回值：有。 ⑤ 默认值：无

续表

步骤	示意图	操作说明
35	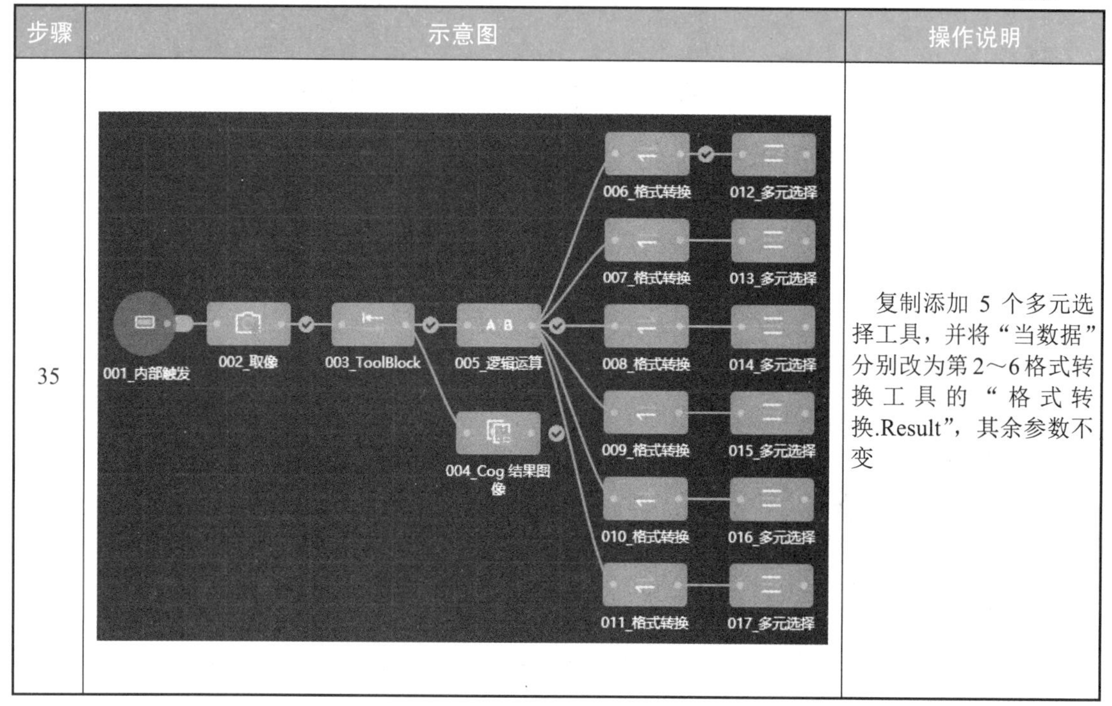	复制添加 5 个多元选择工具，并将“当数据”分别改为第 2～6 格式转换工具的“格式转换.Result”，其余参数不变

2. HMI 界面设计与优化

PCB 板跳线帽位置检测对应的 HMI 界面设计参考步骤如表 8.8 所示。

表 8.8　PCB 板跳线帽位置检测对应的 HMI 界面设计参考步骤

步骤	示意图	操作说明
1	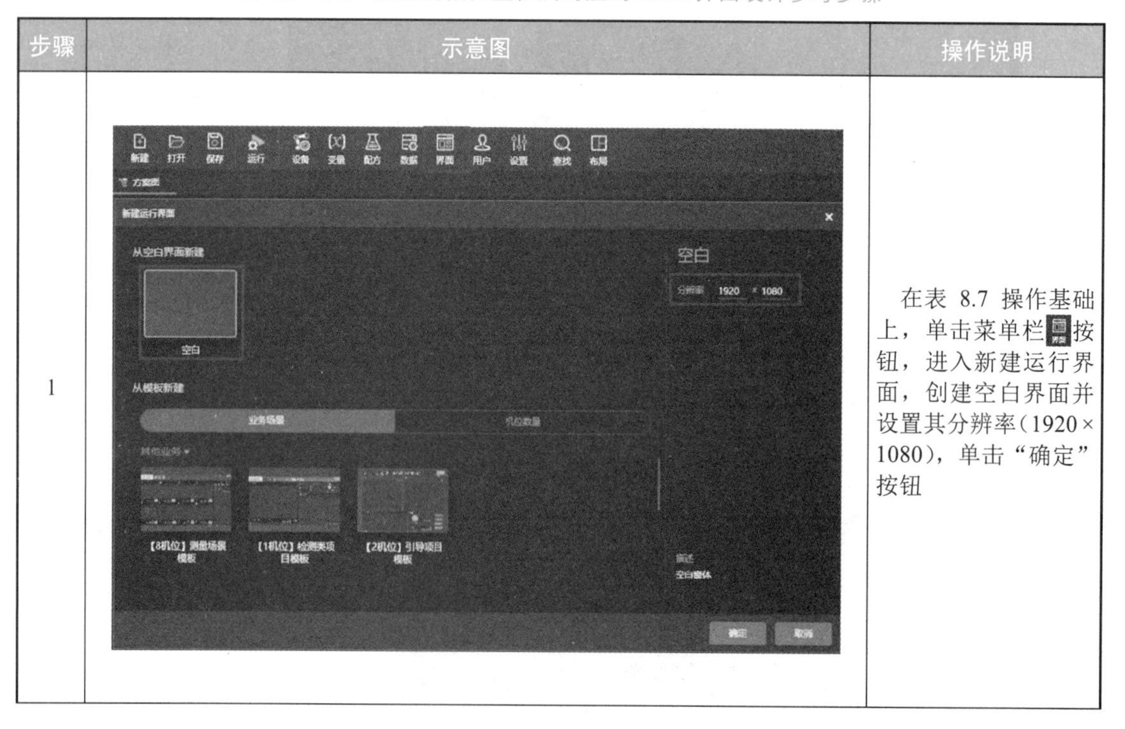	在表 8.7 操作基础上，单击菜单栏“界面”按钮，进入新建运行界面，创建空白界面并设置其分辨率（1920×1080），单击“确定”按钮

续表

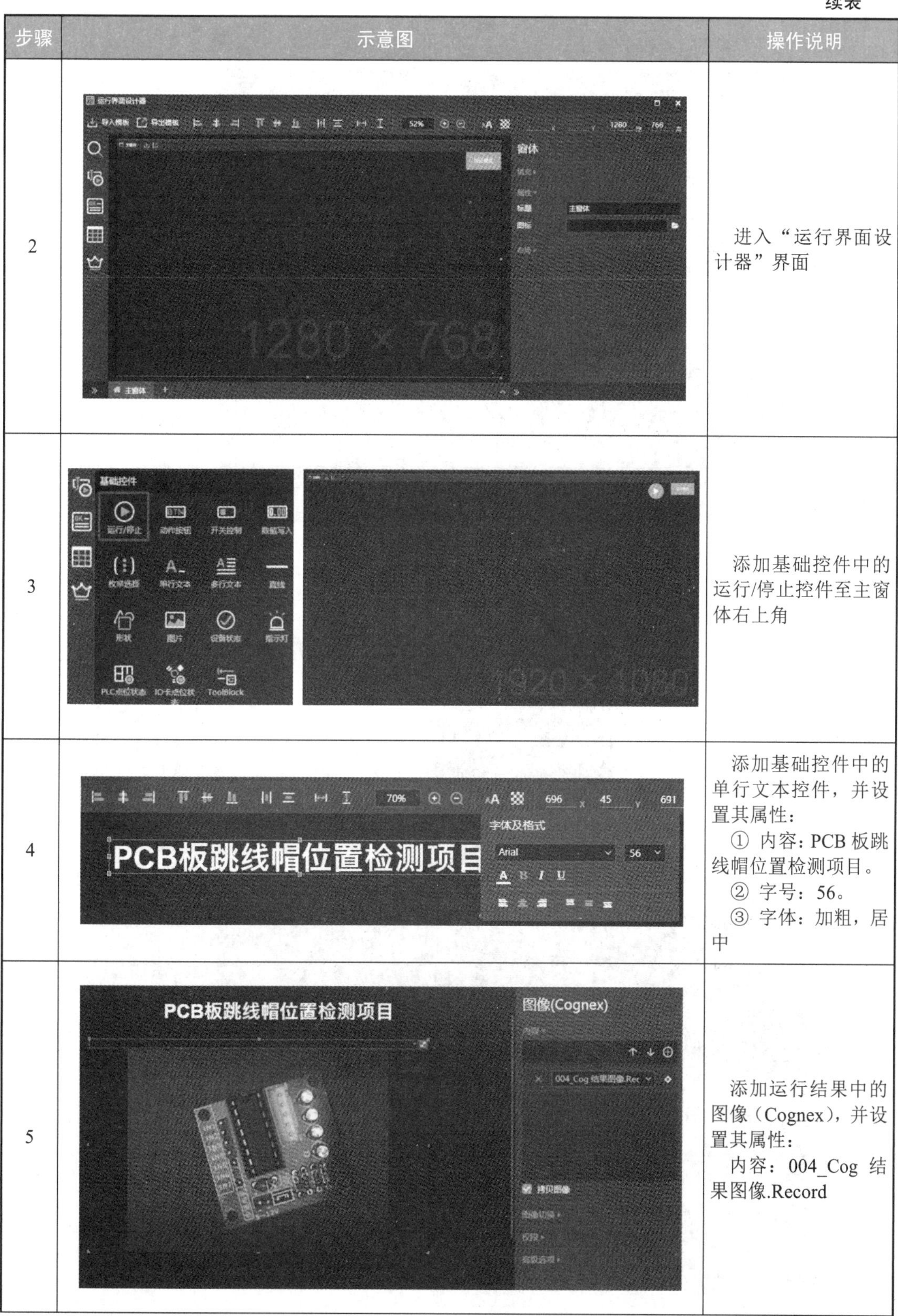

步骤	示意图	操作说明
2		进入“运行界面设计器”界面
3		添加基础控件中的运行/停止控件至主窗体右上角
4		添加基础控件中的单行文本控件，并设置其属性： ① 内容：PCB 板跳线帽位置检测项目。 ② 字号：56。 ③ 字体：加粗，居中
5		添加运行结果中的图像（Cognex），并设置其属性： 内容：004_Cog 结果图像.Record

续表

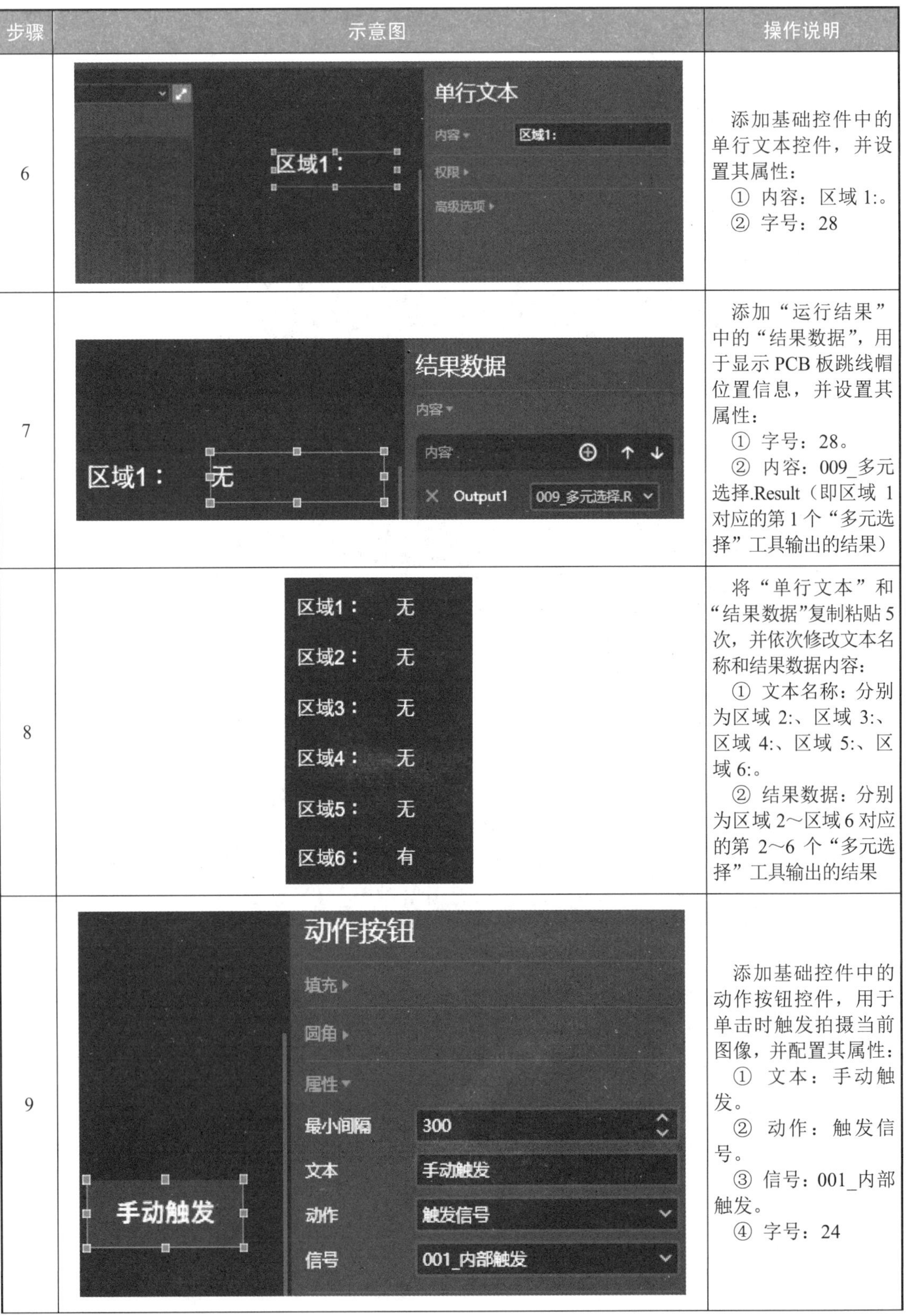

步骤	示意图	操作说明
6		添加基础控件中的单行文本控件，并设置其属性： ① 内容：区域 1:。 ② 字号：28
7		添加“运行结果”中的“结果数据”，用于显示 PCB 板跳线帽位置信息，并设置其属性： ① 字号：28。 ② 内容：009_多元选择.Result（即区域 1 对应的第 1 个“多元选择”工具输出的结果）
8		将“单行文本”和“结果数据”复制粘贴 5 次，并依次修改文本名称和结果数据内容： ① 文本名称：分别为区域 2:、区域 3:、区域 4:、区域 5:、区域 6:。 ② 结果数据：分别为区域 2～区域 6 对应的第 2～6 个“多元选择”工具输出的结果
9		添加基础控件中的动作按钮控件，用于单击时触发拍摄当前图像，并配置其属性： ① 文本：手动触发。 ② 动作：触发信号。 ③ 信号：001_内部触发。 ④ 字号：24

续表

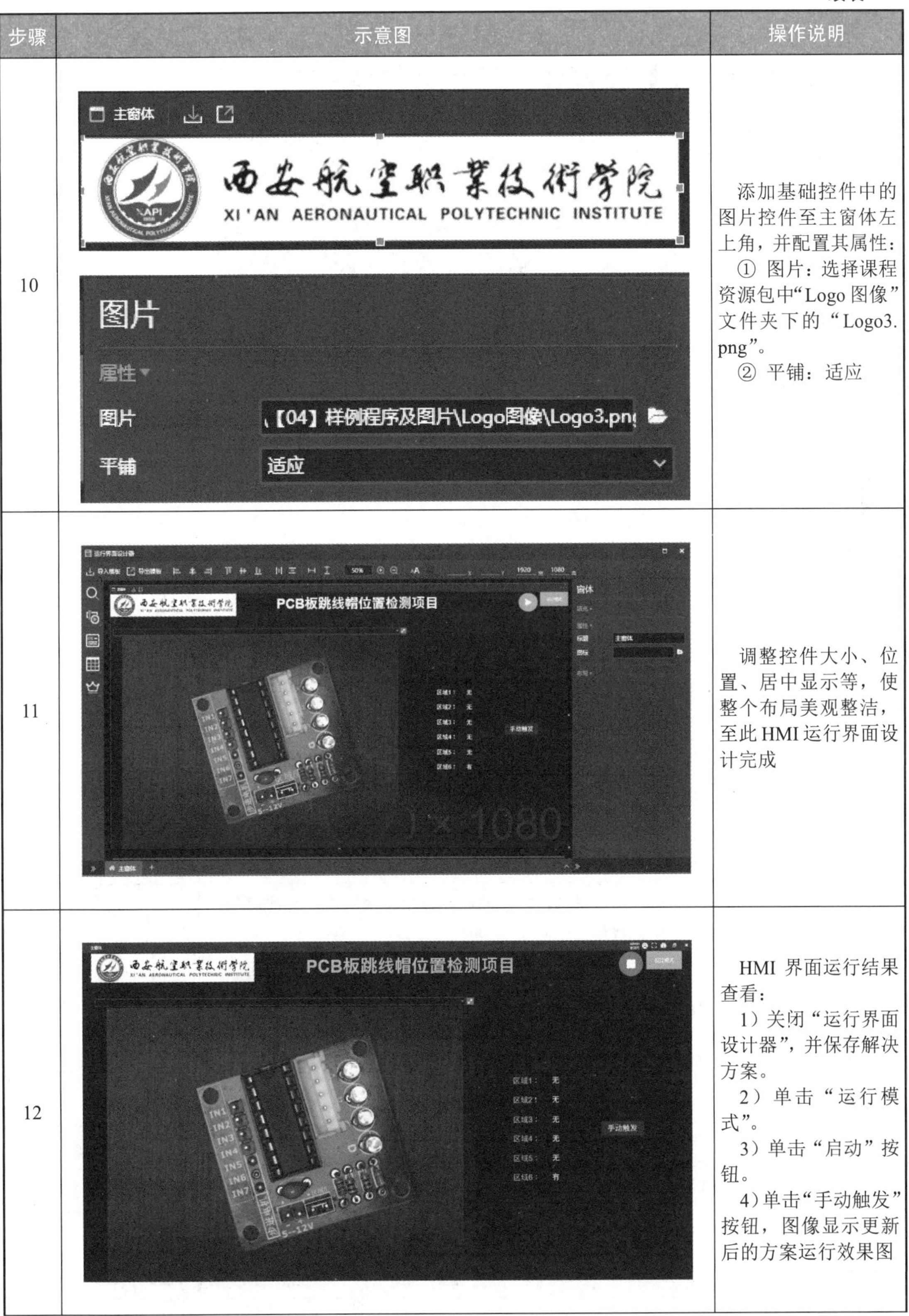

步骤	示意图	操作说明
10		添加基础控件中的图片控件至主窗体左上角，并配置其属性： ① 图片：选择课程资源包中“Logo 图像”文件夹下的“Logo3.png”。 ② 平铺：适应
11		调整控件大小、位置、居中显示等，使整个布局美观整洁，至此 HMI 运行界面设计完成
12		HMI 界面运行结果查看： 1）关闭“运行界面设计器”，并保存解决方案。 2）单击“运行模式”。 3）单击“启动”按钮。 4）单击“手动触发”按钮，图像显示更新后的方案运行效果图

续表

步骤	示意图	操作说明
13	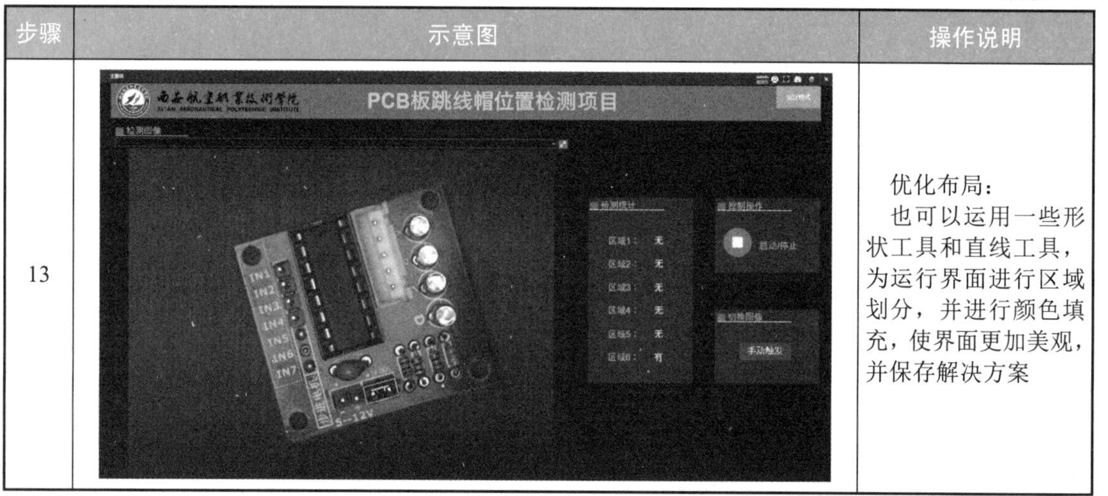	优化布局： 也可以运用一些形状工具和直线工具，为运行界面进行区域划分，并进行颜色填充，使界面更加美观，并保存解决方案

任务评价

任务评价如表 8.9 所示。

表 8.9 任务评价

任务名称		检测 PCB 板跳线帽位置		实施日期	
序号	评价目标	任务实施评价标准		配分	得分
1	职业素养	纪律意识	自觉遵守劳动纪律，服从老师管理	5	
2		学习态度	积极上课，踊跃回答问题，保持全勤	5	
3		团队协作	分工与合作，配合紧密，相互协助解决检测过程中遇到的问题	5	
4		科学思维意识	独立思考、发现问题、提出解决方案，并能够创新改进其工作流程和方法	5	
5		严格执行现场 6S 管理	整理：区分物品的用途，清除多余的东西； 整顿：物品分区放置，明确标识，方便取用； 清扫：清除垃圾和污秽，防止污染； 清洁：现场环境的洁净符合标准； 素养：养成良好习惯，积极主动； 安全：遵守安全操作规程，人走机关	5	
6	职业技能	能添加工具块工具		3	
7		能添加图像模板匹配工具		3	
8		能添加图像定位工具		3	
9		能实现 PCB 板图像定位		6	

续表

<table>
<tr><th>序号</th><th>评价目标</th><th>任务实施评价标准</th><th>配分</th><th>得分</th></tr>
<tr><td>10</td><td rowspan="9">职业
技能</td><td>能添加图像分割工具</td><td>5</td><td></td></tr>
<tr><td>11</td><td>能使用图像分割工具检测出 PCB 板跳线帽 6 个区域位置（每个区域 4 分）</td><td>24</td><td></td></tr>
<tr><td>12</td><td>能在工具块工具中输出 PCB 板跳线帽 6 个区域位置信息（每个区域 1 分）</td><td>6</td><td></td></tr>
<tr><td>13</td><td>能导入 PCB 板跳线帽位置检测脚本</td><td>6</td><td></td></tr>
<tr><td>14</td><td>能在结果图像上显示出 PCB 板跳线帽位置信息</td><td>2</td><td></td></tr>
<tr><td>15</td><td>能设计 HMI 界面，显示 PCB 板跳线帽位置</td><td>5</td><td></td></tr>
<tr><td>16</td><td>可自行选择添加其他工具，完善 HMI 界面内容</td><td>5</td><td></td></tr>
<tr><td>17</td><td>能合理布局 HMI 界面，整体美观大方</td><td>5</td><td></td></tr>
<tr><td>18</td><td>能保存工业视觉检测项目解决方案</td><td>2</td><td></td></tr>
<tr><td colspan="3">合计</td><td>100</td><td></td></tr>
<tr><td colspan="2">小组成员签名</td><td colspan="3"></td></tr>
<tr><td colspan="2">指导教师签名</td><td colspan="3"></td></tr>
<tr><td colspan="2">任务评价记录</td><td colspan="3">1. 存在问题
____
____
____
____
2. 优化建议
____
____
____
________________</td></tr>
<tr><td colspan="5">备注：在使用真实实训设备或工件编程调试过程中，如发生设备碰撞、零部件损坏等每处扣 10 分。</td></tr>
</table>

任务总结

本任务简述了数字图像邻接性、连通性、区域和边界的含义，以及图像面积、周长、质心等几何特征的含义，详细介绍了图像分割工具的属性参数，通过演示 V+ 平台软件进行 PCB 板跳线帽位置检测，实现工业视觉检测项目的完整操作流程。通过 HMI 界面的设计，能够更直观地显示产品的相关信息，有助于进一步体会工业视觉系统检测应用的优点。

任务拓展

CogBlobTool 工具可以检测和定位图像中某灰度范围内的形状未知的特征，这个过程叫作 Blob 分析。通过 Blob 分析，可以得到产品某一特征是否存在、数量、位置、形状、方向等信息。

Blob 分析一般运用在二维物体图像、高度对比度图像、存在缺失检测、有尺寸和旋转不变性要求等场合。其一般步骤是：图像分割→应用联通性规则→执行形态学操作→计算测量→得到结果、输出图像。图像分割的目的是确定哪些是斑点像素，哪些是背景像素，一般用在没有特定的图形轮廓，但是可以通过明暗提取特征的应用。

拓展任务要求：

1）正确使用图像分割工具检测锂电池的缺陷，如图 8.7 所示。

2）设计 HMI 界面检测并显示锂电池类型。

3）可自行选择添加其他工具完善各项功能，优化 HMI 界面。

任务检测

1）如图 8.16 所示的产品经过对应像素映射后得出的分割图像是（　　）。

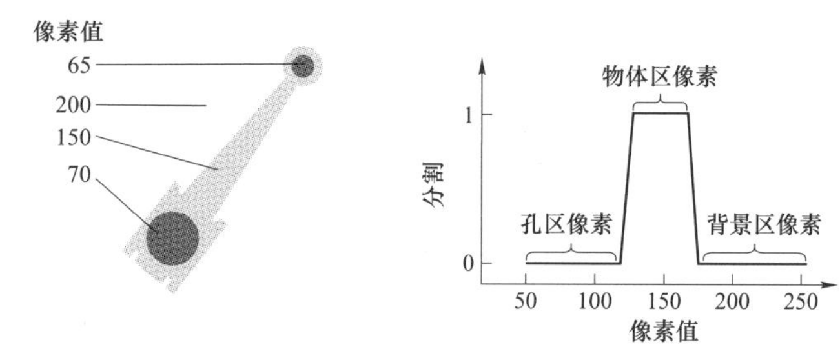

图 8.16　产品及其像素映射关系

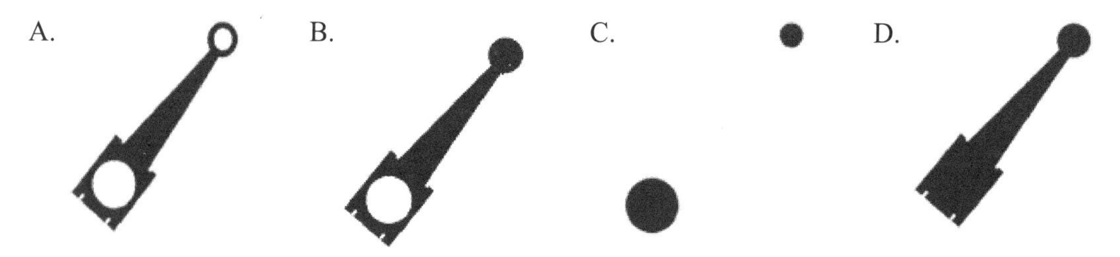

2）写出 CogBlobTool 中面积、质心、周长的计算方法。

3）如图 8.17 所示为不同亮度的待处理图像，表述了同一目标在不同光照亮度下的取相结果，尝试利用 V+平台对该目标进行分割，以适应不同亮度的变化。

图 8.17　不同亮度的待处理图像

飞机蒙皮安全检查的必要性

2022 年 3 月 21 日下午 1 点 10 分，123 名乘客搭乘东航 MU5735 次航班从昆明飞往广州，本来只是生命中平平淡淡的一天，但在一瞬间改变了。飞机在广西梧州市上空坠机，坠落到森林中引起大火，全体乘客连同飞机上 9 名机组人员一起遇难。如图 8.18 所示为东航 MU5735 次航班飞机。

图 8.18　东航 MU5735 次航班飞机

3·21 东航坠机事件，足以引起我们对乘机安全的重视。所以安全性检测是保证飞机安全运营的重要手段。以飞机蒙皮为例，飞机蒙皮零件是构建飞机气动外形的重要组成部分，该类零件的加工质量将直接影响飞机的整体装配精度，是决定飞机整体性能的关键因素之一。

目前国际上常用的检测方法分为目视检测与无损检测。传统的检测方法工作效率低下、检测成本较高、检测工艺烦琐等，且易出现漏检、误检等人为因素，给检测工作带来许多不便。机器视觉技术将成为未来民航领域的主要检测方法之一。基于机器视觉技术的检测方法不但提高了微小损伤的检测识别率，也摆脱了单纯依靠经验判断损伤造成的人为差错。

项目 9

PCB 板引导抓取

项目概述

1. 项目总体信息

某印制电路板（PCB）生产企业进行自动化升级改造，在另一条生产线中，需要在如图 9.1（a）所示的待装配的 PCB 板上安装相关元器件。在生产线上的每个待装配的 PCB 板沿输送带运动，依次经停不同的装配工位装配不同元器件。要求采用工业视觉引导执行机构（如运动模组或机械手）在装配工位准确抓取 PCB 板放置至装配区域，如图 9.1（b）所示。已知工业相机、工业镜头和光源的选型和装调已完成，现需要企业工程部张工在 2 h 内完成视觉引导工业机器人取放料的编程与调试，并进行合格验收。

(a)

(b)

图 9.1　待装配的 PCB 板与引导抓取

（a）待装配的 PCB 板；（b）视觉引导工业机器人抓取 PCB 板

2. 本项目引入

视觉引导定位抓取是一种结合了工业视觉和机器人技术的自动化抓取方法。

工业机器人（又称机械手），是自动执行工作的机械装置，它可以接受人类指挥，运行预先编译的程序，以提高生产效率、减少人力投入。和人力操作相比，机器人还可以适应多种复杂恶劣的工作环境，提高了安全性、精度和可靠性，方便进行大量的数据分析和优化。

工业视觉引导就是将相机作为机器人的“眼睛”，对产品不确定的位置进行拍照识别，将正确的坐标信息发送给机械手，引导其正确抓取、放置工件或按其规定路线进行工作。

在PCB板装配时，需要张工先对PCB板进行手眼标定和标准位示教，然后才能实现视觉引导抓取。为此，需要调试好工业视觉系统，掌握V+平台软件中与引导相关工具的使用方法。

3. 本项目实施流程

基于V+平台软件实现PCB板引导抓取，其项目实施一般流程如图9.2所示。

其中，PCB板引导抓取系统硬件选型包括工业相机、工业镜头和光源系统的选型，图像采集系统搭建包括系统硬件安装与调试、V+平台软件安装与测试，程序流程配置包括PCB板图像采集、PCB板引导抓取结果显示、PCB板图像保存、辅助功能配置等。

4. 本项目目标

熟悉自动化生产线中不规则放置的PCB板进行抓取的过程。在机器视觉智能综合实训平台（见图9.3）（简称综合平台，型号为DC-PD100-30DA）的传送带上任意位置放置PCB板，通过工业机器人携带相机对PCB板进行拍照，经过视觉处理引导工业机器人成功抓取PCB板。

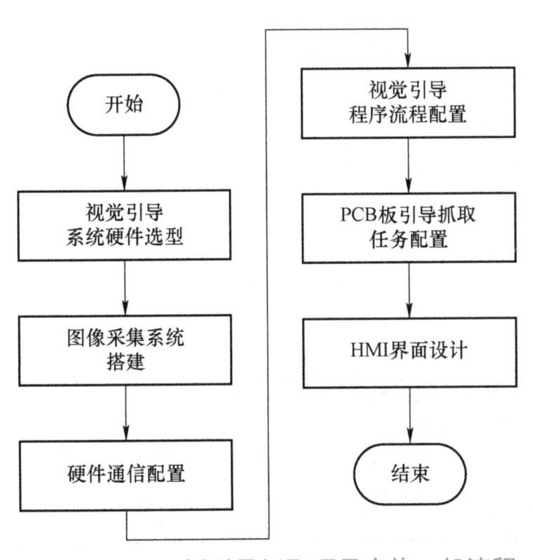

图9.2 PCB板引导抓取项目实施一般流程

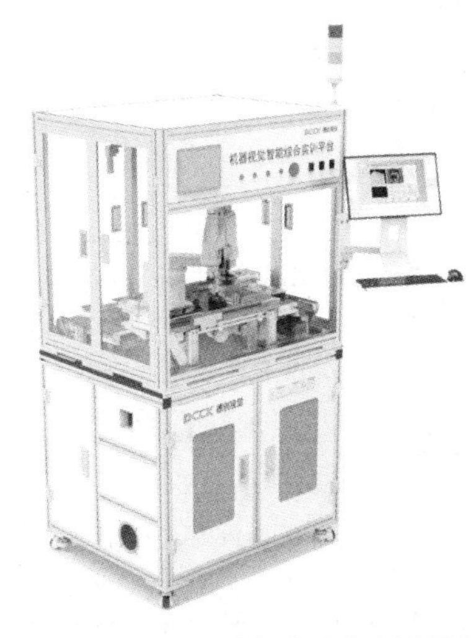

图9.3 机器视觉智能综合实训平台

学习导航

学习导航如表 9.1 表示。

表 9.1　学习导航

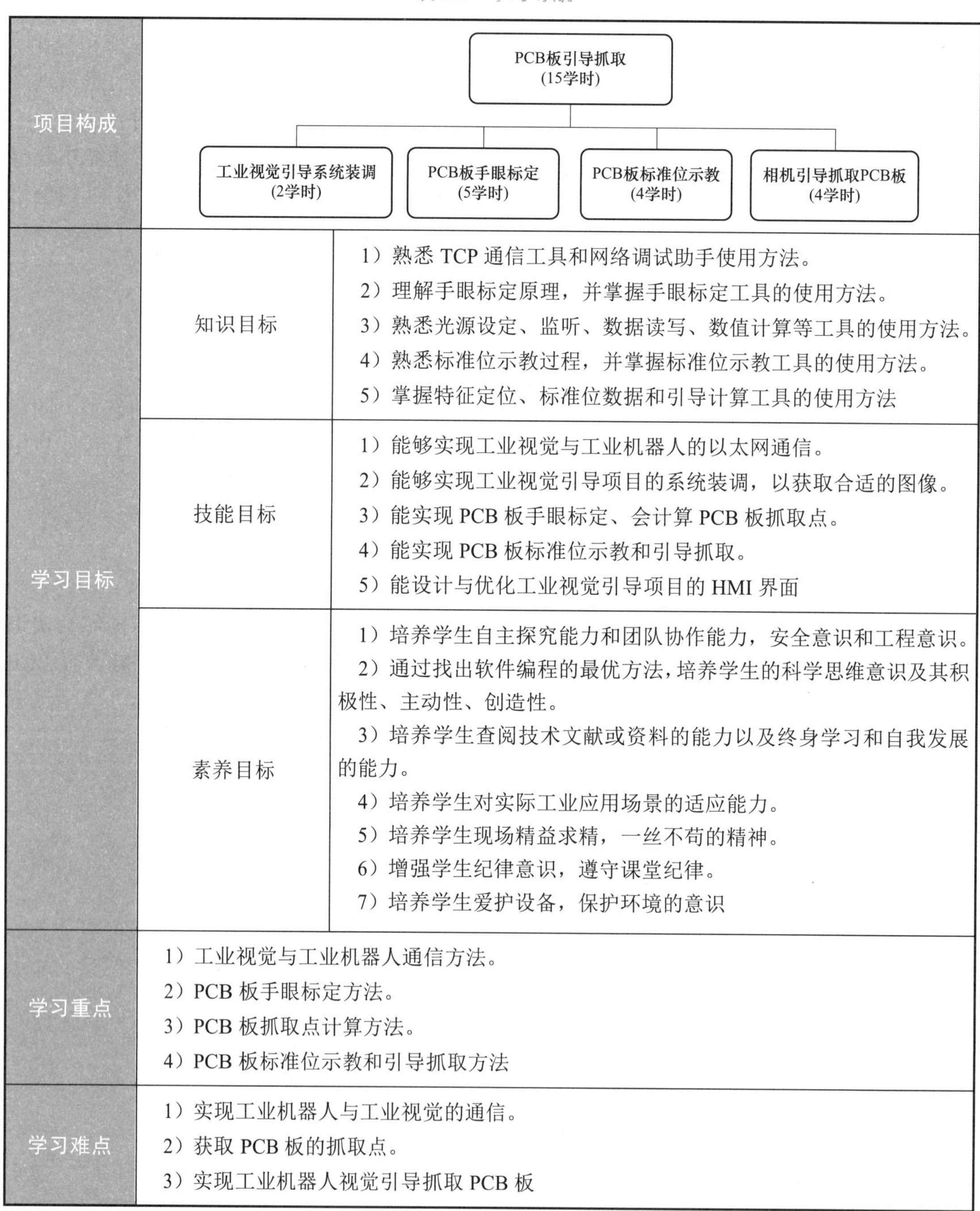

项目	类别	内容
项目构成		PCB板引导抓取（15学时）：工业视觉引导系统装调（2学时）；PCB板手眼标定（5学时）；PCB板标准位示教（4学时）；相机引导抓取PCB板（4学时）
学习目标	知识目标	1）熟悉 TCP 通信工具和网络调试助手使用方法。 2）理解手眼标定原理，并掌握手眼标定工具的使用方法。 3）熟悉光源设定、监听、数据读写、数值计算等工具的使用方法。 4）熟悉标准位示教过程，并掌握标准位示教工具的使用方法。 5）掌握特征定位、标准位数据和引导计算工具的使用方法
	技能目标	1）能够实现工业视觉与工业机器人的以太网通信。 2）能够实现工业视觉引导项目的系统装调，以获取合适的图像。 3）能实现 PCB 板手眼标定、会计算 PCB 板抓取点。 4）能实现 PCB 板标准位示教和引导抓取。 5）能设计与优化工业视觉引导项目的 HMI 界面
	素养目标	1）培养学生自主探究能力和团队协作能力，安全意识和工程意识。 2）通过找出软件编程的最优方法，培养学生的科学思维意识及其积极性、主动性、创造性。 3）培养学生查阅技术文献或资料的能力以及终身学习和自我发展的能力。 4）培养学生对实际工业应用场景的适应能力。 5）培养学生现场精益求精，一丝不苟的精神。 6）增强学生纪律意识，遵守课堂纪律。 7）培养学生爱护设备，保护环境的意识
学习重点		1）工业视觉与工业机器人通信方法。 2）PCB 板手眼标定方法。 3）PCB 板抓取点计算方法。 4）PCB 板标准位示教和引导抓取方法
学习难点		1）实现工业机器人与工业视觉的通信。 2）获取 PCB 板的抓取点。 3）实现工业机器人视觉引导抓取 PCB 板

任务 9.1　工业视觉引导系统装调

任务描述

对工业视觉行业而言，控制系统和视觉系统之间的数据交互是生产过程中的关键环节，通过选择合适的通信方式，能够实现数据传输和设备控制。视觉系统输出的数据是监测产品质量的重要依据，同时也是智能化产线进行物料跟踪、产品历史记录维护以及其他生产管理的基础，而控制系统的输出数据是视觉传感器有序工作的“领导者”，二者之间相辅相成，提高生产效率、保障产品质量和稳定性，为自动化生产带来更多的便利和效益。

本任务要求掌握 PCB 板引导抓取视觉系统的装调，利用 V+平台软件添加相机、光源、通信等设备，实现 V+平台软件与机器人的 TCP 通信，并采集合适的图像。PCB 板引导抓取项目相关设备及其图像采集效果如图 9.4 所示。

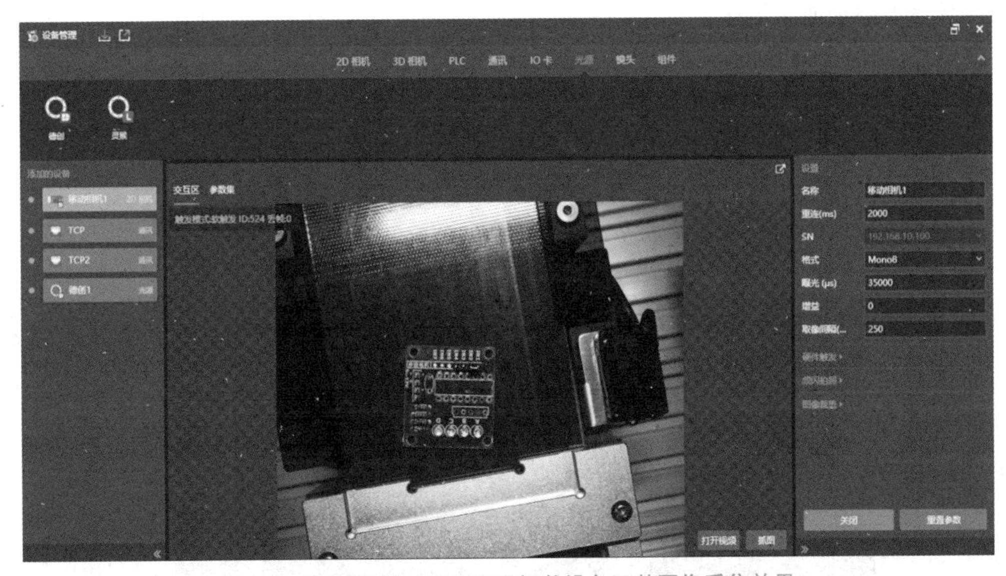

图 9.4　PCB 板引导抓取项目相关设备及其图像采集效果

任务目标

1）熟悉 TCP 通信含义、应用和工具。

2）能利用 V+平台软件添加相机、光源、通信等设备。

3）能够实现工业视觉与工业机器人的以太网通信。

4）能够根据 PCB 板引导抓取要求实现视觉系统装调，并利用 V+平台软件获取合适的图像。

相关知识

1. TCP 通信

（1）TCP 通信的含义

TCP 通信是一种可靠、稳定的数据传输方式，在应用时需要建立服务器和客户端之间的网络关系，即 Client-Server（C/S）。如图 9.5 所示为服务器和客户端关系示意图。一个服务器可以同时和多个客户端建立通信连接。客户端负责完成与用户的交互任务，接收用户的请求，并通过网络关系向服务器提出请求，服务器负责数据的管理，当接收到客户端的请求时，将数据提交给客户端。

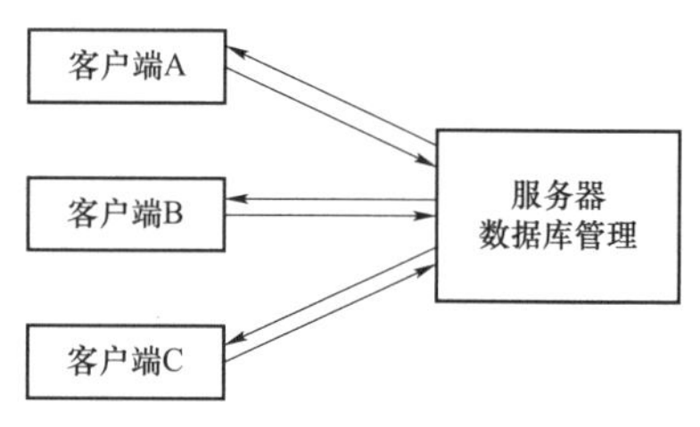

图 9.5　服务器和客户端关系示意图

（2）TCP 通信的应用

TCP 通信的主要应用场景。

1）大范围内传输数据，如远程监控、云端数据存储等。

2）高速且稳定的传输文件、网络数据等。

3）多设备之间的相互通信。

2. TCP 通信工具

V+平台软件中建立的 TCP 通信工具界面如图 9.6 所示，其功能模块作用如下：

1）数据接收。V+平台软件接收和发送数据的实时显示。

2）数据发送。输入需要发送的数据。

3）通信设置。工业视觉系统在 TCP 通信中可以作为客户端或服务器。通信设置说明如表 9.2 所示。

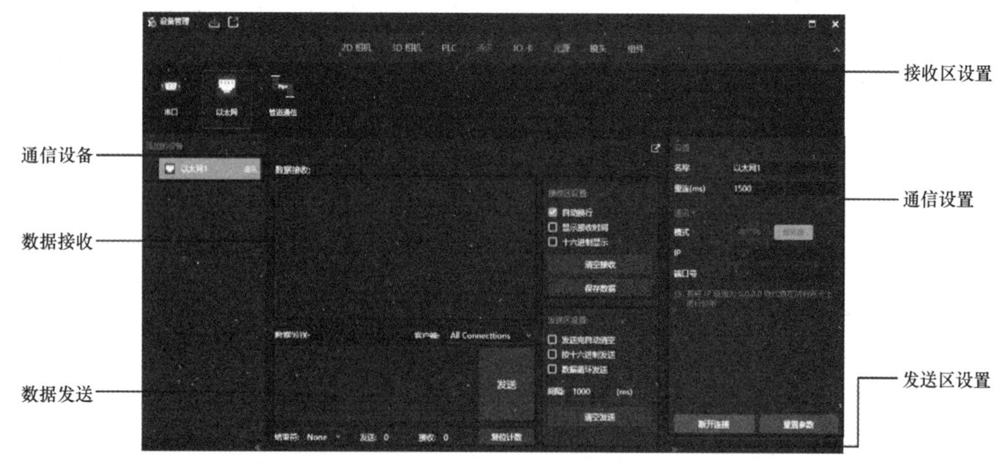

图 9.6　TCP 通信工具界面

表 9.2　通信设置说明

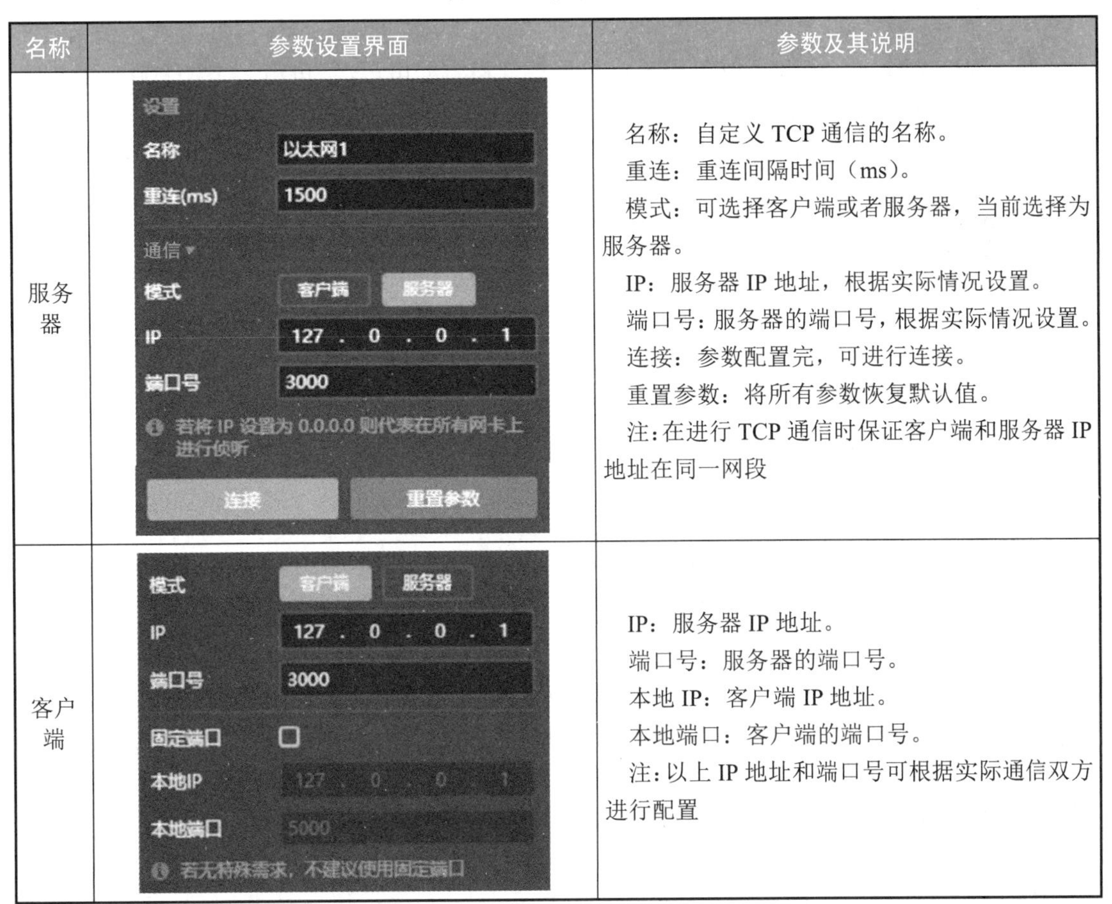

名称	参数设置界面	参数及其说明
服务器	设置 名称　以太网1 重连(ms)　1500 通信 模式　客户端　服务器 IP　127 . 0 . 0 . 1 端口号　3000 若将 IP 设置为 0.0.0.0 则代表在所有网卡上进行侦听 连接　重置参数	名称：自定义 TCP 通信的名称。 重连：重连间隔时间（ms）。 模式：可选择客户端或者服务器，当前选择为服务器。 IP：服务器 IP 地址，根据实际情况设置。 端口号：服务器的端口号，根据实际情况设置。 连接：参数配置完，可进行连接。 重置参数：将所有参数恢复默认值。 注：在进行 TCP 通信时保证客户端和服务器 IP 地址在同一网段
客户端	模式　客户端　服务器 IP　127 . 0 . 0 . 1 端口号　3000 固定端口 本地IP　127 . 0 . 0 . 1 本地端口　5000 若无特殊需求，不建议使用固定端口	IP：服务器 IP 地址。 端口号：服务器的端口号。 本地 IP：客户端 IP 地址。 本地端口：客户端的端口号。 注：以上 IP 地址和端口号可根据实际通信双方进行配置

4）接收区设置。数据接收的相关设置，包括显示数据的自动换行和接收的时间、将接收的数据以十六进制显示、清空和保存接收数据。

5）发送区设置。数据发送的相关设置，包括发送完自动清空数据、以十六进制形式发送数据、循环发送数据、发送数据的时间间隔（ms）、清空发送的内容。

3. 光源控制

（1）光源控制器作用

使用光源控制器的最主要的目的是给光源供电，控制光源的亮度及照明状态（亮和灭），还可以通过给控制器触发信号来实现光源的频闪，进而大大延长光源的寿命。

（2）光源控制器种类

光源控制器按照功能可以分为：数字光源控制器、模拟光源控制器、大功率模拟光源控制器、线性光源专用模拟控制器、线性光源专用数字控制器、增量模块和非标控制器等。其中，最常用的光源控制器为模拟光源控制器和数字光源控制器，如图 9.7 所示。

1）模拟光源控制器。该控制器输出没有任何脉冲成分的电压信号，且信号在其输出状

(a)

(b)

图 9.7　模拟光源控制器和数字光源控制器
（a）模拟光源控制器；（b）数字光源控制器

态下是一种连续状态。

① 产品特点。亮度无极模拟电压调节；提供持续稳定的电压源，可用于 1/10 000 s 的快门；外触发灵活，高低电平可选，适应不同的外部传感器；过流、短路保护功能；体积小，操作简单。

② 适用范围。可用于驱动小功率光源，高速相机拍摄照明驱动，低成本照明方案，小尺寸线光源驱动。

该控制器通常无法直接使用软件进行控制，需要手动调整相关旋钮来控制光源的亮度，如机器视觉实训基础套件使用的光源控制器。

2）数字光源控制器。该控制器输出的是一个有周期性变化规律的脉冲电压信号，也就是 PWM 信号。

① 产品特点。PWM 信号输出，改变 PWM 占空比来调整光源亮度；亮度控制方式灵活，可通过面板按键、串口通信调节光源亮度；外触发采用高速光耦隔离设计，提供准确、可靠的触发信号；集过流、过载、短路保护功能于一体；具有掉电保护功能，自动记忆关机前的设定值。

② 适用范围。可用于驱动中、小功率光源；触发响应快，擅长高速触发拍摄场合；面阵相机拍摄照明驱动；不可用于线阵相机照明驱动。

该控制器可以通过串口或网口、USB 等方式连接软件，在软件中输入相关指令和参数来控制光源通道及亮度，如机器视觉及电气综合实训平台使用的光源控制器。

（3）光源控制

V+平台软件与控制光源的设备为“设备管理”中的“德创”光源控制器，其相关参数设置及说明如表 9.3 所示。

表 9.3　“设备管理”中的“德创”光源控制器相关参数设置及说明

<table>
<tr><th>序号</th><th>参数设置示意图</th><th>参数说明</th></tr>
<tr><td>1</td><td rowspan="3">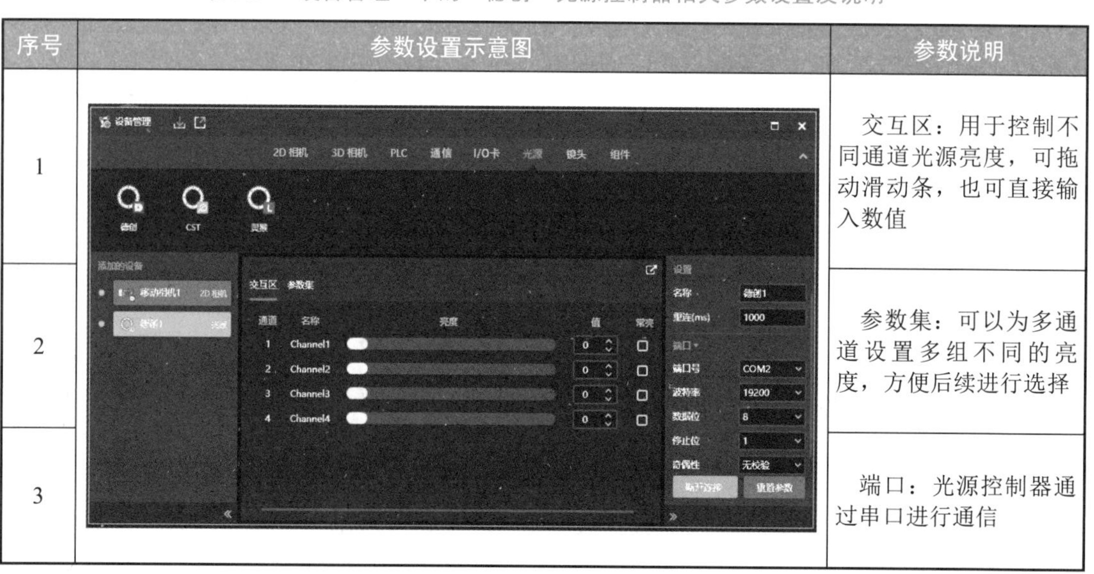
</td><td>交互区：用于控制不同通道光源亮度，可拖动滑动条，也可直接输入数值</td></tr>
<tr><td>2</td><td>参数集：可以为多通道设置多组不同的亮度，方便后续进行选择</td></tr>
<tr><td>3</td><td>端口：光源控制器通过串口进行通信</td></tr>
</table>

任务实施

工业视觉引导系统装调的具体操作步骤如表 9.4 所示。

表 9.4　工业视觉引导系统装调的具体操作步骤

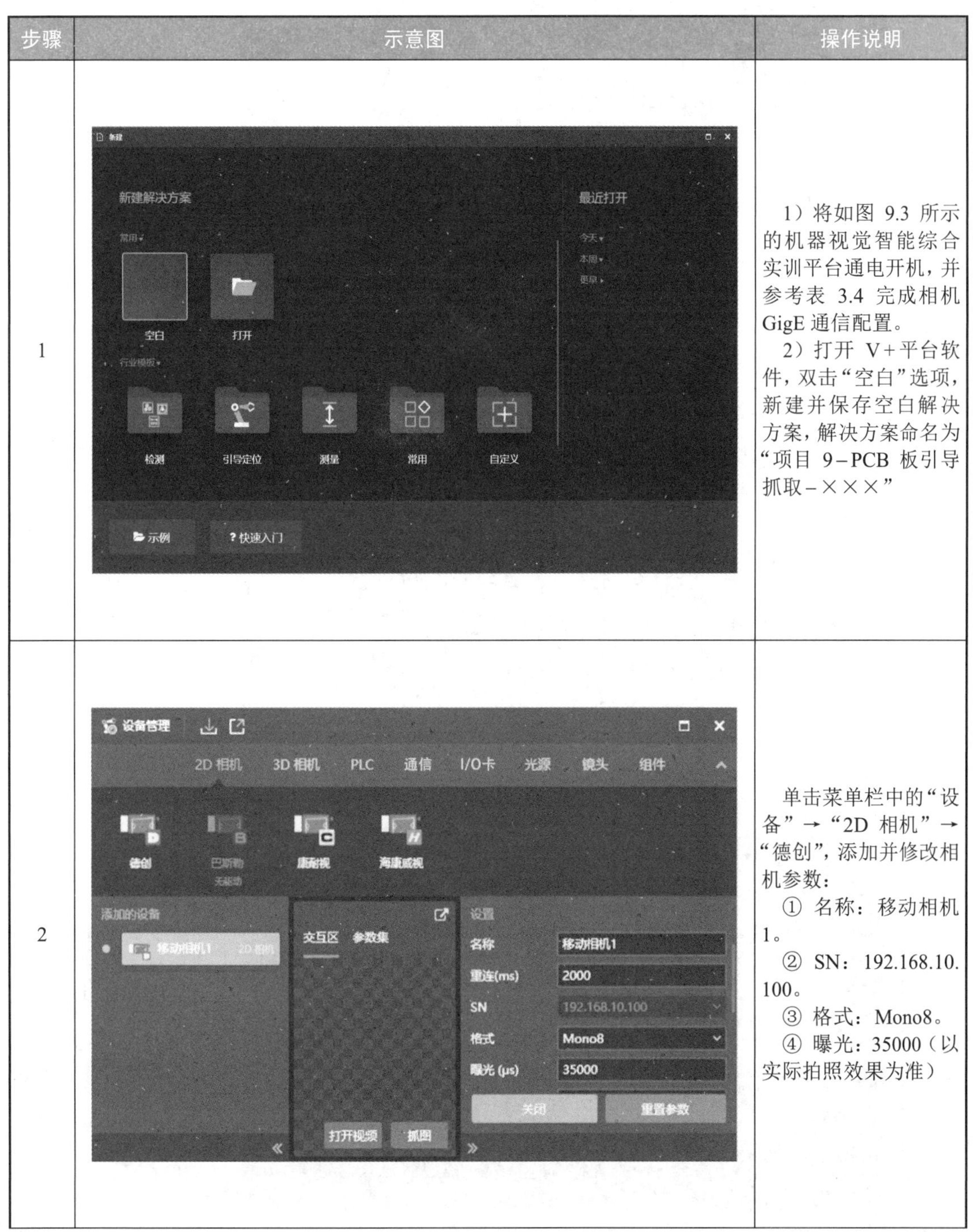

步骤	示意图	操作说明
1		1）将如图 9.3 所示的机器视觉智能综合实训平台通电开机，并参考表 3.4 完成相机 GigE 通信配置。 2）打开 V+平台软件，双击“空白”选项，新建并保存空白解决方案，解决方案命名为“项目 9-PCB 板引导抓取-×××”
2		单击菜单栏中的“设备”→“2D 相机”→“德创”，添加并修改相机参数： ① 名称：移动相机 1。 ② SN：192.168.10.100。 ③ 格式：Mono8。 ④ 曝光：35000（以实际拍照效果为准）

续表

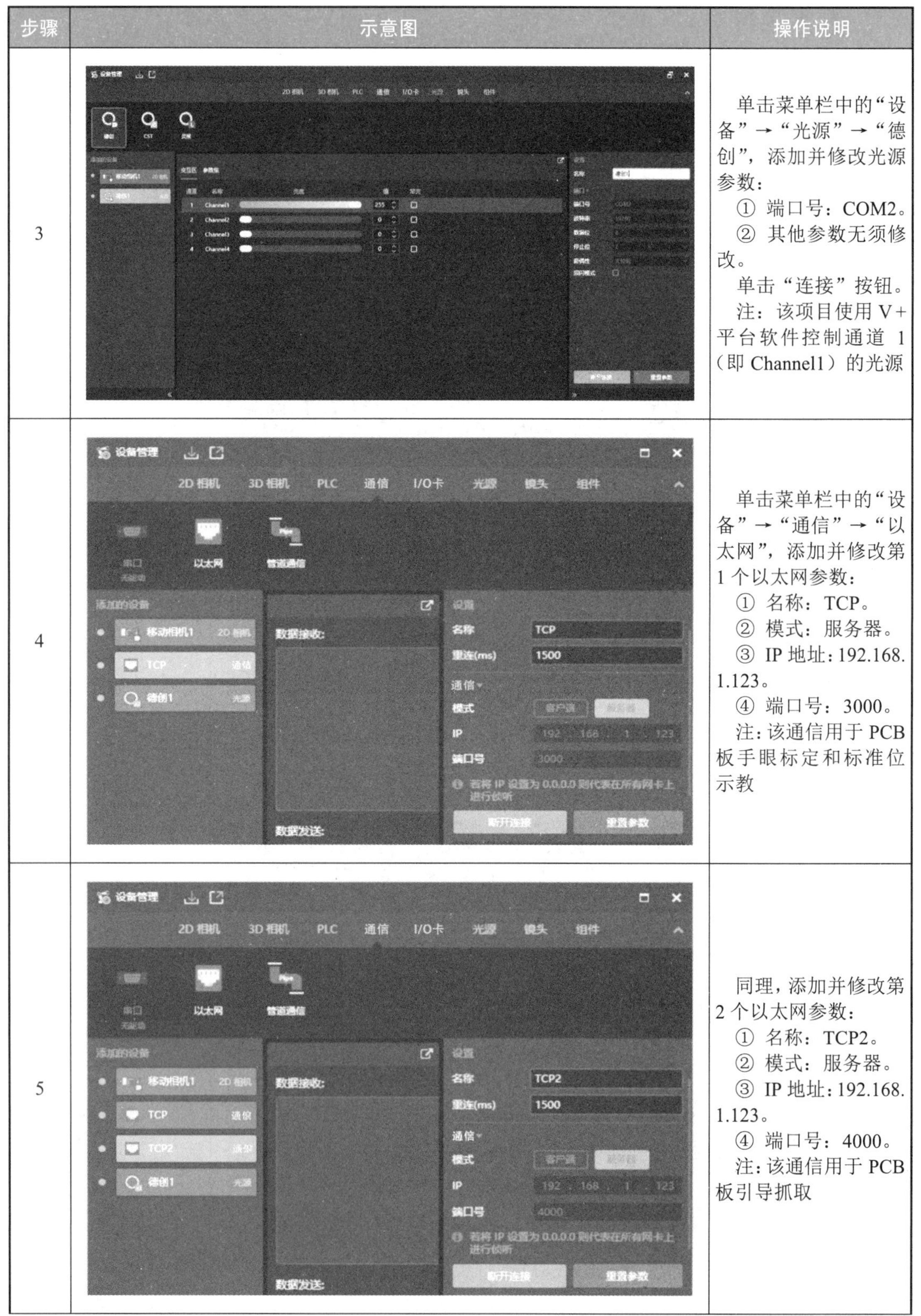

步骤	示意图	操作说明
3		单击菜单栏中的“设备”→“光源”→“德创”，添加并修改光源参数： ① 端口号：COM2。 ② 其他参数无须修改。 单击“连接”按钮。 注：该项目使用 V+平台软件控制通道 1（即 Channel1）的光源
4		单击菜单栏中的“设备”→“通信”→“以太网”，添加并修改第 1 个以太网参数： ① 名称：TCP。 ② 模式：服务器。 ③ IP 地址：192.168.1.123。 ④ 端口号：3000。 注：该通信用于 PCB 板手眼标定和标准位示教
5		同理，添加并修改第 2 个以太网参数： ① 名称：TCP2。 ② 模式：服务器。 ③ IP 地址：192.168.1.123。 ④ 端口号：4000。 注：该通信用于 PCB 板引导抓取

续表

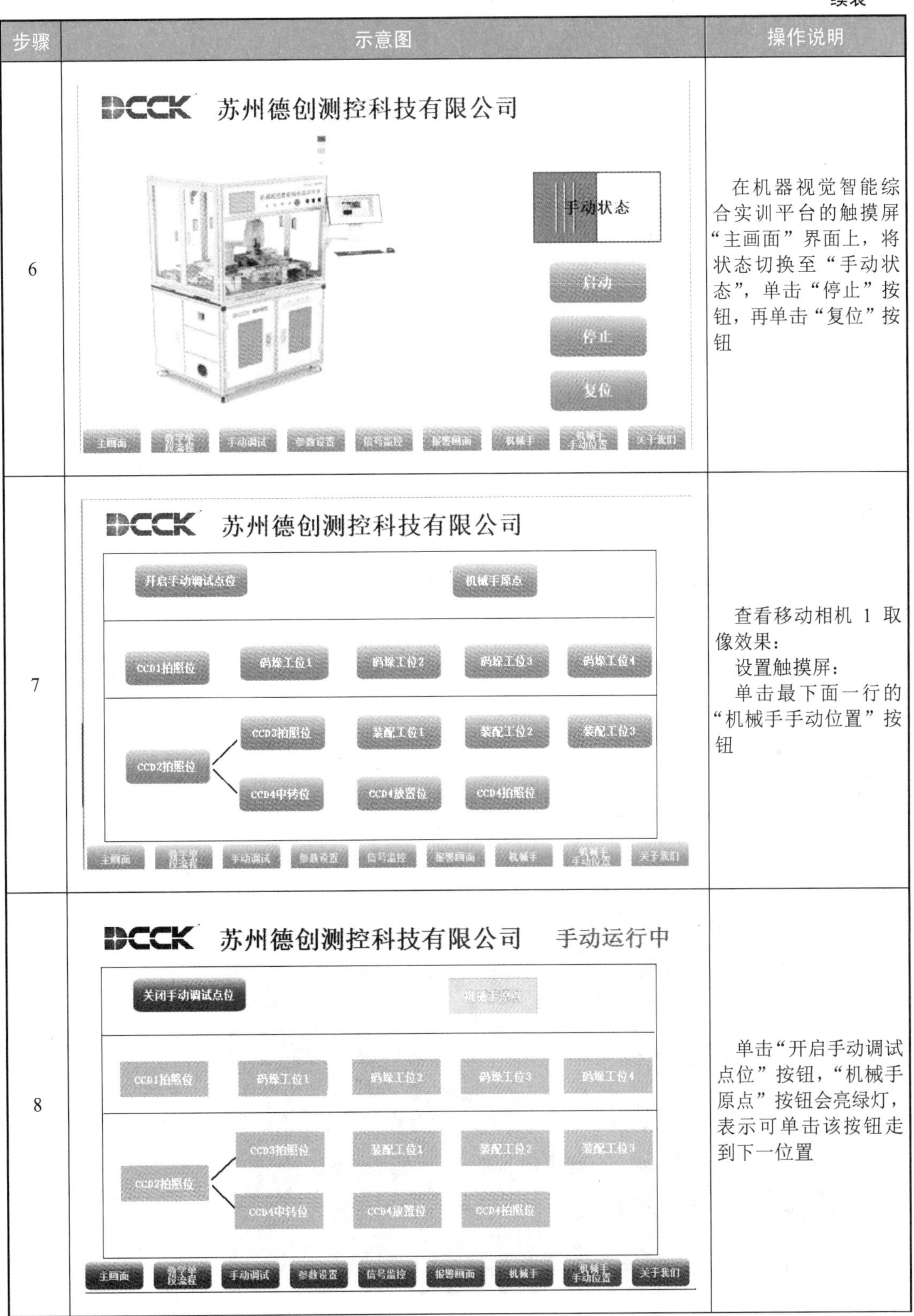

步骤	示意图	操作说明
6		在机器视觉智能综合实训平台的触摸屏“主画面”界面上，将状态切换至“手动状态”，单击“停止”按钮，再单击“复位”按钮
7		查看移动相机 1 取像效果： 设置触摸屏： 单击最下面一行的“机械手手动位置”按钮
8		单击“开启手动调试点位”按钮，“机械手原点”按钮会亮绿灯，表示可单击该按钮走到下一位置

续表

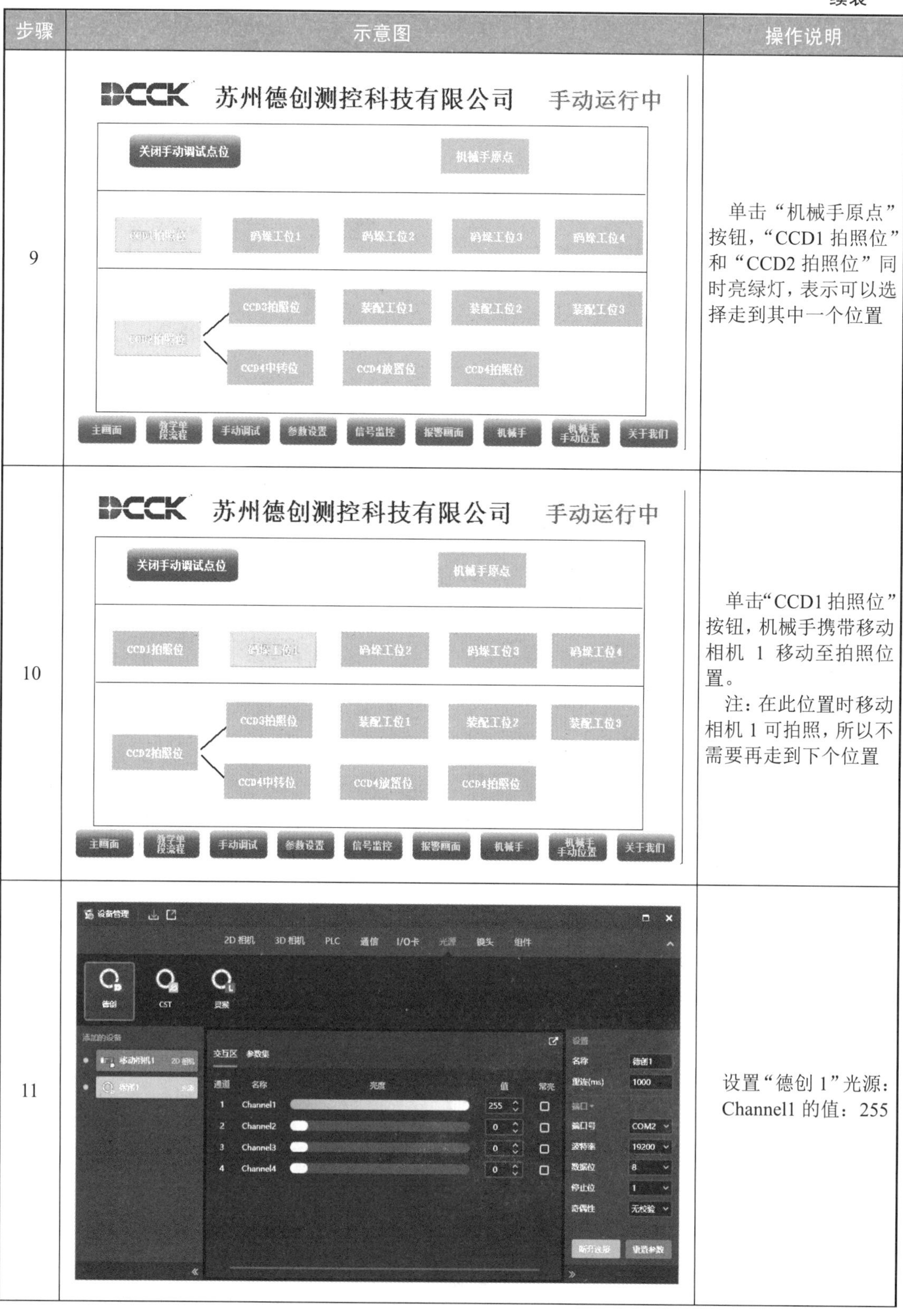

步骤	示意图	操作说明
9		单击“机械手原点”按钮，“CCD1 拍照位”和“CCD2 拍照位”同时亮绿灯，表示可以选择走到其中一个位置
10		单击“CCD1 拍照位”按钮，机械手携带移动相机 1 移动至拍照位置。 注：在此位置时移动相机 1 可拍照，所以不需要再走到下个位置
11		设置“德创 1”光源：Channel1 的值：255

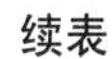

续表

<table>
<tr><th>步骤</th><th>示意图</th><th>操作说明</th></tr>
<tr><td>12</td><td>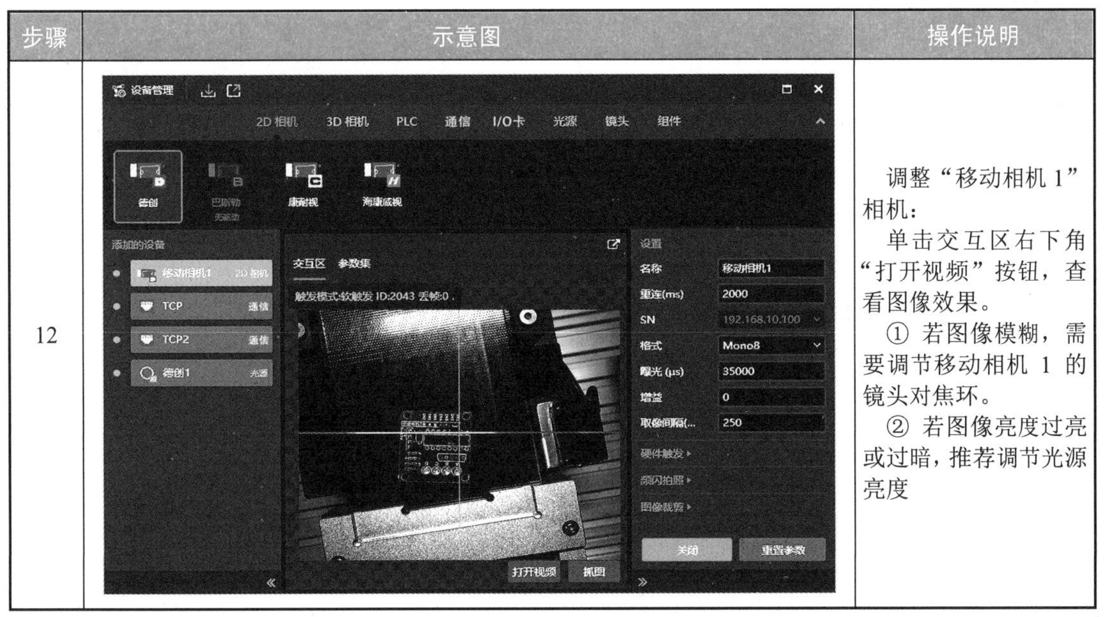
</td><td>调整“移动相机 1”相机：
单击交互区右下角“打开视频”按钮，查看图像效果。
① 若图像模糊，需要调节移动相机 1 的镜头对焦环。
② 若图像亮度过亮或过暗，推荐调节光源亮度</td></tr>
</table>

任务评价

任务评价如表 9.5 所示。

表 9.5　任务评价

任务名称		工业视觉引导系统装调	实施日期		
序号	评价目标	任务实施评价标准		配分	得分
1	职业素养	纪律意识	自觉遵守劳动纪律，服从老师管理	5	
2		学习态度	积极上课，踊跃回答问题，保持全勤	5	
3		团队协作	分工与合作，配合紧密，相互协助解决系统装调过程中遇到的问题	5	
4		严格执行现场 6S 管理	整理：区分物品的用途，清除多余的东西； 整顿：物品分区放置，明确标识，方便取用； 清扫：清除垃圾和污秽，防止污染； 清洁：现场环境的洁净符合标准； 素养：养成良好习惯，积极主动； 安全：遵守安全操作规程，人走机关	5	
5	职业技能	能新建视觉引导解决方案		2	
6		能按照要求保存视觉引导解决方案		3	
7		能在综合平台上完成相机通信配置		10	
8		能添加并连接相机		5	
9		能设置相机相关参数		5	

续表

序号	评价目标	任务实施评价标准	配分	得分
10	职业技能	能添加并连接光源	5	
11		能设置光源相关参数	5	
12		能添加并连接 2 个以太网	10	
13		能设置 2 个以太网相关参数	10	
14		能通过触摸屏控制移动相机 1 移动至拍照位置	20	
15		能采集合适的待装配 PCB 板图像	5	
合计			100	
小组成员签名				
指导教师签名				
任务评价记录		1. 存在问题 ____________ ____________ ____________ ____________ 2. 优化建议 ____________ ____________ ____________ ____________		
备注：在使用真实实训设备或工件编程调试过程中，如发生设备碰撞、零部件损坏等每处扣 10 分。				

任务总结

本任务介绍了 TCP 通信的含义、作用和工具界面。利用综合平台进行相机通信配置，通过演示 V+平台软件添加和连接相关硬件，对 PCB 板图像进行采集与调整，以便获取合适图像，为 PCB 板的手眼标定作准备。

任务拓展

在锂电池自动化生产中，需要将锂电池放置到传送带上。如果通过人工摆放到传送带上则需要耗费大量的人力物力。因此，可以使用工业视觉技术，通过安装在机器人末端的工业相机引导机器人抓取锂电池，从而缓解人工搬运的烦琐，提高生产效率。

拓展任务要求：

1）利用机器视觉智能综合实训平台完成相机通信配置。

2）利用机器视觉智能综合实训平台完成如图 8.7（b）所示的三种型号锂电池上下料入库的视觉引导系统的装调。

3）采集合适的锂电池图像，用于引导抓取。

任务检测

1）简述如何利用 V+平台软件进行 TCP 通信。

2）调节图像亮度，除了推荐的修改光源亮度，还有其他方法吗？为什么推荐修改光源亮度？

任务 9.2 PCB 板手眼标定

任务描述

手眼标定主要是为了获得相机和机器人之间的坐标转换关系。人的眼睛和手就是手眼标定的最好例子，从婴儿时期开始，人类就开始练习抓取东西，直到找到一组参数来完成手眼标定。而机器也是类似，由于传感器的安装误差，需要对传感器进行标定，找到相机和机器人的坐标转换关系。

相机拍照的图像是基于像素坐标，而机器人用的是空间坐标系，所以手眼标定就是得到像素坐标系和机器人空间坐标系两者之间的坐标转换关系。通俗来讲，手眼标定的作用是建立相机坐标系和机器人坐标系之间的变换关系，即给机器人装上“眼睛”，让它去哪就去哪。

本任务要求掌握手眼标定工具、光源设定工具、监听工具和数据读写工具的参数含义及其使用方法，熟悉手眼标定原理，能够利用 V+平台软件实现 PCB 板的手眼标定。PCB 板手眼标定程序流程如图 9.8 所示。

图 9.8　PCB 板手眼标定程序流程

任务目标

1）理解手眼标定原理。

2）掌握手眼标定工具的使用方法。

3）掌握光源设定工具的使用方法。

4）掌握监听工具的使用方法。

5）掌握数据读写工具的使用方法。

6）能利用 V+平台软件实现 PCB 板手眼标定。

相关知识

1. 手眼标定原理

（1）坐标系转换——相机图像坐标和机械手世界坐标系的转换

相机与机械手坐标系的转换即为手眼标定，其结果的好坏直接决定了定位的准确性。手眼标定包括眼在手上（移动相机）和眼在手外（固定相机）两种相机安装方式，如图 9.9 所示。

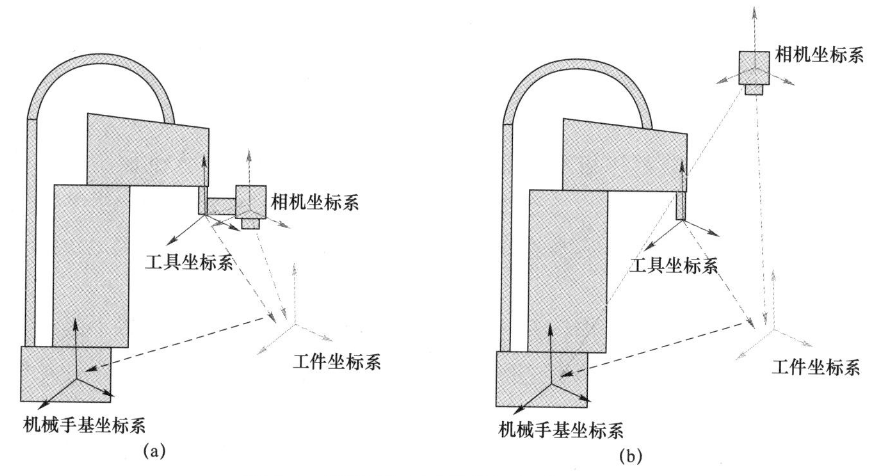

图 9.9 手眼标定不同的相机安装方式

（a）眼在手上（移动相机）；（b）眼在手外（固定相机）

相机与机械手之间的坐标系转换标定，通常使用多点标定，常见的有九点标定、四点标定等，标定转换工具可以使用标定板或是实物，本项目仅介绍基于标定板的多点标定方法。即机械手移动 X 轴、Y 轴，分别取标定板上同一参照点对应的 n 组图像坐标和 n 组机械手世界坐标，一一对应换算得到坐标系转换关系，完成标定。

1）眼在手上模式：相机安装于机械手末端，标定时标定板不移动，只需要机械手移动多点位置进行标定即可，手眼标定的结果为相机坐标系与机械手工具坐标系的关系。

2）眼在手外模式：相机位置固定，机械手吸取标定板同一参照点，在相机视野范围内移动多点位置进行标定，手眼标定的结果为相机坐标系与机械手基坐标系的关系。

（2）旋转中心获取

旋转中心指物体旋转所绕的固定点。若机械手使用世界坐标系，旋转中心就是法兰中心（机械手末端旋转轴）；若使用工具坐标系，旋转中心就是工具中心。物体绕旋转中心旋转时，物体的 X、Y 坐标也会发生改变，若想做到一次到位，则需要通过旋转中心计算出物体旋转后 X、Y 坐标发生的偏移。

旋转中心的计算：取圆周上的两点和夹角（或多点），通过几何公式求得圆心坐标，即为旋转中心的坐标。例如，已知圆周上两点 P_2 和 P_3 的坐标、夹角 $\angle P_2P_1P_3$ 的值，即可求出

P_1 点（旋转中心）的坐标，如图 9.10 所示。

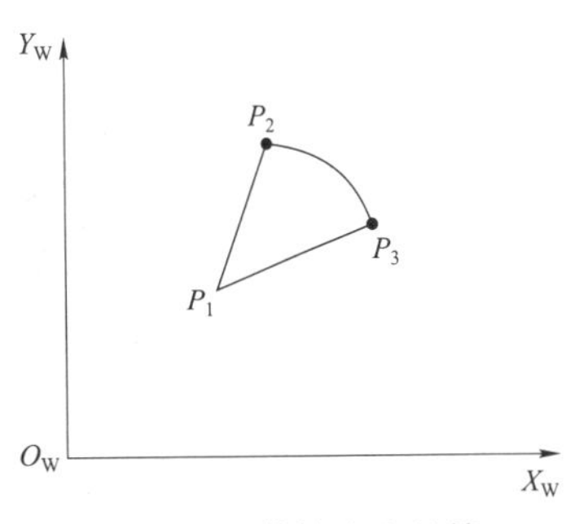

图 9.10　旋转中心计算

2. 手眼标定工具

手眼标定工具用于进行多点标定和旋转中心查找，预编辑程序后，无须手动获取标定片上参照点的图像像素坐标和机械手坐标，即可通过收发指令的形式进行手眼自动标定，经过计算后获取坐标系的转换关系。手眼标定工具图标及界面如图 9.11 所示，手眼标定工具参数介绍如表 9.6 所示。

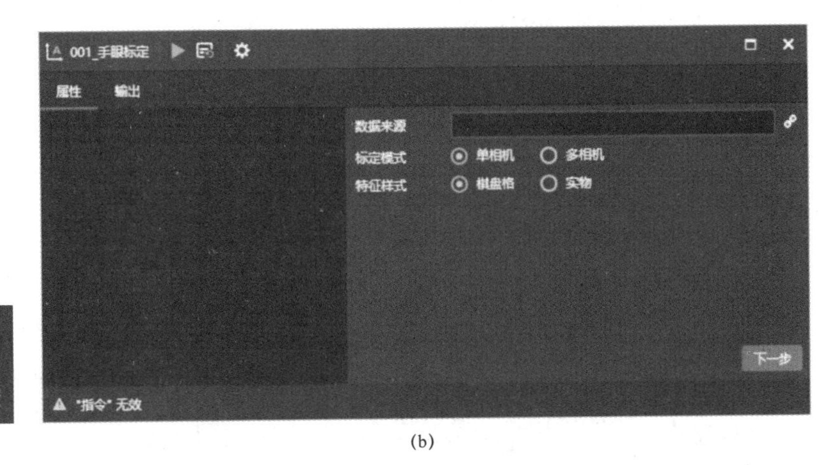

图 9.11　手眼标定工具图标及界面

（a）图标；（b）界面

表 9.6　手眼标定工具参数介绍

名称	参数设置相关界面	参数及其说明
标定配置	数据来源 标定模式　◉ 单相机　○ 多相机 特征样式　◉ 棋盘格　○ 实物 下一步	数据来源：自动手眼标定需要接收的指令，包含指令头、相机号、当前机械手坐标值等，工具可以自动分割指令，获取相关信息。 标定模式：相机的个数，单相机或多相机。 特征样式：标定方式，使用棋盘格或实物

续表

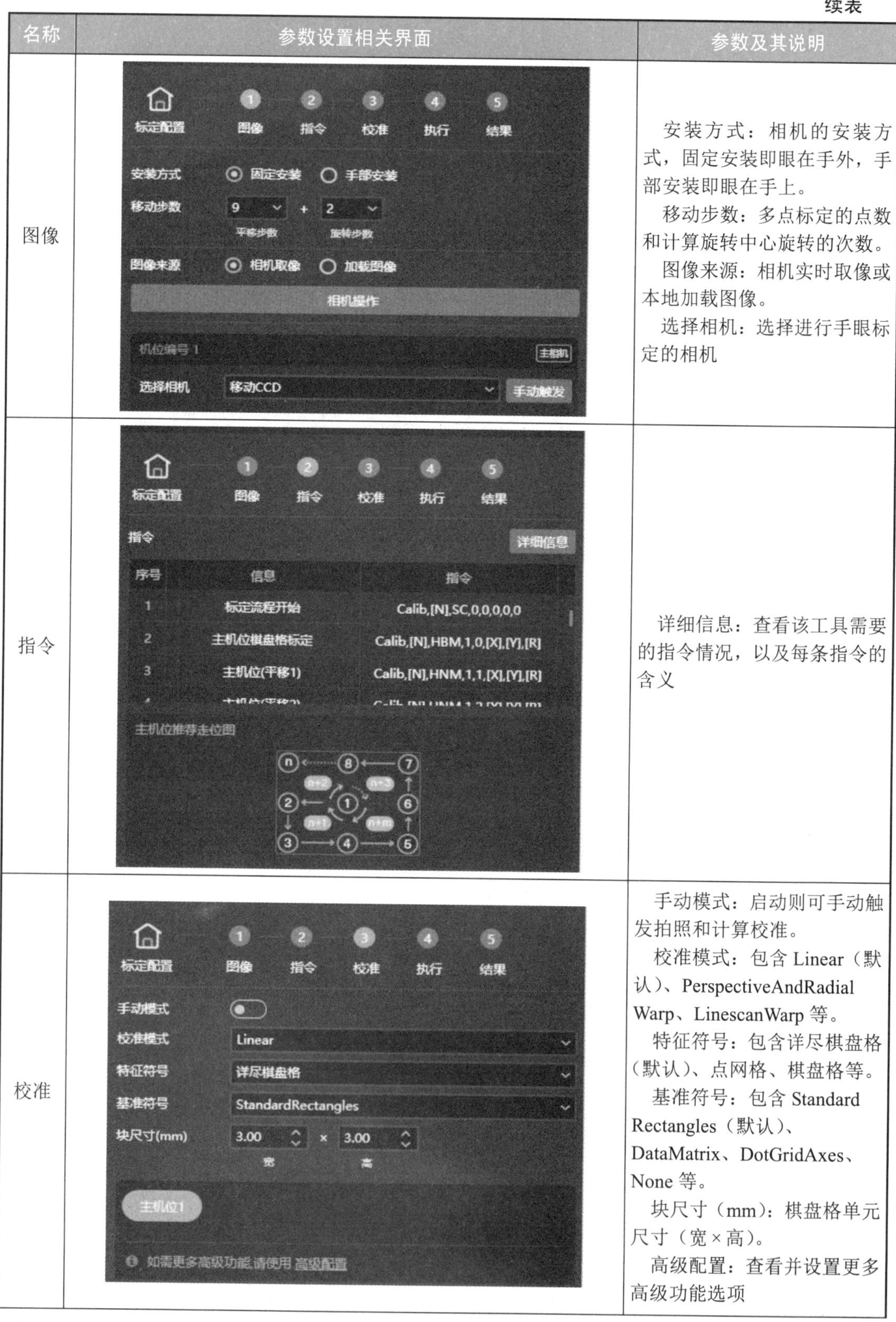

名称	参数设置相关界面	参数及其说明
图像		安装方式：相机的安装方式，固定安装即眼在手外，手部安装即眼在手上。 移动步数：多点标定的点数和计算旋转中心旋转的次数。 图像来源：相机实时取像或本地加载图像。 选择相机：选择进行手眼标定的相机
指令		详细信息：查看该工具需要的指令情况，以及每条指令的含义
校准		手动模式：启动则可手动触发拍照和计算校准。 校准模式：包含 Linear（默认）、PerspectiveAndRadialWarp、LinescanWarp 等。 特征符号：包含详尽棋盘格（默认）、点网格、棋盘格等。 基准符号：包含 Standard Rectangles（默认）、DataMatrix、DotGridAxes、None 等。 块尺寸（mm）：棋盘格单元尺寸（宽×高）。 高级配置：查看并设置更多高级功能选项

续表

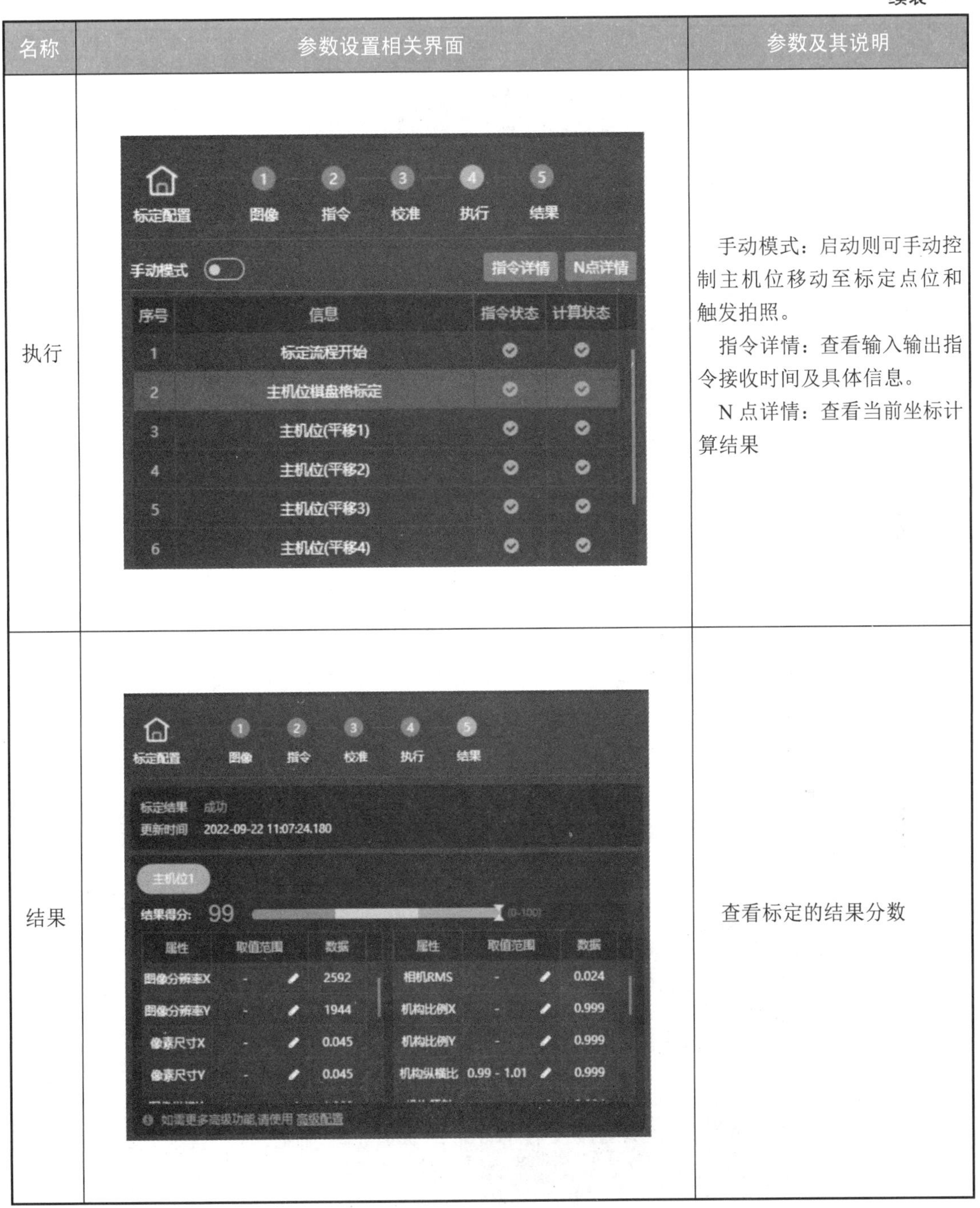

名称	参数设置相关界面	参数及其说明
执行		手动模式：启动则可手动控制主机位移动至标定点位和触发拍照。 指令详情：查看输入输出指令接收时间及具体信息。 N 点详情：查看当前坐标计算结果
结果		查看标定的结果分数

3. 光源设定工具

V+平台软件控制光源的工具为“光源设定”工具，其相关参数设置及说明如表 9.7 所示。

表 9.7 “光源设定”工具相关参数设置及说明

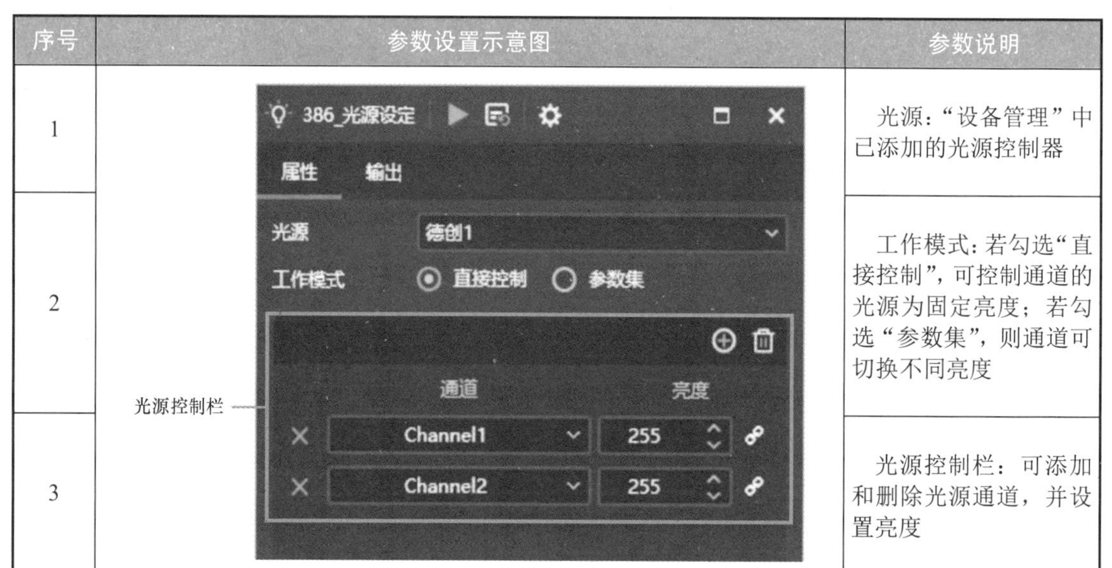

序号	参数设置示意图	参数说明
1	386_光源设定 属性 输出 光源 德创1 工作模式 直接控制 参数集 光源控制栏 通道 亮度 Channel1 255 Channel2 255	光源：“设备管理”中已添加的光源控制器
2		工作模式：若勾选“直接控制”，可控制通道的光源为固定亮度；若勾选“参数集”，则通道可切换不同亮度
3		光源控制栏：可添加和删除光源通道，并设置亮度

4. 监听工具

监听工具主要用于监听外部通信（TCP/串口/管道）或相机硬触发信号，监听到外部信号后触发方案的执行，同时会反馈相应的交互信号。监听工具设置说明如表 9.8 所示。

表 9.8 监听工具设置说明

序号	参数设置界面	参数及其说明
1	005_监听 设备 以太网1 触发条件 任意数据 手动触发	设备：建立通信的方式可以是 TCP、串口等。 注：当前是以太网通信
2		触发条件： 任意数据：接收到任意数据都触发
3	触发条件 匹配数据 数据 T1	触发条件： 匹配数据：接收到和“数据”设定内容匹配时才触发。 注：当前只有接收到“T1”才会触发
4	触发条件 包含数据 数据 T1	触发条件： 包含数据：接收到包含“数据”设定内容时才触发。 注：当前接收内容包含“T1”即触发

续表

序号	参数设置界面	参数及其说明
5	触发条件　匹配数据头 数据头　T1 数据头尾分隔符　_	触发条件： 匹配数据头：接收内容的数据头和“数据头”匹配时才触发。 数据头尾分隔符：数据之间的分割符号，可自定义设置。 注：当前接收到以“T1_”开头的数据即触发
6	手动触发 指令　None 弹窗　☐	手动触发： 指令：可以模拟监听的信号。 弹窗：勾选则会有弹窗提醒。 注：操作方法类似内部触发

5. 数据读写工具

数据读写工具实现了通信双方的数据传送，保障了通信的闭环运行过程。读数据和写数据工具属性说明如表 9.9 所示。

表 9.9　读数据和写数据工具属性说明

名称	参数设置界面	属性参数及其说明
读数据	006_读数据 属性　输出 通信　以太网1 端口　0 清空数据　False 超时(s)　2	通信：选择已建立的通信方式。 端口：数据发送方的端口号，默认“0”表示读取所有端口。 清空数据：读出数据后是否要清空旧数据。 超时（s）：相邻两次读取操作的时间差
写数据	007_写数据 属性　输出 通信　以太网1 数据　123 ☐ 以 Hex 格式写入数据 结束符　CR/LF 端口　7000	通信：选择已建立的通信方式。 数据：数据写入。 结束符：可选择 CR/LF，CR，LF 等。 端口：指定数据接收方的端口号，默认为“0”，表示发送给所有相通信的端口

任务实施

PCB 板手眼标定程序编写完成后，需要运行手眼标定程序并操作对应设备，以获取标定结果。PCB 板手眼标定具体操作步骤如表 9.10 所示。

表 9.10　PCB 板手眼标定具体操作步骤

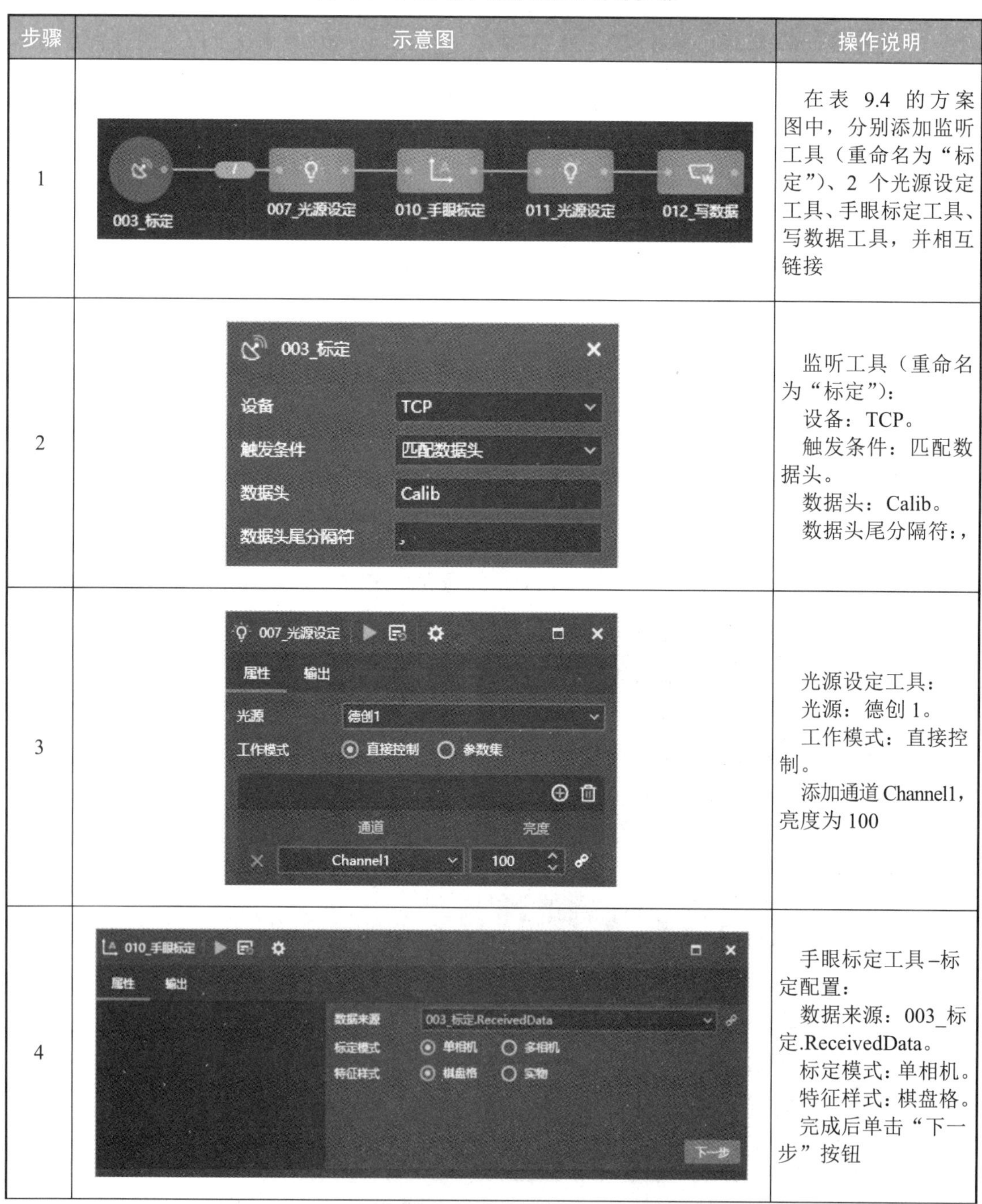

步骤	示意图	操作说明
1	003_标定 → 007_光源设定 → 010_手眼标定 → 011_光源设定 → 012_写数据	在表 9.4 的方案图中，分别添加监听工具（重命名为“标定”）、2 个光源设定工具、手眼标定工具、写数据工具，并相互链接
2	003_标定 设备　TCP 触发条件　匹配数据头 数据头　Calib 数据头尾分隔符　，	监听工具（重命名为“标定”）： 设备：TCP。 触发条件：匹配数据头。 数据头：Calib。 数据头尾分隔符：，
3	007_光源设定 属性　输出 光源　德创1 工作模式　直接控制　参数集 通道　亮度 Channel1　100	光源设定工具： 光源：德创 1。 工作模式：直接控制。 添加通道 Channel1，亮度为 100
4	010_手眼标定 属性　输出 数据来源　003_标定.ReceivedData 标定模式　单相机　多相机 特征样式　棋盘格　实物 下一步	手眼标定工具-标定配置： 数据来源：003_标定.ReceivedData。 标定模式：单相机。 特征样式：棋盘格。 完成后单击“下一步”按钮

续表

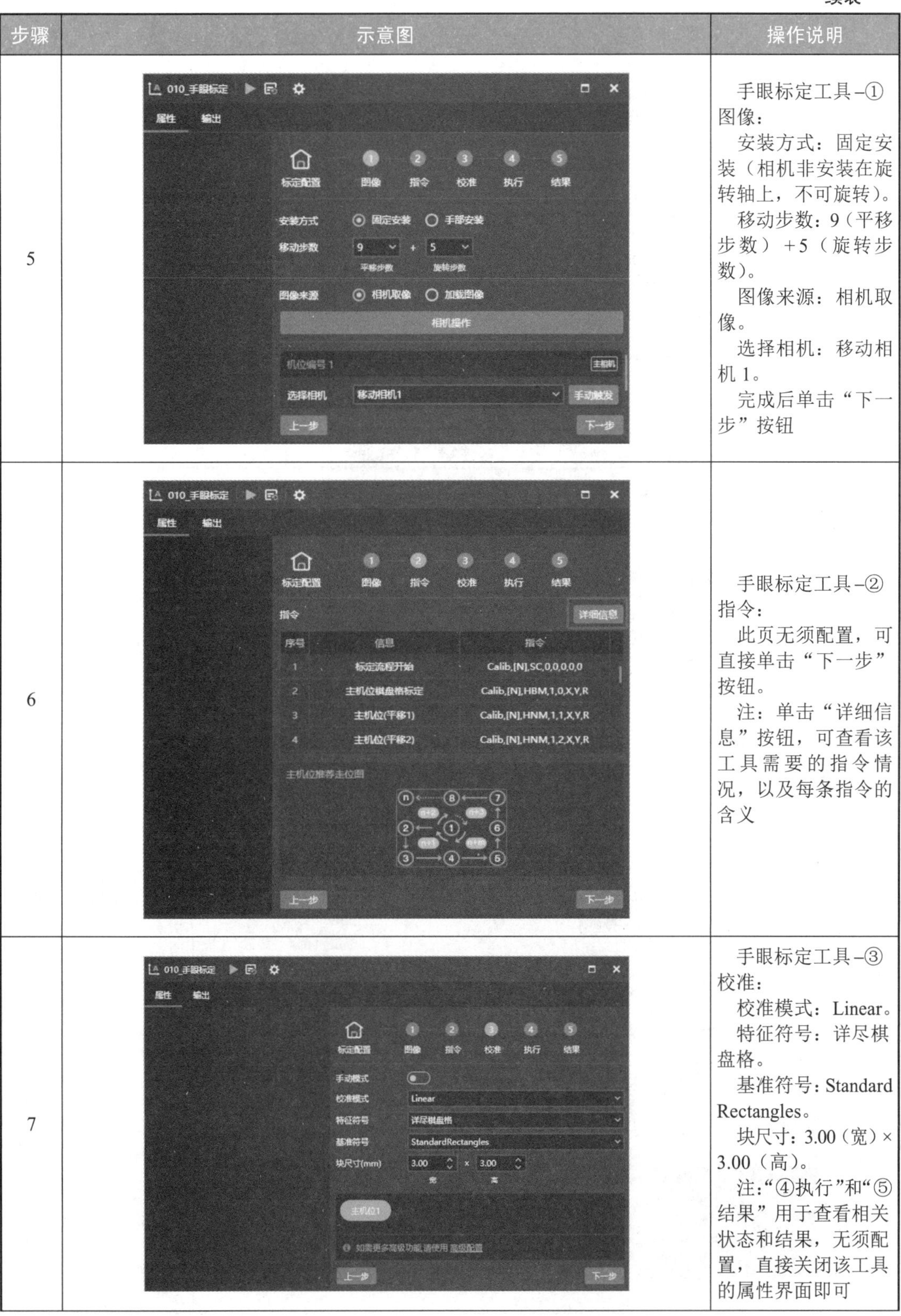

步骤	示意图	操作说明
5		手眼标定工具–①图像： 安装方式：固定安装（相机非安装在旋转轴上，不可旋转）。 移动步数：9（平移步数）+5（旋转步数）。 图像来源：相机取像。 选择相机：移动相机 1。 完成后单击“下一步”按钮
6		手眼标定工具–②指令： 此页无须配置，可直接单击“下一步”按钮。 注：单击“详细信息”按钮，可查看该工具需要的指令情况，以及每条指令的含义
7		手眼标定工具–③校准： 校准模式：Linear。 特征符号：详尽棋盘格。 基准符号：Standard Rectangles。 块尺寸：3.00（宽）× 3.00（高）。 注：“④执行”和“⑤结果”用于查看相关状态和结果，无须配置，直接关闭该工具的属性界面即可

续表

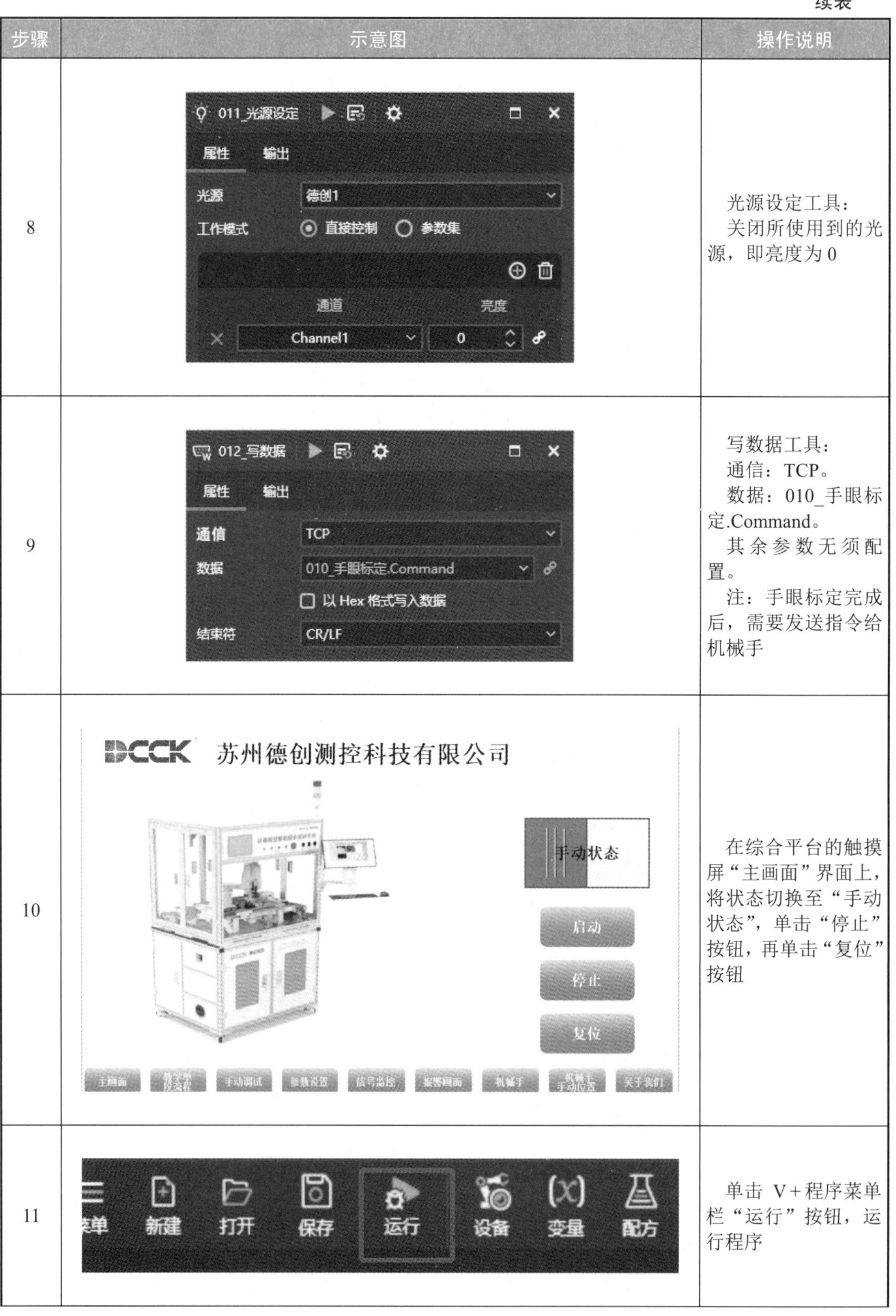

步骤	示意图	操作说明
8		光源设定工具： 关闭所使用到的光源，即亮度为0
9		写数据工具： 通信：TCP。 数据：010_手眼标定.Command。 其余参数无须配置。 注：手眼标定完成后，需要发送指令给机械手
10		在综合平台的触摸屏“主画面”界面上，将状态切换至“手动状态”，单击“停止”按钮，再单击“复位”按钮
11		单击V+程序菜单栏“运行”按钮，运行程序

续表

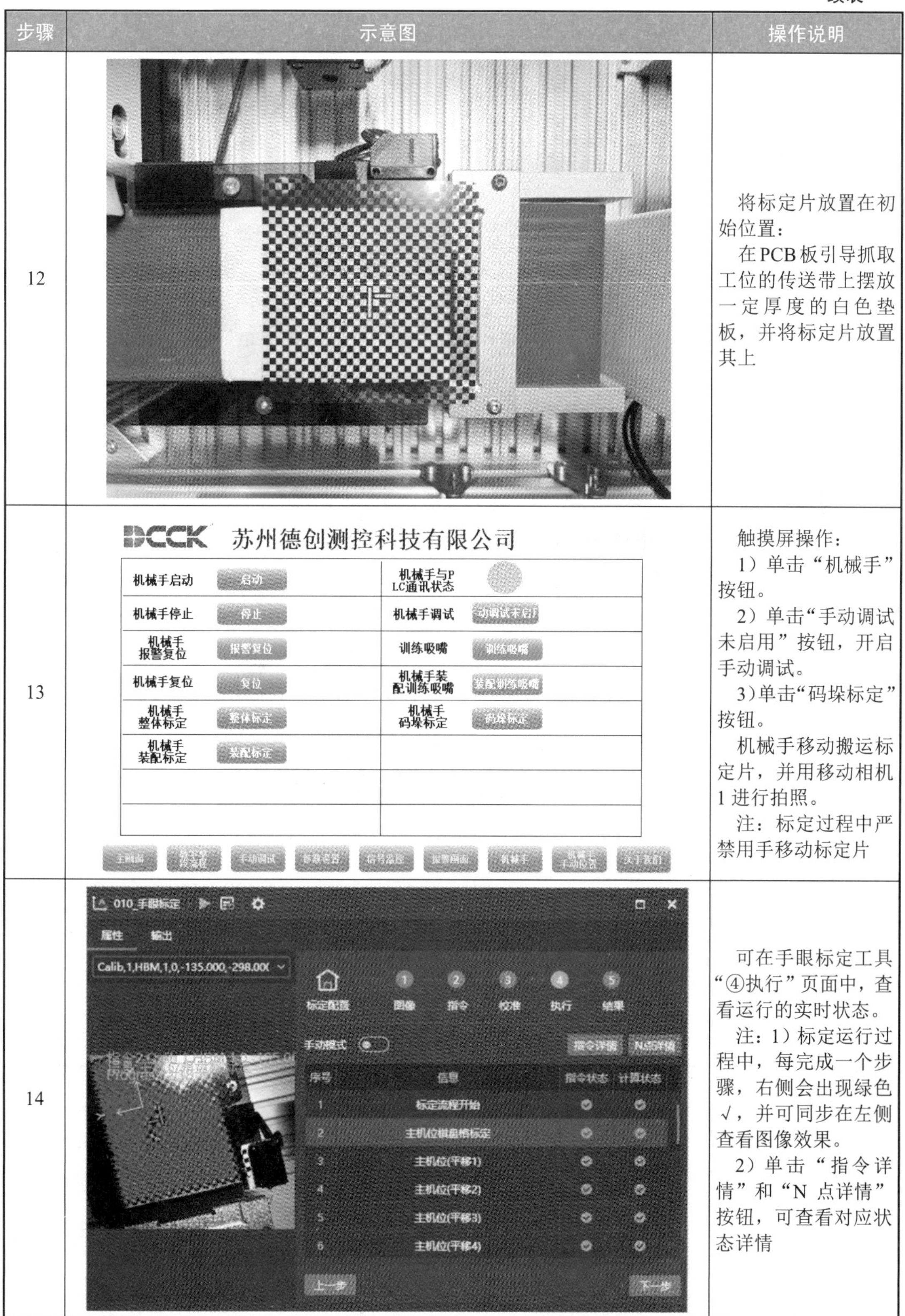

步骤	示意图	操作说明
12		将标定片放置在初始位置： 在PCB板引导抓取工位的传送带上摆放一定厚度的白色垫板，并将标定片放置其上
13		触摸屏操作： 1）单击“机械手”按钮。 2）单击“手动调试未启用”按钮，开启手动调试。 3）单击“码垛标定”按钮。 机械手移动搬运标定片，并用移动相机1进行拍照。 注：标定过程中严禁用手移动标定片
14		可在手眼标定工具“④执行”页面中，查看运行的实时状态。 注：1）标定运行过程中，每完成一个步骤，右侧会出现绿色√，并可同步在左侧查看图像效果。 2）单击“指令详情”和“N点详情”按钮，可查看对应状态详情

续表

步骤	示意图	操作说明
15		标定程序运行结束后，在弹出的窗口单击“确认”按钮，将当前结果分数进行覆盖
16		可在手眼标定工具“⑤结果”页面中，查看此次标定结果分数和相关参数。 注：通常项目的标定结果分数要求在95分及以上，否则建议重新标定

任务评价

任务评价如表9.11所示。

表9.11　任务评价

任务名称		PCB板手眼标定		实施日期	
序号	评价目标	任务实施评价标准		配分	得分
1	职业素养	纪律意识	自觉遵守劳动纪律，服从老师管理	5	
2		学习态度	积极上课，踊跃回答问题，保持全勤	5	
3		团队协作	分工与合作，配合紧密，相互协助解决手眼标定过程中遇到的问题	5	

续表

<table>
<tr><th>序号</th><th>评价目标</th><th colspan="2">任务实施评价标准</th><th>配分</th><th>得分</th></tr>
<tr><td>4</td><td rowspan="2">职业素养</td><td>科学思维意识</td><td>独立思考、发现问题、提出解决方案，并能够创新改进其工作流程和方法</td><td>5</td><td></td></tr>
<tr><td>5</td><td>严格执行现场 6S 管理</td><td>整理：区分物品的用途，清除多余的东西；
整顿：物品分区放置，明确标识，方便取用；
清扫：清除垃圾和污秽，防止污染；
清洁：现场环境的洁净符合标准；
素养：养成良好习惯，积极主动；
安全：遵守安全操作规程，人走机关</td><td>5</td><td></td></tr>
<tr><td>6</td><td rowspan="10">职业技能</td><td colspan="2">能添加监听工具</td><td>5</td><td></td></tr>
<tr><td>7</td><td colspan="2">能设置监听工具相关参数</td><td>5</td><td></td></tr>
<tr><td>8</td><td colspan="2">能添加手眼标定工具</td><td>5</td><td></td></tr>
<tr><td>9</td><td colspan="2">能设置手眼标定工具相关参数</td><td>15</td><td></td></tr>
<tr><td>10</td><td colspan="2">能添加 2 个光源设定工具</td><td>5</td><td></td></tr>
<tr><td>11</td><td colspan="2">能设置 2 个光源设定工具相关参数</td><td>5</td><td></td></tr>
<tr><td>12</td><td colspan="2">能添加写数据工具</td><td>5</td><td></td></tr>
<tr><td>13</td><td colspan="2">能设置写数据工具相关参数</td><td>5</td><td></td></tr>
<tr><td>14</td><td colspan="2">能通过触摸屏控制机械手进行标定运动</td><td>15</td><td></td></tr>
<tr><td>15</td><td colspan="2">能实现待装配 PCB 板手眼标定</td><td>10</td><td></td></tr>
<tr><td colspan="4">合计</td><td>100</td><td></td></tr>
<tr><td colspan="2">小组成员签名</td><td colspan="4"></td></tr>
<tr><td colspan="2">指导教师签名</td><td colspan="4"></td></tr>
<tr><td colspan="2">任务评价记录</td><td colspan="4">1. 存在问题
____
____
____
____
2. 优化建议
____
____
____
________________</td></tr>
<tr><td colspan="6">备注：在使用真实实训设备或工件编程调试过程中，如发生设备碰撞、零部件损坏等每处扣 10 分。</td></tr>
</table>

任务总结

本任务介绍了手眼标定原理，详细介绍了眼标定工具、光源设定工具、监听工具和数据读写工具的属性参数，并利用综合平台的触摸屏控制机器人进行标定运行，通过演示 V+平台软件实现 PCB 板手眼标定，为 PCB 板的标准位示教作准备。

任务拓展

在锂电池自动化生产中，需要将锂电池放置到传送带上。如果通过人工摆放到传送带上则需要耗费大量的人力物力。因此，可以使用工业视觉技术，通过安装在机器人末端的工业相机，引导机器人抓取锂电池，从而缓解人工搬运的烦琐，提高生产效率。

拓展任务要求：

1）利用综合平台搭建锂电池手眼标定程序。

2）利用综合平台完成如图 8.7（b）所示的锂电池手眼标定。

3）学会和机器人进行以太网通信，正确发送和接收相关指令。

任务检测

1）【第十八届“振兴杯”】基于主动视觉的相机标定法是指已知相机的某些（　　）信息对相机进行标定。

A. 时间　　B. 位置　　C. 空间　　D. 运动

2）在进行视觉引导抓取项目中，需要通过（　　）来建立视觉坐标系与机械手坐标系之间的对应关系。

A. 检测　　B. 标定　　C. 定位　　D. 曝光

3）手眼标定的意义是什么？

任务 9.3　PCB 板标准位示教

任务描述

在实际工业应用中，机械手或移动模组常配合吸盘、夹爪等用来抓取产品，不可避免存在抓取的点位同末端旋转轴不在同一轴中心的情况。此时就需要做标准位示教（也称为训练吸嘴），获取一个模板情况下的产品图像坐标和机械手实际坐标，当自动引导机械手抓取时，都能根据此模板位置进行计算，实现正确抓取。

本任务要求掌握标准位示教工具、图像几何特征工具和数值计算工具的参数含义及其使用方法，熟悉标准位示教过程，能够利用 V+平台软件实现 PCB 板的标准位示教。PCB 板标准位示教程序流程如图 9.12 所示。

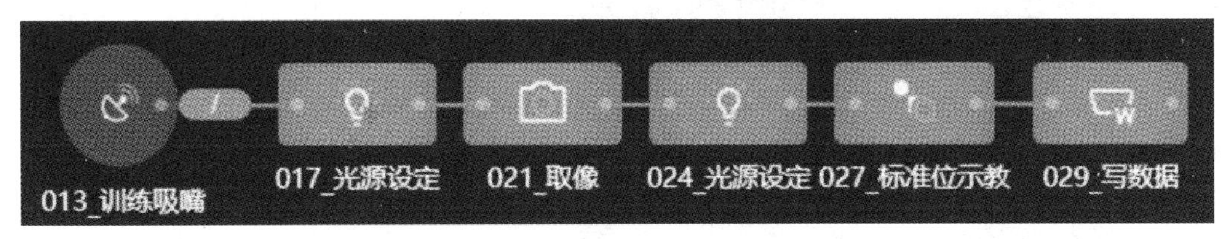

图 9.12　PCB 板标准位示教程序流程

任务目标

1）掌握标准位示教工具的使用方法。
2）掌握图像几何特征工具的使用方法。
3）掌握数值计算工具的使用方法。
4）能利用 V+平台软件实现 PCB 板标准位示教。

相关知识

1. 标准位示教工具

V+平台软件的标准位示教工具图标及界面如图 9.13 所示，其相关参数介绍如表 9.12 所示。

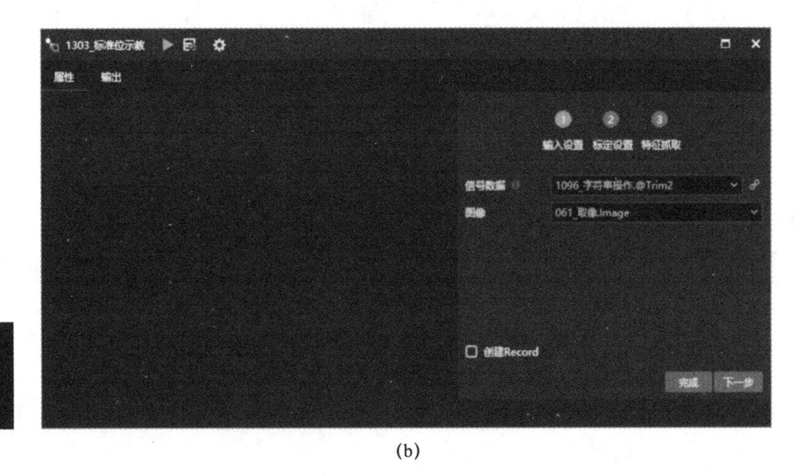

(a)　(b)

图 9.13　标准位示教工具图标及界面
（a）图标；（b）界面

表 9.12　标准位示教工具相关参数介绍

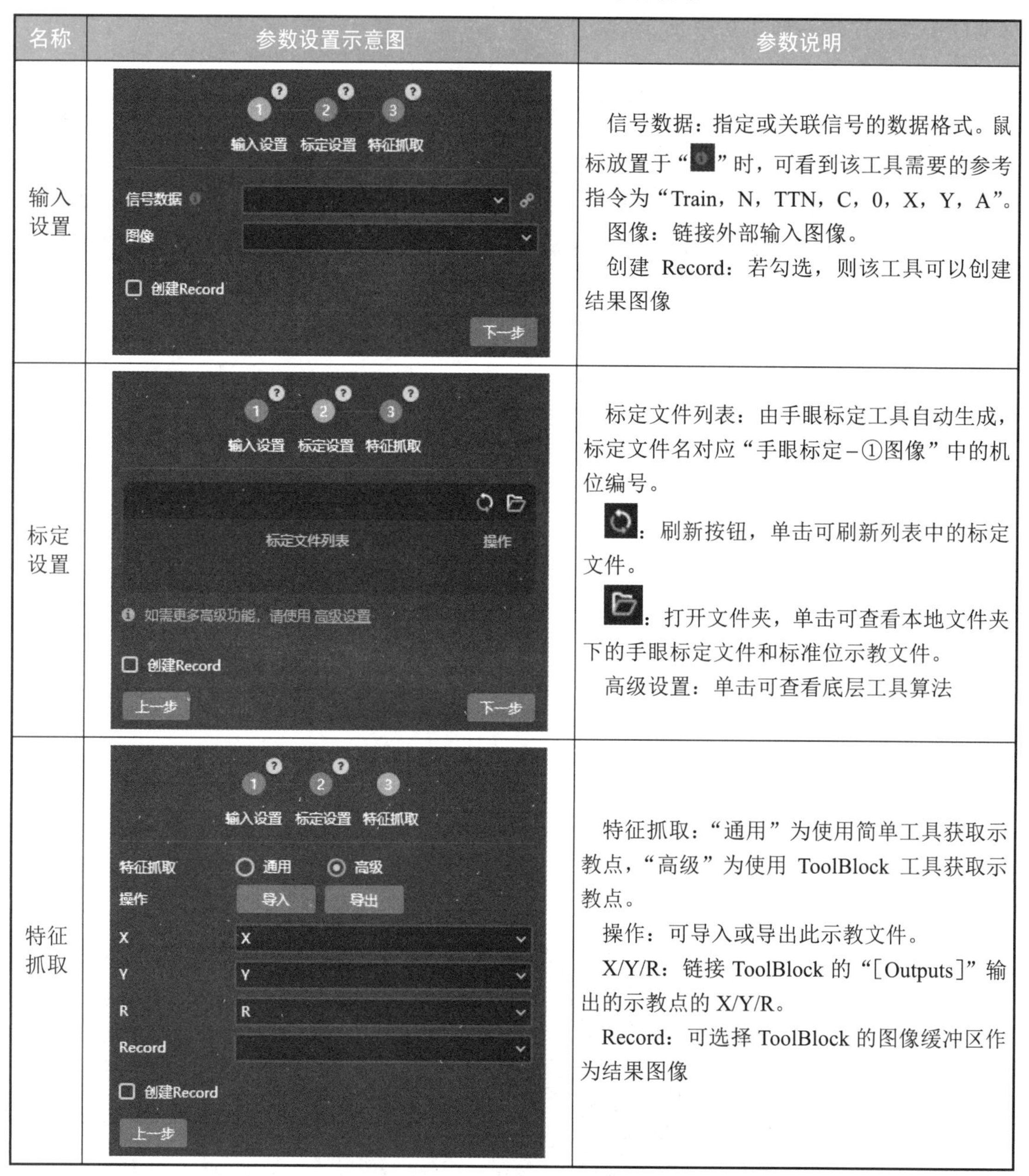

名称	参数设置示意图	参数说明
输入设置	输入设置 标定设置 特征抓取 信号数据 图像 创建Record 下一步	信号数据：指定或关联信号的数据格式。鼠标放置于“”时，可看到该工具需要的参考指令为“Train，N，TTN，C，0，X，Y，A”。 图像：链接外部输入图像。 创建 Record：若勾选，则该工具可以创建结果图像
标定设置	输入设置 标定设置 特征抓取 标定文件列表 操作 如需更多高级功能，请使用 高级设置 创建Record 上一步 下一步	标定文件列表：由手眼标定工具自动生成，标定文件名对应“手眼标定－①图像”中的机位编号。 ：刷新按钮，单击可刷新列表中的标定文件。 ：打开文件夹，单击可查看本地文件夹下的手眼标定文件和标准位示教文件。 高级设置：单击可查看底层工具算法
特征抓取	输入设置 标定设置 特征抓取 特征抓取 通用 高级 操作 导入 导出 X X Y Y R R Record 创建Record 上一步	特征抓取：“通用”为使用简单工具获取示教点，“高级”为使用 ToolBlock 工具获取示教点。 操作：可导入或导出此示教文件。 X/Y/R：链接 ToolBlock 的“[Outputs]”输出的示教点的 X/Y/R。 Record：可选择 ToolBlock 的图像缓冲区作为结果图像

2. 图像几何特征工具

（1）CogFitLineTool

直线拟合工具（即 CogFitLineTool，简称 FitLine）提供了图形用户界面，该工具可获取一个输入点集并返回最佳拟合这些输入点的线，同时产生最小的均方根（RMS）误差。CogFitLineTool 工具需要最少两个输入点，其“设置”选项卡界面如图 9.14 所示，默认输入输出如图 9.15 所示。

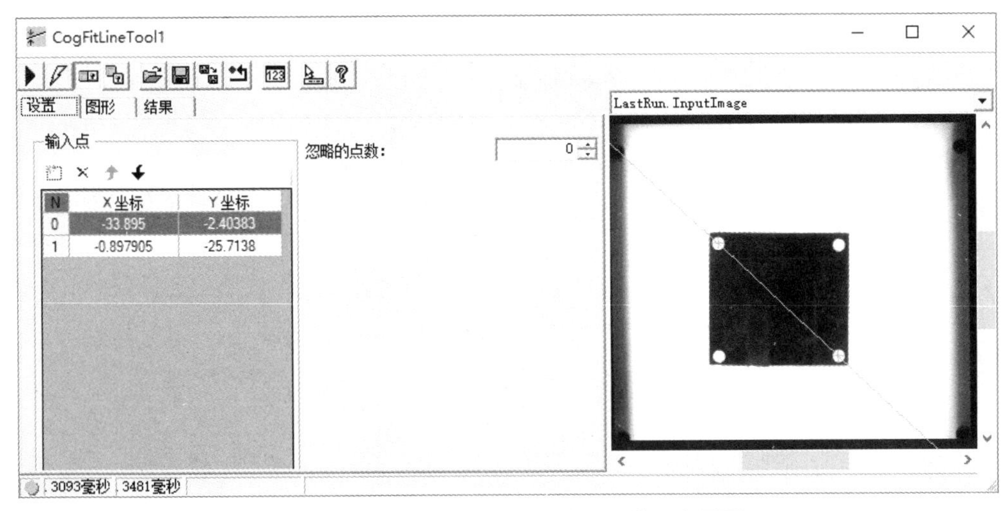

图 9.14　CogFitLineTool“设置”选项卡界面

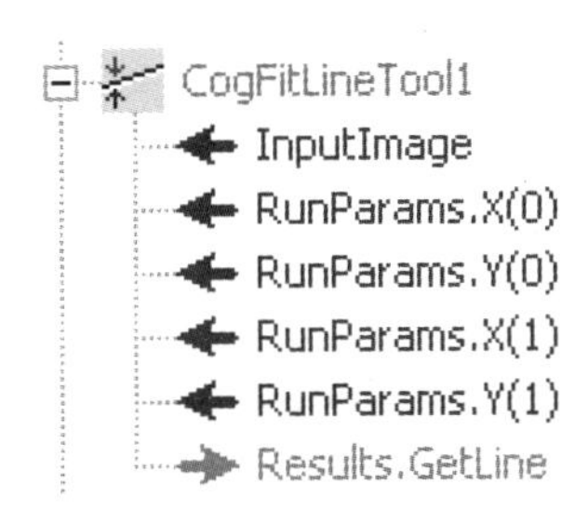

图 9.15　CogFitLineTool 默认输入输出

（2）CogIntersectLineLineTool

直线相交工具（即 CogIntersectLineLineTool，简称 IntersectLineLine）提供了图形用户界面，该工具根据两条线的关系和交点来确定 LineA 和 LineB 是否相交，其设置选项卡界面如图 9.16 所示，默认输入输出如图 9.17 所示。

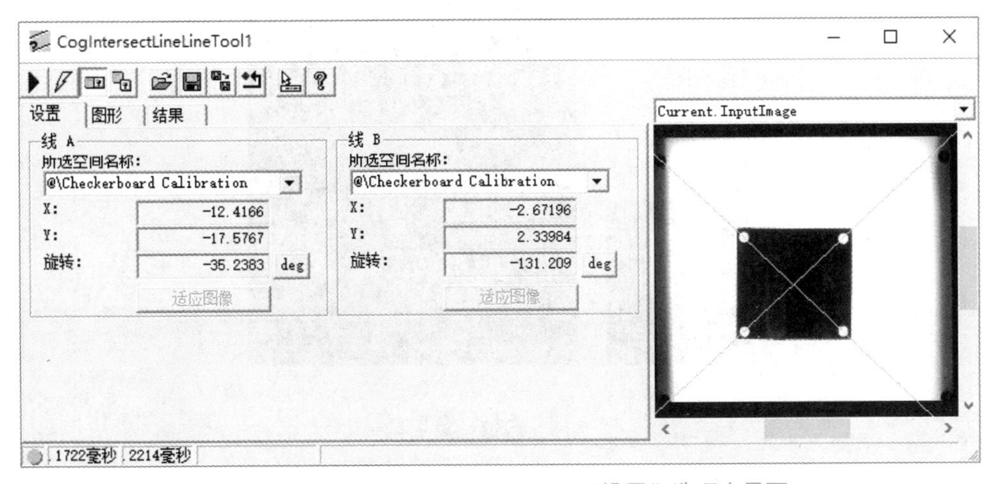

图 9.16　CogIntersectLineLineTool“设置”选项卡界面

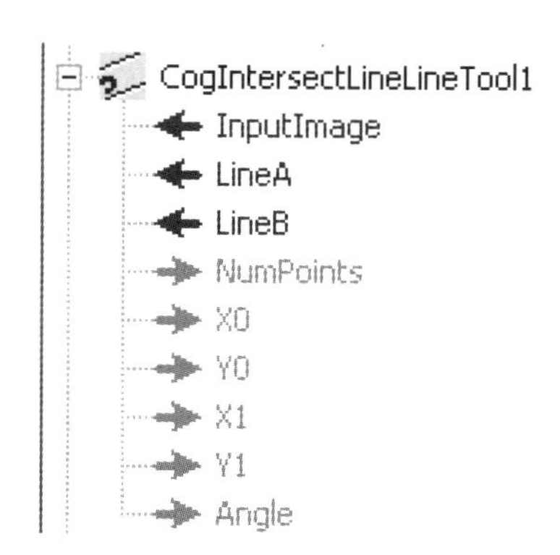

图 9.17　CogIntersectLineLineTool 默认输入输出

3. 数值计算工具

（1）作用

在实际项目过程中，常常需要对视觉工具获取的数据进行相关计算，以得到想要的结果，其作用主要体现在：

1）数据处理：可以对大量数据进行处理和分析，提取有用信息，为决策提供支持。

2）质量控制：通过对产品尺寸、形状等参数的测量和计算，判断产品质量是否符合要求。

3）故障诊断：通过对设备运行数据的分析和计算，可以确定设备的故障原因和位置。

（2）相关工具和参数

V+平台软件数据工具包中的数值计算工具如图 9.18 所示，其相关参数如表 9.13 所示。

图 9.18　数值计算工具

（a）图标；（b）参数设置默认界面

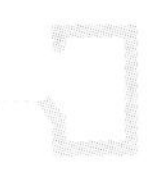

表 9.13　数值计算工具相关参数

序号	图片	参数及其说明
1		表达式栏：类似计算器的表达式栏，展现当前计算过程的表达式，单击左下角图标可设置结果保留小数位数
2		函数：单击可选择多种表达式，如三角函数、反三角函数、求绝对值、求对数、求平方根、弧度值转角度值等
3		引用：同其他工具，单击添加按钮可从程序流程中或变量中引用待计算的数值，单击右侧图标可将引用的数值添加到表达式栏中
4		输入栏：单击即可输入数值和运算符号

任务实施

PCB 板标准位示教程序编写完成后，需要运行标准位示教程序并操作对应设备，以获取标准位置坐标。PCB 板标准位示教操作步骤如表 9.14 所示。

表 9.14　PCB 板标准位示教操作步骤

步骤	示意图	操作说明
1		在表 9.10 的方案图中，分别添加监听工具（重命名为“训练吸嘴”）、2 个光源设定工具、取像工具、标准位示教工具、写数据工具，并相互链接
2	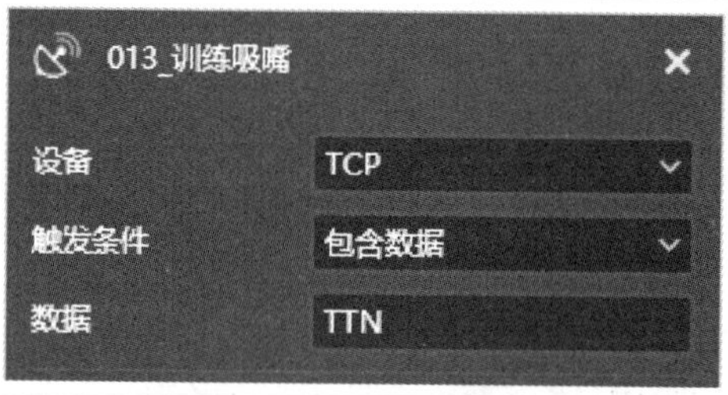	监听工具（重命名为“训练吸嘴”）： 设备：TCP。 触发条件：包含数据。 数据头：TTN
3		光源设定工具： 光源：德创 1。 工作模式：直接控制。 添加通道 Channel1，亮度为 210
4		取像工具： 相机：移动相机 1。 输出格式：ICogImage
5		光源设定工具： 关闭所使用到的光源，即亮度为 0

续表

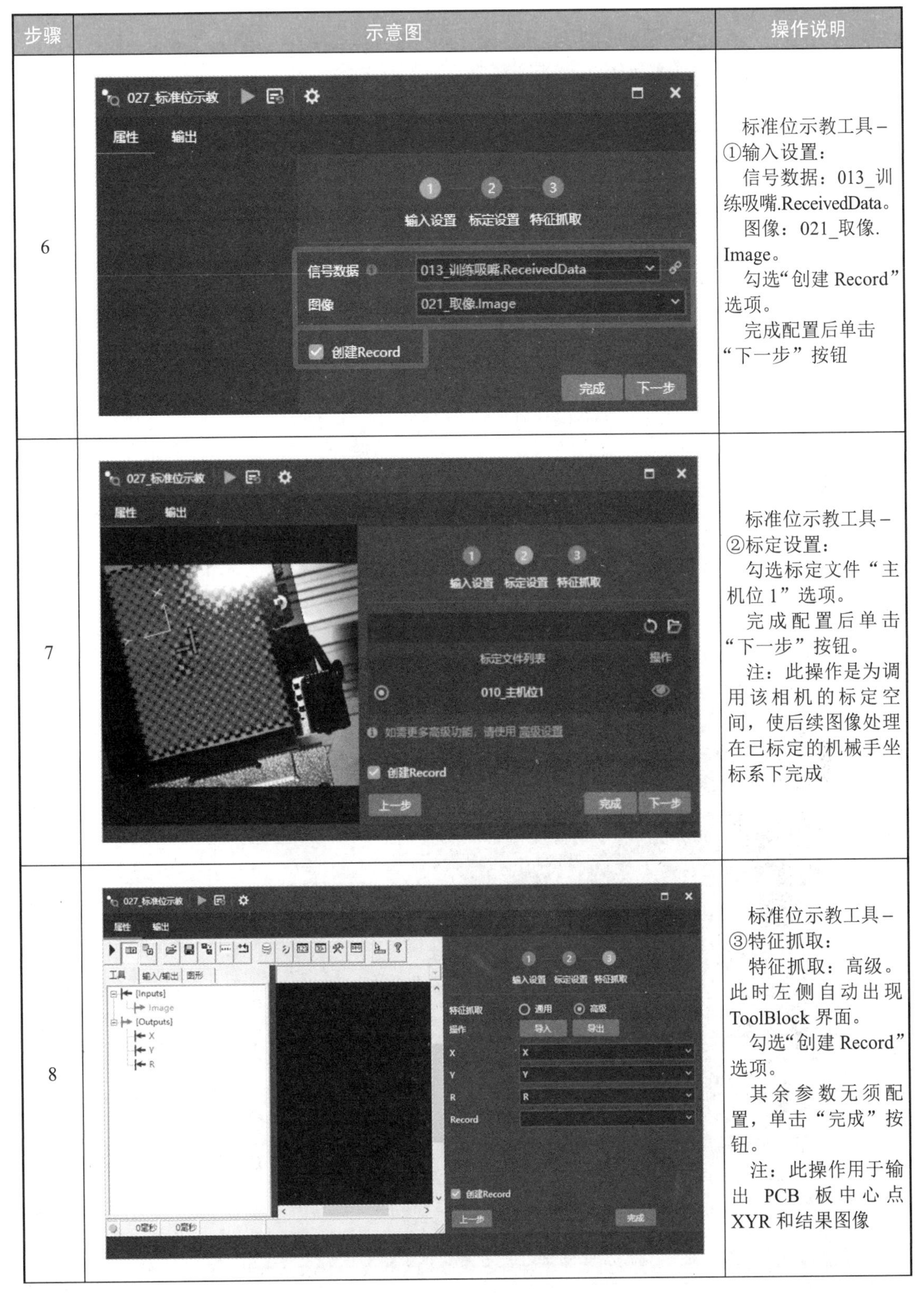

步骤	示意图	操作说明
6		标准位示教工具–①输入设置： 信号数据：013_训练吸嘴.ReceivedData。 图像：021_取像.Image。 勾选“创建 Record”选项。 完成配置后单击“下一步”按钮
7		标准位示教工具–②标定设置： 勾选标定文件“主机位 1”选项。 完成配置后单击“下一步”按钮。 注：此操作是为调用该相机的标定空间，使后续图像处理在已标定的机械手坐标系下完成
8		标准位示教工具–③特征抓取： 特征抓取：高级。此时左侧自动出现 ToolBlock 界面。 勾选“创建 Record”选项。 其余参数无须配置，单击“完成”按钮。 注：此操作用于输出 PCB 板中心点 XYR 和结果图像

续表

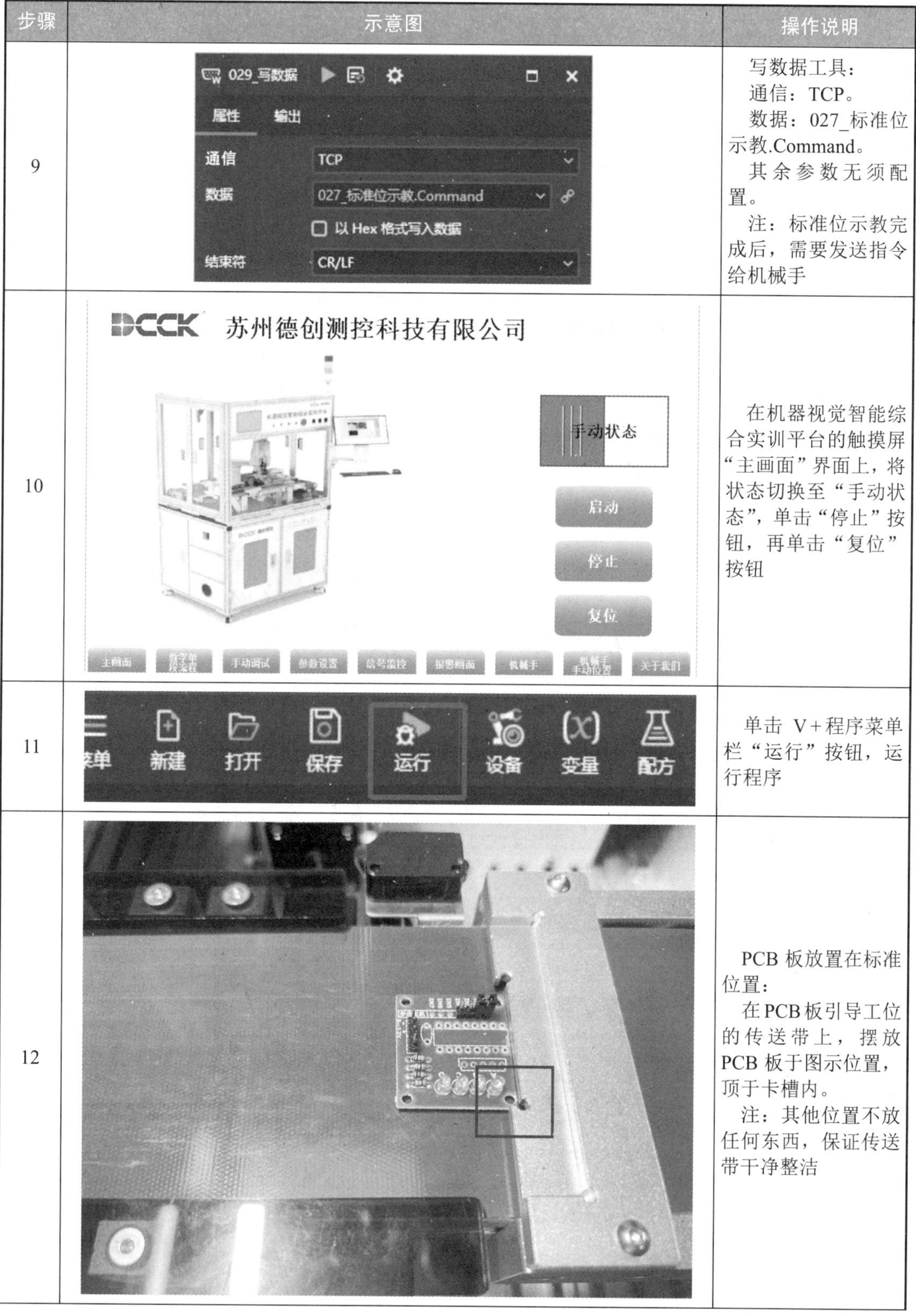

步骤	示意图	操作说明
9		写数据工具： 通信：TCP。 数据：027_标准位示教.Command。 其余参数无须配置。 注：标准位示教完成后，需要发送指令给机械手
10		在机器视觉智能综合实训平台的触摸屏“主画面”界面上，将状态切换至“手动状态”，单击“停止”按钮，再单击“复位”按钮
11		单击 V+程序菜单栏“运行”按钮，运行程序
12		PCB 板放置在标准位置： 在PCB板引导工位的传送带上，摆放PCB板于图示位置，顶于卡槽内。 注：其他位置不放任何东西，保证传送带干净整洁

续表

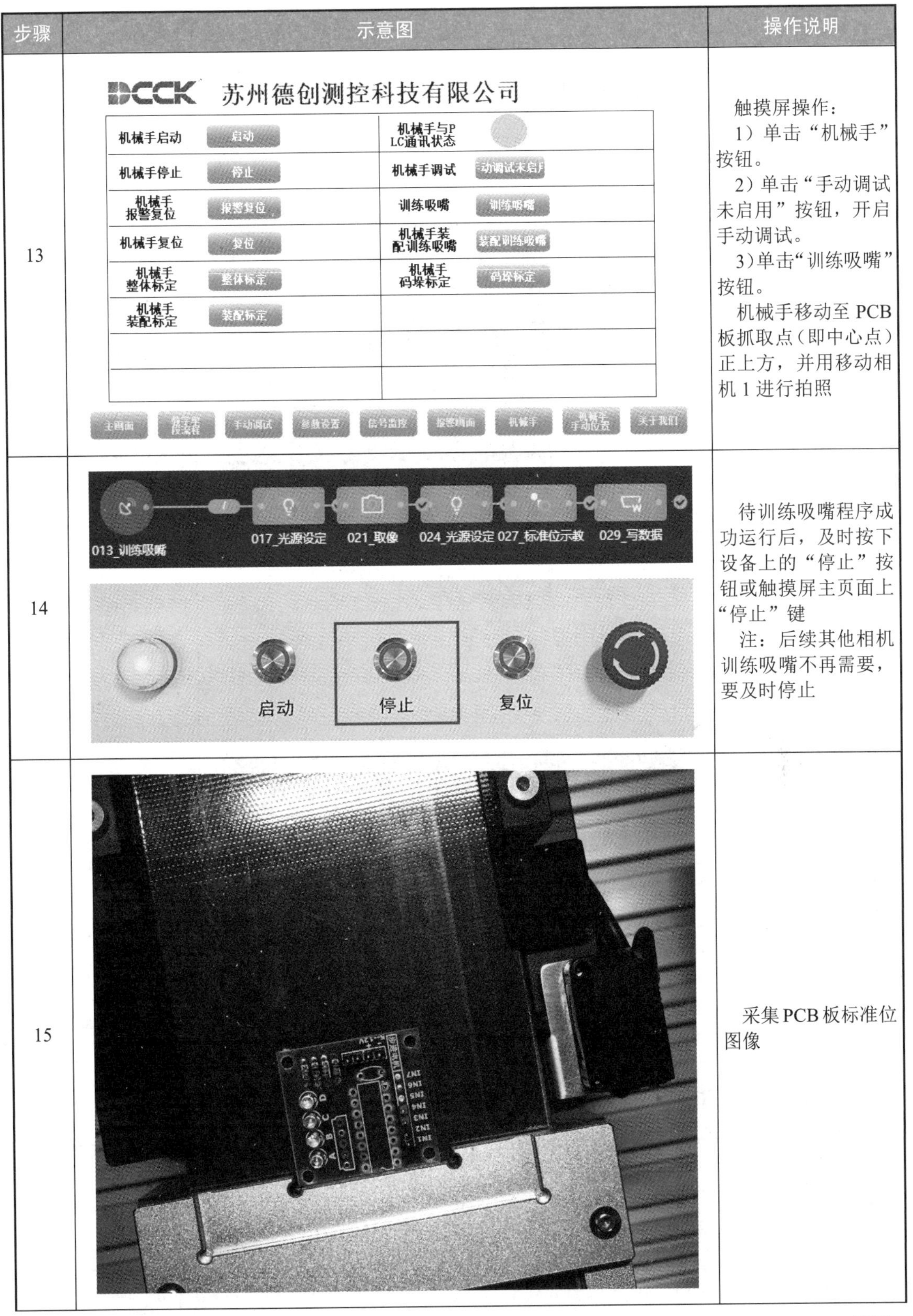

步骤	示意图	操作说明
13		触摸屏操作： 1）单击“机械手”按钮。 2）单击“手动调试未启用”按钮，开启手动调试。 3）单击“训练吸嘴”按钮。 机械手移动至 PCB 板抓取点（即中心点）正上方，并用移动相机 1 进行拍照
14		待训练吸嘴程序成功运行后，及时按下设备上的“停止”按钮或触摸屏主页面上“停止”键 注：后续其他相机训练吸嘴不再需要，要及时停止
15		采集 PCB 板标准位图像

续表

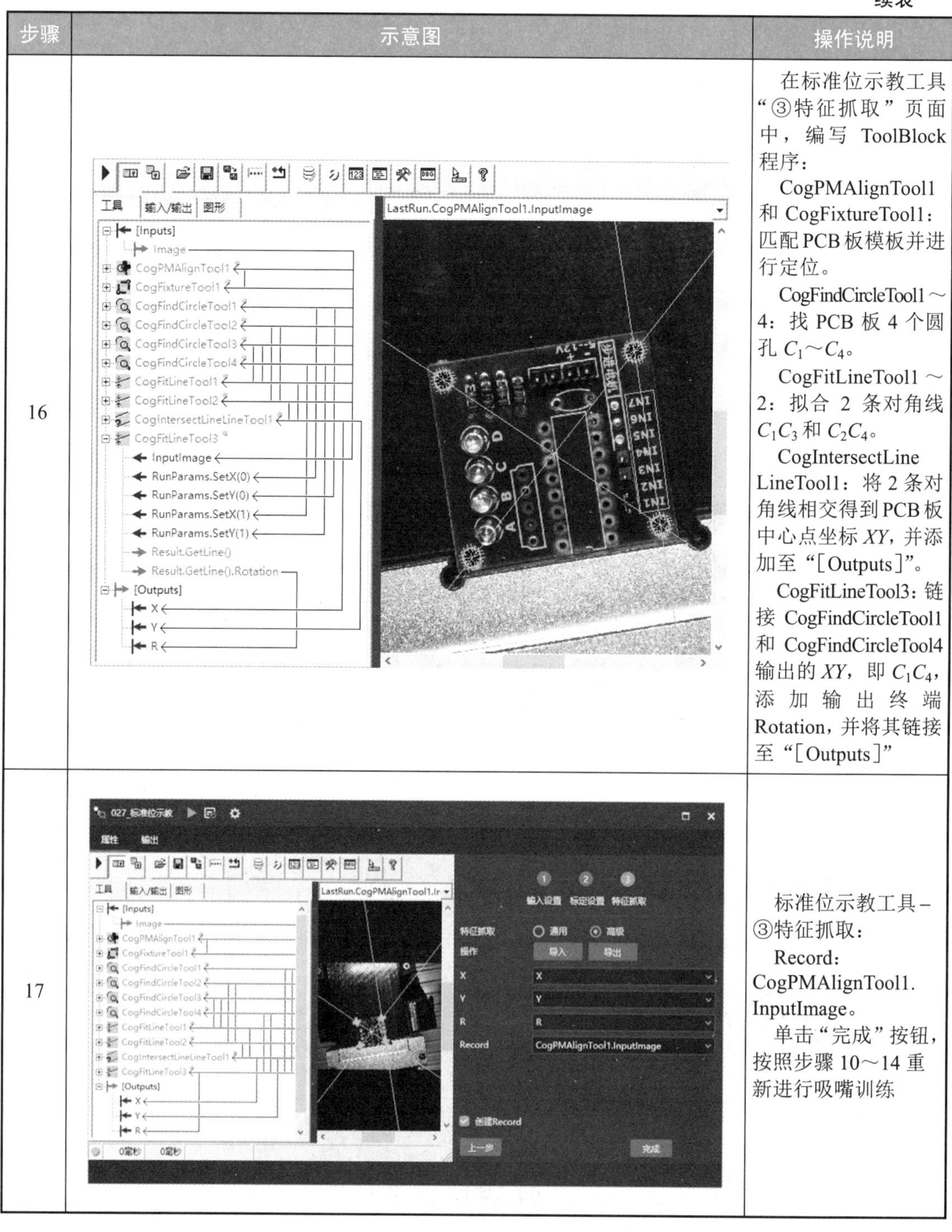

步骤	示意图	操作说明
16		在标准位示教工具“③特征抓取”页面中，编写ToolBlock程序： CogPMAlignTool1和CogFixtureTool1：匹配PCB板模板并进行定位。 CogFindCircleTool1～4：找PCB板4个圆孔C_1～C_4。 CogFitLineTool1～2：拟合2条对角线C_1C_3和C_2C_4。 CogIntersectLineLineTool1：将2条对角线相交得到PCB板中心点坐标XY，并添加至“[Outputs]”。 CogFitLineTool3：链接CogFindCircleTool1和CogFindCircleTool4输出的XY，即C_1C_4，添加输出终端Rotation，并将其链接至“[Outputs]”
17		标准位示教工具–③特征抓取： Record：CogPMAlignTool1.InputImage。 单击“完成”按钮，按照步骤10～14重新进行吸嘴训练

任务评价

任务评价如表9.15所示。

表 9.15　任务评价

任务名称		PCB 板标准位示教		实施日期	
序号	评价目标	任务实施评价标准		配分	得分
1	职业素养	纪律意识	自觉遵守劳动纪律，服从老师管理	5	
2		学习态度	积极上课，踊跃回答问题，保持全勤	5	
3		团队协作	分工与合作，配合紧密，相互协助解决标准位示教过程中遇到的问题	5	
4		科学思维意识	独立思考、发现问题、提出解决方案，并能够创新改进其工作流程和方法	5	
5		严格执行现场 6S 管理	整理：区分物品的用途，清除多余的东西； 整顿：物品分区放置，明确标识，方便取用； 清扫：清除垃圾和污秽，防止污染； 清洁：现场环境的洁净符合标准； 素养：养成良好习惯，积极主动； 安全：遵守安全操作规程，人走机关	5	
6	职业技能	能添加监听工具		5	
7		能设置监听工具相关参数		5	
8		能添加取像工具		5	
9		能设置取像工具相关参数		5	
10		能添加标准位示教工具		5	
11		能设置标准位示教工具相关参数		15	
12		能添加 2 个光源设定工具		5	
13		能设置 2 个光源设定工具相关参数		5	
14		能添加写数据工具		5	
15		能设置写数据工具相关参数		5	
16		能通过触摸屏控制机械手进行标准位示教运动		10	
17		能实现待装配 PCB 板标准位示教		5	
合计				100	
小组成员签名					
指导教师签名					
任务评价记录	1. 存在问题 ______ ______ ______ ______ 2. 优化建议 ______ ______ ______ ______				
备注：在使用真实实训设备或工件编程调试过程中，如发生设备碰撞、零部件损坏等每处扣 10 分。					

任务总结

本任务详细介绍了标准位示教工具、图像几何特征工具和数值计算工具的属性参数，并利用综合平台的触摸屏控制机器人进行标准位示教运行，通过演示 V+平台软件实现 PCB 板标准位示教，为 PCB 板的引导抓取作准备。

任务拓展

在锂电池自动化生产中，需要将锂电池放置到传送带上。如果通过人工摆放到传送带上则需要耗费大量的人力物力。因此，可以使用工业视觉技术，通过安装在机器人末端的工业相机，引导机器人抓取锂电池，从而缓解人工搬运的烦琐，提高生产效率。

拓展任务要求：

1）利用综合平台搭建锂电池标准位示教程序。

2）利用综合平台完成如图 8.7（b）所示的锂电池标准位示教。

3）学会和机器人进行以太网通信，正确发送和接收相关指令。

任务检测

1）在标准位示教过程中，为什么要选择标定文件？

2）在标准位示教过程中，为什么需要同步存储 PCB 板图像坐标值和轴的实际坐标值？

3）是否还有其他方法获取 PCB 板中心点？请简述原理并尝试操作。

任务 9.4　相机引导抓取 PCB 板

任务描述

在工业视觉发展的过程中，有一个重要的技术分支便是视觉引导技术，在如今的智能制造时代，越来越多的工业机器人或者机械手加入了生产线中，高速生产的背后便是引导抓取的稳定姓，无误差抓取带来的便是整个生产线效率的提升。机器人等执行机构通过工业视觉系统可以快速准确地找到被检测部件并确认其位置，实现正确抓取进行上下料。

本任务要求掌握特征定位工具、标准位数据工具和引导计算工具的参数含义及其使用方法，熟悉引导原理，能够利用 V+平台软件实现 PCB 板的引导抓取。PCB 板引导抓取程序流程如图 9.19 所示。

图 9.19　PCB 板引导抓取程序流程

任务目标

1）理解引导原理。
2）掌握特征定位工具的使用方法。
3）掌握标准位数据工具的使用方法。
4）掌握引导计算工具的使用方法。
5）能利用 V+平台软件实现 PCB 板引导抓取。

相关知识

1. 引导原理

（1）引导类型

在工业视觉引导的应用场景中，相机的安装方式可选择固定安装或随机构移动安装，亦可以选择单个或多个相机同机构进行配合。其中，与机械手或移动模组相结合的应用最为普遍。关于此类场景，工业视觉定位引导可大致分为 4 种模式：引导抓取、引导组装、位置补正、轨迹运算定位引导，如图 9.20 所示。

1）引导抓取。

相机拍照计算机械手抓取位置，机械手根据视觉运算数据抓取。如在料盘中抓取、对流水线上产品进行抓取等。

2）引导组装。

相机对产品的上下两部分进行拍照，通过标定计算出机械手需要移动的距离，完成贴合动作。如屏幕贴合、产品组装等。

3）位置补正（又称纠偏补正）。

机械手抓完产品，移至相机视野下拍照，然后计算机械手移动位置，将产品放置到固定位置。

4）轨迹运算定位引导。

相机拍照（一次或多次）。计算出产品的中心和角度，根据设定好的轨迹点，计算出产品在不同状态下的轨迹点的位置。如点胶轨迹运算、焊接轨迹运算等。

（2）引导原理

手眼标定是引导能否正确运行的关键因素，在标定坐标下，相机拍照获取当前图像，计算产品的当前图像坐标 X、Y、R，并根据此当前图像坐标，同模板坐标等信息进行计算，获取补偿值，使机械手最终走绝对值或相对值，产品当前位置同模板位置的差如图 9.21 所示。

其中，$C(c, d)$为模板图像坐标，$A(x, y)$为当前图像坐标，且夹角都为已知。

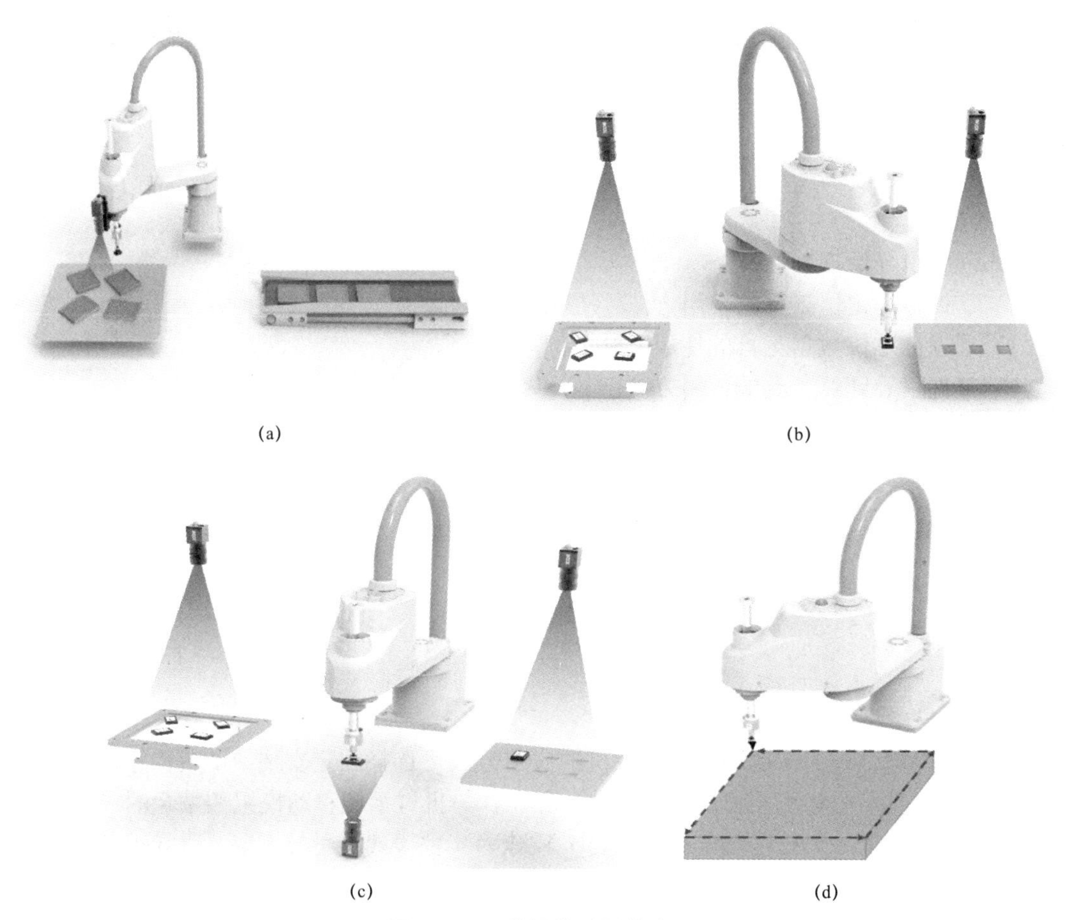

图 9.20　工业视觉引导模式

（a）引导抓取；（b）引导组装；（c）位置补正；（d）轨迹运算定位引导

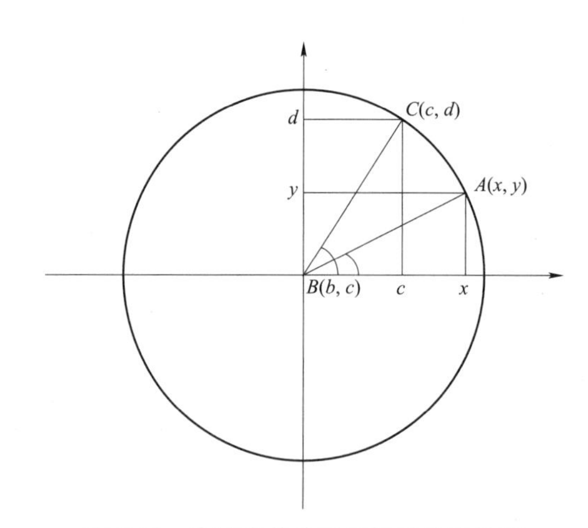

图 9.21　产品当前位置同模板位置的差

2. 特征定位工具

特征定位工具的界面布局及配置同标准位示教工具类似，如图9.22所示，其说明不再赘述。不同之处在于二者输出的坐标合集格式不同，在后续引导计算工具中，可选择调用的文件不同，二者不可混用。

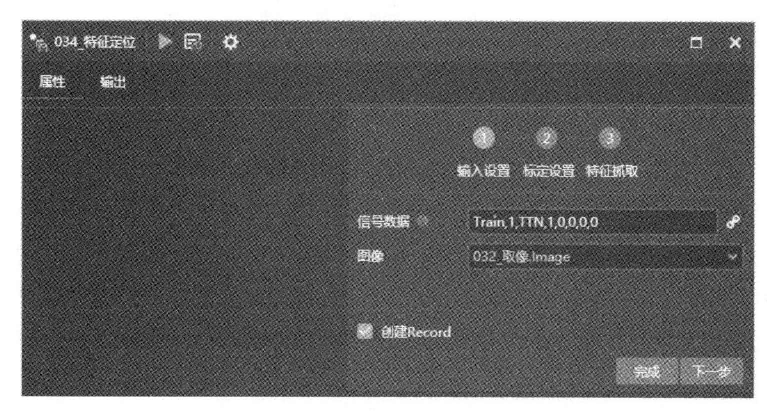

图9.22　特征定位工具的界面布局及配置

3. 标准位数据工具

标准位数据工具用于选择标准位示教的训练特征文件，此txt文件包含训练吸嘴时的坐标信息，其界面如图9.23所示。

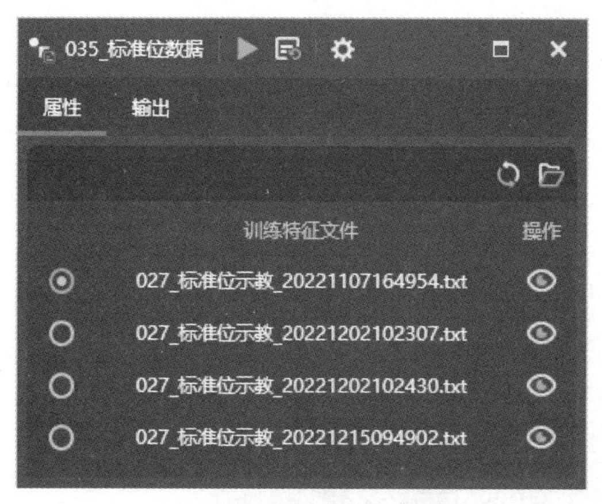

图9.23　标准位数据工具界面

4. 引导计算工具

V+平台软件的引导计算工具图标和界面如图9.24所示，其中，“模式选择”的含义详见“1. 引导原理”。该工具参数介绍如表9.16所示。

(a)

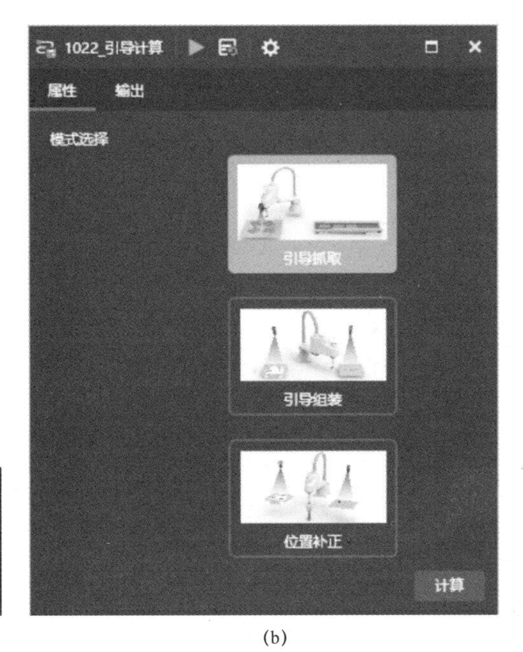

(b)

图 9.24　引导计算工具图标和界面

（a）图标；（b）界面

表 9.16　引导计算工具参数介绍

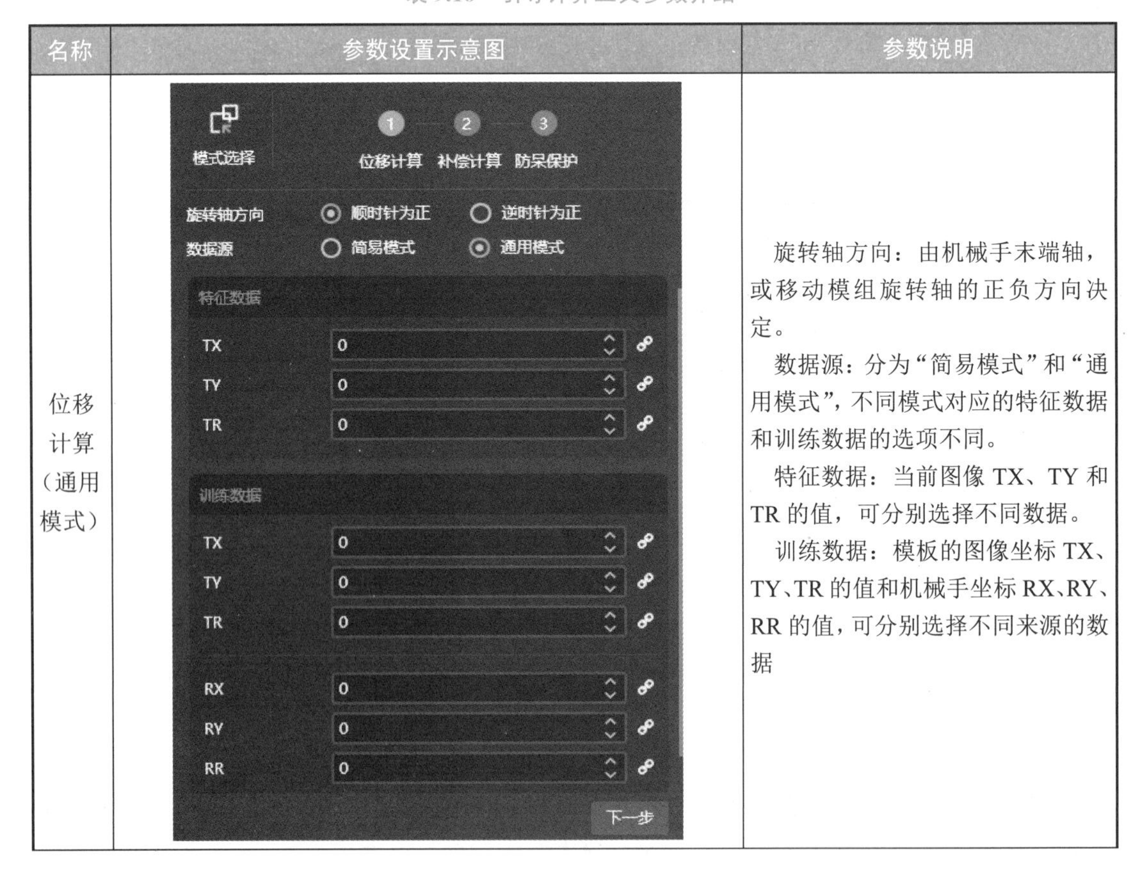

名称	参数设置示意图	参数说明
位移计算（通用模式）	（界面截图）	旋转轴方向：由机械手末端轴，或移动模组旋转轴的正负方向决定。 数据源：分为“简易模式”和“通用模式”，不同模式对应的特征数据和训练数据的选项不同。 特征数据：当前图像 TX、TY 和 TR 的值，可分别选择不同数据。 训练数据：模板的图像坐标 TX、TY、TR 的值和机械手坐标 RX、RY、RR 的值，可分别选择不同来源的数据

续表

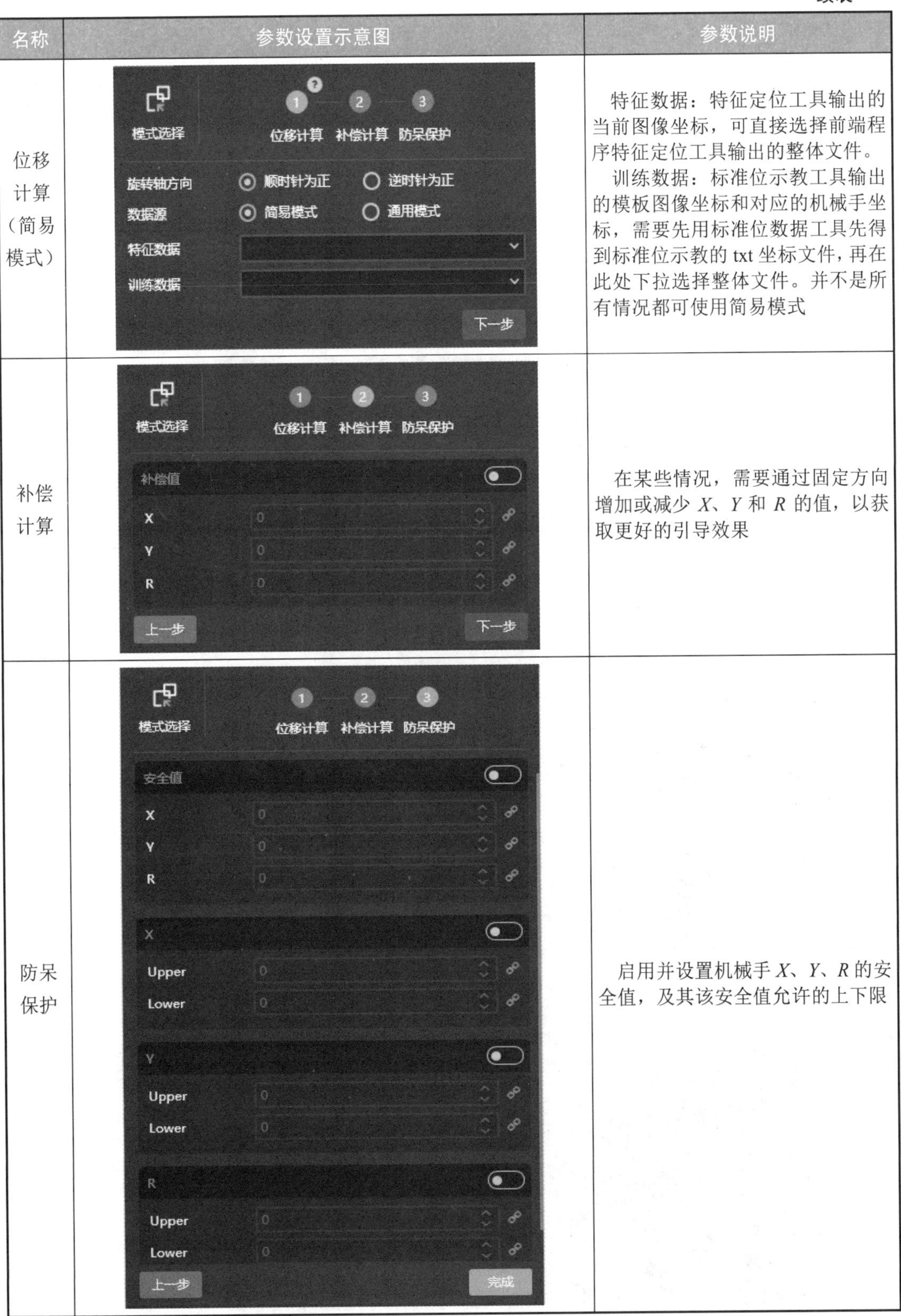

名称	参数设置示意图	参数说明
位移计算（简易模式）	模式选择 ① 位移计算 ② 补偿计算 ③ 防呆保护 旋转轴方向 ◉ 顺时针为正 ○ 逆时针为正 数据源 ◉ 简易模式 ○ 通用模式 特征数据 训练数据 下一步	特征数据：特征定位工具输出的当前图像坐标，可直接选择前端程序特征定位工具输出的整体文件。 训练数据：标准位示教工具输出的模板图像坐标和对应的机械手坐标，需要先用标准位数据工具先得到标准位示教的 txt 坐标文件，再在此处下拉选择整体文件。并不是所有情况都可使用简易模式
补偿计算	模式选择 ① 位移计算 ② 补偿计算 ③ 防呆保护 补偿值 X 0 Y 0 R 0 上一步 下一步	在某些情况，需要通过固定方向增加或减少 X、Y 和 R 的值，以获取更好的引导效果
防呆保护	模式选择 ① 位移计算 ② 补偿计算 ③ 防呆保护 安全值 X 0 Y 0 R 0 X Upper 0 Lower 0 Y Upper 0 Lower 0 R Upper 0 Lower 0 上一步 完成	启用并设置机械手 X、Y、R 的安全值，及其该安全值允许的上下限

任务实施

1. 引导抓取程序

PCB 板引导抓取程序具体操作步骤如表 9.17 所示。

表 9.17　PCB 板引导抓取程序具体操作步骤

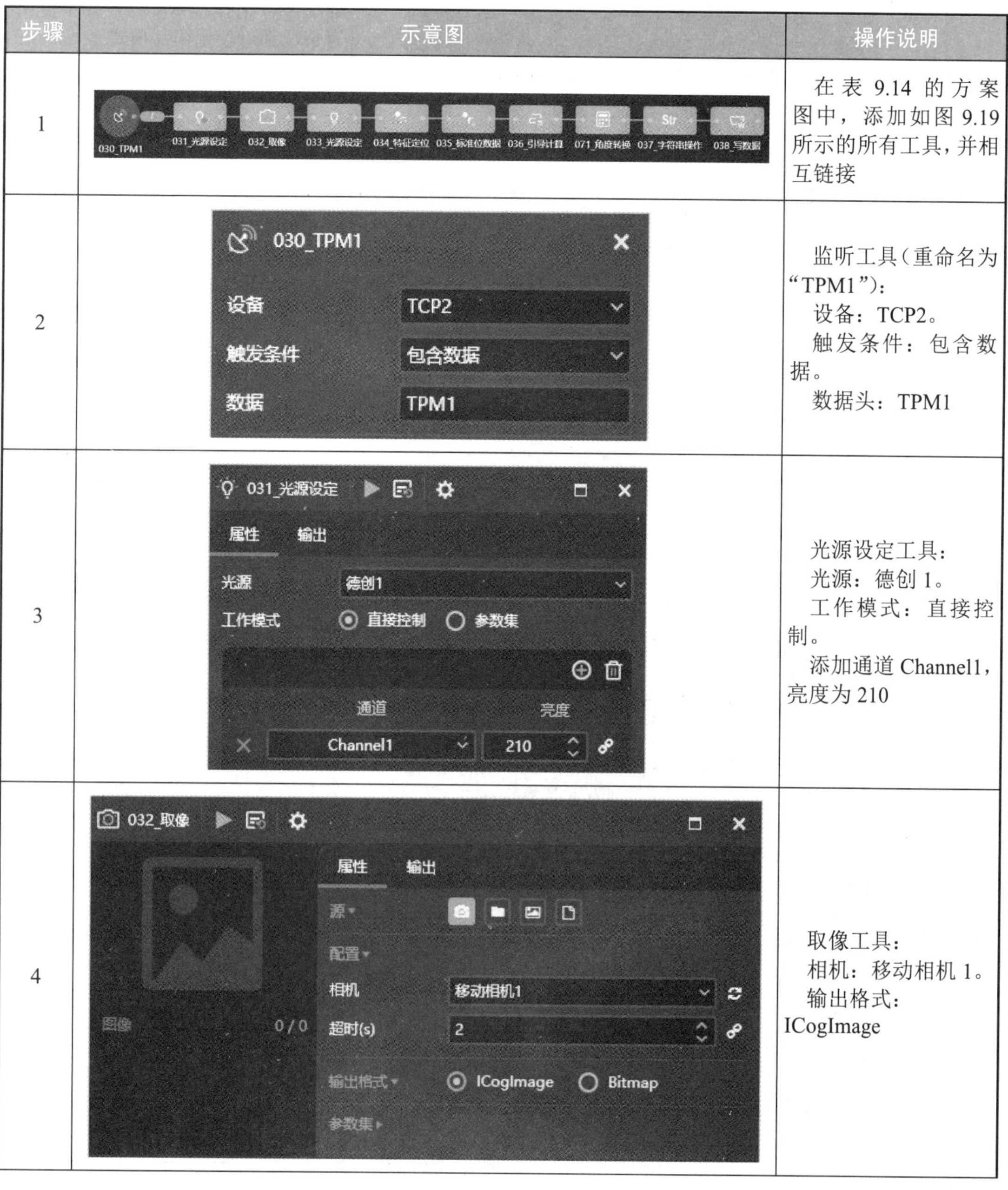

步骤	示意图	操作说明
1		在表 9.14 的方案图中，添加如图 9.19 所示的所有工具，并相互链接
2		监听工具（重命名为“TPM1”）： 设备：TCP2。 触发条件：包含数据。 数据头：TPM1
3		光源设定工具： 光源：德创 1。 工作模式：直接控制。 添加通道 Channel1，亮度为 210
4		取像工具： 相机：移动相机 1。 输出格式：ICogImage

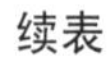

续表

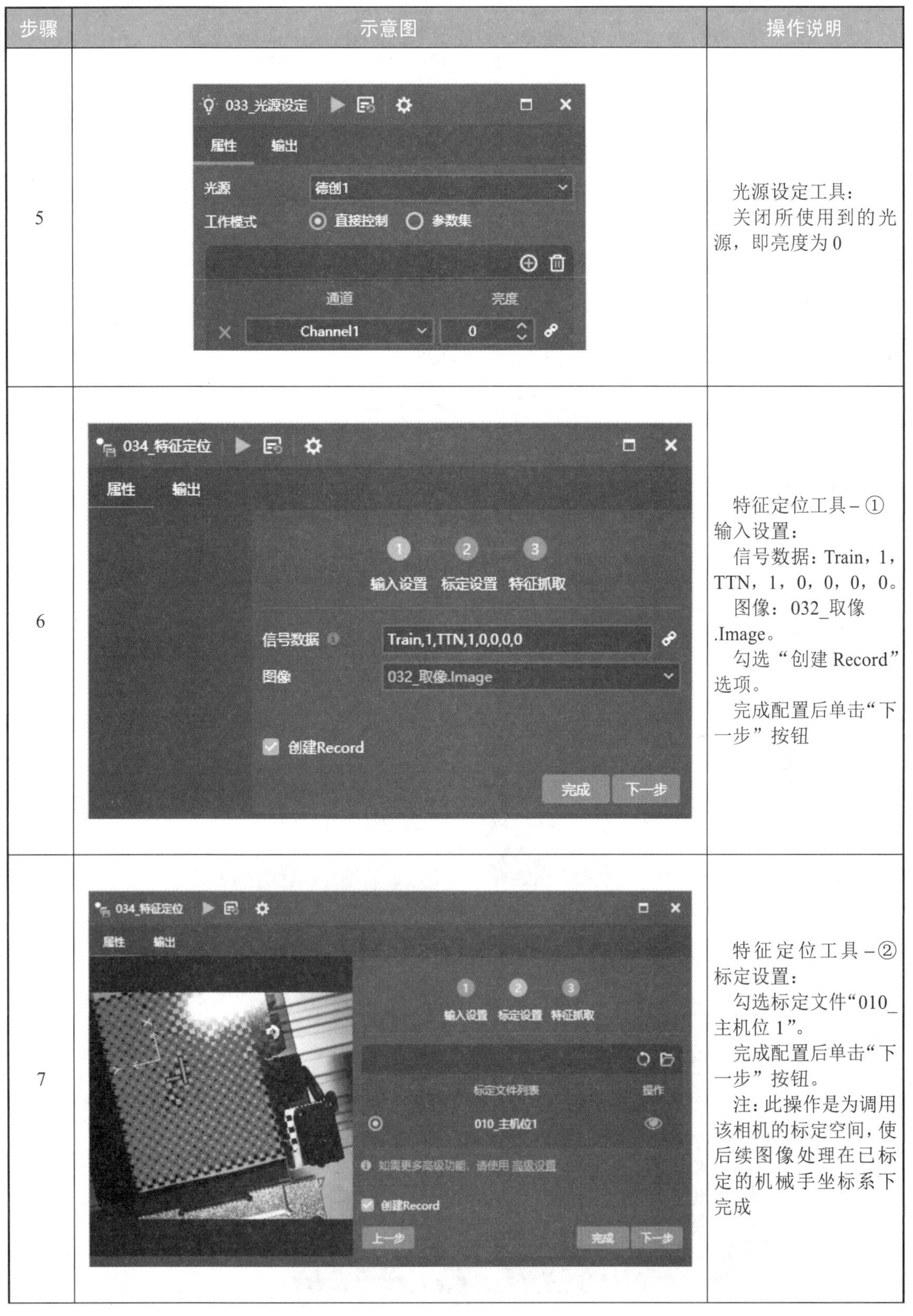

步骤	示意图	操作说明
5		光源设定工具： 关闭所使用到的光源，即亮度为 0
6		特征定位工具－①输入设置： 信号数据：Train，1，TTN，1，0，0，0，0。 图像：032_取像.Image。 勾选“创建 Record”选项。 完成配置后单击“下一步”按钮
7		特征定位工具－②标定设置： 勾选标定文件“010_主机位 1”。 完成配置后单击“下一步”按钮。 注：此操作是为调用该相机的标定空间，使后续图像处理在已标定的机械手坐标系下完成

续表

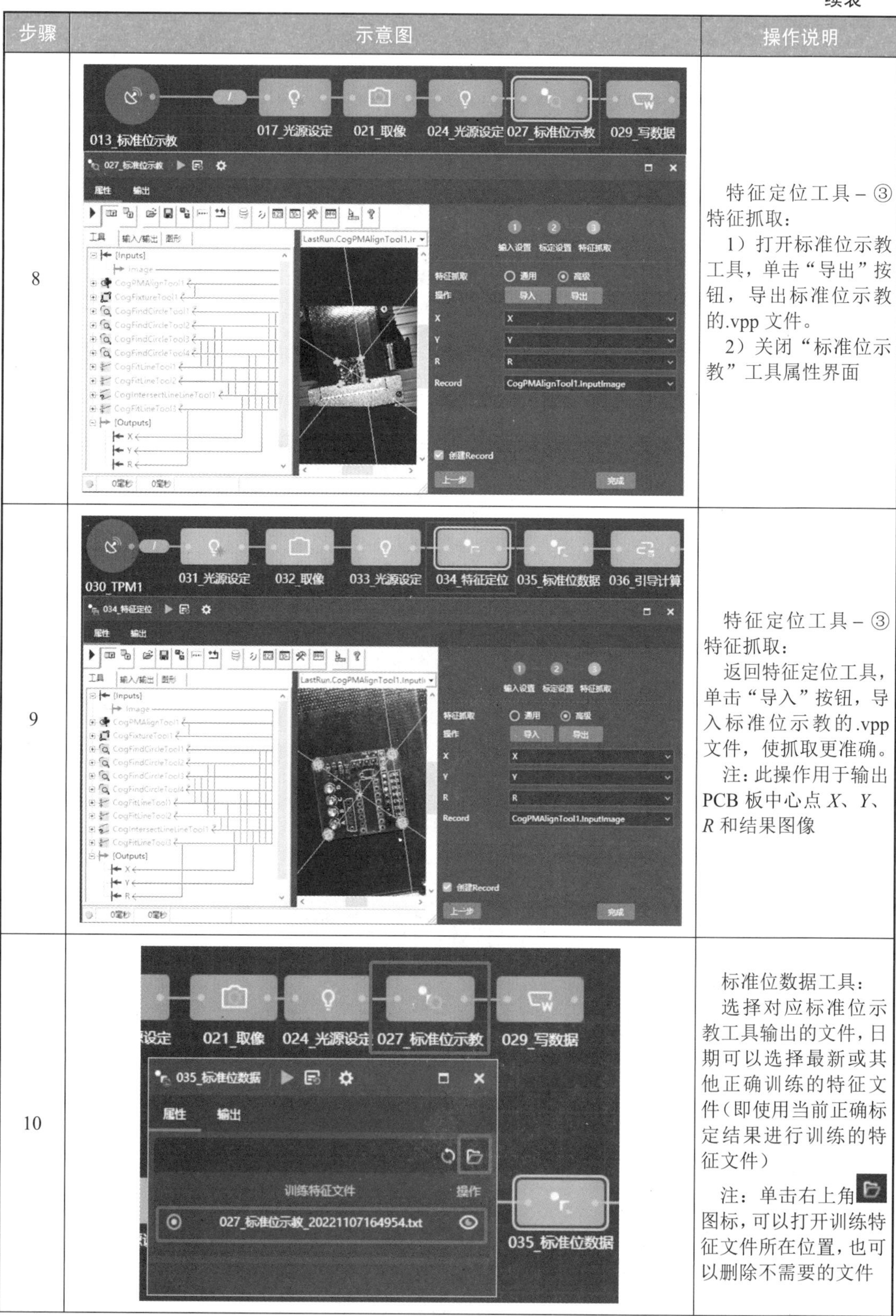

步骤	示意图	操作说明
8		特征定位工具－③特征抓取： 1）打开标准位示教工具，单击“导出”按钮，导出标准位示教的.vpp 文件。 2）关闭“标准位示教”工具属性界面
9		特征定位工具－③特征抓取： 返回特征定位工具，单击“导入”按钮，导入标准位示教的.vpp 文件，使抓取更准确。 注：此操作用于输出 PCB 板中心点 X、Y、R 和结果图像
10		标准位数据工具： 选择对应标准位示教工具输出的文件，日期可以选择最新或其他正确训练的特征文件（即使用当前正确标定结果进行训练的特征文件） 注：单击右上角图标，可以打开训练特征文件所在位置，也可以删除不需要的文件

续表

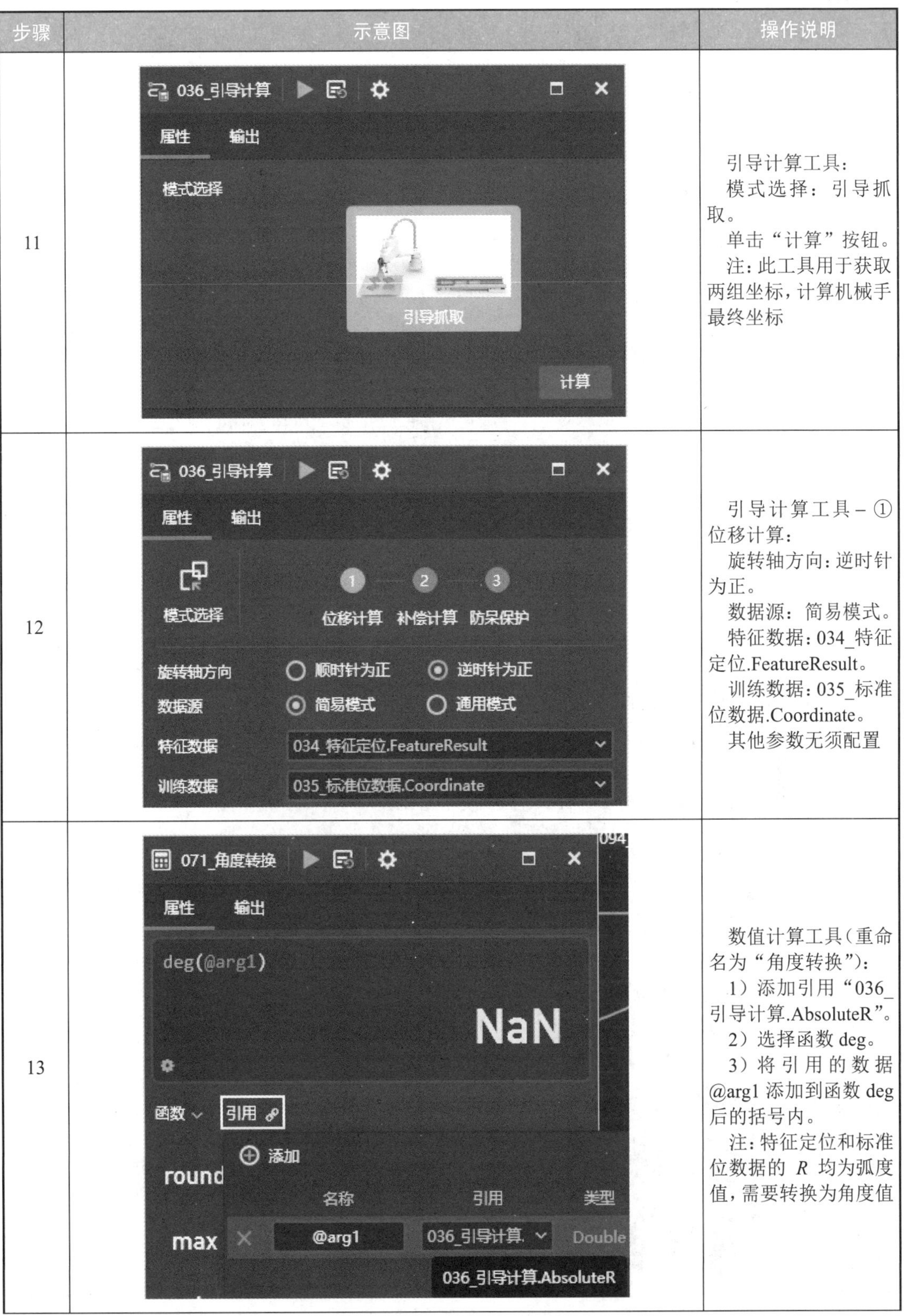

步骤	示意图	操作说明
11		引导计算工具： 模式选择：引导抓取。 单击“计算”按钮。 注：此工具用于获取两组坐标，计算机械手最终坐标
12		引导计算工具－①位移计算： 旋转轴方向：逆时针为正。 数据源：简易模式。 特征数据：034_特征定位.FeatureResult。 训练数据：035_标准位数据.Coordinate。 其他参数无须配置
13		数值计算工具（重命名为“角度转换”）： 1）添加引用“036_引导计算.AbsoluteR”。 2）选择函数 deg。 3）将引用的数据@arg1 添加到函数 deg 后的括号内。 注：特征定位和标准位数据的 R 均为弧度值，需要转换为角度值

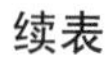

续表

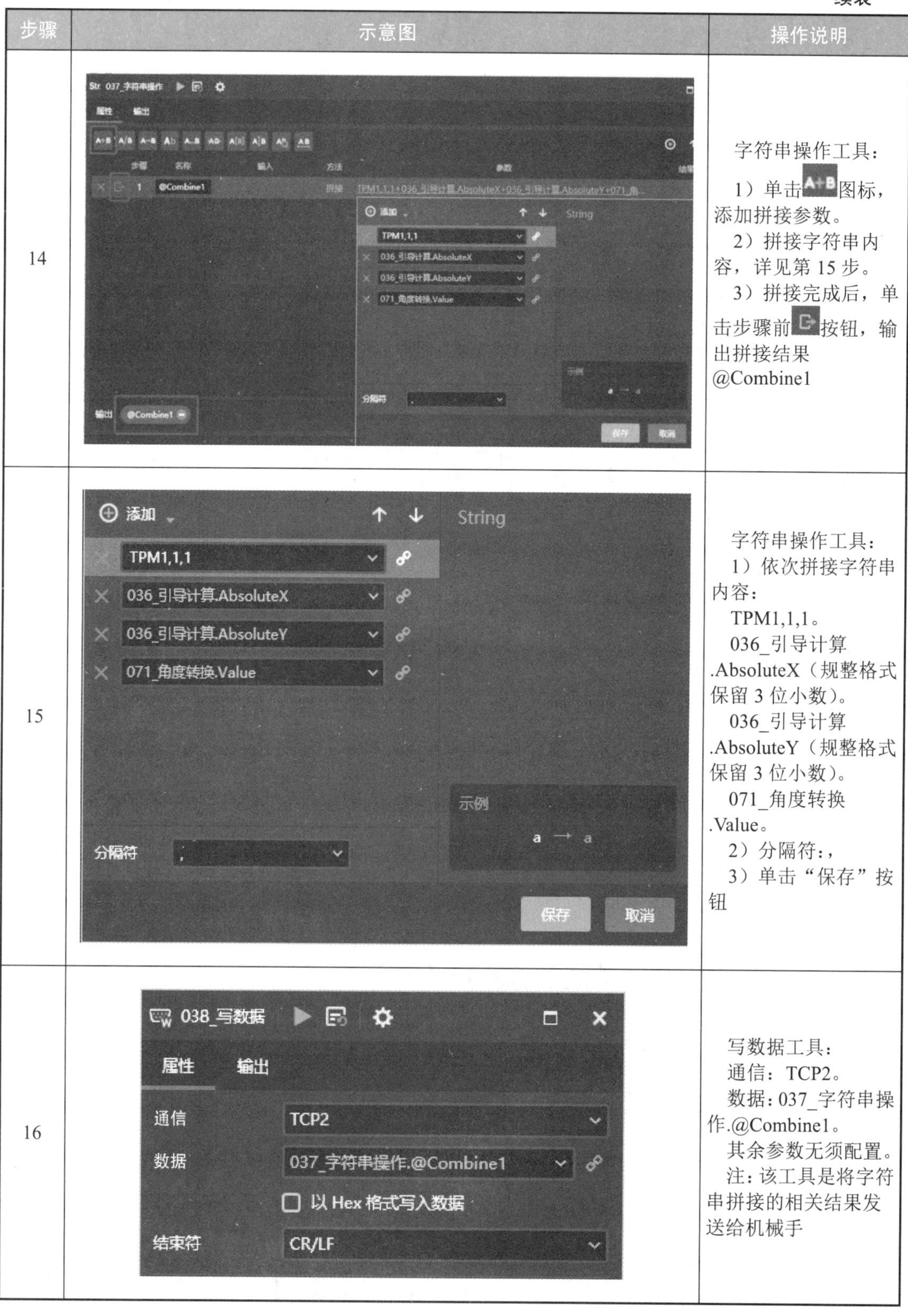

步骤	示意图	操作说明
14		字符串操作工具： 1）单击图标，添加拼接参数。 2）拼接字符串内容，详见第15步。 3）拼接完成后，单击步骤前按钮，输出拼接结果@Combine1
15		字符串操作工具： 1）依次拼接字符串内容： TPM1,1,1。 036_引导计算.AbsoluteX（规整格式保留3位小数）。 036_引导计算.AbsoluteY（规整格式保留3位小数）。 071_角度转换.Value。 2）分隔符：, 3）单击“保存”按钮
16		写数据工具： 通信：TCP2。 数据：037_字符串操作.@Combine1。 其余参数无须配置。 注：该工具是将字符串拼接的相关结果发送给机械手

2. 设备操作过程

完成 PCB 板引导抓取程序编写之后，需要运行引导抓取程序，正确完成 PCB 板上下料，其对应设备操作步骤如表 9.18 所示。设备运行过程中，严禁把手伸进设备内部。

表 9.18　运行 PCB 板引导抓取程序的设备操作步骤

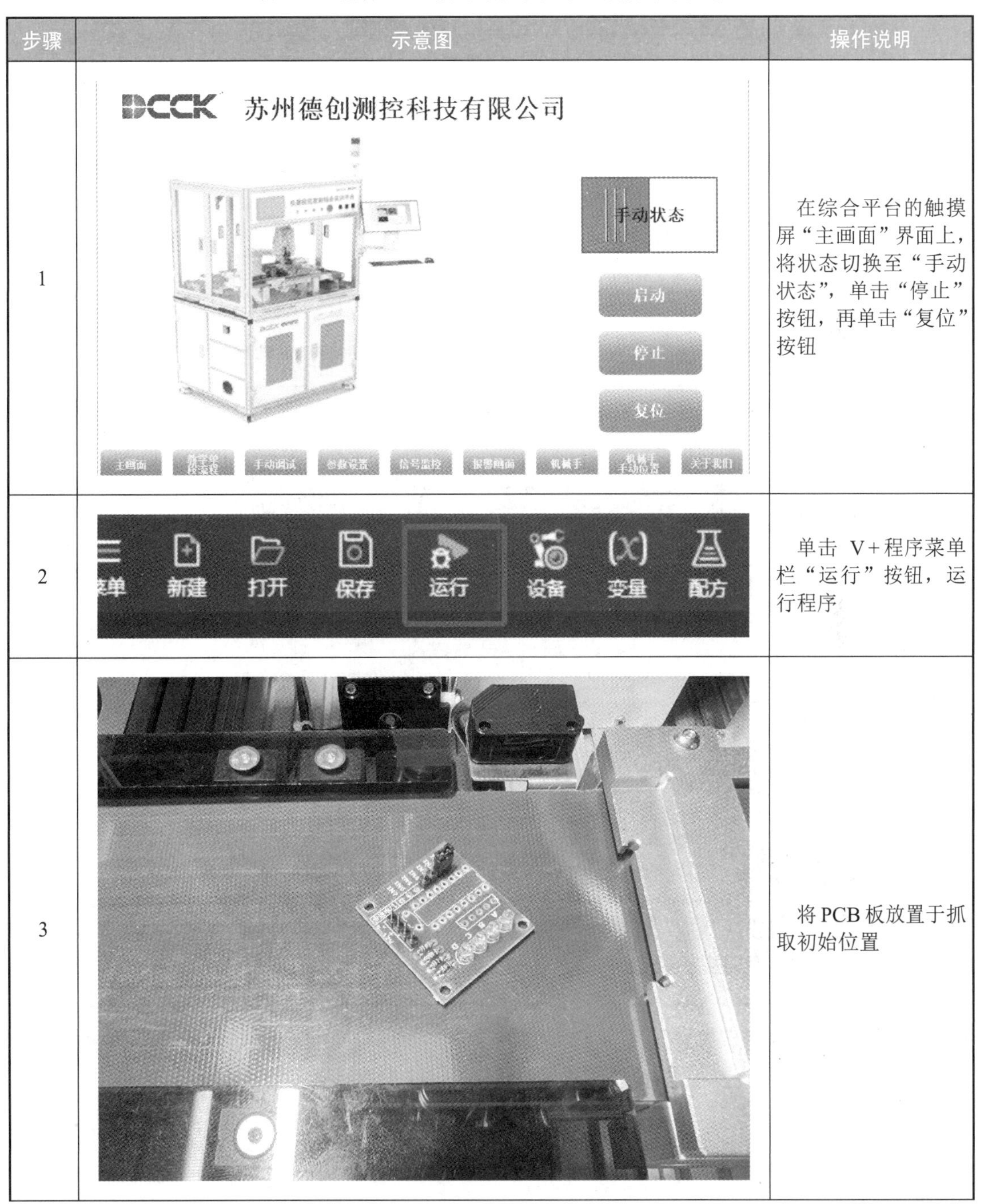

步骤	示意图	操作说明
1		在综合平台的触摸屏“主画面”界面上，将状态切换至“手动状态”，单击“停止”按钮，再单击“复位”按钮
2		单击 V+程序菜单栏“运行”按钮，运行程序
3		将 PCB 板放置于抓取初始位置

续表

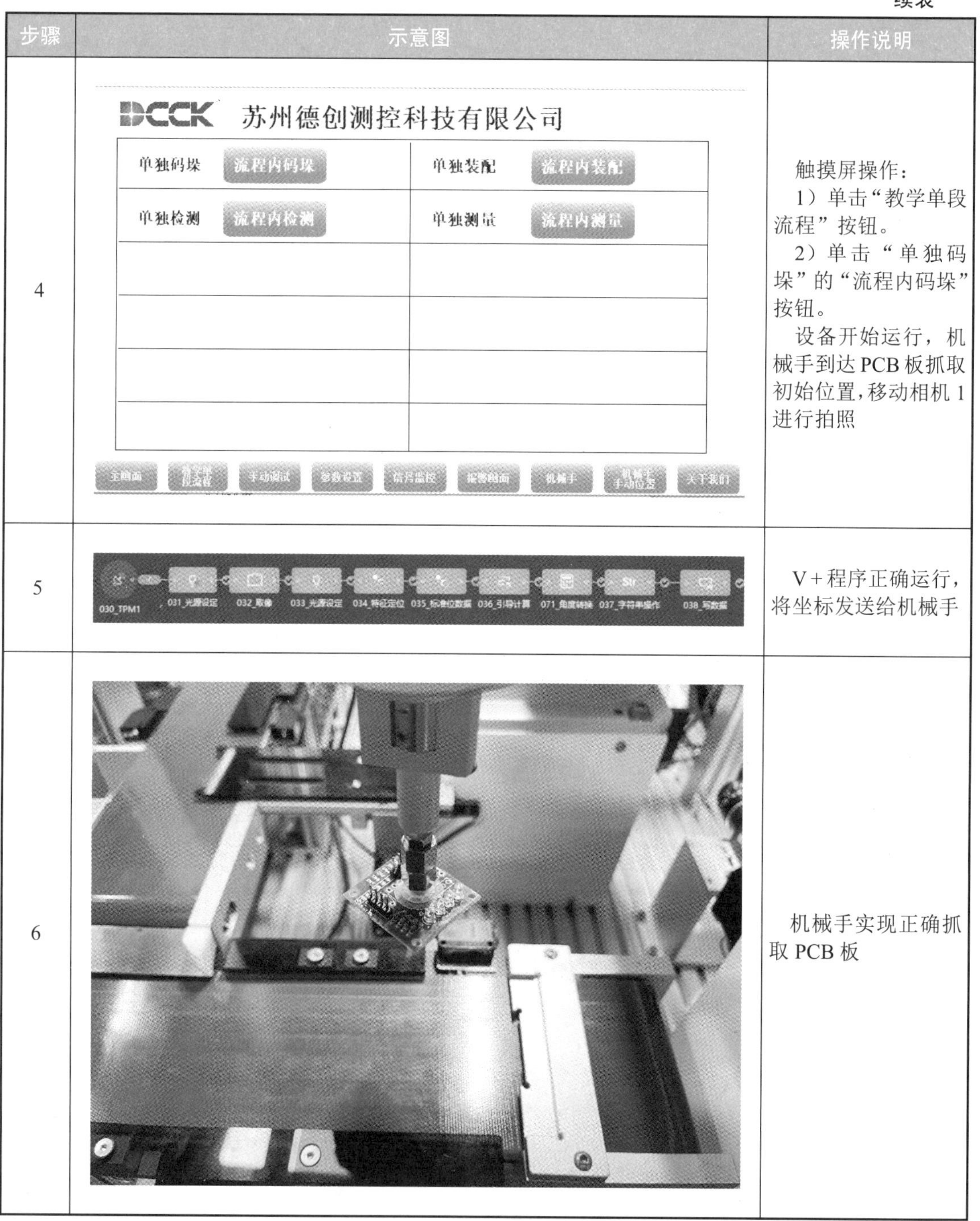

步骤	示意图	操作说明
4		触摸屏操作： 1）单击“教学单段流程”按钮。 2）单击“单独码垛”的“流程内码垛”按钮。 设备开始运行，机械手到达 PCB 板抓取初始位置，移动相机 1 进行拍照
5		V+程序正确运行，将坐标发送给机械手
6		机械手实现正确抓取 PCB 板

3. HMI 界面设计与优化

PCB 板引导抓取对应的 HMI 界面设计参考步骤如表 9.19 所示。

表 9.19　PCB 板引导抓取对应的 HMI 界面设计参考步骤

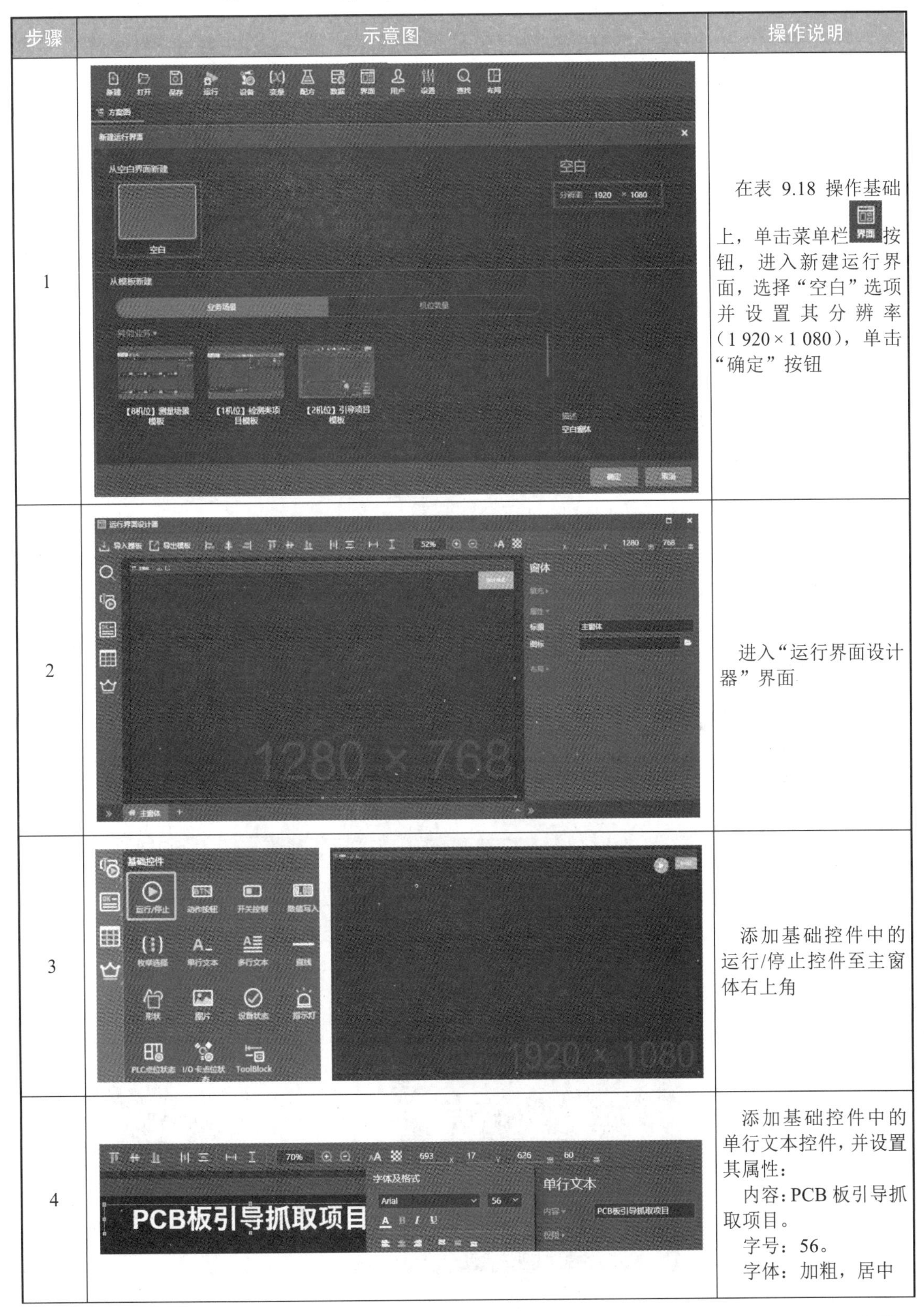

步骤	示意图	操作说明
1		在表 9.18 操作基础上，单击菜单栏"界面"按钮，进入新建运行界面，选择“空白”选项并设置其分辨率（1 920×1 080），单击“确定”按钮
2		进入“运行界面设计器”界面
3		添加基础控件中的运行/停止控件至主窗体右上角
4		添加基础控件中的单行文本控件，并设置其属性： 内容：PCB 板引导抓取项目。 字号：56。 字体：加粗，居中

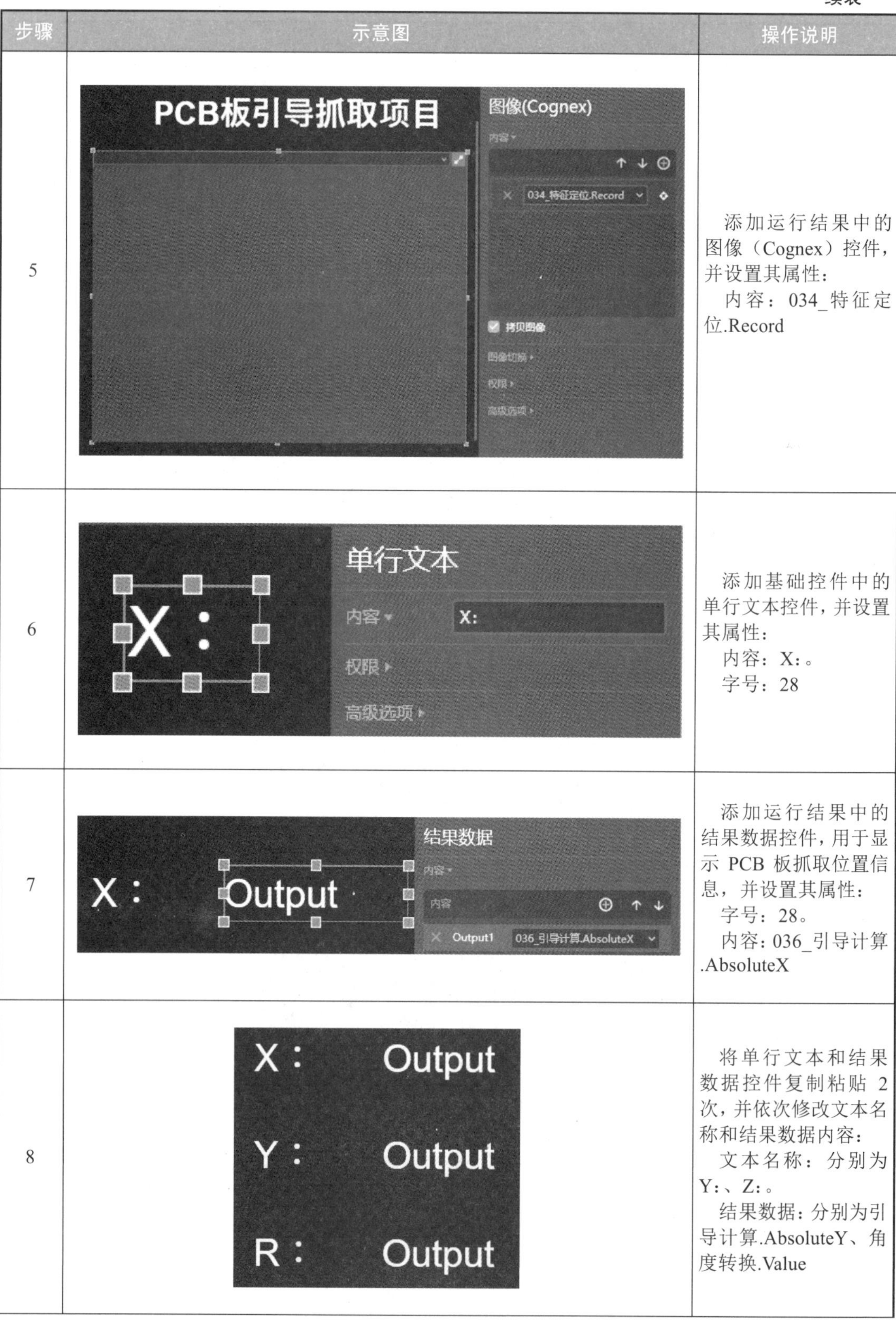

续表

步骤	示意图	操作说明
5	PCB板引导抓取项目；图像(Cognex)；内容；034_特征定位.Record；拷贝图像；图像切换；权限；高级选项	添加运行结果中的图像（Cognex）控件，并设置其属性： 内容：034_特征定位.Record
6	X：；单行文本；内容；X:；权限；高级选项	添加基础控件中的单行文本控件，并设置其属性： 内容：X:。 字号：28
7	X：；Output；结果数据；内容；内容；Output1；036_引导计算.AbsoluteX	添加运行结果中的结果数据控件，用于显示 PCB 板抓取位置信息，并设置其属性： 字号：28。 内容：036_引导计算.AbsoluteX
8	X：Output；Y：Output；R：Output	将单行文本和结果数据控件复制粘贴 2 次，并依次修改文本名称和结果数据内容： 文本名称：分别为 Y:、Z:。 结果数据：分别为引导计算.AbsoluteY、角度转换.Value

续表

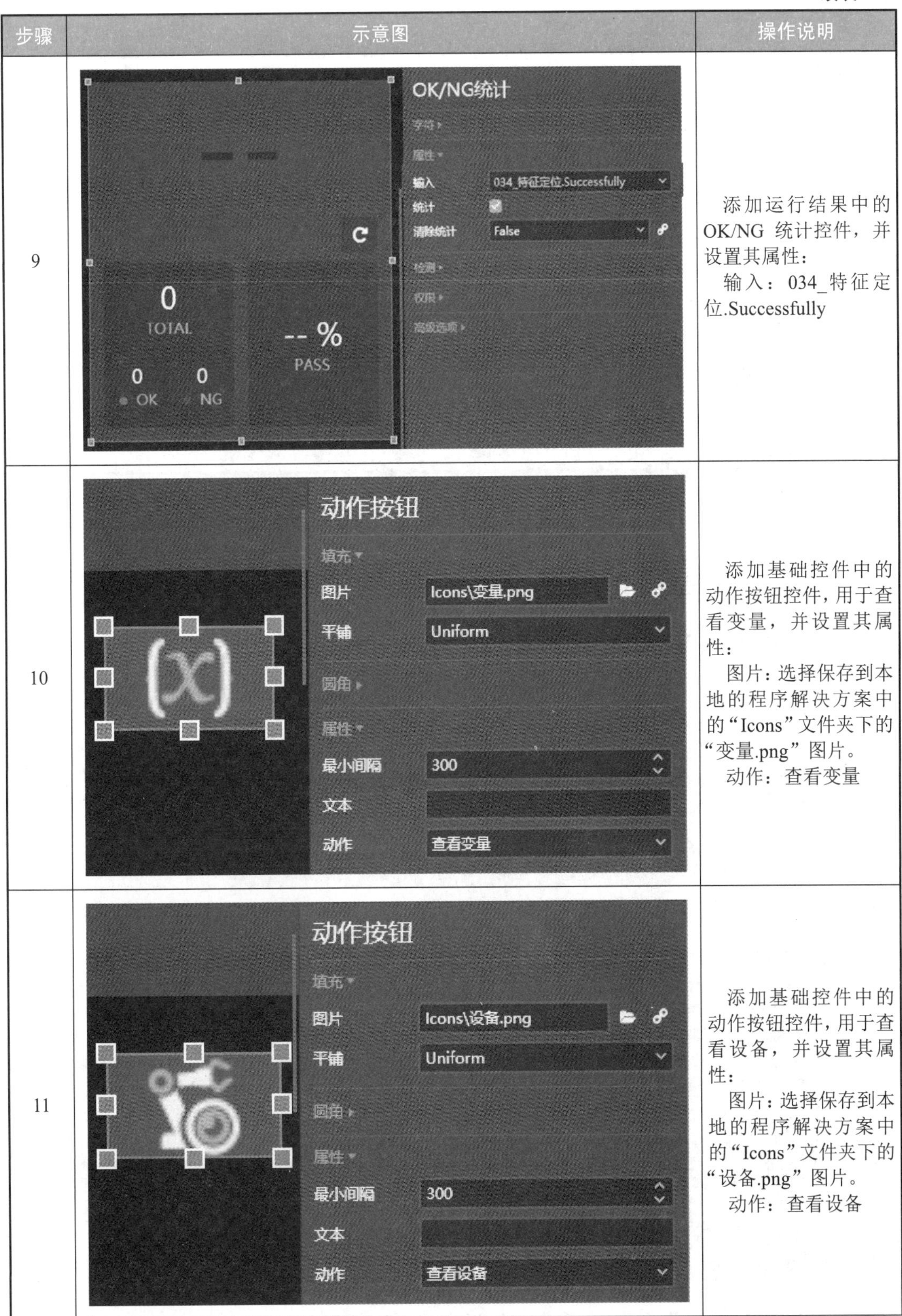

步骤	示意图	操作说明
9		添加运行结果中的OK/NG 统计控件，并设置其属性： 输入：034_特征定位.Successfully
10		添加基础控件中的动作按钮控件，用于查看变量，并设置其属性： 图片：选择保存到本地的程序解决方案中的“Icons”文件夹下的“变量.png”图片。 动作：查看变量
11		添加基础控件中的动作按钮控件，用于查看设备，并设置其属性： 图片：选择保存到本地的程序解决方案中的“Icons”文件夹下的“设备.png”图片。 动作：查看设备

续表

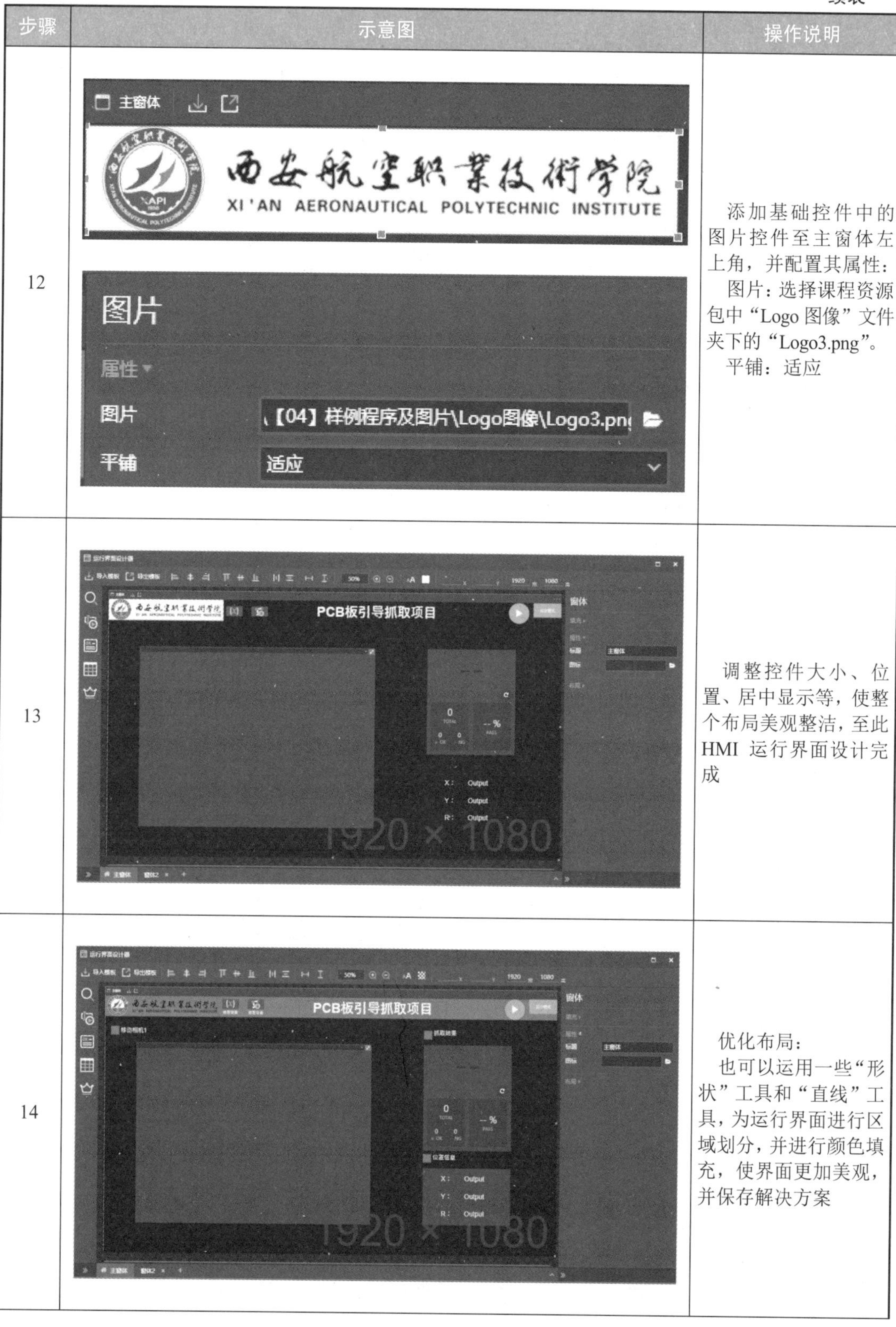

步骤	示意图	操作说明
12	主窗体 西安航空职業技術学院 XI'AN AERONAUTICAL POLYTECHNIC INSTITUTE 图片 属性 图片 【04】样例程序及图片\Logo图像\Logo3.pn 平铺 适应	添加基础控件中的图片控件至主窗体左上角，并配置其属性： 图片：选择课程资源包中“Logo 图像”文件夹下的“Logo3.png”。 平铺：适应
13	PCB板引导抓取项目 X: Output Y: Output R: Output 1920 × 1080	调整控件大小、位置、居中显示等，使整个布局美观整洁，至此HMI 运行界面设计完成
14	PCB板引导抓取项目 X: Output Y: Output R: Output 1920 × 1080	优化布局： 也可以运用一些“形状”工具和“直线”工具，为运行界面进行区域划分，并进行颜色填充，使界面更加美观，并保存解决方案

续表

步骤	示意图	操作说明
15	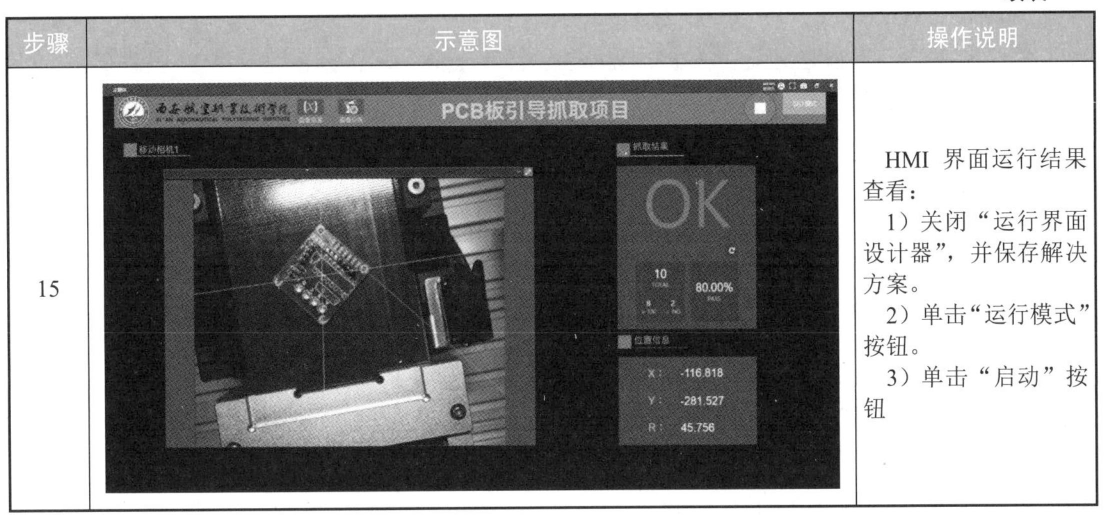 	HMI 界面运行结果查看： 1）关闭“运行界面设计器”，并保存解决方案。 2）单击“运行模式”按钮。 3）单击“启动”按钮

任务评价

任务评价如表 9.20 所示。

表 9.20　任务评价

任务名称		相机引导抓取 PCB 板		实施日期	
序号	评价目标	任务实施评价标准		配分	得分
1	职业素养	纪律意识	自觉遵守劳动纪律，服从老师管理	5	
2		学习态度	积极上课，踊跃回答问题，保持全勤	5	
3		团队协作	分工与合作，配合紧密，相互协助解决引导抓取过程中遇到的问题	5	
4		科学思维意识	独立思考、发现问题、提出解决方案，并能够创新改进其工作流程和方法	5	
5		严格执行现场 6S 管理	整理：区分物品的用途，清除多余的东西； 整顿：物品分区放置，明确标识，方便取用； 清扫：清除垃圾和污秽，防止污染； 清洁：现场环境的洁净符合标准； 素养：养成良好习惯，积极主动； 安全：遵守安全操作规程，人走机关	5	
6	职业技能	能添加监听工具		2	
7		能设置监听工具相关参数		2	
8		能添加取像工具		2	
9		能添加设置取像工具相关参数		2	

续表

序号	评价目标	任务实施评价标准	配分	得分
10	职业技能	能添加 2 个光源设定工具	3	
11		能设置 2 个光源设定工具相关参数	3	
12		能添加特征定位工具	2	
13		能设置特征定位工具相关参数	16	
14		能添加标准位数据工具	2	
15		能设置标准位数据工具相关参数	4	
16		能添加引导计算工具	2	
17		能设置引导计算工具相关参数	8	
18		能添加数值计算工具	2	
19		能设置数值计算工具相关参数	2	
20		能添加字符串操作工具	2	
21		能设置字符串操作工具相关参数	2	
22		能添加写数据工具	2	
23		能设置写数据工具相关参数	2	
24		能通过触摸屏控制机械手进行标准位示教运动	4	
25		能实现待装配 PCB 板引导抓取	2	
26		可自行选择添加其他工具，完善 HMI 各项功能	5	
27		能合理布局 HMI 界面，整体美观大方	4	
合计			100	
小组成员签名				
指导教师签名				
任务评价记录	1. 存在问题 ______ ______ ______ ______ 2. 优化建议 ______ ______ ______ ______			
备注：在使用真实实训设备或工件编程调试过程中，如发生设备碰撞、零部件损坏等每处扣 10 分。				

任务总结

本任务简述了引导原理，详细介绍了特征定位工具、标准位数据工具和引导计算工具的属性参数，并利用综合平台的触摸屏控制机器人进行引导抓取运行，通过演示V+平台软件实现PCB板引导抓取，进一步熟悉工业视觉引导项目实施过程。

任务拓展

在锂电池自动化生产中，需要将锂电池放置到传送带上。如果通过人工摆放到传送带上则需要耗费大量的人力物力。因此，可以使用工业视觉技术，通过安装在机器人末端的工业相机，引导机器人抓取锂电池，从而缓解人工搬运的烦琐，提高生产效率。

拓展任务要求：

1）利用综合平台搭建锂电池标引导抓取程序。

2）利用综合平台完成如图8.7（b）所示的锂电池引导抓取。

3）学会和机器人进行以太网通信，正确发送和接收相关指令。

任务检测

1）【第十八届“振兴杯”】精确引导定位项目中，（　　）不会影响最终的定位精度。

A. 轴系/机械手精度　　　　B. 相机分辨率

C. 标定精度　　　　D. 产品位置

2）总结工业视觉引导定位的常见方式。

3）简述影响引导精度的因素。

4）为什么使用“标准位示教”工具导出的vpp会更准确？

5）弧度值和角度值有什么不同？

6）在本任务中，为什么要计算偏移量？什么样的情况下不用计算偏移量？

开阔视野

火星车视觉导航系统

2020年9月18日在福建举行的中国航天大会上，中国首次火星探测任务工程总设计师张荣桥介绍了“天问一号”火星探测器的更多细节。

探测器系统由着陆巡视器和环绕器组成：探测器总重约5 t，其中环绕器携带7台载荷；着陆巡视器由背罩、伞系、火星车、着陆平台和防热大底组成。

火星车重240 kg，六轮独立驱动，具有双目视觉导航、自主避障功能，配置的定向天线可与地球直接通信，携带6台载荷。“为了适应火星特殊的地形结构，我们设计了六轮独立驱动的移动机构；火星车具备双目视觉导航和自主避障功能，可在遥远的火星表面独立自主

地开展探索工作。”张荣桥说。

另据中国科学院国家空间科学中心主任王赤院士介绍，上述载荷分别为：环绕器上的7台仪器，即中分辨率相机、高分辨率相机、环绕器次表层雷达、火星矿物光谱仪、火星磁强仪、火星离子和中性粒子分析仪、火星能量粒子分析仪。火星车上的6台仪器，即多光谱相机、地形相机、火星车次表层雷达、火星表面成分探测仪、火星磁场探测仪和火星气象仪。

2020年7月23日，我国首次火星探测任务“天问一号”探测器成功发射，2021年5月21日，“天问一号”成功着陆火星。“天问一号”在飞行期间成功完成地月合影获取、首次轨道中途修正、载荷自检等工作。目前各系统工作正常，探测器状态良好。如图9.25所示为“天问一号”火星探测器正在探测火星。

图9.25 “天问一号”火星探测器正在探测火星

参考文献

［1］刘韬，葛大伟．机器视觉及其应用技术［M］．北京：机械工业出版社，2019.
［2］梁洪波，葛大伟．工业视觉系统编程及基础应用［M］．北京：机械工业出版社，2024.
［3］丁少华，李雄军，周天强．机器视觉技术与应用实战［M］．北京：人民邮电出版社，2022.
［4］刘秀平，景军锋，张凯兵．工业机器视觉技术及应用［M］．西安：西安电子科技大学出版，2020.
［5］刘罗仁，杨金鹏．工业机器人视觉技术［M］．北京：北京理工大学出版社，2021.